KB139679

치공구 설계 및 제도

이상민 · 이영주 공저

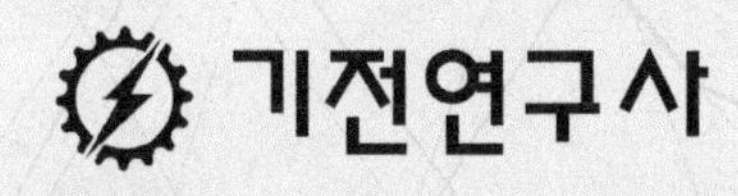

Introduce | 머리말

치공구는 기계가공, 조립, 검사, 측정 등 기계를 제작하는 산업현장에서 생산 능률을 향상시키고, 품질 및 정밀도를 보증하고 경제적인 생산을 위하여 필요성이 증대되고 있을 뿐만 아니라 자동화 라인에서 필수적으로 사용되고 있는 구성요소이다. 그럼에도 불구하고 현 우리나라에서의 치공구에 관한 서적이 부족한 실정이다.

이러한 점을 감안할 때 치공구기술을 보다 체계적이고 산업 현장과의 연계성을 고려한 실천적인 치공구기술교육이 절실히 필요하게 되어 산업현장경험과 치공구기술교육 경험을 토대로 치공구 설계를 집필하였는데, 이는 치공구 설계를 처음 대하는 사람일지라도 쉽게 이해, 응용할 수 있도록 하기 위함이다.

이 책의 특징은 다음과 같다.

1. 치공구 설계의 이론은 치공구 설계의 전반적인 이론을 토대로 하여 상세하게 설명하였다.
2. 치공구 설계시 단계별 필요한 이론과 설계기준과 부품 설계기준을 수록하여 실제 치공구 설계시 필요한 자료집이다.
3. 치공구 설계의 이론과 설계 도면은 치공구 설계 산업기사 이론 및 실기에 대비하였다.
4. 본 교재는 제1장 치공구 총론, 제2장 공작물 관리, 제3장 공작물의 위치결정, 제4장 클램프 설계, 제5장 치공구 본체, 제6장 드릴 지그, 제7장 밀링 고정구, 제8장 선반 고정구, 제9장 보링 고정구, 제10장 기타 지그와 고정구, 제11장 치공구 설계・제작의 기본, 제12장 치공구의 자동화, 제13장 치공구 재료, 제14장 게이지 설계, 제15장 치수공차 및 끼워맞춤, 부록으로 구성되어 있다.
5. 13개의 치공구 관련 부품과 40개의 치공구 설계 실제를 실어 치공구 설계를 이해하는데 도움이 되도록 하였다. 즉, 드릴 지그 14개, 밀링 고정구 13개, 선반 고정구 3개, 연삭 고정구, 길이측정 게이지, 리밍 지그 2개, 클램프, 템플레이트 지그, 캠 클램프, 핸드바이스, 고정 지그, 사인센터 치공구 설계 40개를 부록에 실었다.

이 책에서 공부한 내용을 통해서 치공구 설계 산업기사 이론 및 실기 검정에 도움이 된다면 그보다 큰 보람이 없으리라 생각되며, 향후 계속 보완해 나갈 것이며 또한 치공구 설계를 처음 접하는 초보자나 현장에서 실무에 접하는 분에게 도움이 되었으면 하는 바람입니다.

끝으로 본 교재가 나오기까지 협조하여 주신 기전연구사 사장님과 편집부 여러분과 폴리텍대학 교수님과 인력개발원 여러 교수님께 깊은 감사를 드립니다.

저자 씀

Contents | 차 례

제 3 장 공작물의 위치결정 ■ 71

제 4 장 클램프 설계 ■ 105

제 5 장 치공구 본체 ■ 129

제 6 장 드릴 지그 ■ 145

제 7 장 밀링 고정구 ■ 167

제 8 장 선반 고정구 ■ 185

제 9 장 보링 고정구 ■ 195

제 10 장 기타 지그와 고정구 ■ 205

제 11 장 치공구 설계·제작의 기본 ■ 215

제 12 장 치공구 자동화 ■ 229

제 13 장 치공구 재료 ■ 247

부록 치공구 부품의 관련 규격 ▪ 293

제 1 장

치공구 총론

1. 치공구의 의미

1.1 치공구(治工具)의 개요

기계공업이 발전함에 따라 공작기계는 고속화 정밀화되고, 호환성과 생상성의 향상, 능률적인 가공이 필연적이다. 치공구(jig & fixture)는 어떤 형상의 제품을 정확한 위치에 설치하기 위한 위치결정(locating)기구와 이것을 고정하기 위한 체결(holding)기구로 구성된다. 따라서, 제품가공을 경제직이고 능률적으로 할 수 있는 특수공구를 설계하고 제작하는 것을 의미한다.

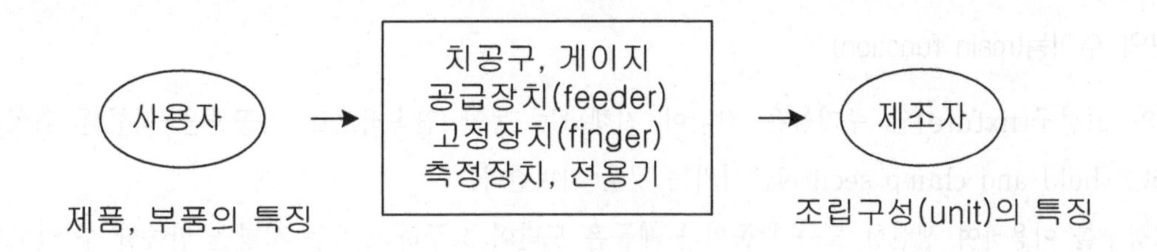

그림 1.1 치공구 설계의 중요성

치공구를 사용하면 생산 제품의 정밀도 향상과, 호환성을 유지시킬 수 있고 작업의 공정 단축과 검사 방법을 간단히 할 수 있으며, 불량율 감소와 생산능률 향상에 큰 도움이 된다.

지그(jig)와 고정구(fixture)를 구분하여 보면 지그는 공작물을 고정, 지지, 위치결정 및 공구 안내 기구를 가지고 있으며 고정구는 위치 결정과 고정 기구로 구성되어 있다. 이것을 치공구라고 한다. 치공구를 용도에 따라 분류하면 드릴 지그(drill jig), 선반 고정구(lathe fixture), 연삭 고정구(grinding fixture), 브로칭 고정구(broaching fixture), 용접 고정구(welding fixture), 조립 고정구(assembly fixture), 밀링 고정구(milling fixture), 보링 고정구(boring fixture) 등으로 분류한다.

1) 지그란?

(1) 지그란?

지그와 고정구를 명확하게 정의하기는 어려우며, 사용상 같은 것으로 간주하고 있다. 기계 가공에서 공작물을 고정, 지지하거나 또는 공작물에 부착 사용하는 특수 장치로서 공작물을 위치 결정하여 클램프할 뿐만 아니라 공구를 공작물에 안내(부시)하는 장치를 포함하면 지그라 한다.

지그(jig)는 일반적으로 고정구를 포함하여 '지그'라 총칭한다. 또한 자동화 설비나 장치 등의 능력을 최대한으로 그리고 유효하게 인출, 발휘시켜 작업을 능률적으로 수행할 수 있도록 만들어진 보조구, 장치도 지그라고 할 수 있다.

2) 고정구란?

고정구(fixtue)는 공작물의 위치 결정 및 클램프하여 고정하는데 대해서는 근본적으로 지그(jig)와 같다. 공구를 공작물에 안내하는 부시 기능이 없으나, 세팅(setting) 블록과 필러(feeler)게이지에 의한 공구의 정확한 위치 장치를 포함하여 고정구라 한다. 그러나 지그와 고정구를 구분하는 것은 큰 의미가 없으므로 일반적으로 지그라 통칭한다.

3) 치공구의 정의

치공구는 제품에 있어서 필요한 제조수단으로 공작물(또는 조립물)의 위치결정과 공작물이 움직이지 않도록 클램프하여 허용공차 내에서 제조하는데 사용되는 생산용 공구로서, 제품의 균일성, 경제성, 생산성을 향상시키는 보조장치 또는 보조장비라고 정의할 수 있다.

4) 치공구의 주기능(main function)

지그(jig)와 고정구(fixture)의 주기능은 작업이 진행되는 동안 연속적으로 가공물을 적합한 위치(properly locate)에 고정(hold and clamp securely)시키는 것을 의미한다.

지그와 고정구를 이용하여 생산한 모든 부품이나 제품은 도면이 요구하는 모든 사항을 만족할 수 있도록, 가공물의 위치 결정, 지지, 고정, 커터의 안내 및 측정을 위한 장치 등이 치공구의 주기능이다.

5) 치공구의 목적

치공구를 설계하는 주목적은 제품의 품질을 향상 및 유지하고, 생산성 향상, 제품의 원가를 경감시키는 것이다.

치공구 설계의 가장 중요한 목적은 다음과 같다.

① 복잡한 부품의 경제적인 생산
② 공구의 개선과 다양화에 의하여 공작기계의 출력 증가
③ 공작기계의 특수한 가공을 가능하게 하는 부가적인 기능 개발
④ 미숙련자도 정밀 작업이 가능
⑤ 제품의 불량이 적고 생산 능력을 향상
⑥ 제품의 정밀도(accuracy) 및 호환성(interchangeability)의 향상

⑦ 공정단축 및 검사의 단순화와 검사시간 단축

⑧ 부적합한 사용을 방지할 수 있는 방오법(foolproof)이 가능

⑨ 작업자의 피로가 적어지고 안전성이 향상된다.

궁극적인 목적은 부품이나 제품을 경제적인 생산이 가능하도록 하기 위하여 특수공구, 기계부착물, 기타 장치를 설계하고 창작하는 것이다.

1.2 치공구의 3요소

동일한 다수의 공작물을 가공, 조립하기 위해서는 어느 공작물이나 동일한 위치에 위치결정이 되어 장착이 되어야 하고, 가공 또는 조립 중에 움직이지 않아야 한다. 여기서 공작물이 같은 위치에 위치결정이 되어 장착된다는 것은 각각의 공작물이 같은 위치결정면에서 기준이 결정된다는 것과 회전방지를 위한 위치결정구에 의해 위치가 결정된다는 것이다. 그리고 공작물이 움직이지 않게 클램핑되어 외력의 힘에 견디어야 한다.

1) 위치결정면

공작물이 X, Y, Z축 방향으로 직선운동하는 것을 방지하기 위하여 위치결정을 설치하는 면을 위치결정면이라 한다. 일정위치에서 기준면 설정으로 일반적으로 밑면이 된다.

2) 위치결정구

공작물의 회전방지를 위한 위치 및 자세에 해당되며 일반적으로 측면 및 구멍에 위치결정 핀을 설치하는데, 이를 위치결정구라 한다.

3) 클램프

고정은 공작물의 변형이 없이 자연 상태 그대로 체결되어야 하며, 위치결정면 반대쪽에 클램프가 설치되는 것이 원칙이다.

1.3 치공구의 사용상 이점

치공구는 공작물의 위치 결정, 공구의 안내(드릴 지그에서만 적용됨), 공작물의 지지 및 고정 등의 기능을 갖추고 있어 공작물의 주어진 한계 내에서 가공하게 되고, 다량으로 생산되는 부품의 제조비용을 절감하는데 도움이 되며, 그 중요성은 호환성과 정확성에 있다.

치공구는 생산성의 향상에 최대한 기여하는 것이다. 즉, 제품의 원가절감을 위한 목적으로 공정의 개선, 품질의 향상과 안정, 제품의 호환성을 주는 것이다. 다시 말하면, 품질(Q : quality)과 비용(C : cost), 납기(D : delivery)로 분류된다.

1) 가공에 있어서의 이점

① 기계설비를 최대한 활용한다.
② 생산능력을 증대한다.
③ 특수기계, 특수공구가 불필요하다.

2) 생산원가 절감

① 가공정밀도 향상 및 호환성으로 불량품을 방지한다.
② 제품의 균일화에 의하여 검사 업무가 간소화된다.
③ 작업시간이 단축된다.

3) 노무관리의 단순화

① 특수작업의 감소와 특별한 주의사항 및 검사 등이 불필요하다.
② 작업의 숙련도 요구가 감소한다.
③ 작업에 의한 피로경감으로 안전한 작업이 이루어진다.
④ 재료비 절약이 가능하고 다른 작업과의 관련이 원활하다.
⑤ 불량품이 감소하고 부품의 호환성이 증대된다.
⑥ 바이트 등 공구의 파손 감소로 공구수명이 연장된다.

1.4 치공구 설계의 기본원칙

치공구를 제작하는 데는 치공구설계 부문에서 제조계획의 단계에 있어서 그 공작물 개개의 기계공정설계를 충분히 검토하여 치공구를 설계함으로 그 목적을 달성할 수가 있다.
① 공작물의 수량과 납기 등을 고려하여 공작물에 적합하고, 단순하게 치공구를 결정할 것.
② 표준 범용 치공구의 이용 및 사용하지 않는 치공구를 개조하거나 수리를 고려할 것.
③ 치공구를 설계할 때는 중요 구성 부품은 전문업체에서 생산되는 표준규격품을 사용할 것.
④ 손으로 조작하는 치공구는 충분한 강도를 가지면서 가볍게 설계할 것.
⑤ 클램핑 힘이 걸리는 거리를 되도록 짧게 하고 단순하게 설계할 것.
⑥ 치공구 본체에 가공을 위한 공구위치 및 측정을 위한 세트블록을 설치할 것.
⑦ 치공구 본체에 대해서는 칩과 절삭유가 배출할 수 있도록 설계할 것.
⑧ 가공압력은 클램핑 요소에서 받지 않고 위치결정면에 하중이 작용하도록 할 것.
⑨ 단조품의 분할면, 주형의 분할면 탕구 및 삽탕구의 위치는 피할 것.
⑩ 클램핑 요소에서는 되도록 스패너, 핀, 쐐기, 해머와 같이 여러 가지 부품을 사용하지 않도록 설계할 것.
⑪ 치공구의 제작비와 손익 분기점을 고려할 것.
⑫ 제품의 재질을 고려하여 이에 적합한 것으로 할 것.
⑬ 정밀도가 요구되지 않거나 조립이 되지 않는 불필요한 부분에 대해서는 기계가공 등의 필요한 작업을 하지

않을 것.

⑭ 정확한 작업을 요하는 부분에 대하여 지나치게 정밀한 공차를 주지 않도록 할 것.(치공구의 공차는 제품 공차에 대하여 20~50%정도)

⑮ 치공구 도면에 주기 등을 표시하여 최대한 단순화할 수 있도록 할 것.

1.5 치공구의 경제성 검토

현대 사회에서는 다품종 소량 생산이 많으므로 경제성에 대하여 고려할 필요가 있다. 경제성에 대하여 다음과 같은 3가지의 방법이 주로 사용되고 있다.

① $$N = \frac{Y}{(H - HJ)y}$$

N : 지그의 손익 분기점
Y : 지그 제작비용
H : 지그를 사용하지 않을 때 1개당 가공 시간
HJ : 지그를 사용할 때 1개당 가공 시간
y : 1시간당 가공비용

② $$n = \frac{C\left(1 + \frac{i \times n}{2}\right)}{S} \quad \therefore n = \frac{C}{S - \frac{C}{20}}$$

C : 투자자본액(설비투자액)
i : 연간이자율 10%(0.1)로 한다.
S : 연간이익액(연간절감액)
n : 자본회수 년 수

③ $$C_P = \frac{T_C + L}{L_S}$$

C_P : 부품단가
T_C : 공구비율
L : 노임
L_S : 로트수량

④ $$Y \leq \frac{ni(1 + r)(t_0 a_0 - t_1 a_1)}{1 + pi + qi}$$

Y : 지그 제작비
n : 지그를 사용하여 1년간 생산한 제품 수
r : 제품 가공에 필요한 간접비의 비율
t_0 : 지그를 사용하지 않는 경우 제품 1개당의 가공 시간
a_o : 지그를 사용하지 않을 경우 평균 시간
t_1 : 지그를 사용할 경우 제품 1개당 가공 시간
a_1 : 지그를 사용할 경우 평균시간율
p : 지그 감가 상각 이율
q : 지그 1년당 유지비와 제작비와의 비
i : 지그 감가년수

예제 1 지그 제작비가 600,000원이고 지그를 사용하지 않았을 때 걸리는 시간은 2분, 지그를 사용하였을 때 제품 가공 시간은 0.6분이고, 공비가 2,000원일 때, 손익 분기점은 몇 개인가?

풀이 $N = \dfrac{600,000}{(2-0.6)\times 2,000} = 214$개

즉, 214개 이상이면 지그를 사용하였을 때가 이익이고, 214개 이하이면 손실이 되는 것이다. 실제로 회사에서는 N이 실제 수량의 2배 이상이 되지 않으면 지그를 만들 필요가 없을 것이다.

예제 2 드릴 지그 제작비가 60,000원이고, 지그를 사용하지 않을 경우 비용은 300원이고, 지그를 사용할 경우, 개당 생산비용은 60원이다. 이들을 비교할 때 지그에 의해 생산되는 손익 분기점 즉, 부품의 생산량은?

풀이 $N = \dfrac{Y}{C_{p1} - C_{P2}} = \dfrac{60,000}{300-60} = 250$개

즉, 손익 분기점은 250개가 된다.

예제 3 치공구비용이 400,000원이고, 임금이 2,500,000일 때 7,000개의 부품을 밀링가공한다면 부품단가는?

풀이 $C_P = \dfrac{400,000 + 2,500,000}{7,000} = 414$원

예제 4 머시닝센터에서 다음과 같은 조건으로 어떤 자동차 부품을 가공하려고 한다. 지그 제작비는 얼마인가?
(여기서, n : 300개, r : 100% =1, t_0 : 0.6시간, a_0 : 1,000원, t_1 : 0.1시간, a_1 : 300원,

p : 7분=0.07, q : $\dfrac{5}{100}$ = 0.07, i : 5년)

풀이 $Y \le \dfrac{300\times 5\times(1+1)\times((0.6\times 1,000)-(0.1\times 300))}{1+(0.07\times 5)+(0.05\times 5)}$ = 1,068,750원이 된다.

즉, 지그의 제작비로서 1,068,750원 정도까지는 계산하여도 좋다는 것이 된다. 실제로는 이 값의 이외에 사용기계나 지그의 제작에 걸리는 시간적인 손실을 고려하여 제작비를 결정해야 한다. 또한 시간적인 손실은 여러 가지 다르므로 경험적으로 책정하는 수가 많다.

1.6 치공구의 설계 계획

치공구 설계 계획의 결과는 치공구 설계의 성패를 좌우하므로 생산해야 할 제품의 정보와 규격을 평가 분석하여 가장 유효하고 경제적인 치공구 설계를 하여야 하며, 이 단계에서 치공구 설계는 제품 도면과 제품 공정 요약 및 공정도에 대하여 많은 연구 분석을 하여야 한다. 공정(process)이란 단순히 원자재로부터 제품을 제조하는 과정, 원자재를 성형하여 유용한 제품의 형태로 만드는 방법이라고도 할 수 있다.

1) 부품도 분석

치공구 설계는 부품도(part drawing)를 분석할 때 치공구설계 및 선정에 직접적인 영향을 주는 다음 사항 등을 고려한다.

① 부품의 전반적인 치수와 형상
② 부품제작에 사용될 재료의 재질과 상태
③ 적합한 기계 가공 작업의 종류
④ 요구되는 정밀도 및 형상 공차
⑤ 생산할 부품의 수량
⑥ 위치결정면과 클램핑할 수 있는 면의 선정
⑦ 각종 공작기계의 형식과 크기
⑧ 커터의 종류와 치수
⑨ 작업순서 등

2) 공정의 전개

일반적으로 공정도는 제도용지나 자체양식에 그려지나, 간단한 제품에 대해서는 공정도와 공정총괄을 복합시킨다. 실도의 공정도에 대한 도해를 공정설계라고 한다.

공정도에는 다음과 같은 사항이 포함된다.

① 해당 작업에 필요한 공작물의 3도면(또는 2도면), 필요에 따라 공작물의 스케치도면, 단면도 등이 표시된다.
② 공정내용 및 공정번호
③ 척도(척도와 일치되지 않을 수도 있다.)
④ 재료의 제거 또는 가공되는 표면
⑤ 공정에서 얻어지는 치수
⑥ 위치 결정구, 클램프, 지지구의 위치
⑦ 기계 또는 장비명 및 그의 번호
⑧ 생산 공장의 위치, 생산 부서(공장)명, 부서 번호 및 위치
⑨ 공정 설계 기사명 및 날짜
⑩ 제품명 및 부품 번호
⑪ 공구류 표시(게이지, 절삭공구, 특수공구 등 순서)

1.7 치공구의 설계

1) 치공구의 경제적 설계

① 단순성

치공구는 가능한 기본적이고 간단하고, 시간과 재료를 절약할 수 있어야 한다.

지나치게 정교한 치공구는 정밀도나 품질을 크게 향상시키지 못하면서 비용만 증가시킨다.

제품이 요구하는 범위 안에서 가능한 기본적이고 단순하게 설계되어야 한다.

② 기성품 재료

기성품의 재료를 사용하면 기계가공을 생략할 수 있으므로, 치공구 제작비를 크게 절감할 수 있다.

드릴 로드(drill rod), 구조용 형강, 가공된 브래킷(bracket), 정밀 연삭한 판재 또는 핀 등의 기성품 재료를 이용하면 경제적이다.

③ 표준규격 부품

시판되고 있는 지그와 고정구용 표준부품을 사용하면, 치공구의 품질향상과 인건비 및 재료비를 절감시킨다. 규격화된 클램프(clamp), 위치 결정구, 지지구, 드릴 부시(bush), 핀(pin), 나사(screw), 볼트 너트 및 스프링(spring) 등을 이용하면 경제적이다.

④ 2차 가공

연삭, 열처리 등의 2차 가공은 반드시 필요한 곳에만 가공한다.

치공구의 정밀도에 직접적인 영향을 미치지 않는 곳에는 2차 가공은 하지 않는 것이 경제적이다.

⑤ 공차(tolerance)

일반적으로 지그나 고정구의 공차는 가공물 공차의 20~50%로 정한다.

지나치게 높은 정밀도를 치공구에 부여하면 치공구의 가치를 높이지 못하면서 가격이 높아지는 경제적 손실이 발생한다.

⑥ 도면의 단순화

치공구 설계도면의 작성은 전체 소요경비의 상당한 비율을 차지한다. 따라서, 도면을 단순화시키면 치공구 제작의 비용을 절감하는 효과가 있다.

2) 치공구의 경제성 검토

① 공구 비용과 생산성

치공구 설계의 비용을 결정하는 가장 간단하고 직접적인 방법은 공구제작에 필요한 재료와 임금의 총 비용을 합산하는 것이다. 작업시간의 계산에서는 부품을 장착하여 기계가공하고 탈착까지의 시간을 시간당으로 나누는 것이며, 다음 식으로 표시한다.

$$P_h = \frac{1}{S}$$

P_h : 시간당 가공된 부품의 수량

S : 1개의 부품을 가공하는 시간으로 한다.

② 임금의 계산방법

임금을 절약할 수 있다면 전반적인 생산비가 절감될 수 있다. 지그에 의해 기계가공 시간을 줄이고 숙련공의 수를 줄일 수도 있다.

임금을 계산하는 관계식은 다음과 같다.

$$L = \frac{L_s}{L_h} \times W$$

L : 임금

L_s : 로트 수량

L_h : 시간당 부품 수

W : 임금 비율

③ 부품 단가의 계산 방법

부품의 단가는 다음 식에 의하여 계산한다.

$$Cp = \frac{Tc + L}{Ls}$$

Cp	: 부품단가	Tc	: 공구 비용
L	: 임금	Ls	: 로트 수량

3) 치공구의 표준화

① 치공구 부품의 표준화 : 치공구용 볼트, 너트, 와셔, 위치결정 핀, 드릴 부시, 클램프 스프링 등을 표준화한다.
② 공구의 표준화 : 공구의 형상, 치수, 공차, 재질, 사용방법 등을 표준화한다.
③ 치공구 형식의 표준화 : 각종 부품의 기계 가공, 주조, 용접 등을 표준화한다.
④ 치공구의 자동화용 형식 설계 방법의 표준화 : 유압이나 공압 등 자동화 방법의 기본을 표준화한다.
⑤ 치공구 재료의 표준화 : KS 재료 중에서 치공구 제작에 필요한 재료를 선택하여 표준화한다.
⑥ 치공구용 소재의 표준화 : 각종 소재 치수의 각판, 원판, 각강 환봉 등을 표준화한다.
⑦ 치공구용 본체의 표준화 : 치공구 제작 정도에 따라 연강, 주물 등을 표준화한다.

1.8 치공구 설계의 기초

1) 치공구의 설계 요령

치공구를 실제 설계할 때 주의 사항은 도면을 그리기 전에 위치결정에 대하여 구상을 하고 치공구의 부품을 적게 설계하여야 하며, 칩의 배출 방법 및 가공 공정을 고려하여 되도록 공정을 간략화하고, 치공구 설계를 단순하게 하도록 하여야 한다.

2) 치공구의 중량

치공구는 가볍고, 강성이 커야 하며, 중량이 너무 커지지 않도록 하여야 한다.
① 고정식 치공구의 경우 : 강성 위주로 생각하는 편이 좋다.
② 가반식 치공구의 경우 : 이 경우는 취급을 용이하게 하기 위해 중량의 경감을 고려하여야 한다. 따라서 강성을 잃지 않도록 사용 재료를 충분히 검토하여야 한다.

3) 치공구의 정밀도

치공구의 정밀도는 가공물이 요구하는 정밀도에 대응하여 결정된다. 이것은 가공물의 다듬질 정밀도는 치공구의 정밀도 이상으로는 나오지 않는 것이므로 충분히 주의할 필요가 있다. 치공구의 정밀도는 가공물의 부착상태, 공작기계의 정밀도 등에 영향을 받기 때문이다.

2. 치공구의 분류

지그와 고정구는 공작물의 형상이나 모양, 가공 조건, 방법, 작업내용 등에 따라 여러 가지가 만들어져 있기 때문에 그 분류 방법 및 종류 등이 다양하다.

2.1 작업용도 및 내용에 따른 분류

① 기계가공용 치공구 : 드릴, 밀링, 선반, 연삭, MCT, CNC, 보링, 기어절삭, 브로치, 래핑, 평삭, 방전, 레이저

② 조립용 치공구 : 나사체결, 리벳, 접착, 기능조정, 프레스압입, 조정검사, 센터구멍 등을 위한 치공구

③ 용접용 치공구 : 위치결정용, 자세유지, 구속용, 회전포지션, 안내, 비틀림방지 등을 위한 치공구

④ 검사용 치공구 : 측정, 형상, 압력시험, 재료시험 등을 위한 치공구

⑤ 기타 : 자동차 생산라인의 엔진 조립지그, 자동차 용접지그, 자동차도장 및 열처리지그, 레이아웃 지그 등 다양하게 나눌 수 있다.

2.2 모양상의 분류

형상이나 형식으로부터 플레이트형, 앵글플레이트형, 개방형, 박스형, 척형, 바이스형, 분할형, 연속형, 모방형, 교대형 등으로 나눌 수가 있다.

2.3 기구상의 분류

고정구는 공작물의 위치를 결정한 후 이것을 고정시키기 위한 클램프 기구에 따라서 다음과 같이 분류된다.

① 나사(슬라이드 스트랩 클램프)에 의한 것

② 캠에 의한 것

③ 편심 축에 의한 것

④ 래치에 의한 것

⑤ 웨지(쐐기)에 의한 것

⑥ 유압에 의한 것

⑦ 공압에 의한 것

⑧ 마그네틱에 의한 것

고정구의 사용은 가공 조건에 따라 한 가지 또는 여러 가지를 조합하여 사용한다.

3. 지그의 형태별 종류

3.1 지그의 형태별 분류

1) 플레이트 지그(plate jig)

그림 1.2는 형판 지그와 유사하나 간단한 위치 결정구와 클램핑 기구를 가지고 있다. 플레이트 지그는 생산할 가공물의 수량에 따라서 부시의 사용여부를 결정하게 된다.

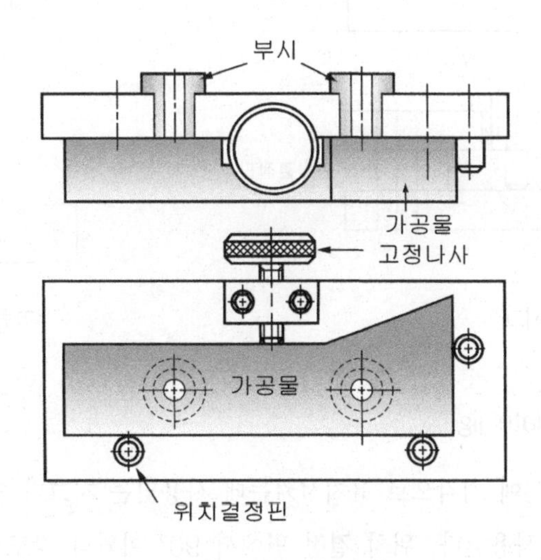

그림 1.2 플레이트 지그

2) 템플릿 지그(template jig)

그림 1.3의 템플릿 지그는 최소의 경비로 가장 단순하게 사용될 수 있는 지그이다. 가공물의 내면과 외면을 사용하여 클램핑시키지 않고 할 수 있는 구조이며, 가공물의 형태는 단순한 모양이어야 하고 정밀도보다는 생산 속도를 증가시키려고 할 때 사용된다. 지그 전체를 열처리하여 사용하는 경우와 부시를 사용하여 제작하는 경우가 있다.

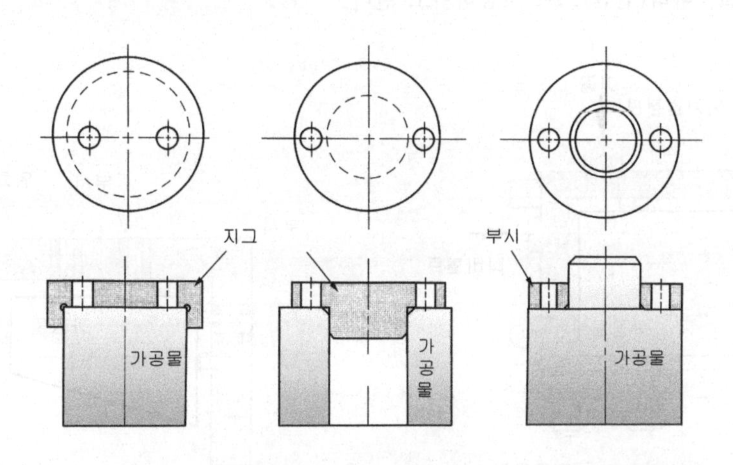

그림 1.3 템플릿 지그

3) 샌드위치 지그(sandwich jig)

그림 1.4는 상・하 플레이트를 이용하여 가공물을 고정시키는 구조이다. 특히 가공물의 형태가 얇아서 비틀리기 쉬운 연한 가공물, 또는 가공물을 고정할 때 상・하 플레이트에 위치 결정핀을 설치하여 고정되는 구조일 경우에 사용하는 지그이다.

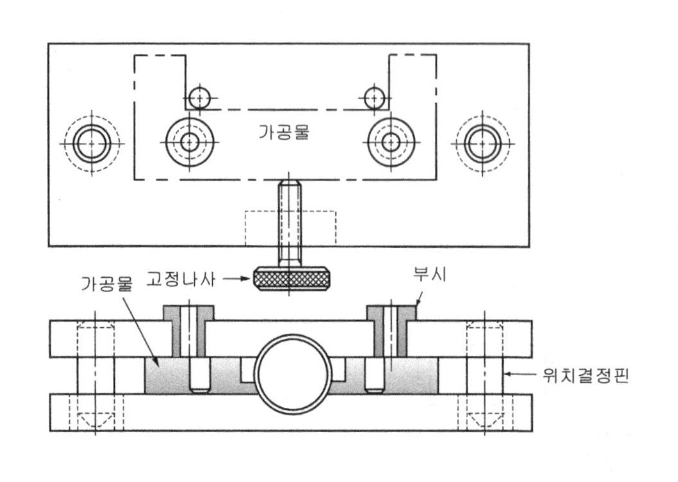

그림 1.4 샌드위치 지그

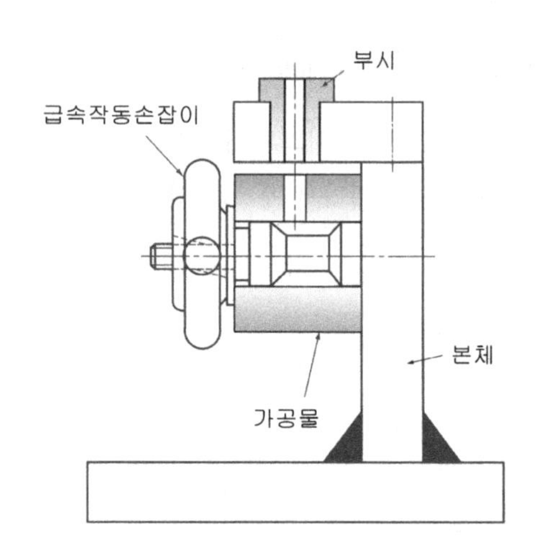

그림 1.5 앵글 플레이트 지그

4) 앵글 플레이트 지그(angle plate jig)

그림 1.5는 가공물을 위치 결정면에 직각으로 유지시키는데 사용되는 지그가 앵글 플레이트이고, 풀리, 칼라, 기어 등의 부품은 이 형식의 지그를 사용된다. 위치 결정 면에서 90° 이외의 각도로 가공물의 위치를 유지시키는 구조가 모디파이드 앵글 플레이트 지그이다.

5) 박스 지그(box jig)

그림 1.6은 가공물을 지그 중앙에 클램핑시키고 지그를 회전시켜 가면서 가공물의 위치를 다시 결정하지 않고 전면을 가공 완성할 수 있다. 밑면과 양 측면의 위치 결정면은 위치 결정핀이나 지그 본체 중앙에 홈을 파내고 양쪽 끝면을 이용하여 지그, 다리(밑면)으로 사용하기도 한다.

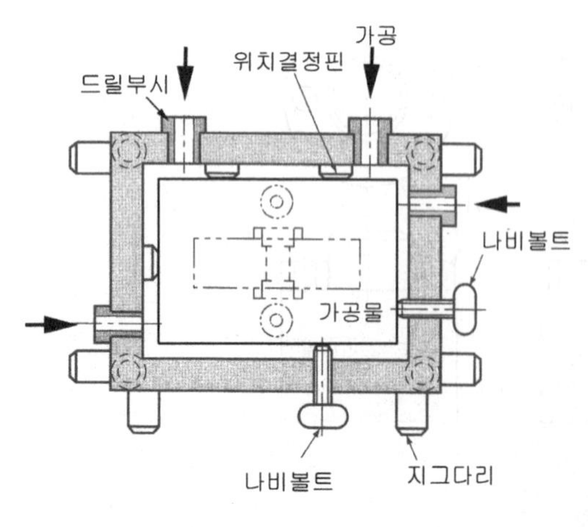

그림 1.6 박스 지그

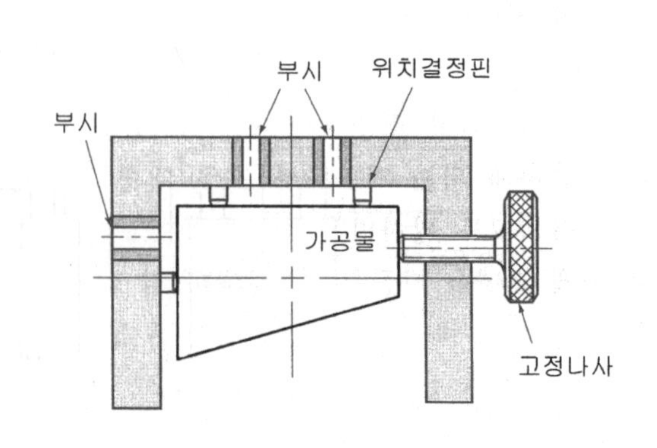

그림 1.7 채널 지그

6) 채널 지그(channel jig)

그림 1.7의 채널 지그는 가공물의 두 면에 지그를 설치하여 단순한 가공을 할 때 사용된다. 이것은 박스 지그의 일종이며, 정밀한 가공보다 생산속도를 증가시킬 목적으로 사용되며 지그 본체는 고정식과 조립식으로 제작이 가능하다.

7) 리프 지그(leaf jig)

그림 1.8의 리프 지그는 쉽게 조작이 가능한 잠금 캠을 이용하여 착탈을 쉽게 할 수 있도록 한 구조이며, 클램핑력이 약하여 소형 가공물 가공에 적합한 구조이다. 잠금 캠과 핀은 선 접촉을 하므로 마모가 심하며 손잡이의 길이가 긴 경우는 무리한 작동으로 지그의 수명이 짧아진다.

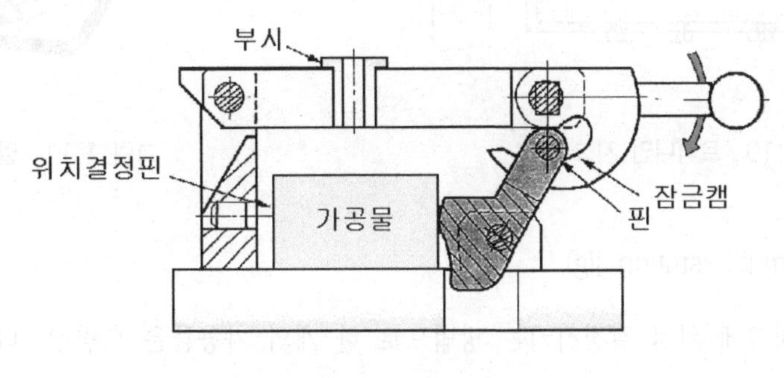

그림 1.8 리프 지그

8) 분할 지그(indexing jig)

그림 1.9는 가공물을 정확한 간격으로 구멍을 뚫거나 기계가공에서 기어와 같이 분할이 어려운 가공물을 가공할 때 사용된다. 위치 결정 핀은 열처리하여 사용하고 스프링 플런저 형태의 조립식 위치 결정 핀도 여러 가지 모양으로 규격화되어 있다. 특수한 형태의 분할작업은 가공물의 조건에 따라서 분할판을 만들어 사용하여야 하며, 분할판 모양을 만들 때 마모 여유와 흔들림은 한 쪽으로만 생기도록 설계하여야 한다.

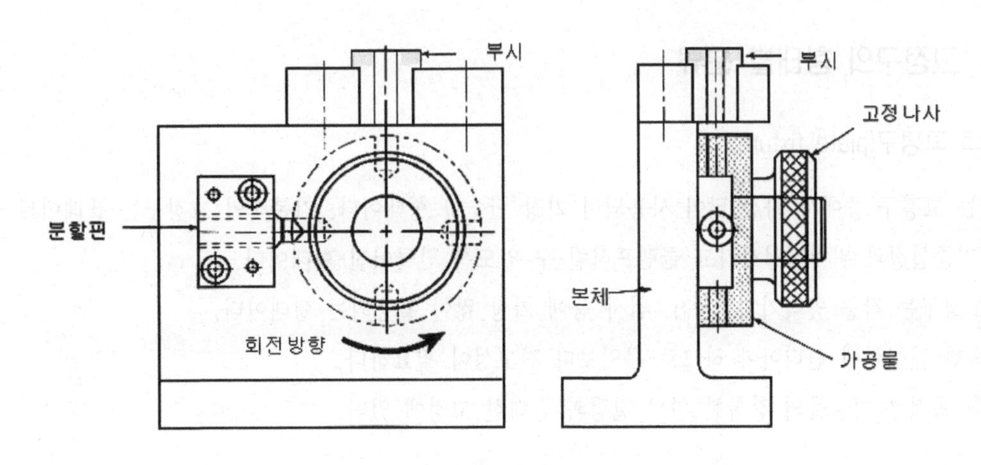

그림 1.9 분할 지그

9) 트러니언 지그(trunnion jig)

그림 1.10은 대형 가공물, 용접 지그에 적당한 구조이다. 분할 잠금 핀을 이용하여 가공물이 트러니언의 중심에서 등분 및 회전이 가능하도록 되어 있다.

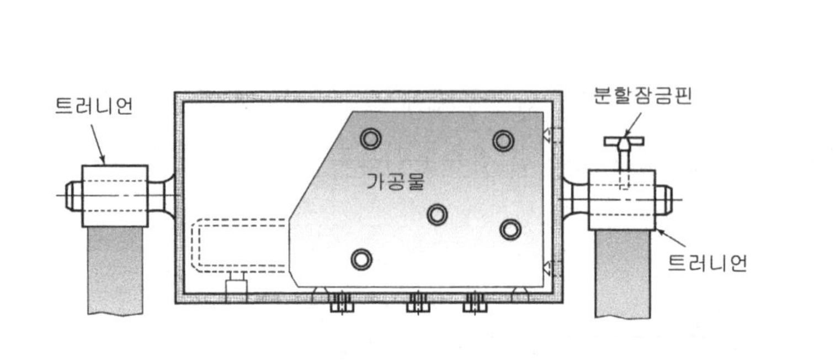

그림 1.10 트러니언 지그

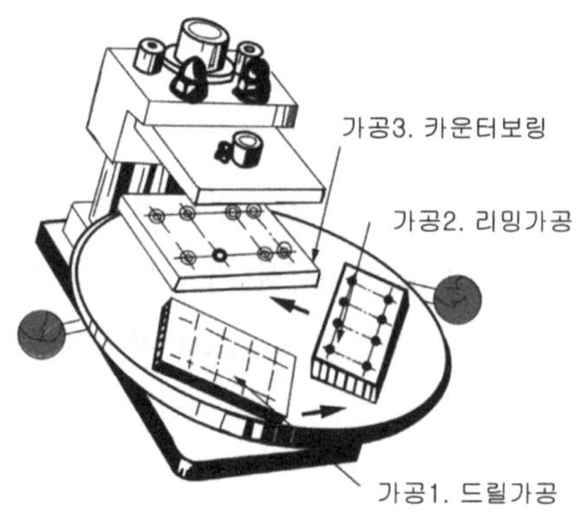

그림 1.11 멀티스테이션 지그

10) 멀티스테이션 지그(multi-station jig)

그림 1.11은 가공물을 지그에 위치 결정시키는 방법으로 한 개의 가공물은 드릴링, 다른 가공물은 리밍, 또 다른 가공물은 카운터보링이 되며 최종적으로 완성 가공된 가공물을 내리고 새로운 가공물을 장착할 수 있는 것이다. 이런 지그는 단축기계에서도 사용되며, 특히 다축기계에 사용하면 적합하고 부가적으로 지그들을 몇 개 복합시켜서 사용하기도 한다.

4. 고정구의 형태별 종류

4.1 고정구의 형태별 분류

1) 플레이트 고정구(plate fixture)

그림 1.12는 고정구 중에서 가장 많이 사용되며 가장 단순한 형태이다. 기본적인 고정구는 플레이트 또는 V블럭에 공작물을 기준설정과 위치결정시키고 클램프시킬 수 있도록 만들어진 형태이다.

플레이트 고정구는 각종 공작기계, 용접, 검사 등에 가장 많이 활용되는 형태이다.

본체는 강력한 절삭력에 견디어야 하므로 무엇보다 견고성이 필요하다.

고정구 사용 목적은 가공물의 정확한 위치 결정과 강력한 고정에 있다.

2) 앵글 플레이트 고정구(angle plate fixture)

그림 1.13은 플레이트 고정구에 수직판을 직각으로 설치한 것으로, 밀링고정구와 면판에 의한 선반고정구가 많

이 사용되고 있다. 가공물이 90° 또는 다른 각도로 고정이 필요한 경우에 사용되는 형태이다. 강력한 절삭력에는 본체 구조상 약하므로 보강 판을 설치하여야 한다.

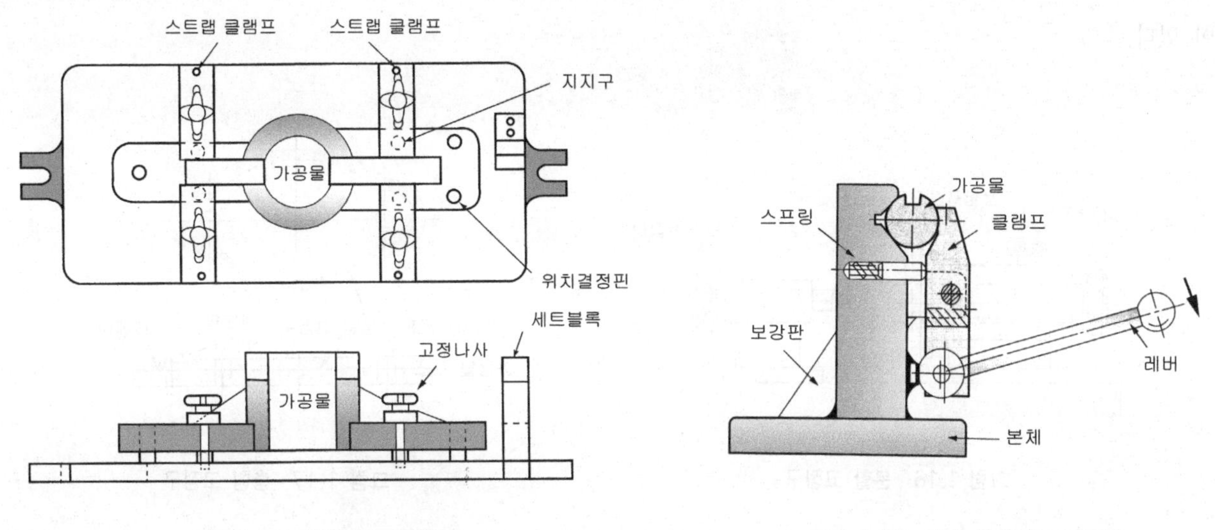

그림 1.12 플레이트 고정구

그림 1.13 앵글 플레이트 고정구

3) 바이스 조 고정구(vise-jaw fixture)

그림 1.14는 바이스 조 고정구이며 범용 밀링에 많이 활용되고 있다. 여러 가지 다양한 가공에 적합하나 정밀도가 떨어지고 이동량이 제한되므로 소형에 적합하다. 가공물의 모양에 따라서는 조 모양을 가공물의 형태에 맞도록 제작하여 사용하면 편리하다.

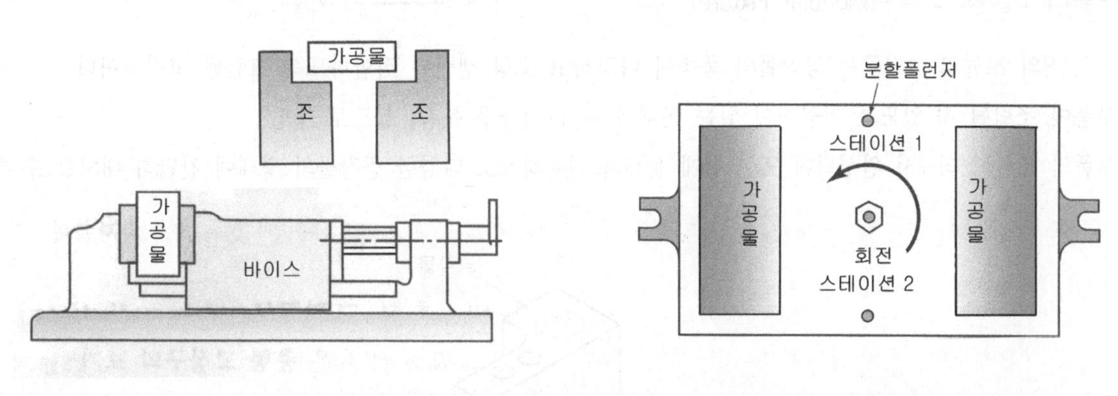

그림 1.14 바이스 조 고정구

그림 1.15 멀티스테이션 고정구

4) 멀티스테이션 고정구(multi-station fixture)

그림 1.15는 가공 시간이 길고 비교적 중형 이상의 크기에 많이 사용되며 스테이션 1의 작업이 완성되면 고정구는 회전하고, 스테이션 2의 가공사이클이 반복된다. 스테이션 2가 가공되는 동안 스테이션 1은 가공물을 교환하고 작업의 준비가 되어 연속 작업이 가능하므로 생산성 향상과 원가 절감을 가져올 수 있다.

5) 분할 고정구(indexing fixture)

그림 1.16의 분할 고정구는 가공물을 일정한 간격으로 2등분 이상 분할할 때 사용한다. 가공물이 분할에 따라 움직여야 하므로 클램핑력이 약할 우려가 있다. 분할판에 의한 방법과 플레이트와 조절 나사를 이용한 2등분 분할이 있다.

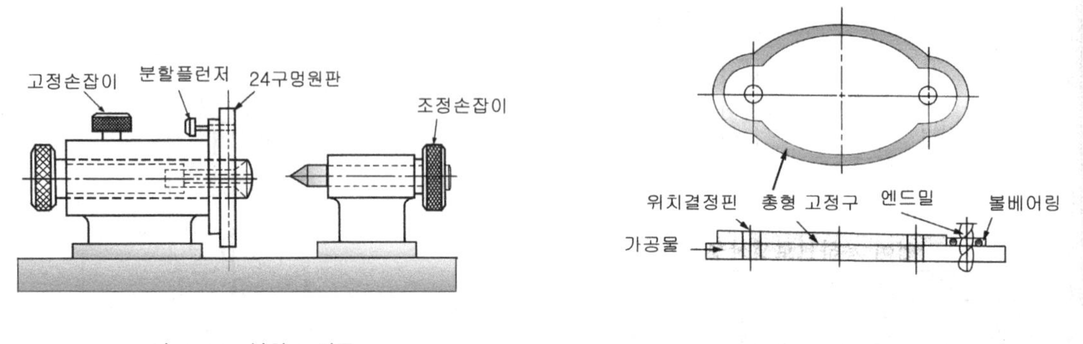

그림 1.16 분할 고정구

그림 1.17 총형 고정구

6) 총형 고정구(forming fixture)

그림 1.17의 총형 고정구는 모방밀링이나 조각기 같은 공작 기계에서 3차원 가공 방식의 일종이며, 일정하지 않은 가공물의 윤곽을 절삭할 수 있도록 절삭 공구를 안내하는데 사용한다. 가공방법은 모형에 의해 내면과 외면을 가공한다. 공구는 항상 가공물과 접촉을 하고 있으므로 절삭속도를 일정하도록 유지하고 절삭 깊이도 많이 주어서는 안 된다.

7) 모듈러(조절형) 고정구(Modular Fixture)

그림 1.18의 모듈러 고정구는 공작물의 품종이 다양하고 소량 생산에 적합하도록 고안된 고정구이다.

① 부품이 조립될 수 있도록 가공되어 있는 본체와 각종 치공구 부품, 볼트로 구성

② 부품의 조합에 의해서 완성되며 또한 쉽게 분해가 가능하므로 다양한 공작물의 형태에 간단히 대처할 수 있음

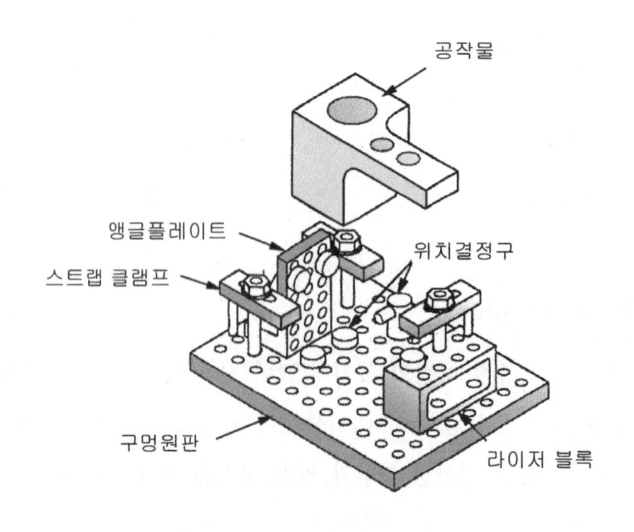

그림 1.18 모듈러 고정구의 조립 예

③ 고정밀도를 제공하고 규격화, 표준화되어 있으므로 생산의 자동화 추진이 가능

④ 자동화 생산용, 밀링 고정구, 선반 고정구, 보링 고정구, 검사(3차원측정 등) 지그 등에 사용되며 복합용 머시닝 센터에서 가장 많이 사용

(1) 유연성 있는 치공구의 채택 특징

① 서로 다른 제품의 초기생산, 다품종 소량생산, 단속생산 등에 있어서 준비시간(lead-time)을 줄일 수 있어 납기, 개발일정 등을 단축시킬 수 있다.

② 치공구의 조립, 분해가 용이하고 재사용함으로써 제품에 대한 치공구의 상각비를 줄일 수 있어 원가를 절감할 수 있다.

③ 치공구의 조립과 분해가 용이하여 보관장소를 줄 일 수 있고 관리를 용이하게 할 수 있다.

④ Pallet change 시스템과 쉽게 결합할 수 있어 생산자동화(FMS)에 적합하다.

⑤ Pallet change 시스템에서 Pallet 별 치공구를 바르고 용이하게 조립할 수 있고, 기계의 정지 없이 계속적인 가동이 가능하여 장비 가동율을 높일 수 있다.

(2) 유연성 있는 치공구의 조립 방식

① 공구 플레이트(Tooling plate) 방식 : 수직 밀링, 머시닝 센터, CNC드릴링 등에 사용된다.

② 앵글 플레이트(Angle plate) 방식 : 수평 밀링, 보링, CNC밀링, 머시닝 센터 등에 사용된다.

③ 공구 블록(Tooling block) 방식 : 공작물을 2면에 장착할 수 있는 것과 4면에 장착할 수 있는 것이 있으나, 이들은 수평형의 장비에 사용되며, 특히 기계의 테이블이 회전할 수 있는 머시닝 센터, 보링, 밀링 등에 사용된다.

모듈러 치공구의 조립방식은 3가지 방식으로 분류되며, 모듈러 치공구는 설계 및 조립 시간을 단축시키고 치공구의 관리를 효율화할 수 있다.

익힘문제

문제 1. 지그와 고정구의 차이점은 무엇인가?

해설 지그와 고정구를 명확하게 정의하기는 어려우며 사용상 같은 것으로 간주하고 있다. 기계 가공에서 공작물을 고정, 지지하거나 또는 공작물에 부착 사용하는 특수 장치로서 공작물을 위치 결정하여 클램프할 뿐만 아니라 공구를 공작물에 안내(부시)하는 장치를 포함하면 지그라 한다.

① 지그(jig)는 일반적으로 고정구를 포함하여 '지그'라 총칭한다. 또한 자동화 설비나 장치 등의 능력을 최대한으로 그리고 유효하게 인출, 발휘시켜 작업을 능률적으로 수행할 수 있도록 만들어진 보조구, 장치도 지그라고 할 수 있다.

② 고정구(fixtue)는 공작물의 위치 결정 및 클램프하여 고정하는데 대해서는 근본적으로 지그(jig)와 같다. 공구를 공작물에 안내하는 부시 기능이 없으나, 세팅(setting) 블록과 필러(feeler)게이지에 의한 공구의 정확한 위치 장치를 포함하여 고정구라 한다. 그러나 지그와 고정구를 구분하는 것은 큰 의미가 없으므로 일반적으로 지그라 통칭한다.

문제 2. 치공구의 3요소는?

해설 ① 위치결정면

공작물이 X, Y, Z축 방향으로 직선운동하는 것을 방지하기 위하여 위치결정을 설치하는 면을 위치 결정면이라 한다. 일정위치에서 기준면 설정으로 일반적으로 밑면이 된다.

② 위치결정구

공작물의 회전방지를 위한 위치 및 자세에 해당되며 일반적으로 측면 및 구멍에 위치결정 핀을 설치하는데 이를 위치결정구라 한다.

③ 클램프

고정은 공작물의 변형이 없이 자연 상태 그대로 체결되어야 하며, 위치결정면 반대쪽에 클램프가 설치되는 것이 원칙이다.

문제 3. 지그의 형태별 종류는 무엇인가?

해설 형판 지그, 판형 지그, 개방형 지그, 샌드위치형 지그, 앵글플레이트 지그, 링형 지그, 바깥지름 지그, 리프형 지그, 채널형 지그, 상자형 지그, 분할형 지그, 트라이언형 지그, 멀티스테이션형 지그, 펌프 지그 등이다.

문제 4. 치공구에서 가공의 이점는?

해설 치공구는 생산성의 향상에 최대한 기여하는 것이다. 즉, 제품의 원가절감을 위한 목적으로 공정의 개선, 품질의 향상과 안정, 제품의 호환성을 주는 것이다. 다시 말하면, 품질(Q : quality)과 비용(C : cost), 납기(D : delivery)로 분류된다.

① 기계설비를 최대한 활용한다.

② 생산능력을 증대한다.

③ 특수기계, 특수공구가 불필요하다.

문제 5. CNC, MCT에 주로 사용되는 치공구는?

해설 모듈러(조절형) 치공구(Modular Fixture)

문제 6. 모듈러(조절형) 고정구(Modular Fixture)를 설명하시오.

해설 공작물의 품종이 다양하고 소량 생산에 적합하도록 고안된 고정구이다.

① 부품이 조립될 수 있도록 가공되어 있는 본체와 각종 치공구 부품, 볼트로 구성

② 부품의 조합에 의해서 완성되며 또한 쉽게 분해가 가능하므로 다양한 공작물의 형태에 간단히 대처할 수 있음.

③ 고정밀도를 제공하고 규격화, 표준화되어 있으므로 생산의 자동화 추진이 가능

④ 자동화 생산용, 밀링 고정구, 선반 고정구, 보링 고정구, 검사(3차원측정 등) 지그 등에 사용되며 복합용 머시닝 센터에서 가장 많이 사용

문제 7. 치공구의 경제적 설계에 대하여 설명하시오.

해설 ① 단순성 : 치공구는 가능한 기본적이고 간단하고, 시간과 재료를 절약할 수 있어야 한다.

② 기성품 재료 : 기성품의 재료를 사용하면 기계가공을 생략할 수 있으므로, 치공구 제작비를 크게 절감할 수 있다.

③ 표준규격 부품 : 시판되고 있는 지그와 고정구용 표준부품을 사용하면, 치공구의 품질향상과 인건비 및 재료비를 절감시킨다.

④ 2차 가공 : 치공구의 정밀도에 직접적인 영향을 미치지 않는 곳에는 2차 가공은 하지 않는 것이 경제적이다.

⑤ 공차(tolerance) : 일반적으로 지그나 고정구의 공차는 가공물 공차의 20~50%로 정한다.

⑥ 도면의 단순화 : 도면을 단순화시키면 치공구 제작의 비용을 절감하는 효과가 있다.

문제 8. 치공구 설계 및 선정에 직접적인 영향을 주는 사항를 쓰시오.

해설 ① 부품의 전반적인 치수와 형상

② 부품제작에 사용될 재료의 재질과 상태

③ 적합한 기계 가공 작업의 종류

④ 요구되는 정밀도 및 형상 공차

⑤ 생산할 부품의 수량

⑥ 위치결정면과 클램핑할 수 있는 면의 선정

⑦ 각종 공작기계의 형식과 크기

⑧ 커터의 종류와 치수

⑨ 작업순서 등

문제 9. 치공구 설계의 가장 중요한 목적을 쓰시오.

해설 ① 복잡한 부품의 경제적인 생산

② 공구의 개선과 다양화에 의하여 공작기계의 출력 증가

③ 공작기계의 특수한 가공을 가능하게 하는 부가적인 기능 개발

④ 미숙련자도 정밀 작업이 가능

⑤ 제품의 불량이 적고 생산 능력을 향상

⑥ 제품의 정밀도(accuracy) 및 호환성(interchangeability)의 향상

⑦ 공정단축 및 검사의 단순화와 검사시간 단축

⑧ 부적합한 사용을 방지할 수 있는 방오법(foolproof)이 가능

⑨ 작업자의 피로가 적어지고 안전성이 향상된다.

연습문제

1. 지그(jig) 및 고정구(fixture)의 기능에 대한 설명이 아닌 것은?

㉮ 공작물의 위치결정　　㉯ 공작물의 정밀도 유지

㉰ 공작물의 지지 및 고정　　㉱ 절삭공구의 안내

해설 치공구의 주 기능은 공작물의 위치결정, 절삭공구의 안내, 공작물의 지지 및 고정이다.

2. 다음 중 지그에 대한 설명이 아닌 것은?

㉮ 드릴, 리머, 보링 작업에 주로 사용　　㉯ 불량품의 감소

㉰ 대량 생산에 적합　　㉱ 고도의 숙련이 필요

해설 지그는 미숙련자가 작업이 용이해야 한다.

3. 치공구 선정시 고려할 사항 중 틀린 것은?

㉮ 제품의 정밀도　　㉯ 제품의 가격

㉰ 제품의 형상　　㉱ 제품의 수량

해설 치공구 설계 및 선정에 직접적인 영향을 주는 사항

① 부품의 전반적인 치수와 형상　　② 부품제작에 사용될 재료의 재질과 상태

③ 적합한 기계 가공 작업의 종류　　④ 요구되는 정밀도 및 형상 공차

⑤ 생산할 부품의 수량　　⑥ 위치결정면과 클램핑할 수 있는 면의 선정

⑦ 각종 공작기계의 형식과 크기　　⑧ 작업순서

⑨ 커터의 종류와 치수

4. 공작물을 유지하고 지지하며 기계가공하기 위하여 공작물 위에 설치하는 특수장치는?

㉮ 바이트　　㉯ 지그

㉰ 단동척　　㉱ 앤드릴

5. 제품의 정밀도보다는 생산속도를 증가시키기 위하여 사용하는 지그는 무엇인가?

㉮ 샌드위치 지그　　㉯ 플레이트 지그

㉰ 템플레이트 지그　　㉱ 박스 지그

6. 지그를 사용함으로써 얻는 좋은 점은?

㉮ 제품의 검사작업을 줄일 수 있다.　　㉯ 제품의 보수작업이 증가한다.

㉰ 숙련공이 필요하다.　　㉱ 제품의 생산능률이 감소된다.

정답 1.㉯ 2.㉱ 3.㉯ 4.㉯ 5.㉰ 6.㉮

7. 치공구설계의 기본원칙이 아닌 것은?

㉮ 최대한 단순하게 설계할 것

㉯ 충분한 강도를 가지게 무겁게 설계할 것

㉰ 전문업체에서 생산되는 표준부품을 사용할 것

㉱ 치공구 본체는 칩과 절삭유가 배출할 수 있도록 설계할 것

해설 충분한 강도를 가지면서 가볍게 설계할 것

8. 기계 가공에서 박스 지그(box jig)를 사용해서 하는 작업은?

㉮ 선반에서 테이퍼를 절삭할 때
㉯ 셰이퍼에서 키홈을 절삭할 때

㉰ 지그보링에서 보링 작업을 할 때
㉱ 드릴작업에서 다수의 구멍을 뚫을 때

9. 드릴링 머신에서 구멍를 똑바로 뚫는데 사용되는 것은?

㉮ 박스 지그(box iig)
㉯ 드릴 플레이트(drill plate)

㉰ 안내 부시(bush)
㉱ 드릴검사 게이지

10. 다음 중 나사 체결, 리벳, 접착, 기능 조정, 프레스압입, 조정검사, 센터구멍 등을 위한 치공구는 어느 것인가?

㉮ 조립용 치공구
㉯ 기계가공용 치공구

㉰ 용접용 치공구
㉱ 검사용 치공구

11. 다음 요소 중 공작물을 고정하는 요소는 무엇인가?

㉮ 슬리브
㉯ 바이스

㉰ 어댑터
㉱ 아버

해설 공작물을 고정하는 요소 - 척, 바이스, V블록, 센터
공구를 고정하는 요소 - 척, 콜릿 척, 슬리브, 바이트 홀더, 어댑터, 아버

12. 드릴지그 부시를 사용함에 있어서 부시의 라이너 또는 교환부시를 설치할 구멍의 센터 거리가 짧아서 여유가 없는 경우 사용되는 부시는 무엇인가?

㉮ 고정부시(press fit bush)

㉯ 삽입부시(slip bush)

㉰ 나사부시(screw bush)

㉱ 한 개의 부시에 두 개의 구멍이 있는 부시

13. 다음 중 형판 지그와 유사하나 간단한 위치 결정구와 클램핑 기구를 가지고 있는 지그는 어느 것인가?

㉮ 앵글 플레이트 지그
㉯ 샌드위치 지그

㉰ 플레이트 지그
㉱ 템플릿 지그

정답 7.㉯ 8.㉱ 9.㉰ 10.㉮ 11.㉯ 12.㉮ 13.㉰

14. 치공구 사용의 중요한 목적이 아닌 것은?

㉮ 생산제품의 정밀도가 향상되고 호환성을 지닌다.
㉯ 가공작업의 공정을 단축시킨다.
㉰ 숙련자에 의한 정밀 작업이 가능하다.
㉱ 제품을 검사하는 시간이나 방법이 간단하다.

15. 다음 중 쉽게 조작이 가능 한 잠금 캠을 이용하여 착탈을 쉽게 할 수 있도록한 구조이며, 클램핑력이 약하여 소형 가공물에 적합한 구조를 가진 지그는 무엇인가?

㉮ 멀티스테이션 지그
㉯ 분할 지그
㉰ 채널 지그
㉱ 리프 지그

16. 다음 중 치공구 사용상의 특징 중 아닌 것은?

㉮ 절삭공구의 파손이 감소하여 공구의 수명이 연장된다.
㉯ 특수기계나 특수공구가 필요하지 않다.
㉰ 근로자의 숙련도 요구가 증가한다.
㉱ 제품의 균일화에 의하여 검사업무가 간소화 된다.

해설 치공구 사용상의 특징
- 절삭공구의 파손이 감소하여 공구의 수명이 연장된다.
- 특수기계나 특수공구가 필요하지 않다.
- 제품의 균일화에 의하여 검사업무가 간소화된다.
- 근로자의 숙련도 요구가 감소한다.

17. 일반적으로 지그나 고정구의 공차는 가공물 공차의 몇 %로 정해야 경제적인가?

㉮ 10~15%
㉯ 20~50%
㉰ 5~10%
㉱ 55~65%

18. 다음 중 각종 공작기계, 용접, 검사 등에 가장 많이 활용되는 고정구이며 본체는 강력한 절삭력에 견딜 수 있도록 견고성이 필요한 고정구는?

㉮ 바이스 - 조 고정구
㉯ 멀티스테이션 고정구
㉰ 앵글 플레이트 고정구
㉱ 플레이트 고정구

19. 전 표면을 둘러 쌓도록 제작하며, 공작물을 한번 위치 결정한 상태에서 모든 면을 완성 가공할 수 있는 지그는 무엇인가?

㉮ 템플릿 지그
㉯ 박스 지그
㉰ 채널 지그
㉱ 리프 지그

정답 14.㉰ 15.㉱ 16.㉰ 17.㉯ 18.㉱ 19.㉯

20. 다음 중 치공구의 3요소가 아닌 것은?

㉮ 위치결정면　　㉯ 공작물

㉰ 위치결정구　　㉱ 클램프

해설 치공구의 3요소는 위치결정면, 클램프, 위치결정구이다.

21. 다음 중 치공구의 사용상 이점이 아닌 것은?

㉮ 작업시간이 단축된다.　　㉯ 제품의 균일화에 의하여 검사업무가 감소된다.

㉰ 특수기계, 특수공구가 불필요하다.　　㉱ 생산능력이 감소한다.

해설 생산능력이 증가한다.

22. 다음 중 가공물의 내면과 외면을 사용하여 클램핑시키지 않고 할 수 있는 구조이며, 가공물의 형태는 단순한 모양이어야 하고, 정밀도보다는 생산 속도를 증가시키려고 할 때 사용 지그는?

㉮ 템플릿 지그　　㉯ 플레이트 지그

㉰ 샌드위치 지그　　㉱ 앵글 플레이트 지그

23. 다음 중 가공물을 정확한 간격으로 구멍을 뚫거나 기계가공에서 기어와 같이 분할이 어려운 가공물을 가공할 때 사용 지그는?

㉮ 리프 지그　　㉯ 트러니언 지그

㉰ 분할 지그　　㉱ 멀티스테이션 지그

24. 다음 중 게이지를 사용할 때의 이점 중 틀린 것은?

㉮ 가공 중에 불량을 조기에 발견할 수 있다.　　㉯ 필요 이상의 정밀도를 요구해 원가 절감이 불가능하다.

㉰ 검사시간을 단축할 수 있다.　　㉱ 검사가 간단하고 능률적이다.

해설 게이지를 사용할 때의 이점

- 가공 중에 불량을 조기에 발견할 수 있다.
- 필요 이상의 정밀도를 요구하지 않아 원가 절감이 가능하다.
- 검사가 간단하고 능률적이다.
- 검사시간을 단축할 수 있다.

25. 원통형 제품을 원주방향으로 여러 개의 구멍을 가장 효율적으로 가공할 수 있는 지그는?

㉮ 인덱스(index) 지그　　㉯ 상자형 지그

㉰ 링(ring) 지그　　㉱ 유니버셜(universal) 지그

26. 공작물의 위치결정뿐 아니라 절삭공구를 안내하기 위하여 공작물위에 설치하는 장치는?

㉮ 바이스　　㉯ 지그

㉰ 고정구　　㉱ 클램프

정답 20.㉯ 21.㉱ 22.㉮ 23.㉰ 24.㉯ 25.㉮ 26.㉯

27. 치공구를 사용할 때의 장점이 아닌 것은?

㉮ 정밀도가 향상되고 호환성을 갖는다. ㉯ 미숙련자도 정밀작업이 가능하다.

㉰ 제품량이 적으나, 생산 능력이 감소된다. ㉱ 제품을 검사하는 시간이나 방법을 간단히 할 수 있다.

28. 지그의 설명이 아닌 것은?

㉮ 고도화된 숙련공이 필요하다. ㉯ 드릴링 작업에 사용된다.

㉰ 다량생산에 적합하다. ㉱ 불량품이 적어진다.

29. 지그를 사용함으로써 얻는 이점은?

㉮ 제품의 검사작업을 줄일 수 있다. ㉯ 제품의 보수작업이 증가한다.

㉰ 숙련공이 필요하다. ㉱ 제품의 생산능률이 감소된다.

30. 다음 중 측정, 형상, 압력시험, 재료시험 등을 위한 치공구를 무엇이라 하는가?

㉮ 기계가공용 치공구 ㉯ 조립용 치공구

㉰ 용접용 치공구 ㉱ 검사용 치공구

31. 다음 중 공작물이 절삭공구에 대하여 정확한 위치에 설치되는 위치 결정구가 갖추어야 할 사항 중 틀린 것은?

㉮ 교환이 불가능하도록 설계되어야 한다.

㉯ 마모에 견딜 수 있어야 한다.

㉰ 공작물과의 접촉이 쉽게 보일 수 있도록 설계되어야 한다.

㉱ 청소하기가 쉬워야 한다.

해설 위치 결정구가 갖추어야 할 사항
- 교환이 가능하도록 설계되어야 한다.
- 청소하기가 쉬워야 한다.
- 공작물과의 접촉이 쉽게 보일 수 있도록 설계되어야 한다.
- 마모에 견딜 수 있어야 한다.

32. 지그를 사용하는 목적이 아닌 것은?

㉮ 미숙련자도 작업이 가능하다. ㉯ 제품이 정확하여 호환성이 있다.

㉰ 대량생산에 적합하다. ㉱ 작업이 복잡하여 생산능률이 낮다.

33. 다음 중 모방밀링이나 조각기 같은 공작기계에서 3차원 가공 방식의 일종이며, 일정하지 않은 가공물의 윤곽을 절삭할 수 있도록 절삭 공구를 안내하는데 사용하는 고정구는 무엇인가?

㉮ 앵글 플레이트 고정구 ㉯ 멀티스테이션 고정구

㉰ 분할 고정구 ㉱ 총형 고정구

정답 27.㉰ 28.㉮ 29.㉮ 30.㉱ 31.㉮ 32.㉱ 33.㉱

34. 다음 형상 제품의 정밀도보다도 생산속도를 증가시키기 위하여 사용되는 지그는?

㉮ 플레이트 지그

㉯ 템플레이트 지그

㉰ 채널 지그

㉱ 리프 지그

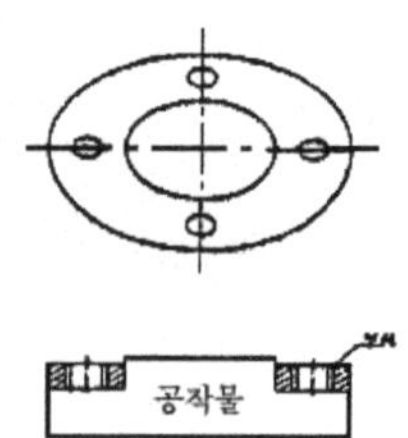

35. 공작물 주위에 정확한 간격으로 구멍을 뚫거나 기타 기계의 가공에 사용되며, 이들 작업을 수행하기 위하여 지그의 몸체 또는 플런저가 분할핀으로 사용되는 것은?

㉮ 분할 지그(indexing jig)

㉯ 리프 지그(leaf jig)

㉰ 채널 지그(channel jig)

㉱ 박스 지그(box jig)

36. 지그의 조립도에서 기준면 설정에 가장 합당한 면은?

㉮ 지그다리 밑면

㉯ 몸체 바닥판의 아랫면

㉰ 몸체 바닥판의 윗면

㉱ 위치 결정구의 끝면

정답 34.㉯ 35.㉮ 36.㉯

제 2 장

공작물 관리

1. 공작물 관리의 정의

1.1 공작물 관리의 목적

① 공작물 관리

공작물의 가공 공정 중에 공작물의 변위량이 일정 한계 내에서 관리되도록 공작물의 위치를 제어하는 것을 말한다. 즉, 주어진 변화 요인에도 불구하고 공작물이 치공구와의 관계에서 항상 일정한 위치관계가 유지되도록 하는 것이다.

② 공작물의 위치결정면과 클램핑위치를 정확하게 하기 위한 공작물 관리의 목적

㉮ 모든 요인에 관계없이 공구와 공작물의 일정한 상대적 위치를 유지한다.

㉯ 절삭력, 클램핑력 등의 모든 외부의 힘에 관계없이 공작물이 위치를 유지한다.

㉰ 공구 및 고정력 또는 공작물의 취성에 의해서 과도한 휨이 일어나지 않도록 공작물의 변형을 방지한다.

㉱ 공작물의 위치는 작업자의 숙련도에 관계없이 유지한다.

1.2 공작물 변위 발생요소

공작물은 다음과 같은 요소에 의하여 변위를 하게 된다.

① 공작물의 고정력
② 공작물의 절삭력(공구력)
③ 공작물의 위치편차
④ 재질의 치수 변화
⑤ 먼지 또는 칩(chip)
⑥ 절삭공구의 마모
⑦ 작업자의 숙련도
⑧ 공작물의 중량
⑨ 온도, 습도 등

위와 같은 공작물의 변위 발생 요소를 방지하기 위해서는 이들 공작물을 정확하며 확실하게 잡아 주는 장치가 필요하고, 이는 다음과 같이 분류된다.

① 공작물을 잡아 주는 요소 : 척(2, 3, 4, 6), 콜릿, 바이스, 맨드릴, V블록, 센터
② 공구를 잡아주는 요소 : 척(3), 콜릿척, 슬리이브, 드라이버, 바이트 홀더, 어댑터, 아버
③ 치공구 : 지그와 고정구, 게이지
④ 공작물을 관리하는 공구 : 지지구

공작물 관리는 척, 콜릿, 고정구, 지그 등 공작물을 고정하는 고정장치에 의하여 이루어진다. 이러한 장치를 공작물의 고정 장치(workpiece holder)라 하며, 제품제조를 위한 치공구의 일부이다. 이들을 구성하고 있는 위치결정구, 지지구, 클램프 등을 적절히 설계함으로써 소용의 정밀도로 부품을 가공할 수 있는 것이다. 공작물 관리가 잘못되면 고가의 장비나 공구도 무용지물이 되고 만다.

2. 공작물 관리의 이론

공작물 관리를 하기 위한 이론과 기술은 다음과 같다.
① 평형 이론(equilibrium theory)
② 위치결정 이론(concept of location)
③ 형상 관리(geometric control)
④ 치수 관리(dimensional control)
⑤ 기계적 관리(mechanical control)
⑥ 대체위치결정 이론(alternate location theory)

2.1 평형 이론

공작물 관리에서는 정지상태에서 평형이 유지되어야 한다. 여기에는 두 가지 형의 평형이 있다. 하나는 직선 평형(linear equilibrium)과 회전 평형(rotational equilibrium)을 들 수 있다. 평형은 주어진 물체가 작용하는 균형을 말하고, 물체는 평형되었을 경우 정지 상태가 된다. 이를 위해서는 직선 운동하는 물체는 선형 평형이, 회전 운동하는 물체는 회전 평형이 이루어져야 한다. 평형(equilibrium)은 주어진 물체가 작용하는 균형을 의미하고, 물체는 평형되었을 경우에 정지 상태가 된다.

1) 직선 평형

① 그림 2.1과 같이 자유 상태의 물체에 한 방향으로 힘이 가해지면 물체는 평형을 잃고 직선 방향으로 움직인다. 이 물체의 평형을 유지하기 위해서는 같은 크기의 힘을 반대 방향에서 가해 주면 되며, 이때 같은 방향의 힘을 반대 방향으로 작용하여 움직이지 못하게 하는 것이다.
② 직선 방향의 움직임을 제어하여 정지상태로 유지된 것을 직선 평형이라 한다.

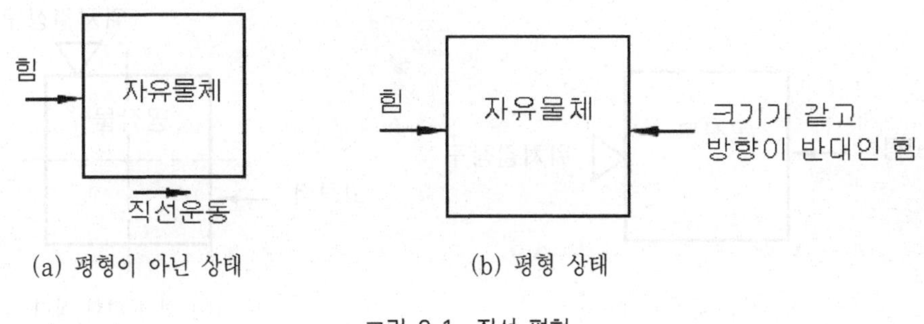

그림 2.1 직선 평형

2) 회전 평형

① 자유 물체가 직선으로 균형을 이룬다고 해도 회전운동을 하는 수가 있다.

② 자유 물체가 직선 운동을 하기 위해서는 힘이 물체의 중심에 가해져야 한다. 그러나 작용하는 힘이 중심을 벗어나면 그림 2.2와 같이 회전하려는 경향이 생기며, 이때 회전하려는 모멘트에 가해지는 힘과 회전축까지의 거리를 곱하면 구해진다.

③ 크기가 같고 반대 방향인 모멘트가 서로 반작용하여 물체의 평형 상태를 유지하는 것을 회전 평형이라 한다. 직선 평형은 힘의 균형에서 이루어지고 회전 평형은 모멘트의 평형에서 이루어진다.

④ 회전 평형 시에는 평형을 이루는 힘이 가해지는 힘과 크기가 같지 않아도 된다. 가해지는 힘이 작더라도 회전축의 길이가 길면 모멘트는 같을 수 있다.

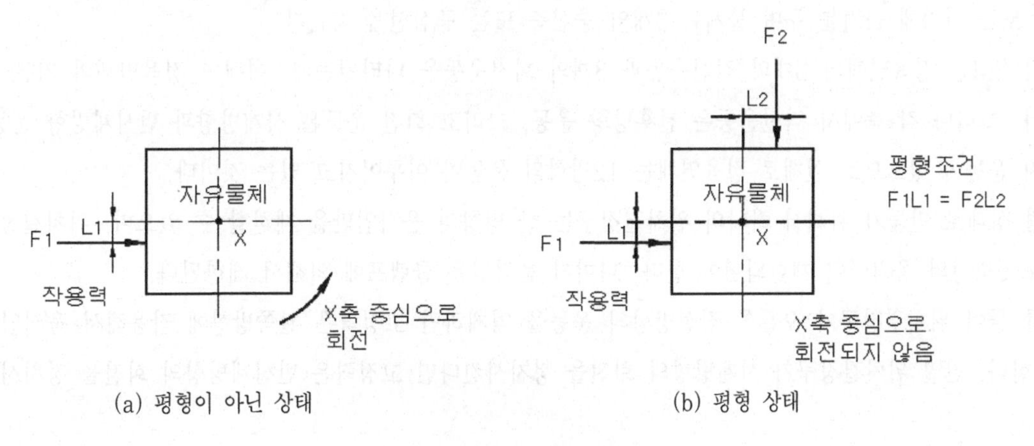

그림 2.2 회전 평형

3) 평형 이론의 응용

① 그림 2.3은 공작물이 어떻게 평형을 유지하는가를 나타낸 것으로, 여기서 공작물에 가해지는 힘을 고정력(holding force)이라 한다.

② 치공구에서 이 고정력은 클램핑 장치에 의해 주어진다. 공작물이 정지상태를 유지하려면 고정력과 크기가 같고 방향이 반대인 힘이나 모멘트가 필요한데 이들은 위치결정구(locator)에 의해 작용한다.

③ 클램프 및 위치결정구는 치공구 설계자에 의해 설계되는 것이다.

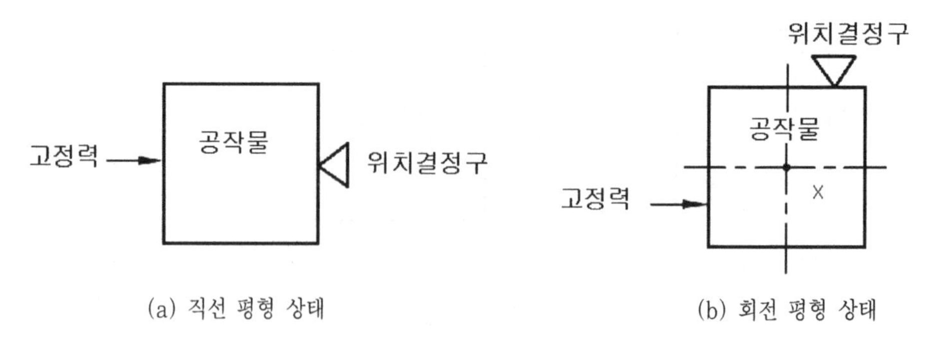

그림 2.3 치공구에 의한 공작물 평형

2.2 위치결정의 개념

기본적인 위치결정 시스템은 평형이론으로부터 알 수 있는데, 치공구에서 공작물의 평형은 위치결정구와 클램프에 의해 이루어진다.

1) 공간에서의 움직임

① 모든 물체의 공간에서의 운동은 직선 및 회전 운동이 조합되어 있고 기하학적으로 공간은 3개의 평면으로 나타낼 수 있는데, 이것을 3차원적 공간이라 한다.

② 부품도는 여기에 근거를 두며 물체는 3개의 중심축 또는 중심선을 갖는다.

③ 그림 2.4는 정육면체의 3개의 직선운동과 3개의 회전운동을 나타냈는데, 이것이 정육면체의 기본 운동 요소이다. 그러나 각 축에서 직선운동은 전후방향 운동, 그리고 회전 운동은 시계방향과 반시계방향 운동, 각각 2가지 운동이 있으므로 실제로 정육면체는 12방향의 운동이 이루어지고 있는 것이다.

④ 평형 상태로 만들기 위해서 하나의 위치결정구는 한 방향의 움직임만을 제한할 수 있으며, 위치결정시에는 적어도 6방향의 움직임이 제한되어야 한다. 나머지 움직임은 클램프에 의해서 제한된다.

⑤ 예를 들어 위치결정구가 오른쪽 직선방향의 운동을 억제하면 고정력은 왼쪽방향에 작용해서 움직임을 제한해야 한다. 만일 위치결정구가 시계방향의 회전을 정지시킨다면 고정력은 반시계방향의 회전을 정지시킨다.

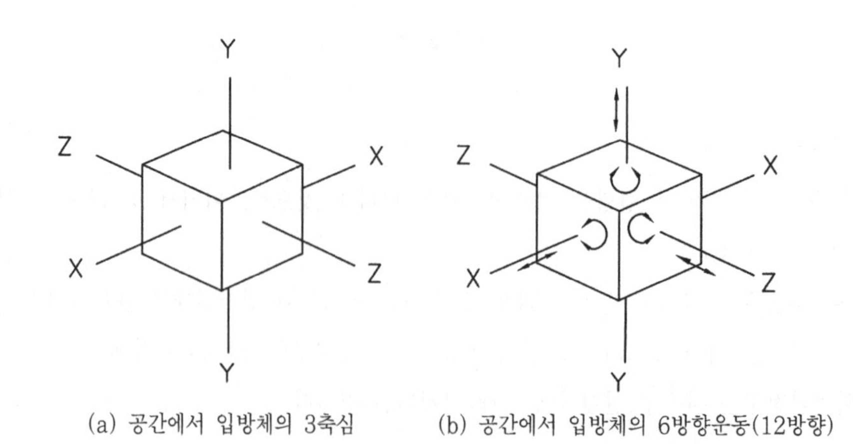

그림 2.4 공간에서의 자유 이동

2) 3-2-1 위치결정법

① 정육면체의 공작물을 위치결정구를 배열하는 것을 위치결정법이라 하며, 육면체의 가장 이상적인 위치결정법은 3-2-1 위치결정(3-2-1 location system)방법이다.

② 그림 2.5는 가장 넓은 표면에 3개의 위치 결정구를 설치하고, 넓은 측면에 2개를 설치하고, 좁은 측면에 1개의 위치결정구를 설치하는 것을 말한다.

③ 기본배열을 취할 경우 공작물 밑면에 배치되는 3개의 위치결정구는 기계가공중에서는 안정도를 반드시 보증하지는 못한다. 또한 이 3개의 위치 결정구로 이루어진 3각형 면적 밖에서 절삭력이 작용할 경우 공작물이 변위가 발생할 수 있다.

④ 강력한 절삭을 할 경우 버튼으로 이루어진 삼각형 면적에 절삭력이 작용하면 공작물은 기울거나 뒤집어지려고 할 것이고, 클램프에 의한 압력과 마찰력은 이러한 움직임에 대하여 반작용을 일으키게 된다. 그러므로 기계가공중에 진동과 충격 때문에 공작물은 클램프에서 미끄러지는 결과가 생긴다.

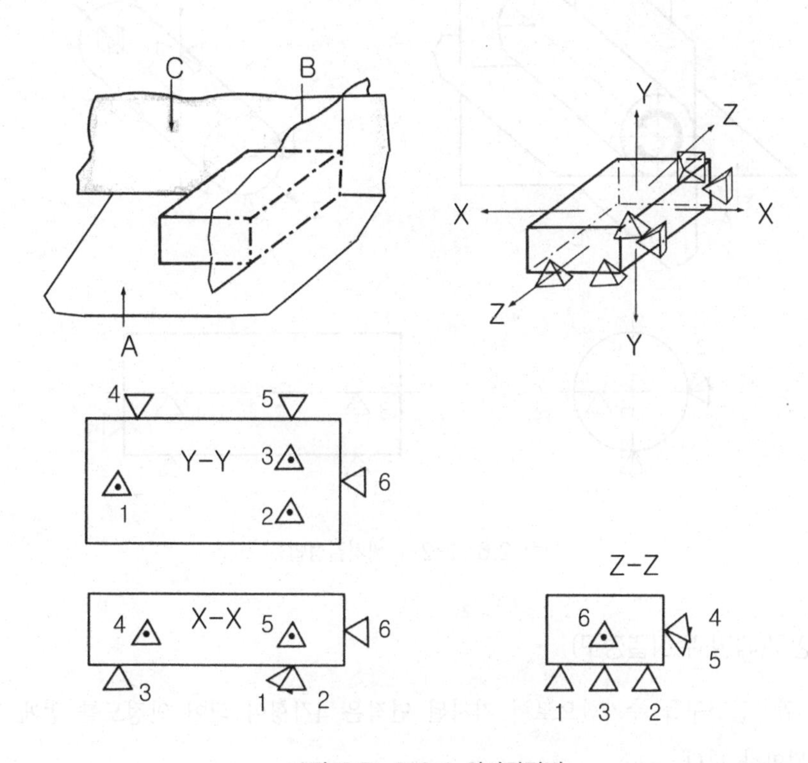

그림 2.5 3-2-1 위치결정법

(1) 3점 위치결정 장 · 단점

위치결정면은 5가지의 자유도를 구속하는 조건을 가져야 한다. 3점 지지는 공작물을 고정하기 위한 안전한 방법으로 장 · 단점은 다음과 같다.

① 공작물의 표면에 요철(凹凸)이 있어도 흔들리지 않는다.

② 가공면을 수평으로 하여도 칩의 처리가 쉽다.

③ 공작물의 기준면이 스텝 블록일 경우 매우 좋다.

④ 기계가공할 때는 수평 지지에 비하여 다소 어렵다.

⑤ 공작물을 바르게 클램프로 고정했지만 변형을 확인할 수 없다.(위치결정구의 먼지나 칩이 붙어도 흔들림이 없기 때문이다.)

⑥ 지지구에서 멀리 떨어진 곳을 가공할 경우 공작물이 불안정하므로 되도록 위치결정 간격을 멀리하고, 공작물의 표면에 요철이 있을 때는 지지구를 나사형태로 하여 높이를 조정할 수 있도록 하는 것이 좋다.

3) 2-2-1 위치결정법

원통형의 공작물을 위치결정할 경우, 가장 이상적인 위치결정법을 말한다. 이는 공작물의 원통부에 2개씩 2곳에 설치하고, 단면에 1개의 위치 결정구를 설치하여 안정감을 유지하게 된다.(그림 2.6 참조)

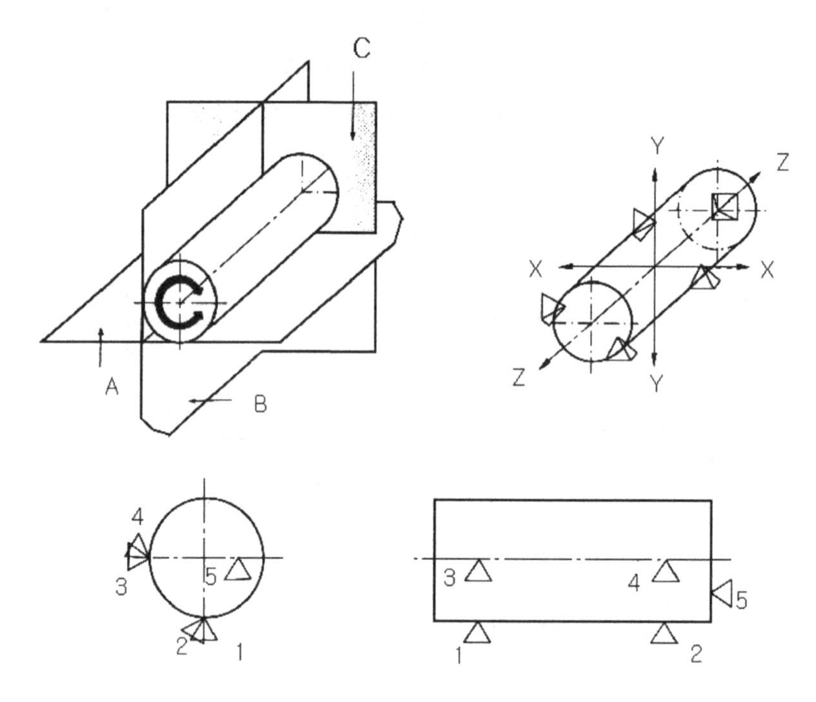

그림 2.6 2-2-1 위치결정법

4) 4-2-1 위치결정구(과잉 위치결정구)

① 밑면에 4번째의 위치결정구를 추가함으로서 지지된 면적은 4각형이 되어 안정도를 얻게 되는데, 이 원리를 4-2-1 위치결정법이라 한다.

② 위치결정면이 기계가공되었다면 모든 위치결정구를 고정식으로 하면 이것은 또 다른 장점을 가지고 있다. 즉, 공작물이 4개의 위치결정면에 놓여질 때 안정하게 되어 거친 주조품과 같은 공작물에는 4개의 밑면 위치결정구 중 하나를 조절할 수 있게 한다.

③ 다른 측면에서 보면 6개 이상의 위치결정구를 공작물의 위치결정면에 배치할 경우에는 불필요한 위치결정구가 생기며, 이것은 위치결정구의 과잉 상태가 된다.

④ 만일 그림 2.7의 (a)와 같이 제7의 과잉 위치결정구가 3개의 위치 결정구와 같은 표면에 위치한다면, 이때 2면은 평면이기 때문에 3개의 위치결정구만이 동시에 평면에 접할 수 있고, 4개의 위치결정구를 동시에 접하게 한다는 것은 매우 어려운 일로 흔들림 현상이 일어난다.

⑤ 이와 같이 추가되는 제7의 위치결정구의 제작 가격을 고려하여 변위를 가져다주는 과잉 위치결정구가 된다. 만일 제7의 위치결정구를 그림 2.7의 (b)와 같이 제6의 위치결정구 맞은 편에 설치한다면 공작물이 움직여서 제6, 7 위치결정구 사이의 틈새가 커지게 되므로 이 과잉 위치결정구는 바람직하지 않을 수도 있다.

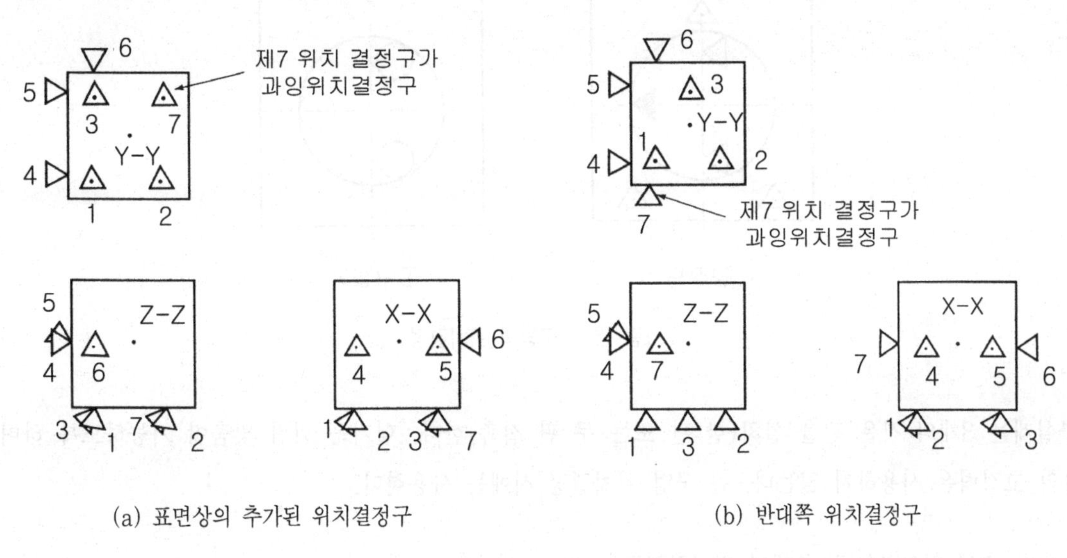

그림 2.7 과잉 위치결정구(4-2-1 위치결정)

2.3 교체 위치결정 이론(Alternate locater theory)

3-2-1 위치결정은 6개의 위치결정구를 뜻하며, 초과된 위치결정구는 공작물 관리에 일반적으로 좋지 못하다. 다수의 위치결정구가 바람직한 경우 초과되어 사용된 위치결정구를 교체 위치결정구라 하며, 아래와 같이 특별한 결과를 얻는데 사용된다.

① 중심선관리를 개선한다

② 고정력을 적용할 수 없는 경우 기계적 관리를 위해 사용한다.

③ 공작물 장착시 작업자의 숙련을 크게 요구하지 않을 때 사용한다.

④ 교체 위치결정구를 사용하여 치공구설계가 보다 쉬워지고, 클램프장치 제작비용이 감소한다.

1) 중심선관리

① 둥근 표면상의 한 개의 위치결정구는 중심선 위치 관리를 하지 못한다.

② 둥근 표면상의 두 개의 위치결정구는 위치결정구에 얹혀 있는 중심선만 관리한다.

③ 세 개의 고정된 위치결정구는 두 개의 위치결정구일 때와 같은 중심선을 관리한다.

④ 세 개의 이동 위치결정구는 원형 공작물의 두 개 중심선을 관리한다.

이때 하나의 위치결정구는 교체 위치결정구가 되며, 고정력도 함께 얻어진다.

2) 구멍의 위치결정

(1) 1개의 교체 위치결정구+2개의 위치결정구

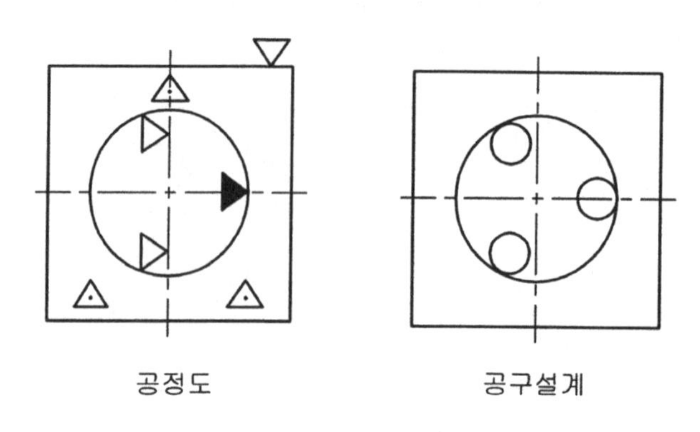

그림 2.8 구멍의 위치결정

치공구설계는 3개의 작은 핀을 설치(한 핀 또는 두 핀 접촉)한다. 헐거운 끼워 맞춤이 가능하도록 하며, 이 때 수평방향의 고정력은 사용하지 않는다. 큰 구멍 위치결정 시에는 사용한다.

(2) 2개의 교체 위치결정구+1개의 위치결정구

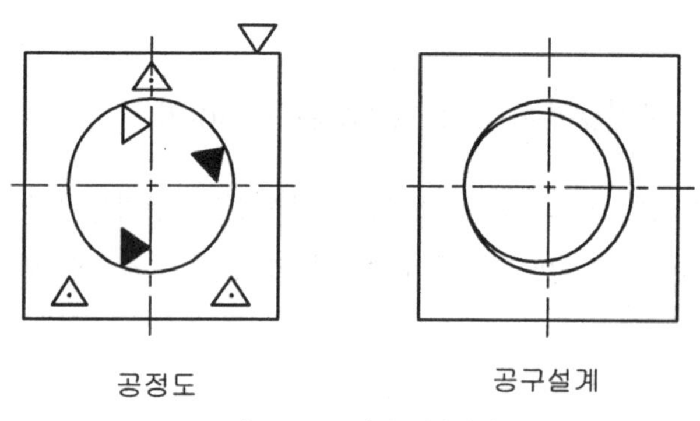

그림 2.9 구멍의 위치결정

치공구설계는 1개의 큰 핀을 설치(1점 접촉)한다. 헐거운 끼워 맞춤이 가능하도록 하며, 이 때 수평방향의 고정력은 사용하지 않는다. 큰 공차의 중심선 관리에 사용한다.

(3) 3개의 이동 위치결정구

① 치공구설계는 테이퍼 핀 또는 콜릿(팽창 핀)에 의한 3점 접촉 및 고정력이 추가되며, 가장 양호한 X, Y 두 방향 중심선은 관리되나 공구비는 상대적으로 증가한다.

② 불규칙한 구멍의 경우 고정된 핀 사용시 중심선 관리에 한계가 있을 때 내면의 정도와 관계없이 위치결정할 수 있는 경우에 한하여 사용한다.

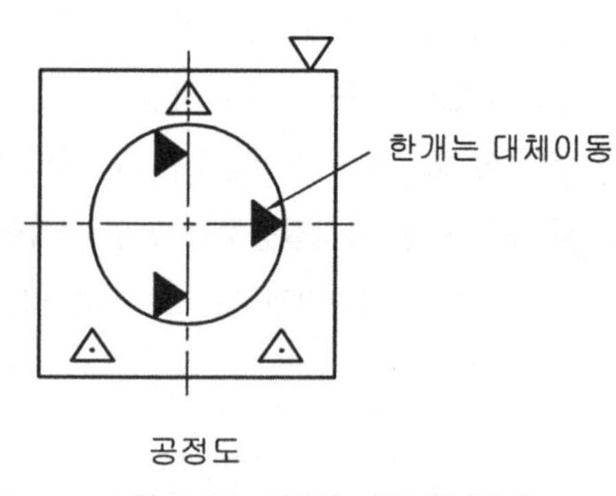

그림 2.10 3개의 이동 위치결정

3) 교체 위치결정구의 용도

① 공작물에 고정력 사용이 곤란한 경우 대체 위치결정구를 사용하여 고정력을 보충하거나 작업자의 숙련도 및 피로를 감소시키는 역할을 한다.

② 교체 위치결정구는 공작물관리를 개선하거나 감소시킬 수 있으므로 품질, 비용, 생산성 등에 많은 기여를 한다.

3. 형상 관리(기하학적 관리 : Geometric control)

3.1 형상(기하학적) 관리의 기본법칙

1) 직육면체 형상

(1) 직육면체 형상에서는 지켜야 할 규칙

① 공작물 위치 결정 평면을 결정하기 위해서 가장 넓은 표면에 3개의 위치결정구를 배치한다.

② 2개의 위치결정구는 두 번째로 넓은 표면에 배치한다.(보통 옆면에 배치한다.)

③ 하나의 위치결정구는 가장 좁은 표면에 배치한다.(보통 끝면에 배치한다.)

(2) 양호한 직육면체의 형상 관리

① 직육면체 형상의 공작물에 가장 양호한 형상 관리를 얻기 위해서는 그림 2.11과 같이 3개의 위치결정구를 가장 큰 표면에 배치시켜야 한다. 이 3개의 위치결정구는 공작물의 윗면이나 아래 면에 넓은 간격으로 배치시킬 수 있다.

② 2개의 위치결정구를 옆면에 배치시킨다. 옆면은 두 번째로 큰 면이다. 마지막 1개의 위치결정구를 끝면에 배치시킨다. 이 형상은 이제 양호한 기하학적 관리 상태하에 있고 안정성을 얻었다. 무게 중심은 낮고 3개의 위치결정구에 가깝게 있다. 이 위치결정 방법에서 공작물은 안정하게 되어 있다.

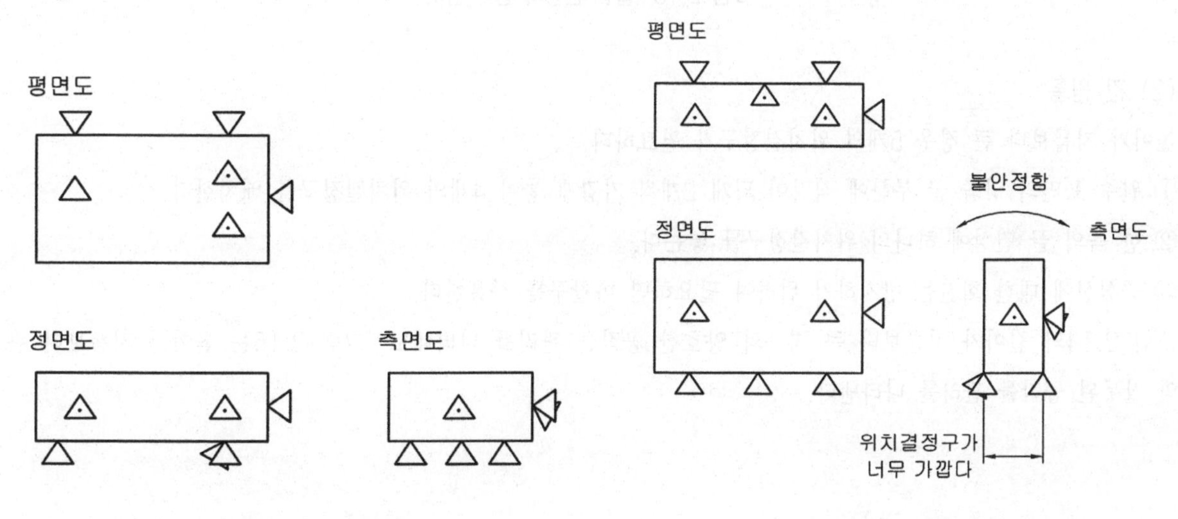

그림 2.11 양호한 직육면체의 형상 관리

그림 2.12 잘못된 직육면체의 형상 관리

(3) 잘못된 직육면체의 형상 관리

① 직육면체 형상에 대한 잘못된 위치결정 방법을 그림 2.12에 표시한다. 이 형상은 무게 중심이 3개의 위치 결정구에서 멀기 때문에 불안정하다.

② 공작물은 그림과 같이 3개의 위치결정구 상에서 흔들릴 것이다. 더 큰 고정력과 작업자의 기술을 사용하여 공작물을 위치결정구에 접촉시켜야 한다.

2) 원기둥 형상

(1) 짧은 원통

높이가 지름보다 작은 경우는 위치결정구를 5개 설치한다.

① 평면을 결정하기 위해 3개의 위치결정구를 밑면에 배치한다.

② 2개의 위치결정구를 원주에 배치한다.

③ 중심에 대한 회전을 방지할 필요가 있을 경우에는 마찰구를 사용한다.

원기둥형의 위치결정은 새로운 형식이 요구되며, 지름과 높이가 우선 비교되어야 한다. 높이가 지름보다 아주 작은 경우는 그림 2.13과 같이 결정한다.

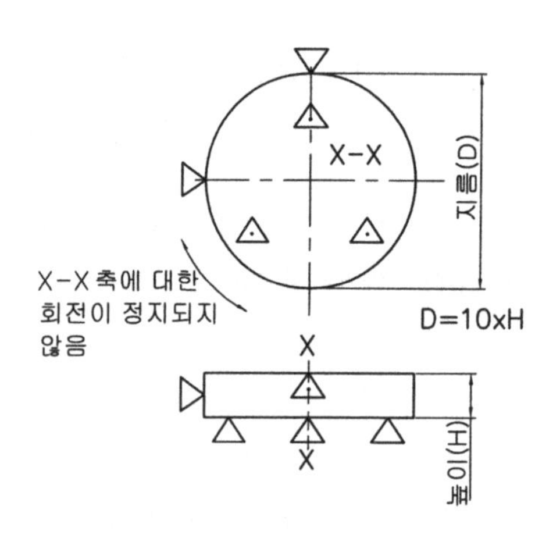

그림 2.13 짧은 원통의 형상 관리

(2) 긴 원통

높이가 지름보다 큰 경우 5개의 위치결정구가 필요하다.

① 원주 표면의 양쪽 끝 부분에 직각이 되게 2개씩 가깝게 놓아 4개의 위치결정구를 배치한다.

② 한 쪽의 끝 면상에 하나의 위치결정구를 놓는다.

③ 중심선에 대한 회전을 방지하기 위하여 필요하면 마찰구를 사용한다.

그림 2.14의 길이가 지름보다 큰 경우의 양호한 공작물 관리를 나타내고, 그림 2.15는 높이가 지름보다 큰 경우의 잘못된 공작물 관리를 나타낸다.

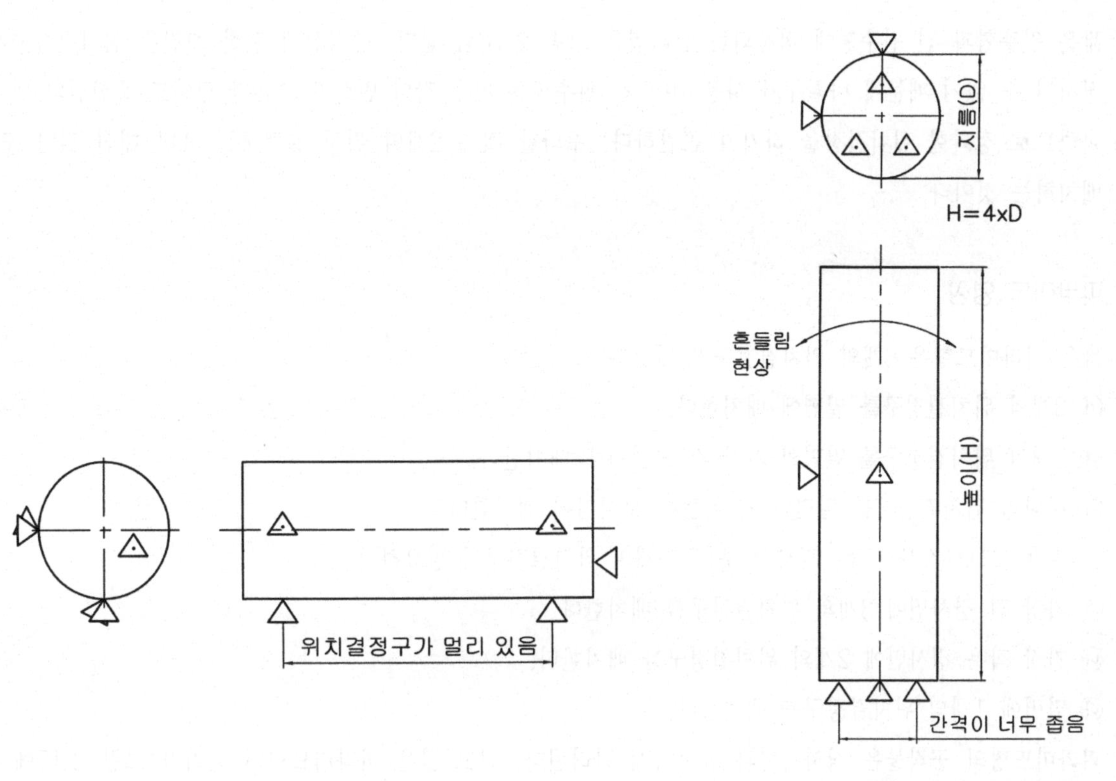

그림 2.14 긴 원주의 양호한 형상 관리　　그림 2.15 긴 원주의 잘못된 형상 관리

3) 원추 형상

① 짧은 원추는 5개의 위치결정구가 필요하다.

㉮ 밑면에 3개의 위치결정구를 배치한다.

㉯ 원주면 아래에 2개의 위치결정구를 사용한다.

② 긴 원추는 5개의 위치결정구가 필요하다.

㉮ 원추 면에 2쌍의 위치결정구 4개를 배치한다.

㉯ 밑면에 1개의 위치결정구를 배치한다. 원추형도 원통형과 유사하게 관리된다.

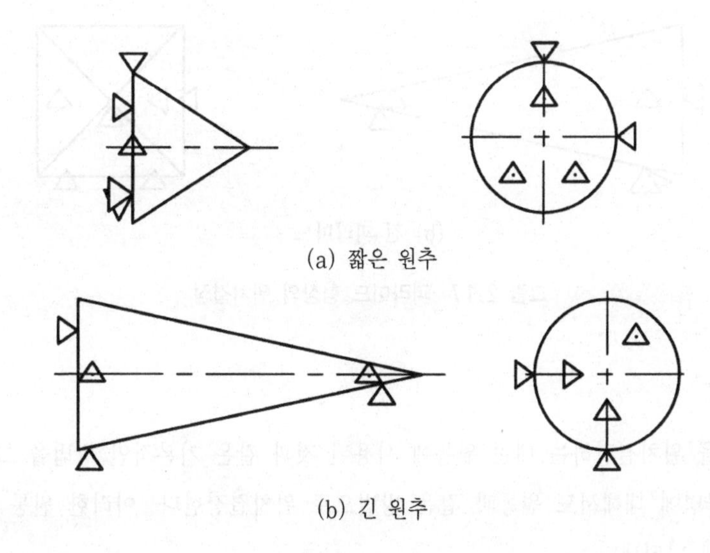
(a) 짧은 원추

(b) 긴 원추

그림 2.16 원추 형상의 위치결정

③ 짧은 원추형과 긴 원추형에 적용되는 관리법은 그림 2.16과 같다. 중심선에 관한 회전은 위치결정구에 의해 정지될 수 없기 때문에 마찰구가 사용되며, 긴 원추형은 원추 각의 변화가 조금만 있어도 중심선의 위치가 변화하므로 정확한 위치결정을 하기가 곤란하다. 주의할 것은 2개의 위치 결정구를 표면 대신 밑면 모서리에 배치하는 것이다.

4) 피라미드 형상

① 짧은 피라미드형은 6개의 위치결정구가 필요하다.

㉮ 3개의 위치결정구를 밑면에 배치한다.

㉯ 2개의 위치결정구를 밑면의 가장 긴 모서리에 배치한다.

㉰ 하나의 위치결정구를 밑면의 가장 짧은 모서리에 배치한다.

② 긴 피라미드형(정사각 추, 직사각 추)도 6개의 위치결정구가 필요하다.

㉮ 가장 긴 경사면에 3개의 위치결정구를 배치한다.

㉯ 가장 작은 경사면에 2개의 위치결정구를 배치한다.

㉰ 밑면에 1개의 위치결정구를 배치한다.

③ 피라미드형의 공작물은 직사각형과 유사하게 관리된다. 길고 짧은 피라미드형의 관리가 그림 2.17에 나타나 있다. 긴 피라미드형의 경우에는 세 개의 위치결정구가 각진 면에 자리한다. 이것은 직각 피라미드처럼 전면이 같은 경우이고 만일 직사각형의 피라미드인 경우, 가장 큰 면에 세 개의 위치결정구가 놓여진다. 두 개의 위치결정구가 그 다음 큰 변에 놓이고 하나의 위치결정구가 밑면에 놓인다.

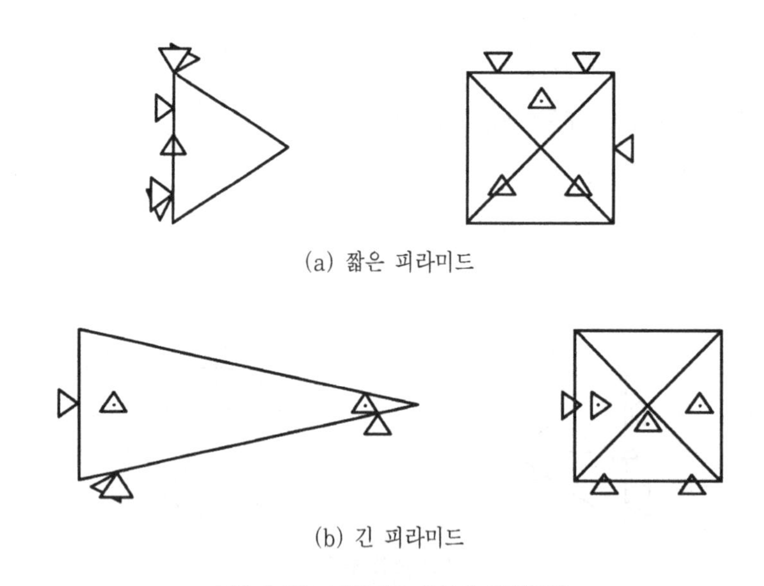

(a) 짧은 피라미드

(b) 긴 피라미드

그림 2.17 피라미드 형상의 위치결정

5) 파이프 형상

① 파이프 형상의 내면을 위치결정하는 데는 원통에 사용된 것과 같은 기본적인 방법을 그대로 사용할 수 있다.

② 공작물 안에 있는 구멍에 대해서도 원통과 같은 방법으로 위치결정한다. 이러한 원통 내면에 대한 특수 적용의 예를 그림 2.18에 나타냈다.

③ 원통의 지름과 높이가 같을 경우 긴 원통에 대한 위치결정방법(그림 2.19)이나 짧은 원통에 대한 위치결정 방법(그림 2.20) 중 어느 것을 사용하여도 좋다.

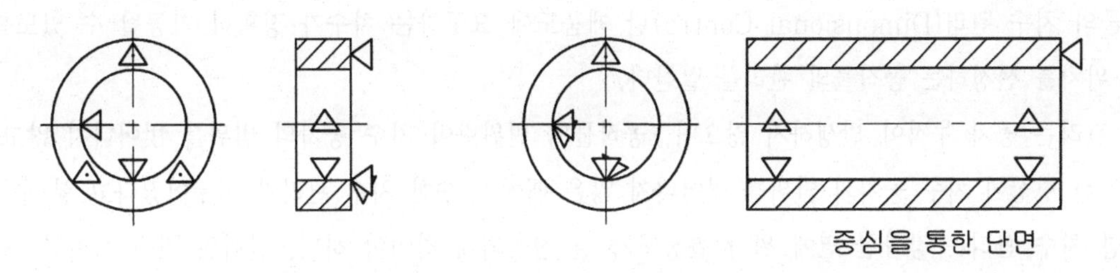

(a) 짧은 파이프 또는 링　　　　(b) 긴 파이프

그림 2.18 파이프 형상의 형상 관리

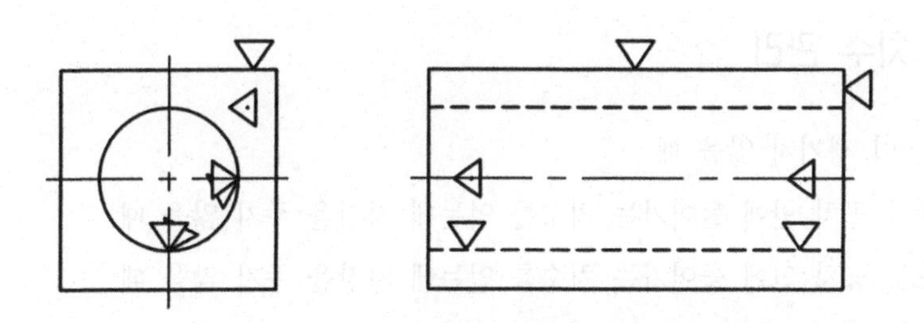

그림 2.19 구멍이 있는 공작물 형상 관리(구멍길이가 길 때)

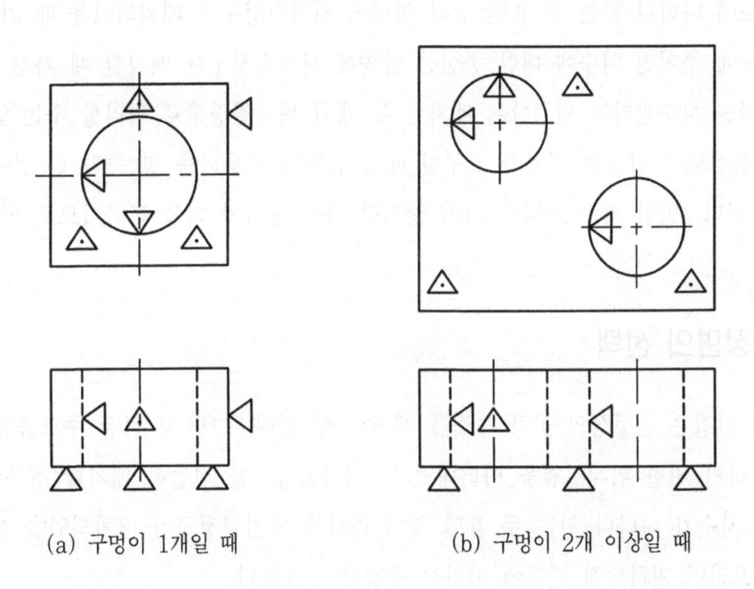

(a) 구멍이 1개일 때　　　　(b) 구멍이 2개 이상일 때

그림 2.20 구멍이 있는 공작물 형상 관리(구멍길이가 짧을 때)

4. 치수 관리

① 공작물의 치수 관리(Dimensional Contro)란 제품도에 요구하는 치수가 정확히 가공될 수 있도록 위치결정구의 위치를 선정하는 공작물의 관리를 말한다.

② 치수 관리는 공차 누적이 발생하지 않으며, 공작물의 변위량이 치수 공차의 범위를 벗어나지 않고, 공작물의 불균일한 형상이 치수 공차의 범위를 벗어나지 않은 때에 우수한 치수 관리가 이루어졌다고 할 수 있다.

③ 우수한 치수 관리는 정확한 면에 위치 결정구가 잘 접촉되게 하여야 하며, 선택된 면에 위치결정구가 정확히 유지되어야 한다.

④ 만일 치수 관리를 하지 않는다면 작업자가 가공할 공차의 범위가 더욱 작아지므로 비경제적이다.

4.1 우수한 치수 관리

① 공정상에 공차 누적이 생기지 않을 때

② 공작물의 치수변화가 공차 안에 들어가는 치수를 얻는데 지장을 주지 않을 때

③ 공작물의 불규칙으로 공차 안에 들어가는 치수를 얻는데 지장을 주지 않을 때

④ 위치결정구 배치에 알맞은 표면을 선택하였을 때

⑤ 선택된 표면상에 위치결정구를 정확하게 배치하였을 때

⑥ 치수관리는 제품도에 나타나 있는 두 표면 중의 하나에 위치결정구가 배치되었을 때 가장 양호함.

⑦ 치수관리는 제품도에 주어진 치수에 대한 중심선 양쪽에 위치결정구를 배치할 때 가장 좋다.

⑧ 수평 및 수직 중심선 치수관리는 원주상에 배치한 두 개의 위치결정구로 관리할 수는 없다.

⑨ 평행도, 직각도, 동심도에 엄격한 공차가 요구될 때는 공차가 적용되는 면 중의 한 면에 한 개 이상의 위치결정구를 배치해야 한다. 만일 치수 관리를 하지 않으면 가공 공차가 더욱 작아지므로 이는 비경제적이다.

4.2 위치결정면의 선택

정확한 위치결정면의 선정은 공정상의 공차 누적을 제거할 수 있다. 그림 2.21은 주조품인데 4개의 구멍이 있는 곳에 자리파기 작업을 하기 위한 위치결정을 나타내었다. 위치결정구를 적절히 배치할 경우에는 공정 공차 누적이 없어지며, 치수 관리는 치수가 나타나 있는 두 표면 중의 하나에 위치결정구가 배치되었을 때 가장 양호하다. 가장 양호한 치수 관리를 얻으려면 기하학적 관리에 따라서 수정이 필요하다.

공정상의 공차 누적이나 축소된 공차가 양호한 기하학적 관리를 위해 사용되어야 한다. 공차가 축소되어 합격되는 공작물을 생산하지 못할 경우에는 제품도의 변경이 필요하다.

1) 치수관리 및 기하학적 관리를 모두 얻기 위한 방법

공작물 관리가 잘 되느냐 하는 것은 제품 설계자와 공정 설계자 모두가 설계에서 공작물 관리에 대해 공차 고려 여부가 매우 중요하다고 할 수 있다(그림 2.21). 4개의 구멍에 자리파기 작업을 하기 위한 위치결정구를 나타낸다.

① 위치결정구로부터 자리파기면까지 치수(X)를 계산한다.

$X=(3\pm0.1)+(9\pm0.1)=12\pm0.2$

② 플랜지 두께 9치수 공차 $(12\pm0.2)-(3\pm0.1)=9\pm0.3$ 이다.

결과적으로, 도면 치수 공차 9±0.1을 초과하므로 공정 누적에 공차 발생한다.

X 치수 공차를 0으로 하면 공차 내에 존재하지만 "0" 공차 가공은 불가능하다.

$(12+0.0)-(3-0.1)=(9+0.1),\quad (12-0.0)-(3+0.1)=(9-0.1)$

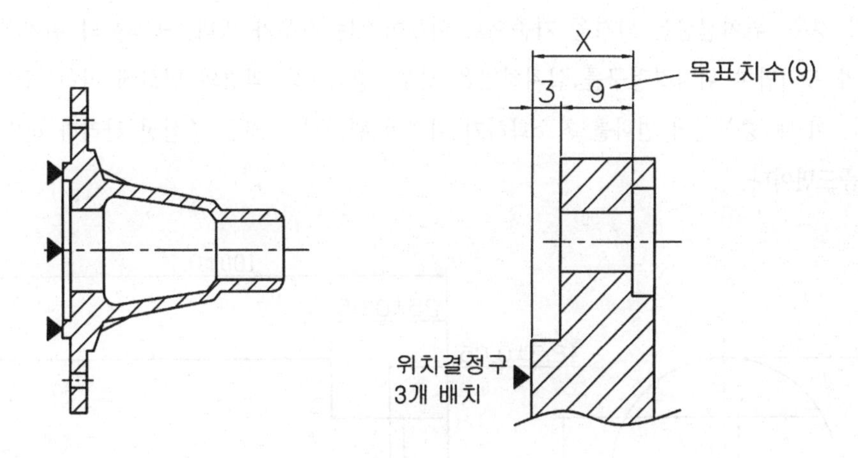

그림 2.21 치수 관리 및 기하학적 관리를 모두 얻기 위한 방법

③ 해결방법

(방법 1) : 위치결정면 그대로 사용시

거리 12치수와 3치수 공차를 ±0.05로 하고 제품도 변경을 한다.

$(12\pm0.05)-(3\pm0.05)=9\pm0.1$ 결과적으로 제품도 공차는 (±0.1) 만족하나 공차 축소로 비용이 증가한다.

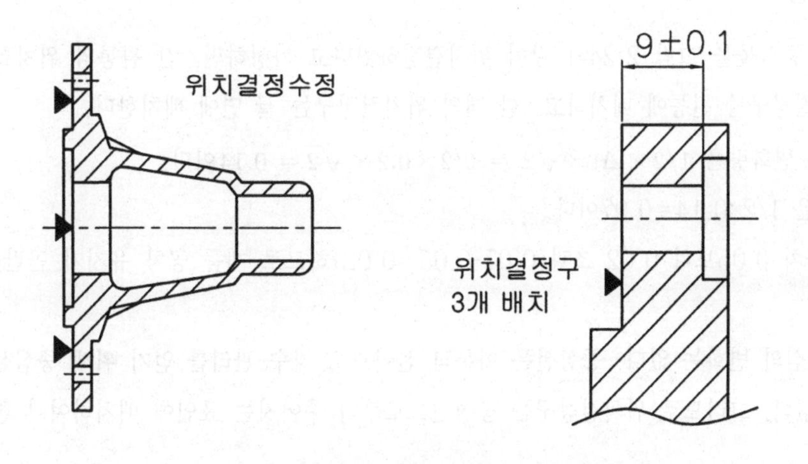

그림 2.22 양호한 치수 관리를 위한 위치결정구 배치

(방법 2) : 위치결정면 변경한다.(그림 2.22 참조)

결과적으로 양호한 치수 관리 가능하다(공정 공차 누적 없음). 3치수 및 9치수 공차가 ±0.1이 가능하여 기하학적 관리 우수하다.

치수 관리는 제품도 치수가 나타나 있는 두 면 중에 하나의 면에 위치결정구가 배치되었을 때 가장 양호하다.

4.3 중심선 관리

원통형 공작물의 경우, 위치결정은 외경을 기준으로 이루어지는 경우가 많다. 공작물의 위치결정구가 외부에 설치되는 관계로 만약 부적합한 위치결정구를 설치하였을 경우, 공작물의 외경의 변화에 따라 공작물의 중심선의 변화를 피할 수 없다. 이 때 중심선에 변화를 최소화하기 위하여 관리하는 것을 중심선 관리라 하며, 그림 2.23은 환봉으로 가공될 제품도면이다.

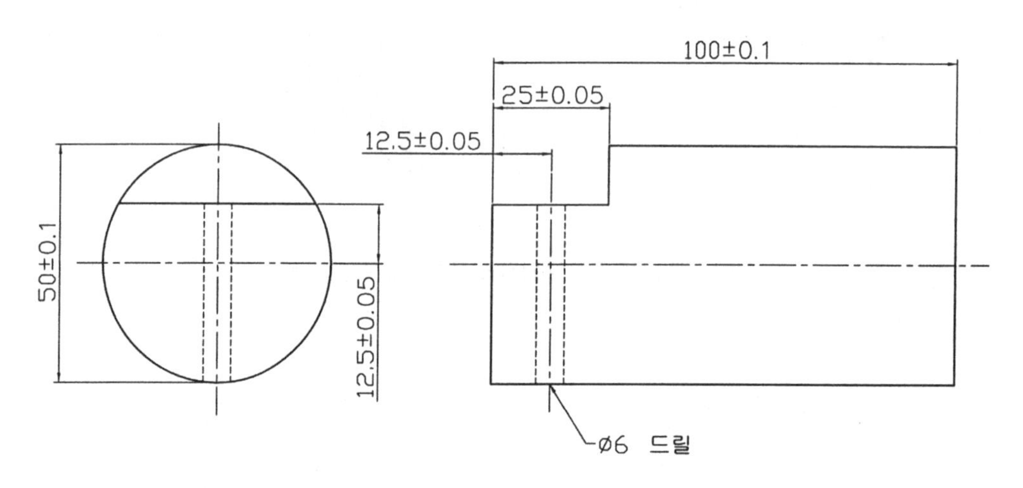

그림 2.23 환봉으로 가공될 부품 도면

1) 치수 관리 불량

① 공정설계자는 공작물을 그림 2.24와 같이 위치결정하였다고 가정하면, 긴 원통의 위치결정 규칙을 적용하며 네 개의 위치결정구를 원통에 배치하고, 한 개의 위치결정구는 끝 면에 배치한다.

② 수평중심의 총 변화량은 $1/2 \times \Delta t \times \sqrt{2} = 1/2 \times 0.2 \times \sqrt{2} = 0.14$이다.

상・하이동량은 1/2×0.14=0.07이다.

결론적으로 공차 0.05보다 0.02 초과(0.07-0.05=0.02)하므로 제품 공차 유지가 곤란하여 결국 치수 관리가 불량하다.

③ 그러나 수직중심의 변화는 없다. 중심선은 이론적 선이므로 치수 관리를 얻기 위해 중심선 상에 위치결정구를 배치할 수는 없다. 그러므로 위치결정구는 중심선으로부터 주어지는 표면에 배치하여야 한다.

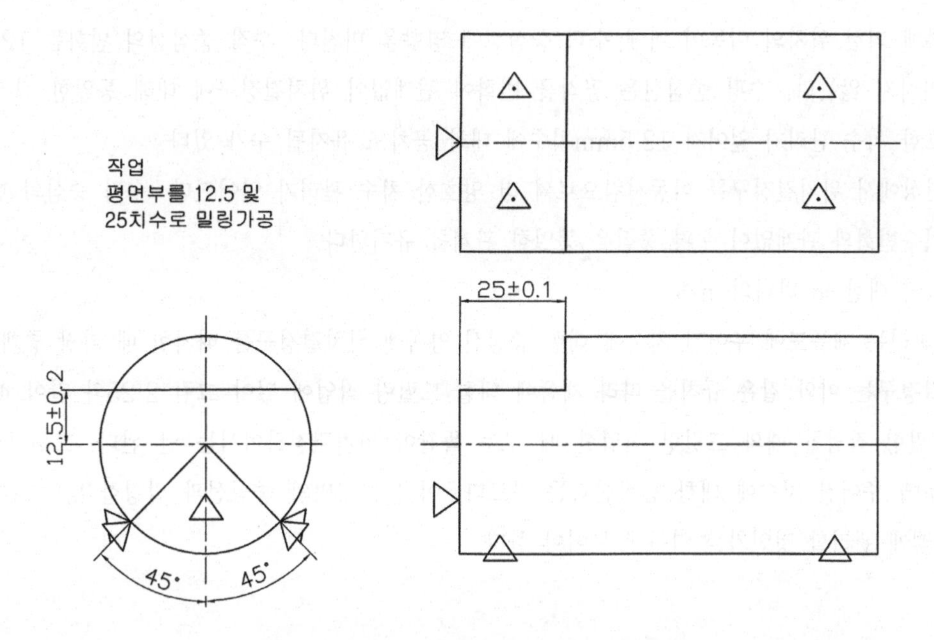

그림 2.24 밀링 가공에 대한 부적절한 위치결정

2) 치수 관리 양호

① 양호한 치수 관리를 위해서 그림 2.25와 같이 위치결정구를 배치하였다. 한 개의 위치결정구의 위치는 양호하기 때문에 변경시키지 않았다. 두 개의 위치결정구는 원 위치로부터 90°만큼 새로운 위치로 이동시켰다.

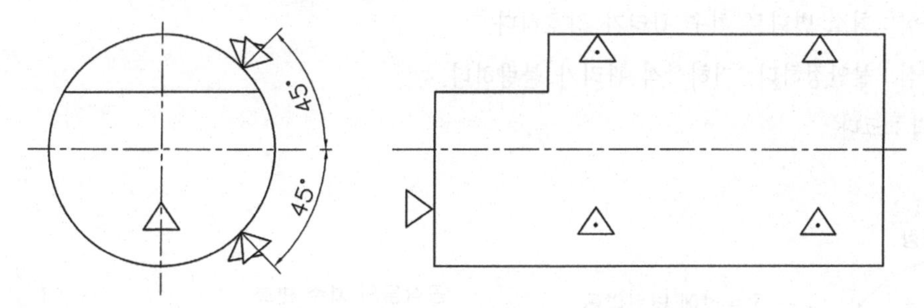

(a) 수평중심선이 변위하지 않는 새로운 위치결정

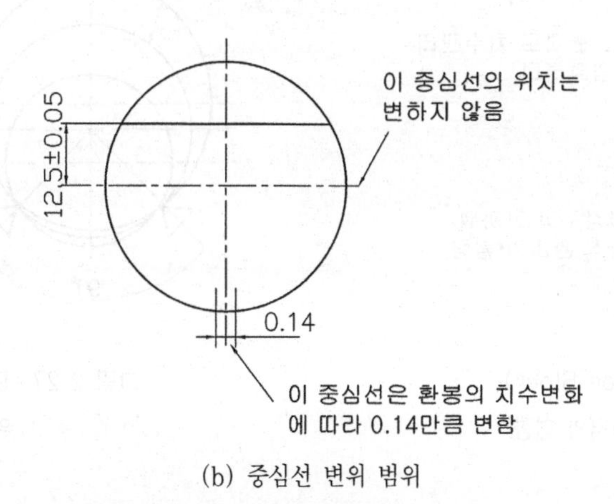

(b) 중심선 변위 범위

그림 2.25 밀링작업을 위한 양호한 위치결정

② 지름 변화에 의한 위치의 이동이 이제 수직 중심선에 영향을 미친다. 수직 중심선의 변화는 12.5mm 치수에 영향을 미치지 않는다. 수평 중심선은 공작물 변화에 관계없이 위치결정구에 대해 동일한 관계를 유지한다. 이제 양호한 치수 관리가 얻어져 12.5mm치수에 대한 공차도 유지될 수가 있다.

③ 같은 표면상에서 위치결정구를 이동시킴으로써 더 양호한 치수 관리가 얻어졌다. 수직 중심의 변화량 0.14는 공작물 치수변화와 관계없이 수평 중심은 동일한 관계를 유지한다.

④ 치수 관리에 대한 또 하나의 규칙

㉮ 치수 관리는 제품도에 주어진 치수에 대한 중심선 양쪽에 위치결정구를 배치할 때 가장 좋게 된다.

㉯ 위치결정구는 이와 같은 규칙을 따라 제품에 대한 드릴링 작업에 있어 그림 2.25와 같이 배치된다. 공작물은 밀링 작업할 때와 드릴링 작업할 때 모두 똑같이 위치결정하여서는 안 된다. 드릴구멍의 중심선은 평면부에 주어진 치수에 대한 중심선과는 다르다. 여기서 구멍의 중심선과 밀링한 평면 부분간의 직각도를 어떻게 관리할 것인가를 염두에 두어야 한다.

4.4 위치결정구의 간격

또 하나의 치수 변화는 둥근 표면상에 위치 결정구를 배치하는 간격에 의해 발생된다. 위치결정구가 중심선 양쪽으로 배치되었다 할지라도 불안한 위치결정이 될 수 있다. 위치결정구 사이의 간격에 대한 영향이 그림 2.26, 그림 2.27, 그림 2.28에 나타나 있다.

① 60°(120° Vee Block)

㉮ 수평 중심 : 최소 변화로 치수 관리가 양호하다.

㉯ 수직 중심 : 불안정하다. 기하학적 관리가 불량하다.

㉰ 클램핑력 : 크다.

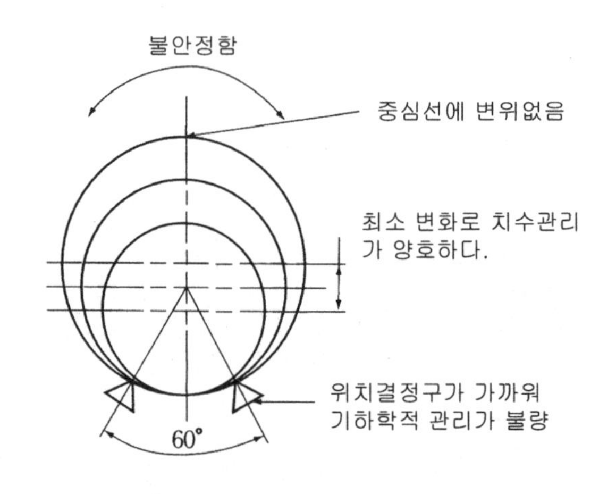

그림 2.26 60°(120° Vee Block)
위치결정구 간격의 영향

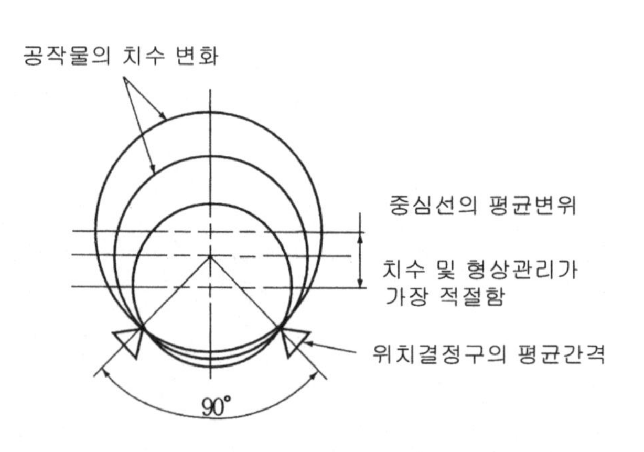

그림 2.27 90° (90° Vee Block)
위치결정구 간격의 영향

② 90°(90° Vee Block)

㉮ 수평 및 수직 중심 : 평균이다.

㉯ 클램핑력 : 평균이다.

㉰ 일반적으로 많이 사용한다.

③ 120°(60° Vee Block)

㉮ 수평 중심 : 최대 변화므로 치수 관리가 불량하다.

㉯ 수직 중심 : 안정된다. 기하학적 관리가 양호하다.

㉰ 클램핑력 : 적다.

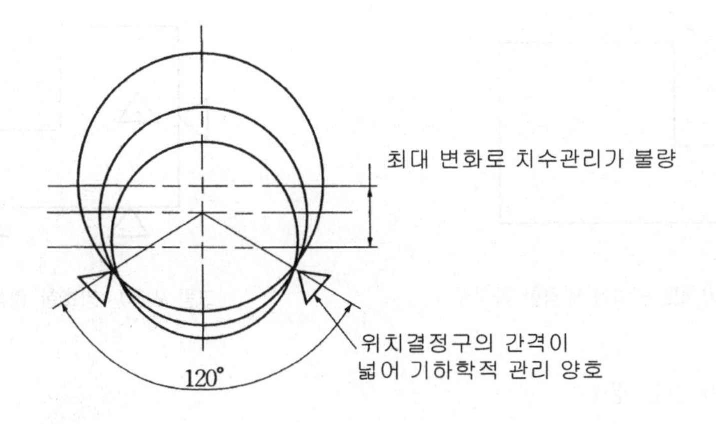

그림 2.28 120°(60° Vee Block) 위치결정구 간격의 영향

④ 위치결정구 사이에 놓여진 수직 중심선은 확실히 위치결정구의 간격에 상관없이 정확하게 위치결정된다.

⑤ 위치결정구 사이의 간격을 가깝게 놓으면 수평 중심선의 치수 관리는 좋아진다. 이렇게 되면 기하학적 관리는 반대로 불리하게 된다. 또 기하학적 관리를 좋게 하기 위해 위치결정구의 간격을 벌려 놓으면 수평 중심선 관리는 나빠진다. 이런 규칙에 따라 수직 중심선 양쪽에 위치결정구를 배치하였다.

⑥ 수평과 수직의 두 가지를 동시에 중심선 치수 관리하는 것은 원주상에 배치한 두 개의 위치결정구로 관리할 수는 없다.

4.5 평행도 관리

제품도에서는 두 개 표면 사이에 특정한 평행도를 요구하는 주기를 나타낼 경우도 있다. 이때에는 평행도를 유지하기 위해 위치결정구의 배치에 좀 더 주의할 필요가 있다.

① 평행도에 대한 주기가 없는 경우

공작물이 그림 2.29와 같이 치수가 주어졌을 때, 공정설계자는 그림 2.30에 나타낸 위치결정 방법을 택할 것이다. 공작물은 가장 양호한 기하학적 관리와 치수 관리가 되도록 위치결정한다. 직육면체 형상의 위치결정 규칙을 따른다. 적절한 표면을 선택하여 공정 공차의 누적이 생기지 않게 한다.

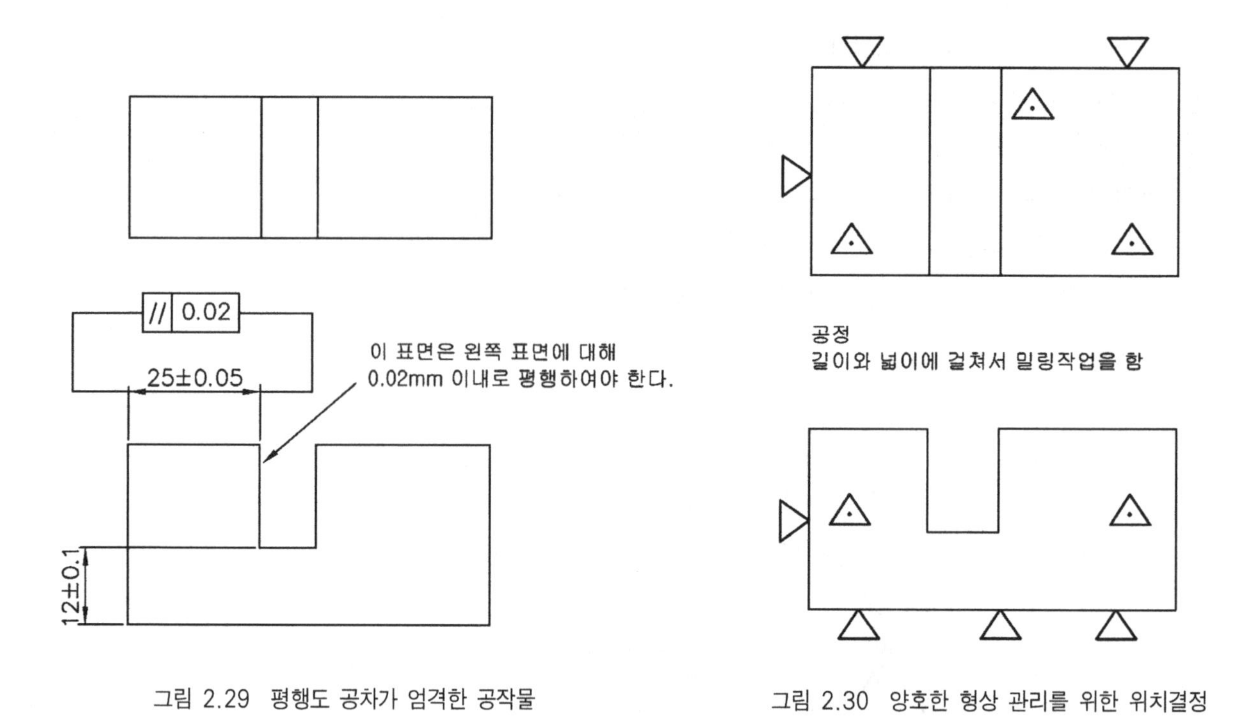

그림 2.29 평행도 공차가 엄격한 공작물

그림 2.30 양호한 형상 관리를 위한 위치결정

② 평행도에 대한 주기가 있는 경우

위치결정 방법은 부적합하여 주어진 공차대로 유지하기 어렵게 될 것이다. 공작물의 밑변에 대해서는 세 개의 위치결정구로 위치결정이 제대로 되었다. 그러나 왼쪽 끝의 면은 밑면에 대한 직각이 될 수도 있고, 그렇지 않을 수도 있다. 옆면은 두 개의 위치결정구에 의해서 제대로 위치 결정되었으나 왼쪽 끝면이 변에 대해 직각일 수도 있고 그렇지 않을 수도 있다. 홈과 왼쪽 끝면 사이의 평행도는 공작물의 직각도 변화로 나빠질 수도 있다. 따라서 양호한 치수 관리가 어려워진다. 그러므로 위치결정 방법을 변경할 필요가 있다.(그림 2.31 참조)

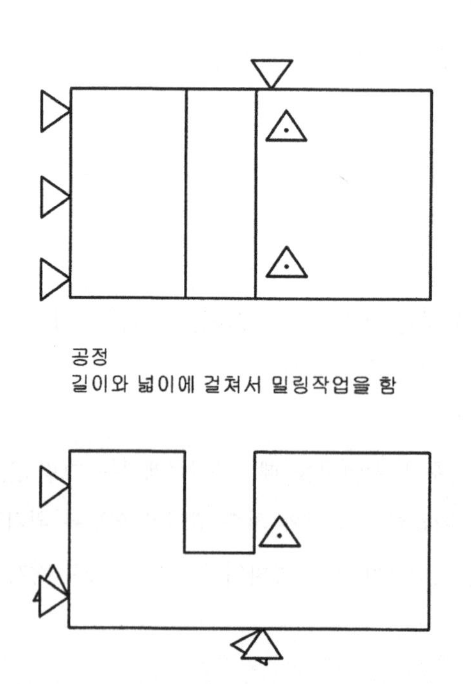

그림 2.31 평행도를 유지하기 위한 개선된 위치결정

③ 홈이 왼쪽 끝면에 대해 평행인지를 확인하기 위해 왼쪽 끝면의 평면을 확립하여야 한다. 그러므로 세 개의 위치결정구를 끝면상에 배치함으로서 공작물에 대한 양호한 치수 관리가 얻어졌다. 이 경우 기하학적 관리는 무시된다.

④ 평행도, 직각도, 동심도에 엄격한 공차가 요구될 때는 공차가 적용되는 면 중의 한 면에 한 개 이상의 위치결정구를 배치하여야 한다.

5. 기계적 관리

3-2-1 위치결정법은 형상 관리와 치수 관리를 동시에 실시하고자 할 때 적용한다. 공작물은 고정력, 절삭력, 자중 등에 의하여 휨이나 변형이 발생할 수 있다.

기계적 관리는 공작물을 가공할 때 발생되는 외력에 의하여, 공작물의 변형 및 치수 변화가 없도록 관리하는 것을 말한다. 기계적 관리를 위하여 위치결정구의 배치는 치수관리 및 기하학적 관리를 우선으로 하며 두 관리 조건을 만족한 후 기계적 관리를 고려한다.

5.1 기계적 관리를 위한 기본 조건

① 절삭력으로 인해서 휨이 발생하지 않을 것
② 고정력으로 인한 공작물의 휨이 발생하지 않을 것
③ 자중으로 인한 공작물의 휨이 발생하지 않을 것
④ 고정력이 가해질 때 공작물이 모든 위치결정구에 닿도록 할 것
⑤ 고정력으로 인해 공작물의 영구 변형이나 휨이 발생되지 않도록 할 것
⑥ 절삭력으로 인해 공작물이 위치결정구로부터 이탈되지 않게 할 것

5.2 양호한 기계적 관리

① 고정력은 정확한 위치에 클램프한다.
② 지지구를 정확한 위치에 설치한다.
③ 위치결정구를 정확한 위치에 배치한다.

1) 공작물의 휨

공구의 절삭 깊이, 이송, 절삭 속도가 너무 크면 절삭시 공구가 공작물에 휨을 발생하게 하여 절삭력 제거시 노치(notch)부는 스프링 백(spring back) 현상에 의해 공작물 원래 상태로 되돌아가나 홈부의 가공 치수는 제품 공차를 초과하게 됨에 따라서 교정 작업이나 스크래핑 작업을 추가해야 한다.

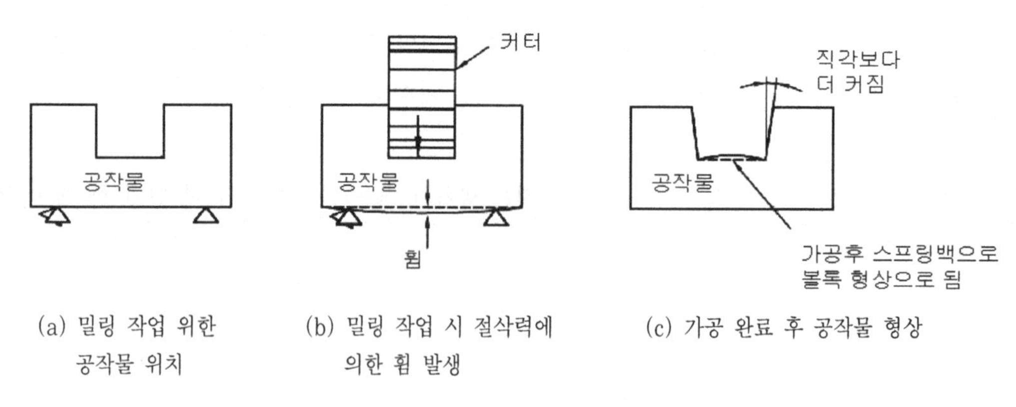

(a) 밀링 작업 위한 공작물 위치　(b) 밀링 작업 시 절삭력에 의한 휨 발생　(c) 가공 완료 후 공작물 형상

그림 2.32 절삭력에 의한 공작물의 휨

2) 공작물의 뒤틀림 발생

공작물의 탄성한계를 넘어 휨이 발생하므로 어느 정도 원래상태로 복원되나, 일부는 영구변형 상태로 남게 되어 불량처리되거나 추가로 교정 작업이 요구된다.(그림 2.33 참조)

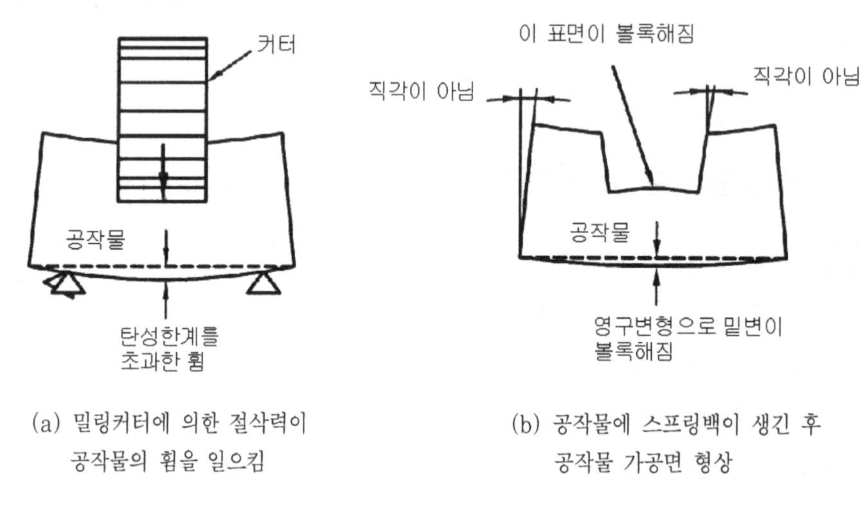

(a) 밀링커터에 의한 절삭력이 공작물의 휨을 일으킴　(b) 공작물에 스프링백이 생긴 후 공작물 가공면 형상

그림 2.33 절삭력에 의한 공작물의 변형

3) 절삭력(공구력)

공구에 의해 공작물에 바람직하지 못한 형상 변화가 생기면 기계적 관리가 불량하게 된다. 따라서 기계적 관리는 절삭력에 의해 잘못된 형상으로 가공되는 것을 방지하는 것이다.

① 과도한 절삭력은 공구의 무딤, 공구 형상, 절삭 속도, 이송 및 절삭 깊이 등 여러 요인에 의해 발생된다.

② 과도한 절삭력은 공작물의 휨, 뒤틀림이 발생한다.

③ 기계적 관리에 가장 중요하다.

그림 2.34의 (a)는 공작물의 모든 관리가 지지구의 사용으로 충족된 상태를 보여준다. 절삭력의 작용점 밑에 지지구를 설치하여 변형을 방지한 것을 볼 수 있다. 절삭력의 작용점 밑에 설치된 지지구의 높이는 양 옆에 위치한 위치결정구의 높이보다 높아서는 안 되며, 공작물이 가공 후 변형이 발생하지 않는 범위 내에서 위치결정구보다 약간 낮아야 한다.

(b)는 위치결정과 치수 관리는 좋으나 지지구가 없으므로 공작물에 변위가 발생한다.

(c)는 기계적 관리는 잘되었으나 형상관리는 좋지 못하여 안정을 유지하지 못하고 있다.

앞에서 기술한 바와 같이 형상 관리와 기계적 관리의 원칙에 맞지 않아도 필요에 따라서는 교체 위치결정구를 설치하여 공작물의 변형 상태를 조정한다.

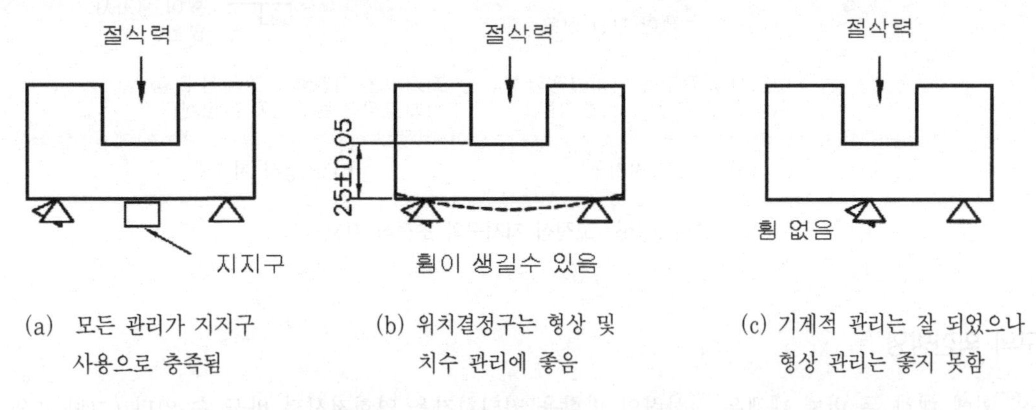

(a) 모든 관리가 지지구 사용으로 충족됨

(b) 위치결정구는 형상 및 치수 관리에 좋음

(c) 기계적 관리는 잘 되었으나 형상 관리는 좋지 못함

그림 2.34 기계적 관리를 위한 지지구

4) 지지구

공작물의 휨, 뒤틀림을 제한하거나 방지하는 장치로 기계적 관리를 좋게 하는 수단으로 사용된다. 위치결정구보다 다소 낮게 설치하거나 같게 설치한다. 지지구(Supprt)에는 고정식(fixed) 지지구, 조정식(adjustable) 지지구, 동시형(equalizing) 지지구 3가지 형태가 있다.

지지구(그림 2.35)는 공작물의 형상 관리를 보완하고 공작물의 위치를 정적으로 안정시키는 요소로서 일반적으로 수동으로 작동되는 나사와 플런저, 스프링과 쐐기 및 공·유압 작동 플런저 등 기계적 관리를 위해 사용되고 있다.

(1) 고정식 지지구(fixed type support)

① 지지구를 고정시킨 것으로 위치결정구보다 약간 아래에 위치시킨다.

② 절삭력에 의한 공작물의 휨을 제한한다.

③ 제작비가 싸고 작업이 용이하나 공차가 커진다.

④ 품질보다 경제성을 우선할 경우에 한다.

⑤ 기계가공 면에 한하여 사용한다.

(2) 조정식 지지구(adjustable type support)

① 움직일 수가 있고 조정이 가능하다.

② 고정식 지지구보다 훨씬 낮게 위치시킨다.

③ 고정식보다 우수한 기계적 관리가 가능하다.

④ 가격이 비교적 비싸고 조정 시간이 많이 소모되지만 공차가 작아진다.

⑤ 경제성보다 품질을 우선할 경우에 한다.

⑥ 불규칙한 주조, 단조 면에(기계가공하지 않은 면) 주로 사용한다.

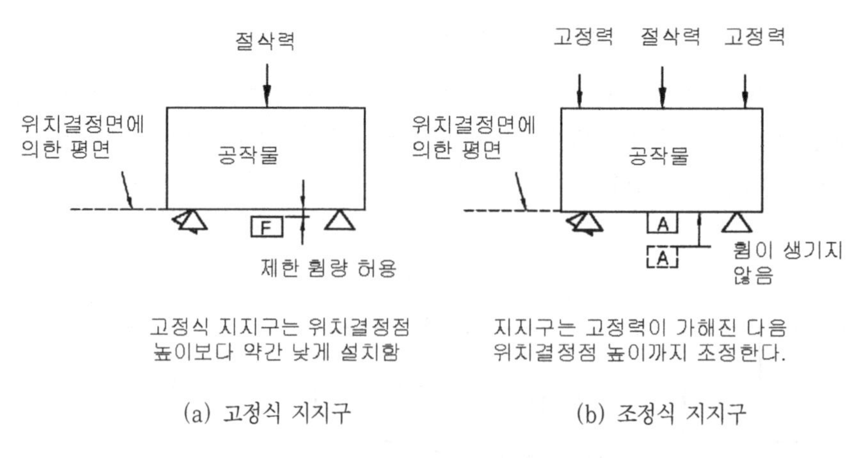

그림 2.35 고정식 지지구와 조정식 지지구

5) 공구의 회전방향

공작물의 휨에 대한 두 번째 대책은 절삭력의 방향을 커터회전을 역회전시켜 바꿀 수 있다.(그림 2.36 참조)

(1) 상향절삭

① 절삭력이 위로 향하여 공작물의 휨이 생기지 않으며 지지구가 필요하지 않다.

② 절삭력은 위치결정구로부터 공작물을 들어올리는 경향이 있어 바람직하지 못하다.

③ 클램핑 고정력이 커야 한다.

(2) 하향절삭

① 절삭력이 아래로 향하여 절삭력은 위치결정구상에 공작물을 고정시키는데 도움을 주므로 고정력은 작아도 된다.

② 위치결정구상에 공작물을 고정시키는 휨이 작용되며 지지구를 받쳐주면 기계적 관리는 충분히 이루어진다. 결론으로 기계적 관리는 공작물 휨을 감소시키기 위한 커터 회전방향을 관리하는 것만으로는 얻어질 수 없다.

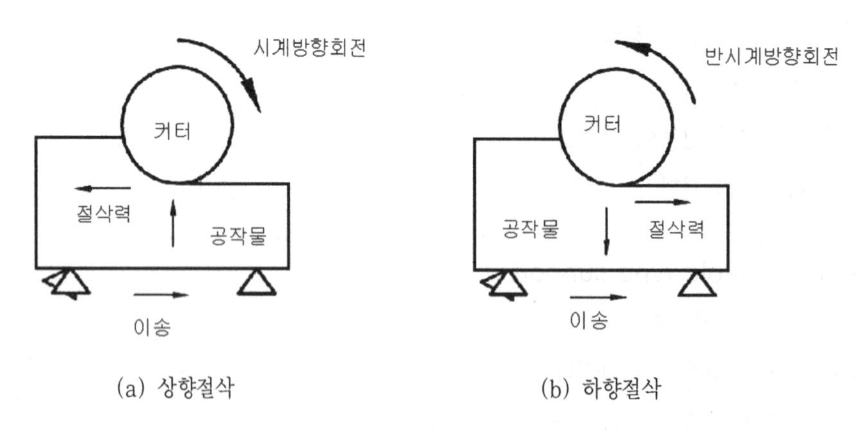

그림 2.36 커터의 회전방향에 따른 절삭력의 방향변화

(3) 절삭방향에 따른 위치결정구의 위치

① 상향절삭에서는 절삭력이 왼쪽으로 작용하여 가공물이 왼쪽으로 밀려나게 된다. 따라서 위치결정구는 그림 2.37의 (a)와 같이 가공물의 왼쪽 끝에 놓아야 한다. 이렇게 할 때 절삭력은 위치결정구에 공작물을 고정시키게 되며 따라서 좋은 기계적 관리가 이루어지게 된다.

② 하향절삭에서는 절삭력이 오른쪽으로 작용하므로 위치결정구는 그림 2.37의 (b)와 같이 공작물의 오른쪽 끝에 놓아야 한다. 만약 위치결정구가 반대쪽 끝에 놓여진다면 절삭력으로 인해서 소재가 위치결정구로부터 벗어나게 될 것이다.

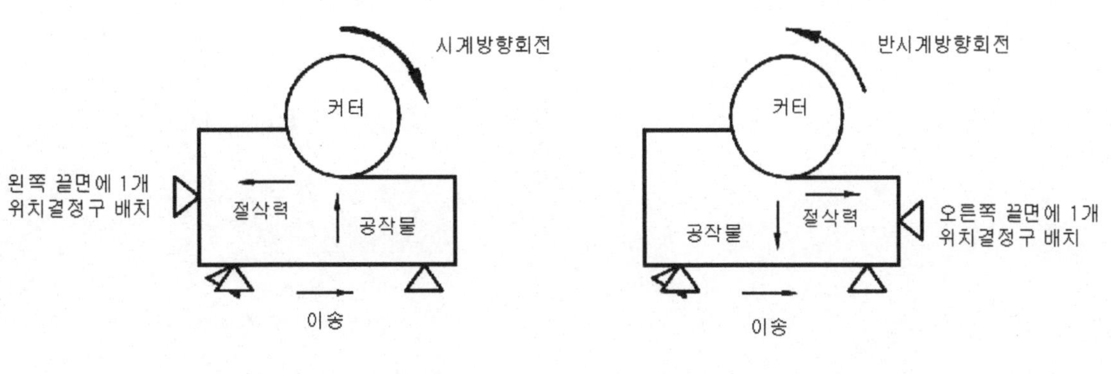

(a) 상향절삭을 위한 위치결정구 배치 (b) 하향절삭을 위한 위치결정구 배치

그림 2.37 절삭방향에 따른 위치결정구의 위치

6) 절삭력에 대한 기계적 관리 기준

공정설계자 및 치공구 설계자는 절삭력에 대하여 기계적 관리 규칙은 다음과 같다.

① 우선적으로 공작물의 휨을 관리하기 위하여 절삭력의 반대쪽에 위치결정구를 배치한다. 그러나 이것은 기하학적 관리와 치수 관리가 함께 될 경우에 가능하다.

② 절삭력에 의한 휨이 발생할 경우 고정식 지지구를 사용하여야 제한한다.

③ 경제성보다 품질이 우선 할 때는 조정식 지지구를 사용한다.

④ 절삭력은 고정력과 동일한 방향으로 하여 공구력이 고정력을 보조하도록 적용한다.

7) 고정력

기계적 관리의 두 번째 사항은 클램프의 고정력(Clamping force) 사용이다. 고정력은 형상 관리와 치수 관리가 되지 않은 상태에서 이루어져서는 안 되며, 단지 공작물의 기계적 관리를 위해 필요할 뿐이다. 따라서 공정설계자와 치공구 설계자는 절삭력의 크기와 위치결정구 배치 결정과 클램핑 장치 및 위치결정구를 설계하여야 한다.

(1) 고정력의 사용 목적

① 공작물에 균일한 힘을 가하기 위해 작업자의 기술에 상관없이 모든 위치결정구가 공작물에 동시에 접촉되도록 한다.

② 절삭력에 상관없이 공작물이 모든 위치결정구에 접촉되어야 한다.

③ 공작물의 치수변화에 상관없이 모든 위치결정구가 공작물과 접촉되어야 한다.

(2) 고정력 사용 시 제한사항

① 공작물에 휨 또는 비틀림이 발생하지 않도록 할 것

② 공작물이 지지구를 향해 휨이 직접 가해지지 않도록 할 것

③ 절삭력 반대편에 고정력을 배치하지 말 것

익힘문제

문제 1. 공작물 관리의 목적은?

해설 ① 모든 요인에 관계없이 공구와 공작물의 일정한 상대적 위치를 유지한다.

② 절삭력, 클램핑력 등의 모든 외부의 힘에 관계없이 공작물이 위치를 유지한다.

③ 공구 및 고정력 또는 공작물의 취성에 의해서 과도한 휨이 일어나지 않도록 공작물의 변형을 방지한다.

④ 공작물의 위치는 작업자의 숙련도에 관계없이 유지한다.

문제 2. 공작물 변위 발생 요소는 무엇인가?

해설 ① 공작물의 고정력 ② 공작물의 절삭력(공구력)

③ 공작물의 위치편차 ④ 재질의 치수 변화

⑤ 먼지 또는 칩(chip) ⑥ 절삭공구의 마모

⑦ 작업자의 숙련도 ⑧ 공작물의 중량

⑨ 온도, 습도 등

문제 3. 3-2-1 위치결정 원리와 4-2-1 위치결정 원리를 비교하시오.

해설 위치결정을 위한 최소의 요구조건이다. 정육면체의 공작물을 위치결정구를 배열하는 것을 위치결정법이라 한다.

① 3-2-1 위치결정법(3-2-1 location system) : 육면체의 가장 이상적인 위치결정법이다.
가장 넓은 표면에 3개의 위치결정구를 설치하고, 넓은 측면에 2개를 설치하고, 좁은 측면에 1개의 위치결정구를 설치하는 것을 말한다.

② 4-2-1 위치결정법 : 밑면에 4번째의 위치결정구를 추가함으로서 지지된 면적은 4각형이 되어 안정도를 얻게 된다. 위치결정면이 기계가공되었다면 모든 위치결정구는 고정식으로 하면 이것은 또 다른 장점을 가지고 있다.

문제 4. 고정식 지지구와 조정식 지지구를 비교하시오.

해설 공작물의 휨, 뒤틀림을 제한하거나 방지하는 장치로 기계적 관리를 좋게 하는 수단으로 사용된다. 위치결정구보다 다소 낮게 설치하거나 같게 설치한다.

지지구(Supprt)에는 고정식(fixed) 지지구, 조정식(adjustable) 지지구, 동시형(equalizing) 지지구 3가지 형태가 있다.

① 고정식 지지구(fixed type support)

㉮ 지지구를 고정시킨 것으로 위치결정구보다 약간 아래에 위치시킨다.

㉯ 절삭력에 의한 공작물의 휨을 제한한다.

㉰ 제작비가 싸고 작업이 용이하나 공차가 커진다.

㉱ 기계가공 면에 한하여 사용한다.

㉲ 품질보다 경제성을 우선할 경우에 한다.

② 조정식 지지구(adjustable type support)

㉮ 움직일 수가 있고 조정이 가능하다.

㉯ 고정식 지지구보다 훨씬 낮게 위치시킨다.

㉰ 고정식보다 우수한 기계적 관리가 가능하다.

㉱ 가격이 비교적 비싸고 조정 시간이 많이 소모되지만 공차가 작아진다.

㉲ 불규칙한 주조, 단조 면에(기계가공하지 않은 면) 주로 사용한다.

㉳ 경제성보다 품질을 우선할 경우에 한다.

문제 5. 형상 관리, 치수 관리, 기계적 관리에서 우선 순위는?

해설 치수 관리, 형상 관리, 기계적 관리 순서이다.

문제 6. 동등 양측 공차 35.01±0.04를 편측공차로 변환하면 어떻게 되나?

해설 ① a. 기준치수에서 플러스(+)방향일 경우 아래 치수를 빼주고

35.01-0.04=34.97

b. 기준치수에서 마이너스(-)방향일 경우 위 치수를 더해주고

35.01+0.04=35.05

② 전체 공차량을 구한다. 0.04+0.04=0.08

③ a. 플러스(+)방향일 경우 ①a의 치수에서 ②의 치수를

위 치수 공차로 한다. $34.97^{+0.08}_{\ \ 0}$

b. 마이너스(-)방향일 경우 ①b의 치수에서 ②의 치수를

아래 치수 공차로 한다. $35.05^{\ \ 0}_{-0.08}$

④ 도면으로 나타낼 때는 기준치수 35에서 계산하면

a. 마이너스(-)방향일 경우 35-35.05=+0.05

b. 플러스(+)방향일 경우 35-34.97=-0.03

그러므로 a를 위 치수로 b를 아래 치수로 하면 $35^{+0.05}_{-0.03}$ 로 된다.

문제 7. 편측공차 $35^{+0.05}_{-0.03}$ 을 동등 양측 공차로 변환하면 어떻게 되나?

해설 ① 전체 공차량을 구한다. 0.05+0.03=0.08

② 구하여진 공차량을 2로 나눈다. 0.08÷2=0.04

③ a. 상한 값에서 2로 나눈 공차를 뺀다. 35.05-0.04=35.01

b. 하한 값에서 2로 나눈 공차를 더한다. 34.97+0.04=35.01

④ ③에서 구한 값을 기준값으로 하고, ②의 값을 동등 양측 공차로 작용시킨다.

35.01±0.04

연습문제

1. 다음 중 공작물을 잡아주는 요소를 무엇이라 하는가?

㉮ 콜릿척 ㉯ 바이스
㉰ 어댑터 ㉱ 아버

해설 공작물을 잡아 주는 요소 : 척(2, 3, 4, 6), 콜릿, 바이스, 맨드릴, V블록, 센터

2. 다음 중 공구를 잡아주는 요소를 무엇이라 하는가?

㉮ 맨드릴 ㉯ 바이스
㉰ V블록 ㉱ 콜릿척

해설 공구를 잡아주는 요소 : 척(3), 콜릿척, 슬리브, 드라이버, 바이트 홀더, 어댑터, 아버

3. 다음 중 육면체의 가장 이상적인 위치결정법은 무엇인가?

㉮ 3-2-1 위치결정법 ㉯ 2-2-1 위치결정법
㉰ 4-2-1 위치결정법 ㉱ 3-3-1 위치결정법

4. 다음 중 원통형의 가장 이상적인 위치결정법은 무엇인가?

㉮ 3-2-1 위치결정법 ㉯ 2-2-1 위치결정법
㉰ 4-2-1 위치결정법 ㉱ 3-3-1 위치결정법

5. 다음 중 밑면에 4번째의 위치결정구를 추가함으로서 지지된 면적은 사각형이 되어 안정도를 얻게 되는 위치결정법은 무엇인가?

㉮ 3-2-1 위치결정법 ㉯ 2-2-1 위치결정법
㉰ 4-2-1 위치결정법 ㉱ 3-3-1 위치결정법

6. 다음 중 고정식 지지구의 특징은?

㉮ 지지구를 고정시킨 것으로 위치결정구보다 약간 아래에 위치시킨다.
㉯ 움직일 수가 있고 조정이 가능하다.
㉰ 고정식 지지구보다 훨씬 낮게 위치시킨다.
㉱ 경제성보다 품질을 우선할 경우에 한다.

정답 1.㉯ 2.㉱ 3.㉮ 4.㉯ 5.㉰ 6.㉮

7. 다음 중 지지구의 3가지 형태가 아닌 것은?

㉮ 고정식 지지구　　㉯ 조정식 지지구

㉰ 가동식 지지구　　㉱ 동시형 지지구

8. 다음 중 조정식 지지구의 특징은?

㉮ 절삭력에 의한 공작물의 휨을 제한한다.　　㉯ 움직일 수가 있고 조정이 가능하다.

㉰ 기계가공 면에 한하여 사용한다.　　㉱ 제작비가 싸고 작업이 용이하나 공차가 커진다.

9. 다음 중 하향절삭의 설명이 맞는 것은?

㉮ 절삭력이 위로 향하여 지지구가 필요하지 않다.

㉯ 절삭력이 아래로 향하여 고정력은 작아도 된다.

㉰ 절삭력은 위치결정구로부터 공작물을 들어올리는 경향이 있어 바람직하지 못하다.

㉱ 클램핑 고정력이 커야 한다.

10. 다음 중 긴 원추는 위치결정구가 몇 개 필요한가?

㉮ 3개　　㉯ 4개

㉰ 6개　　㉱ 5개

11. 다음 중 짧은 피라미드형은 위치결정구가 몇 개 필요한가?

㉮ 3개　　㉯ 4개

㉰ 6개　　㉱ 5개

12. 다음 중 크기가 같고 반대 방향인 모멘트가 서로 반작용하여 물체의 평형 상태를 유지하는 것을 무엇이라 하는가?

㉮ 회전 평형　　㉯ 직선 평형

㉰ 나선 평형　　㉱ 원호 평형

13. 다음 중 직선방향의 움직임을 제어하여 정지상태로 유지하는 것을 무엇이라 하는가?

㉮ 회전 평형　　㉯ 직선 평형

㉰ 나선 평형　　㉱ 원호 평형

14. 다음 중 점 위치결정의 장·단점 중 틀린 것은?

㉮ 공작물의 표면에 요철(凹凸)이 있어도 흔들리지 않는다.

㉯ 가공면을 수직으로 하여도 칩의 처리가 쉽다.

㉰ 공작물의 기준면이 스텝 블록일 경우 매우 좋다.

㉱ 기계가공할 때는 수평 지지에 비하여 다소 어렵다.

정답 7.㉰ 8.㉯ 9.㉯ 10.㉱ 11.㉰ 12.㉮ 13.㉯ 14.㉯

15. 다음 중 공작물의 위치결정면과 클램핑위치를 정확하게 하기 위한 공작물 관리의 목적 중 틀린 것은?

㉮ 공작물의 위치는 작업자의 숙련도에 관계가 있다.

㉯ 모든 요인에 관계없이 공구와 공작물의 일정한 상대적 위치를 유지한다.

㉰ 절삭력, 클램핑력 등의 모든 외부의 힘에 관계없이 공작물이 위치를 유지한다.

㉱ 공구 및 고정력 또는 공작물의 취성에 의해서 과도한 휨이 일어나지 않도록 한다.

정답 15.㉮

제 3 장

공작물의 위치결정

1. 위치결정의 원리

① 지그와 고정구를 설계할 때 공작물에 대한 위치결정방법을 충분히 고려해야 한다. 공작물의 위치결정(기준면 결정)은 힘이 작용하는 방향을 고려하여 공작물의 위치를 안정하게 하는 것이다.

② 하나의 물체는 힘의 방향에 따라 어느 방향으로나 움직일 수 있으나 3가지 방향의 조합으로 나타낼 수 있다.

③ 힘의 방향에 관계없이 공작물은 어떤 축을 중심으로 회전하는 움직임이 있다. 위와 같이 공간에서 물체의 움직임은 6가지의 움직임으로 나타낼 수 있다. 이것을 자유도(自由度)라고 하고, 6가지의 움직임을 제한하는 것을 구속도(拘束度)라고 한다. 즉, 위치결정이라는 것은 위치의 변화를 제한하는 것이다.

④ 그림 3.1은 면으로 공작물의 위치결정을 나타낸 것으로, 공작물의 면이 기계 가공했을 때 가능하다. 여기서 그림 (a)는 복수 위치결정이고, 그림 (b)는 세 평면을 위치결정하므로 전표면 위치결정, 그림 (c)는 한 표면만을 위치결정하는 단일 위치결정이라 한다.

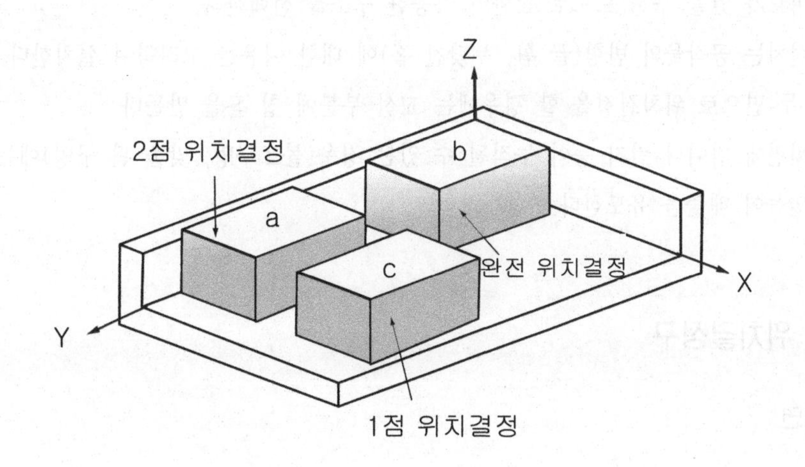

그림 3.1 직육면체 위치결정

2. 위치결정구의 설계

① 치공구에서 위치결정구는 공작물의 위치를 정확히 결정해주는 기구로서, 정밀하게 생산하기 위해 면밀하게 설계되어야 한다.

② 공작물의 위치결정구란 지그와 고정구에서 요구되는 일정 위치에 공작물을 정확하게 위치시키는 것으로서, 정확한 위치결정이 필요하다.

③ 위치결정구는 고정 위치결정구와 조절 위치결정구가 있으며, 공작물과 위치결정구의 접촉면의 형태는 평면, 경사면, 곡면, 점, 선 등이 있으므로 위치결정구의 선정은 중요하다.

④ 위치결정구로 사용되는 것을 보면 지그 몸체의 평면을 이용하여, 지그 몸체의 일부를 돌출시켜서, V블록에 의하여, 핀이나 볼트 등을 삽입 또는 돌출시켜서 사용이 된다.

1) 위치결정구의 일반적인 요구 사항

① 마모에 잘 견디어야 한다.

② 교환이 가능해야 한다.

③ 공작물과의 접촉 부위가 보일 수 있게 설계되어야 한다.

④ 청소가 용이해야 하며, 칩에 대한 보호를 고려해야 한다.

2) 위치결정구에 대한 주의 사항

① 위치결정구의 윗면은 칩이나 먼지에 대한 영향이 없도록 하기 위하여 공작물로 덮도록 한다.

② 주물 등의 흑피면을 위치결정하는 경우에는 조절이 가능한 위치결정구를 선택하는 것이 좋다.

③ 위치결정구의 설치는 가능한 멀리 설치하고, 절삭력이나 클램핑력은 위치결정구의 위에 작용하도록 한다.

④ 위치결정구는 마모가 있을 수 있으므로 교환이 가능한 구조를 선택한다.

⑤ 위치결정구의 설치는 공작물의 변형(끝 휨, 부딪친 홈)에 대한 여유를 고려하여 설치한다.

⑥ 서로 교차하는 두 면으로 위치결정을 할 경우에는 교선 부분에 칩 홈을 만든다.

⑦ 위치결정구의 윗면에 칩이나 먼지 등이 누적될 수 있는 경우(볼트구멍, 맞춤 핀 구멍)에는 위치결정구의 윗면에 빠짐 홈을 만들어 배출을 유도한다.

2.1 고정 위치결정구

1) 고정 위치결정면

고정 위치결정구는 확고하게 고정이 되어 있는 위치결정구를 말하며, 내마모성이 요구되므로 열처리하여 연삭 또는 래핑 등에 의하여 높은 정밀도가 유지되어야 공작물의 정밀도를 높일 수 있으며, 일반적인 요구사항은 다음과 같다.

① 안정감이 있는 넓은 평면, 밑면과 가공정도가 높은 측면을 기준면으로 정한다.

② 공작물의 구멍 또는 가공된 구멍, 홈 등을 이용하여 기준면으로 정한다.

③ 적당한 기준면을 찾기 어렵거나 명확하지 않을 때 임시 가공용 버팀 보수(machining boss)를 용접으로 만들어 그 면을 기준면으로 사용한다.

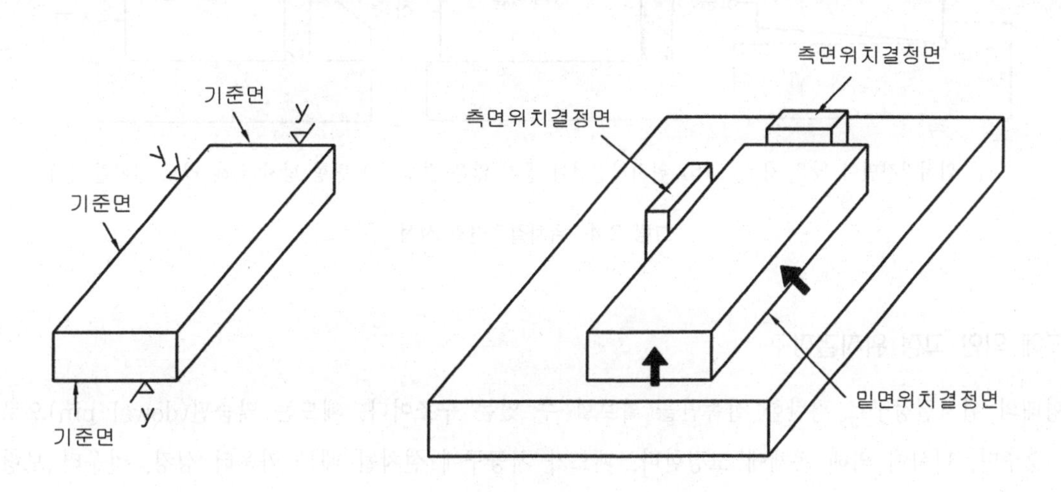

그림 3.2 공작물의 고정 위치결정면

2) 고정 위치결정면의 주의사항

고정 위치결정구의 설정시 다음 사항을 주의하여야 한다.

① 두 면이 동시에 위치결정되는 경우에는 구석에 칩 홈(빠짐 홈)을 약 3~10mm정도로 설치하여, 연삭작업을 위한 공간 및 칩이나 공작물의 버로 인하여 발생되는 부정확한 위치결정을 방지한다. 그림 3.3에서 치공구의 본체를 주철로 할 경우 일반적인 회주철(GC150~GC250)을 많이 사용하고 있다.

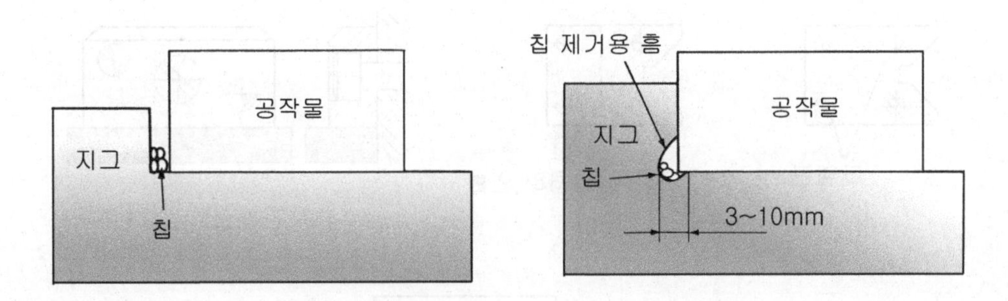

그림 3.3 두 면을 이용한 위치결정과 칩 홈

② 그림 3.4에서 고정력과 절삭력은 지그 몸체의 턱이 있는 곳으로 작용을 시켜야 한다.

(a)의 경우는 측면 위치결정면이 공작물에 비하여 낮은 관계로 불안하다.

(b)의 경우 역시 측면 위치결정면의 강도가 약하여 외력에 의하여 변형이 발생할 수 있다.

(c)의 경우처럼 치공구 무게에 제한을 받지 않는 범위에서 리브를 설치하여 확실한 위치결정면이 이루어지도록 한다.

③ 측면 고정 위치결정구의 사용은 위치결정판을 측면에 부착하여 사용하는 경우가 많으며, 이때 용접에 의하여 부착하는 경우에는 변형이 발생할 수 있는 단점이 있다.

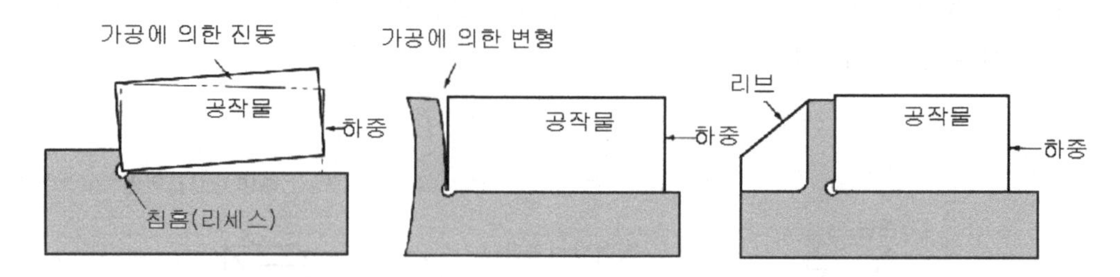

(a) 위치결정면이 낮은 경우 (b) 위치결정면이 좋지 않은 경우 (c) 변형 방지 위해 리브 설치한 경우

그림 3.4 위치결정면의 선정

3) 패드에 의한 고정 위치결정구

블록 형태의 위치결정구로 평탄한 접촉면을 확보할 수 있는 구조이다. 패드는 맞춤핀(dowel pin)으로 위치를 정확하게 맞추며, 나사에 의해 본체에 고정한다. 패드가 치공구에 설치될 때는 카운터 싱킹, 카운터 보링을 하여 나사머리가 나오지 않도록 하여 고정시킨다.

그림 3.5는 여러 가지 패드의 설치 예를 나타낸 것이다. 원칙적으로 위치결정을 위해서는 2개의 다웰 핀이 필요하다.

(a)와 (c)에서처럼 가능한 멀리 떨어지도록 설치한다.

(b)와 같이 사용할 부분만 경화시키고 핀이 설치될 부분은 그대로 사용하는 경우도 있다.

(d), (e), (f)처럼 패드와 접촉하는 가준면이 있을 때는 다웰 핀 1개로도 충분히 위치결정할 수 있다.

(g)는 두 개의 나사와 하나의 키 홈이 다웰 핀을 대신하고 있다.

그림 3.6은 원판형 패드의 사용 보기이다.

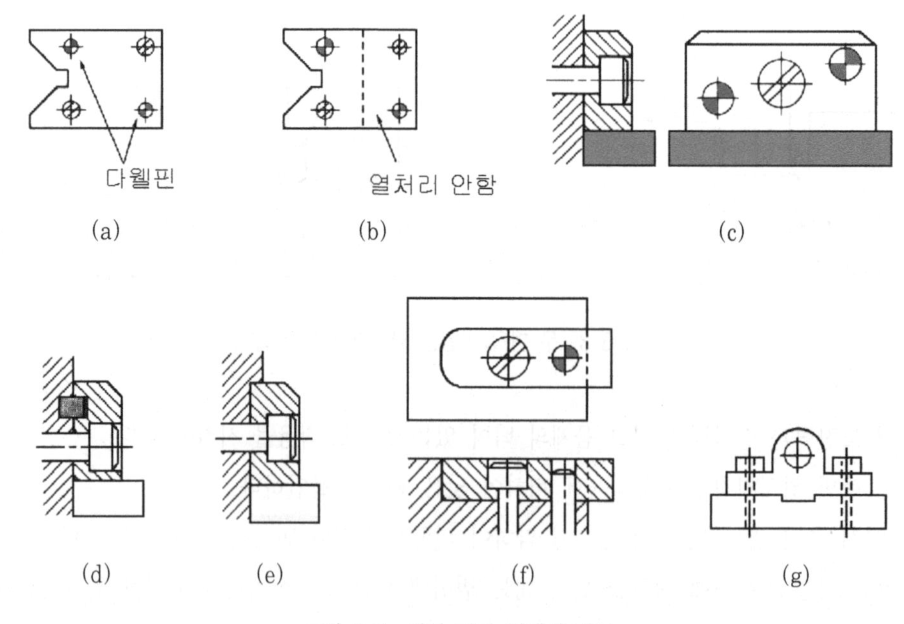

그림 3.5 여러 가지 형태의 패드

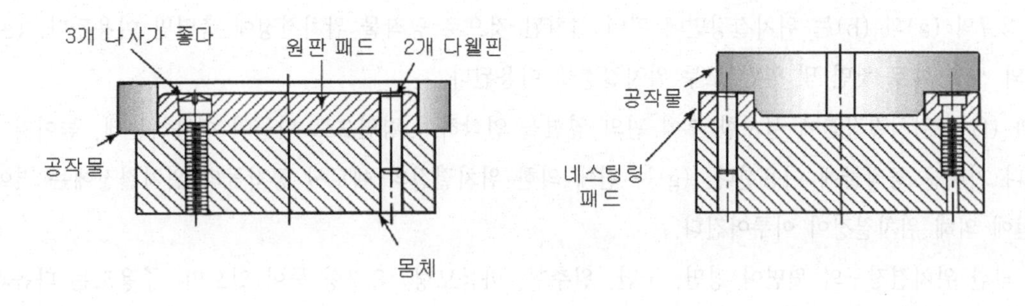

그림 3.6 원판형 패드

4) 핀에 의한 고정 위치결정구

① 각종 형상의 핀이 위치결정구로 사용되고 있다. 그림 3.7은 각종 핀의 형상들이다.

② 핀은 주로 핀의 측면으로 위치를 결정한다. 핀은 작용력이 큰 경우 굽힘모멘트에 의해 변형될 우려가 있으므로 보다 안정된 버튼을 많이 사용되고, 핀은 가벼운 하중을 받는 공작물에만 사용한다.

③ 핀(Pin)은 원통형 모양의 요소로서 공작물의 측면에 닿도록 되어 있으므로 핀의 높이는 문제가 되지 않는다.

④ 핀에 의한 고정 위치결정구는 외력에 약한 단점도 있지만 많이 활용되고 있으며, 핀의 윗면을 이용하는 경우와 핀의 측면을 이용하는 경우가 있다.

⑤ 위치결정 핀은 특히 본체와 조립 시 직각과 평면이 잘 유지되어야 하므로 정확한 고정방법이 요구된다. 핀의 고정은 압입하는 방법과 나사에 의하여 고정하는 방법이 있으며, 나사를 이용하는 경우에는 마모시 교체가 용이하고, 확실하게 고정이 되는 장점이 있다.

⑥ 위치결정핀의 재질로는 내마모성 높은 것이 요구되므로 주로 중탄소합금강이나 저급공구강을 담금질 및 뜨임 열처리하여 사용하며, 록크웰경도(HRC) 40~50 정도면 적당하다. 핀과 본체는 억지끼워 맞춤이고 핀은 0.03~0.04m정도 크게 한다.

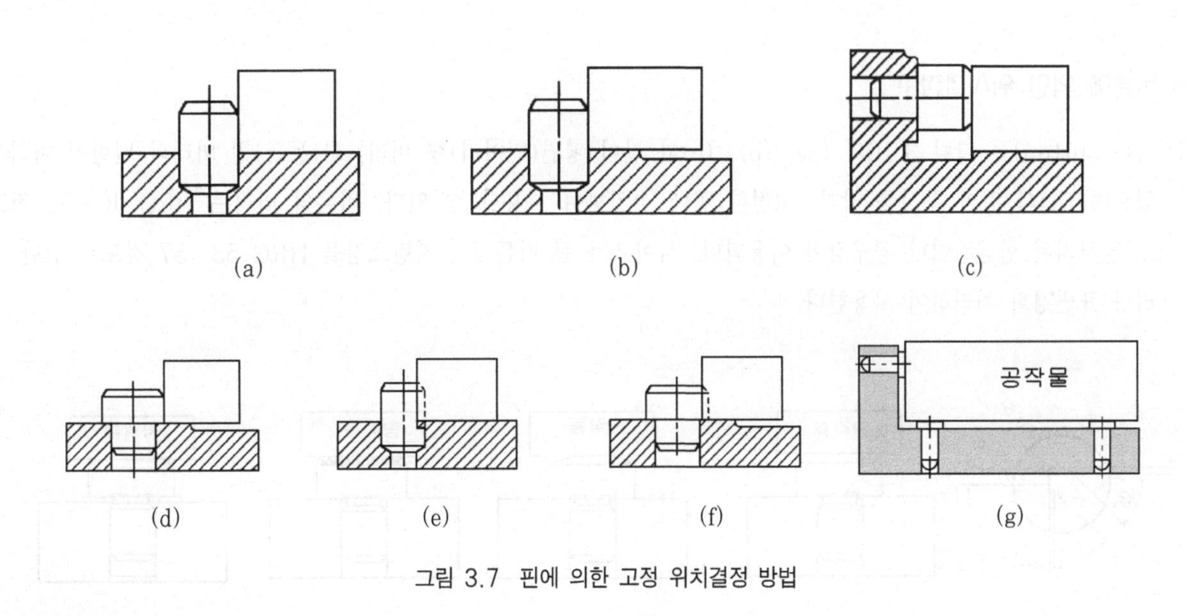

그림 3.7 핀에 의한 고정 위치결정 방법

⑦ 그림 3.7의 (a)와 (b)는 위치결정면에 핀이 설치된 것으로 공작물 위치결정에 측면만 이용된다. (c)와 (d)는 버튼의 사용 예로 윗면 및 옆면 모두 위치결정에 이용된다.

(e)와 (f)는 위치결정면에 설치한 후에 핀의 옆면을 연삭하여 평면으로 만들어 이용하는데, 높이가 낮은 공작물이나 가벼운 공작물에 이용한다. (g)는 핀에 의한 위치결정의 예로서 공작물의 위치결정에는 면이나 선 또는 점에 의해 위치결정이 이루어진다.

⑧ 핀에 의한 위치결정구의 윗면이 평면, 구면, 원추형, 마름모형, 요철형 등이 있으며, 주용도는 다음과 같다.

㉮ 평면 : 공작물의 위치결정부가 평면일 경우이다.

㉯ 구면, 요철형 : 공작물의 위치결정부가 불확실하거나 경사면 또는 흑피면에 사용한다.

㉰ 원추형 : 위치결정과 동시에 중심내기로 활용될 경우이다.

⑨ 그림 3.8은 압입하는 대신에 나사부를 만들어 지그·고정구의 본체에 면취하는 것이다.

⑩ 그림 3.9는 칩 홈이 있는 경우의 핀이다.

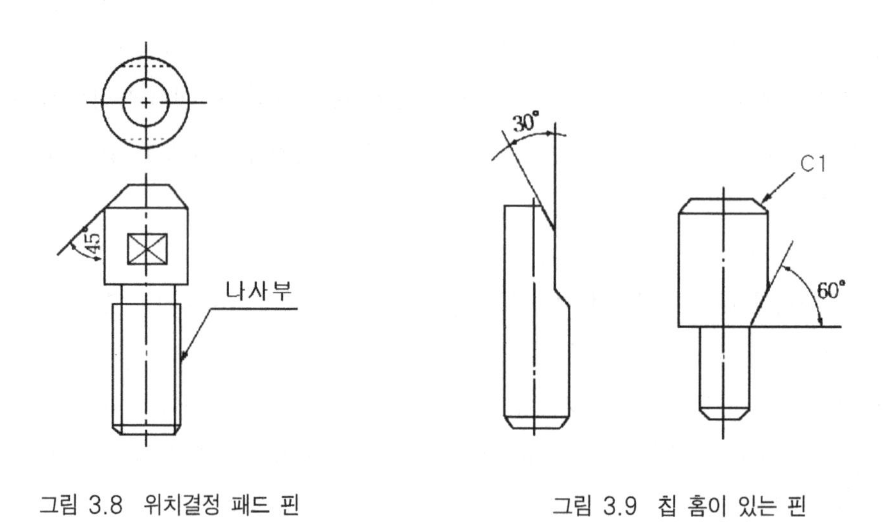

그림 3.8 위치결정 패드 핀

그림 3.9 칩 홈이 있는 핀

5) 버튼에 의한 위치결정구

① 버튼(button)은 그림 3.10의 (a), (b), (c)와 같이 평면(민머리)형 머리, 구(둥근)형 머리와 널링형 머리가 있으며 (d)와 같이 부시를 압착, 고정한 곳에 설치하여 사용할 수 있다. 버튼의 머리는 HRC 40~50 정도로 열처리된 합금강이나 공구강이 이용되며, 사이즈가 큰 버튼에는 저탄소강을 HRC 53~57 정도로 침탄 처리나 표변경화 처리하여 사용한다.

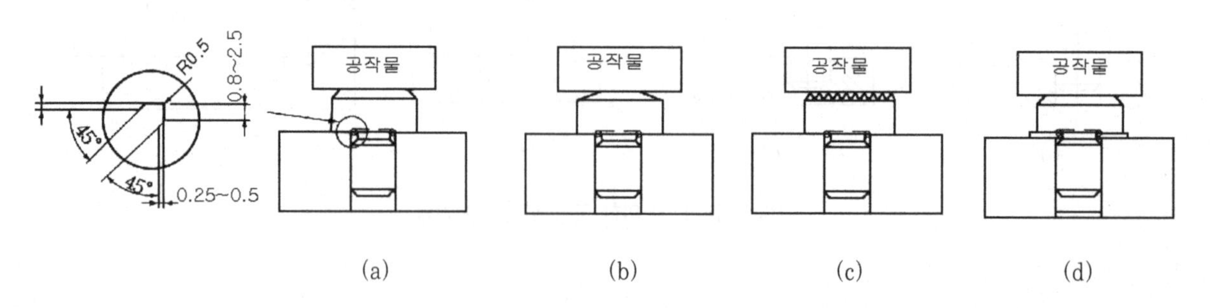

그림 3.10 상품화된 여러 가지 형태의 버튼

② 평면(민머리)형 머리 버튼은 정밀하게 평면 기계 가공된 공작물에만 사용되고, 둥근 머리형 머리 버튼은 밑면이 기계가공되지 않은 거친 공작물에도 사용할 수 있다. 그러나 공작과의 접촉 면적이 충분하지 못하다.

③ 버튼이 설치될 치공구의 면은 정밀가공되어야 하며, 버튼 머리가 접촉하는 부분의 둘레를 조금 높게 하여 그곳만 정밀 가공하거나 카운터 싱킹으로 가공할 면을 최대한 감소시킬 수 있다. 버튼은 대개 구멍에 억지 끼워 맞춤으로 설치되는 것이 보통이다.

④ 버튼은 진동이나 충격에 의해 빠지는 것을 철저히 방지할 수는 있으나, 나사 부에 틈새가 있으므로 정밀한 설치가 어렵다. 이것은 대체로 영구적으로 설치하기 위한 특별한 경우를 제외하고는 사용하지 않는다.

⑤ 표준화되어 있지 않은 크기의 버튼은 다음과 같은 공식을 이용하여 안정된 버튼을 설계할 수 있다(그림 3.11). D가 주어지면 D의 정도에 따라 H를 선정한다. 이때 H가 너무 낮으면 칩이나 먼지가 H보다 높게 쌓여 지지구의 역할을 할 수 없으므로 H의 최소치 한계를 정한 것이고, 안정성을 고려하여 H의 최대치 한계를 정한 것이다.

㉮ 평면(민머리)형 머리의 버튼에서 H는 1/3D(5mm 이상)~3/4D(25mm 이하)의 범위로 하고, B=3/4(D-3), L=1/2(D+H)로 한다.

㉯ 구(둥근 머리)형 머리의 버튼에서 H는 1/3D~1D의 범위로 하며, R=3/2D, B=3/4D, L=3/4D로 한다.

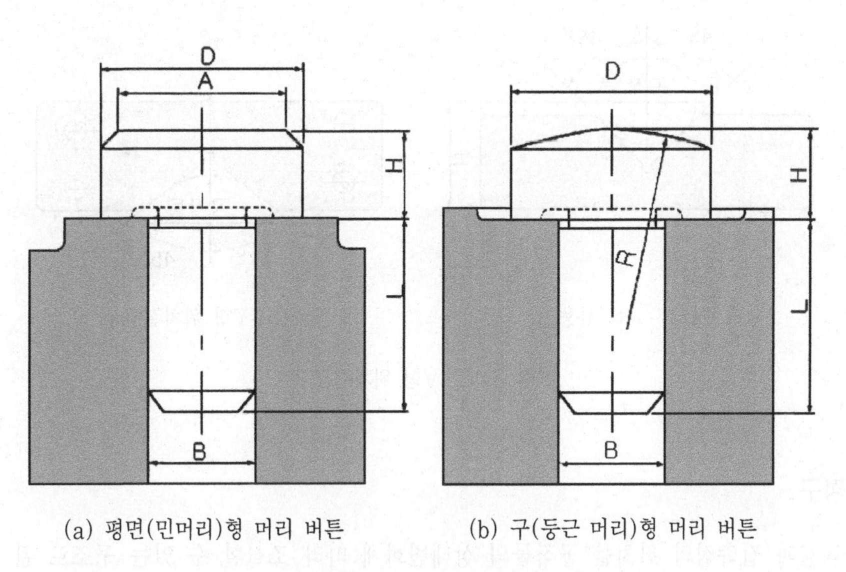

(a) 평면(민머리)형 머리 버튼 (b) 구(둥근 머리)형 머리 버튼

그림 3.11 버튼 형상

6) 부시(bush)에 의한 위치결정구

원통형 축이나 이와 유사한 형상을 공작물의 위치결정면으로 사용할 때 구멍에 끼워 위치결정을 시킨다. 이때 마모에 견디고 정확한 위치결정면을 얻기 위하여 부시를 사용한다.

그림 3.12는 부시가 위치결정구로 사용한 보기로, (a)와 같은 평형부시는 사용중 밀려날 우려가 있으므로 이를 방지하기 위해 (b)와 같은 플랜지형 부시가 자주 사용된다.

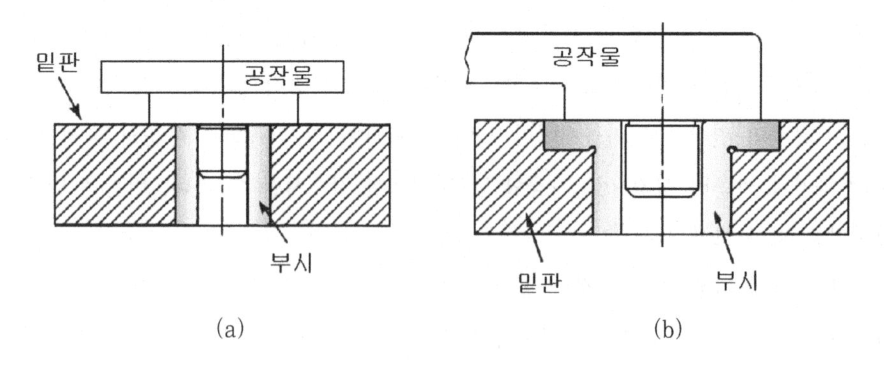

그림 3.12 부시 위치결정구

7) V형 위치결정구

원통형이나 평평한 공작물의 끝이 원형 또는 각형일 때 V형 위치결정구를 사용하면 쉽게 공작물의 중심을 맞추어 위치결정시킬 수 있다.

그림 3.13의 (a)는 원통형 공작물에 V블록을 사용한 위치결정 보기이고, 그림 (b)는 평탄한 공작물으로 끝면이 둥글게 돌출된 부위에 V형 위치결정구를 사용한 보기이다.

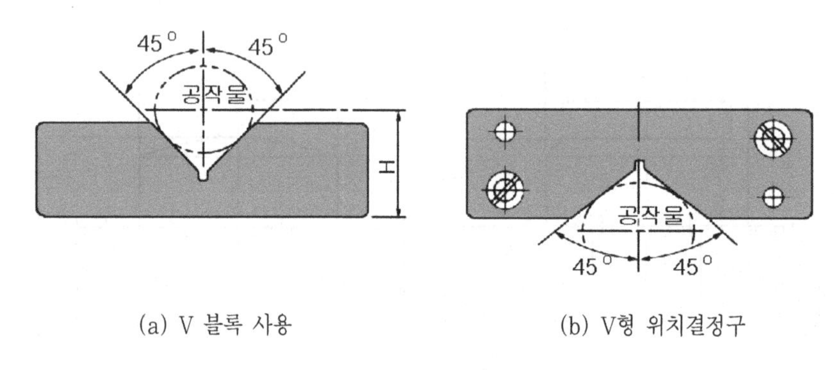

그림 3.13 V형 위치결정구

8) 조절 위치결정구

위치결정구의 공작물과 접촉점의 위치를 공작물의 상태변화에 따라 조절할 수 있는 구조로 된 위치결정구로 주물이나 단조품처럼 공작물의 표면이 불량하거나 치수변호의 영향이 큰 경우 주로 사용한다. 위치결정구는 공작물을 클램핑하고 기계 가공할 때 작용하는 모든 힘에 대하여 견고한 기계적 지지를 충분히 할 수도 있고, 또한 충분하지 못한 경우도 있는데 이 때 충분한 기계적 관리의 안정을 얻기 위해서 추가되는 요소가 지지구이다.

그림 3.14는 공작물의 형태가 불규칙한 경우이거나, 위치결정구의 마모가 심하여 조절을 요하는 경우, 하나의 치공구로 유사한 여러 종류의 공작물을 가공할 경우 등에 조절형 위치결정구의 사용이 요구된다.

그림 3.15는 위치결정구의 위치가 고정이 이루어지면 변위를 방지하기 위하여 풀림 방지 너트 및 나사가 이용되고 있다.

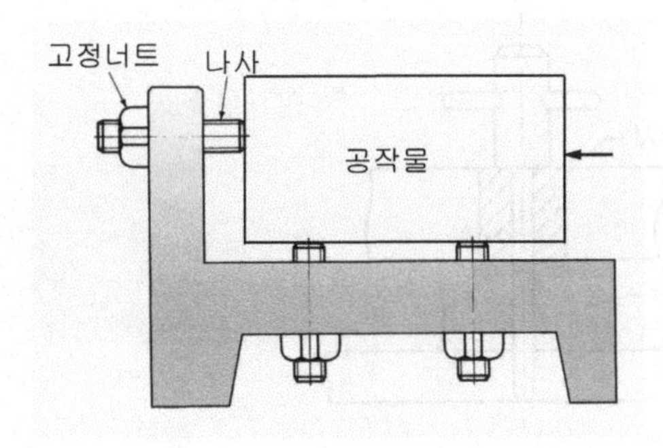

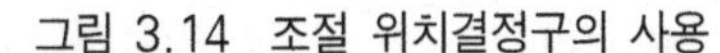
그림 3.14 조절 위치결정구의 사용

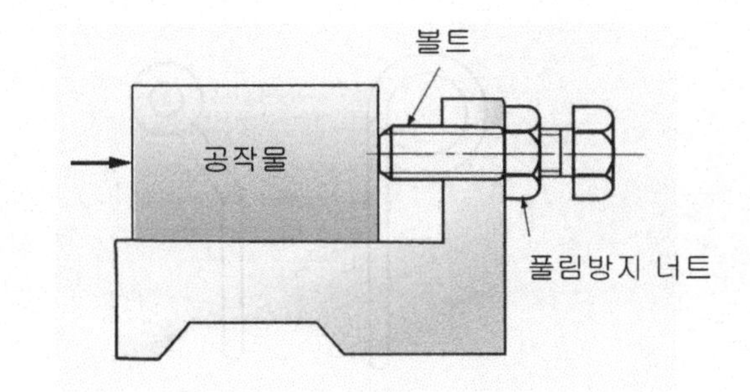

그림 3.15 풀림 방지를 위한 조절 위치결정

(1) 조절 위치결정구의 목적

① 기준공차 또는 이미 규정된 공차를 초과한 소재를 위치결정할 때 사용된다.

② 마모나 부주의에 의한 고정구의 치수변화를 위해 조절할 경우 사용된다.

③ 하나의 고정구로써 하나의 크기가 아닌 여러 크기의 공작물을 위치결정할 경우에 사용된다.

(2) 조절 위치결정구 종류

그림 3.16은 나사를 이용한 조절형 위치결정구(adjustable Locator)의 종류이며, 윗면은 평면보다 구면이 많이 사용됨을 알 수 있다.

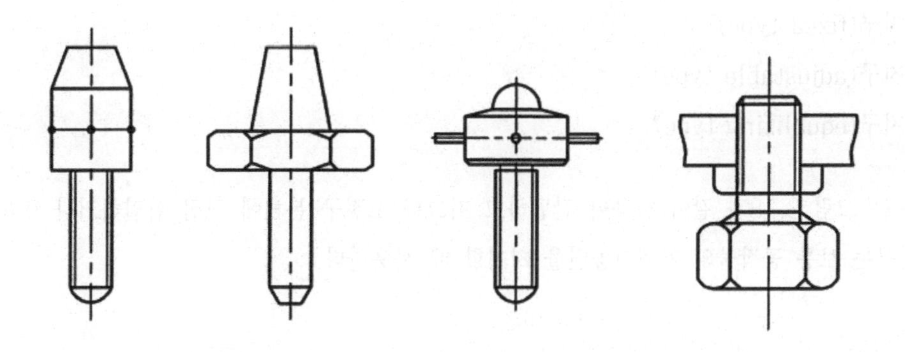

그림 3.16 나사를 이용한 조절 위치결정구

9) 위치 고정핀(locking pin)

그림 3.17의 (a), (b)와 같은 형태의 핀들이 지그에서 공작물의 위치결정시키는 데 널리 사용된다. 이들 핀은 커버(cover)의 분할이나 템플렛 지그로 여러 개의 구멍을 가공시 먼저 가공된 구멍으로부터 공작물을 예정된 위치에 유지시키기 위해 위치결정용으로 사용되며, 이 경우 위치 고정핀은 지그 부시를 통해서 먼저 가공된 구멍에 삽입되므로 공작물을 지그 내의 적절한 위치에 있도록 잡아준다.

위치 고정핀은 헐거운 끼워맞춤이 되도록 하는 것이 일반적이나 정밀도를 높이기 위해 억지 끼워맞춤한 핀에는 큰 머리나 레버가 있는 핀으로 하여 빼낼 때 용이하게 해야 한다. 또한 핀의 분실 방지를 위해 지그 몸체에 매달 수 있는 방법을 강구하도록 한다.

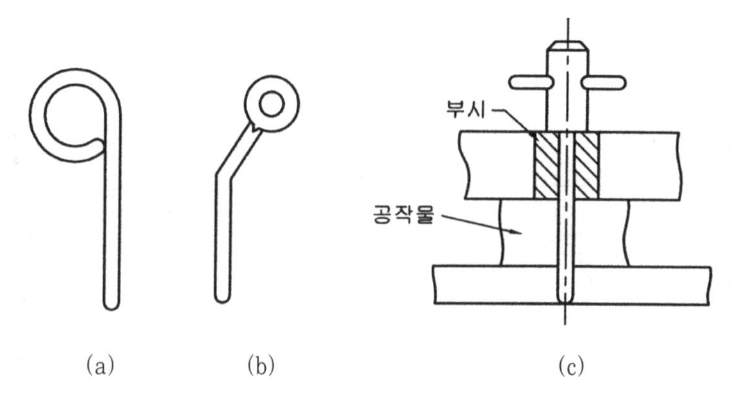

그림 3.17 위치 고정핀

2.2 지지구(support)

지지구는 위치결정구를 보완하기 위하여 사용하는 치공구 부품으로, 공작물의 위치결정을 하는 역할을 하지만 위치결정구(locator)라고 하지 않고 지지구(support)라 한다. 즉, 지지구는 공작물의 형상관리를 보완하고 공작물의 위치를 정적으로 안정시키기 위해 추가되는 요소이다. 일반적으로 위치결정구가 공작물의 아래쪽에 놓이면 지지구가 되고, 측면에 놓이면 위치결정구라 한다.

지지구는 세 가지 형태로 구분할 수 있다.

① 고정형 지지구(fixed type)

② 조절형 지지구(adjustable type)

③ 평형형 지지구(equalizing type)

고정형 지지구는 그림 3.18과 같이 사용이 간편하고 지그나 고정구 본체에 직접 삽입하거나 또는 나사로 조립된다. 고정형 지지구는 보통 공작물의 기계가공면을 지지할 때 사용한다.

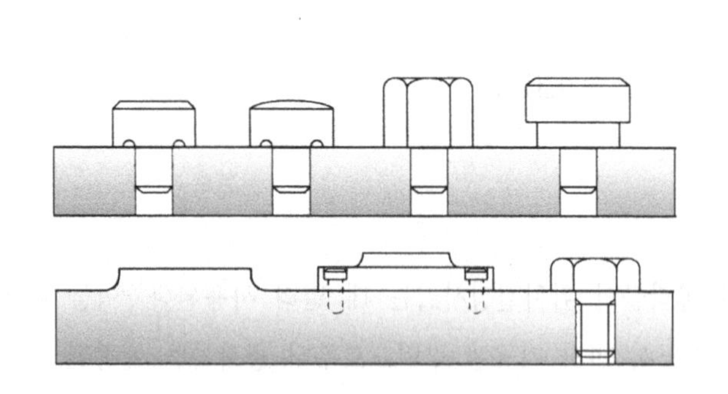

그림 3.18 고정식 지지구

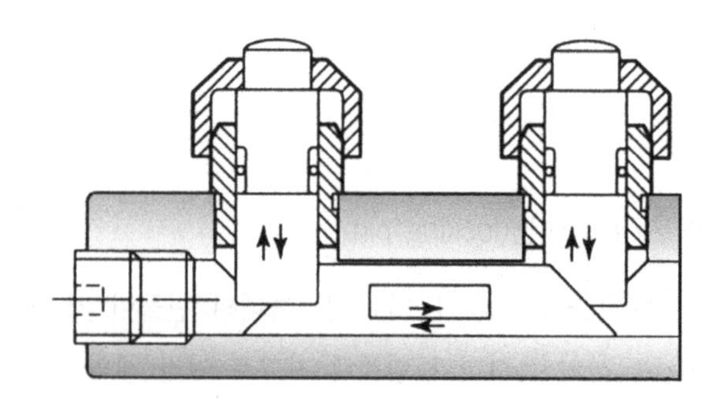

그림 3.19 평형식 지지구

조절형 지지구는 위치결정면이 주조표면과 같이 불규칙할 때 사용된다. 여러 가지 모양의 조절형 지지구가 있다. 대부분의 조절형 지지구는 나사를 사용하여 위치를 조절하는 형식(그림 3.20의 (a)), 스프링을 사용하여 위치를 조절하는 형식(그림 3.20의 (b)), 나사와 밀대(plunger)를 사용하여 위치를 조절하는 형식(그림 3.20의 (c))이 있다.

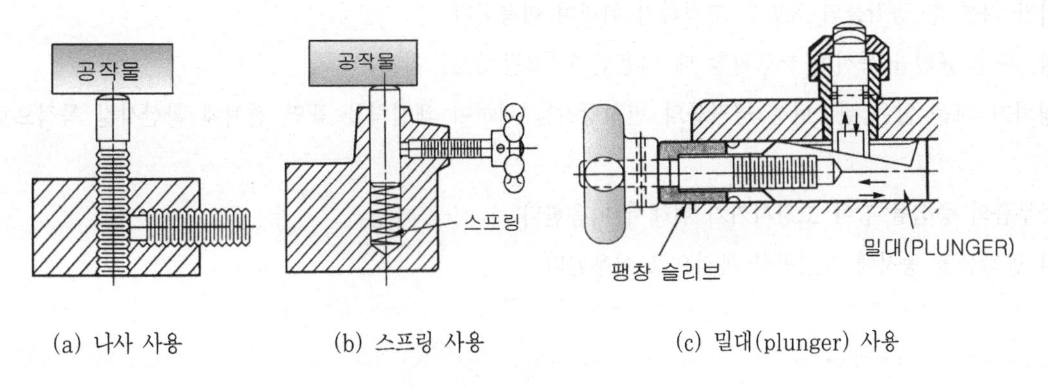

(a) 나사 사용 (b) 스프링 사용 (c) 밀대(plunger) 사용

그림 3.20 조절식 지지구

조절형 지지구는 흔히 하나 또는 그 이상의 고정식 위치결정구와 함께 사용하여 공작물의 균형을 잡아준다.

평형형 지지구는 그림 3.19와 같이 조절형 지지구의 일종으로 2개의 연결된 접촉점을 똑같은 세기로 지지해 준다. 즉, 한 쪽이 눌리면 다른 쪽은 올려져서 공작물과 균등한 접촉이 이루어지며 이러한 기능은 특히 주물의 불규칙한 면을 지지하는 데 효과적이다.

지지구가 정적으로 확실한 위치에 있지 않아 공작물과 정확히 정촉하지 않으면 다음과 같은 문제가 발생한다.

① 공작물과 접촉이 되지 않아 지지구가 불필요하게 된다.

② 위치결정구 상에서 공작물이 들뜨게 되어 오히려 지지구가 위치결정구 역할을 하게 된다.

③ 공작물에 큰 힘이 작용할 경우 공작물에 변위가 발생되어 위치결정구가 큰 힘을 받게 된다.

2.3 평형 위치결정 지지구 및 고정구

평형(equalizer) 지지구 및 고정구는 일반적으로 하나의 작용력(하중)을 2개소 혹은 2개소 이상의 작용점에 분배시키는 목적에 사용된다. 이것은 작용력을 균등하게 분배시킨다는 의미를 내포하고 있으나, 하나의 작용력을 2(또는 2 이상)개의 지지 점에 대하여 일정비율로 힘이 분배되어 작용시키도록 설계된 기구로, 평형 지지구(혹은 고정구)라고 볼 수 있다.

평형 고정구는 주로 클램프 기구로서 널리 사용되지만, 위치결정구(로케이터)로도 이용된다. 평형 고정(지지)구가 클램프기구로 이용될 때는 분배력이 작용 압력으로서만 작용하나, 위치결정구에서는 대부분, 하나나 그 이상의 클램핑을 위한 힘(체결력)의 반력들의 합력으로 작용되기 때문에 작용하는 힘의 크기(지지력)를 한눈에 알 수 있도록 나타내기가 더욱 어려워진다. 평형고정 및 지지구는 또한 체결력이나 지지력을 동등하게, 혹은 일정비율의 크기로 작용하도록 클램프기구와 위치결정구에 동시에 채용하여 사용할 수 있다.

1) 평형 고정구의 용도

기본적으로 평형 고정구는 다음과 같은 용도(목적)에 사용된다.

① 과도하게 집중하는 클램핑(고정) 압력을 가공부품의 표면에 균일하게 작용하도록 한다.

② 위치결정구에 클램핑 압력을 수직으로 작용시킨다.

③ 거친 표면을 가진 공작물을 클램핑한다.

④ 높이가 다른 한 공작물의 표면을 고정하기 위하여 이용한다.

⑤ 수직, 수평 표면을 동시에 클램핑할 때 이용한다.(그림 3.21 참조)

⑥ 변형되기 쉬운 얇은 판, 탄성 공작물의 변형방지를 위하여 체결력을 표면 전체에 확산시킬 목적으로 이용한다.

⑦ 가공부품의 중심을 잡아 고정시키기 위해서 이용한다.

⑧ 여러 공작물을 동시에 클램핑할 목적으로 이용된다.

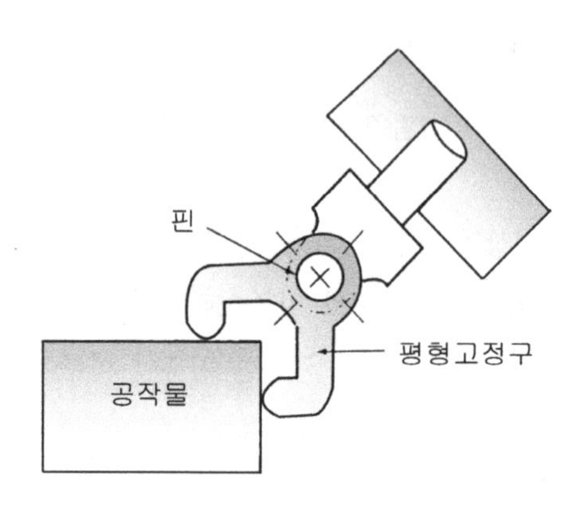

그림 3.21 수평, 수직 평형 고정구

2) 평형지지·고정구의 종류

평형지지·고정구는 고정하려는 가공물의 특정이나 형상에 따라 기구의 설계가 다르며, 이러한 메커니즘의 종류에 따라 로커 암을 이용한 것, 유동식 나사를 이용한 것, 이중 작동식 평형 고정구, 복식 체결형 평형 고정구, 롤러 기구식 평형 고정구, 유압식 평형 고정구, 가소성 충전재를 이용한 평형 고정구 등 여러 가지 종류가 있다.

① 로커 암식 평형 고정구는 가장 널리 사용되는 기본적인 평형 고정구로서, 중심을 지지하고서 양단부에 하중을 받는 하나의 보(beam)의 원리로 되어 있다. 이것은 양단고정형 스트랩 클램프 같이 직선상이나, 요크 모양과 같이 굽어진 모양으로 만들어져 있는데, 이러한 대표적인 실례는 그림 3.22와 같다.

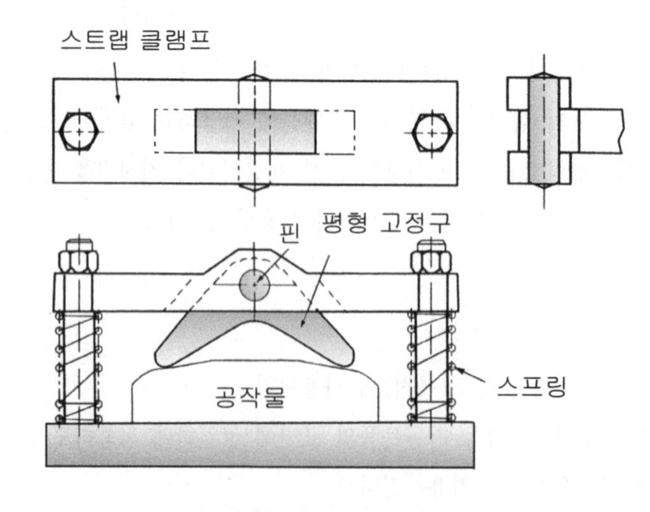

그림 3.22 로커형 평형 고정구

② 로커형 평형 고정구는 양단에만 힘이 작용하며, 양단부에 작은 로커를 다시 설치함으로써 4곳이나 그 이상의 지지점에 힘을 분산시켜 여러 개의 공작물을 동시에 고정시킬 수 있는 클램프로도 설계할 수 있다. 또, 공작물이 크고 고정해야 할 면적이 넓어 3점지지 이상을 지지·고정해야 될 경우에도 이러한 로커형 평형 고정구를 사용하여 클램프할 수 있다.

2.4 공작물 위치결정면 선택

치공구를 사용한 작업에서 공작물을 위치결정시킨다는 것은 위치결정구와 공작물을 접촉상태로 하는 것을 말하며, 이 접촉면이 작업상의 기준이 된다. 즉, 공작물의 기준면이 된다. 이 기준면을 어느 면으로 선택하느냐에 따라 가공 정밀도에 직접 영향을 미치게 된다.

이 위치결정면은 공작물 관리 원칙에 부합하도록 선택되어야 하고 이외에도 기계가공면, 넓은 평면, 구멍이나 홈의 내면을 위치결정면으로 잡는 것이 바람직하다. 고정밀도 부품을 가공할 때는 위치결정면은 기공 공차 이내로 다듬질되어 있어야 한다.

2.5 네스팅

① 한 공작물이 일직선상에서 적어도 2개의 반대방향 운동이 억제되는 경우, 둘 또는 그 이상의 표면사이에서 억제되며 위치결정되는 방법 즉, 어떤 홈을 파 놓고 그 안에 공작물을 집어넣는 것을 말한다. 네스트와 공작물간의 최소틈새는 공작물의 공차에 의해 결정되나 네스팅(nesting)에 의한 위치결정은 항상 어느 정도의 변위가 따르게 된다. 그러므로 불규칙한 형상의 공작물은 윤곽이 정확하게 가공되어 있을 때 사용한다. 특히 주물이나 단조품은 네스팅이 불리하며 금형에 의해 일정하게 만들어지거나 기계가공된 공작물에 적합하다.(그림 3.23 참조)

② 그림 3.23은 각종 형태의 네스팅으로 그림 (a)는 공작물을 윤곽선대로 위치결정구의 홈을 만들어 끼워 넣는 윤곽에 의한 네스팅이며, 그림 (a)의 2개의 반원형 구멍은 작업자가 공작물을 쉽게 설치하고 제거할 수 있도록 손가락이 들어갈 수 있는 공간을 만들어 놓은 것이다. 그림 (b)는 V-블록으로도 만들 수 있다. 이것은 제작비가 저렴하며 공작물의 형태가 조금씩 다르더라도 잘 맞게 되는 블록에 의한 네스팅이다. 그림 (c)는 (b)의 방법보다 더 간단한 형태로 핀으로써 공작물을 위치결정시키는 핀에 의한 네스팅이다.

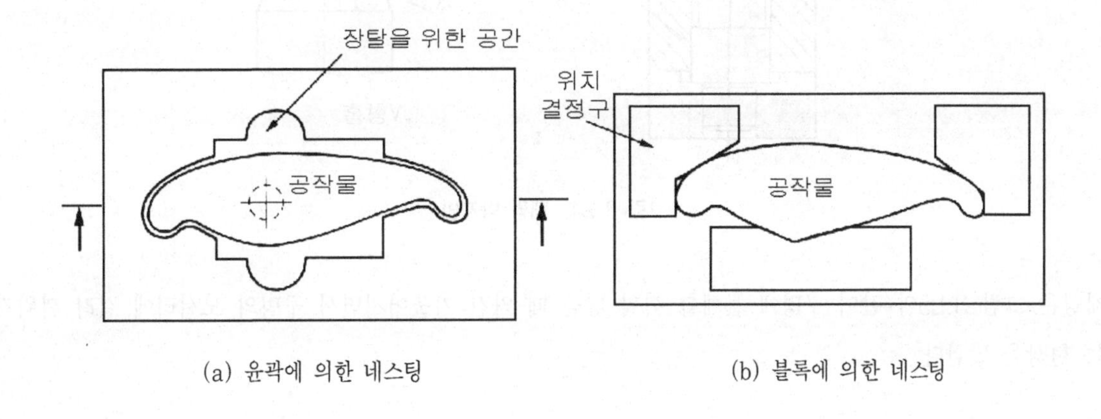

(a) 윤곽에 의한 네스팅 (b) 블록에 의한 네스팅

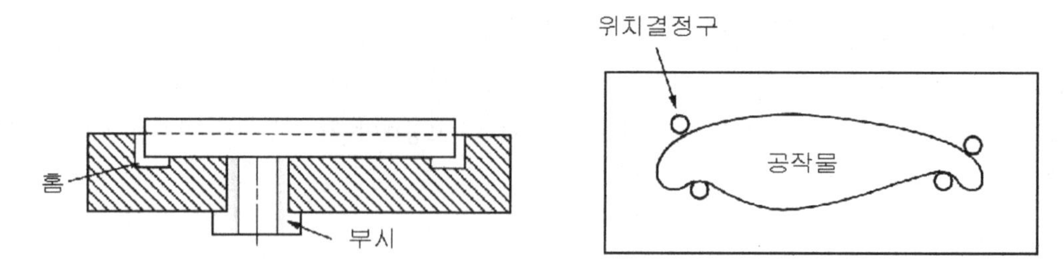

(c) 핀에 의한 네스팅

그림 3.23 공작물 윤곽에 따른 네스팅

③ 공작물의 모든 면이 불규칙하여 평평한 면의 위치결정구에 설치할 수 없을 때는 공작물의 형상대로 위치결정구를 기계 가공하여 만드는 것은 대단히 어렵고 비용이 많이 들게 되나, 간단한 주조를 이용하여 불규칙한 공작물을 위한 위치결정구를 만들 수 있다.

2.6 원형 위치결정구(jamming)

① 공작물의 구멍과 원통 부분을 위치결정하기 위해 핀, 심봉, 플러그, 중공원통, 링, 홈 등의 형태로 위치결정하는 네스팅 원리이며 위치결정의 정밀도와 재밍이 생긴다.

② 재밍(jamming)이란 공작물 구멍에 원형 축을 끼울 때 턱에 걸려 들어가지 않는 현상으로 재밍은 항상 짧은 거리의 위치에서 발생하며(즉, L이 작을 때), 어느 정도 길게 끼워지면 재밍 현상은 발생하지 않는다. 재밍의 주요 원인은 마찰에 의해 발생되며 틈새, 끼워지는 맞물림 길이, 작업자의 손흔들림 등도 원인이 된다.

③ 원형 위치결정기구(circular locator)는 핀, 심봉, 플러그나 중공원통, 링 등의 형태로 이용되며 공작물을 위치결정하는, 즉 공작물의 네스트(nest)를 위한 요소이다. 이러한 원형 위치결정구는 재밍 현상과 정확한 위치결정을 위한 틈새의 정도가 가장 중요한 문제점이 된다.

④ 그림 3.24의 (a), (b)는 긴 위치결정구에서 위치결정구에 홈을 파서 재밍을 방지한 형태이다.

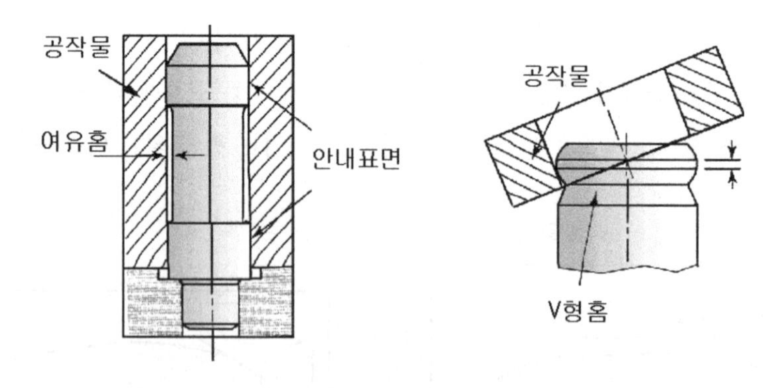

그림 3.24 재밍 방지법

⑤ 재밍은 그림 3.25와 같이 구멍에 물체를 끼워 넣을 때 약간 기울어지면서 구멍의 모서리에 걸려 끼워지지 않는 현상을 말한다.

그림 3.26에서 위치결정구의 지름이 D_1, 끼워질 공작물의 직경은 $D_1 - C$, 틈새는 C가 되며, L만큼 끼워졌을 때 재밍이 발생한 것을 나타낸다. 이에 대한 치수는 다음과 같다.

$L_1 = 0.12D$

$L_2 = 0.2D$

$L_3 = 1.7\sqrt{D}$ (L_3와 D는 mm 단위)

$L_4 = \frac{1}{3}\sqrt{D}$ (L_4와 D는 inch단위)

$d = 0.97D$

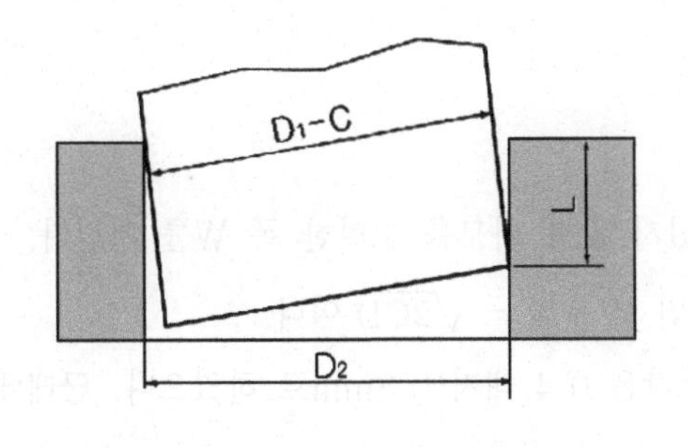

그림 3.25 재밍 현상

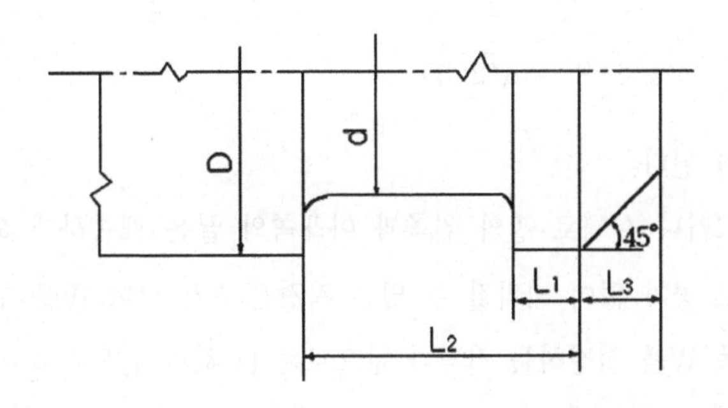

그림 3.26 재밍 억제를 위한 원형 위치결정구

⑥ 그림 3.27에서 (a)는 필요 이상으로 공작물을 위치결정한 것이며, (b)와 (c)가 올바른 원형 위치결정기구의 사용 방법이다. 그림 (d), (e)와 같이 원형 위치결정기구가 끼워질 때 동시에 두 개의 지름이 결합되게 하는 것은 잘못된 방법이다. 그림 (d)는 큰 지름과 작은 지름이 동시에 끼워져야 하므로 끼워 맞추기가 어렵게 되나, (e)와 같은 작은 지름이 끼워지고 난 후에 큰 지름이 끼워지도록 ΔL만큼 길게 하면 끼워맞춤이 용이하게 된다.

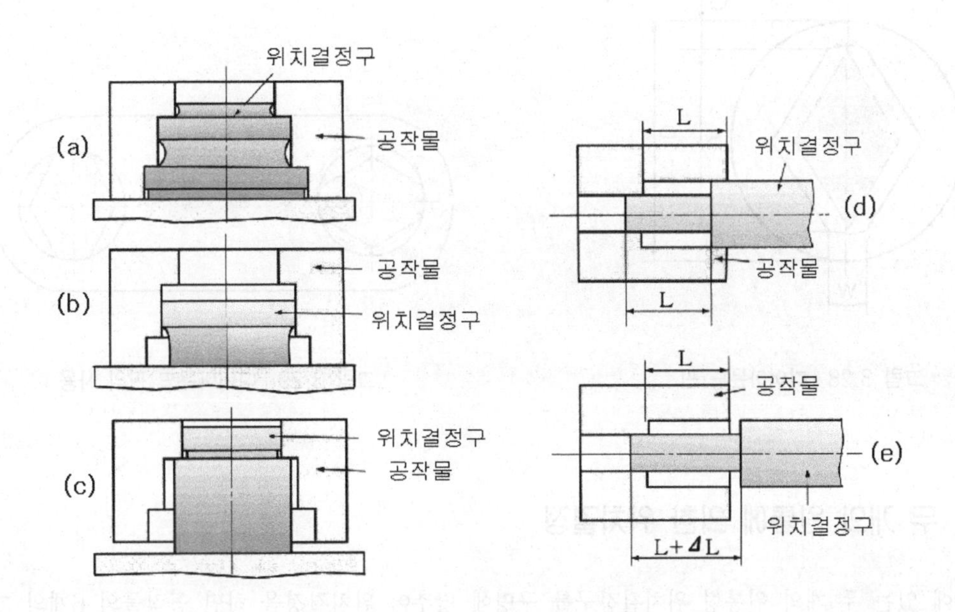

그림 3.27 위치결정구의 삽입

2.7 다이아몬드 핀

① 다이아몬드 핀은 그림 3.28과 같이 단면이 마름모꼴이며 구멍에 헐거움 끼워 맞춤으로 설치되기 때문에 가공물의 착탈이 쉬운 장점이 있어 실제적으로 위치결정기구의 요소로 많이 쓰인다.

② 그림 3.28은 직경이 D인 구멍에 길이 A인 다이아몬드 핀이 틈새가 C로 끼워진 것이며, D=A+C 가 된다. 만약 다이아몬드 핀의 위 끝과 아래 끝이 예리하게 되어 있다면, 원호에 대한 공식에서 현의 높이에서 $\frac{C}{2}$이고, 원호의 폭이 T일 때,

$$\left(\frac{T}{2}\right)^2 = \frac{C}{2}\left(D - \frac{C}{2}\right) = \frac{CD}{2} - \frac{C^2}{4} = \frac{CD}{2}$$

$$\therefore\ T = \sqrt{2CD}$$

가 된다.

그러나 실제로 핀의 위쪽과 아래쪽의 끝은 뾰족하게 되어 있지 않고 마모를 고려한 폭 W를 가진다. 그러므로 공차 없이 끼워질 수 있는 직경은 A가 되며 W를 고려하면 $W + T = \sqrt{2CD}$ 이다.

폭 W를 결정하는 적당한 값으로는 D 값의 1/8로 하며 최소값은 0.4 내지 0.8mm로 하였으나, 근래에는 $W = \frac{1}{30} \times A$ 로서 표준화하여 사용되고 있다.

③ 그림 3.29는 치공구에 사용된 다이아몬드 핀의 사용 예로써, 다이아몬드 핀은 2개를 수직하게 엇갈려 설치하여 사용하는 경우가 많다. 핀 A는 가로방향으로의 움직임을 억제하면 핀 B는 공작물의 상하로의 움직임을 막는다. 이러한 경우에 핀 A에서 공작물이 상하로 움직이게 되므로 표시한 것과 같은 부수적인 위치결정기구가 필요하다.

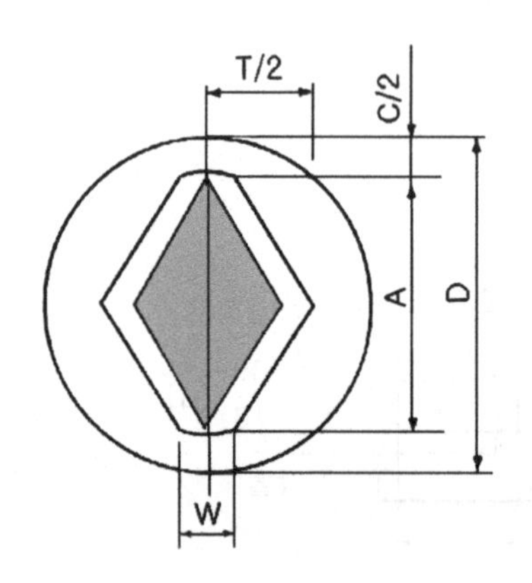

그림 3.28 다이아몬드 핀

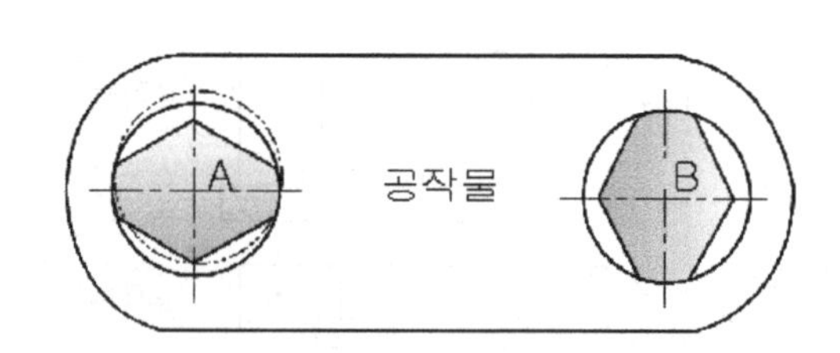

그림 3.29 다이아몬드 핀의 사용

2.8 두 개의 원통에 의한 위치결정

① 평면 상에 있는 두 개의 원통형 위치결정구를 구멍에 맞추어 위치결정을 하면 공작물의 6개의 자유도를 모두 제거시킬 수 있으며, 아주 좋은 기계적 안정성을 얻게 된다. 이러한 경우에 정밀도는 원통 핀이 끼워질 틈새

와 두 개의 구멍 중심 거리 공차에 의해 정해진다. 가령 두 개의 구멍 중심거리가 아주 정확하다고 하면 위치결정 정밀도는 구멍 틈새와 정도에 따라 정해진다.

② 오차를 없애기 위하여 그림 3.30과 같이 옆으로 길게 된 구멍을 만들어 사용할 수 있으나, 치공구에 끼워질 각각의 공작물에 그와 같은 구멍을 만든다는 것은 제작상 어려운 점이 있다.

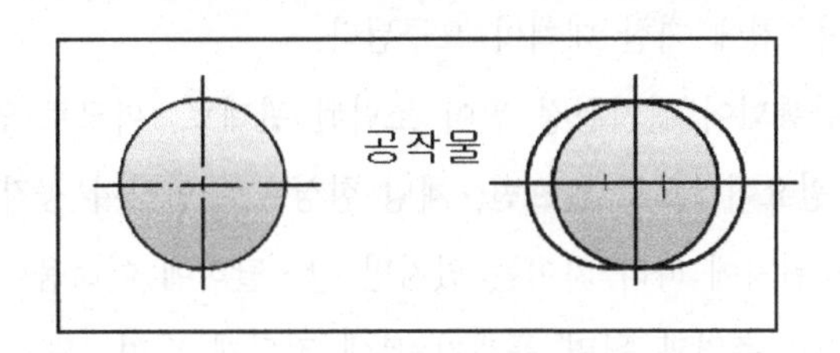

그림 3.30 구멍을 연장시킨 위치결정

각도상의 오차를 없애기 위해서는 중심선에 수직 방향으로서의 움직임을 억제하고 중심선과 같은 방향으로 움직임을 억제하고 중심선과 같은 방향으로 움직일 수 있는 여유를 주는 방법으로 공작물의 구멍을 수정하는 것보다는 위치결정구(원통형 핀)의 모양을 변형시켜 위와 같은 조건을 만족시키는 것이 바람직하다. 두 구멍을 연결한 중심선 상에 대해 반드시 수직 방향으로 설치하여 다이아몬드 핀이 공작물 구멍과 접촉케 한다. 그러나 좌우 움직임이 관계없고 상하로만 움직임을 억제할 경우 다이아몬드 핀 2개를 사용할 수 있다.

3. 중심 위치결정구(centralizer)

3.1 중심결정구의 정의

중심 위치결정법은 일반 위치결정법보다 한 걸음 앞선 방법으로 일반 위치결정법은 고정구에 접촉되는 한 부분에 1면이 필요하나, 중심결정법은 한 장소에서 2면이 필요하며, 가공하려는 부품 내의 1평면을 위치결정하는 방법이다.

① 단일 중심 위치결정(single centering) : 한 개의 중심 평면을 위치결정

② 이중 중심 위치결정(double centering) : 두 개의 평면(서로 수직)을 위치결정

③ 완전 중심 위치결정(full centering) : 세 개의 중심 평면을 동시에 위치결정

중심 위치결정구를 사용함으로서, 간단하게 공작물의 중심과 치공구의 중심을 일치시킬 수 있고, 원형의 공작물에서 외경을 가공할 경우 가공여유가 일정하게 되고, 회전하는 공작물의 불균형이 해소되는 등의 이점이 있다.

중심 위치결정구의 종류는 중심에서부터 모아지거나 또는 멀어지는 위치결정면을 가진 각형 블록형과 공작물의 내경과 외경을 기준으로 중심 위치결정이 되는 일반적인 형태가 있으며, 공작물의 내경을 기준으로 중심 위치결정을 할 때에는 공작물의 내경과 외경이 잘 맞아야 하고, 공작물의 장착과 장탈이 용이한 구조라야 한다.

3.2 일반적인 중심 위치결정 방법

① 일반적인 중심 위치결정 방법은 그림 3.31과 같으며, (a)의 경우는 지그 몸체의 일부를 돌출시켜서 위치결정구를 만든 간단한 방법이나 마모로 인하여 정도의 변화가 올 수 있으며, 교체가 어려운 단점이 있다.

② (b)의 경우는 지그 몸체의 홈에 위치결정 핀을 압입하여 고정한 형태로서, 마모시 교환은 가능하나 위치결정 핀의 제거는 용이하지 못하며, 칩에 대한 대책이 요구된다.

③ (c)의 경우는 지그 몸체가 관통되어 위치결정 핀이 조립된 관계로, 마모로 인한 교체시 제거가 용이하다. 그러나 위치결정 핀의 높이가 필요이상으로 높으면, 재밍 현상으로 인하여 공작물을 장착과 탈착시 어려움이 발생하게 되므로 공작물의 가공위치에 따라 차이는 있지만 장·탈착에 어려움이 없는 높이로 하는 것이 좋다.

④ (d)는 공작물의 위치결정 핀이 측면과 윗면 플랜지 부에 접하게 되며, 위치결정 핀에는 플랜지가 부착된 관계로 공작물의 위치결정이 확실하고, 마모가 작으며, 교체가 용이하여 대량 생산용으로 적합한 장점은 있으나, 위치결정 핀의 높이를 결정하는데 어려움이 있다.

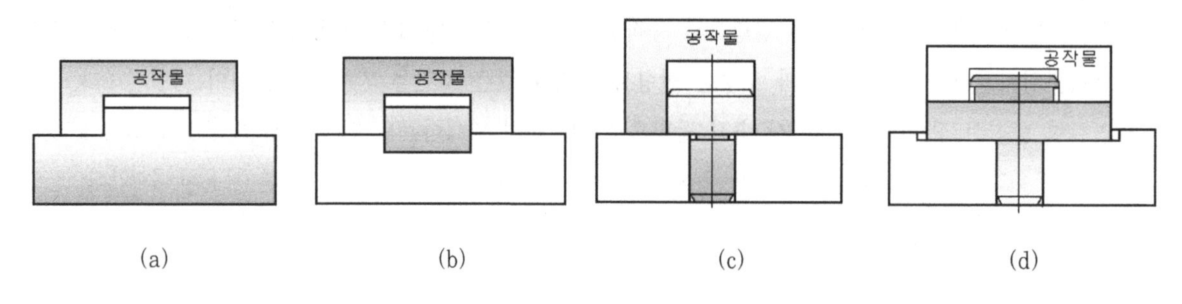

그림 3.31 일반적인 중심 위치결정 방법

3.3 중심 위치결정구의 특징

① 중심 위치결정구라고 하는 것은 중심 위치결정구(혹은 장치)를 이용하여, 기준면이나 기준표시구멍의 정확한 위치를 정하는 것으로서 치공구의 기능을 발전시킨 것이다. 따라서 부품의 실제적인 중심평면이나 중심축, 중심이 치공구에 공차의 범위 내에서 정확하게 위치결정되는 것이다.

② 가공여유도 균등하게 되어 있어서 절삭 깊이가 모든 면에서 일정하며, 절삭저항의 과도현상도 일어나지 않게 된다.

③ 또한, 무게중심도 정확히 위치결정되어 있으며, 선삭 공정에서 부품의 회전상태도 균형을 잡게 된다. 즉, 기계가공하지 않은 공작물의 표면이 부품 내의 기준선이나 평면에 대하여 더욱 정확하게 위치결정되는 것이다.

3.4 중심 위치결정구와 결정구

① 중심결정구(centralizers)는 단일 혹은 복합 부품으로서 위치결정구의 역할이나 클램프기구의 역할, 또는 두 가지의 역할을 다하기도 한다. 고정된 단일부품의 중심 위치결정구는 바로 위치결정구(locators)가 되며, 여러 부품이 복합된 중심결정구는 적어도 한 개의 가동부분을 가지고 있다. 이 부품들은 하나의 고정부품(위치

결정구)과 하나 이상의 가동부품(클램프기구)을 내포하고 있다. 이들 구성부품들이 모두 움직일 수 있으면, 클램프와 위치결정구로 사용할 수 있다.

② 그림 3.32는 대표적인 중심결정구를 나타낸 것이다.

㉮ 그림 (b), 그림 (d)와 같은 소형 터릿 선반에 자주 사용되는 2조 척이나 드릴 척도 역시 똑같이 2중심결정기구의 하나라고 할 수 있다.

㉯ 그림 (c)의 중심결정구는 2개의 V홈을 가진 공작기계의 바이스는 1중심결정기구가 된다.

면이 거친 공작물을 오목한 형상(네스팅 방법)으로 위치결정하는 것보다, 더욱 확실하고 정확하게 공작물을 위치결정할 수 있다.

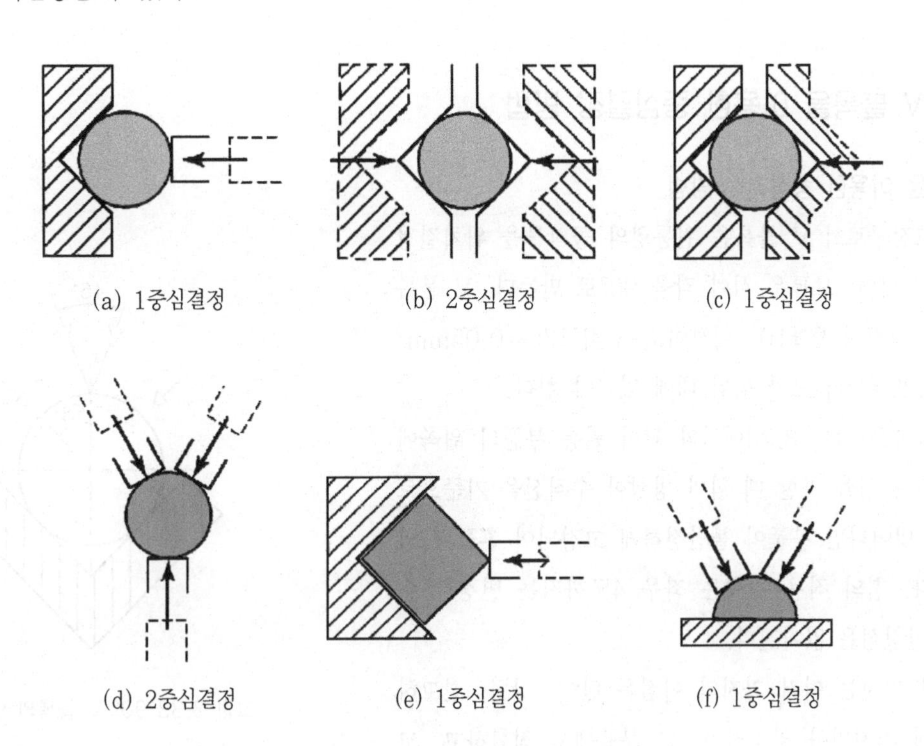

그림 3.32 대표적인 중심 위치결정구

3.5 중심결정구의 분류

중심결정구는 다음의 3가지로 분류할 수 있다.

① 각형(角形) 블록

각형 블록은 볼록하거나 오목한 위치결정면을 가진 일반 형상의 블록형 위치결정구를 말한다. 이것은 V-블럭, 원추형 위치결정구, 구면형 위치결정구, 3가지 형태로 사용되는데 V-블럭이 가장 널리 사용된다.

② 링크 구속형 복합 중심결정구

링크 구속형 복합 중심결정구는 가동부분이 서로 링크기구로 되어 있어, 중앙 평면이나 축, 중심에서 일정한 거리를 유지하도록 되어 있다.

③ 시판용 자동조심형 척

3.6 중심결정구와 평형 고정구

"중심결정구"와 "평형 고정구"는 모두 링크기구를 사용하지만 다른 목적을 가지고 있다.

① 중심 결정구는 링크기구가 위치결정점과 클램핑 부위의 운동이나 위치를 구속하며, 이러한 부위에 의하여 정해진 위치에 부품을 억지로 밀어 넣는다. 평형 고정구도 역시 링크기구인데, 면이 고르지 않는 부품을 클램핑 힘이 균일하게 되도록 하는 목적으로 사용되는 일종의 클램프기구이다.

② 평형 고정기구는 부품을 일정한 위치에 오게 하는 것이 아니라, 부품이 평형 고정구를 밀어 고정하는(클램핑) 힘을 일정하게 한다.

3.7 V 블록을 이용한 중심결정 방법

(1) V 블록을 이용한 중심결정 방법

① 시판용 고정구로서 V 블록은 원통형의 공작물을 위치결정할 때 사용되며, 보통은 사이 각을 90°로 만든다. V 블록 자체는 사이각이 9°±10′ 이하이고 진직도가 ±0.05mm/m(±0.002인치)의 오차 범위 내에 있어야 한다.

② 90° V 블록은 그림 3.33에서와 같이 원통 부품의 위쪽에서 고정하는 힘을 가할 때 힘의 방향이 수직선을 기준으로 ±22.5를 벗어나면 부품이 불안정하게 고정되어 흔들릴 염려가 있다. 힘의 작용 방향은 좌우 45°까지는 변경할 수 있으나, 안정성은 없어진다.

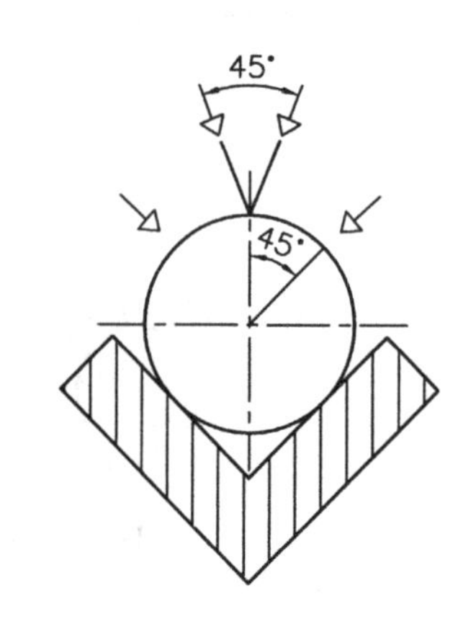

그림 3.33 90° V 블록의 안정범위

③ V 블록이 가지는 여러 가지의 이점은 단순, 강력, 견고하기 때문에 지지면이 양호하며, 큰 부품에도 적합하고, 고정구에 대하여 부가적인 안정성과 강도를 부여할 수 있으며, 이용하기 쉽고, 값이 싸다는 이점을 가지고 있다.

대표적인 V 블록 사이각의 특징은 다음과 같다.

(2) 60° V 블록의 특징

① 공작물의 수직 중심선이 쉽게 위치결정된다.

② 공작물의 수평 중심선의 위치가 가장 크게 변한다.

③ 위치결정점 간격이 넓어 기하학적 관리가 가장 양호하다.

④ 위치결정구에 대해 공작물을 고정시키는데 필요한 고정력이 적게 든다.

(3) 90° V 블록의 특징

① 공작물의 수직 중심선이 위치결정된다.

② 공작물의 수평 중심선의 위치가 평균적으로 변한다.

③ 평균적인 공작물의 기하학적 관리가 된다.

④ 평균적인 고정력이 요구된다.

(4) 120° V 블록의 특징

① 공작물의 수직 중심선을 위치결정하기가 약간 곤란하다.

② 공작물의 수평 중심선의 위치가 최소로 변한다.

③ 위치결정점의 위치가 가까워 기하학적 관리가 좋지 못하다.

④ 가까운 위치결정구상에 공작물을 고정시키기 위해서 더 큰 고정력이 요구된다.

4. 장착과 장탈

4.1 공작물의 장착과 위치결정

장착(loading)이란 공작물을 치공구에 위치결정하고 클램핑하는 것이며, 장탈(unloading)이란 가공이 끝난 공작물을 치공구에서 클램프를 풀고 꺼내는 것이다. 즉, 치공구는 공작물을 '장착'과 '기계가공', '장탈'하는 세 단계로 작업이 이루어진다. 장착은 공작물을 치공구에 넣고 위치결정하며, 클램프하는 전과정을 말한다.

1) 공작물 장착

① 공작물의 설치는 수작업과 이를 위한 공간을 고려하여야 한다. 수작업에서는 공작물의 무게와 균형(공작물의 형태와 무게중심의 위치)에 따라 한 손을 이용하도록 또는 양손 모두를 이용하도록 달리 설계되며 때에 따라 호이스트, 크레인, 콘베이어 등의 사용여부도 결정된다.

② 치공구는 공작물의 네스트 역할도 중요하지만 작업자가 공작물을 손쉽게 다루기 위한 적절한 공간이 필요하다. 공간의 크기는 공작물에 따라 달리 선택되는 작업 방법(한손 이용, 양손 이용, 기구 이용)에 맞추어 설정되며, 기구 이용 때에는 호이스트나 크레인의 케이블 운동방향에 따른 공간이 주어져야 한다.

2) 공작물의 위치결정

위치결정은 위치결정구에 공작물을 정확히 접촉시키는 것으로 칩 등에 의한 접촉불량을 주의해야 하며 버나 재밍, 마찰에 의해 불확실한 접촉이 발생하기도 한다. 위치결정 수행과정은 공작물의 밑면을 먼저하고 옆면을 접촉시키며 앤드스톡과의 접촉은 맨 나중에 한다. 위치결정의 기본 원리는 위와 같은 각 과정이 서로 독립성을 갖는다는 점이다.

4.2 방오법(fool proofing)

① 정의 : 공작물의 형태가 비대칭형인 경우, 치공구에 공작물을 장착할 때 착오로 인하여 잘못 장착할 경우가 있다. 공작물의 장착 위치를 틀리지 않도록 하기 위하여 사용되는 것이 방오법(fool proofing)으로, 공작물의 형태가 대칭인 경우에도 발생할 수 있다.

② 방오법을 적용하기 위한 방법으로는 공작물의 가공 홈, 구멍, 돌출부 등을 이용하여 치공구를 설계, 제작하여야 한다. 방오법은 최소한 1개 이상의 비대칭면을 가진 공작물을 쉽게 장착하기 위해 치공구에 부착된 보조장치이다.

③ 공작물이 완전한 대칭 구조일 때는 문제가 되지 않으나 비대칭 형상일 때는 위치가 바뀌지 않도록 장착시켜야 하며, 위치를 확인하는 것은 작업능률을 저하시키게 되므로 공작물이 올바른 위치일 때 치공구에 장착되도록 설계함으로써 작업시간의 단축과 위치의 잘못을 방지할 수 있다.

④ 그림 3.34는 간단한 방오법 구조를 나타낸 것으로 공작물의 돌출부(비대칭부분)를 이용하였다. 치공구를 그림과 같이 설계함으로써 공작물이 뒤집어지면 끼워지지 않게 되므로 항상 손쉽게 올바른 위치로 공작물을 설치할 수 있다.

그림 (a)와 같이 돌출부를 위해 치공구를 관통시키면 체결력을 가할 때 치공구가 벌어지는 경우가 있으므로 그림 (b)와 같이 밀폐형으로 하는 것이 확실하다. 그림 (c)는 공작물에 두 군데의 돌출부가 있을 때의 방오법을 나타낸 것이다.

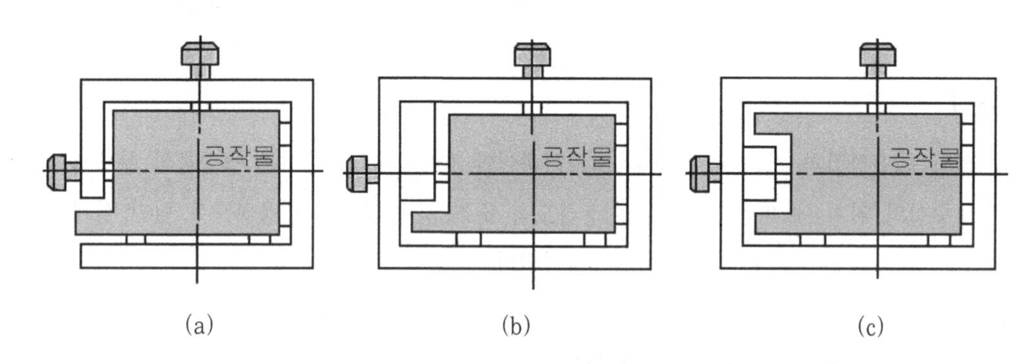

그림 3.34 간단한 방오법의 구조

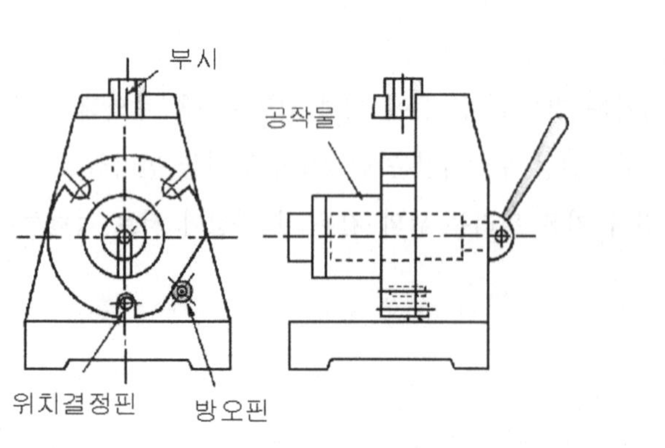

그림 3.35 방오핀의 사용

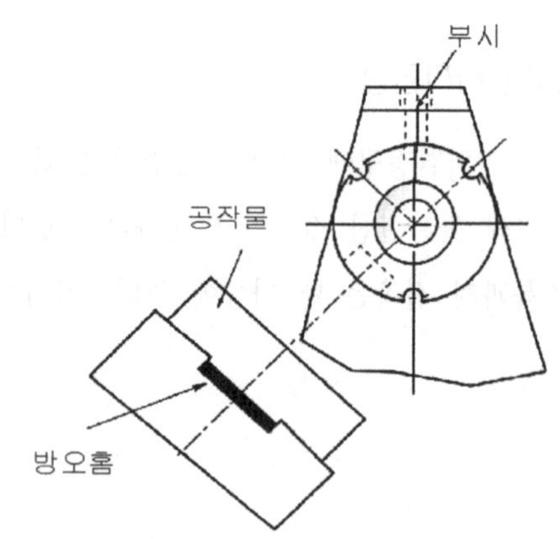

그림 3.36 방오홈의 사용

⑤ 그림 3.35는 방오핀을 사용하여 지그에 공작물을 장착시 잘못을 방지하는 예로서, 방오핀으로 인하여 다른 위치로는 장착이 이루어지지 않는다. 만약 방오핀이 없다면 120° 회전이 되어도 장착이 가능하게 되며, 다른 곳에 가공이 이루어질 수 있다.

⑥ 그림 3.36은 공작물의 하부에 돌출부가 있는 경우로서, 그림과 같이 지그 몸체에 상대적인 홈을 만들어 다른 위치에 장착, 또는 가공이 이루어지는 것을 막을 수 있다.

4.3 분할법(indexing)

분할은 공작물을 일정한 간격으로 등분하고자 할 때 활용되며, 공작물의 형태에 따라 크게 직선 분할, 각도 분할 두 가지가 있다. 직선 분할은 공작물의 평면부를 이용하며, 특히 정밀도가 요구되는 곳에 사용한다. 각도 분할은 공작물의 원호 상에 일정한 각도로 분할할 때 주로 이용한다. 분할에 있어서의 주의사항은 다음과 같다.

① 분할 부분에 마차에 의하여 마모가 발생하면 보정이나 교환이 가능한 구조이어야 한다.
② 끄덕임은 한쪽으로만 있게 하고 흔들림은 항상 한 방향에서 제거하도록 한다.
③ 분할부는 칩이나 먼지 등에 의한 분할 오차가 발생되지 않도록 설계한다.

그림 3.37에서 (a)는 간단한 직선 분할의 예로서, 스프링에 의하여 압력이 가해지는 구와, 분할 바(bar)에 가공된 V 홈에 의하여 분할이 이루어지며, 분할되는 간격은 V 홈의 중심간 거리 L의 간격으로 분할이 이루어진다. 원형인 경우에는 칩에 의한 영향이 적어 유동이 적으며 제작도 간편하다. 본체의 마모를 생각하여 열처리하여 강화한 부시를 사용하나, 단점은 위치결정이 구배핀보다 불편하다. 그림 (b)는 각도 분할의 예로서, 분할 암은 핀에 의하여 지지되고, 암의 돌출부는 분할 원판에 조립되어 각도 분할이 이루어지게 된다.

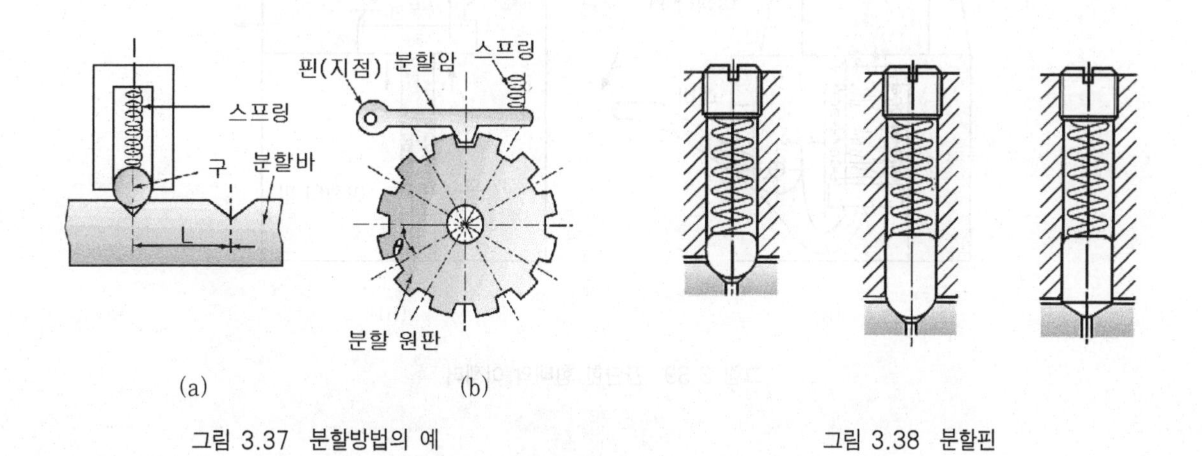

그림 3.37 분할방법의 예

그림 3.38 분할핀

그림 3.38은 분할핀의 종류로서 본체에 조립하여 사용하나 큰 힘과 정밀도를 요하는 작업에는 적당치 않으며, 볼과 접촉되는 부분의 각도는 120°로 하고 경우에 따라서는 90°로 한다. 분할 정도가 요구되지 않거나 간단한 분할이 요구되는 경우에 활용되는 분할장치로서, 분할 바 또는 분할 원판을 외력에 의하여 이동시키면, V 홈에 조립되어 정지하고 있던 볼이 상승하여 다음에 위치한 V 홈을 찾아 정지하게 되어 일정한 간격으로 분할이 이루어지게 된다.

일반적으로 V 홈의 각도는 90°~120° 범위에서 활용이 되며, 각도가 작을수록 확실한 분할이 이루어지며, 분할부는 내마모성이 있어야 하고, 칩이나 먼지에 영향이 적어야 한다.

4.4 공작물 장탈을 위한 이젝터

치공구의 사용 목적은 경제적으로 생산하는데 있다고 할 수 있으며, 가장 경제적인 생산을 위해서는 공작물의 장착과 장탈이 짧은 시간에 이루어지는 것이 중요하다. 장착의 경우는 정해진 절차에 의하여 하나, 장탈의 경우는 절차보다는 짧은 시간에 쉽게 제거하는 것이 중요하다. 공작물 제거에 도움을 주기 위하여 활용되는 기구가 이젝터(ejector)로서, 구성 요소는 주로 핀, 스프링, 레버, 유공압 등이 이용된다.

이젝터를 사용할 경우 작업능률의 향상과 원가절감, 생산시간 단축, 치공구의 중량 감소, 안전사고 예방 등의 이점이 있다

1) 이젝터의 설계

① 이젝터는 정밀한 기구가 아니므로 가격이 저렴하게 된다. 공작물과 접촉하는 부분은 경화공구강이나 표면경화강으로 하며 공작물의 표면에 흠집을 방지하기 위하여 구리, 황동, 알루미늄 등 연한 재질을 사용한다.

② 이젝터를 사용하기 위한 중요한 선행 조건은 위치결정구가 재밍이 발생하지 않도록 하는 것이다. 이와 같은 조건이 만족되어 있지 않으면 이젝터가 공작물을 들어올릴 때 재밍 현상에 의하여 제거하기가 아주 곤란하다. 이젝터의 가장 근본적인 구조는 핀과 스프링이다.

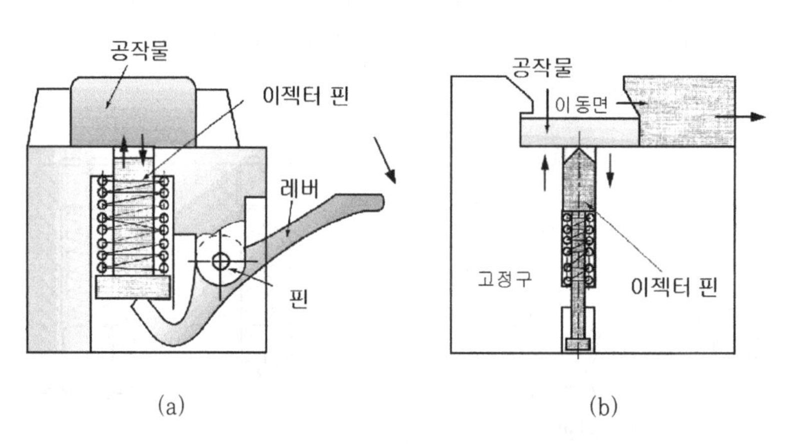

그림 3.39 간단한 형태의 이젝터

③ 그림 3.39의 (a)는 스프링과 레버와 핀을 이용한 간단한 형태의 이젝터이다. 지그에 장착된 공작물의 가공이 완료되면 레버를 눌러 핀을 상승시켜 공작물을 장탈하게 된다. 공작물이 장탈되면 레버와 핀은 스프링에 의하여 다시 원위치하며 다음 공작물의 장착에 아무런 지장을 초래하지 않게 된다.

④ 그림 (b)는 가장 간단한 형태의 이젝터로서, 이젝터 핀은 스프링에 의하여 일정한 길이가 항상 상승된 상태로 유지된다. 그러므로 공작물을 장착 시에는 필히 이젝터 핀을 누르고 공작물을 고정하여야 하는 관계로 위치결정이 잘못 이루어지는 경우도 있게 된다. 몸체의 위치결정면과 경사부에 의하여 공작물 장탈이 원활하게 해결된다.

⑤ 그림 3.40은 이젝터가 위쪽으로 작용하도록 하려면 치공구의 밑면에는 노브가 설치될 수 없으므로 레버를 이용하여야 한다. 레버의 자중에 의하여 원위치로 움직이도록 함으로써 스프링이 필요없게 되어 구조가 간단해진다.

⑥ 그림 3.41은 공작물을 로딩시키면 클램프의 힘으로 스프링을 누르면서 고정된다. 가공을 끝낸 후 클램프를 풀면 스프링의 힘으로 공작물이 떼어진다.

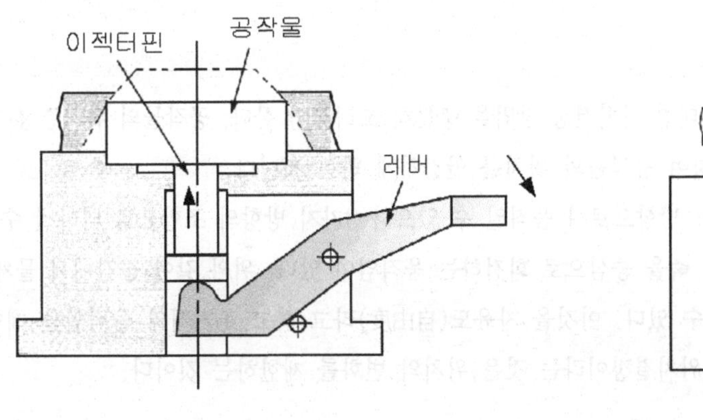

그림 3.40 레버에 의한 이젝터

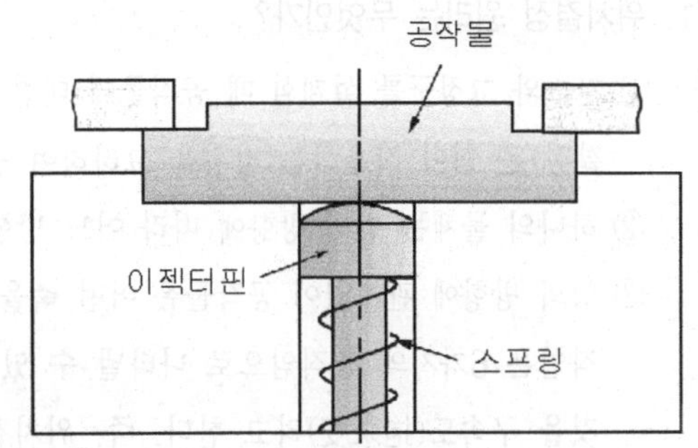

그림 3.41 스프링에 의한 이젝터

2) 미끄럼 또는 회전형 리시버

① 치공구의 공작물 위치결정구는 대부분 절삭공구에 근접해 있기 때문에 크고 무거운 공작물을 위치결정구에 옮겨 놓을 때 공작물과 공구와의 충돌 및 간섭을 받게 된다. 이러한 경우에는 치공구의 일부분을 연장시켜 공작물을 받는 부분, 즉 리시버의 설치가 필요하다. 또는 치공구의 위치결정구를 각각 반대 방향으로 2개를 만들어 주거나 회전형 분할 테이블에 수 개의 위치결정구를 만들어 가공 위치로 옮김으로써 무거운 공작물을 공구와 간섭 없이 옮길 수 있다.

② 그림 3.42는 가장 간단한 리시버의 형태로 치공구의 기준면을 공구 밖으로 연장시켜 무거운 공작물을 화살표 방향으로 함으로써 공구의 간섭을 피할 수 있다.

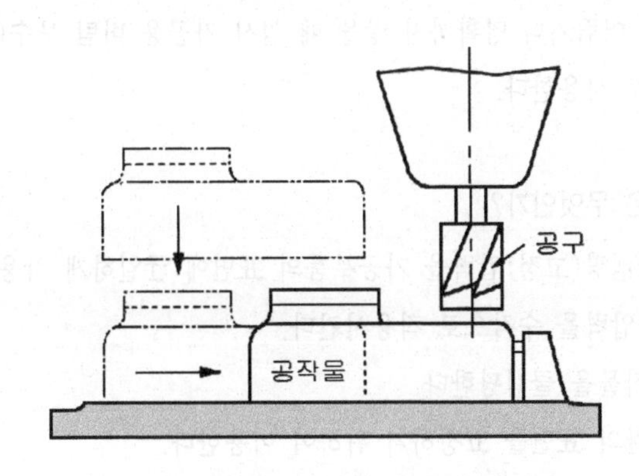

그림 3.42 간단한 리시버의 형태

익힘문제

문제 1. 위치결정 원리는 무엇인가?

해설 ① 지그와 고정구를 설계할 때 공작물에 대한 위치결정 방법을 충분히 고려해야 한다. 공작물의 위치결정(기준면 결정)은 힘이 작용하는 방향을 고려하여 공작물의 위치를 안정하게 하는 것이다.

② 하나의 물체는 힘의 방향에 따라 어느 방향으로나 움직일 수 있으나 3가지 방향의 조합으로 나타낼 수 있다.

③ 힘의 방향에 관계없이 공작물은 어떤 축을 중심으로 회전하는 움직임이 있다. 위와 같이 공간에서 물체의 움직임은 6가지의 움직임으로 나타낼 수 있다. 이것을 자유도(自由度)라고 하고, 6가지의 움직임을 제한하는 것을 구속도(拘束度)라고 한다. 즉, 위치결정이라는 것은 위치의 변화를 제한하는 것이다.

문제 2. 위치결정구의 일반적인 요구사항은?

해설 ① 마모에 잘 견디어야 한다.

② 교환이 가능해야 한다.

③ 공작물과의 접촉 부위가 보일 수 있게 설계되어야 한다.

④ 청소가 용이해야 하며, 칩에 대한 보호를 고려해야 한다.

문제 3. 공작물 위치결정면이 되기 위한 조건은 무엇인가?

해설 고정 위치결정구는 확고하게 고정이 되어 있는 위치결정구를 말하며, 내마모성이 요구되므로 열처리하여 연삭 또는 래핑 등에 의하여 높은 정밀도가 유지되어야 공작물의 정밀도를 높일 수 있다.

① 안정감이 있는 넓은 평면, 밑면과 가공정도가 높은 측면을 기준면으로 정한다.

② 공작물의 구멍 또는 가공된 구멍, 홈 등을 이용하여 기준면으로 정한다.

③ 적당한 기준면을 찾기 어렵거나 명확하지 않을 때 임시 가공용 버팀 보수(Maching Boss)를 용접으로 만들어 그 면을 기준면으로 사용한다.

문제 4. 평형 고정구의 사용목적은 무엇인가?

해설 ① 과도하게 집중하는 클램핑(고정)압력을 가공부품의 표면에 균일하게 작용하도록 한다.

② 위치결정구에 클램핑 압력을 수직으로 작용시킨다.

③ 거친 표면을 가진 공작물을 클램핑한다.

④ 높이가 다른 한 공작물의 표면을 고정하기 위하여 이용한다.

⑤ 수직, 수평 표면을 동시에 클램핑할 때 이용한다.

⑥ 변형되기 쉬운 얇은 판, 탄성 공작물의 변형방지를 위하여 체결력을 표면 전체에 확산시킬 목적으로 이용한다.

⑦ 여러 공작물을 동시에 클램핑할 목적으로 이용된다.

⑧ 가공부품의 중심을 잡아 고정시키기 위해서다.

문제 5. 네스팅은 무엇인가 설명하시오.

해설 한 공작물이 일직선상에서 적어도 2개의 방대방향 운동이 억제되는 경우, 둘 또는 그 이상의 표면 사이에서 억제되며 위치결정되는 방법 즉, 어떤 홈을 파 놓고 그 안에 공작물을 집어넣는 것을 말한다. 네스트와 공작물간의 최소틈새는 공작물의 공차에 의해 결정되나 네스팅에 의한 위치결정은 항상 어느 정도의 변위가 따르게 된다. 그러므로 불규칙한 형상의 공작물은 윤곽이 정확하게 가공되어 있을 때 사용한다. 특히 주물이나 단조품은 네스팅이 불리하며 금형에 의해 일정하게 만들어지거나 기계가공된 공작물에 적합하다.

문제 6. 대표적인 중심 위치결정구는?

해설 V-블럭, 3(2)조 척, 자동조심형 척(self-centering chuck), 콜릿 척, 바이스 등

문제 7. 대표적인 V 블록의 사이각의 특징은 무엇인가?

해설 (1) 60° V 블록

① 공작물의 수직 중심선이 쉽게 위치결정된다.
② 공작물의 수평 중심선의 위치가 가장 크게 변한다.
③ 위치결정점 간격이 넓어 기하학적 관리가 가장 양호하다.
④ 위치결정구에 대해 공작물을 고정시키는데 필요한 고정력(clamping force)이 적게 든다.

(2) 90° V 블록

① 공작물의 수직 중심선이 위치결정된다.
② 공작물의 수평 중심선의 위치가 평균적으로 변한다.
③ 평균적인 공작물의 기하학적 관리
④ 평균적인 고정력(clamping force)이 요구된다.

(3) 120° V 블록

① 공작물의 수직 중심선을 위치결정하기가 약간 곤란하다.
② 공작물의 수평 중심선의 위치가 최소로 변한다.
③ 위치결정점의 위치가 가까워 기하학적 관리가 좋지 못하다.
④ 가까운 위치결정구상에 공작물을 고정시키기 위해서 더 큰 고정력(clamping force)이 요구된다.

문제 8. 방오법에 대하여 간단히 설명하고 적용 방법을 설명하시오.

해설 ① 정의 : 공작물의 형태가 비대칭형인 경우, 치공구에 공작물을 장착할 때 착오로 인하여 잘못 장착할 경우가 있다. 공작물의 장착 위치를 틀리지 않도록 하기 위하여 사용되는 것이 방오법(fool proofing)으로, 공작물의 형태가 대칭인 경우에도 발생할 수 있다.

② 방오법을 적용하기 위한 방법으로는 공작물의 가공 홈, 구멍, 돌출부 등을 이용하여 치공구를 설계, 제작하여야 한다. 방오법은 최소한 1개 이상의 비대칭면을 가진 공작물을 쉽게 장착하기 위해 치공구에 부착된 보조장치이다.

문제 9. 이젝터에 대하여 설명하고 구성요소를 설명하시오.

해설 가장 경제적인 생산을 위해서는 공작물의 장착과 장탈이 짧은 시간에 이루어지는 것이 중요하다. 장착의 경우는 정해진 절차에 의하여 하나, 장탈의 경우는 절차보다는 짧은 시간에 쉽게 제거하는 것이 중요하다. 공작물 제거에 도움을 주기 위하여 활용되는 기구가 이젝터로서, 구성요소는 주로 핀(pin), 스프링(spring), 레버(lever), 유공압 등이 이용된다.

연습문제

1. 위치결정구 설계에 대한 주의 사항이 아닌 것은?
   ㉮ 위치결정구는 교환이 가능하도록 설계한다.
   ㉯ 위치결정구의 설치는 가능한 가깝게 설치한다.
   ㉰ 서로 교차하는 두 면에는 칩 홈을 만든다.
   ㉱ 위치결정구의 윗면은 칩이나 먼지에 대한 영향이 없도록 하기 위하여 공작물로 덮도록 한다.

   해설 위치결정구는 가능한 멀리 설치한다.

2. 다음 중 안정된 위치결정법은 무엇인가?
   ㉮ 위치결정핀 간격이 좁을 때
   ㉯ 위치결정핀 간격이 넓을 때
   ㉰ 위치결정핀이 한쪽으로 쏠렸을 때
   ㉱ 공작물 윗면이 무거울 때

3. 위치결정구(locator)의 필요 조건 중 틀린 것은?
   ㉮ 호환성
   ㉯ 내마모성
   ㉰ 청소의 용이성
   ㉱ 가시성

4. 위치결정용 버튼의 머리 높이 H로 적당한 것은?(D : 머리부 직경)
   ㉮ 1-2D
   ㉯ 1/3-1D
   ㉰ 3-5D
   ㉱ 2-2.5D

5. 위치결정구에서 평면 형태의 버튼 높이는 얼마로 하는가?
   ㉮ 20~50mm
   ㉯ 10~35mm
   ㉰ 15~40mm
   ㉱ 5~25mm

6. 다음 중 억지끼워 맞춤 중 틀린 것은?
   ㉮ 본체와 위치결정핀
   ㉯ 본체와 지그다리
   ㉰ 고정부시와 지그플레이트
   ㉱ 원형 위치결정핀과 공작물 내경

   해설 공작물 내경의 위치결정기구는 재밍현상 방지를 위한 틈새와 마모여유를 고려해야 한다.

정답 1.㉯ 2.㉯ 3.㉮ 4.㉯ 5.㉱ 6.㉱

7. 위치결정 요소의 설계시 가장 중요한 고려사항은 무엇인가?

㉮ 교환가능성 ㉯ 저항력

㉰ 위치결정 방법 ㉱ 내마모성

8. 조절식 위치결정구의 목적 중 틀린 것은?

㉮ 여러 크기의 부품을 locating할 경우에 사용

㉯ 마모에 의한 고정구의 치수 변화를 위해 조절할 경우

㉰ 원자재의 치수 변화를 방지하기 위해 사용

㉱ 규정된 공차를 초과한 소재를 locating할 경우

9. 공작물의 기계적 관리시 고려해야 할 사항이 아닌 것은?

㉮ 공작물의 휨방지를 위해 되도록 위치결정구를 절삭력 쪽에 두는 것이 기계적 관리뿐 아니라 형상 관리에도 유리하다.

㉯ 고정력은 절삭력의 바로 맞은편에 오지 않도록 한다.

㉰ 주조품 가공시 절삭력에 의한 휨 방지를 위해 조절식 지지구를 사용한다.

㉱ 절삭력은 공작물이 위치결정구에 고정되기 쉬운 방향으로 조정한다.

해설 위치결정구가 커터의 바로 아래 놓인다면 좀더 좋은 기계적 관리가 될 것이다. 그러나 위치결정구의 분산은 감소되나 형상관리가 좋지 않다. 이에 대한 보다 나은 기계적 관리를 위한 장치로 지지구가 있다.

10. 조절식 위치결정구(adjustable locating)의 사용 용도가 아닌 것은?

㉮ 위치결정구의 마모에 의한 치수오차가 발생한 경우

㉯ 요구되는 공차를 벗어난 거칠고 불규칙한 공작물의 위치결정할 경우

㉰ 적당한 기준면을 찾기 어렵거나, 명확히 드러나지 않는 경우

㉱ 하나의 고정구에 치수가 다른 여러 공작물을 가공할 경우

해설 위치결정시 적당한 기준면을 찾기 어렵거나 명확히 드러나지 않는 곤란한 경우에는 "가공용 덧살(machining boss)"을 만든다.

11. 조절 위치결정구의 형식으로 일반적으로 사용되는 것은?

㉮ 나사에 의한 방법 ㉯ 구면형 핀에 의한 방법

㉰ 원추형 핀에 의한 방법 ㉱ 요철형 핀에 의한 방법

해설 조절식 위치결정구는 나사식으로 일반적으로 사용되고, 주물품 단조품에 많이 사용된다.

12. 지지구의 경도는 어느 정도가 적당한가?

㉮ HRC 20-30 ㉯ HRC 30-40

㉰ HRC 45-55 ㉱ HRC 55-60

정답 7.㉱ 8.㉰ 9.㉮ 10.㉰ 11.㉮ 12.㉰

13. 다음 중 지지구의 설명으로 적당한 것은?

㉮ 위치결정구 반대면에 설치한다.　　㉯ 조정식이 고정식보다 값이 싸다.

㉰ 고정식보다 조정식이 정밀도가 나쁘다.　　㉱ 위치결정구보다 낮게 설치한다.

14. 주물 및 단조품에 대한 위치결정법으로 적당한 것은?

㉮ pin에 의한 locating 방법　　㉯ Adjustable locating 방법

㉰ buton에 의한 locating 방법　　㉱ Fixed locating 방법

15. 평형장치의 사용목적 중 틀린 것은?

㉮ 다수의 공작물을 고정하는데 사용된다.　　㉯ 거친 표면에도 사용할 수 있다.

㉰ 균일한 힘의 분배를 시켜준다.　　㉱ 한 표면의 집중적 하중을 가한다.

16. 네스팅시 공작물의 위치결정을 위해 파 놓은 홈에 공작물이 꼭 끼어 드는 현상을 무엇이라 하는가?

㉮ 재밍(Jamming)　　㉯ 데이텀

㉰ 켄스트로 덕션　　㉱ 잼 프리 현상(jam free)

17. 제품의 요구 정밀도가 높지 않은 판상 공작물의 위치결정방법으로 적당한 것은?

㉮ 네스팅(nesting)　　㉯ 링크 작동 중심구

㉰ V 블록　　㉱ 위치결정 버튼

18. 공작물 관리의 목적 중 틀린 것은?

㉮ 공작물 자체의 취약으로 인한 변형을 방지시킨다.

㉯ 고정력이나 다른 외력에도 공작물의 일정한 위치를 유지시킨다.

㉰ 절삭력이나 작업자의 숙련도에 관계없이 일정 위치를 유지시킨다.

㉱ 공작물 가공수량을 제한하여 불필요한 경비의 낭비를 방지시킨다.

19. 재밍 현상이 아닌 것은?

㉮ 틈새가 작으면 재밍이 크다.

㉯ 구상 위치결정구를 사용하면 재밍을 방지할 수 있다.

㉰ 틈새가 크면 재밍이 없다.

㉱ 재밍은 틈새의 양에 의하므로 마찰과는 관계없다.

20. 재밍(Jamming)의 원인 중 틀린 것은?

㉮ 작업자의 손의 흔들림　　㉯ 틈새의 크기

㉰ 맞물림 길이　　㉱ 모떼기

정답 13.㉱ 14.㉯ 15.㉱ 16.㉮ 17.㉮ 18.㉱ 19.㉱ 20.㉱

21. 재밍 현상의 설명으로 적당한 것은?

㉮ 부품의 구성 속에 플러그를 삽입할 때 미끄러지는 현상

㉯ 부품의 구성 속에 플러그를 삽입할 때 턱에 걸려 잘 들어가지 않는 현상

㉰ 부품의 구성 속에 플러그를 삽입할 때 흔들리는 현상

㉱ 부품의 구성 속에 플러그를 삽입할 때 회전하는 현상

22. 한 공작물이 일직선상에서 적어도 두 개의 반대방향 운동이 억제되는 경우, 둘 또는 그 이상의 표면사이에서 억제되며 위치결정되는 방법은?

㉮ 이젝터　　㉯ 네스팅

㉰ 재밍　　㉱ 방오법

23. 공작물이 핀 로케이터에 끼게 되는 현상(Jaming)을 방지하기 위한 방법이 아닌 것은?

㉮ 로케이터와 공작물 사이에 틈새(Clearance)를 준다.

㉯ 공작물을 로케이터 축선에 경사지게 하여 넣고 뺀다.

㉰ 로케이터 길이를 작게 한다.

㉱ 구면 로케이터나 다이아몬드 로케이터를 사용한다.

24. 두 개의 구멍이 있는 공작물을 위치결정시키고 V 홈을 가공할 때 위치결정구로 적당한 것은?

㉮ 다이아몬드핀과 다웰핀　　㉯ 마멸용패드와 다웰핀

㉰ V 패드와 다웰핀　　㉱ 다이아몬드핀과 패드

25. 두 개의 구멍에 두 개의 핀을 설치하여 위치결정할 때 가장 좋은 것은?

㉮ 두 개의 핀은 다이아몬드 핀으로 하고 하나의 핀은 조금 낮게 한다.

㉯ 두 개의 핀을 동일한 크기, 형상으로 한다.

㉰ 두 개의 핀은 동일한 형상으로 하고 하나의 핀은 조금 낮게 한다

㉱ 하나의 핀은 원통형, 하나의 핀은 다이아몬드형으로 하여 2mm 정도 낮게 한다.

26. 다음 중 방오법의 설명이 아닌 것은?

㉮ 완전대칭인 부품에는 사용할 필요가 없다.

㉯ 공작물 구멍에 원형축을 끼울 때 턱에 걸려 들어가지 않는 현상을 말한다.

㉰ 적어도 하나 또는 그 이상의 불규칙 현상일 때 사용

㉱ 비대칭 부품을 올바른 위치에 신속하게 장착할 때 사용

해설 : 공작물 구멍에 원형축을 끼울 때 턱에 걸려 들어가지 않는 현상을 재밍이라 한다.

정답 21.㉯ 22.㉯ 23.㉯ 24.㉮ 25.㉱ 26.㉯

27. 방오법(Fool-Proofing)이란 비대칭인 공작물을 고정구에 올바른 위치를 신속하게 장착시키기 위한 보조장치를 의미한다. 적용방법에서 이용되는 곳 중 틀린 것은?

㉮ 가공 홈　　㉯ 넓은 면

㉰ 구멍　　㉱ 돌출부

28. 다음 중 중심내기 장치 중 틀린 것은?

㉮ 콜릿척　　㉯ 가위형 중심내기 장치

㉰ V-블럭　　㉱ 플로팅나사 중심내기장치

29. 중심 위치결정구(Centralizer)의 이점 중 틀린 것은?

㉮ 정확한 위치결정　　㉯ 절삭 깊이 모든 면에 일정

㉰ 기계 가공 여유 균등 분배　　㉱ 공작물의 제조 원가 절감

30. V-block의 호칭치수는 어떻게 나타내는가?

㉮ block의 최대폭　　㉯ 사용 가능한 원통의 최대치수

㉰ V 홈의 각도　　㉱ block의 최대 높이

31. 치공구에 공작물을 장착할 때 틀리지 않도록 하기 위하여 사용되는 보조장치는?

㉮ 이젝터　　㉯ 네스트

㉰ 방오법　　㉱ 평형장치

32. 비대칭 부품을 고정구에 장착할 때 부품의 돌출부 등을 이용하여 항상 올바른 위치에 공작물이 장착되게 하는 장치를 무엇이라 하는가?

㉮ 이젝팅(Ejecting)장치　　㉯ 네스팅(Nesting)장치

㉰ 풀 프루핑(Fool Proofing)장치　　㉱ 평형(Equalizing) 장치

33. 다음의 방오법(Fool Profing)에 대한 설명 중 맞는 것은?

㉮ 방오법은 요철을 만들어서 방오의 역할을 한다.

㉯ 방법은 고정구(Fixture)에만 사용할 수 있다.

㉰ 3곳 이상 대칭인 한 곳에 핀 등을 설치하여 방오를 한다.

㉱ 방오법은 180회전시켜 가공할 수 있다.

34. 치공구에서 공작물의 신속한 장탈을 목적으로 사용되는 보조장치를 무엇이라 하는가?

㉮ 이젝터　　㉯ 네스트

㉰ 방오법　　㉱ 평형장치

정답 27.㉯ 28.㉱ 29.㉱ 30.㉯ 31.㉰ 32.㉰ 33.㉮ 34.㉮

35. 제품 공차가 50±0.02인 경우 치공구의 공차로 적당한 것은?

㉮ 50±0.002 ㉯ 50±0.02

㉰ 50±0.001 ㉱ 50±0.01

해설 치공구에서 공차는 제품공차에 20~50% 적용하고 게이지에서는 10~20% 적용한다.

정답 35.㉱

제 4 장

클램프 설계

1. 클램핑의 개요

1.1 클램핑 정의

① 클램핑은 치공구의 중요한 요소 중의 하나로서, 공작물을 주어진 위치에서 고정(camping), 처킹(chucking), 홀딩(holding), 구속(gripping) 등을 하는 것을 말하며, 공작물은 치공구의 위치결정면에 장착된 후에 절삭가공 및 기타 작업이 이루어지게 된다.

② 공작물은 주어진 위치에 고정이 이루어지지 않게 되면 절삭력이나 진동 등의 외력에 의하여 이탈되어 절삭이 불가능하다. 그러므로 공작물은 절삭이 완료될 때까지 위치 변화가 발생되어서는 안 되며, 공작물의 주어진 위치를 계속 유지시키기 위하여 클램핑이 필요하다.

③ 위치결정구 및 지지구에 의하여 정확히 위치결정되어진 공작물에는 기계 작업시 공구력에 충분히 견딜 수 있도록 고정을 해 주어야 한다. 이때 여러 가지 방법에 의해 공작물을 고정하게 되는데, 이들 고정용 요소를 클램프라 한다.

④ 클램프의 적절한 선정은 제품의 품질과 생산성 향상, 원가의 절감과 관련되므로 치공구의 제작시 상각비를 고려하여 가장 경제적으로 제품을 생산할 수 있도록 제작하여 사용토록 한다.

1.2 각종 클램핑 방법 및 기본 원리

1) 각종 치공구에서 공작물을 클램핑하는 방법

① 공작물의 클램핑 과정에서 공작물의 위치 및 변형이 발생되지 않아야 한다.

② 공작물의 가공중 변위가 발생되지 않도록 확실한 클램핑을 하여야 한다.

③ 클램핑 기구는 조작이 간편하고 신속한 동작이 이루어져야 하는 일반적인 사항을 만족해야 한다.

2) 클램핑할 때의 일반적인 주의 사항

① 절삭력은 클램프가 위치한 방향으로 작용하지 않도록 한다. 절삭력의 반대편에 고정력을 배치하지 않도록 한다.(그림 4.1 참조)

② 절삭면은 가능한 테이블에 가깝게 설치되도록 하여야 절삭 시 진동을 방지할 수 있다.(그림 4.2 참조)

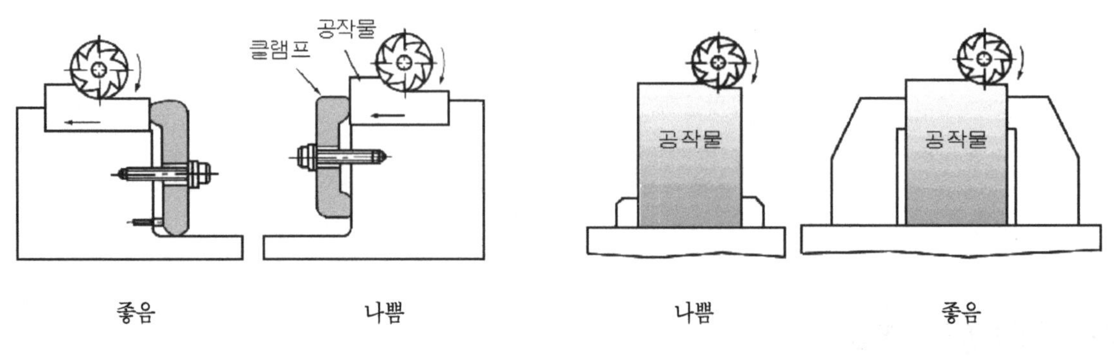

그림 4.1 클램프와 절삭력의 방향

그림 4.2 클램핑과 절삭면

③ 클램핑 위치는 가공 시 절삭압력을 고려하여 가장 좋은 위치를 택한다.

④ 클램핑력은 공작물에 변형을 주지 않아야 하며, 공작물이 휨 또는 영구변형이 생기지 않도록 한다. 가능한 절삭력보다 너무 크지 않도록 최소화하는 것이 좋다.

⑤ 공작물의 손상이 우려 시 클램프에 다음과 같이 처리하여 사용한다.

㉮ 알루미늄, 구리 등은 연질 재료의 보호대를 부착한다.

㉯ 받침대를 부착하여 사용한다.

㉰ 베클라이트 또는 단단한 플라스틱 보호대를 사용한다.

⑥ 비강성의 공작물에 대한 손상, 변형, 뒤틀림을 방지하기 위하여 여러 개의 작은 힘으로 분산하여 클램핑하며, 클램핑력이 균일하게 작용하도록 한다.

⑦ 클램핑 기구는 조작이 간단하고 급속 클램핑 형식을 택한다.

⑧ 공작물의 형상에 적합한 클램핑 기구를 택한다.

⑨ 클램프로 인한 휨이나 비틀림이 발생하지 않도록 공작물의 견고한 부위를 가압한다.

⑩ 클램프는 상대 위치결정구 또는 지지구에 직접 가하고 공작물을 견고히 고정하여 공구력에 충분히 견딜 수 있도록 하며, 공작물이 지지구에 대해 힘이 가해지지 않도록 한다.

⑪ 클램프는 진동, 떨림 또는 중압 등 공작물에 발생되는 힘에 충분히 견딜 수 있도록 한다.

⑫ 클램프는 공작물을 장·탈착할 때 간섭이 없도록 한다.

⑬ 클램프는 치공구 본체에 설치 및 제거가 용이해야 한다.

⑭ 중요하지 않는 곳을 클램핑함으로써 공작물이 손상되지 않게 한다.

⑮ 가능한 한 복잡한 구조의 클램프보다는 간단한 구조의 클램프를 사용한다.

⑯ 가능한 한 클램프는 앞쪽으로부터, 바깥쪽에서 안쪽으로, 위에서 아래로 작동되도록 설계하며, 나사 클램프에서는 왼손 조작일 경우는 왼나사를 사용한다.

⑰ 클램프의 심한 마모가 우려될 경우 열처리된 보호대를 부착시켜 사용한다.
⑱ 기계 가공면의 고정 시 가공 표면이 손상되지 않도록 주의하고 가공 중 또는 그 전후에 있어 작업자, 공작물, 치공구에 대한 위험이 없도록 클램프를 설치한다.
⑲ 절삭력, 추력은 치공구에서 흡수하도록 한다.

1.3 클램핑의 원칙

클램핑 장치는 공작물 또는 치공구 종류에 관계없이 원하는 위치에 고정하고, 가공에 의한 마찰력이나 진동, 구심력에 견디고 충분히 공작할 수 있는 기능을 가져야 한다.

1) 마찰 클램프와 충돌 클램프

공작물은 외력에 대하여 충분히 저항할 수 있게 고정되어야 한다.

① 마찰 클램프의 경우에는 그림 4.3과 같이, 클램핑되는 방향에 직각으로 작용하는 가공 저항력 f는 체결력 F의 10~20%이다. 그러므로 절삭력의 5~10배 힘으로 고정되지 않으면 안 된다.

② 충돌 클램프의 경우로서 그림 4.4와 같이, 클램핑에 요하는 힘은 적어도 좋다. 여기서 절삭력은 고정력의 위치결정 고정면에 주는 것이 원칙이므로 되도록 마찰력을 주지 않는 것이 바람직하다.

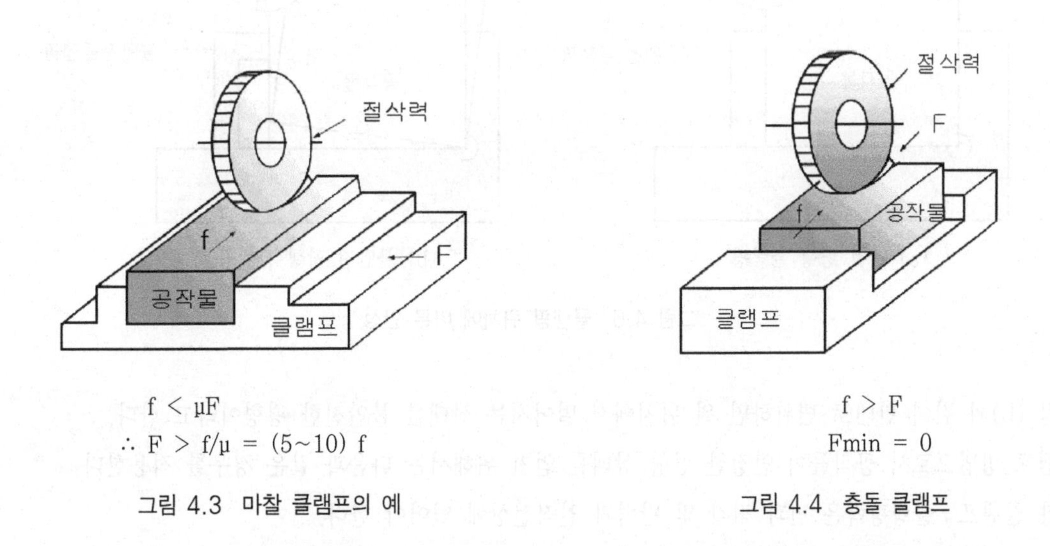

$f < \mu F$

$\therefore F > f/\mu = (5\sim10) f$

그림 4.3 마찰 클램프의 예

$f > F$

$F_{min} = 0$

그림 4.4 충돌 클램프

2) 클램핑 부위의 강성 불평등의 원칙

그림 4.5와 같이 체결할 고정 면의 강성은 이동면보다 커야 한다. 그림 (b)는 클램핑 면의 탄성변형이 커서 나쁘다.

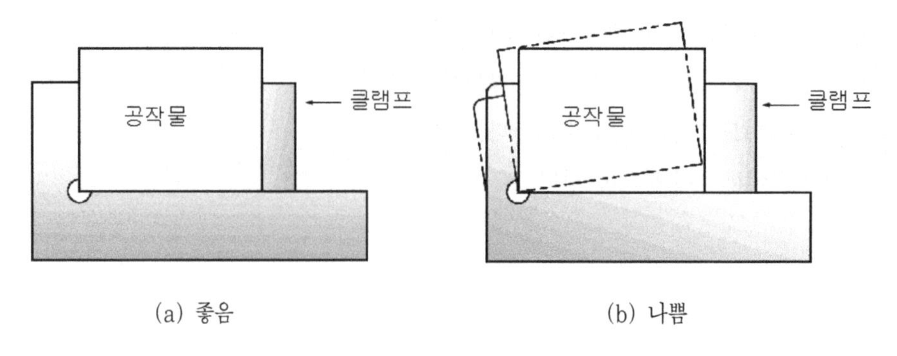

(a) 좋음　　　　(b) 나쁨

그림 4.5 충돌 클램프 이후의 강성

3) 클램핑력의 안정평행의 원칙

많은 클램핑력과 그 반력이 서로 작용하여 공작물의 변위가 없고 안정 상태로 있는 것을 평행 클램핑이라고 한다.

① 그림 4.6의 (a)와 같이 평형 클램핑한 상태에서 절삭력이 작용하여 약간 변형을 한 뒤 원위치로 돌아갈 수 있는 경우를 안전한 평형이라고 한다.

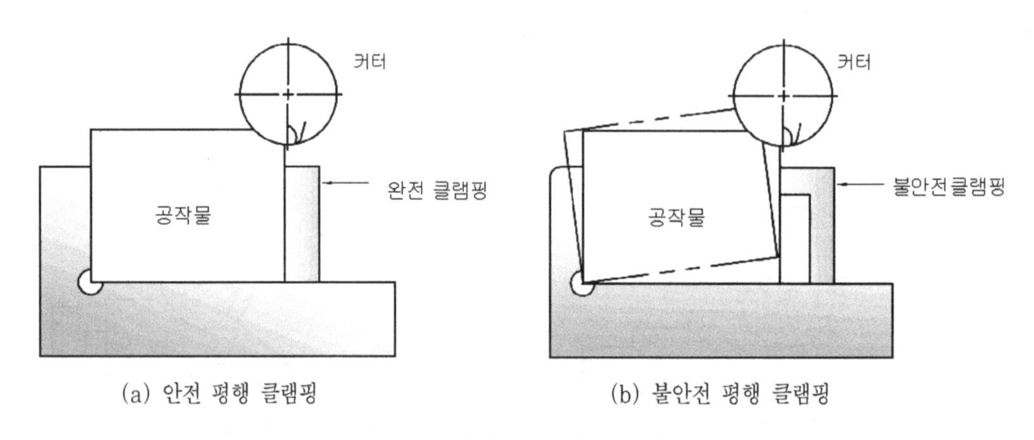

(a) 안전 평행 클램핑　　　　(b) 불안전 평행 클램핑

그림 4.6 클램핑 위치에 따른 안정

② 그림 (b)와 같이 반대로 변위하면 원 위치에서 멀어지는 상태를 불안전한 평형이라고 한다.
클램프 방법으로서 공작물이 안정한 평형 상태를 얻기 위해서는 다음과 같은 경우를 적용한다.

㉮ 대향 클램프 : 클램핑력은 면과 직각 및 반력과 일직선상에 있어야 한다.

㉯ 대상 클램프 : 두 군데 이상의 클램프에서는 가공에 지장이 없는 한 동일 조건이 되도록 대상의 위치로 체결한다.

㉰ 3점 접촉의 원칙 : 두 물체가 접촉할 때는 3점으로 접촉할 때가 더 한층 안정하다.

4) 클램프로 인한 변형

클램프에 의하여 접촉부의 국부적 변형이나 비틀림, 휨이 발생되어 치수나 형태의 오차가 일어난다. 또, 공작물이 손상될 때는 안전성의 문제도 일어날 수도 있으므로 클램핑으로 인하여 변형이 일어나지 않도록 대책을 강구하여야 한다.

① 클램핑 자국 : 선 또는 점에 가까운 상태로 클램핑하면 접촉 면에는 국부적인 변형이 일어나기 쉽고, 강성영역을 지나면 영구변형을 일으켜 클램프 자국 흔적이 남기 때문에 접촉면은 되도록 넓게 하여야 한다.

② 강성변형 : 충돌 클램핑의 경우에는 약간의 변형이 반드시 일어나기 마련이다.

③ 상자형 공작물의 클램핑 : 그림 4.7은 상자형의 공작물을 대상으로 클램핑하는 방법을 나타낸 것이다. 이 때 a가 가장 변형이 적고, 회전 모멘트에도 잘 견디며, 또 클램핑을 가공하는데 방해되지 않는다. 변형이 적은 순서는 a → b → c → d이다.

대책으로는 다음과 같다.

㉮ 두께방향에 클램핑하는 방법을 선택한다.

㉯ 아래쪽 방향으로 분력을 발생하는 클램핑 방법을 선택한다.

㉰ 공작물의 중간부위를 클램핑한다.

㉱ 치공구의 보강대를 추가하여 강성을 높인다.

㉲ 클램핑 부위의 접촉면을 적게 한다.

㉳ 받침판을 사용한다.

㉴ 치공구를 교정 및 수리한다.

㉵ 공작물의 고정측에 쐐기를 붙인다.

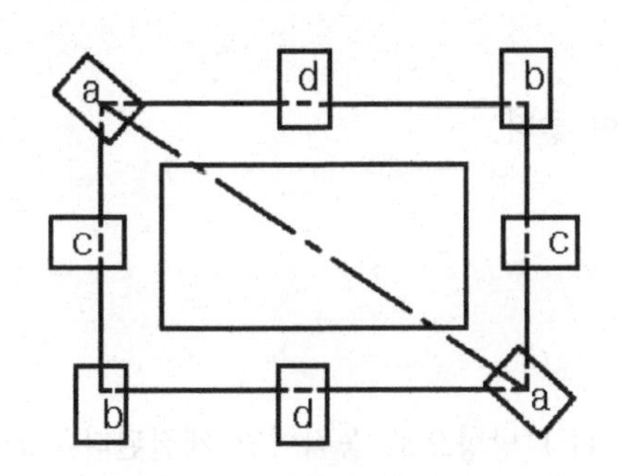

그림 4.7 중공 직육면체의 클램핑

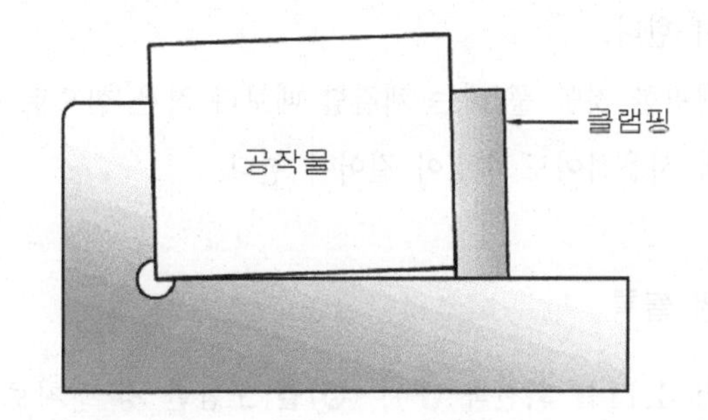

그림 4.8 바이스에 의한 공작물의 위치변화

④ 공작물의 위치결정의 변화 : 그림 4.8과 같이 클램핑하면 공작물이 위치결정면에서 들뜬다.

⑤ 공작물의 변형 : 그림 4.9와 같이 절삭부분의 가까운 곳에 클램핑하면, 가공 중에 홈 폭이 클램핑 하중으로 인하여 변형한다. 또 커터의 측면을 강하게 압력을 가하므로 결국 파손하는 일이 있기 때문에 반드시 주의를 하여야 한다.

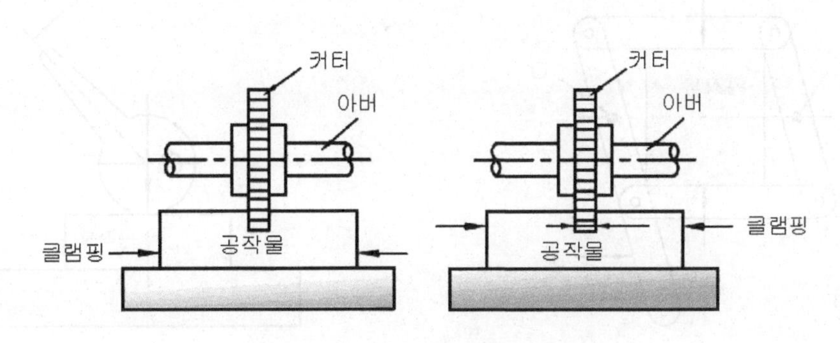

그림 4.9 가공 중에 공작물 변형

⑥ 두 점 지지의 원칙 : 공작물의 클램핑 면의 정밀도가 나쁘면, 클램핑에 의하여 공작물 전체가 변형하는 수가 있으며 이 경우 그림 4.10과 같이 두 곳을 지지할 수 있는 평형블록이나 평형지지구를 사용하면 공작물의 변형을 방지할 수 있다.

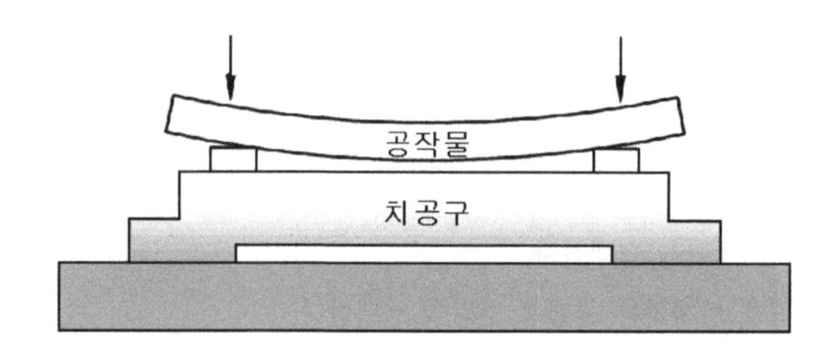

그림 4.10 두 점 지지의 클램핑

5) 클램프 기구의 조건

① 대부분이 인력(10~20kg 정도)에 의함으로써, 그 힘을 확대하여 클램핑력을 그 수 배, 수십 배로 한다.

② 절삭력에 따라서 저항력을 자동적으로 높이는 것이 바람직하다.

③ 힘을 가할 때뿐만 아니라, 손을 뗐을 때도 충분한 힘으로 클램핑이 되도록 하여야 한다. 즉, 손으로 잡지 말아야 한다.

④ 클램핑한 것을 풀 때는 체결할 때보다 작은 힘으로 행하는 것이 좋다.

⑤ 반복 사용하여도 수명이 길어야 한다.

6) 평형 블록

① 그림 4.11은 회전축 (P), (Q)를 포함한 링 장치로서 자루를 (F) 방향으로 움직이면 체결된다. 그러나 손을 놓으면 구속은 없어지며 원위치로 돌아간다. 이것은 간단한 중심내기 장치로 클램핑 장치라고는 볼 수 없다.

② 그림 4.12는 편심 캠에 의한 클램핑 장치이다. 이와 같이 클램핑이 안정한 상태를 유지하고, 그 위에 반력을 증대하여도 되돌아가지 않는 상태를 넓은 뜻으로 셀 블록(Shell block)이라고 하며, 클램프 기구로서는 중요한 조건이다.

③ 웨지, 나사 스파이럴 캠, 편심 캠 등에는 이런 성질이 있다.

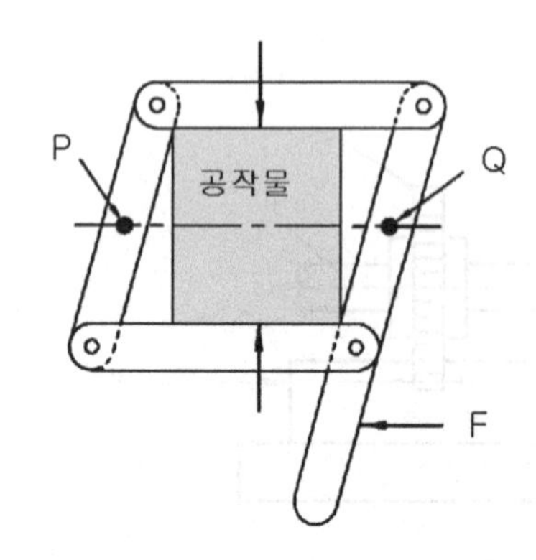

그림 4.11 평형 링에 의한 체결

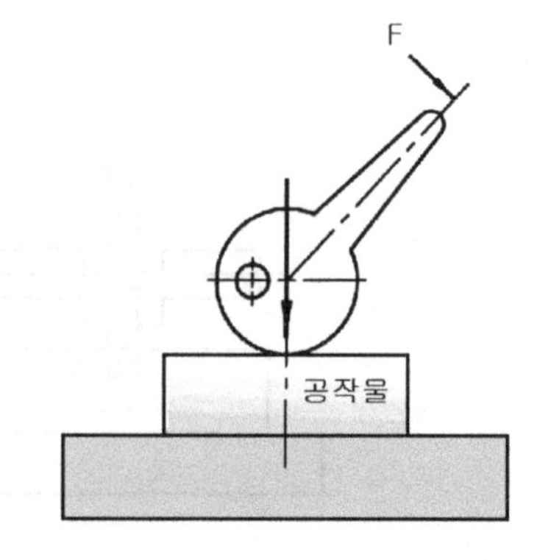

그림 4.12 편심 캠에 의한 클램핑

7) 가공방향에 의한 클램핑

① 셀 블록이 가능한 것은 클램핑력의 방향으로 가공력을 작용하게 하면 클램핑이 편리하게 된다.

② 그림 4.13은 선반 고정구에 쓰인 클램핑의 편리한 경우이다. 절삭에 의하여 공작물을 화살표의 방향으로 와셔를 끼워 너트도 그 방향으로 돌린다. 오른 나사이면 축 중심 방향으로 죄어지기 때문에 더욱 더 클램핑력이 커진다. 왼 나사의 경우는 풀림 방향으로 되기 때문에 셀 블록이라고 말할 수 없다.

③ 그림 4.14는 절삭력의 방향으로 충돌하여, 그 방향으로 캠 레버가 작용하면 클램핑하기가 편리하다. 만약 캠 토크를 반대로 하면 불안정하게 된다.

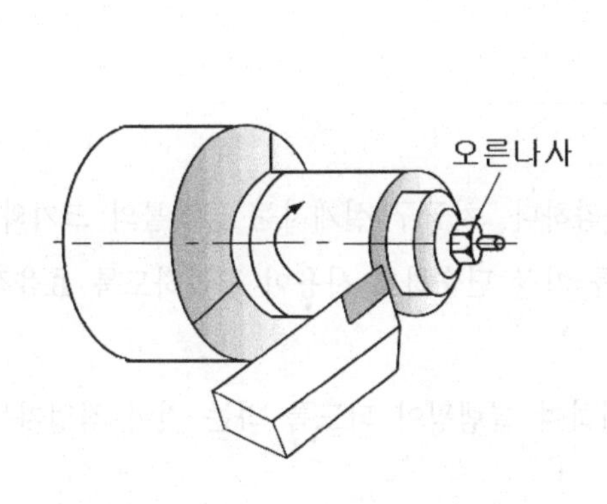

그림 4.13 공작물 회전 방향의 너트

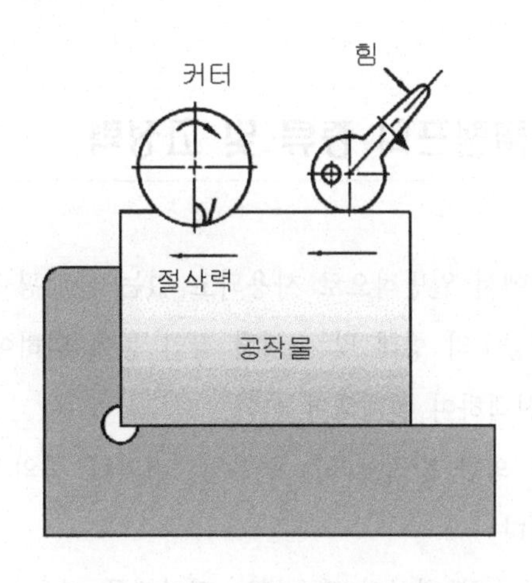

그림 4.14 커터 회전 방향의 편심 캠

8) 클램프 기구의 조작

① 일반적으로 동작을 경제적으로 하려면 작업자가 숙련공일 때는 두 손을 동시에 대항적으로 쓰는 것이 가장 좋은 방법이다. 그러나 미숙련공일 때에는 오른손을 주체로 생각하여야 한다. 클램핑한 곳이 많을 때에는 일부를 페달 등의 동작으로 바꾸든가 또는 클램프 위치의 작업영역을 되도록 작게 한다. 손을 길게 펴서 강한 클램핑을 하는 것은 위험하며, 또 피로가 쉽게 온다.

② 찾는다는 것은 무리한 동작임으로 되도록 클램프기구는 일체로 한다. 부득이하게 스패너 등 공구를 사용할 경우에는 클램핑력에 다소의 차이가 있어도 한 개의 스패너로 고정할 수가 있어야 한다.

③ 될 수 있는 한 급속 클램프기구를 사용한다.

④ 가능한 공기압, 유압, 전기압 등을 활용한다.

9) 칩의 대책

클램핑 장치에 칩이 붙을 때는 클램핑력이 불안전하게 되므로 그 대책으로는 다음과 같다.

① 주조품, 단조품은 위치결정면 부분을 작게 한다. 그밖의 경우에도 가능한 한 작은 면적으로 한다.

② 클램핑 면은 수직면으로 하는 것이 바람직하다.

③ 클램핑 면이 넓을 경우는 칩 홈을 만든다.

④ 구석, 가동 부분은 칩이 들어가지 못하도록 커버를 달아 둔다.

⑤ 볼트 스프링 록 와셔 등을 이용하여 항상 밀착하게 한다.
⑥ 칩의 비산 방향에 클램프 부분을 만들지 않는다.

10) 간섭

클램프를 사용 기계와 관계 위치를 확인하지 않고 설치하면, 이송하는 기계의 레버 등에 의하여 착탈시 간섭이 생긴다. 치공구 조작시 기계 몸체와의 간섭을 살필 때에는, 치공구의 조립도에 기계 관련 부위의 윤곽을 가상선으로 기입하고 검토한다.

2. 클램프의 종류 및 고정력

① 치공구에서 일반적으로 사용되고 있는 클램핑 방법은 다양하다. 치공구 설계자는 공작물의 크기와 모양과 수량, 치공구의 형태 및 수행될 작업 등에 의하여 클램프를 가장 단순하고 사용이 편리하도록 효율적으로 클램프를 선택하여 설계해야 한다.
② 인력에 의한 방법보다는 공유압, 전자력 등의 동력에 의하여 클램핑이 되도록 하는 것이 작업자는 간편하고 편리하다.
③ 기타 특수한 형상의 경우에는 접착제를 이용하든지 공작물 자체의 중량이나 절삭력을 이용하는 방법, 스프링의 힘을 이용한 클램핑 방법 등 여러 가지가 있다.
④ 치공구에 사용하는 클램프는 다음과 같은 것들이 있다.
㉮ 스트랩 클램프(strap clamp)
㉯ 나사 클램프(screw clamp)
㉰ 캠 클램프(cam clamp)
㉱ 쐐기 클램프(wedge clamp)
㉲ 토글 클램프(toggle clamp)
㉳ 동력에 의한 클램핑

2.1 스트랩 클램프(strap clamp)

① 클램프로 기본 형식은 지렛대의 원리를 이용한 것으로서 클램프 바는 치공구의 밑면과 항상 평행하도록 지점을 위치시키는데, 공작물 두께에 의한 약간의 차이 때문에 평행이 되지 않는다. 이와 같은 차이를 해소하기 위해서 구면 와셔와 너트를 사용하는데 그 기능은 클램핑 요소의 올바른 기준면을 부여하고 나사의 불필요한 응력을 감소시켜준다.
② 스트랩 클램프는 단독으로는 사용되지 못하며 볼트, 너트, 캠, 유공압 실린더 등 요소와 조합되어 작동된다.
③ 레버 및 나사를 이용한 클램핑에서, 클램핑이 이루어지는 방식.(그림 4.15)

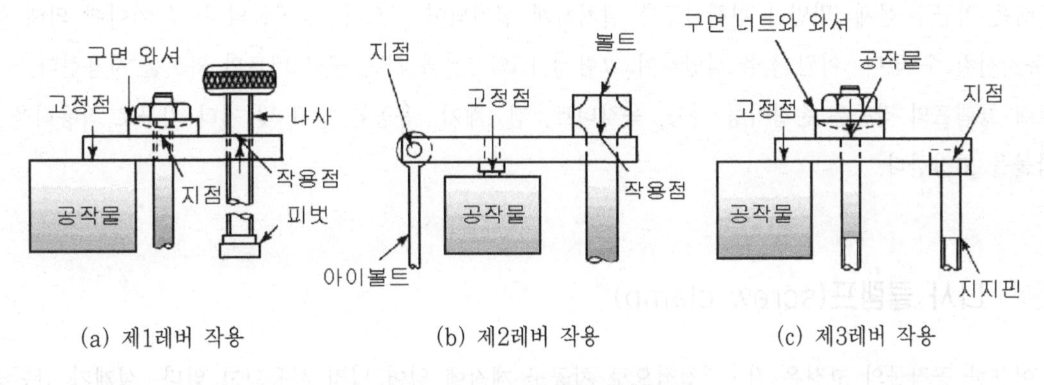

(a) 제1레버 작용　　(b) 제2레버 작용　　(c) 제3레버 작용

그림 4.15 스트랩 클램프의 작용

㉮ 제1레버 방식 : (a)는 작용점과 공작물 사이에 지점이 위치한다. 고정점, 지점, 작용점의 순서로 된 것으로 지점이 고정점에 가까울수록 고정력은 증가한다.

㉯ 제2레버 방식 : (b)는 지점과 작용점 사이에 공작물이 위치한다. 지점, 고정점, 작용점의 순서로 된 것으로 주로 힌지 스트랩 클램프(hinged strap clamp)에 적용되며 가장 큰 고정력을 얻을 수 있다.

㉰ 제3레버 방식 : (c)는 공작물과 지점 사이에 작용점이 위치한다. 스트랩 클램프의 고정력은 클램프를 잠그는 나사의 크기에 의해 결정된다. 고정점, 작용점, 지점의 순서로 된 것으로 가장 보편적으로 사용되는 형태로 고정력은 작용력보다 항상 작게 된다.

④ 스트랩의 형상은 그림 4.16과 같이 힌지 스트랩, 슬라이드 스트랩, 걸쇠 스트랩의 3가지 형상이 있어 공작물의 착탈을 용이하게 한다.

㉮ 힌지 스트랩(hinged strap) : 스트랩의 한 쪽 끝이 피봇(pivot)점을 중심으로 선회할 수 있도록 되어 공작물을 쉽게 설치 및 제거를 할 수 있다.

㉯ 슬라이드 스트랩(slide strap) : 스트랩 클램프에서 보편적으로 사용하고 있는 형식으로 중심부위에 홈이 파여 있어 이동방향과 양을 제어한다.

㉰ 걸쇠 스트랩(swn strap) : 스트랩이 피봇축 또는 스터드(stud)를 중심으로 회전할 수 있는 구조이다. 힌지 스트랩은 상하 회전을, 걸쇠 스트랩은 수평면상 회전을 주로 하여 공작물의 설치 및 제거를 한다.

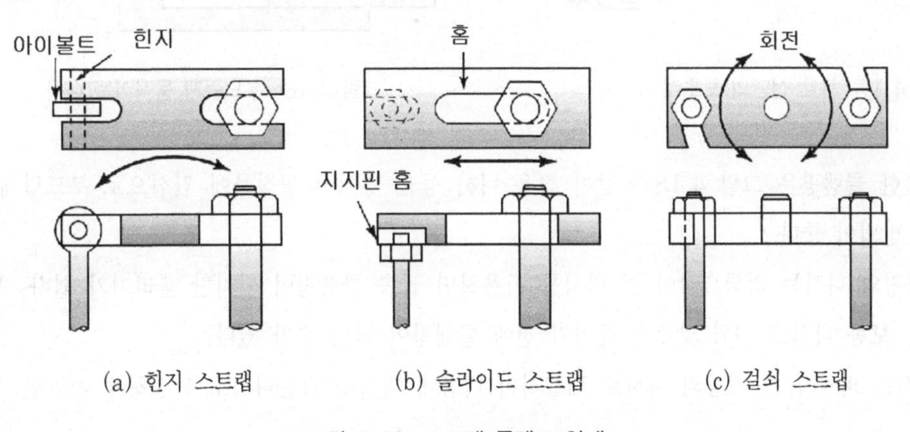

(a) 힌지 스트랩　　(b) 슬라이드 스트랩　　(c) 걸쇠 스트랩

그림 4.16 스트랩 클램프 형태

⑤ 스트랩은 치공구 몸체 밑면과 평행하도록 설치하게 설계되어 있으나, 공작물의 두께 차이에 의해 항시 평행을 유지시킬 수 없다. 이런 점을 감안하여 그림 4.15의 (c)와 같은 구면 너트와 와셔를 사용한다.

⑥ 스트랩 클램프의 작동은 손잡이형 나사, 육각너트, 캠, 쐐기, 유공압 장치 및 기타 기구로 작용력을 발생시켜 공작물을 고정한다.

2.2 나사 클램프(screw clamp)

나사를 이용한 공작물의 고정은 직·간접적으로 치공구 제작에 있어 널리 사용되고 있다. 설계가 간단하고 제작비가 싼 이점이 있으나, 특히 복잡하지 않고 저렴하게 적용할 수 있어 소량생산에 많이 사용하고 있다. 그러나 나사 클램프의 단점은 나사의 회전에 의해 얻어지는 토크(torque)를 이용한 것으로 작업속도가 느려 효율성이 떨어진다. 나사에 의한 클램핑 방법에는 나사가 직접 공작물에 압력을 가하는 방식과, 스트랩을 이용한 간접적으로 압력을 전달하는 방식이 있다.

클램핑 기구로서 가장 널리 사용되고 있으며 설계 시 주의사항은 다음과 같다.

① 절삭력에 의하여 풀림이 잘 되지 않도록 한다.

② 나사가 클램핑했을 때 그 체결 길이는 나사 지름의 80%의 정도가 좋지만, 치공구용 너트의 높이는 1.5배(작은 지름의 것)~3배(큰 지름의 것)로 한다.

③ 일반적으로 클램핑 볼트의 산형은 작은 지름(15mm 정도까지)은 삼각나사, 그 이상은 사각나사 또는 사다리꼴 나사를 사용한다.

④ 나사의 선단을 직접 공작물에 접촉하면, 그 면에 상처를 내는 수가 있으므로, 그림 4.17과 같이 보호대를 붙이는 것이 보통이다.

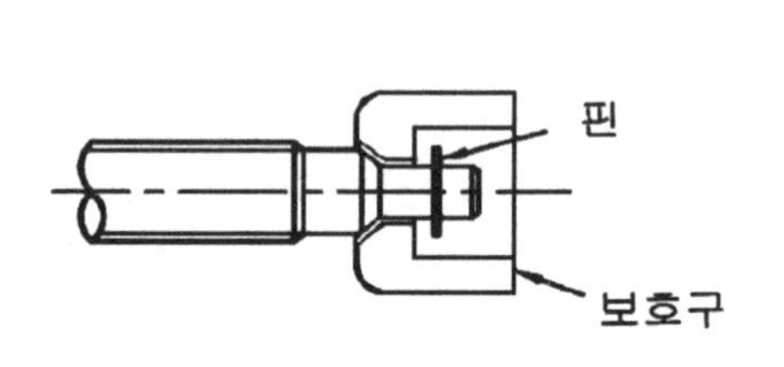

그림 4.17 볼트 선단의 보호대

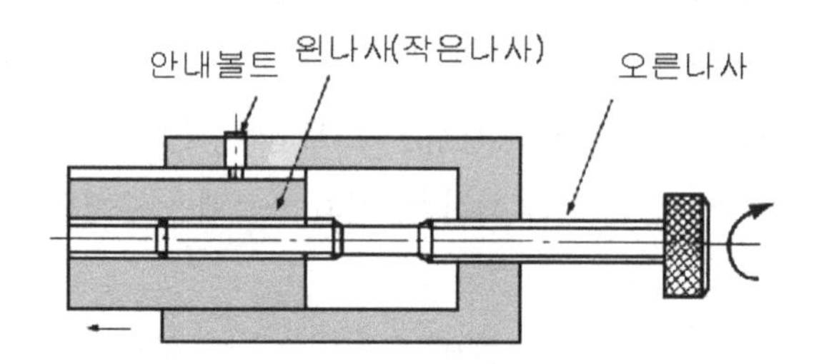

그림 4.18 부드럽게 움직이는 나사

⑤ 나사에 의한 클램핑은 그림 4.18과 같이 작은 나사 등을 넣어서 공작물에 간섭으로 부드럽게 움직이면서 클램핑하는 방법이 좋다.

⑥ 급속 클램핑의 나사는 리와드각이 큰 나사를 사용하면 급속 클램핑이 되지만 풀리기가 쉽다. 부드럽게 움직이는 나사는 보통 나사로 끼워 맞추면 풀리기 전에 클램핑이 되는 수가 있다.

그림 4.19는 피치가 큰 지름의 나사로 체결하며 다음에 피치가 작은나사로 확실하게 체결한 것이다.

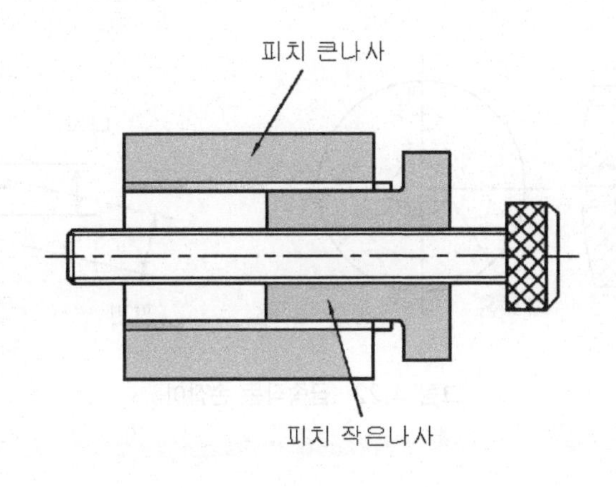

그림 4.19 나사에 의한 급속 체결

1) 스윙 클램프(swing clamp)

그림 4.20과 같이 본체에 설치된 스터드(stud)에 회전하는 스윙암과 나사 클램프를 조합한 형태로 작업속 조합한 형태로 작업속도를 높일 수 있다.

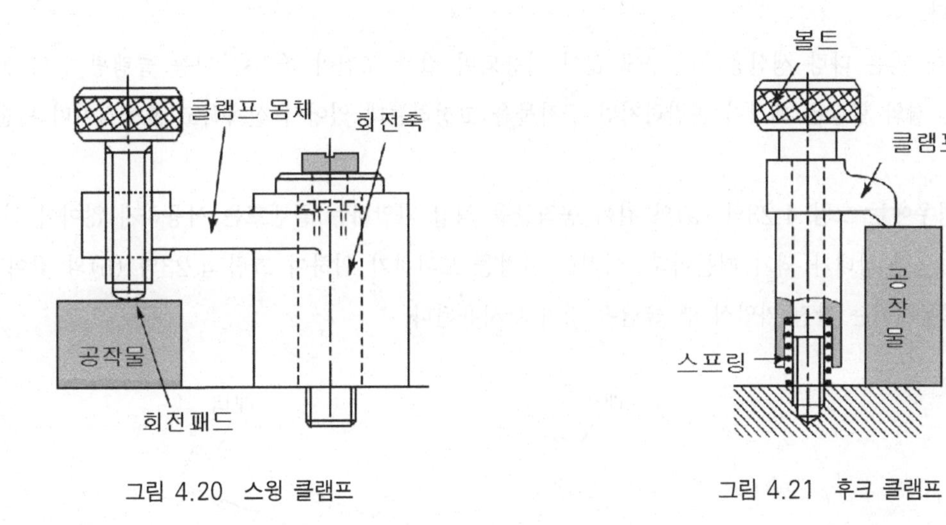

그림 4.20 스윙 클램프

그림 4.21 후크 클램프

2) 후크 클램프(hook clamp)

후크 클램프는 그림 4.21과 같이 스윙 클램프와 유사하지만 그 크기가 훨씬 작다. 후크 클램프는 대형 공작물용 클램프보다는 소형 공작물에 유효하다. 후크 클램프(hook clamp)는 스윙 클램프와 유사하나 훨씬 더 작으며 좁은 장소에서 사용되며, 하나의 큰 클램프보다는 오히려 작은 클램프를 사용해야 할 경우에 유효하다.

3) 급속작동 손잡이

급속작동 손잡이는 저렴한 치공구 제작에 유용하게 사용한다. 클램프를 풀고자 할 때에는 그림 4.22와 같이 손잡이를 비스듬히 해서 나사산에서 빠져나오게 한 후 잡아당기고, 고정을 하기 위해서는 손잡이 너트를 수평으로 하여 나사산이 물리도록 하고 돌리면 클램핑이 된다.

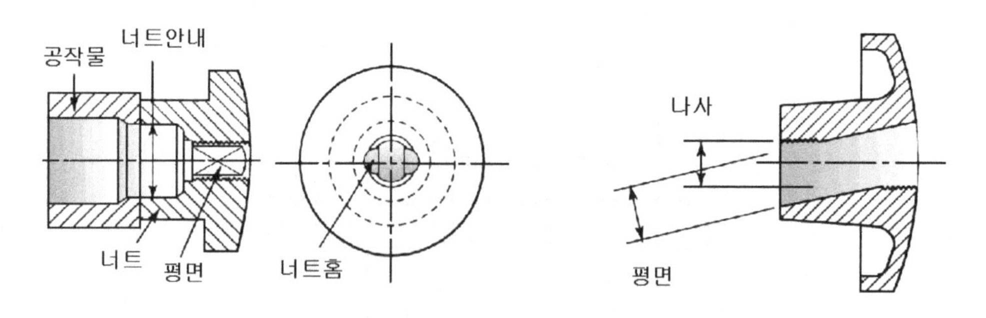

그림 4.22 급속작동 손잡이

2.3 캠 클램프(cam clamp)

캠에 의한 클램핑 방법은, 형태가 간단하고 급속으로 강력한 클램핑이 이루어지는 장점과, 클램핑 범위가 좁고 진동에 의하여 풀릴 수 있는 단점이 있다. 캠에 의한 클램핑 방법에는, 공작물과 캠에 직접 접하는 직접 고정식 캠 클램핑과 간접으로 클램핑 되는 간접 고정식 캠 클램핑이 있으며, 주로 사용되는 캠의 종류에는 편심 캠, 나사 캠, 원통 캠 등이 있다.

클램핑하는 곳이 많은 다량 생산용 치공구에 많이 사용되며 절삭 조건이 좋거나 자동 클램핑 등의 조건을 가진 것이면 편리하다. 캠의 형상은 제작이 곤란하지만 공작물을 고정하는데 있어서 신속하고 효율적이며 단순한 방법을 제공한다.

진동이 심한 경우에는 그림 4.23의 (a)와 같이 공작물을 직접 가압하는 클램프는 사용하지 않아야 하는데, 이는 클램프가 풀려 위험한 상태가 되기 때문이다. 이러한 단점을 보완하기 위하여 그림 4.23의 (b)와 같이 캠으로 스트랩 클램프를 작동시키는 간접 가압식 캠 클램핑 장치로 사용된다.

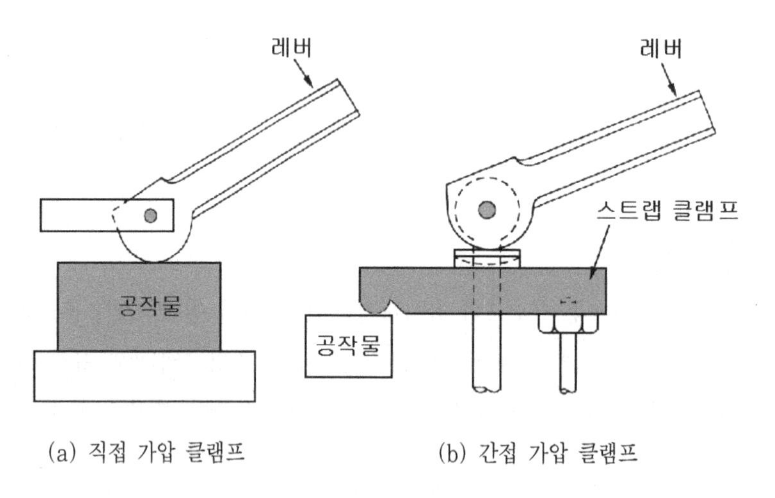

(a) 직접 가압 클램프 (b) 간접 가압 클램프

그림 4.23 캠 클램프 작용 위치

1) 판형 편심캠

그림 4.24와 같이 원주에 쐐기를 부착한 것과 같은 구조로서, 원주상의 구배에 의하여 클램핑력이 발생되고, 공작물과 캠의 마찰에 의하여 클램핑이 이루어지게 된다. 제작이 가장 용이하고 중심 위치에서 어느 방향으로나 작동

할 수 있다. 일반적으로 편심캠은 상사점에서 공작물을 클램핑하므로 클램핑할 수 있는 캠의 면적이 비교적 적고 상사점을 넘어서면 클램프는 풀려 버린다. 그러므로 편심 캠은 나선캠보다 클램핑 성능이 뒤진다.

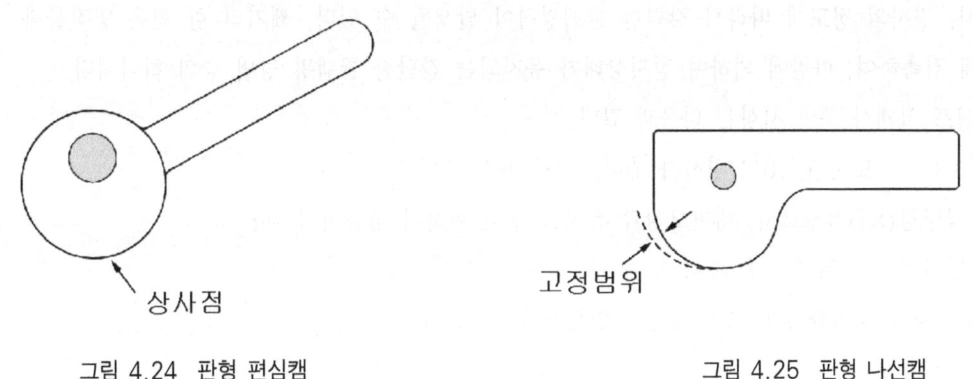

그림 4.24 판형 편심캠

그림 4.25 판형 나선캠

2) 판형 나선캠

그림 4.25와 같이 외형 윤곽이 나선곡면으로 된 캠으로 치공구의 캠 고정장치에서 가장 널리 사용하고 있는 형태로, 편심캠에 비해서 공작물의 고정 특성이 우수하고 고정시 공작물과 접촉면적이 넓다.

3) 원통형 캠

원통형 캠은 치공구에서 많이 사용되고 있다. 그림 4.26과 같이 편심 축이나 원통 표면의 홈에 의해 클램프를 작동한다. 그림 4.27은 급속 작동용 캠 클램프를 나타내는데 정확한 고정과 신속한 작동을 할 수 있는 원통형 캠의 원리를 사용한 제품 중의 하나이다.

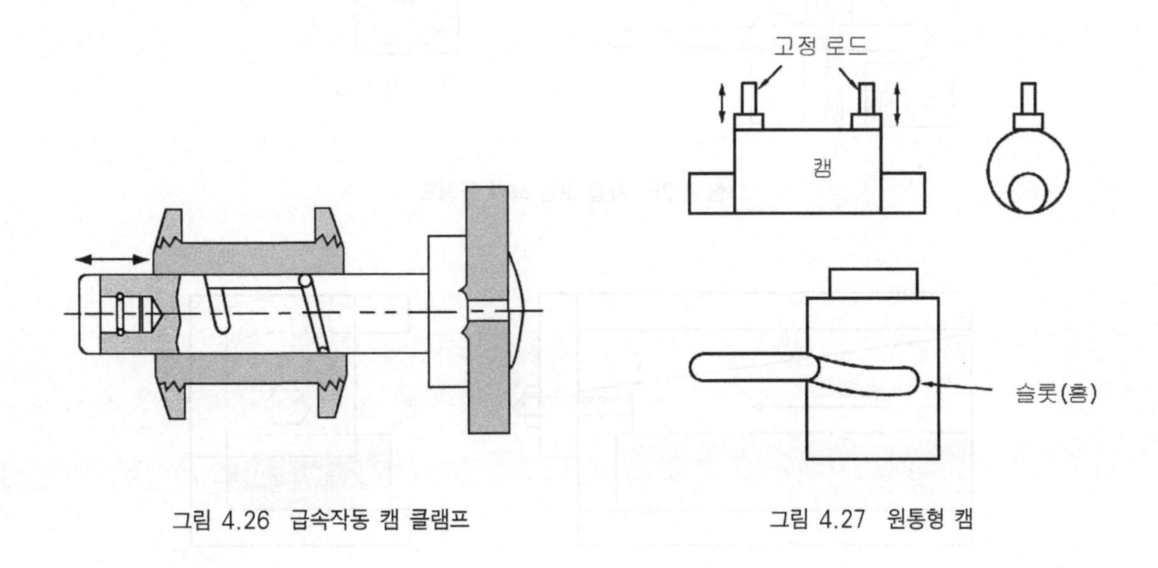

그림 4.26 급속작동 캠 클램프

그림 4.27 원통형 캠

2.4 쐐기 클램프(wedge clamp)

쐐기에 의한 클램핑 방법은 간단한 클램핑 요소로 경사(구배)를 가지고 있는 클램프를 이용하여 공작물을 클램핑하는 것으로서, 경사의 정도에 따라서 강력한 클램핑력이 발생될 수 있다. 쐐기의 한 면은 공작물과 접촉하고, 한 면은 치공구에 접촉하여, 마찰에 의하여 정지상태가 유지되는 간단한 클램핑 방법 중의 하나이다.

쐐기형 클램프 설계시 주의 사항은 다음과 같다.

① 쐐기 각도는 5° 또는 1/10의 경사가 좋다.(7°가 가장 좋다.)

② 재질은 공구강(STC)으로서, 내마모성과 취성을 주기 위하여 경화처리한다.

③ 빼내는 방향에는 작용 응력을 주지 않는다.

④ 박아 넣을 때는 공작물의 미끄럼 멈춤이 필요하다.

1) 판형 쐐기

판형 캠(flat cam)이라고도 하며 그림 4.28, 그림 4.29와 같이 클램프와 공구 본체 사이에 놓여 있는 쐐기가 경사면을 이용하여 공작물을 조일 수 있도록 한 것이다. 일반적으로 고정 후에 스스로 풀리지 않게 하려면 쐐기의 기울기를 1°~ 4°의 범위로 하여 자립 고정될 수 있도록 한다.

쐐기는 경사각이 커질수록 스스로 풀리기가 용이해진다. 큰 각도나 스스로 풀려지는 쐐기는 그 자체로는 고정이 되지 않으므로 캠이나 나사와 같은 장치를 추가하여 쐐기를 고정시켜야 한다.

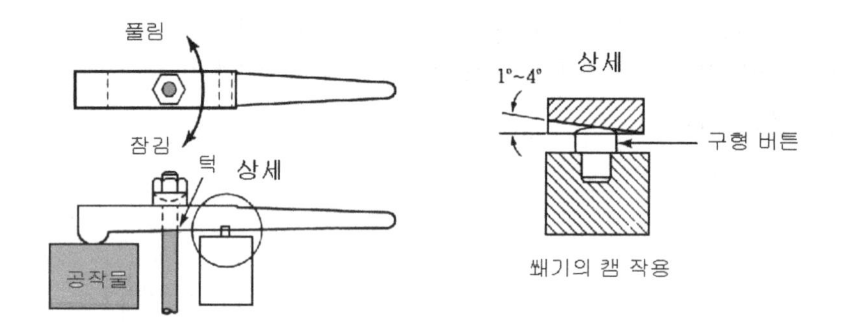

그림 4.28 자립 고정 쐐기 클램프

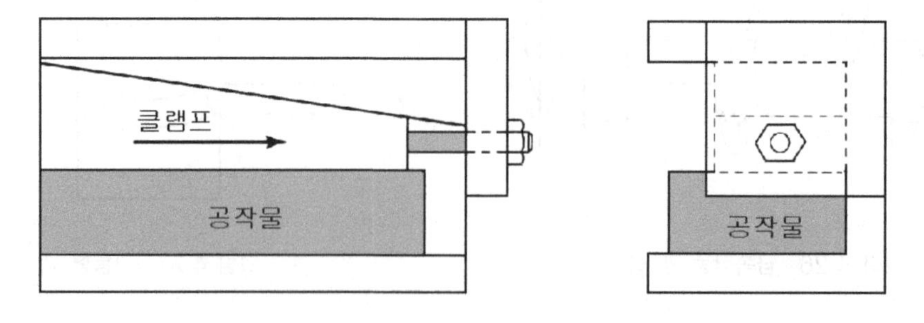

그림 4.29 자동 풀림 쐐기 클램프

2) 원추형 쐐기

심봉(mandrel)이라고도 하며, 그림 4.30과 같이 공작물의 구멍을 고정시키기 위해서 사용되는 것이다. 맨드릴은 단체형과 팽창형의 두 가지가 있으며, 단체형은 단지 규정된 하나의 구멍 치수에만 사용하고, 팽창형은 일련의 크기에 끼워지도록 만들어졌다.

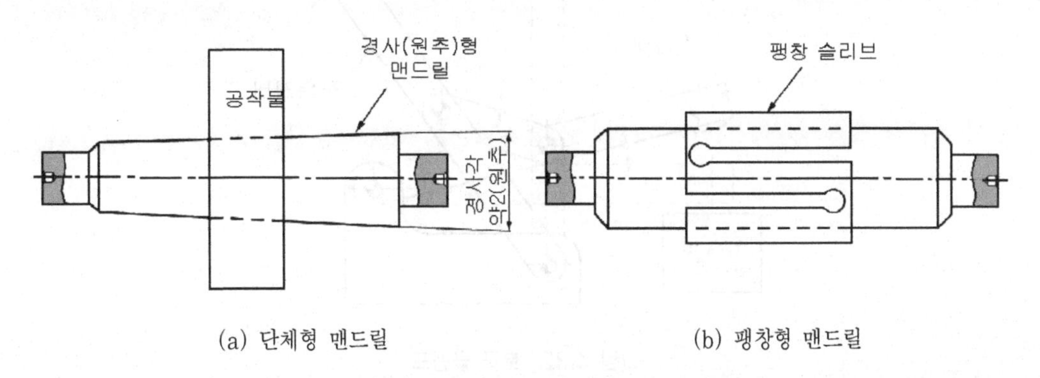

(a) 단체형 맨드릴 (b) 팽창형 맨드릴

그림 4.30 원추형 쐐기 클램프 기구(맨드릴)

2.5 토글 클램프(toggle clamp)

토글 클램프는 두 개 이상의 레버가 3점 이상의 피벗(pivot)으로 연결되어 지렛대원리로 고정할 수 있는 클램프로, 작동이 신속하면서도 작용력에 비해 월등히 큰 고정력을 얻을 수 있고 확실한 클램핑을 할 수 있다.

토글 클램프는 주로 용접 지그나 조립 지그 등에 많이 사용되며 공유압을 이용한 자동화 지그의 기본이 된다. 이 작업은 주로 스프링에 의한 링크에 의해 작동되며, 편심 클램프와 같은 원리에 기반을 두고 있다. 그림 4.31과 같이 4가지의 기본적인 형태로 작동한다. 즉, 하향 누름형, 끌어당김형, 압착형, 직선 운동형이 있다.

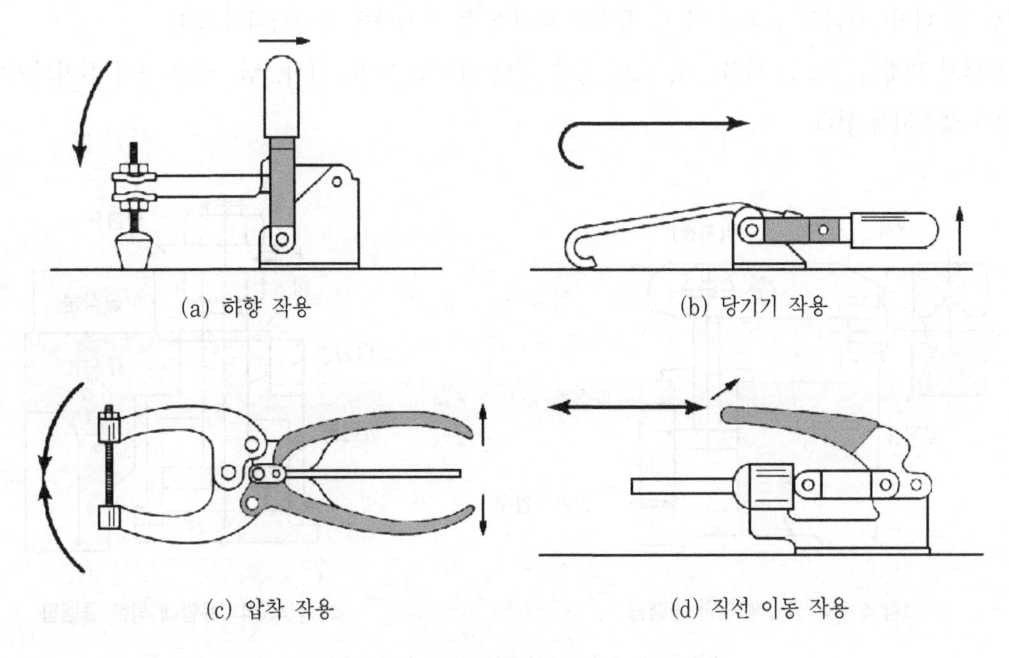

(a) 하향 작용 (b) 당기기 작용

(c) 압착 작용 (d) 직선 이동 작용

그림 4.31 토글 클램프의 4가지 기본 형태

토글 클램프(Toggle Clamp)의 장점은 고정력이 작용력에 비해 매우 크다는 것이다. 작동은 레버와 세 개의 피벗에 의해 움직인다.

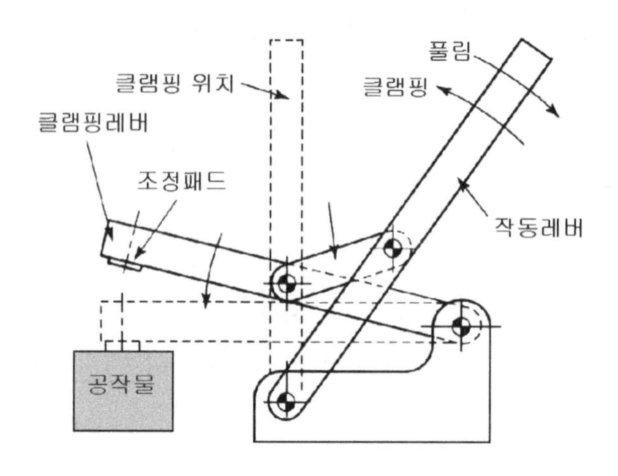

그림 4.32 토글 클램프

2.6 동력에 의한 클램핑

1) 공유압을 이용한 클램핑

① 동력에 의한 클램핑은 클램핑력을 유공압 등에 의하여 얻는 것을 말한다.
② 장점 : 급속 클램핑으로 작업속도의 향상과 균일한 클램핑력의 유지 및 조절이 가능하고 조작이 쉽다.
③ 단점 : 동력원 발생장치로 인하여 치공구의 부피가 커지고, 제작비가 많이 드는 단점이 있다.
④ 동력원 : 공기압도 좋지만, 강력한 클램핑을 얻기 위해서는 유압이 좋다.
⑤ 안전장치 : 전자밸브를 설치하는 것이 좋으며, 복잡한 치공구는 캠과 쐐기 등을 병용하는 것이 바람직하다.
⑥ NC선반 및 머시닝센터의 유공압 척 및 유공압 바이스 등은 시중에 상품화되어 있다.
⑦ 동력 클램핑 방법의 구조는 나사, 캠, 토글 등에 의한 클램핑 방법, 나사, 캠, 토글 등이 설치되어야 할 곳에 실린더가 설치되게 된다.

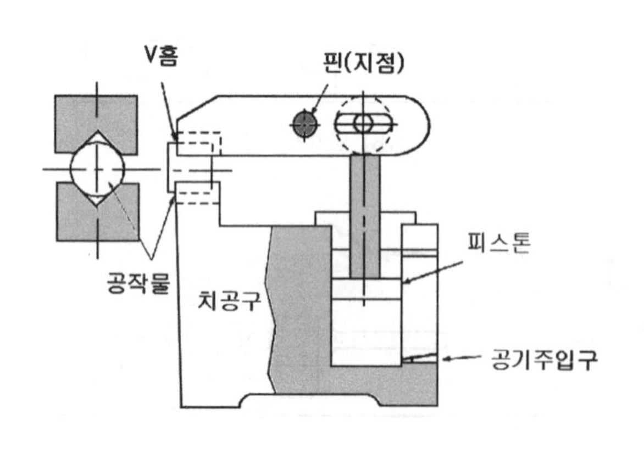

그림 4.33 공압에 의한 클램핑

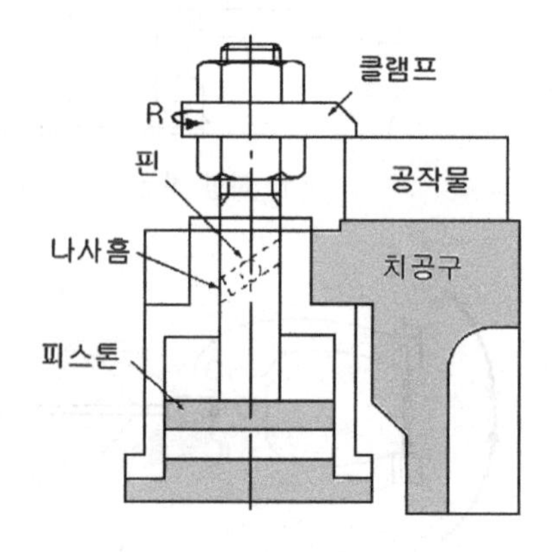

그림 4.34 유압에 의한 클램핑

그림 4.33은 원통형의 공작물을 공압에 의하여 클램핑하는 구조로서 공기 주입구에 압축공기가 주입되면, 피스톤이 상승하게 되며, 클램프는 핀을 중심으로 회전하여 공작물을 클램핑하게 된다.

그림 4.34는 유압에 의하여 공작물의 윗면을 클램핑하는 예로서, 피스톤이 상하운동을 하면, 피스톤 로드에 연결된 클램프도 상하운동을 하게 된다. 공작물을 장탈하기 위해서는 클램프가 공작물과 완전히 분리되는 것이 유리하며, 피스톤이 상승하게 되면, 피스톤로드 측면에 가공된 나사 홈과, 지그 몸체에 고정된 핀에 의하여 클램프는 R 방향으로 회전되며, 클램프는 공작물에서 이탈하게 된다.

2) 진공에 의한 클램핑

얇은 평판이나 변형하기 쉬운 공작물의 클램핑의 전면에 균일하게 착 달라붙게 하여, 작업 또는 가공하는 클램핑 방법이다. 클램핑할 때는 진공의 상태를 완전하게 압력을 균등하게 하여야 한다. 또한 비 자성체의 공작물을 클램핑할 때 사용한다.

3) 자력에 의한 클램핑

영구자석, 전자석의 두 종류가 있는데, 일반적으로 자석의 것이 강력하다. 자석의 공구는 각, V블록, 둥근 모양 등 각종의 것이 상용화되고 있다. 이것들을 조합한 것으로 여러 가지의 클램핑 장치를 얻게 되어 이용 범위가 매우 넓다.

익힘문제

문제 1. 각종 클램핑 방법 및 기본원리는 무엇인가?

해설 각종 치공구에서 공작물을 클램핑(clamping)하는 방법에는 여러 가지가 이용되며

① 공작물의 클램핑 과정에서 공작물의 위치 및 변형이 발생되지 말아야 한다.

② 공작물의 가공중 변위가 발생되지 않도록 확실한 클램핑이 이루어져야 한다.

③ 클램핑 기구는 조작이 간편하고 신속한 동작이 이루어져야 하는 일반적인 사항을 만족하여야 한다.

문제 2. 클램핑력의 안정평행의 원칙은 무엇인가?

해설 많은 클램핑력과 그 반력이 서로 작용하여, 공작물의 변위가 없고, 안정 상태로 있는 것을 평행 클램핑이라고 한다. 평형 클램핑한 상태에서 절삭력이 작용하여, 약간 변형을 한 뒤, 원위치로 돌아갈 수 있는 경우를 안전한 평형이라고 한다. 또 반대로 변위하면 원위치에서 멀어지는 상태를 불안전한 평형이라고 한다.

문제 3. 나사 클램프의 자립조건은 무엇인가?

해설 나사의 자립 즉, 조건 나사가 저절로 풀리지 않기 위해서는 $\rho \geq \alpha$의 조건이 필요하다.

$\rho = \alpha$의 경우 효율은 0.5 이하가 된다.

문제 4. 토글 클램프의 기본적인 특징은 무엇인가?

해설 토글 클램프는 주로 용접 지그나 조립 지그 등에 많이 사용되며 공유압을 이용한 자동화 지그의 기본이 된다. 이 작업은 주로 스프링에 의한 링크에 의해 작동되며 편심 클램프와 같은 원리에 기반을 두고 있으며 4가지의 기본적인 형태로 작동한다. 즉, 하향 누름형, 끌어당김형, 압착형, 직선 운동형이 있다.

토글 클램프(Toggle Clamp)의 장점은 고정력이 작용력에 비해 매우 크다는 것이다. 작동은 레버와 세 개의 피벗에 의해 움직인다.

문제 5. 치공구에 사용하는 클램프의 종류를 설명하시오.

해설 ① 스트랩 클램프(strap clamp)

② 나사 클램프(screw clamp)

③ 캠 클램프(cam clamp)

④ 쐐기 클램프(wedge clamp)

⑤ 토글 클램프(toggle clamp)

⑥ 동력에 의한 클램핑

문제 6. 쐐기형 클램프 설계시 주의 사항을 설명하시오.

해설 ① 쐐기 각도는 5° 또는 1/10의 경사가 좋다.(7°가 가장 좋다.)

② 재질은 공구강(STC)으로서, 내마모성과 취성을 주기 위하여 경화처리한다.

③ 빼내는 방향에는 작용 응력을 주지 않는다.

④ 박아 넣을 때는 공작물의 미끄럼 멈춤이 필요하다.

연습문제

1. 클램프에 대한 설명이 아닌 것은?

㉮ 클램핑력은 절삭력의 반대방향에서 작용하도록 한다.

㉯ 클램핑력에 의해 공작물 변형이 생기지 말아야 한다.

㉰ 절삭 추력을 흡수할수록 유리하다.

㉱ 공작물의 절삭위치에 가급적 근접시킨다.

해설 • 절삭력은 클램프가 위치한 방향으로 작용하지 않도록 한다.
• 절삭력의 반대편에 고정력을 배치하지 않도록 한다.

2. 다음 중 치공구에 사용되는 클램프의 기본 요구 조건이 아닌 것은?

㉮ 클램프는 공작물에 손상을 끼치지 말아야 한다.

㉯ 진동, 흔들림에 충분히 견딜 수 있어야 한다.

㉰ 가격이 저렴하고 내마모성이 큰 재료이여야만 한다.

㉱ 절삭시 공작물을 견고히 고정해야 한다.

해설 내마모성이 적어야 한다.

3. 클램프의 설계조건이 아닌 것은?

㉮ 가능한 타 공구의 보조 없이 사용 가능할 것

㉯ 안전, 신속하게 작동할 수 있을 것

㉰ 클램프 쪽으로 절삭력이 작용하도록 할 것

㉱ 중탄소강을 가급적 사용할 것

4. 치공구에 사용되는 클램프(clamp)의 기본 요구조건이 아닌 것은?

㉮ 공작물이 변형이 발생되지 않아야 한다.

㉯ 공작물에 발생되는 모든 힘을 받을 수 있어야 한다.

㉰ 공작물에 손상이 없어야 한다.

㉱ 간단한 클램프는 복잡한 클램프보다 이상적이지 못하다.

해설 클램프는 간단한 것이 좋다.

정답 1.㉮ 2.㉰ 3.㉰ 4.㉱

5. 클램핑 장치에 칩이 붙을 때는 클램핑력이 불안전하게 된다. 그 대책이 아닌 것은?

㉮ 위치결정면 부분을 넓은 면적으로 한다.

㉯ 칩의 비산 방향에 클램프를 설치하지 않는다.

㉰ 볼트, 스프링, 록 와셔 등을 이용하여 항상 밀착하게 한다.

㉱ 클램핑 면은 수직면으로 한다.

해설 위치결정면 부분을 좁은 면적으로 한다.

6. 클램프 설계시 좋은 방법이 아닌 것은?

㉮ 가공면에 클램프가 설치될 경우 간접적인 클램프 방법이 좋다.

㉯ 공구에 의해 가해진 힘과 반대방향이 되도록 설치한다.

㉰ 변형 우려가 있을 때는 여러 개의 클램프를 써서 힘을 분산한다.

㉱ 위치결정면은 클램프 반대조건에 설치한다.

7. 클램프 설계시 고려해야 할 사항 중 틀린 것은?

㉮ 교환이 가능할 것

㉯ 장착, 장탈이 용이할 것

㉰ 대형 공작물은 지그나 고정구 모두 무겁게 할 것

㉱ 절삭력에 대한 충분한 강성을 가질 것

해설 대형 공작물은 치공구를 가볍게 설계한다.

8. 다음 사항 중 클램핑 장치(Clamping Device)의 특징 중 틀린 것은?

㉮ 고 연성 재료로 제작된다.
㉯ 접촉면은 내마모성을 가져야 한다.

㉰ 공작물을 꺼내기 위한 공간을 마련한다.
㉱ 신속하게 작동하도록 설계한다.

9. 절삭력에 견딜 수 있도록 장착과 장탈작업을 간단히 할 수 있게 설계하는 것은?

㉮ 체결기구(Clamp)
㉯ 핀(Pin)

㉰ 부시(Bush)
㉱ 고정구(Fixture)

10. 다음 중 나사를 사용하지 않는 클램프의 종류는?

㉮ 슬라이딩 클램프
㉯ 스윙 클램프

㉰ 힌지 클램프
㉱ 토글 클램프

11. Clamp 면이 넓고 고정력이 작업력보다 큰 것은?

㉮ strap
㉯ 토글 클램프

㉰ spring
㉱ wedge

정답 5.㉮ 6.㉯ 7.㉰ 8.㉮ 9.㉮ 10.㉱ 11.㉮

12. 다음 중 공작물의 수량이 적고 가장 값싸게 적용될수 있는 고정구 요소로서 클램프 형식으로 맞는 것은?

㉮ 나사식
㉯ 토글식
㉰ 캠식
㉱ 공기압식

13. 나사 클램프(Screw Clamp)의 설명이 아닌 것은?

㉮ 일반적으로 가장 많이 사용한다.
㉯ 적절한 체결력이 발생한다.
㉰ 체결 동작이 느리다.
㉱ 진동에 의한 영향이 적다.

해설 나사 클램프는 진동에 약하므로 풀리지 않도록 가는 나사로 설계하는 것이 좋다.

14. 설계가 간단하고 제작비가 저렴하나 작업속도가 느린 클램프의 종류는?

㉮ 스트랩 클램프
㉯ 쐐기 클램프
㉰ 캠 클램프
㉱ 나사 클램프

15. 편심축이나 원통형 표면의 홈부에 캠을 끼워 신속하고 정확한 고정을 위한 클램프의 종류는?

㉮ 편심 캠 (Eccentric Cam)
㉯ 스파이럴 캠(Spiral Cam)
㉰ 원통형 캠(Cylinderical Cam)
㉱ 쐐기(Wedge)

16. 구조가 간단하고 작은 5~20°의 작동으로 큰 고정력을 얻을 수 있으므로, 자동화에 많이 이용되는 클램프 방식으로 맞는 것은?

㉮ 나선형 캠 클램프
㉯ 스트랩 클램프
㉰ 토글 클램프
㉱ 편심 판형 클램프

17. 용접공정구나 지그에 가장 많이 사용하는 클램프의 종류는?

㉮ 토글 클램프
㉯ 나사 클램프
㉰ 스트랩 클램프
㉱ 캠 클램프

18. Toggle Clamp의 설명이 아닌 것은?

㉮ 장착, 장탈이 용이하다.
㉯ 고정력이 좋다
㉰ 쐐기 작용을 이용한 클램프이다.
㉱ 대형 공작물에도 사용한다.

19. 다음 중 링크를 이용한 클램프의 종류는?

㉮ 스트랩
㉯ 힌지
㉰ 캠
㉱ 토글

정답 12.㉮ 13.㉱ 14.㉱ 15.㉰ 16.㉰ 17.㉮ 18.㉱ 19.㉱

20. 레버와 세 개의 피벗(pivot)에 의한 작동으로 클램핑하는 기구는 무엇인가?

㉮ 편심 캠 클램프 ㉯ 스트랩 클램프

㉰ 토글 클램프 ㉱ 스윙 클램프

21. 토글 클램프의 특성 중 틀린 것은?

㉮ 작은 힘을 사용하여 커다란 힘으로 공작물을 조일 수 있다.

㉯ 공작물 장탈시 커다란 공간을 얻을 수 있다.

㉰ 공작물의 공차가 작은 경우에 적합하다.

㉱ 자체의 강도가 약하므로 큰 힘으로 고정하는데는 부적합하다.

22. 쐐기 클램프에서 쐐기가 스스로 미끄러지지 않도록 하기 위한 가장 안전한 각도는 얼마인가?

㉮ 7° ㉯ 10°

㉰ 12° ㉱ 17°

정답 20.㉰ 21.㉰ 22.㉮

제 5 장

치공구 본체

1. 치공구 본체

① 치공구 본체와 치공구에 사용되는 모든 부품과 장치 즉, 위치결정구, 지지구, 클램핑구, 이젝터 등의 기타 보조장치를 수용하고 있으며, 절삭력, 클램핑력 등의 외력에 변형이 발생되지 않고 공작물을 유지할 수 있는 견고한 구조로 만들어져야 한다.

② 치공구 본체와 크기 및 형상을 결정하는 데는 공작물의 크기, 작업내용 등에 의하여 결정되며, 치공구 본체의 공작물의 간격을 적당히 두어 공작물의 장・탈착이 자유롭도록 하고 치공구를 공작기계에 설치, 운반을 할 수 있는 요소가 있어야 하며, 가공 중에 발생되는 칩의 제거가 용이한 구조이어야 한다.

③ 치공구 몸체의 구조는 형태가 다양하다. 강판을 나사에 의하여 조립하여 제작하는 조립형, 강판을 용접에 의하여 제작하는 용접형, 주조 작업에 의하는 주조형이 있다.

④ 본체에 사용되는 재료의 재질은 강철, 주철, 마그네슘, 알루미늄, 합성수지, 목재 등이 사용된다.

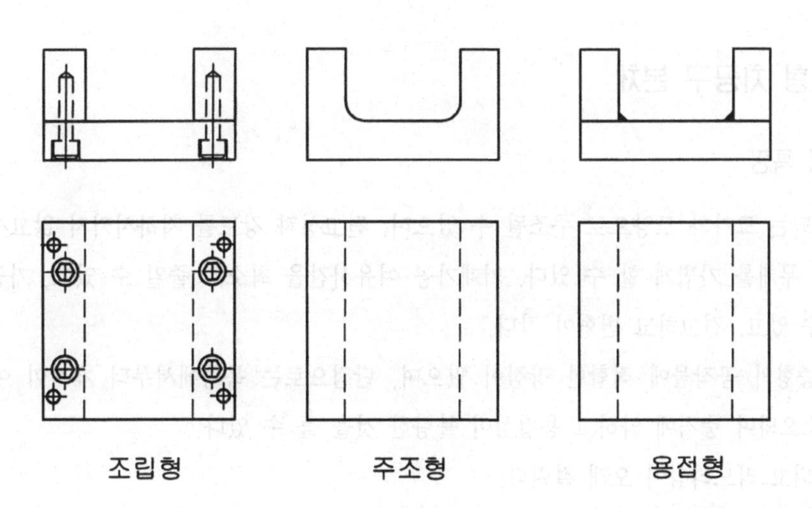

그림 5.1 치공구 본체 종류

1.1 치공구 본체 설계시 고려사항

① 본체는 위치결정구, 지지구, 클램핑 등의 요소들이 설치될 수 있는 충분한 크기로 한다.

② 공작기계, 공구와 같은 외부요인에 의한 간섭을 피할 수 있는 충분한 여유를 주어야 한다.

③ 칩의 배출 및 제거가 용이한 구조로 한다.

④ 공작물의 최종 정도, 치공구의 변형, 가공 오차 등을 고려하여 공작물의 중량, 절삭력, 원심력 또는 열팽창 등에 견딜 수 있는 충분한 강성을 유지할 수 있도록 한다.

⑤ 공작물의 위치결정 및 지지부분이 가능한 한 외부에서 보이도록 설계한다.

⑥ 마모 발생 부위는 내마모성의 정지 패드 등을 설치한다.

⑦ 치공구가 안정되고 취급이 용이하도록 치공구의 특성에 따라 지그다리, 레벨링 또는 버튼 등을 설치한다.

⑧ 취급이 용이하도록 손잡이나 중량물의 경우 아이볼트 등을 설치한다.

⑨ 작업자의 안전을 고려하여 날카로운 모서리는 제거하고 돌출부는 가급적 없어야 한다.

⑩ 절삭유가 바닥이나 기계에 흘러넘치지 않도록 하며 칩이 쌓이는 홈은 제거한다.

⑪ 복잡하고 대형인 치공구를 특히 주의하고, 작업자의 피로를 감안하여 치공구의 높이, 각인사항, 색상 등에 관해서도 충분히 고려한다.

⑫ 공작물을 설치하는 강재 지지 판과 핀은 고정용 보조부를 붙인다.

⑬ 공작물과 본체 사이에는 적당한 간격을 두어 공작물의 출입을 자유롭게 한다.

⑭ 치공구를 공작기계에 설치 고정시키기 위한 운반 요소가 있어야 한다.

⑮ 칩의 제거가 쉬운 구조이어야 한다.

2. 치공구 본체의 종류와 특징

2.1 주조형 치공구 본체

1) 주조형 본체의 특징

① 주조형은 요구되는 크기와 모양으로 주조될 수 있으며, 견고성과 강도를 저하시키지 않고서도 본체의 속을 비우게 함으로써 무게를 가볍게 할 수 있다. 기계가공 여유시간을 최소로 줄일 수 있고, 가공성이 양호하며, 진동을 흡수할 수 있고, 견고하고 변형이 작다.

② 주로 소형과 중형의 공작물에 적합한 장점이 있으며, 단점으로는 목형에서부터 제작이 이루어지므로 제작에 많은 시간이 소요되며 충격에 약하고 용접성이 불량한 것을 들 수 있다.

③ 목형비가 추가되고 리드타임이 오래 걸린다.

④ 주조용으로 사용되는 재료는 주철, 알루미늄, 주물수지 등이 있으며, 주조형의 본체를 설계할 경우에는 벽두께의 하한치를 잘 결정하여야 용융 금속이 형틀 내에서 완전한 주형이 형성될 수 있다.

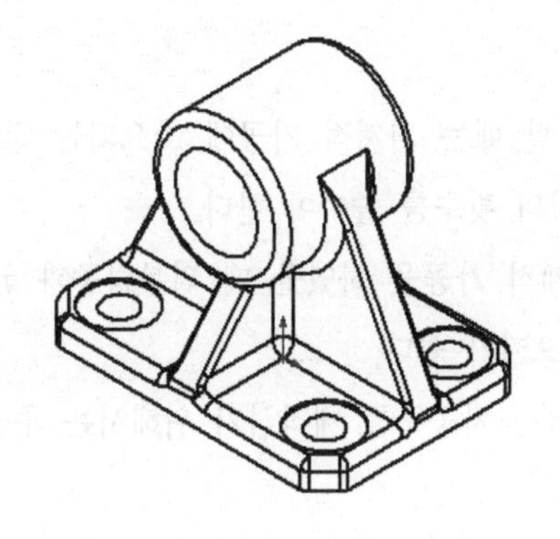

그림 5.2 주조형 본체의 보기

2) 주조형 본체의 치수 결정법

① 금속의 자유유동조건은 주조형 본체 벽두께의 하한치를 결정하는데 있어서 중요한 요소가 된다. 벽의 두께가 그 하한치보다 적게 되면 용융 금속으로부터 열 손실이 과다하게 되므로 형틀 내에서 완전한 주형이 형성되지 않는다. 또한 하한치를 결정하는 또다른 요소는 금속의 유동길이, 즉 주형의 크기이며 그 하한치는 해석적인 방법보다 주로 경험식들에 의해 결정된다. 널리 사용되는 하한치는 다음과 같다.

보통 크기의 주형 : 10~13mm
소형의 주형 : 6~10mm
극소형의 주형 : 3mm

② 주물의 균일한 수축이라는 조건은 이론적으로는 두께가 일정한 주형제작을 의미하나, 실제적으로는 약간 적은 경우가 적합하다. 그러나 주형으로의 열전달이 많아 응고속도가 빠른 주물부품은 전체적으로 두께가 완전히 균일한 주형을 제작할 필요는 없다.

③ 주물 자체의 응력 집중에 의한 균열을 피하기 위해 내・외부 구석에 라운드처리를 하여야 하며, 특히 내부구석의 라운드는 외부구석의 라운드보다 더 중요한 의미를 갖는다. 라운드 반경(r)은 벽두께의 치수에 의해 그 하한치를 다음 수식에서 구할 수 있다.

내부구석 라운드 반경 = 0.5t~1.0t
외부구석 라운드 반경 = 0.18t~0.2t

④ 주조형 치공구의 주요 치수들을 계산에 의해 결정하기 위해서는 외부 부하하중, 체결력, 반동력 등을 고려해야 한다.

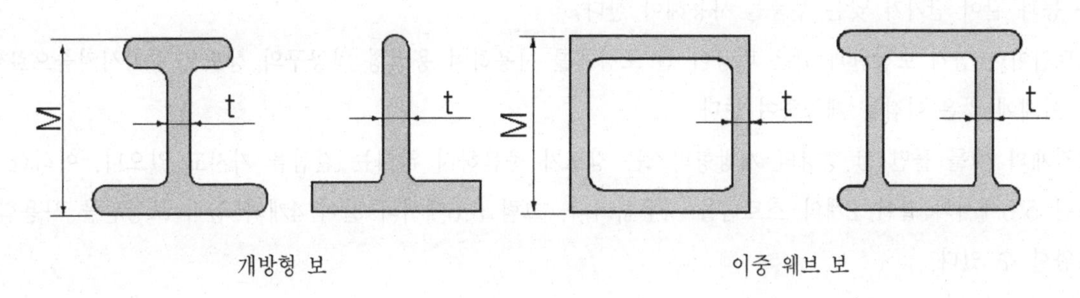

그림 5.3 보의 치수

3) 기계가공이 주물에 미치는 영향

① 치공구 본체를 주조형으로서 제작할 때는 기계적 가공에 소요되는 경비와 주물의 표면부분이 가지는 특수한 강도를 고려하여 기계적 가공 공정의 횟수를 줄여야 한다.

② 불안전한 상태에 있는 주물에 기계적 가공을 하였을 때 외부하중과 균형을 이루고 있던 금속의 일부분이 제거됨에 따라 그 주물은 변형을 일으키기 쉽다.

③ 공작물을 정확하게 고정시킬 수 있는 치공구를 제작하기 위해서는 주물의 조직 표준화, 풀림 및 응력제거 작업의 공정이 필요하다.

2.2 용접형 치공구 본체

1) 용접형 본체의 특징

① 용접형은 일반적으로 강철, 알루미늄, 마그네슘 등으로 제작된다.

② 몸체의 형태 변경이 용이하며, 고강도이고, 제작시간의 단축으로 인한 비용 절감, 무게를 가볍게 할 수 있는 등의 다양성이 있는 이점이 있으며 중형이나 대형에 적합하다. 또한 가장 많이 사용되는 형태이다.

③ 단점 : 용접에 의하여 발생되는 열변형을 제거하기 위하여, 풀림, 불림, 샌드 블라스트 등의 내부 응력을 제거하는 제2차 작업이 필요하게 된다.

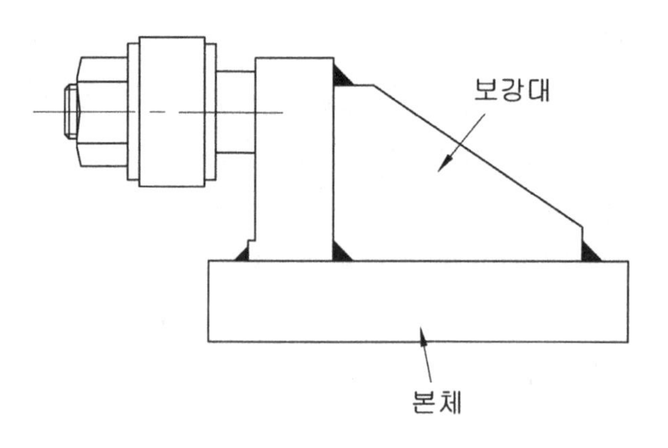

그림 5.4 용접형 본체

2) 용접형 본체의 설계 원칙

① 치공구 본체를 설계할 때 용접형은 경제적인 면을 고려하여 가능한 곡면형상을 피하고 직선형 판재, 스트립, 봉 등과 같이 단가가 낮은 부품을 사용해야 한다.

② 스트립이나 삼각 보강판과 같은 비용이 싼 보강재를 사용하여 용접형 치공구의 강도를 증가시켜줌으로써 용접형 설계에 많은 이점을 제공하여 준다.

② 보강재의 예를 들면 U-형상의 개방형박스는 강도가 충분하지 않다는 결점을 가지고 있으나, 이러한 결점은 그림 5.5에서와 같이 2개의 스트립을 사용하거나, 그림 5.6에서와 같이 4개의 삼각 보강판을 사용함으로써 보완할 수 있다.

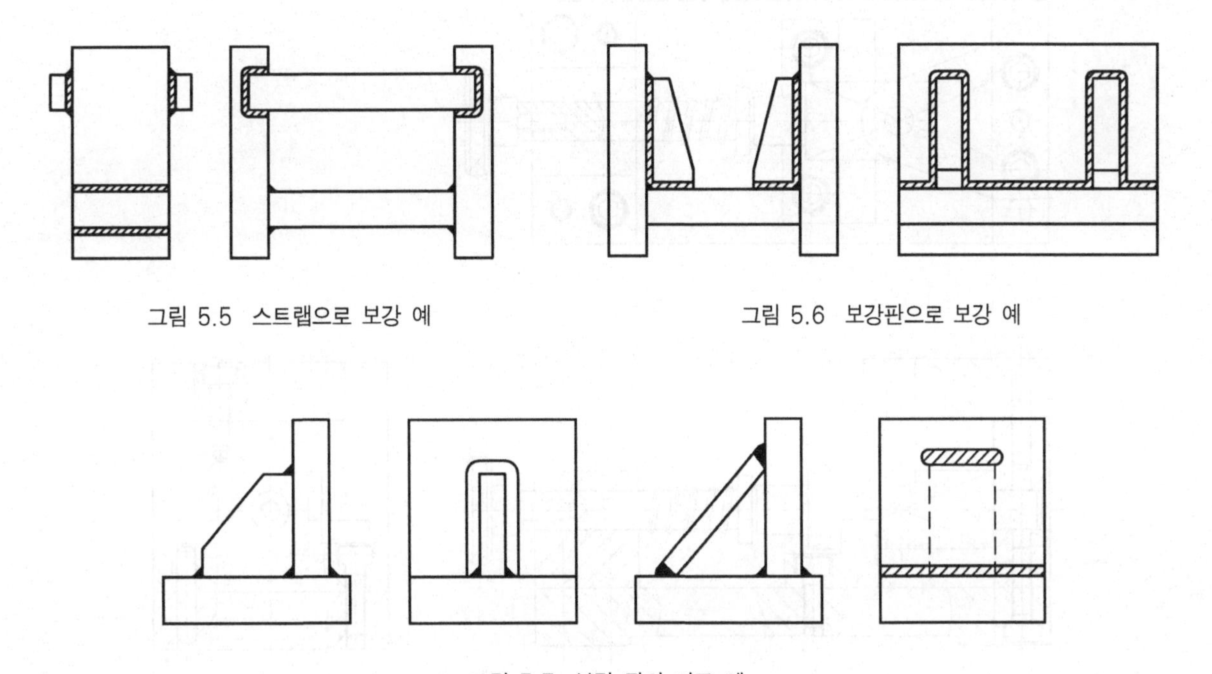

그림 5.5 스트랩으로 보강 예

그림 5.6 보강판으로 보강 예

그림 5.7 보강 판의 비교 예

④ 브라켓을 설계할 때는 그림 5.7에서와 같이 삼각 보강판을 사용하는 것보다 경사 쇠띠를 사용하는 것이 경제적인 면이나 효율적인 면에서 더 유리하다.

⑤ 설계자가 용접형으로 치공구를 설계하면 그 크기에서는 제한을 받지 않는다. 또한 용접 공정 후 구조물의 변형을 방지하기 위하여 치공구는 풀림 또는 불림 등의 열처리 공정과 페인팅 공정을 거쳐야 한다.

⑥ 치공구 설계는 한 본체에서 강도가 서로 다른 부재끼리의 결합을 가능하게 해 준다. 지그의 다리부분은 저급 공구강으로 만들어 열처리한 다음 본체에 용접 결합한다. 이때, 용접 결합 후에 하는 풀림 또는 불림 등의 열처리공정을 거치는 동안 지그 다리부분의 재질은 HRC 약 35에 이르게 되어 내마모성이 우수해지고 기계적 가공의 조건에도 적합해진다.

2.3 조립형 치공구 본체

1) 조립형 본체의 특징

① 조립형 본체는 일반적으로 용접형과 같이 활용도가 높으며, 기계가공이 편리하므로 용이하게 사용되며 강판, 주조품, 알루미늄, 목재 등의 재료를 맞춤핀과 나사에 의하여 조립, 제작된다.

② 조립형의 이점은 설계 및 제작이 용이한 편이며, 수리가 용이하고, 리드타임이 짧으며, 외관이 깨끗하고, 표준화 부품의 재사용이 가능하다.

③ 단점으로는 전체 부품을 가공 및 끼워 맞춤에 의하여 조립이 되므로 제작시간이 길며, 여러 부품이 조립된 관계로 주조형이나 용접형에 비하여 강도가 약하고, 장시간 사용으로 인하여 변형의 가능성이 있다. 비교적 작거나 중형에 적합하다.

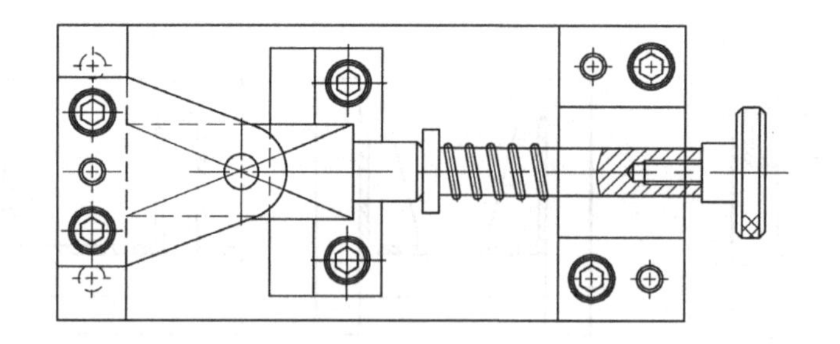

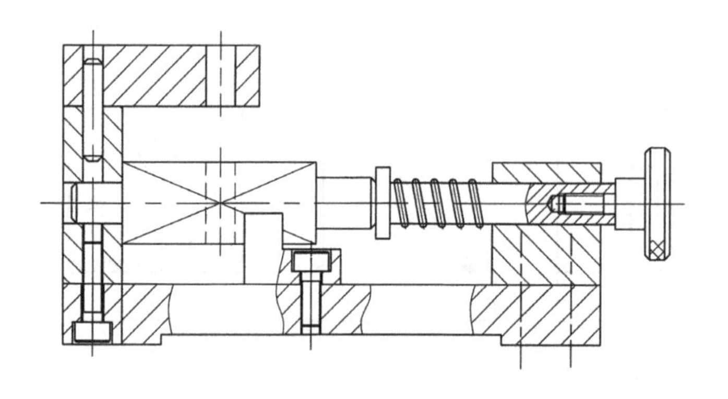

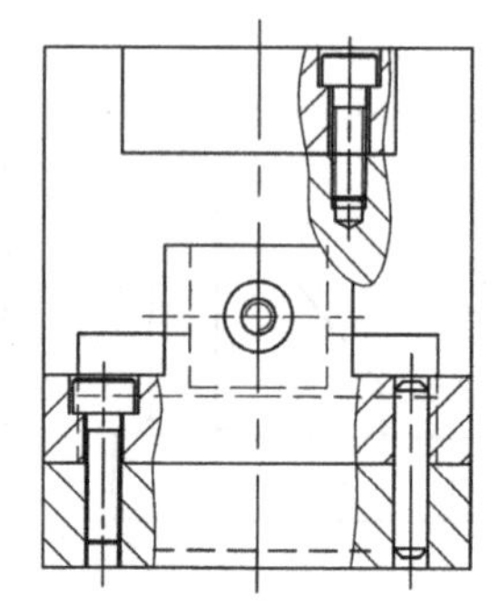

그림 5.8 조립형 본체

2) 조립형 본체의 설계 원칙

① 조립형 치공구 본체는 용접형에서의 열적 문제나 주조형에서의 야금학적 문제 등의 제한을 받지 않기 때문에 설계가 매우 자유롭다.

② 재료로써는 저탄소강에서부터 중탄소강이 사용되나 탄소함량이 너무 낮아지면 표면을 매끈하게 가공하기가 어려워진다.

③ 결합부의 안전성과 강도를 고려한 재료의 두께 결정

㉮ 두께가 주조용을 목적으로 할 때와 같은 치수로 설계되었다면 구성체는 충분한 지지면적을 갖게 되며 그 두께는 체결나사 외경의 2배까지 될 수 있으며 상한한계는 없다.

㉯ 강도를 보강할 필요가 있을 때는 스트랩을 사용한다. 보강 판의 사용은 조립형 구조에서의 두 가지 서로 다른 결합 양상을 보여준다. 조립형 지그에서 채널과 앵글이 필요성이 있을 것이다.

2.4 플라스틱 치공구

① 전자부품관련 분야에서 많이 사용되는 것으로 원칙적으로 주물이나 박판 가공으로 제작하는 플라스틱 치공구는 그 강도가 주철과 대등하거나 약간 적은데, 그러한 강도면에 있어서의 제한 때문에 과대 하중이 걸리지 않는 곳에 사용한다.

② 플라스틱 치공구는 재료의 특성 때문에 중량이 가볍고, 가공 및 가공 후 조작이 쉬우며, 또한 파손되었을 때 적은 경비로 쉽게 수리할 수 있으며, 근본적인 설계의 변경도 용이하다는 장점을 가지고 있다.

2.5 치공구 본체의 소재

① 치공구 본체의 소재를 표준화하며, 제작시간 단축 및 제작비용을 감소시킬 수 있으므로 경제적인 치공구를 제작할 수 있다.

② 일반적으로 사용할 수 있는 표준화된 치공구 재료로는, 정밀 연삭 가공된 판재, 주조된 브라켓, 구조형 강, 주조품 등이 있다. 적당한 크기로 절단한 후 기계 가공하여 사용된다.

㉮ 정밀 연삭된 판재는 저탄소공구강, 경화공구강 등의 재료로서 일정한 규격을 유지한다.

㉯ 주조된 브라켓은 주철, 알루미늄, 주강 등의 재료로서 여러 가지 형상으로 제작된다.

㉰ 구조형 형강의 형상은 I형, U형, 상자형, L형 등의 있다.

3. 맞춤 핀과 그 위치선정

지그와 고정구의 부품들을 정확한 위치에 결합시키기 위해서는 두 개의 맞춤 핀(dowel pin)이 위치결정 보조장치 및 치공구 부품의 복원조립, 트러스트를 받을 때 이동 방지를 위하여 사용된다.

3.1 맞춤 핀의 규격 및 재질

① 맞춤 핀은 테이퍼 핀과 평행 핀을 구별하며, 맞춤 핀의 치수는 회사에 따라 이미 규격화되어 표준품으로 사용되고 있다.

② 표준 맞춤 핀은 쉽게 구매할 수 있다. 취급시 용이하고 안전하게 삽입시키기 위해 안내부 끝에 약 5°~10° 정도의 테이퍼를 부여하고 있으며, 맞춤 핀의 길이는 맞춤 핀 직경의 1.5~2배 정도가 적당하며 원통형과 테이퍼형이 있다.

③ 표준형 테이퍼는 1/48(약 1/50)로 하며 테이퍼 형 맞춤핀은 작은 압력에도 쉽게 풀리므로 자주 분해할 곳에 이용된다.

④ 맞춤 핀의 재질은 탄소강 또는 합금강(STC3, STC5)을 열처리하여 변형 및 파손을 방지하도록 한다.

⑤ 맞춤 핀의 종류

㉮ 직선형

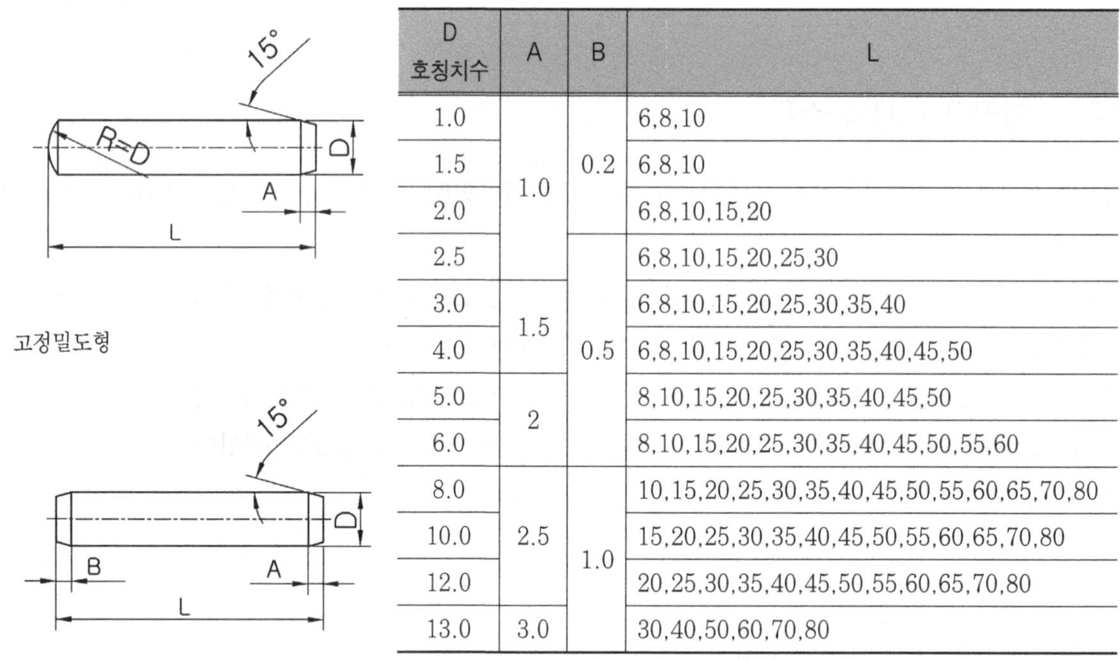

(단위 : mm)

D 호칭치수	A	B	L
1.0	1.0	0.2	6,8,10
1.5			6,8,10
2.0			6,8,10,15,20
2.5		0.5	6,8,10,15,20,25,30
3.0	1.5		6,8,10,15,20,25,30,35,40
4.0			6,8,10,15,20,25,30,35,40,45,50
5.0	2		8,10,15,20,25,30,35,40,45,50
6.0			8,10,15,20,25,30,35,40,45,50,55,60
8.0	2.5	1.0	10,15,20,25,30,35,40,45,50,55,60,65,70,80
10.0			15,20,25,30,35,40,45,50,55,60,65,70,80
12.0			20,25,30,35,40,45,50,55,60,65,70,80
13.0	3.0		30,40,50,60,70,80

그림 5.9 직선형 맞춤 핀

㉯ 계단형 - 낙하방지 및 수정이 편리할 때 사용되는 형상

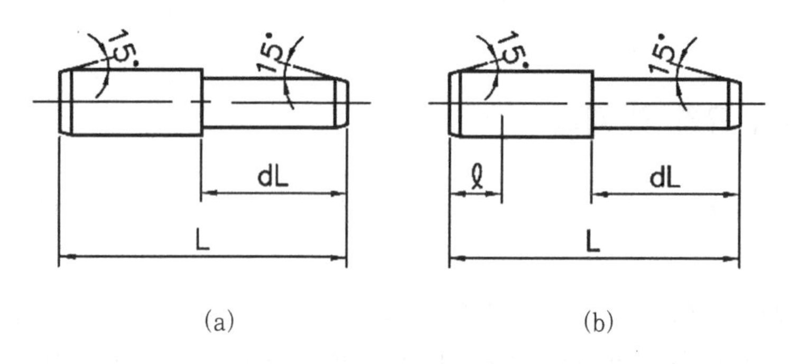

그림 5.10 계단형 맞춤 핀

3.2 맞춤 핀의 공차 및 경도

① 표준 맞춤 핀의 표면 강도는 HRC 60~64, 중심부의 경도는 HRC 50~54 정도이며, 전단 강도는 100~150kg/mm^2 정도이다.

② 직경 공차는 0.003mm이고 표면 거칠기 0.1~0.15㎛이다.

③ 맞춤 핀은 견고하게 압입되도록 중간 끼워 맞춤이 되어야 하므로 치수보다 0.005mm 더 크게 제작하지만, 구멍이 마멸되었거나 잘못되었을 때 보수 작업이 가능하도록 0.025mm 정도 크게 하여 사용된다.

④ 평행 핀의 끼워 맞춤 공차는 m6, 또는 h7이며 테이퍼 핀은 작은 쪽의 지름 공차로 하여 중간 끼워 맞춤이 되어야 한다.

3.3 맞춤 핀의 사용 방법

① 맞춤 핀으로 위치가 결정된 치공구를 확실하게 결합시키기 위해서 클램핑 나사가 사용되는데, 통상 맞춤 핀의 직경이 클램핑 나사의 직경보다 작다.

② 치공구 도면에서 맞춤 핀의 위치는 구멍중심 선으로 표시하며 그 위치는 치공구 제작자가 임의로 약간 변경할 수도 있다. 위치선정의 정밀도를 높이기 위해서 두 개의 핀은 대각선으로 배치하여야 한다.

③ 그림 5.11은 역방향으로 조립되는 것을 방지하기 위해서 한쪽을 S만큼 편위시킨다.

④ 구멍위치는 치공구의 몸체 끝면으로부터 핀 직경의 1.5~2배만큼 맞물려 삽입되어야 하며, 조립품의 두께가 핀 직경의 4배 이상일 때는 구멍입구를 크게 가공한다.

⑤ 그림 5.12에서와 같이 조립품에서 한 부품이 자주 착탈되어야 할 때는 맞춤핀을 안내형 삽입부시와 함께 사용하는 것이 좋다. 이 때 열처리된 핀과 부시를 사용하면 정밀하고 내마모성이 강하게 결합시킬 수 있다.

⑥ 핀을 제거할 때 작업을 쉽게 하기 위해서 조립품을 완전히 관통하는 구멍을 뚫어야 하나, 설계구조상 막힌 구멍에 억지 끼워 맞춤을 할 때는 구멍의 깊이는 핀의 삽입깊이보다 깊게 파져야 하는데, 먼저 깊은 구멍을 파고서 핀이 들어갈 자리만큼 리밍 작업을 하여야 한다.

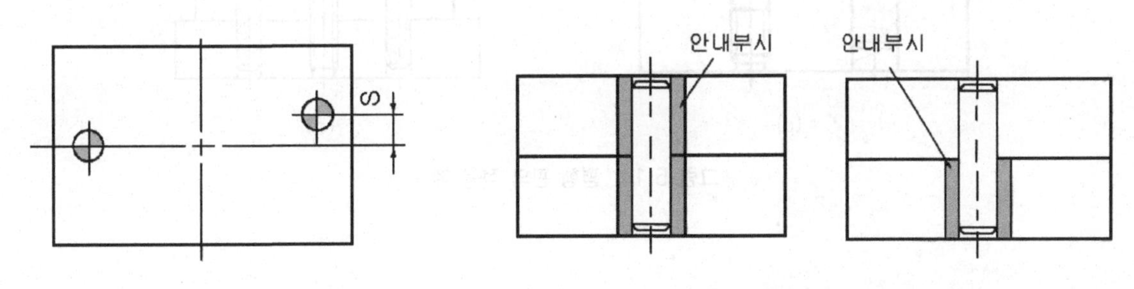

그림 5.11 역 방향 방지 조립

그림 5.12 안내부시를 사용한 맞춤 핀

⑦ 그림 5.13에서와 같이 테이퍼 핀은 주로 다음과 같은 경우에 사용한다. 결합할 부품사이의 미끄럼 방향에 관계없이 하중을 완전하게 받을 때와 테이퍼 핀을 다시 빼낼 수 있도록 할 때는 나사붙이 테이퍼 핀이나 안쪽 나사붙이 테이퍼 핀을 쓸 때도 있다.

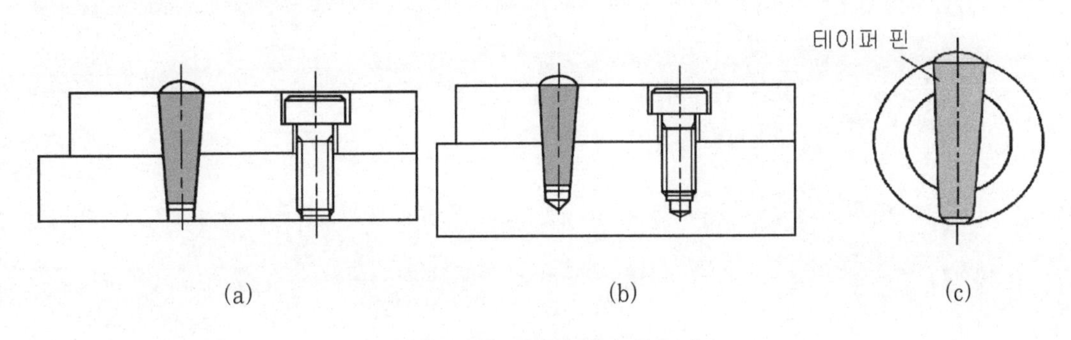

그림 5.13 테이퍼 핀의 적용 예

⑧ 그림 (a), (b)은 두 개의 부품만 서로 고정할 경우이고, 그림 (c)는 컬러나 보스 및 유사한 부품을 축 위에 고정할 때 적용하며 테이퍼 핀을 쓸 경우에 정확하고 강도가 요구되지 않을 때에는 스프링 핀으로 대용할 수 있다. 이때 박아 넣는 구멍은, 드릴 가공에 의한 H12의 공차로 하여, 리머 가공을 하지 않아도 된다.

⑨ 평행 핀은 (그림 5.14)와 같이 주로 일반적으로 간단하게 사용될 때 많이 사용된다.
그림 (a)같이 두 개 이상의 부품을 서로 이동하지 않게 고정시킬 때 사용
그림 (a)처럼 결합하려는 부품 그 중 하나가 담금질되어 있는 경우에 많이 사용
그림 (b)는 하나로 고정할 치공구 부품의 맞춤 핀 구멍에 관통이 안 될 경우에는 바깥쪽 부품에 고정시킨다.
그림 (b), (d)는 맞춤 면에 맞춤 핀 구멍이 수직으로 된 두 개의 다웰 핀이 평행한 경우이다.
그림 (c)와 같이 고정시킬 부품이 얇을 경우는 설치한다.
그림 (d)처럼 핀 멈춤용 한쪽 부품을 교환할 때는 설치하되, 담금질 평행 핀을 사용한다.

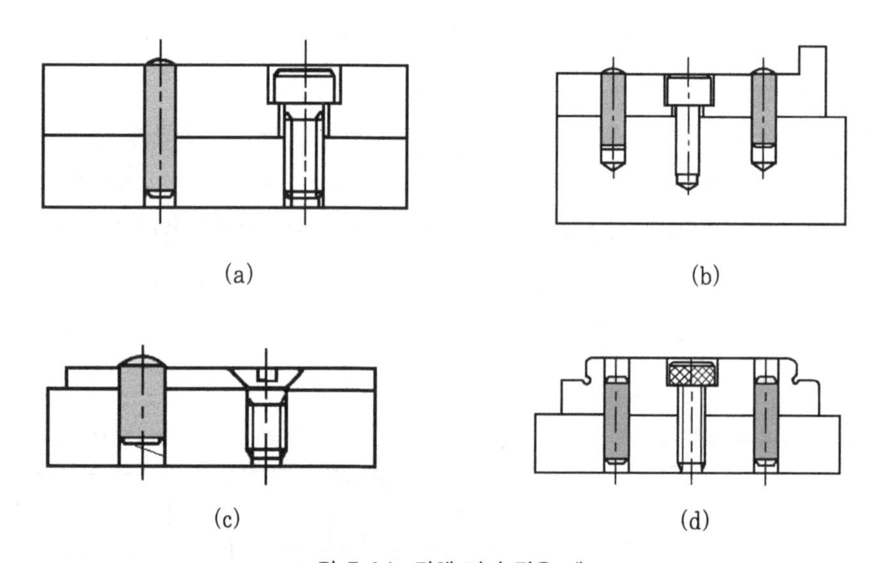

그림 5.14 평행 핀의 적용 예

익힘문제

문제 1. 공구 본체 설계 시 고려사항을 설명하시오.

해설 ① 본체는 위치결정구, 지지구, 클램핑 등의 요소들이 설치될 수 있는 충분한 크기로 한다.

② 공작기계, 공구와 같은 외부요인에 의한 간섭을 피할 수 있는 충분한 여유를 주어야 한다.

③ 칩의 배출 및 제거가 용이한 구조로 한다.

④ 공작물의 최종 정도, 치공구의 변형, 가공 오차 등을 고려하여 공작물의 중량, 절삭력, 원심력 또는 열 팽창 등에 견딜 수 있는 충분한 강성을 유지할 수 있도록 한다.

⑤ 공작물의 위치결정 및 지지부분이 가능한 한 외부에서 보이도록 설계한다.

문제 2. 치공구 본체의 종류와 특징은 무엇인가?

해설 ① 주조형은 요구되는 크기와 모양으로 주조될 수 있으며 견고성과 강도를 저하시키지 않고서도 본체의 속을 비우게 함으로써 무게를 가볍게 할 수 있으며, 기계가공 여유시간을 최소로 줄일 수 있고, 가공성이 양호하며, 진동을 흡수할 수 있고, 견고하고 변형이 작다.

② 용접형은 몸체의 형태 변경이 용이하며, 고강도이고, 제작시간의 단축으로 인한 비용 절감, 무게를 가볍게 할 수 있는 등의 다양성이 있는 이점이 있으며 중형이나 대형에 적합하다. 또한 가장 많이 사용되는 형태이다.

③ 조립형은 설계 및 제작이 용이한 편이며, 수리가 용이하고, 리드타임이 짧으며, 외관이 깨끗하고, 표준화 부품의 재사용이 가능하다.

문제 3. 치공구 본체의 세 가지 설계방식을 비교하시오.

해설 조립형 치공구는 공작물의 크기가 작을 때, 크기가 보통인 공작물의 형상이 단조로울 때, 치공구 제작시간이 한정되어 있을 때 등의 경우에 사용된다. 또한 조립형은 용접형에서와 마찬가지로 규격화된 재료의 사용을 가능하게 해주고 그 재료들을 분해, 재결합함으로써 치공구의 형상 변경이 가능하며 또한 재료의 용도를 변경하여 재 사용할 수도 있다.

주조형 치공구는 이론적으로는 어떤 크기의 공작물이라도 체결할 수 있도록 설계하나 통상 보통 크기의 공작물 체결에 적합하다.

문제 4. 맞춤 핀의 종류, 재질, 경도는?

해설 맞춤 핀은 테이퍼 핀과 평행 핀을 구별하며, 맞춤 핀의 재질은 탄소강 또는 합금강(STC3, STC5)을 열처리하여 변형 및 파손을 방지하도록 한다.

맞춤 핀의 길이는 맞춤 핀 직경의 1.5~2배 정도가 적당하다.

표준 맞춤 핀의 표면 강도는 HRC 60~64, 중심부의 경도는 HRC 50~54 정도이며, 전단 강도는 100~150 kg/mm^2 정도이다.

직경 공차는 0.003mm이고 표면 거칠기 0.1~0.15㎛이다.

문제 5. 치공구 본체로 사용될 수 있는 이미 가공된 소재들의 종류는?

해설 일반적으로 사용할 수 있는 표준화된 치공구 재료로는, 정밀 연삭 가공된 판재, 주조된 브라켓, 구조형 강, 주조품 등이 있다. 적당한 크기로 절단한 후 기계 가공하여 사용된다.

① 정밀 연삭된 판재는 저탄소공구강, 경화공구강 등의 재료로서 일정한 규격을 유지한다.

② 주조된 브라켓은 주철, 알루미늄, 주강 등의 재료로서 여러 가지 형상으로 제작된다.

③ 구조형 형강의 형상은 I형, U형, 상자형, L형 등의 있다.

연습문제

1. 치공구의 본체에 대한 설명이 아닌 것은?

㉮ 주조형 본체는 진동을 흡수하지 못한다.

㉯ 용접형은 현재 가장 많이 사용된다.

㉰ 용접형은 설계시 변형이 있을 때 수정이 가능하다.

㉱ 조립형은 설계가 용이하다.

해설 주조형은 무게를 가볍게 할 수 있고, 가공성이 양호하다. 또한 진동을 흡수할 수 있고, 견고하고 변형이 적다.

2. 치공구 몸체의 주물 제작시 이점으로 옳은 것은?

㉮ 표준화 부품의 재사용이 가능하다.

㉯ 안정성이 높다.

㉰ 수리가 용이하며 리드타임이 짧다.

㉱ 몸체의 형태 변경이 용이하다.

해설 ㉮, ㉰ : 조립형 치공구 본체의 장점

㉱ : 용접형 치공구본체의 장점

3. 치공구 본체의 설계에서 용접형 본체와 비교한 조립형 본체의 장점은?

㉮ 몸체의 형태 변경이 용이하고, 고강도이다.

㉯ 장시간 사용시 변형이 적어 중・대형에 적합하다.

㉰ 수리가 용이하고 표준화 부품의 재사용이 가능하다.

㉱ 제작 시간이 단축되고 무게가 감소된다.

해설 • 용접형 본체의 특징

① 고강도(high strength), 고강성(rigidity)
② 다양성과 설계변경 용이
③ 리드타임이 짧다.
④ 추가가격 포함
⑤ 열변형 제거로 인한 2차가공
⑥ 현재 가장 주로 사용

• 조립형 본체의 특징

① 제작, 설계, 수리 용이
② 리드타임이 용접형에 비해 길다.
③ 강도면에서는 불리
④ 표준화된 부품 사용
⑤ 체결 나사의 이완으로 인한 변형
⑥ 작거나 중형에 적합

정답 1.㉮ 2.㉯ 3.㉰

4. 제작(制作)의 용이성, 설계의 용이, 수리의 용이성과 리드타임 짧은 고정구의 본체는 무엇인가?

㉮ 주조형 ㉯ 플라스틱형

㉰ 조립형 ㉱ 용접형

5. 표준부품 사용 및 분해나 교체가 용이하여 부품의 크기에 상관없이 사용되어 일반적으로 중간정도 크기에 사용하는 고정구 본체는 무엇인가?

㉮ 용접형 ㉯ 주조형

㉰ 조립형 ㉱ 표준형

6. 치공구 본체 중 조립형 공구 본체의 설명이 아닌 것은?

㉮ 설계가 용이 ㉯ 제작이 용이

㉰ 표준화 부품을 사용하기도 한다. ㉱ 주조형보다 강성이 크다.

해설 조립형은 주조형보다 강성이 작다.

7. 고정도 및 고강성으로 리드타임이 가장 긴 고정구 본체는 무엇인가?

㉮ 주조형 ㉯ 조립+게이지

㉰ 조립형 ㉱ 용접형

8. 치공구 본체 중 안정성, 기계운전시간의 절약, 재질의 분포가 양호하고 강성이 크나, 리드 타임(Lead time)이 길어 제조단가가 높은 것은 무엇인가?

㉮ 주조형 ㉯ 조립형

㉰ 용접형 ㉱ 플라스틱형

9. 주조형 지그 본체의 장점에 관한 설명이 아닌 것은?

㉮ 고강도의 구조물을 얻을 수 있다. ㉯ 복잡한 모양의 공작물에 적합하다.

㉰ 다른 지그 본체에 비해 내마모가 매우 크다. ㉱ 균일한 두께의 것을 얻을 수 있다.

해설 주조형은 내마모성이 작다.

10. 가장 많이 사용되며 고강도(高强度, 高剛度)와 다양성 및 설계 변경의 용이성 등의 장점이 있는 치공구의 본체는 무엇인가?

㉮ 용접형 본체 ㉯ 주조형 본체

㉰ 조립형 본체 ㉱ 플라스틱형 본체

정답 4.㉰ 5.㉰ 6.㉱ 7.㉮ 8.㉮ 9.㉰ 10.㉮

11. 다웰핀의 주 기능으로 맞는 것은?

㉮ 부품 조립시 체결력 보완
㉯ 위치 선정
㉰ 부품 분해시 용이
㉱ 가공 후 부품의 이젝팅

12. 공정구 설계시 맞춤 핀(Dowel pin)과 구멍사이의 최소 접촉길이는 구멍 지름의 몇 배 이상으로 적당한가?

㉮ $1\frac{1}{2}$배
㉯ $2\frac{1}{2}$배
㉰ $3\frac{1}{2}$배
㉱ $4\frac{1}{2}$배

13. Taper pin(테이퍼 핀)을 설명한 것은?

㉮ 가는 쪽을 호칭치수로 한다.
㉯ 축 방향으로 위치결정한다.
㉰ Taper는 1/20정도 한다.
㉱ 반영구적인 곳에 주로 사용한다.

14. 위치결정 키 및 기계 테이블에서 사용되는 키(key)의 끼워 맞춤은?

㉮ H7h6
㉯ H7p6
㉰ H7g6
㉱ H7f6

15. 치공구를 주물로 제작할 때 중형주물의 가공여유로 적당한 것은?

㉮ 1~1.5mm
㉯ 2~3mm
㉰ 6~9mm
㉱ 3~6mm

16. 맞춤 핀의 설명이 아닌 것은?

㉮ 통상 2개를 사용한다.
㉯ 볼트의 체결력을 도와준다.
㉰ 세트블록 위치 보증
㉱ 필요한 임의의 위치에 설치한다.

17. 맞춤 핀에 대한 설명이 아닌 것은?

㉮ 부품의 정확한 위치가 흐트러지는 것을 방지하기 위해 사용한다.
㉯ 맞춤핀 구멍의 위치는 가급적 대각선 비대칭으로 설치한다.
㉰ 두 부품의 맞춤 핀 구성은 가능하면 조립 후 동시에 가공한다.
㉱ 맞춤 핀 구멍의 위치는 선대칭으로 설치한다.

해설 맞춤 핀은 되도록 선대칭보다는 대각선 비대칭으로 설치한다.

정답 11.㉯ 12.㉮ 13.㉮ 14.㉮ 15.㉯ 16.㉯ 17.㉱

18. 다음 중 치공구 조립시에 사용되는 맞춤 핀에 대한 설명이 아닌 것은?

㉮ 테이퍼 핀은 분해조립이 필요한 곳에 사용된다.

㉰ 맞춤 핀은 두 부품의 조립시의 위치유지로 사용된다.

㉯ 맞춤 핀은 테이퍼 핀과 분할형핀이 있다.

㉱ 맞춤 핀의 박힘길이는 핀지름에 1.5~2배가 적당하다.

19. 다웰핀에 대한 설명이 아닌 것은?

㉮ 표면경도는 HRC 40정도이다.

㉯ Tooling에 광범위하게 사용된다.

㉰ 사용길이 또는 접촉길이는 통상 핀 직경의 $1\frac{1}{2}$~2배이다.

㉱ 치공구에 사용하는 경우는 조립볼트보다 일반적으로 직경이 약간 작은 것을 선택한다.

정답 18.㉯ 19.㉮

제 6 장

드릴 지그

1. 드릴 지그

1.1 드릴 지그의 3요소

드릴 지그 구성의 3대 요소는 위치결정 장치, 클램프 장치, 공구안내 장치이다.

1) 위치결정 장치

공작물의 위치결정은 절삭력이나, 고정력에 의해 위치의 변위가 없어야 하며 정확하고 안정되게 공작물을 유지시켜야 한다. 위치결정상의 주의할 점은 다음과 같다.

① 공작물의 기준면은 치수나 가공의 기준이 되므로 위치결정면으로 한다.
② 공작물의 밑면 즉, 안정된 면을 위치결정면으로 한다.
③ 절삭력이나 고정력에 의해 공작물의 변위가 생기지 않도록 위치결정한다.
④ 위치결정은 3점 지지를 이용하여 3-2-1 지지법을 기본으로 한다.
⑤ 주조, 단조품 등의 위치결정은 조절될 수 있도록 한다.
⑥ 넓은 면이나, 면의 접촉부는 칩의 배출이 용이하도록 칩 홈을 설치한다.
⑦ 표준부품과 규격품을 사용하여 제작, 조립, 수리 등이 쉽도록 한다.
⑧ 기준면은 오차의 누적을 피하기 위해 일괄 사용하나, 부득이한 경우에는 제2, 제3의 기준면을 선정한다.

2) 클램프(체결) 장치

고정력이 공작물에 따로 작용하여 변위가 발생하거나 칩이나 먼지 등에 의해서 클램핑 상태가 나쁘면 공작물의 정도 및 작업능률에 큰 영향이 있으므로 다음 사항에 유의하여야 한다.

① 클램프 장치는 구조를 간단하고 조작이 쉽도록 한다.
② 절삭력에 의해 변위 발생이 없도록 클램핑력이 충분하도록 한다.
③ 절삭방향에 따라 위치결정면과 클램프 방법을 선택하도록 한다.

④ 다수 공작물을 클램프하는 경우 클램핑력이 일정하게 작용하도록 한다.
⑤ 가능하면 표준부품을 사용한다.

3) 공구의 안내

드릴 지그의 공구를 안내하는 요소로는 부시가 있다. 부시는 드릴을 정확한 위치로 안내하고 정해진 구멍을 가공할 때 필요하다. 부시는 본체와 억지 끼워 맞춤이 되어야 하고 마모가 심하므로 열처리를 강화하여 사용한다. 지그를 사용하여 구멍을 가공할 때 오차의 발생 원인은 다음과 같다.

① 지그 자체 구멍의 오차와 중심거리의 오차
② 부시의 편심에 의한 오차와 구멍의 기울기에 의한 오차
③ 고정부시와 삽입부시의 틈새 오차와 안, 밖 지름의 편심 오차
④ 공작물 가공 면과 부시와의 거리에 의한 오차
⑤ 공작물 체결과 절삭력 등에 의한 변형으로 생기는 오차
⑥ 공작물의 내부결함과 칩, 먼지 등의 외부요인에 의한 오차

2. 드릴 지그 부시

드릴 지그로 공작물을 가공할 때 지그 본체에 부시를 사용하지 않고 공구를 안내하면 공구와 칩의 마찰로 인해 본체의 수명이 단축된다. 이러한 현상을 막기 위하여 내마모성이 강한 재료를 열처리 강화하여 부시로 사용하므로 정확한 공구의 안내와 특수한 작업을 쉽게 할 수 있다.

2.1 부시의 종류와 사용법

부시는 드릴, 리머, 카운터 보어 등의 절삭공구의 정확한 위치결정 및 안내를 하기 위하여 사용되는 것으로, 복잡한 작업을 쉽고 정밀하게 수행할 수 있다.

1) 고정 부시(pressfit bushing)

① 드릴 지그에서 일반적으로 많이 사용되는 부시이다.
② 그림 6.1은 부시의 종류로 플랜지가 부착된 것과 없는 것이 있다.
플랜지가 부착된 부시는 윗면을 위치결정면으로 하여 드릴의 절삭 깊이를 제한하는 경우에 사용한다. 플랜지가 없는 부시(민머리 부시)는 상단과 하단이 지그 판과 동일면 상에 위치하게 한다.
③ 부시의 입구는 공구의 삽입이 용이하도록 직경을 크게 하거나 둥글게 가공한다.
④ 부시의 고정은 억지 끼워 맞춤으로 압입하여 사용한다.
⑤ 고정 부시는 지그판에 직접 압입되므로 반복해서 교환할 경우 정밀도를 해치게 된다.

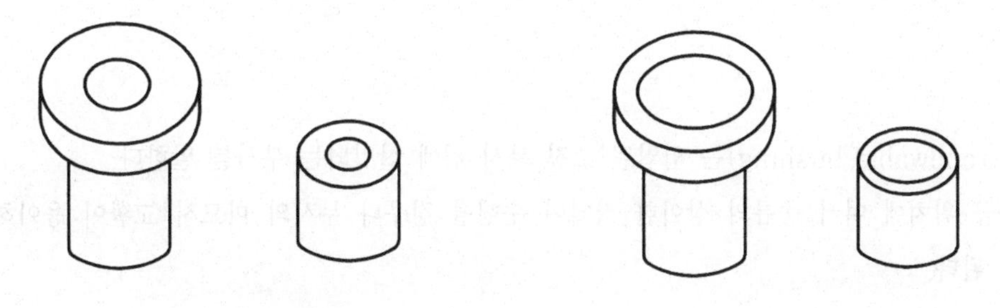

그림 6.1 고정 부시　　　　　　　　　　그림 6.2 라이너 부시

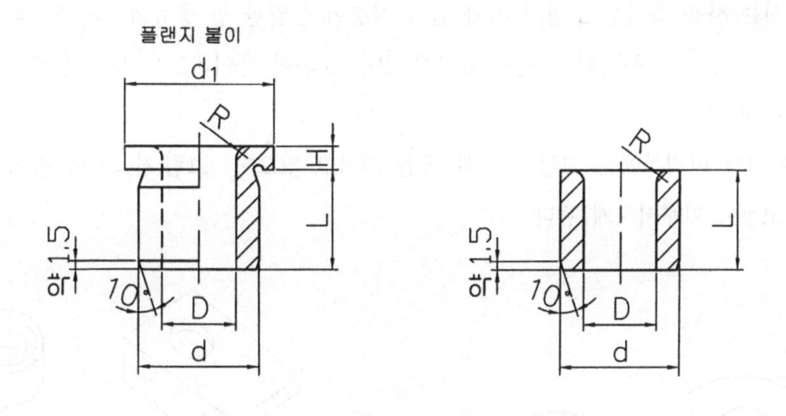

표 6.1 고정 부시의 치수

D	d	d_1	R	H	L									
2이하	5	9	1	2.5	8	10	12	-	-	-	-	-	-	-
2초과 3이하	7	11	1	2.5	8	10	12	-	-	-	-	-	-	-
3초과 4이하	8	12	1	3	-	10	12	16	-	-	-	-	-	-
4초과 6이하	10	14	1	3	-	10	12	16	-	-	-	-	-	-
6초과 8이하	12	16	2	4	-	-	12	16	20	-	-	-	-	-
8초과 10이하	15	19	2	4	-	-	12	16	20	-	-	-	-	-
10초과 12이하	18	22	2	4	-	-	-	16	20	25	-	-	-	-
12초과 15이하	22	26	2	5	-	-	-	16	20	25	-	-	-	-
15초과 18이하	26	30	2	5	-	-	-	-	20	25	30	-	-	-
18초과 22이하	30	35	3	6	-	-	-	-	20	25	30	-	-	-
22초과 26이하	35	40	3	6	-	-	-	-	-	25	30	35		-
26초과 30이하	42	47	3	6	-	-	-	-	-	25	30	35		-
30초과 35이하	48	55	4	8	-	-	-	-	-	-	30	35	45	-
35초과 42이하	55	62	4	8	-	-	-	-	-	-	30	35	45	-
42초과 48이하	62	69	4	8	-	-	-	-	-	-	-	35	45	55
48초과 55이하	70	77	4	8	-	-	-	-	-	-	-	35	45	55

비고 : 1. 필요한 경우에는 구멍의 한쪽 끝에 둥글기를 붙여도 좋다.
2. 삽입 부시의 안내로써는 플랜지가 없는 고정 부시를 사용하고, 플랜지 붙이 고정 부시는 사용하지 않는다.

2) 삽입 부시

① 삽입 부시(renewable bushing)는 압입된 고정 부시 위에 삽입되는 부시를 말한다.

② 동일한 가공 위치에 여러 종류의 상이한 작업이 수행될 경우나 부시의 마모시 교환이 용이하도록 하기 위하여 사용이 된다.

(1) 고정형 삽입 부시(fixed renewable bushing)

① 고정형 삽입 부시는 사용 목적상 고정 부시와 같이 직경이 동일한 한 종류의 가공이 장시간 이루어지거나, 또는 장시간 사용으로 인하여 부시의 교환이 요구될 경우 교환이 용이하도록 되어 있으며, 부시를 교환하면 다른 작업도 가능하게 된다.

② 그림 6.3처럼 부시의 머리부에는 고정을 위한 홈을 가지고 있으며, 그림 6.4처럼 홈에 조립이 되는 잠금 클램프에 의하여 고정이 이루어지게 된다.

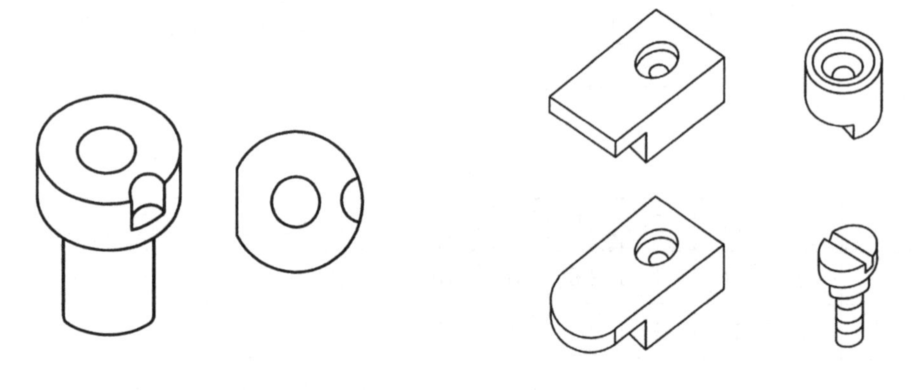

그림 6.3 고정 삽입 부시　　　그림 6.4 고정 삽입 부시의 잠금장치

(2) 회전형 삽입 부시(slip renewable bushing)

① 회전형 삽입 부시는 하나의 가공 위치에 여러 가지의 작업이 이루어질 경우, 내경의 크기가 서로 다른 부시를 교대로 삽입하여 작업을 하게 된다.

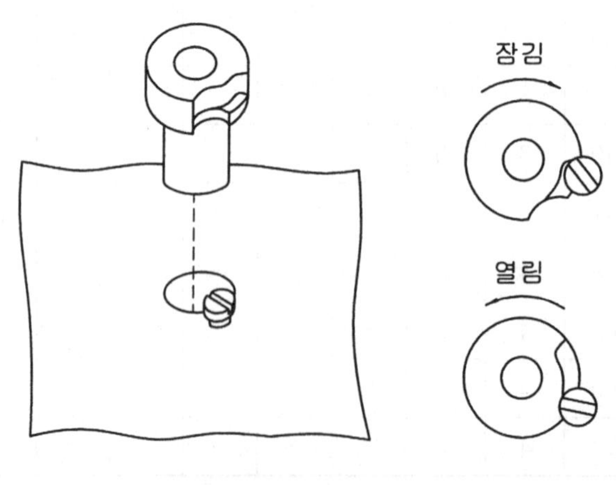

그림 6.5 회전 삽입 부시

② 예를 들면 드릴링이 이루어진 후 리밍, 태핑, 카운트 보링 등의 연속작업이 요구되는 경우에 적합하며, 그림 6.5처럼 부시의 머리부는 제거가 용이하도록 널링이 되어 있고 고정을 위한 홈을 가지고 있다.

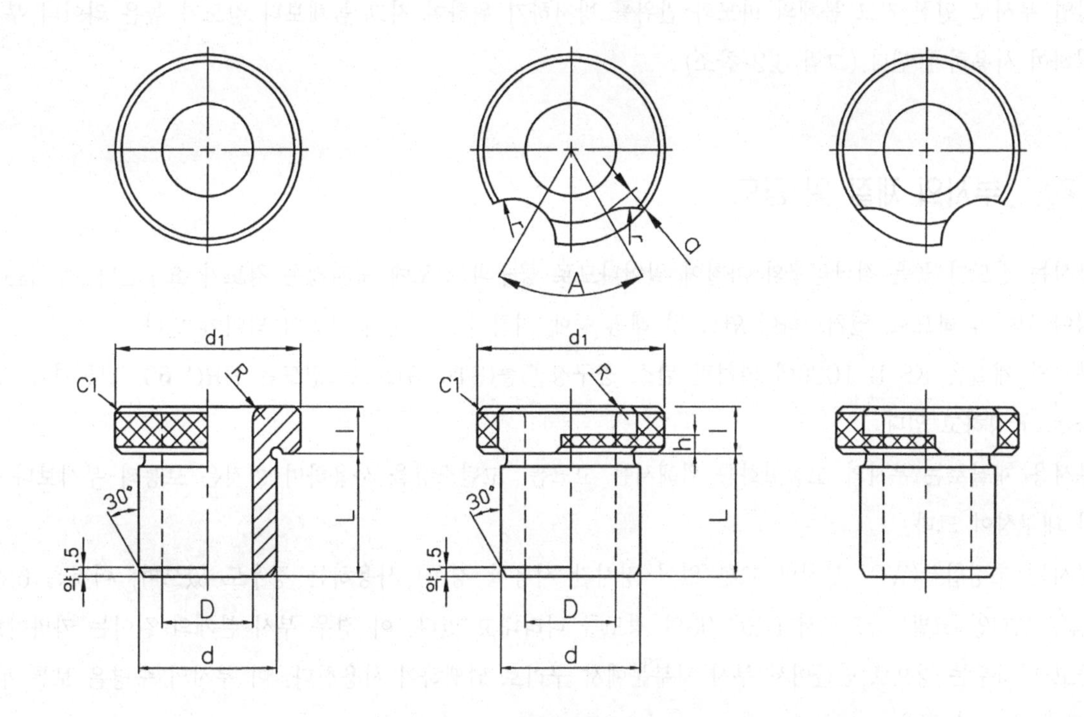

표 6.2 삽입 부시의 치수

D	d	d_1	a	l	h	R	r	A	L						
4이하	8	16	3	8	3.5	1	7	60°	12	16	-	-	-	-	-
4초과 6이하	10	19	3	8	3.5	1	7	60°	12	16	-	-	-	-	-
6초과 8이하	12	22	3	8	3.5	2	7	60°	-	16	20	-	-	-	-
8초과 10이하	15	26	3	9	3.5	2	7	60°	-	16	20	-	-	-	-
10초과 12이하	18	30	3	9	3.5	2	7	45°	-	-	20	25	-	-	-
12초과 15이하	22	35	4	12	5	2	9	45°	-	-	20	25	-	-	-
15초과 18이하	26	40	4	12	5	2	9	45°	-	-	-	25	30	-	-
18초과 22이하	30	47	4	12	5	3	9	40°	-	-	-	25	30	-	-
22초과 26이하	35	55	5	15	6	3	10	40°	-	-	-	-	30	35	-
26초과 30이하	42	62	5	15	6	3	10	35°	-	-	-	-	30	35	-
30초과 35이하	48	69	5	15	6	4	10	35°	-	-	-	-	-	35	45
35초과 42이하	55	77	5	15	6	4	10	35°	-	-	-	-	-	35	45

비고 : 필요한 경우에는 구멍의 한쪽 끝에 둥글기를 붙여도 좋다.

(3) 라이너 부시(liner bushing)

① 라이너 부시는 삽입 또는 고정 부시를 설치하기 위하여 지그 몸체에 압입되어 고정되는 부시를 말한다.

② 삽입 부시로 인한 지그 몸체의 마모와 변위를 방지하기 위하여 지그 몸체보다 강도가 높은 라이너 부시를 조립하여 사용하게 된다.(그림 6.2 참조)

2.2 부시의 재질 및 경도

① 부시는 경도가 높은 절삭공구와 마찰이 일어나므로 공구의 경도에 못지않은 경도가 요구된다. 부시는 내마모성이 있어야 하므로, 열처리하여 연삭 및 래핑 등에 의하여 정밀하게 가공이 되어야 한다.

② 부시의 재질은 KS B 1030에 의하면 탄소 공구강 5종(STC 5)으로, 경도는 HRC 60, 원통면의 거칠기는 3S로 규정하고 있다.

③ 부시용 재질로는 부시의 고품질화를 위해서는 고크롬, 고탄소강을 사용하며 이것은 보통의 부시보다 5~6배나 내구성이 크다.

④ 부시는 초경합금(WC, 부시의 교환 없이 장시간 사용할 경우) 사용하는 경우도 있으며, 이것은 6% Co와 94% WC인 코발트급으로서 HRC 90의 경도를 나타내고 있다. 이 경우 부시 본체의 길이는 카바이드로 만들고 머리부는 강으로 만들어서 부시 윗부분에서 구리로 납땜하여 사용한다. 이 부시의 수명은 보통 부시보다 50배 정도 더 높다.

⑤ 절삭공구를 안내하기 위한 부시를 주철로 제작하여 내부만 열처리하여 사용하고 있으며, 이때에는 반드시 절삭 공구의 날이 부시와 접촉되지 않는 경우이다.

2.3 드릴 부시의 설치 방법

① 드릴 부시는 본체와 수직으로 정확하게 설치가 되어야 정밀도를 높일 수 있다.

② 드릴 부시는 일반적인 경우 압입되며, 압입되는 과정에서 내경의 변화가 발생할 수 있으므로 정밀도가 떨어지고, 그로 인하여 공구가 파손되는 경우도 있다.

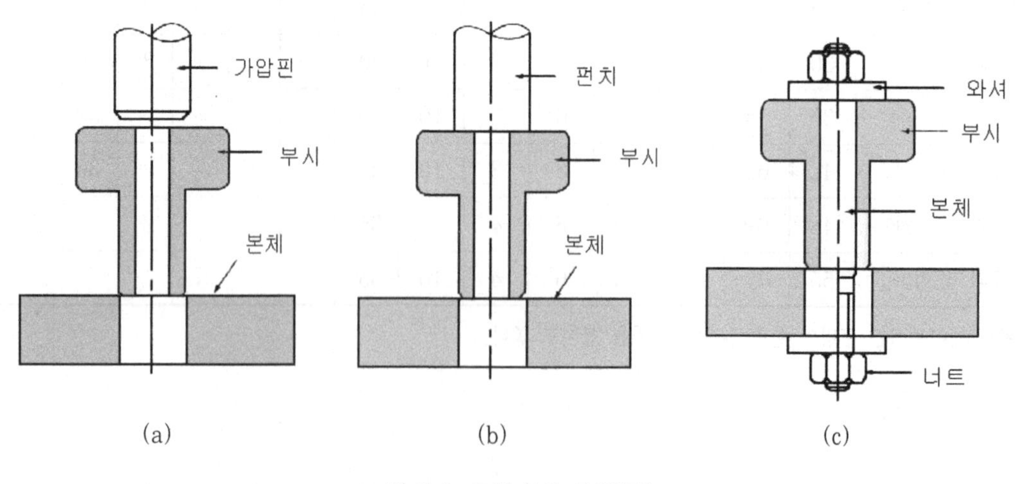

그림 6.6 드릴 부시 설치방법

③ 부시의 올바른 설치 방법은 부시의 외경과 본체의 내경 치수가 기준치수로 가공이 되어야 하며, 조립시에는 수직이 유지되도록 프레스 등에 의하여 정확한 압입이 이루어져야 한다.

④ 그림 6.6의 (c)는 볼트와 너트를 이용하여 제작된 부시 설치용 기구로서, 프레스에 의하여 설치가 어려울 경우는 간단하면서도 정확하게 설치할 수 있는 기구의 예이다.

2.4 지그 판

① 지그 판(jig plate)은 드릴 부시를 고정하고 위치를 결정해 주는 드릴 지그의 요소이다.

② 지그 판의 두께는 부시의 길이와 동일하고 절삭공구를 안내하는데 충분한 길이로 하면 된다.

③ 보통 드릴 지그의 판은 드릴 지름의 1~2배 사이의 두께이면 부정확성을 방지하는데 충분하다.

④ 그림 6.7과 같이 부시의 지그 판 두께는 모든 절삭력을 쉽게 견딜 수 있어야 하며, 공구의 정밀도를 유지해야 한다.

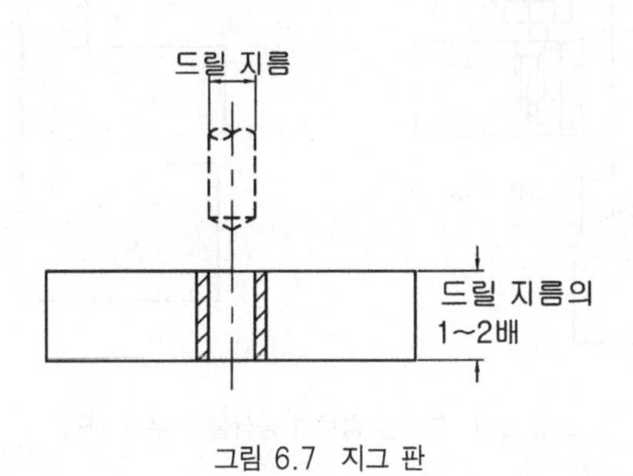

그림 6.7 지그 판

2.5 공작물과 부시와의 간격

① 단단한 공작물의 칩은 그림 6.8의 (a)와 같이 높은 정밀도를 요구하는 구멍 가공에는 밀착시키는 경우도 있지만, 드릴의 홈을 따라 배출시키면 부시의 내면이 쉽게 마모되어 정밀도가 빨리 떨어지므로 보통 드릴에서는 칩 제거 및 냉각제의 급유 관계 등의 어려운 점이 많이 있다.

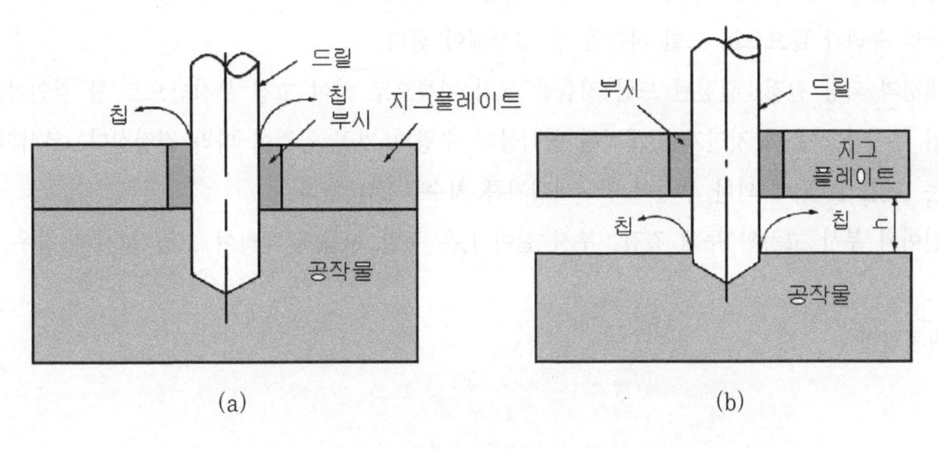

그림 6.8 공작물과 부시와의 간격

② (b)와 같이 h정도의 간격을 주어 옆으로 배출시키는 것이 바람직하다.

③ 보통 공작물과 부시의 간격 h는 주물의 칩과 같이 연속되지 않고 부서지기 쉬운 것은 드릴 지름의 1/2정도로 한다. 그러나 구멍 깊이가 깊은 것은 칩이 많이 발생하므로 간격 h는 조금 넓혀줄 필요가 있다.

④ 일반강의 유동형 칩이 연속적으로 나오는 경우는 최소 간격을 보통 드릴 지름과 동일하게, 부시 안지름과 같게 즉, 부시 안지름의 1배 정도로 한다.

⑤ 보통 드릴 지그의 판은 드릴 지름의 1~2배 사이의 두께이다.

⑥ 정밀도가 요구될 때나 다음 공정에서의 정밀도가 필요할 때 또는 경사진 표면이나 곡면에 구멍을 가공할 때 등은 예외이다. 이러한 경우에는 요구되는 정밀도를 얻기 위해서 부시를 가능한 한 공작물과 접근시킨다.

⑦ 그림 6.9는 적절한 부시의 간격은 전체의 지그 기능면에서 중요한 사항이다. 만약 부시가 불필요하게 공작물에 접근되어 있다면 칩 때문에 부시가 쉽게 마모될 것이다. 또한 너무 멀리 떨어지면 정밀도가 저하된다.

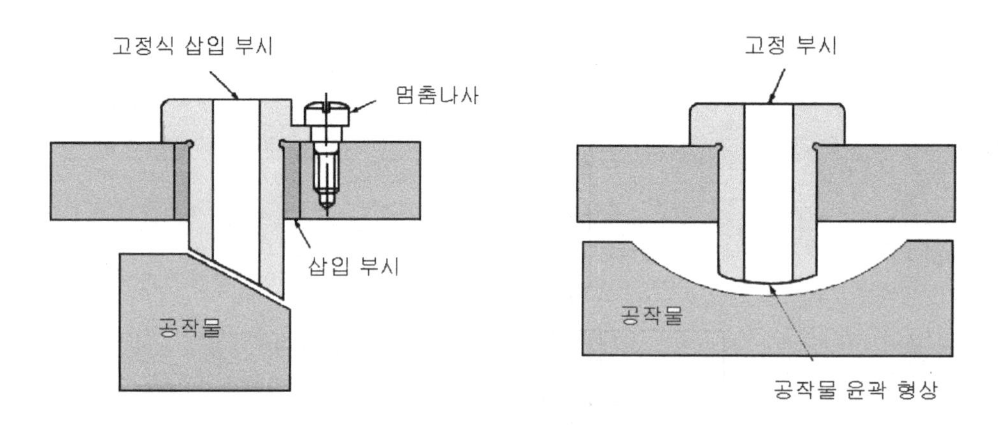

그림 6.9 특수한 경우의 공작물과 부시 간격

2.6 드릴 부시의 설계 방법

1) 드릴 부시의 치수 결정 방법

드릴 부시 설계시 우선 고려할 사항은 위치결정과 드릴의 직경을 선정하여 치수를 결정하여야 한다. 설계 순서는 다음과 같다.

① 드릴 직경을 결정 : 공작물의 구멍 치수에 의해 결정하되 일반적으로 드릴 작업에서는 드릴의 크기보다 구멍이 크게 가공될 우려가 많으므로 드릴 지름을 잘 결정해야 한다.

② 부시의 내경과 외경 결정 : 결정된 드릴 지름을 호칭 지름으로 하여 고정 부시만으로 할 것인가, 고정 부시와 함께 삽입 부시를 사용할 것인가를 제작될 공작물의 수량과 가공 공정에 따라 결정한다. 부시의 종류가 결정된 후에는 KSB 1030에 의한 부시의 안·바깥지름 치수를 선택한다.

③ 부시의 길이와 부시 고정판 두께 결정 : 부시 길이 L은 동일 지름에 대하여 고정 부시의 경우 3종류에 의해 선택된다.

④ 부시의 위치결정

2) 지그의 중심거리 공차

지그의 중심거리 공차의 결정 방법은 일반적으로 구멍 중심거리 공차는 표 6.3에서 선택하면 된다. 이 공차는 기준면과 구멍과의 리머 구멍 중심거리 공차는 ±0.005m, 드릴 구멍의 중심거리 공차는 ±0.05m로 부여한다.

표 6.3 지그의 중심거리 공차

(단위 : 0.001mm)

구멍의 종류 \ 중심거리	180 이하	180 이상
리머 구멍	±5	±10
드릴 구멍	±30	±50

3) 드릴 부시의 표시 방법

KSB 1030에서의 부시의 표시 방법

① 적당한 곳에 종류별로 표시하는 기호(드릴용은 D, 리머용은 R), D×L(또는 D×d×L) 및 제조자명 또는 이에 대신하는 것을 표시한다고 되어 있다.

② 부시의 호칭 방법으로서는 명칭, 종류, 용도, D×L(또는 D×d×L)로 되어 있다. 예를 들면 지그용 부시, 우회전 너치형 삽입 부시, 드릴용 15×22×20이다.

드릴 부시 표시 방법은 표 6.4와 같다.

표 6.4 ISO 규격의 드릴 부시 표시 방법

부시의 종류	항목별 표시 방법		
	내 경	외 경	길 이
S : 회전 삽입 부시 F : 고정 삽입 부시 L : 플랜지 없는 라이너 부시 HL : 플랜지 붙이 라이너 부시 P : 플랜지 없는 고정 부시 H : 플랜지 붙이 고정 부시	호칭직경의 표시 문자나 소수, 분수	1/64의 배수	1/16의 배수
표시 방법 : 내경 - 부시의 종류 - 외경 - 길이			
예 : 0.250 - P - 48 - 16(내경 0.250″, 외경 3/4″, 길이 1″)인 플랜지 없는 고정 부시			

4) 드릴 부시의 끼워 맞춤 공차 및 흔들림 공차

드릴 부시는 지그 플레이트와의 끼워 맞춤에서 항상 억지 끼워 맞춤으로 압입

안내 부시와 회전삽입 부시는 중간 끼워 맞춤으로 압입

① 지그와 안내 부시 : H7 - n6 또는 H7 - p6

② 안내 부시와 회전삽입 부시 : F7 - m6

③ 안내 부시와 고정삽입 부시 : F7 - h6

드릴 부시의 흔들림 공차는 KS B 1030에 의하면 부시 안지름을 기준으로 하여 바깥지름의 각 부분의 흔들림을 측정하되, 그 허용차는 다음 표 6.5를 따른다.

표 6.5 부시의 흔들림 공차(KS B 1030)

(단위 : 0.001mm)

부시의 안지름 구분(mm)	18 이하	18 초과 50 이하	50 초과 80 이하
흔들림	5	8	10

2.7 드릴 지그 다리(jig feet)

① 드릴 지그에서 다리가 없는 넓은 밑면은 어느 한 군데에만 칩이 들어가도 안정성이 나빠진다.

② 지그는 일반적으로 다리를 부착하며, 지그의 다리는 원칙적으로 4개로 한다. 이는 3개의 다리는 다리 밑에 칩이 들어가도 항상 안정되어 경사진 그대로 작업이 되기 때문이다.

③ 다리의 높이는 일반적으로 15~20m 정도로 하지만, 소형 지그에서는 3~5mm정도로 만들어진다.

④ 공작물을 하측으로 내려가게 하든가, 리머 등이 밑으로 나오는 지그의 경우는 그것이 테이블에 닿지 않도록 다리를 길게 한다.

⑤ 구멍 가공이 6mm 이하는 반드시 지그 다리를 설치하여야 하며 그 이상은 직립 드릴, 레이디얼 드릴, 밀링 머신에서 작업이 이루어지면 안전하고 능률적이나 밀링 고정구와 같이 고정 장치를 설계하여야 한다.

⑥ 그림 6.10은 지그 다리에 나사를 가공하여 본체와 조립

⑦ 그림 6.11은 지그 다리를 억지 끼워 맞춤 조립하여 나타낸다.

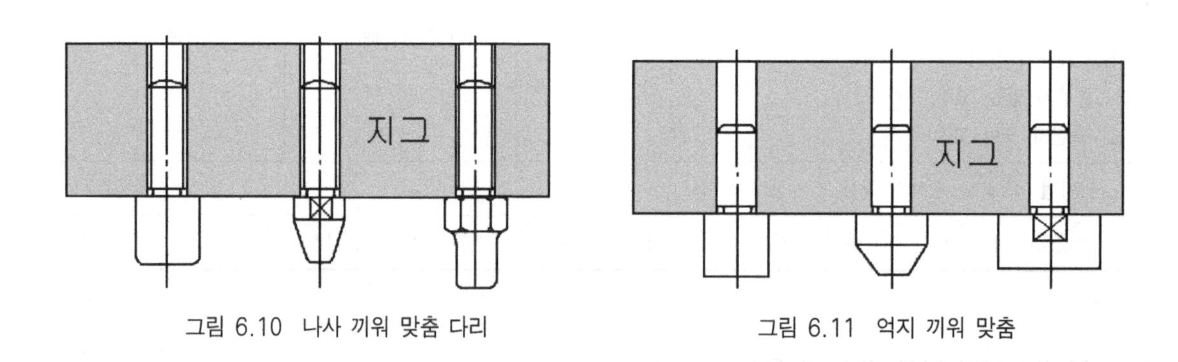

그림 6.10 나사 끼워 맞춤 다리　　그림 6.11 억지 끼워 맞춤

⑧ 다리 밑면이 뾰족한 것이나 둥글게 된 것은 마모가 빠르며, 테이블을 상하게 하므로 좋지 않다. 선단 모서리에 라운드, 모따기를 약간 해주는 것이 좋다.

⑨ 다리의 밑변에는 보통 센터 구멍을 남기지 않으며, 본체와 조립 후 밑변을 동시 연삭 가공하는 것이 중요하다.

3. 드릴 지그의 설계

치공구 설계에서 고려되어야 할 사항 3단계는 다음과 같다.
첫째, 부품도면과 생산계획을 연구하고 생산량을 고려하여야 하며,
둘째, 스케치로써 치공구에 대한 예비적인 계획을 세워야 하고,
셋째, 치공구를 제작할 수 있는 치공구 도면을 작성하여야 한다.

3.1 설계계획

1) 사전설계의 분석

실제 금속가공분야에서의 치공구을 고찰한다는 것은 많은 계획과 연구에 의하여 이루어진다. 치공구를 설계하는 첫번째 단계는 모든 관련된 정보를 구체화시키는 것이다. 부품도와 공정 작업도를 분석하여 어떠한 공구가 필요한가를 찾아내는 것이다.

치공구 설계자가 부품 도면에 대하여 사전에 분석해야 할 사항

① 부품의 크기와 형상은 치공구의 부피와 무게에 영향을 준다.
② 부품재료의 종류와 상태는 설계와 제작에 직접적인 영향을 준다.
③ 수행해야 할 기계가공 작업의 종류에 따라서 제작될 치공구의 종류가 결정된다.
④ 설계상 정밀도는 통상 치공구의 공차에 반영된다.
⑤ 제작될 부품 수량은 치공구를 얼마나 고급화시킬 것인가에 영향을 준다.
⑥ 부품을 위치결정하고 고정시키는데 가장 좋은 기준면을 선정한다.
⑦ 각 작업에 해당되는 공작기계의 형상과 크기를 선정한다.
⑧ 치공구의 형상과 치수를 정한다.
⑨ 작업순서에 맞추어 먼저 설계해야 될 치공구를 결정한다.

2) 스케치

① 스케치란 치공구 요소들을 일정순서에 의해 점차적으로 도면에 나타내는 것을 말하는데, 공구에 대한 예비계획은 스케치에 의해 이루어진다.
② 스케치를 할 때는 3각법으로 하되 공구의 간격, 설치방법 및 테이블의 크기 등 모든 기계요소를 고려해야 한다.
③ 부품의 3도면은 치공구를 계획하는데 핵심이 되고 필요시 공작물의 도면은 색연필, 또는 공구 부품의 스케치에 사용된 선들과 쉽게 구별할 수 있는 선으로 스케치한다.

3.2 드릴 지그의 설계절차

① 부품(제품) 도면과 공작물과 관련된 기계작업을 분석한다.

② 공작물의 재질에 따른 절삭공구와 관련되는 공작물의 위치를 선정한다.

③ 부시의 적정모양과 위치를 결정한다.

④ 공작물에 적절한 위치결정구와 지지구를 선정한다.

⑤ 클램프 장치와 다른 체결 기구를 선별한다.

⑥ 기능별 장치의 주요 도면을 구별한다.

⑦ 지그 본체와 지지구조물의 재질, 형태를 정한다.

⑧ 기준면 설정과 중요치수 결정 및 안전장치에 대해서 검토한다.

이상과 같은 사항을 고려하여 스케치하되 최종적으로 완성된 스케치 도면은 드릴 머신과의 간섭여부를 재검토하고 수정하여 완성된 스케치 도면을 만든다.

3.3 드릴 지그 설계순서

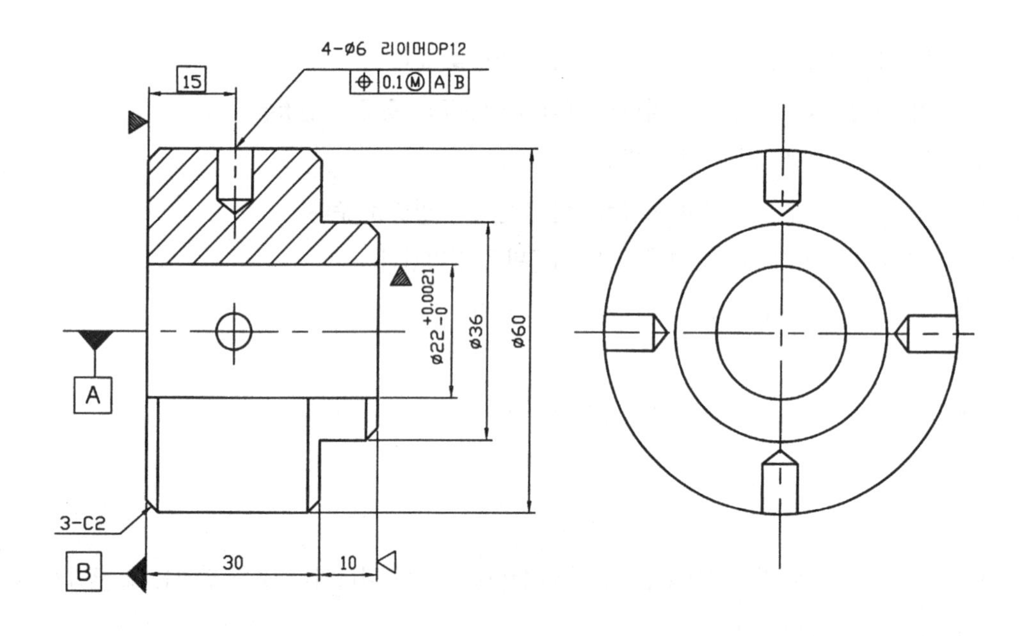

그림 6.12 부품도

1) 치공구 설계에 필요한 사항

① 제 품 명 : 브라켓(Bracket)

② 재 질 : SM45C

③ 열 처 리 : HRC 15~20

④ 가공수량 : 20,000 EA/월

⑤ 가공부위 : 4-∅6 리머 가공
⑥ 사용장비 : 탁상드릴머신
⑦ 사용공구 : ∅6 리머, ∅5.8 드릴
⑧ 가공수량을 고려하여 삽입부시를 사용하여 교환이 가능하도록 할 것
⑨ 경제성을 고려하여 치공구 제작비가 적게 들도록 할 것
⑩ 신속한 클램프의 선정과 제품의 장착 및 장탈을 고려한 설계를 할 것
⑪ 표준품, 시중품의 활용과 요소 부품수리 및 교환의 용이성을 고려할 것

2) 설계순서

(1) 공작물 도면 분석 및 지그의 형태 이해
① 드릴가공에서 설계가 편리한 방향으로 위치를 잡는다.
② 내경과 구멍이 정확한 직각가공을 위하여 앵글 플레이트 형태를 택한다.
③ 본체는 용접형(또는 조립형)을 선택하고 지그 플레이트는 맞춤 핀 한 쌍을 사용하되 억지 끼워 맞춤방식을 (H7p6) 택하고 머리 붙이 볼트를 사용한다.

(2) 공작물의 위치결정 및 부시 위치 선정
① 공작물의 가장 넓은 평면을 위치결정면으로 한다.
② 치수의 기준이 공작물의 중심에 있으므로 공작물의 내경을 기준으로 하기 위하여 편에 의한 위치결정 방법을 사용한다.
위치결정구의 치수는 제품도 치수가 $\varnothing 22^{+0.021}_{0}$이므로 최소치수 ∅22를 기준으로 원활한 장착과 장탈이 이루어지도록 $\varnothing 22^{+0.02}_{-0.04}$의 정도로 택한다.
③ 가공부 측면에 위치결정 및 회전방지용 고정 위치결정 핀을 택한다.
④ 수량을 고려하여 라이너 부시를 사용한다.

(3) 클램핑 기구의 선정
공작물의 급속 클램핑을 위하여 C와셔를 이용하여 클램핑한다.
C와셔의 호칭치수는 볼트 외경으로 하며, 볼트 머리는 공작물 구멍보다 작게 한다.

(4) 앵글 플레이트 지그의 설계
① 모눈종이를 이용하여 3각법과 3도면(2도면)으로 간단히 스케치한다.
② 중심선을 그리고 공작물은 가상선으로 하고 CAD로 설계제도를 한다.
③ 조립도를 완성하고 조립도에 필요한 조립치수, 데이텀, 기하 공차를 부여한다.
본체 플레이트 두께는 16mm 이상으로 하며 일반적으로 제작이 간단한 용접형으로 하고, 지그 플레이트는 두께 12mm 이상으로 한다.
탁상드릴에서 작업을 할 경우 지그 다리 길이는 16mm 정도로 하고 4개를 설치한다.
④ 조립도 상에 주요 품번을 명기하고 표제란에 각 부품의 품번대로 품명, 재질, 수량, 비고란 등을 명기한다.

⑤ 부품도를 3각법으로 도면화한다.

⑥ 표제란 위에 도면의 주기사항(주기란. NOTE)을 명기한다.

⑦ 치공구 설계 작업에 필요한 데이타 북 및 카다로그를 참고하여 KS제도법에 따라 적용한다.

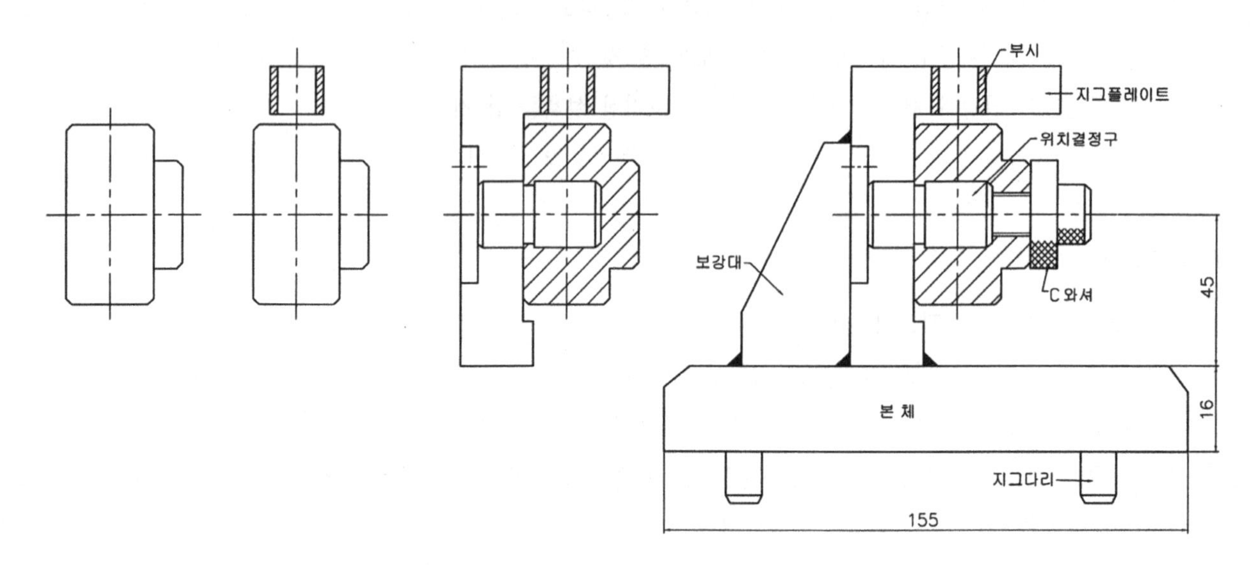

그림 6.13 앵글 플레이트 드릴 지그 설계 순서

공정 제품도

드릴 지그 설계 조건

1. 제 품 명 : Cut-off Holder
2. 재 질 : GC200
3. 가공수량 : 10,000개/월
4. 가공부위 : ∅12±0.1
5. 사용장비 : 탁상 드릴 머신
6. 사용공구 : ∅12 표준 드릴
7. 경제성을 고려하여 드릴 지그 제작비가 적게 들도록 할 것
8. 신속한 클램프의 조작과 제품의 장착 및 장탈을 고려하여 설계한다.
9. 표준품, 시중품의 활용과 요소 부품수리 및 교환의 용이성을 고려한다.

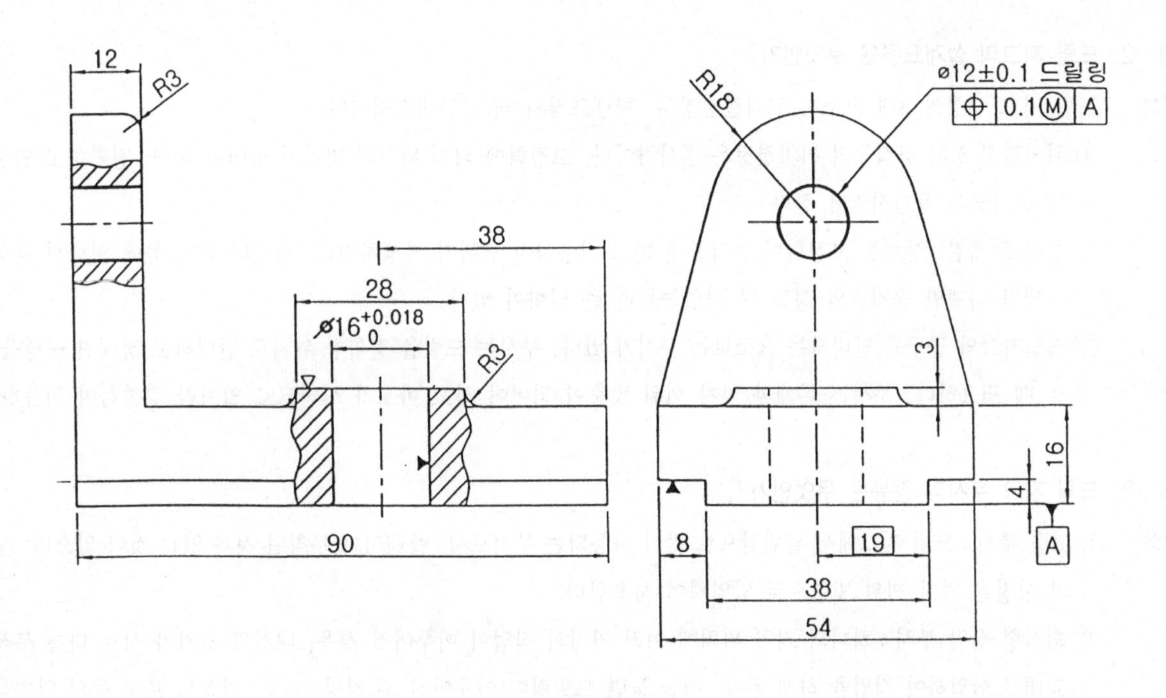

Note

▼ : LOCATING POINT(위치결정점)

▽ : CLAMPING POINT(고정점)

가공부위 : 굵은 실선

※ 전공정에서 위치결정 부위는 기계가공되어 있음.

익힘문제

문제 1. 드릴작업을 할 수 있는 공작기계에 대하여 설명하시오.

해설 드릴링을 할 수 있는 공작기계로는 밀링, 선반, 보링, 드릴머신 등이 있다.
밀링은 직사각형의 소형 공작물의 드릴작업에 의한 보링가공이 가능하다.
선반은 원형의 공작물을 드릴작업과 보링가공이 가능하다.
보링머신은 대형 공작물 가공에 적합하다.
지그보링머신과 지그그라인딩은 정밀보링 및 연삭이 가능하다.

문제 2. 드릴 지그의 설계요령은 무엇인가?

해설 드릴 지그 구성의 3대 요소는 위치결정장치, 클램프장치, 공구안내장치이다.

① 위치결정 장치 공작물의 위치결정은 절삭력이나, 고정력에 의해 위치의 변위가 없어야 하며, 정확하고 안정되게 공작물을 유지시켜야 한다.
② 클램프(체결) 장치는 고정력이 공작물에 따로 작용하여 변위가 발생하거나, 칩이나 먼지 등에 의해서 클램핑 상태가 나쁘면 공작물의 정도 및 작업능률에 큰 영향이 있다.
③ 드릴지그의 공구를 안내하는 요소로는 부시가 있다. 부시는 드릴을 정확한 위치로 안내하고 정해진 구멍을 뚫을 때 필요하다. 부시는 본체와 억지 끼워 맞춤이 되어야 하고 마모가 심하므로 열처리 강화하여 사용한다.

문제 3. 드릴 지그 부시의 종류는 무엇인가?

해설 ① 고정 부시 : 드릴 지그에서 일반적으로 많이 사용되는 부시로서, 플랜지가 부착된 것과 없는 것이 있으며, 부시의 고정은 억지 끼워 맞춤으로 압입하여 사용한다.
② 회전형 삽입 부시 : 하나의 가공 위치에 여러 가지의 작업이 이루어질 경우, 내경의 크기가 서로 다른 부시를 교대로 삽입하여 작업을 하게 된다. 예를 들면 드릴링이 이루어진 후 리밍, 태핑, 카운트 보링 등의 연속작업이 요구되는 경우에 적합하며, 부시의 머리부는 제거가 용이하도록 널링이 되어 있고 고정을 위한 홈을 가지고 있다.
③ 고정형 삽입부시 : 사용 목적상 고정부시와 같이 직경이 동일한 한 종류의 가공이 장시간 이루어지거나, 또는 장시간 사용으로 인하여 부시의 교환이 요구될 경우 교환이 용이하도록 되어 있으며, 부시를 교환하면 다른 작업도 가능하게 된다.
④ 라이너 부시 : 삽입 또는 고정부시를 설치하기 위하여 지그 몸체에 압입되어 고정되는 부시를 말하며, 삽입 부시로 인한 지그 몸체의 마모와 변위를 방지하기 위하여 지그 몸체보다 강도가 높은 라이너 부시를 조립하여 사용하게 된다.

문제 4. 공작물과 부시와의 간격에 대하여 설명하시오.

해설 ① 보통 공작물과 부시의 간격 h는 주물의 칩과 같이 연속되지 않고 부서지기 쉬운 것은 드릴 지름의 1/2정도로 한다. 그러나 구멍 깊이가 깊은 것은 칩이 많이 발생하므로 간격 h는 조금 넓혀줄 필요가 있다.

② 일반강의 유동형 칩이 연속적으로 나오는 경우는 최소 간격을 보통 드릴 지름과 동일하게, 부시 안지름과 같게 즉, 부시 안지름의 1배 정도로 한다.

③ 보통 드릴 지그의 판은 드릴 지름의 1~2배 사이의 두께이다.

문제 5. 드릴 부시의 설계방법은?

해설 드릴 부시 설계시 제일 고려할 사항은 위치결정과 드릴의 직경을 선정하여 치수를 결정하여야 한다. 설계 순서는 다음과 같다.

① 드릴 직경을 결정 : 공작물의 구멍 치수에 의해 결정한다.

② 부시의 내경과 외경 결정 : 결정된 드릴 지름을 호칭 지름으로 하여 고정 부시만으로 할 것인가, 고정 부시와 함께 삽입 부시를 사용할 것인가를 결정한다.

③ 부시의 길이와 부시 고정판 두께 결정 : 부시 길이 L은 동일 지름에 대하여 고정 부시의 경우 3종류에 의해 선택된다.

④ 부시의 위치결정

문제 6. 드릴 지그의 설계절차는?

해설 ① 부품(제품) 도면과 공작물과 관련된 기계작업을 분석한다.

② 공작물의 재질에 따른 절삭공구와 관련되는 공작물의 위치를 선정한다.

③ 부시의 적정모양과 위치를 결정한다.

④ 공작물에 적절한 위치결정구와 지지구를 선정한다.

⑤ 클램프 장치와 다른 체결 기구를 선별한다.

⑥ 기능별 장치의 주요 도면을 구별한다.

⑦ 지그 본체와 지지구조물의 재질, 형태를 정한다.

⑧ 기준면 설정과 중요치수 결정 및 안전장치에 대해서 검토한다.

이상과 같은 사항을 고려하여 스케치하되 최종적으로 완성된 스케치 도면은 드릴 머신과의 간섭여부를 재검토하고 수정하여 완성된 스케치 도면을 만든다.

연습문제

1. 드릴 지그의 3요소가 아닌 것은?
   ㉮ 위치결정 ㉯ 드릴가공
   ㉰ 체결 ㉱ 공구의 안내

2. 다음 지그의 설계순서 중 가장 먼저 결정해야 할 것은?
   ㉮ 부시의 외경 ㉯ 부시의 길이와 지그판 두께
   ㉰ 본체 ㉱ 부시의 내경

3. 부시의 고정요소 중 틀린 것은?
   ㉮ 핀 ㉯ 멈춤쇠
   ㉰ 멈춤나사 ㉱ 6각 구멍붙이볼트

4. 드릴 지그에서 공작물 구멍의 위치 정도에 영향이 아닌 것은?
   ㉮ 라이너 부시의 전위치 ㉯ 라이너 부시와 교환 부시의 끼워 맞춤 관계
   ㉰ 부시의 흔들림 정도 ㉱ 부시의 종류 및 재질

5. 드릴 부시의 역할이 아닌 것은?
   ㉮ 위치결정 ㉯ 분할작업
   ㉰ 지지력 ㉱ 공구안내

6. 지그를 사용하여 공작물에 구멍을 뚫을 때 구멍 위치 정밀도의 영향이 아닌 것은?
   ㉮ 삽입부시용 부시(Liner Bush)의 전위치
   ㉯ Reamer와 Bush와의 틈새
   ㉰ 삽입부시용 부시(Liner Bush)와 Bush와의 틈새
   ㉱ Bush의 재질

7. 다음 드릴 부시 설계시 고려할 사항이 아닌 것은?
   ㉮ 부시의 외경 ㉯ 부시의 내경
   ㉰ 드릴 직경 ㉱ 재료 종류 및 피절삭제

정답 1.㉯ 2.㉱ 3.㉮ 4.㉱ 5.㉯ 6.㉱ 7.㉱

8. KSB1030에 의한 드릴 부시 표시 방법(호칭 방법) 중 적당한 것은?(단, 부시의 외경 d, 내경 D, 길이 L)

㉮ d×D×L ㉯ D×d×L

㉰ D×d-L ㉱ d×D-L

9. KS 규격에 의한 지그용 부시 호칭 방법은?

㉮ 명칭, 종류, 용도 D×L×D ㉯ 명칭, 종류, 용도 D×L

㉰ 용도, 종류, 명칭 D×L×D ㉱ 용도, 종류 D×L-명칭

10. 부시의 길이에 대한 사항이 아닌 것은?

㉮ 부시의 길이가 짧으면 구멍의 위치(Location)치수 불량이 발생한다.

㉯ 부시의 길이가 길면 공구수명이 연장된다.

㉰ 부시의 길이가 짧으면 구멍이 크게 가공된다.

㉱ 부시의 효율적인 길이는 드릴 직경의 $1\frac{1}{4} \sim 2\frac{1}{2}$ 배이다.

11. 드릴 부시 외경에 모떼기를 주는 목적은?

㉮ 드릴의 안내를 위해 ㉯ 부시 삽입의 용이성을 위해

㉰ 칩의 배출 용이성을 위해 ㉱ 절삭유 주입을 위해

12. 삽입 부시의 설명이 아닌 것은?

㉮ 회전형과 고정형이 있다.

㉯ 라이너 부시와 함께 사용

㉰ 소량 생산시 사용에 적합하다.

㉱ 하나의 구멍 가공에 두 가지 이상 작업이 수행된다.

13. 고속 생산시 부시의 교환 없이 장시간 사용하기 위해서 사용하는 부시는 무엇인가?

㉮ 회전삽입 부시 ㉯ 라이너 부시

㉰ 고정 부시 ㉱ 초경합금 부시

14. 드릴 부시에 대한 설명은?

㉮ 드릴의 지름보다 부시가 짧아야 한다.

㉯ 잔류오목을 해주는 까닭은 지그판에 부시가 정확하게 끼워지게 하기 위함

㉰ 드릴의 지름과 부시가 같아야 한다.

㉱ 나사 부시는 정도가 요구되는 곳에 사용한다.

정답 8.㉯ 9.㉯ 10.㉯ 11.㉯ 12.㉰ 13.㉱ 14.㉯

15. 드릴 부시 설계시 중요한 요소로 틀린 것은?

㉮ 부시 안지름과 바깥지름의 관계(동심도)
㉯ 피절삭 재질과 부시 재질과의 관계
㉰ 드릴 부시와 라이너 부시
㉱ 부시의 길이와 안지름의 관계

16. 다음은 지그 부시의 제작순서를 기술하였다. 가장 먼저 이루어져야 할 작업은?

㉮ 부시의 내경을 결정한다.
㉯ 드릴 직경을 결정한다.
㉰ 부시의 외경을 결정한다.
㉱ 부시의 길이와 지그 본체의 두께를 정한다.

17. 드릴 부시의 형상공차 적용 시 내경을 테이텀으로 하는 이유는?

㉮ 외경 가공 후 내경 가공하기 때문
㉯ 내경만 부분 열처리하므로
㉰ 드릴을 안내하는 기준이므로
㉱ 내·외경 어느 쪽을 먼저 가공해도 상관없기 때문

18. 부시의 재질 및 경도에 대한 설명이 아닌 것은?

㉮ 부시의 재질은 STC5 또는 동등 이상의 것으로 한다.
㉯ 원통면의 거칠기는 12-S로 한다.
㉰ 부시의 교환 없이 장시간 사용할 경우 초경합금으로 사용할 수 있다.
㉱ 경도는 HRC 60정도로 한다.

해설 원통면의 거칠기는 3-S로 한다.

19. 드릴 지그에서 지그 판(Jig plate)은 보통 드릴 지름의 몇 배가 적당한가?

㉮ 2~3배
㉯ 1~2배
㉰ 3~4배
㉱ 4~5배

20. 다음 부시 간격 중 간격 h를 가장 멀리 띄워야 할 경우로 맞는 것은?

㉮ 30mm 주철
㉯ 40mm 강
㉰ 40mm Al합금
㉱ 30m 청동

21. 다음 지그 다리 설계 시 틀린 것은?

㉮ 지그 다리는 4개 설치를 원칙으로 하며 가급적 다리간의 간격을 멀리한다.
㉯ 다리의 높이는 보통 15~20mm정도로 유지한다.
㉰ 다리의 선단에는 보통 센터구멍을 남겨도 된다.
㉱ 절삭공구가 밑으로 많이 나올 경우 다리를 기준보다 길게 한다.

정답 15.㉯ 16.㉯ 17.㉰ 18.㉯ 19.㉯ 20.㉯ 21.㉰

22. 드릴 지그는 일반적으로 4개의 다리를 설치하는데, 보통 드릴 지그의 다리 높이는?

㉮ 3~4mm ㉯ 15~20mm

㉰ 10~14mm ㉱ 5~9mm

23. 드릴 지그에서 일정 깊이 구멍 가공을 위해서 사용되는 장치는 무엇인가?

㉮ 소켓 ㉯ 슬리브

㉰ 셋트스크류 ㉱ 스톱칼라

24. 드릴의 직경이 기준으로 하는 것은?

㉮ 드릴의 중간부위 ㉯ 드릴날 끝의 부위

㉰ 제품의 형상 ㉱ 제품의 가격

25. 실제 드릴 직경과 호칭 직경과의 관계로 맞는 것은?

㉮ 호칭 직경보다 크다. ㉯ 호칭 직경보다 작다.

㉰ 클 때도 있고 작을 때도 있다. ㉱ 무관하다.

26. 드릴 가공의 특징 중 틀린 것은?

㉮ 드릴날의 각도는 18도가 일반적이다.

㉯ 실제 치수는 호칭경보다 크다.

㉰ 드릴 가공으로 스홋페이싱, 카운터 보링도 한다.

㉱ 공구 안내용으로 부시를 사용하기도 한다.

정답 22.㉯ 23.㉱ 24.㉯ 25.㉯ 26.㉯

제 7 장

밀링 고정구

1. 밀링 고정구의 개요

① 밀링 고정구를 설계할 때 주의할 사항은 밀링 작업은 가공중 떨림을 일으키기 쉽고, 고정구의 가공이 어렵게 되므로 공작물의 정확한 위치결정과 확실한 클램핑이 요구되므로 공작물의 클램핑 기구는 밀링 고정구로서 중요한 기구이다.

② 일반적인 공작물의 클램핑에는 바이스를 많이 사용하나 밀링 바이스는 조작이 간단하고 응용 능력이 넓어 가장 적당하지만, 형상이 복잡하고 대형일 경우에는 클램핑 기구를 설계하여야 한다.

③ 바이스의 가압 방식에는 수동 가압식, 공기압식, 기계유압식, 공기유압식 등이 있다.

④ 밀링 작업에서는 공작물에 적합한 고정구를 사용함으로서 동시에 여러 개의 공작물을 가공할 수 있어 경제적인 생산이 가능하다.

⑤ 고정구의 설계에 있어서는 사용하는 밀링 머신의 내용에 대하여 충분한 지식(작업면적, 테이블의 크기, T홈의 치수, 밀링 머신의 종류, 가공 능력 등)을 갖도록 하여야 하며, 공작물의 요구 정밀도, 가공 방법 등을 고려하고, 장・탈착은 가능한 짧은 시간에 이루어질 수 있는 구조로 하여야 한다.

1.1 밀링 고정구의 분류

밀링 작업에 이용되는 고정구로서 가공 조건별 분류

① 범용 고정구 : 바이스, 회전 테이블, 분할대, 경사대

② 소형 공작물용 고정구

③ 분할 고정구

④ 교환 가공 고정구

⑤ 모방 밀링 고정구

⑥ 앵글 플레이트 고정구

⑦ 멀티 스테이션 고정구

1.2 밀링 고정구의 설계

밀링 고정구의 설계에 있어서는 사용하는 밀링 머신의 내용에 대하여 충분한 지식을 갖도록 해야 하며, 작업 면적, 테이블의 치수, T홈의 치수, 기계의 이동량, 전동기의 출력, 이송 속도의 범위, 밀링 머신의 종류 등을 잘 알아야 한다.

밀링 작업 계획시 검토사항

① 공작물의 크기, 중량, 강성 및 가공기준

② 연삭 여유 및 공작물 재질의 피절삭성

③ 요구되는 표면 거칠기, 평면도, 직각도 등의 정밀도

④ 공작물 1개 가공시 소요 시간 및 허용 생산 원가

⑤ 가공 방법(엔드밀 가공, 조합 커터, 공정 분해 가공, 평면 밀링 가공 등)

⑥ 사용하는 밀링 머신의 크기 및 능력

⑦ 재질의 변화에 따른 공구의 기준

1.3 공작물의 배치 방법

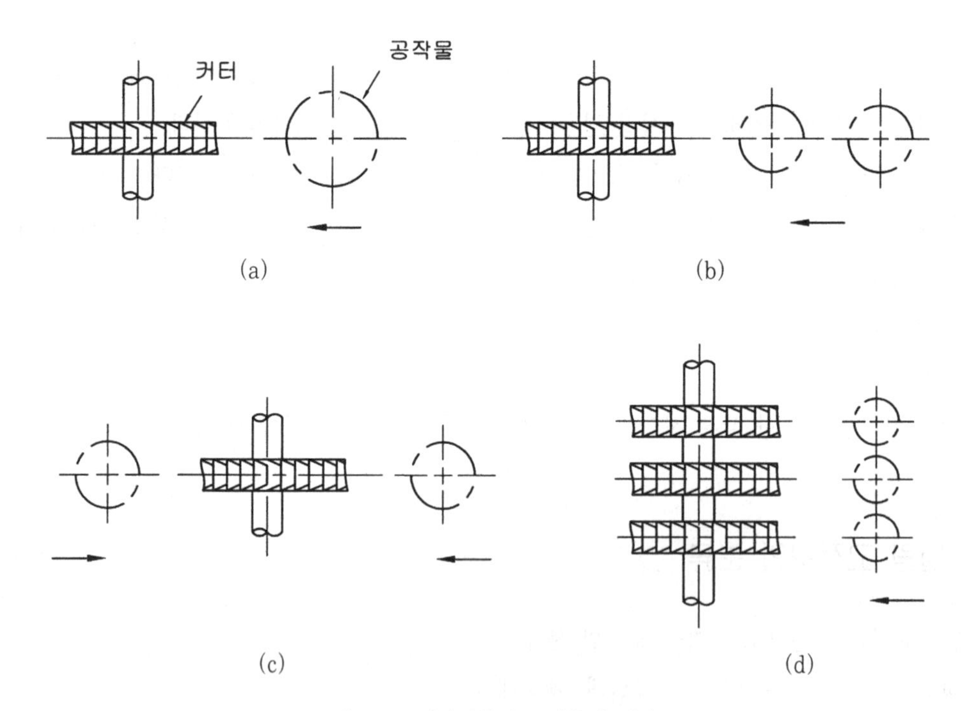

그림 7.1 절삭방향과 공작물의 배열

그림 7.1과 같이 공작물을 밀링 머신의 테이블 위에 배열하는 방법

① 1개 부착 : 공작물을 1개만 고정구에 부착하여 가공하는 것을 말하며, 고정구의 제작이 간단하고 중형 이상의 공작물 고정에 적합하며, 장착과 장탈의 시간이 짧다.

② 직렬 부착 : 테이블의 길이 방향으로 2개 이상의 공작물을 일정 간격으로 1열로 배열하는 방법이다. 공작물에 따라 가공 시간이 짧은 공작물은 간격을 좁게 고정시키고, 시간을 많이 요하는 공작물은 간격을 넓게 배열하

여, 가공이 끝난 공작물을 순차적으로 들어내고 새로운 공작물을 고정함으로써 기계의 가동률을 높인다.

③ 교대 부착 : 테이블 좌 · 우에 공작물을 배치하여, 한쪽의 공작물을 가공하는 도중에 다른 쪽의 공작물을 장착, 장탈하기 때문에 기계의 가동률을 높일 수 있다. 가공 시간이 비교적 긴 공작물과 대형 공작물에 적합한 방법이며, 아버 모양의 커터를 사용할 때 한쪽은 상향 절삭되는 것에 주의하여야 한다.

④ 병렬 부착 : 테이블에 2개 이상의 공작물을 나열하는 방식으로서, 다량 생산에 적합한 방식이다. 공구 제작의 어려움과 공작물의 오차, 그리고 장착과 장탈에 많은 시간이 소요되는 단점이 있다. 그러나 공정 단축과 밀링에서 응용이 가능한 특징이 있다.

1.4 조합된 밀링 커터 가공

① 그림 7.2는 A, B, C, D, E의 5개가 조합된 밀링 커터에 의한 작업의 예로서, 한 번의 절삭으로 복잡한 형상의 가공을 완료할 수 있게 된다. 이 경우 커터 직경의 차이로 인하여 각 커터마다 각기 다른 절삭속도를 가지게 되므로 이를 고려하여야 하며, 일반적으로 고정밀도의 가공에는 사용하지 않는다.

② 수평 밀링에서 측면 밀링 커터, 총형 밀링 커터, 평면 밀링 커터 등을 여러 개 조합하여 사용하면 대량 생산에 유리하다.

③ 많은 커터를 조합시킨 밀링 작업은 기계의 큰 마력과, 강성을 필요로 하므로 2~3회 나누어서 가공하는 것이 유리하다.

④ 그림 7.3은 직경에 차이가 큰 2개의 밀링 커터를 조합하여 가공하는 것으로 절삭속도가 양쪽에 상당히 차이가 나므로 회전수, 이송이 양쪽 동시에 맞추기가 어려워 가공에 주의를 요한다.

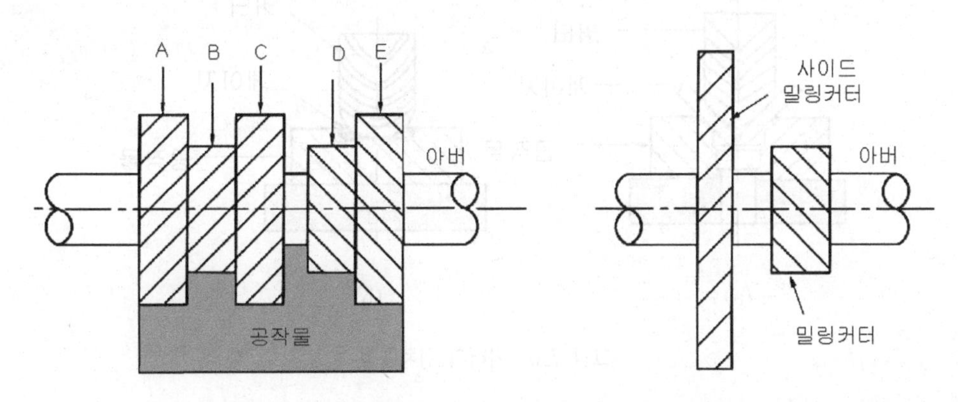

그림 7.2 조합된 밀링 커터의 사용 예

그림 7.3 지름이 다른 2개의 밀링 커터

1.5 절삭에 의한 추력

그림 7.4는 나선 방향이 서로 다른 2개의 나선형 평면 커터를 조합하여 평면을 절삭하는 경우

① 절삭력의 축 방향 분력(추력)이 그림 (a)과 같이 고정구의 몸체에 작용하는 것이 좋다.

② 그림 (b)와 같이 추력이 클램프에 작용할 경우에는 클램핑력을 감소시켜서 공작물이 이탈할 경우도 있다. 추력이 클램프 죔쇠에 작용하는 것은 원칙적으로 좋지 않다.

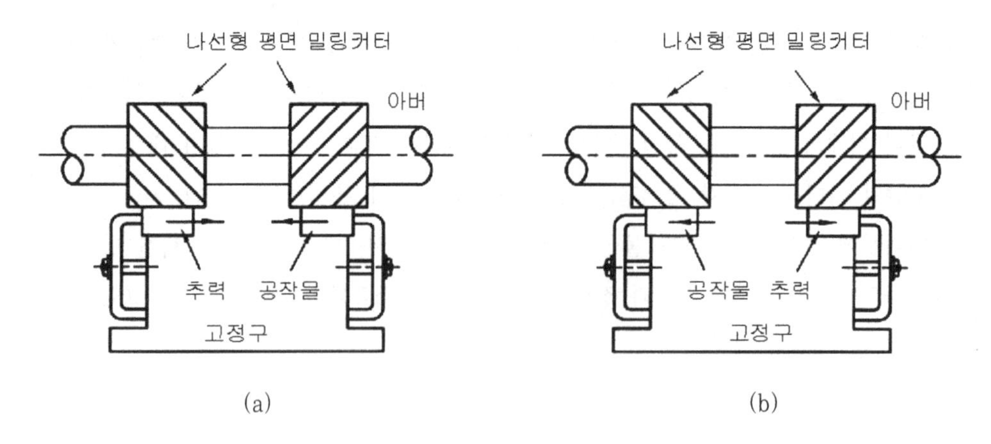

그림 7.4 절삭에 의한 추력

1.6 커터의 위치결정 방법

① 새로운 공작물이 고정구에 설치되고 커터에 의하여 가공이 이루어질 경우, 일반적으로 공작물을 정확한 치수로 가공하기 위해서는 몇 차례의 시험가공에 의하여 커터의 위치를 정립하게 된다. 이 경우 몇 개의 공작물을 손상하게 되며, 시간을 소비하는 등 비경제적이다.

② 그림 7.5의 (a)는 V홈을 가공하기 위하여 사용되는 커터 설치 블록의 예로서, 일정한 두께의 게이지를 사용하여 커터의 위치를 결정하게 된다. (b)의 경우는 라운딩 커터의 설치 블록의 사용 예로서, 게이지로는 핀을 사용하여 커터의 위치를 결정하게 된다.

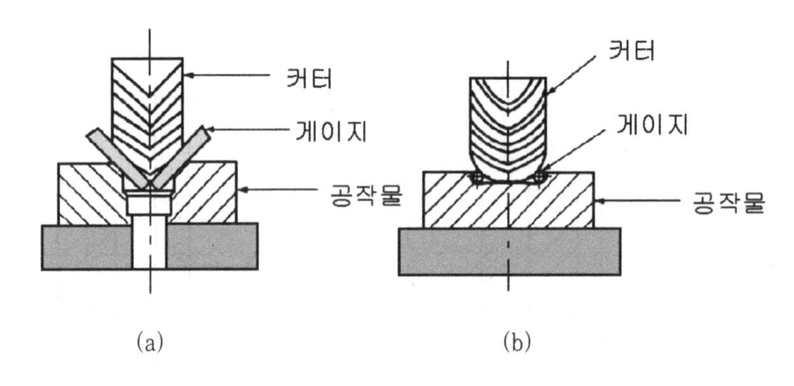

그림 7.5 커터의 위치결정

③ 그림 7.6은 커터 설치 블록의 사용과 측정기준 블록의 사용 예로서, 커터 설치 블록에 의하여 커터의 위치가 결정된 블록 후 가공이 완료되면 가공 부위의 정밀도를 검사하기 위하여 측정기준 블록이 설치되어 있다. 측정기준 블록은 가공이 완료된 공작물을 검사하기 좋은 위치에 부착되어야 하며, 정밀한 가공면과 경도를 가지고 있어야 하고 통과 정지 게이지로서 검사를 한다. 고정구의 밑에 부착된 텅은 고정구의 위치 및 가공 방향과 고정구의 평행을 유지하기 위하여 사용된다.

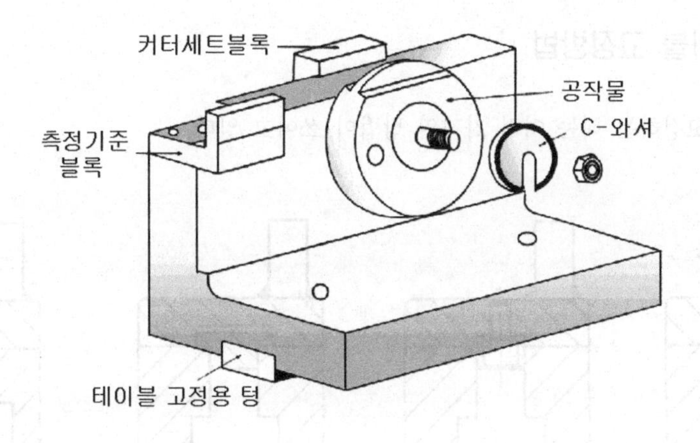

그림 7.6 커터 세트 블록과 측정기준 블록

1.7 커터 세트 블록(cutter set block)

① 그림 7.7은 세트 블록을 설계할 때 고려해야 할 사항은 필러 게이지의 치수 허용차이다. 이 두께 게이지는 뒤틀림이나 휨을 방지할 수 있도록 1.5mm 또는 3mm 사이의 두께가 많이 사용되고 있다.

② 사용의 편리를 위해서 필러 게이지의 크기와 공구 부품 번호를 직접 필러 게이지 상에 적당히 각인한다.

③ 커터 안내 장치는 항상 내마모성 재료로 제작되며 통상 열처리된 공구강을 사용하나 때때로 텅스텐 카바이드를 쓰는 경우도 있다.

④ 안내 장치는 본체에 고정나사로 고정하고 움직이지 못하도록 다웰 핀에 의해 정확한 위치를 맞춘다.

⑤ 커터 안내 장치의 기준면은 절삭공구의 진행방향에 공작물과의 거리를 두어 설치하며 세트 블록의 기준면 상에 필러 게이지나 블록 게이지를 위치시켜 사용한다.

⑥ 이 방법은 공구의 날 부분을 정밀가공하고 공구안내장치의 열처리 표면에 직접 접촉시키지 않는 방법으로 공구의 날 끝이나 안내장치의 면이 접촉됨으로서 발생하는 과다한 마모현상 같은 돌발적인 사고나 위험을 방지할 수 있는 것이다.

⑦ 표준간격의 실제거리는 0.8mm 이내가 좋다. 표준으로 정하지 않은 경우는 필러 게이지로 측정할 수 있는 값이 가장 적합하다.

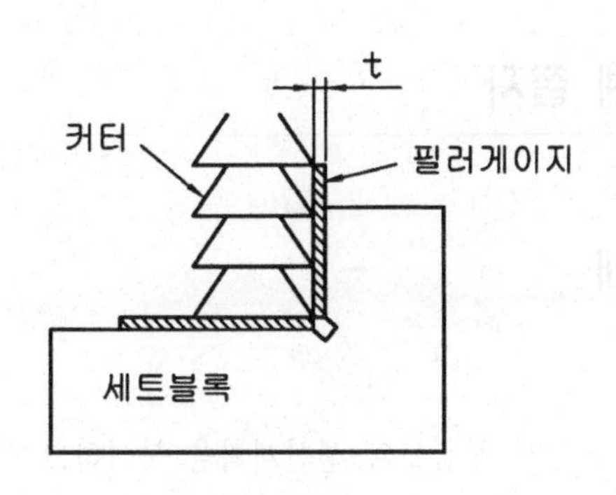

그림 7.7 세트 블록에 의한 커터의 위치 선정

1.8 밀링 테이블 고정방법

공작 기계의 치공구를 고정하는 데는 여러 가지의 방법이 쓰이고 있다.

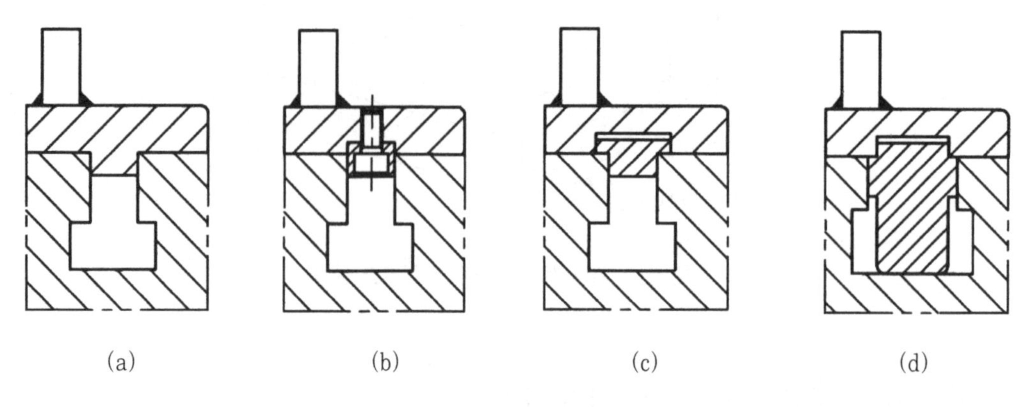

그림 7.8 테이블 T홈과 텅 설치

① 그림 7.8의 (a)는 치공구 본체의 베이스에 직접 홈을 만든 방식으로 제작이 어렵고 잘못된 방법이다.

② 그림 (b)는 볼트에 고정방식으로 일반적으로 많이 사용되고 있으며 비교적 고정 방법이 좋은 방법이다.

③ 그림 (c), (d)는 상품화되어 있으며 최근에 많이 활용되고 있다. 키 홈 및 고정구용 위치 고정키의 '키 홈 블록'을 사용하면 다음과 같은 장점이 있다. 공작 기계에 의하여 클램프 홈의 폭이 여러 가지로 변하여도 치공구를 사용할 수 있고, 공작 기계에 맞는 두 개의 위치결정 키를 준비하는 것만으로써 각종 기계에 치공구를 장착하는데 사용이 편리하다.

④ 볼트 고정식 위치결정 키는 공작 기계 테이블의 홈을 상하게 할 수도 있다. 치공구를 운반이나 보관할 때에 볼트 멈춤 위치결정 키의 돌출부가 부딪치면 비틀려져 치공구 고정에 지장을 준다. 상처를 크게 입은 키의 안내부를 무리하게 테이블 홈에 넣으면 밀링 테이블 T 홈을 손상하기 때문이다. 따라서 그림 (c), (d)처럼 볼트를 고정하지 않고 텅을 설치하는 것이 좋으며, 텅의 제작 공차는 헐거운 끼워 맞춤으로 하고 열처리 후 연삭 가공이 되어야 한다.

2. 밀링 고정구의 설계 절차

2.1 고정구 설계의 전개

고정구의 설계 전개 과정

① 작업자의 작업 범위를 결정하기 위해서 부품도와 생산계획을 분석하고 생산량을 고려한다.

② 공작물은 기계 가공시 적당한 위치에서 눈에 잘 보이게 스케치한다.

③ 위치결정구와 지지구를 적절한 위치에 스케치한다.

④ 클램프 및 기타 체결장치를 스케치한다.

⑤ 절삭공구의 세팅 블록과 같은 특수장치를 스케치한다.

⑥ 고정구 부품을 수용할 본체를 스케치한다.

⑦ 고정구의 여러 부품의 크기를 대략 판단한다.

⑧ 절삭공구와 아버 등에 고정구가 간섭이 생기는지를 점검한다.

⑨ 예비 스케치가 끝나면 충분히 검토한 후 도면을 완성하고 재질을 명시한다.

밀링 고정구의 설계 전개에서 먼저 부품도와 생산 계획의 분석으로 밀링 가공 공정의 범위가 결정되면 공작물을 3도면으로 스케치한다. 이 스케치는 밀링 가공에 알맞은 위치에 공작물이 보이도록 해야 한다.

2.2 밀링 고정구 설계순서

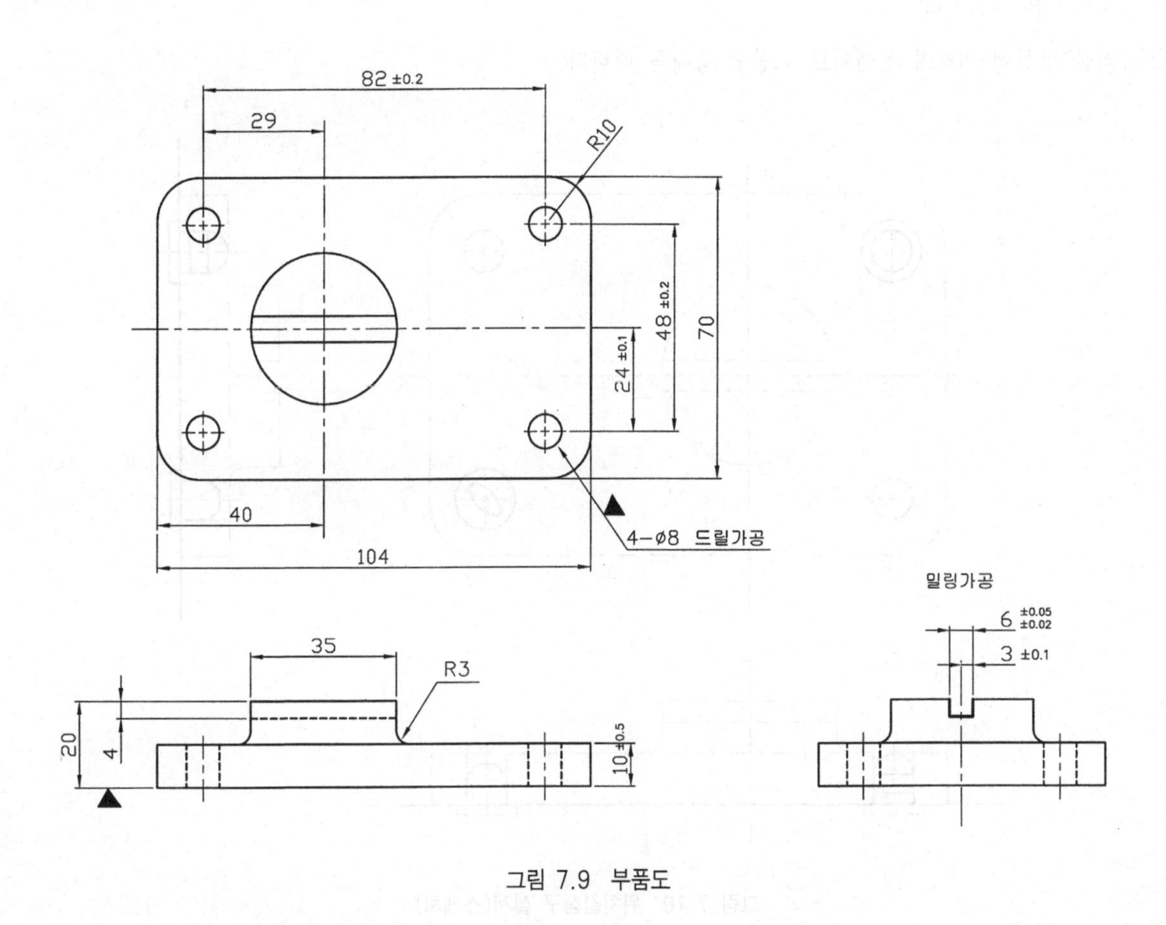

그림 7.9 부품도

1) 치공구 설계에 필요한 요구사항

① 제 품 명 : 브라켓(Bracket)

② 재 질 : SCM

③ 열 처 리 : HRC 25~30

④ 가공수량 : 10,000 EA/월

⑤ 가공부위 : 6±0.03

⑥ 사용장비 : 수평 밀링 머신

⑦ 사용공구 : ∅100×6×25.4 사이드커터

⑧ 밀링테이블 사양 : T-slot 폭 16mm, T-slot 수 2개, T-slot 간거리 60mm, 테이블 폭 280mm

⑨ 필러게이지와 커터의 설치 개략도를 그릴 것.

⑩ 경제성을 고려하여 치공구 제작비가 적게 들도록 할 것.

⑪ 신속한 클램프의 선정과 제품의 장착 및 장탈을 고려한 설계를 할 것.

⑫ 표준품, 시중품의 활용과 요소 부품수리 및 교환의 용이성을 고려할 것.

2) 밀링 고정구 설계 순서

(1) 공작물 도면 분석 및 고정구의 형태 이해

① 공작물의 형태, 수량, 가공 정밀도, 재질, 치수의 기준, 가공방법 등을 파악하고 치공구 형상의 종류, 용도, 장 · 단점을 파악한다.

② 공작물 형상에 의하여 플레이트 고정구 형태를 택한다.

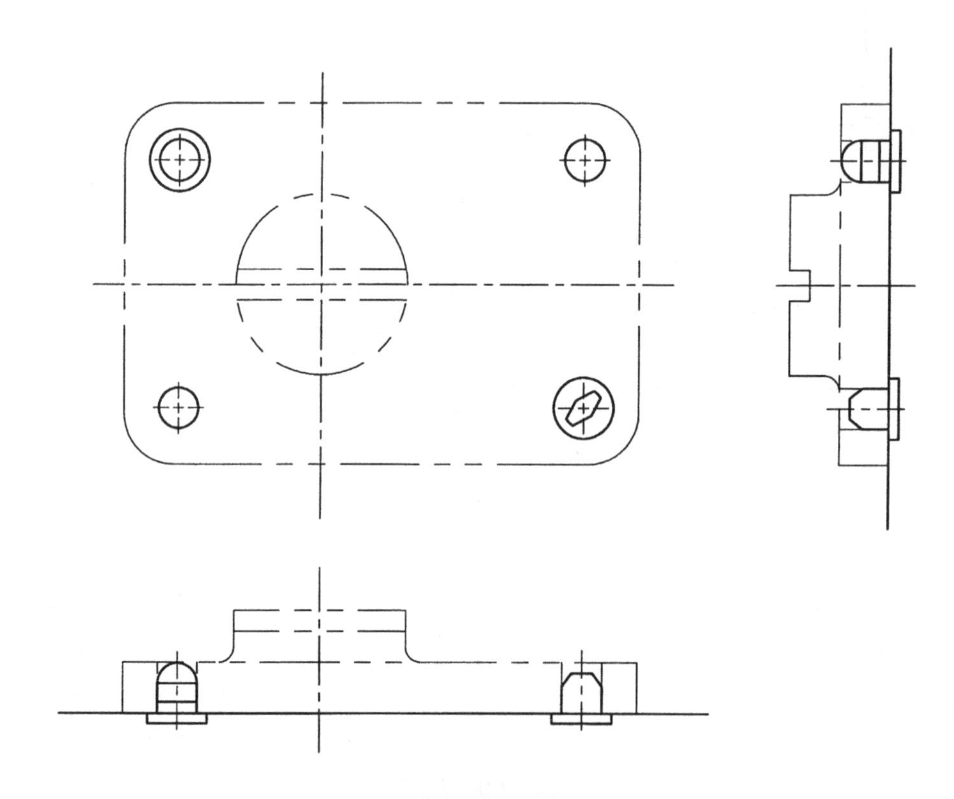

그림 7.10 위치결정구 설계(스케치)

(2) 공작물의 위치결정

① 공작물의 가장 넓은 평면을 위치결정면으로 하고, 위치결정면은 평면도 유지를 위하여 반드시 연삭 작업을 한다.

② 2개의 구멍에 핀으로 위치결정을 하고 하나는 원형 핀으로 한다. 다른 핀은 다이아몬드형으로 설치를 하되, 방향에 주의하도록 한다. 2개의 다이아몬드형으로 설치하여도 무방하다.

(3) 클램핑 기구의 선정

클램핑 기구는 플레이트 고정구의 특성상 위치결정된 평면상에서 안전하게 잡아두고 있는 두 개의 스트랩 클램프로 설계를 한다. 토글에 의한 방법도 좋은 방법이다.

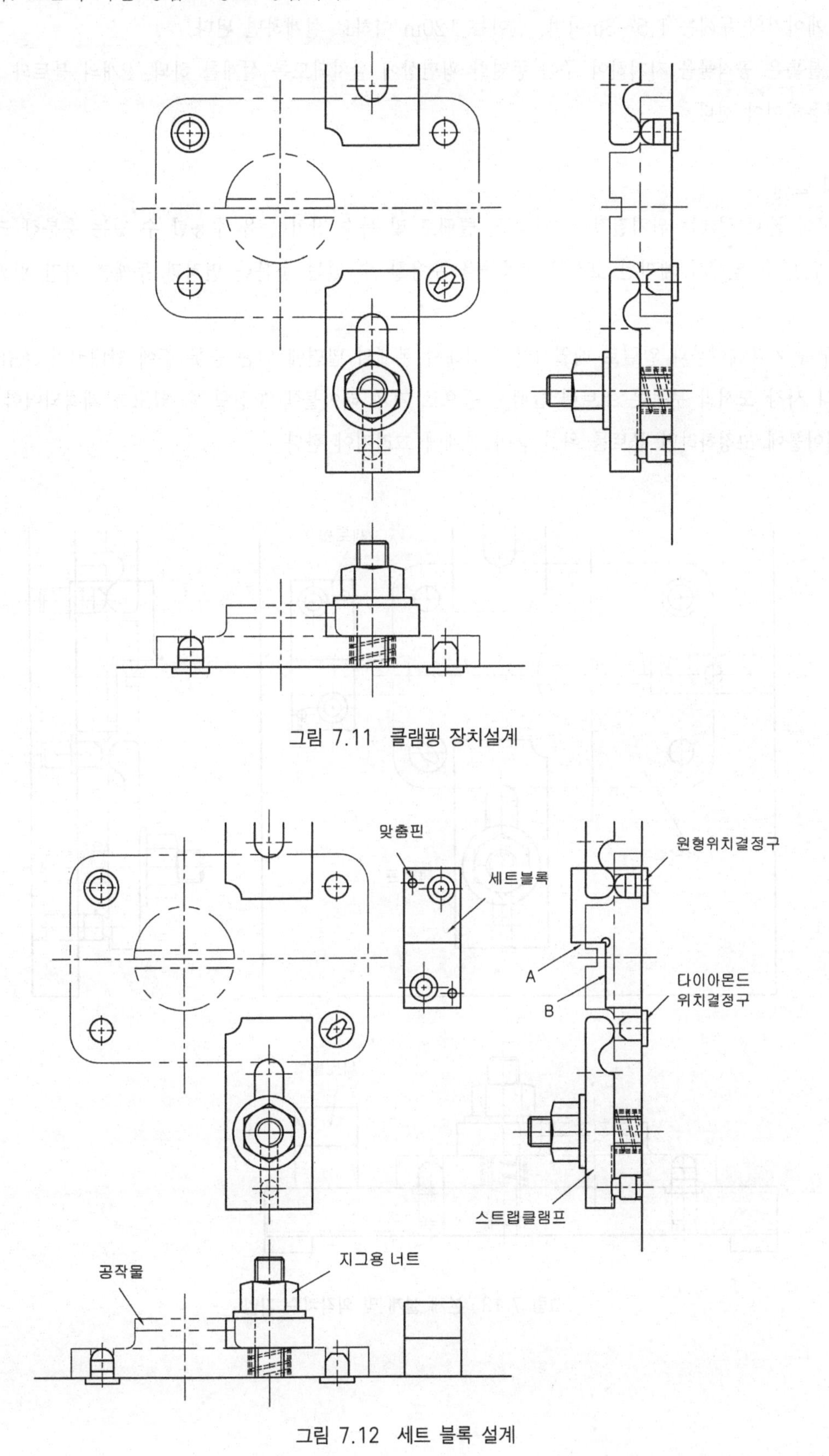

그림 7.11 클램핑 장치설계

그림 7.12 세트 블록 설계

(4) 특수 장치 적용

① 커터의 정확한 설치와 정밀한 가공을 위해 커터 세트 블록을 설치하고, 그림 7.12에서 A, B면의 세트 블록 상에 필러 게이지를 설치한다.

② 필러 게이지의 두께는 1.5~3m이며, 길이는 120m 이하로 설계하면 된다.

③ 세트 블록은 공작물을 지지하여 주는 동일한 평면상에 설치되도록 설계를 하되, 2개의 볼트와 2개의 다웰 핀을 사용하여야 한다.

(5) 본체 설계

① 고정구의 본체 설계는 위치결정구, 지지구, 클램프 및 특수 장치 등을 수용할 수 있는 충분한 크기로 한다.

② 그림 7.13은 앞에서 계획된 고정구 부품들을 수용할 수 있는 충분한 면적과 두께를 가진 평판으로 되어 있다.

③ 고정구를 기계테이블과 일렬로 배열시키기 위해서 본체의 밑면에 있는 슬롯 홈에 안내키가 조립되어 있다.

④ 본체의 사각 모서리 부분은 스트랩 클램프 등으로 기계 테이블에 고정할 수 있도록 계획되어야 하며, T-볼트로 테이블에 고정하려면 볼트를 위한 홈이 본체에 그려져야 한다.

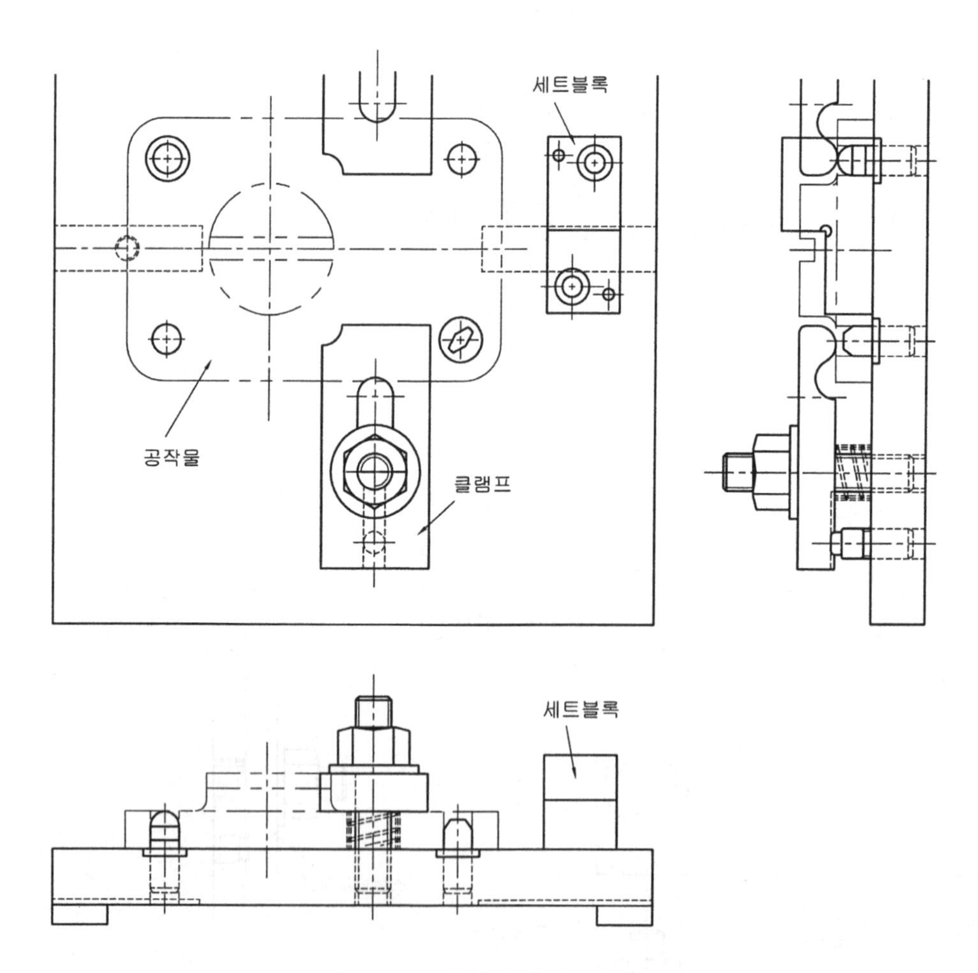

그림 7.13 본체 설계 및 외각치수 기입

(6) 치수 결정

예비 스케치가 끝나면 전체 크기가 결정되고 일부 치수가 스케치에 첨가된다. 정확한 치수는 최종 고정구 도면이 완성될 때 계산한다.

(7) 설계 검토

① 고정구의 부품이 아버나 아버 지지구와 간섭이 생기지 않도록 확인을 해야 한다.

② 절삭 공구의 진동을 방지하기 위하여 충분히 큰 직경의 아버에 절삭공구를 설치해야만 한다. 만약 클램프나 다른 부품이 너무 높아서 큰 직경의 절삭공구를 사용하지 않고는 아버 밑으로 고정구가 통과할 수 없다면 이 설계는 일부 수정해야 된다.

③ 그림 7.14는 고정구의 완성된 조립도면에 절삭 공구와 아버의 가공 위치를 나타낸다. 이러한 연습을 통해서 간섭을 피하게 되고 고정구의 기능을 확실하게 하며, 절삭 공구의 연삭을 위해 커터 직경에 대한 적당한 허용치를 주도록 하는 것이 좋다.

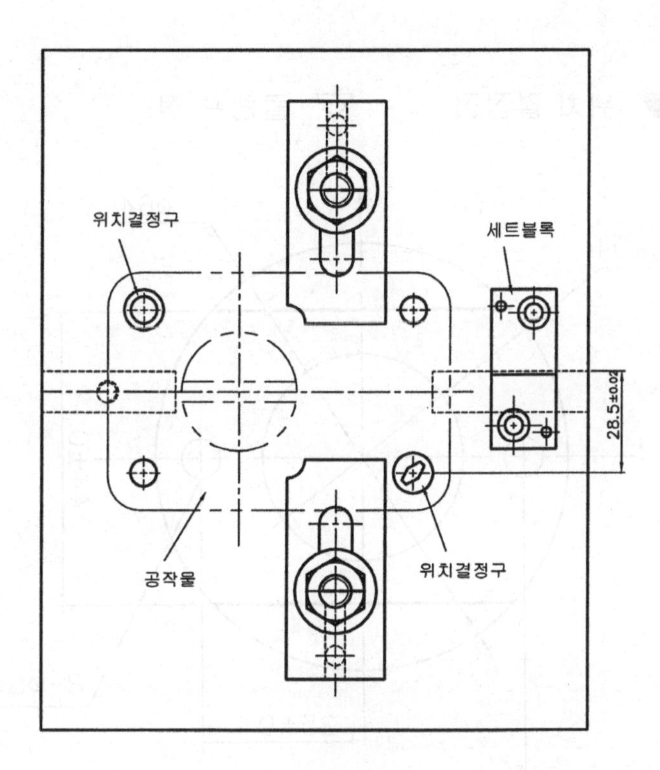

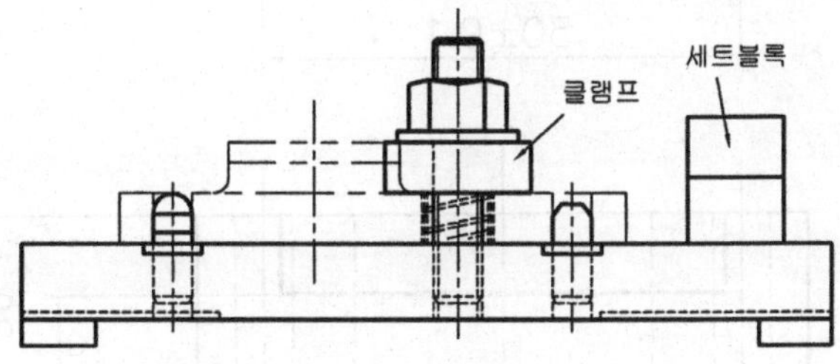

그림 7.14 완성된 조립도면

공정 제품도

밀링 고정구 설계 조건

1. 제 품 명 : Bracket
2. 재 질 : SM20C
3. 가공수량 : 30,000개/월
4. 가공부위 : 평면 44×8 부
5. 사용장비 : 수평 밀링
6. 사용공구 : ∅100×10×25.4 = 2개
7. 밀링 테이블 : 가. T홈 폭 : 14mm 나. T홈 수 : 2개
   다. T홈간의 거리 : 60mm 라. 테이블 폭 : 280mm
8. 굵은 실선은 이 공정에서 기계 가공을 지시함

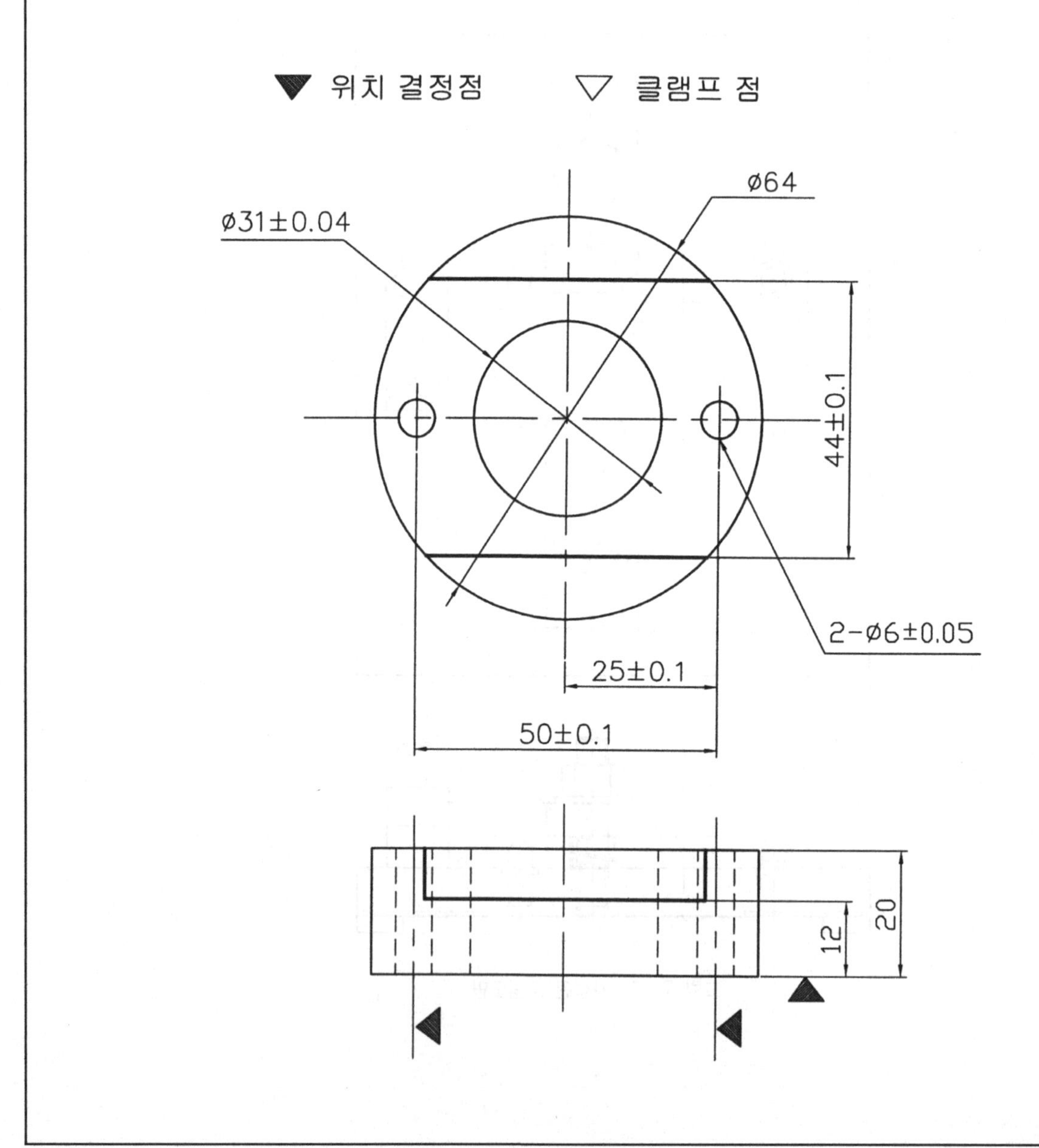

익힘문제

문제 1. 밀링 고정구의 종류는?

해설 플레이트 고정구, 앵글 플레이트 고정구, 바이스-조 고정구, 분할 고정구, 멀티스테이션 고정구, 총형 고정구, 조절형 치공구 시스템

문제 2. 밀링 고정구 설계 시 반드시 검토되어야 할 사항을 설명하시오.

해설 ① 공작물의 크기, 중량, 강성 및 가공기준
② 연삭 여유 및 공작물 재질의 피절삭성
③ 요구되는 표면 거칠기, 평면도, 직각도 등의 정밀도
④ 공작물 1개 가공 시 소요 시간 및 허용 생산 원가
⑤ 가공 방법(엔드밀 가공, 조합 커터, 공정 분해 가공, 평면 밀링 가공 등)
⑥ 재질의 변화에 따른 공구의 기준
⑦ 사용하는 밀링 머신의 크기 및 능력

문제 3. 밀링 작업 시 다수의 클램핑할 때 주의 사항을 설명하시오.

해설 많은 양의 소형 공작물을 동시에 클램핑할 경우 일반적으로 중간이 떠오르게 된다. 이 경우 가로 방향으로부터 각 공작물마다 클램핑기구가 접촉할 수 있는 클램핑 기구를 택하거나, 모든 공작물이 위치결정면에 접촉할 수 있도록 하는 것이 좋다.

문제 4. 밀링 테이블에 공작물을 고정하는 텅 및 세트 블록은 무엇인가?

해설 고정구의 밑에 부착된 텅(tougue)은 고정구의 위치 및 가공 방향과 고정구의 평행을 유지하기 위하여 사용된다. 일반적으로 커터의 안내 장치로는 세팅 게이지(setting gage), 세트 블록(set block)과 셋업 게이지(set-up gage) 등이 있다. 이들은 가공할 공작물의 정확한 위치에 절삭공구를 설치하기 위해서 사용되며 시험절삭의 시도, 부품의 측정과 커터의 재설치 등이 따르며, 이렇게 함으로써 위치변위량을 감소시킬 수가 있는 것이다. 세트 블록과 두께 게이지(feeler gage)는 공작물과 절삭공구와의 관계위치를 정확하게 설치하기 위해 사용된다.

문제 5. 밀링 고정구 설계 순서를 설명하시오.

해설 ① 작업자의 작업 범위를 결정하기 위해서 부품도와 생산계획을 분석하고 생산량을 고려한다.
② 공작물은 기계 가공시 적당한 위치에서 눈에 잘 보이게 스케치한다.
③ 위치결정구와 지지구를 적절한 위치에 스케치한다.
④ 클램프 및 기타 체결장치를 스케치한다.

⑤ 절삭공구의 세팅블록과 같은 특수장치를 스케치한다.

⑥ 고정구 부품을 수용할 본체를 스케치한다.

⑦ 고정구의 여러 부품의 크기를 대략 판단한다.

⑧ 절삭공구와 아버(arbor) 등에 고정구가 간섭이 생기는가를 점검한다.

⑨ 예비스케치가 끝나면 충분히 검토한 후 도면을 완성하고 재질을 명시한다.

문제 6. ∅75의 밀링 커터의 날 수는?

해설 일반적으로 밀링 커터의 날수를 구하는 공식은 {(2×D)-25.4}+8이다. 커터의 직경은 12×공작물 폭으로 한다. 그러므로 Ø75의 커터 날 수는 약 14개이다.

연습문제

1. 다음 중 밀링 고정구 설계시 고려사항이 아닌 것은?
   ㉮ 커터나 아버에 의한 고정구의 간섭을 고려해야 한다.
   ㉯ 정밀한 공작물이 제작되도록 1/1000 이상의 공차를 준다.
   ㉰ 고정구의 제작비용은 생산될 공작물 수량에 적절하게 한다.
   ㉱ 효율적이고, 작동이 용이하도록 한다.

2. 밀링 고정구 설계에서 사용되는 밀링 머신의 내용에 대하여 충분한 지식을 갖도록 해야 한다. 주요 검토항목 중 틀린 것은?
   ㉮ 작업면적 ㉯ 테이블 치수
   ㉰ 작업자의 기능정도 ㉱ 전동기의 출력

3. 밀링 고정구 설계시 밀링 머신에 대한 사전 검토내용이 아닌 것은?
   ㉮ 테이블 T홈의 치수 ㉯ 밀링 작업자의 기능정도
   ㉰ 밀링 머신의 가공능력 ㉱ 작업면적

4. 밀링 고정구의 설계에 있어서 사용되는 밀링 머신의 내용에 충분한 지식이 필요하다. 그 내용이 아닌 것은?
   ㉮ 밀링 머신의 종류 ㉯ 밀링 머신의 가격
   ㉰ 전동기의 출력 ㉱ 테이블의 치수

5. 밀링 고정구에서 틈새 게이지(Feeler Gage)두께는 얼마로 하는 것이 좋은가?
   ㉮ 0.3~1.5mm ㉯ 1.5~2m
   ㉰ 1.5~3mm ㉱ 6~8mm

6. 밀링 커터와 공작물과의 위치를 맞추기 위해 사용하는 게이지의 종류는?
   ㉮ 필러 게이지 ㉯ 로케이션 게이지
   ㉰ 스냅 게이지 ㉱ 플러쉬 핀 게이지

7. 밀링 고정구에서 공작물에 대한 절삭공구의 위치 세팅 방법으로 적당한 것은?
   ㉮ 블록 게이지 사용 ㉯ 세트 블록과 필러 게이지 사용
   ㉰ 에어마이크로 미터와 인디케이터 ㉱ 하이트 게이지와 다이얼 게이지

정답 1.㉯ 2.㉰ 3.㉯ 4.㉯ 5.㉰ 6.㉮ 7.㉯

8. 밀링 커터의 절삭조건으로 맞는 것은?

㉮ 작업을 처음 시작할 때는 높은 절삭속도로 가공한다.
㉯ 인장강도가 높은 것은 주로 고속절삭에 적합하다.
㉰ 고운면 요구 시 고속절삭보다 이송을 작게 한다.
㉱ 저속절삭은 절삭공구의 수명을 단축시킬 수 있다

9. 조합커터(straddle mill cutter) 작업시 두 커터와의 정확한 간격을 유지시키기 위한 요소는 무엇인가?

㉮ Block Gage ㉯ Feeler Gage
㉰ Set Block ㉱ Collar spacer

10. 공구의 깊이와 폭을 세팅할 때 사용하는 것은?

㉮ set block ㉯ spacer
㉰ 아버 ㉱ V-BLOCK

11. 다음 중 치공구 제작시 조립 후 연삭 부위로 적당한 것은?

㉮ 텅 ㉯ 조절식 지지구
㉰ 이퀄라이저 ㉱ 커터 세트 블록

12. 공구 세팅 블록이 필요한 작업이 아닌 것은?

㉮ 선반 면깍기 ㉯ 홈밀링
㉰ 평면 밀링 ㉱ 구멍뚫기

13. 공구 경사각이 부각(negative)인 경우에 속하는 것은?

㉮ 날 끝이 날카로와 잘 깨진다. ㉯ 저항이 적고 절삭이 잘 된다.
㉰ 저항이 크고 절삭이 잘 된다. ㉱ 날끝이 무뎌 잘 깍인다.

14. 공구의 깊이, 폭을 세팅하는데 사용하지 않는 것은?

㉮ 보링 부시 ㉯ 세트 블록
㉰ 필러게이지 ㉱ 엔드밀 부시

15. 다음 중 단인공구는 무엇인가?

㉮ 플라이 커터 ㉯ 탭
㉰ 리머 ㉱ 드릴

정답 8.㉰ 9.㉱ 10.㉮ 11.㉱ 12.㉮ 13.㉰ 14.㉱ 15.㉮

16. 고속도강 밀링 커터에서 (+)경사각을 주는 이유에 대한 설명이 아닌 것은?

㉮ 공구수명의 감소 ㉯ 소요동력 감소

㉰ 표면 가공정도가 양호 ㉱ 칩 배출의 원활

17. 다음 중 세트 블록이 아닌 것은?

㉮ 고정구 ㉯ 커터의 위치결정

㉰ 지그부시 ㉱ 필러 게이지

18. 밀링 고정구의 부품이 아닌 것은?

㉮ 스트립퍼 ㉯ 필러 게이지

㉰ 세트 블록 ㉱ 텅

19. 밀링 작업에서 두 개 이상의 커터를 동시에 사용하여 1회에 가공을 완성하는 커터의 종류는?

㉮ PLAIN CUTTER ㉯ GANG GUTTER

㉰ FORM CUTTER ㉱ ANGULAR CUTTER

20. 공구 설치 블록(Setting block)이 사용되지 않아도 되는 작업의 종류는?

㉮ 홈 밀링 작업 ㉯ 리머 작업

㉰ 선반의 페이싱(facing) 작업 ㉱ 플레이너 평면 작업

정답 16.㉮ 17.㉰ 18.㉮ 19.㉯ 20.㉯

제 8 장

선반 고정구

1. 선반 고정구의 개요

1.1 선반 고정구의 의미

① 선반 고정구는 선반 작업에 사용되는 치공구를 말한다.

② 선반은 일반 공작기계 중에서 가장 많이 사용되는 공작 기계로서, 내·외경 절삭, 테이퍼 절삭, 정면 절삭, 드릴링, 보링, 나사가공 등을 할 수 있으며, 여러 가지 고정구를 사용함으로써 광범위하고 효율적인 작업을 할 수 있다.

③ 선반 고정구는 대체적으로 단순하고 간단한 형태이다.
고정구의 종류는 척, 센터, 심봉, 콜릿 척에 의한 척형 선반 고정구, 면판 및 앵글플레이트를 활용하는 면판형 선반 고정구가 주로 사용된다.

④ 선반 고정구는 특수한 경우를 제외하고는 표준품 및 시중품을 적극 활용하는 것이 좋다.

⑤ 그림 8.1은 선반 작업 몇 가지를 나타낸 것으로 그림 (a)는 척으로 공작물을 고정한 것이고, 그림 (b)는 면판과 앵글플레이트에 의하여 공작물을 설치하였다. 그림 (c)는 심봉에 의한 양 센터에 의하여 공작물을 회전시키면서 바이트로 절삭하여 필요한 형상으로 선반가공하는 것이다.

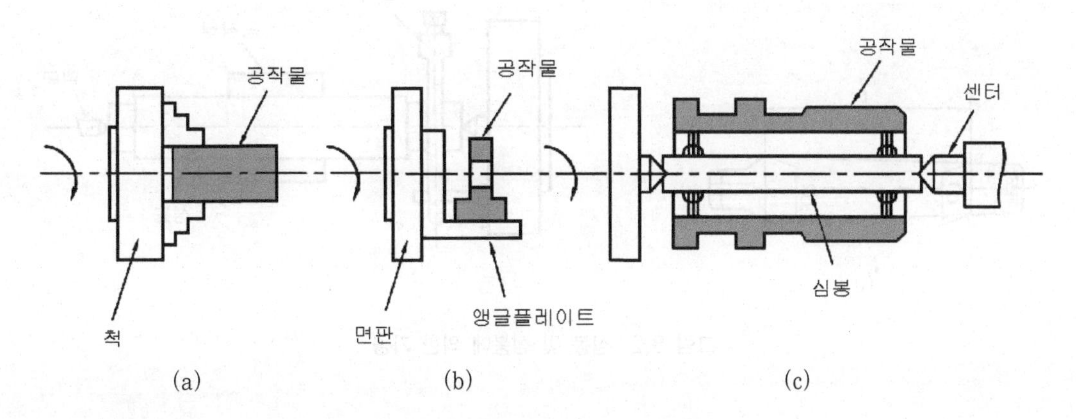

그림 8.1 고정구에 의한 선반 작업

1.2 선반 고정구의 설계, 제작시 주의사항

① 회전 또는 절삭력에 의하여 공작물의 위치가 변하지 않도록 확실한 위치결정 및 클램핑을 하고, 주물품의 경우 탕구, 압탕, 주물귀 위치는 위치결정구로 적당하지 않으며, 분할선도 피하는 것이 좋다.
② 공작물의 장착과 장탈이 용이하도록 정확히 위치결정을 한다.
③ 고정구는 공작물과 함께 회전해야 되므로 작업중에 떨림이나 비틀림이 발생하지 않도록 클램핑이 확실해야 한다.
④ 공작물이 클램핑력이나 절삭력에 의해서 변형되지 않도록 해야 한다.
⑤ 고정구는 강성이 있고 가벼우며 신속한 작동이 이루어져야 한다.
⑥ 고속도 회전의 경우는 편심이 일어나지 않도록 평행도를 주는 것을 고려한다.
⑦ 작업 중 칩의 제거가 용이하고 작업의 안전성을 확보해야 한다.
⑧ 중복 위치결정은 피하고 1회의 장착으로 가공을 끝내도록 구조를 설계한다.
⑨ 새로운 곳을 동시에 클램핑하는 경우, 클램프 압력의 균일성을 고려한다.
⑩ 마모 부품은 교환이 가능한 구조로 하며, 동시에 고정구 호환성을 고려한다.
⑪ 표준 부품을 사용하여 제작과 정비가 신속히 되도록 한다.
⑫ 공작물의 종류 형상에 따라서는 바이트 조정용의 기준면을 설치한다.
⑬ 클램핑 기구는 급속 체결 방식을 택한다.

2. 여러 가지 선반 고정구

2.1 심봉(mandrel)

심봉(mandrel)은 미세한 각도의 테이퍼를 가지고 있는 봉으로서, 주로 내경을 기준으로 외경을 동심 가공하는 경우에 사용된다.

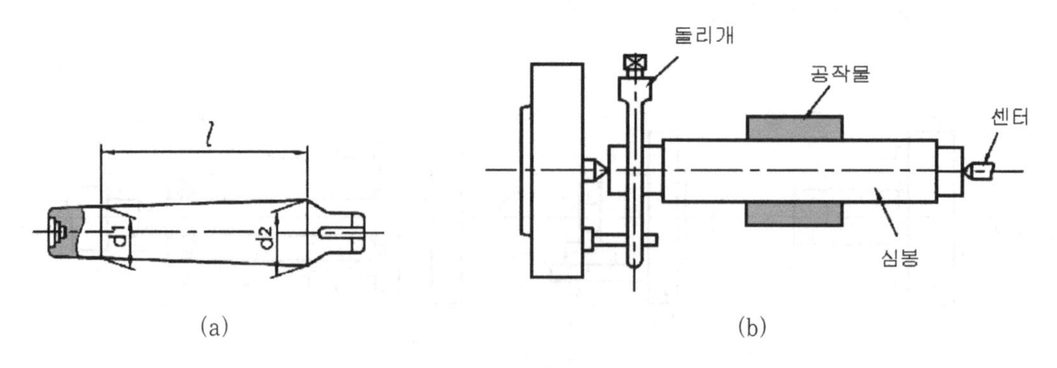

그림 8.2 심봉 및 심봉에 의한 가공

① 그림 8.2의 (a)는 간단한 심봉으로 양 센터 구멍이 있으며 d_2의 지름은 d_1보다 크게 하여 테이퍼로 만든다. 보통 테이퍼는 고도의 정밀도를 요하지 않을 경우 1/100 정도로 만들어진다. 테이퍼의 길이 $\ell = (d_2 - d_1) \times 100$이 된다.

② 그림 (b)는 구멍을 먼저 가공한 공작물을 테이퍼 심봉에 압입하여 이것을 양 센터로 지지하고 돌리개에 의하여 회전시켜 공작물의 외경을 정밀하게 다듬질하는 것이다.

③ 심봉의 테이퍼 정도는 공작물의 형태와 정밀도에 차이는 있으나, 일반적으로 100mm에 0.05mm 정도의 작은 테이퍼가 사용된다. 양 센터를 중심으로 정확하게 가공이 되어야 하고 고탄소강으로 제작하여 열처리에 의하여 경도를 유지하여야 한다.

④ 심봉은 이미 가공되어 있는 구멍과 동심으로 기계가공해야 하는 공작물을 고정하기 위해 특별히 만들어진 것으로, 일반적인 용도에 의해 보통형과 팽창형으로 나눌 수 있다.

㉮ 보통형 심봉은 약 1/100~0.05/100의 테이퍼로 되어 있으며, 각 구멍의 크기별로 되어 있다. 공차는 구멍치수에 대해 아주 작게 되어 있어 심봉이 공작물을 완전히 통과하지 않게 되어 있다.

보통형 심봉은 일반적으로 양산목적에는 적합하지 않다. 이유는 기계로부터 장탈, 공작물에 압입하는 시간과 공작물과의 장착과 장탈시의 마모가 크기 때문이다.

㉯ 팽창형 심봉은 공작물의 장착과 장탈이 쉽고 마모가 적으며 공작물 구멍에 손상이 적으므로 양산작업에 유리하다.

2.2 면판 고정구

① 선반의 면판 고정구는 표준면판에 고정되며 위치결정 기구와 클램핑 장치로 구성되어 있으며, 이것은 밀링 고정구와 외관이 비슷하나 선반의 축선을 기준으로 회전되고 있다는 점이 다르다.

② 고정구의 베이스는 평판이나 앵글 플레이트 형태로 면판 내의 T홈에 의해 T볼트로 고정하거나 홈붙이 나사를 주로 사용하여 고정한다. 그리고 원형 베이스가 설치된 면판 고정구에는 다이얼 인디케이터(dial indicator)에 의해 고정구의 회전 중심을 맞추기 위하여 원형 홈이나 정확하게 가공한 구멍을 만든다.

③ 고속선삭 작업에는 고정구의 회전시 정확한 균형을 이루어야 한다. 불규칙한 형상의 공작물은 진동이 크기 때문에 매우 위험할 경우가 있다. 주축이 회전할 경우 무게 균형을 유지하기 위하여 밸런스 추가 설치되어 있다.

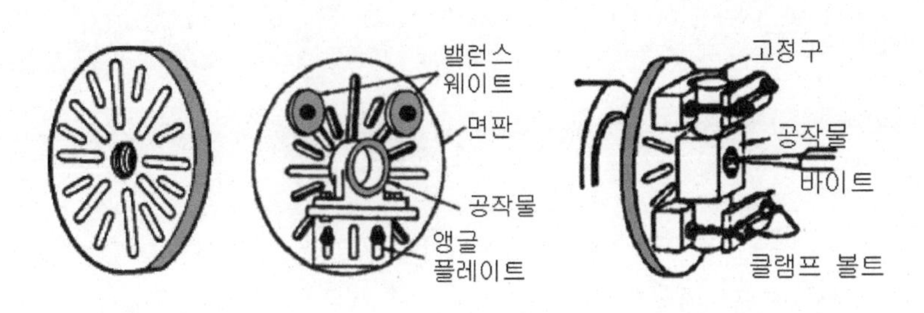

그림 8.3 면판 및 면판 작업

2.3 척(chuck)

① 선반 작업에 사용되는 척은 주축대에 고정되어 공작물과 같이 회전하게 되므로 안전도가 확실하여야 한다.

② 척의 종류 중 기계식에는 단동 척, 연동 척, 콜릿 척, 유공압식 척, 전자 척, 콜릿 척 등이 있다.

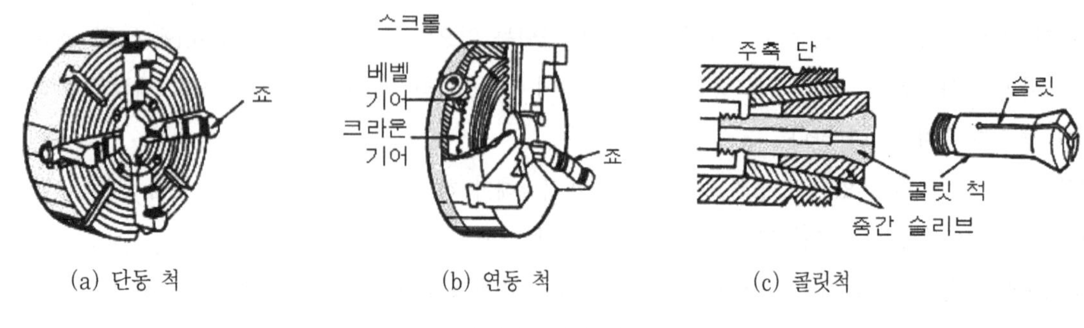

(a) 단동 척 (b) 연동 척 (c) 콜릿척

그림 8.4 척의 종류

㉮ 그림 8.4의 (a)는 단동 척(independent chuck)으로서 각 조(jaw)는 개별로 움직이며, 주로 불규칙한 공작물의 고정에 사용되고 고정력이 큰 편이다.

㉯ 그림 8.4의 (b)는 연동 척(universal chuck)으로서 각 조는 동시에 일정하게 움직이므로 공작물의 내·외형을 기준으로 동심 가공에 적합하다.

㉰ 유공압 척(hydroulic chuck)은 공작물의 고정력을 유공압에 의하여 발생시키는 것으로서, 조(jaw)의 형상은 공작물의 형상에 적합하도록 개조하여 사용이 가능하며 급속 장·탈착이 가능하고 클램핑력의 조절이 가능한 장점이 있다.

㉱ 전자 척(magnecting chuck)은 공작물의 형태가 일반 척으로 고정이 불가능하거나 박판인 경우에 사용된다.

㉲ 그림 8.4의 (c)는 콜릿 척(collet chuck)의 보기이며, 콜릿척은 테이퍼(taper)에 의하여 내·외경이 압축 또는 팽창되어 공작물을 고정하게 된다. 콜릿 척은 공작물과의 접촉이 전체적으로 이루어지고, 고정력도 전체적으로 작용하므로 공작물에 손상이 발생하지 않으며 급속 장·탈착이 가능하다.

◆ 선반 고정구 설계

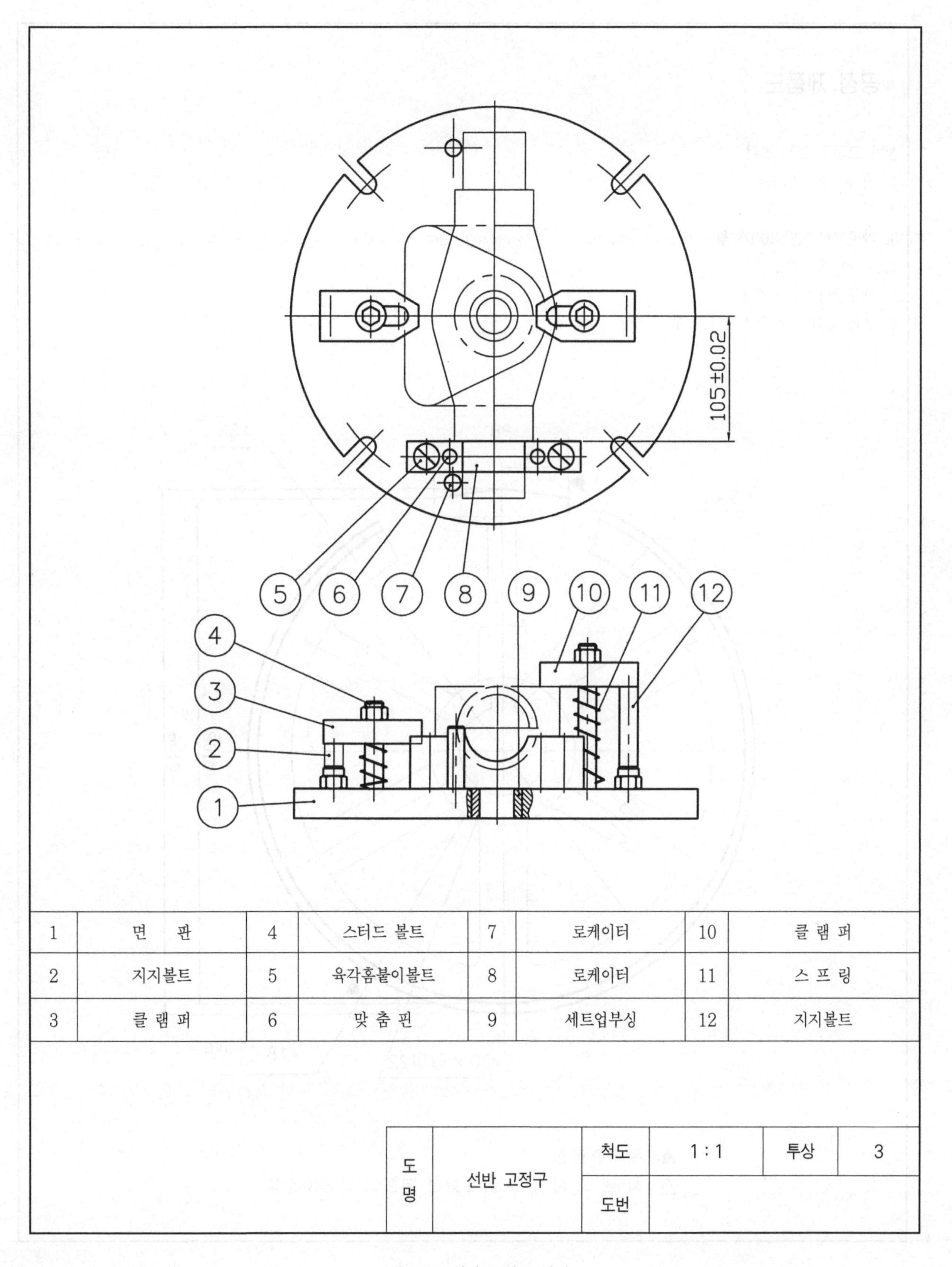

1	면 판	4	스터드 볼트	7	로케이터	10	클 램 퍼
2	지지볼트	5	육각홈붙이볼트	8	로케이터	11	스 프 링
3	클 램 퍼	6	맞 춤 핀	9	세트업부싱	12	지지볼트

도명	선반 고정구	척도	1 : 1	투상	3
		도번			

그림 8.5 선반 고정구 설계

◆ 설계 과제

공정 제품도

선반 고정구 설계 조건
1. 제 품 명 : Pulley
2. 재　　질 : GC20
3. 가공수량 : 30,000개/월
4. 공 정 명 : 외경 가공
5. 사용장비 : 보통 선반
6. 굵은 실선은 이 공정에서 기계 가공을 지시함

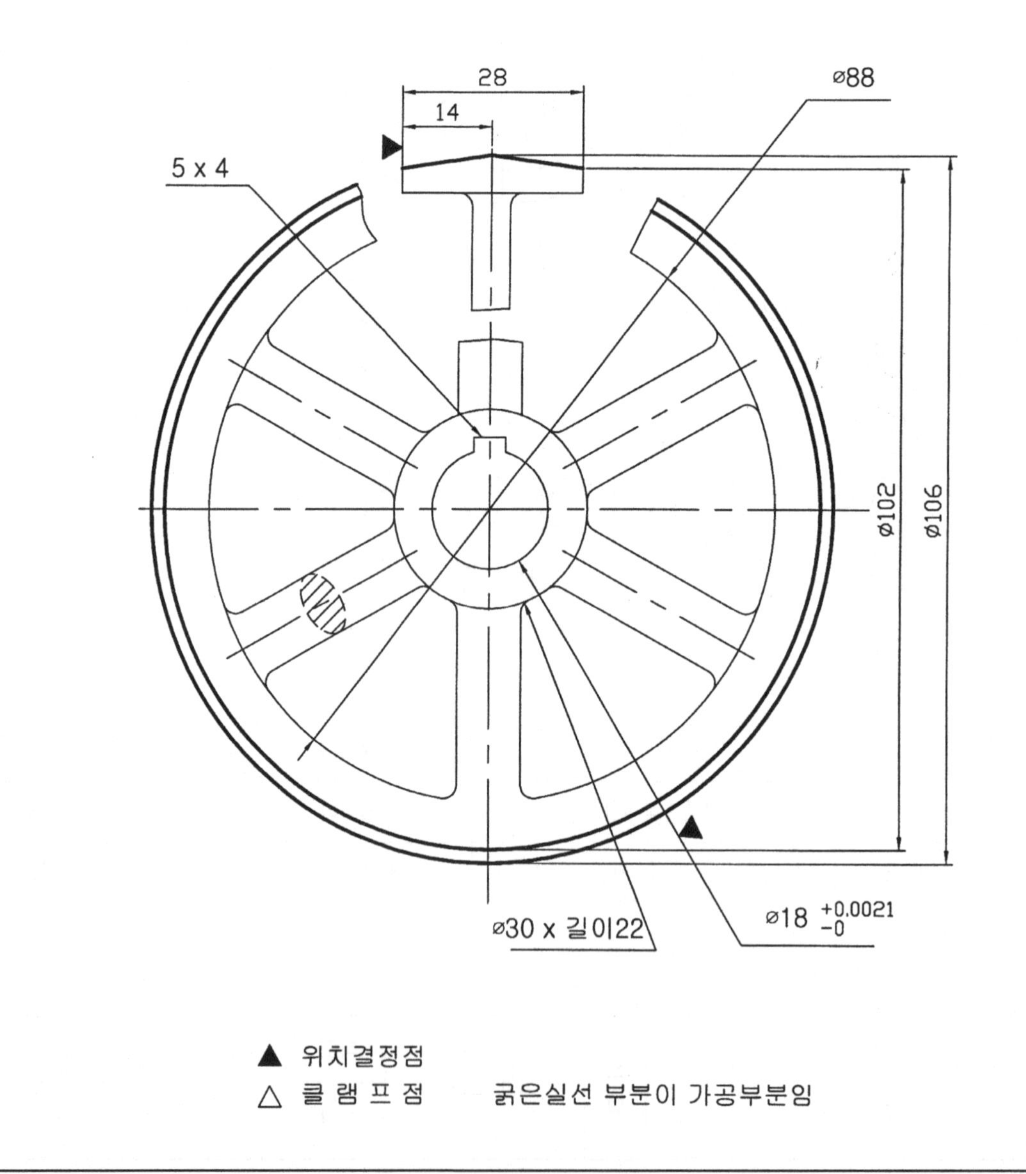

그림 8.6 공정 제품도

익힘문제

문제 1. 선반 고정구는 무엇인가?

해설 ① 선반 고정구는 선반 작업에 사용되는 치공구를 말한다.

② 선반은 일반 공작기계 중에서 가장 많이 사용되는 공작 기계로서, 내·외경 절삭, 테이퍼 절삭, 정면 절삭, 드릴링, 보링, 나사가공 등을 할 수 있으며, 여러 가지 고정구를 사용함으로써 광범위하고 효율적인 작업을 할 수 있다.

③ 선반 고정구는 대체적으로 단순하고 간단한 형태이다.
고정구의 종류는 척, 센터, 심봉, 콜릿 척에 의한 척형 선반 고정구, 면판 및 앵글플레이트를 활용하는 면판형 선반 고정구가 주로 사용된다.

문제 2. 선반 고정구 설계, 제작 시 주의 사항은 무엇인가?

해설 ① 회전 또는 절삭력에 의하여 공작물의 위치가 변하지 않도록 확실한 위치결정 및 클램핑을 하고, 주물품의 경우 탕구, 압탕, 주물귀 위치는 위치결정구가 적당하지 않으며, 분할선도 피하는 것이 좋다.

② 공작물의 장착과 장탈이 용이하도록 정확히 위치결정을 한다.

③ 고정구는 공작물과 함께 회전해야 되므로, 작업중에 떨림이나 비틀림이 발생하지 않도록 클램핑이 확실해야 한다.

④ 공작물이 클램핑력이나 절삭력에 의해서 변형되지 않도록 해야 한다.

⑤ 고정구는 강성이 있고 가벼우며 신속한 작동이 이루어져야 한다.

⑥ 고속도 회전의 경우는 편심이 일어나지 않도록 평행도를 주는 것을 고려한다.

⑦ 작업 중 칩의 제거가 용이하고 작업의 안전성을 확보해야 한다.

⑧ 중복 위치결정은 피하고 1회의 장착으로 가공을 끝내도록 구조를 설계한다.

문제 3. 척의 종류를 들고 설명하시오.

해설 척의 종류 중 기계식에는 단동 척, 연동 척, 콜릿 척, 유공압식 척, 전자 척, 콜릿 척이 있다.

① 단동 척(independent chuck)은 각 조(jaw)가 개별로 움직이며, 주로 불규칙한 공작물의 고정에 사용되고 고정력이 큰 편이다.

② 연동 척(universal chuck)은 각 조가 동시에 일정하게 움직이므로 공작물의 내·외형을 기준으로 동심 가공에 적합하다.

③ 유공압 척(hydroulic chuck)은 공작물의 고정력을 유공압에 의하여 발생시키는 것으로서, 조(jaw)의 형상은 공작물의 형상에 적합하도록 개조하여 사용이 가능하며 급속 장·탈착이 가능하고 클램핑력의 조절이 가능한 장점이 있다.

④ 전자 척(magnecting chuck)은 공작물의 형태가 일반 척으로 고정이 불가능하거나 박판인 경우에 사용된다.

⑤ 콜릿 척은 테이퍼(taper)에 의하여 내·외경이 압축 또는 팽창되어 공작물을 고정하게 된다. 콜릿 척은 공작물과의 접촉이 전체적으로 이루어지고, 고정력도 전체적으로 작용하므로 공작물에 손상이 발생하지 않으며 급속 장·탈착이 가능하다.

문제 4. 면판 고정구 설계 시 추의 용도는 무엇인가?

해설 양 모멘트가 같을 때 부착 상태는 균형을 이루고, 주축을 어떤 상태에서 회전시켜도 일정한 상태로 정지할 수가 있다. 회전균형이 맞지 않을 경우 기계, 고정구 등의 강성부족으로 베어링 자국이 생기고, 이 흔들림 때문에 변형이 나타나 공작물의 정밀가공이 곤란하다.

연습문제

1. 선반 고정구의 설계 시 주의사항이 아닌 것은?
   ㉮ 고정구는 공작물과 함께 회전되므로 떨림, 비틀림을 방지토록 클램핑이 확실해야 한다.
   ㉯ 공작물의 종류 형상에 따라 바이트 조정용의 기준면을 설치한다.
   ㉰ 고속도 회전가공시 편심이 일어나지 않도록 평행도 주는 것을 고려한다.
   ㉱ 회전력과 절삭력에 견디기 위해 되도록 무겁게 설계한다.

2. 선반 고정구 설계 시 심봉(Mandrel)이 사용되는 이유는?
   ㉮ 작업이 용이하기에　　㉯ 구멍과 외면이 동심원이 되기 위해서
   ㉰ 척에 물리기가 어려워서　　㉱ 구멍 때문에 직접 센터를 사용할 수 없기 때문에

3. 다음에서 소량 다품종 작업에 경제적인 고정구는 무엇인가?
   ㉮ 콜릿(Collet)　　㉯ 척(Chuck)
   ㉰ 고정구(Fixture)　　㉱ 지그(Jig)

4. 선반가공에서 볼트로 고정하고 앵글 플레이트를 사용하는 선반의 보조기구는 무엇인가?
   ㉮ 단동척　　㉯ 면판
   ㉰ 콜릿척　　㉱ 연동척

5. 다각형을 물릴 수 없는 척은?
   ㉮ 콜릿 척　　㉯ 단동 척
   ㉰ 연동 척　　㉱ 복동 척

6. 선반고정구에서 심봉(mandral)에 대한 설명이 아닌 것은?
   ㉮ 심봉 표면을 Cr 도금해서 연삭 다듬질함이 바람직하다.
   ㉯ 양단의 센터구멍은 접시모양으로 정확히 만들어져 있으며 래핑(lapping) 다듬질한다.
   ㉰ 심봉 표면은 탄소공구강을 담금질하여 사용하며 강도는 Hs70 이상이다.
   ㉱ 보통 테이퍼는 고도의 정밀도를 필요로 하지 않을 경우 5/100 정도로 한다.

정답 1.㉱ 2.㉯ 3.㉯ 4.㉯ 5.㉮ 6.㉱

7. 불규칙한 형상의 공작물을 선반에서 내경 작업할 때 필요한 것은?

㉮ 심봉, 베어링 센터, 면판 ㉯ 면판, 앵글플레이트, 베어링 센터

㉰ 면판, 앵글플레이트, 웨이트밸런스 ㉱ 방진구, 면판, 웨이트밸런스

8. 선반에 사용되는 바이트에 있어서 칩 배출에 가장 많은 영향을 주는 것은?

㉮ 경사각 ㉯ 여유각

㉰ 노즈반경 ㉱ 랜드각

정답 8.㉮ 9.㉰ 10.㉮

제 9 장

보링 고정구

1. 보링 고정구의 개요

보링 고정구는 일반적으로 드릴 지그와 밀링 고정구에서도 응용이 되며 공작물과 공구의 고정, 중심 내기, 공구 안내 및 지지, 측정 등을 용이하고 능률적으로 행하기 위하여 사용되며, 보링 머시닝에서 가장 많이 사용되는 지그는 보링용 고정구와 밀링용 고정구이다.

1.1 보링 고정구 설계 제작시 주의 사항

보링 고정구는 공작물과 가공 공구와의 상대위치를 결정하기 위한 장치로서 공작물을 파악하는 부분과 공구의 위치를 결정하는 부분으로 구성되어 있다.

① 보링 고정구는 충분한 강성을 가져야 하며, 보링 공구는 확실하게 고정되어야 한다.

② 고정구에 공작물을 확실하게 장착하기 위해서는 공작물의 변형의 경향, 또는 절삭력이 작용하는 상태를 충분히 고려하여 공작물의 위치결정면을 설계 초기에 미리 정한다.

③ 보링 공구가 공작물을 관통할 경우에는 고정구와 테이블에 여유 구멍을 만들어주어야 한다.

④ 보링 바가 고정구에 지지될 경우에는 진동을 줄일 수 있도록 부시나 베어링을 설치하여야 한다.

⑤ 보링 바는 충분한 강성을 지녀야 한다.

⑥ 고정구에 기준면의 선정에 신중을 기하여 공작물의 변형이 일어나지 않도록 해야 한다.

⑦ 칩의 배출 방법을 고려하여야 한다.

⑧ 취급과 보수, 공작물의 장·탈착이 용이하여야 한다.

⑨ 보링 바의 이동이나 보링 공구의 조절을 위하여 고정구와 보링 공구 사이는 여유를 두어야 한다.

1.2 보링 공구의 종류와 가공 방법

① 보링 가공의 방법에는 보링 바에 바이트를 부착하여 사용하는 것과, 보링 헤드와 같이 주축과 편심을 주어 사용하는 것을 대표적으로 들 수 있다.

② 그림 9.1은 보링 바에 바이트를 간단하게 부착하여 사용하는 방법으로, 바이트 날 끝의 돌출량에 따라서 공작물의 가공 내경이 결정되며, 바이트의 조정은 고정 나사를 풀고 감각에 의하여 이루어지게 된다.

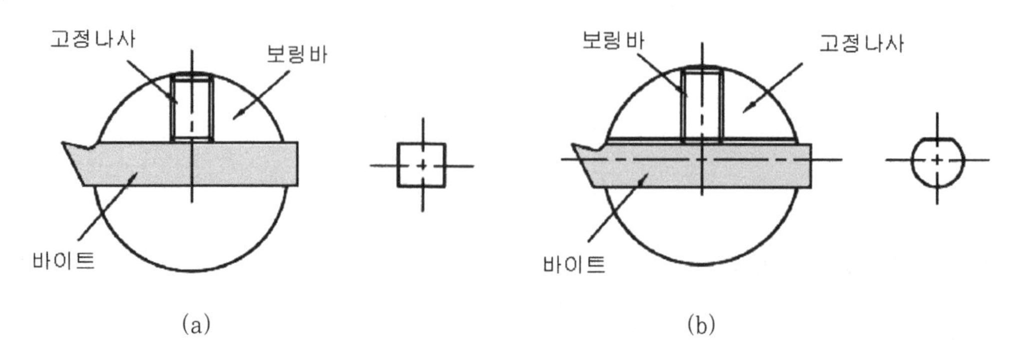

그림 9.1 바이트의 간단한 부착

③ 그림 9.2는 바이트를 경사지게 부착하여 공작물의 내경과 바닥을 동시에 가공할 수 있으며, 바이트의 조정은 나사에 의하여 이루어지게 된다.

④ 그림 9.3은 바이트의 조정 장치가 부착된 칼라로서, 바이트의 조정은 테이퍼 핀에 의하여 이루어지며, 보링 바에 부착하여 사용하게 된다. 칼라의 교환이 용이하므로 여러 종류의 칼라를 교환하여 다양한 가공을 할 수 있는 장점이 있다.

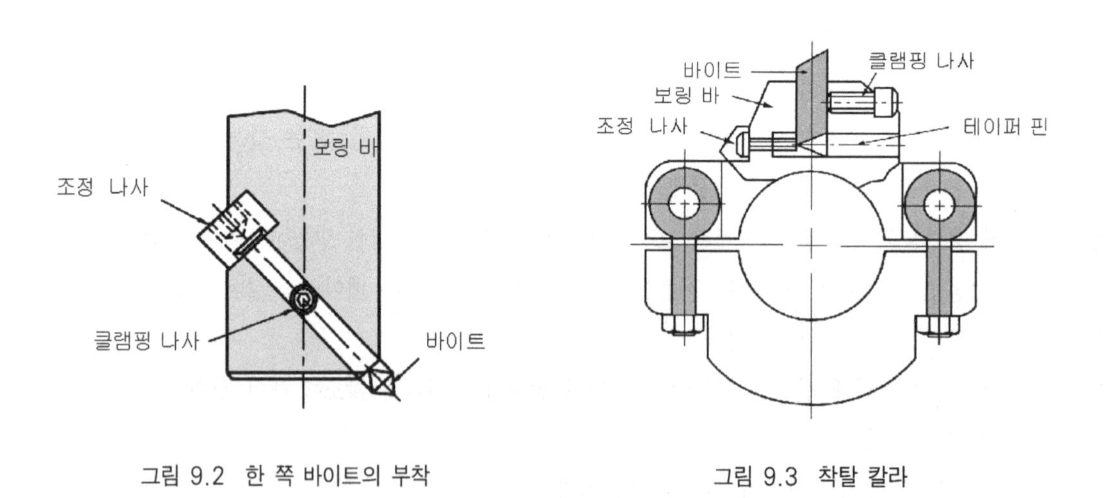

그림 9.2 한 쪽 바이트의 부착

그림 9.3 착탈 칼라

⑤ 그림 9.4는 판형의 바이트를 보링 바의 중앙에 삽입 고정하여 사용하는 예로서, 동시에 2개의 절삭날을 이용하여 공작물의 내경 또는 윗면을 가공하게 된다. 이 방법은 절삭중에 진동이 발생하기 쉬우므로 가공면이 불량한 경우가 발생할 수 있어 절삭이 어려운 단점이 있다.

⑥ 그림 9.5는 한 쪽 지지형의 보링 바의 예로서, 주로 깊지 않은 구멍을 보링할 경우에 이용되며, 사용 및 제작이 간단하고 보조 기구가 필요하지 않게 된다.

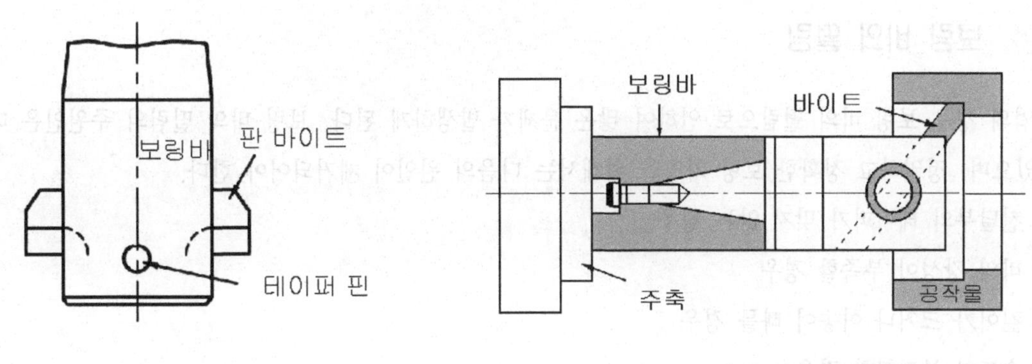

그림 9.4 판 바이트의 사용 예　　　　그림 9.5 한 쪽 지지형 보링 바

⑦ 그림 9.6은 양쪽 지지형 보링 바의 예로서, 깊은 구멍 또는 동일 중심선 상에 있는 다수의 구멍을 가공하기 위하여 사용되며, 보링 바의 한 쪽은 주축에 연결되고 다른 한 쪽은 부시 또는 베어링에 의하여 지지되도록 되어 있다.

⑧ 그림 9.7은 프리 세트(동시 가공형) 보링 공구로서, 한 개의 보링 바에 각기 다른 여러 개의 바이트를 고정하여 사용되며, 동시에 직경이 다른 여러 곳을 가공할 수 있으므로 가공 능률이 높아 대량 생산용으로 적합하나 공작물의 가공부에 제한을 받게 되고 보링바는 우수한 강성을 지녀야 한다.

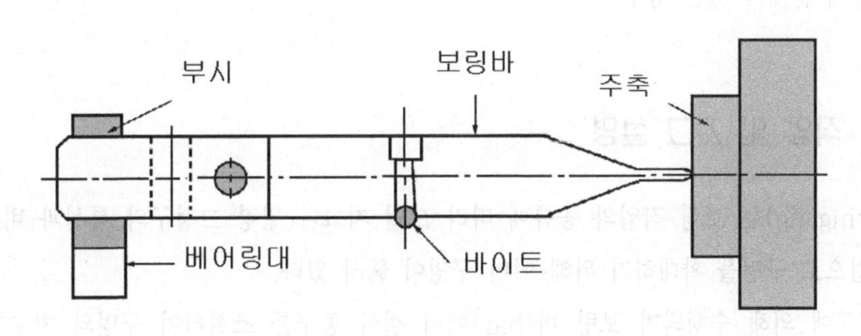

그림 9.6 양쪽 지지형 보링 바(Line boring bar)

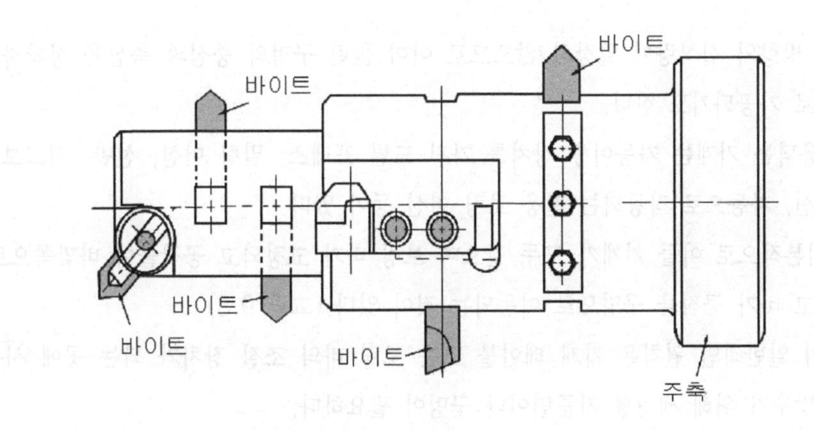

그림 9.7 프리 세트 보링 공구

1.3 보링 바의 떨림

보링 작업의 경우 보링 바의 떨림으로 인하여 많은 문제가 발생하게 된다. 보링 바의 떨림의 주원인은 다음과 같이 들 수 있으며, 정밀하고 정확한 보링 가공을 위해서는 다음의 원인이 제거되어야 한다.

① 동력 전달부의 테이퍼가 맞지 않는 경우
② 보링 바의 강성이 부족할 경우
③ 절삭 깊이가 크거나 이송이 빠를 경우
④ 절삭 속도가 부적합할 경우
⑤ 바이트 돌출이 클 경우
⑥ 바이트 인선의 위치가 부적합할 경우
⑦ 바이트 여유각이 부적합할 경우
⑧ 공작물의 클램핑이 불확실할 경우
⑨ 공작물의 형상이 약한 경우
⑩ 보링 바와 바이트의 고정이 불확실할 경우
⑪ 보링 바와 베어링과의 흔들림이 클 경우
⑫ 동력 전달 과정에 문제가 있는 경우

1.4 보링 작업 및 지그 설명

① 보링 지그(boring jig)는 보링 작업의 종류에 따라 드릴 지그나 밀링 고정구의 특성과 비슷하며, 공작물에는 항상 보링 작업으로 구멍을 확대하기 위해 이미 구멍이 뚫려 있다.

② 보링은 단일공구에 의해 수행되며 보링 바(bar)에서 절삭 공구를 조절하여 구멍의 치수를 맞출 수 있으며, 이는 최종작업이 되는 경우가 대부분이고 가끔 연삭이나 다른 정확한 치수를 얻기 위한 예비작업이 되기도 한다.

③ 보링에서는 원주 방향의 절삭량이 일정치 않으므로 이미 뚫린 구멍의 중심과 축심을 정확하게 맞추기는 매우 어려우며 타원으로 가공되기도 한다.

④ 보링 작업에 사용되는 기계는 자동이송 장치를 가진 드릴 프레스, 밀링 머신, 선반, 지그보링 머신, 수직 또는 수평 보링 머신, 자동으로 작동되는 전용 보링 머신 등이 있다.

⑤ 보링의 원리는 기본적으로 이들 기계가 모두 같으며 보링 바가 고정되고 공작물이 바깥쪽으로 이동되는 것과, 공작물이 고정되고 바가 공작물 구멍으로 이동되는 것이 있다.(그림 9.8)

⑥ 보링 지그 설계의 일반적인 원칙은 기계 테이블 또는 보링 바의 조절 장치가 되는 곳에 사용되는 보링 지그는 구멍 중심을 맞추기 위해 세팅용 기준면이나 구멍이 필요하다.

⑦ 보링 지그를 크게 나누어 보면 드릴 지그와 같이 보링 바를 안내하는 것과 밀링 고정구와 같이 공작물을 바에 대해 적절한 관계 위치가 되게 고정시키는 것이 있다. 그러나 보링 바의 종류, 보링 머신의 형식 등에 따라 다르다.

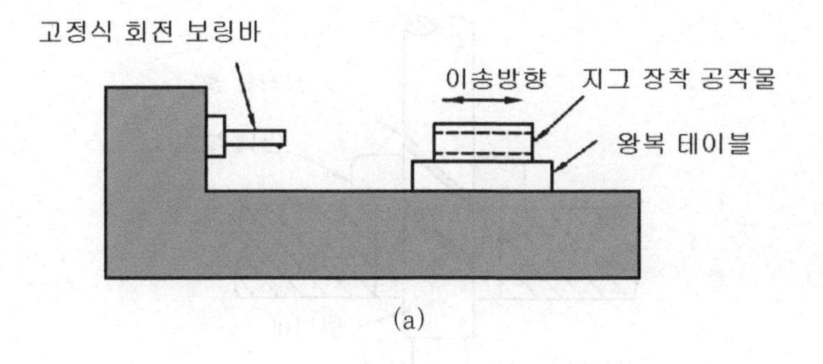

(a)

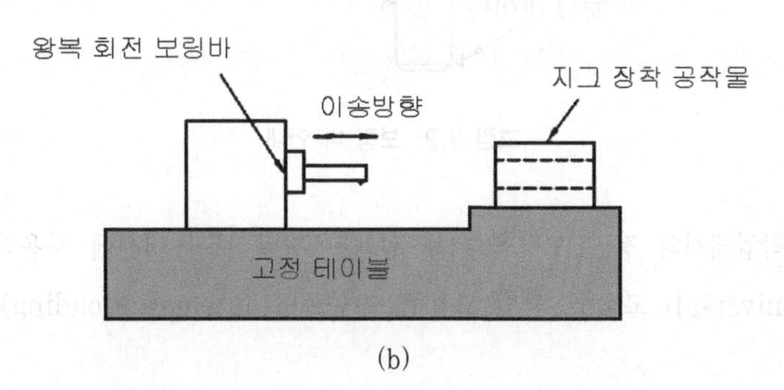

(b)

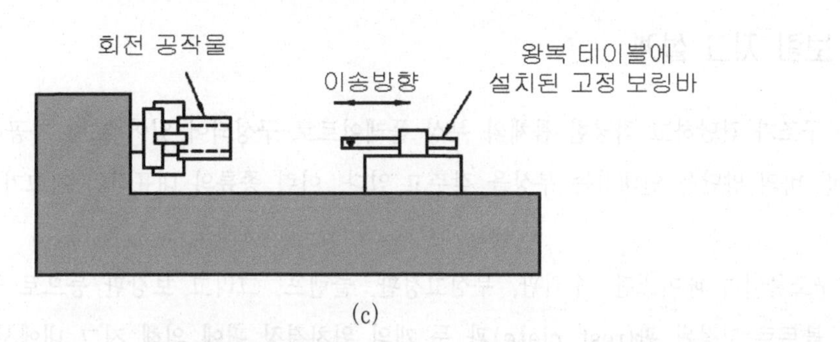

(c)

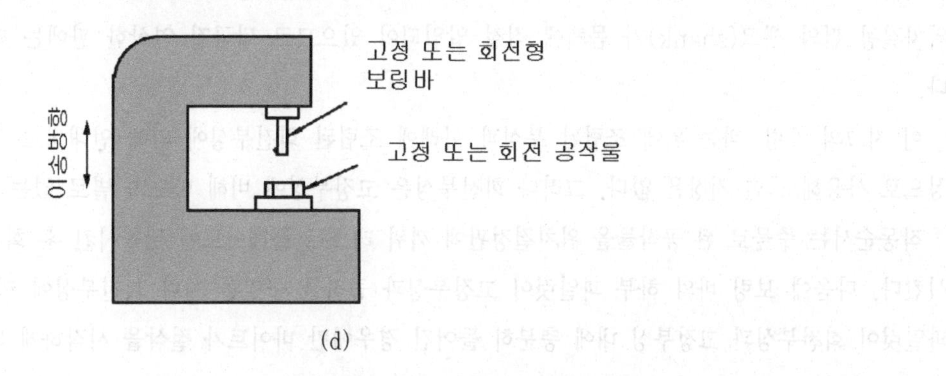

(d)

그림 9.8 수평 및 수직 보링 작업 원리

⑧ 보링 바는 일반적으로 스터브 바(stub bar), 단일 파일럿 바(single pilot bar), 이중 또는 다중 파일럿 바로 구분되며 이들 중 스터브 바는 짧은 구멍이나 막힌 구멍의 보링에 사용된다.

⑨ 보링 바의 안내 부싱은 경강, 청동 또는 베어링강 등으로 만들며 볼 베어링(ball bearing)이 있는 회전부싱은 생산량이 많거나 고속 회전을 요할 때 사용된다. 그리고 바의 지지 표면은 내마모성을 위해 담금질하거나 경질 크롬도금을 한다.(그림 9.9)

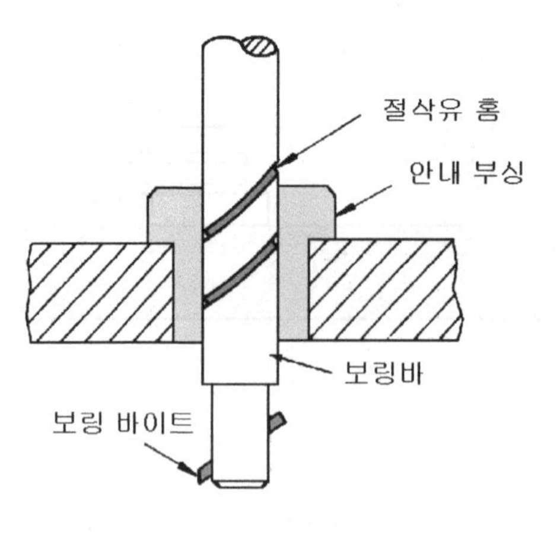

그림 9.9 보링 바 안내

⑩ 이밖에 대량 생산 작업에서의 정밀 보링을 위해 설계된 정밀 보링 머신에 사용되는 앵글 플레이트(angle plate), 유니버설(universal) 고정구, 분할 고정구, 자동로딩(automatic-loading) 고정구 등이 있다.

1.5 보링 지그 설계

보링 지그는 구조가 간단하고 적당한 몸체와 부싱 플레이트로 구성되어 있어 보링 가공하는 제품을 위치결정 및 클램핑하고 보링 바의 양단을 안내하는 부싱을 갖추고 있다. 이런 종류의 대표적인 지그가 그림 9.10에 나타나 있다.

몸체는 용접구조물이며 베이스판, 수직판, 부싱고정판, 클램프, 그리고 보강판 등으로 구성되어 있다. 공작물은 몸체의 패드에 볼트로 고정된 판(rest plate)과 두 개의 위치결정 핀에 의해 지그 내에서 위치가 결정된다. 이때 위치결정 핀의 섕크(shank)가 몸체에 직접 압입되어 있으므로 담금질 연삭한 판에는 다웰핀을 사용할 필요가 없다.

이 지그의 보링 바는 위에 조립된 부싱과 아래에 조립된 회전부싱에 의해 안내되고 있으나 양쪽을 표준고정 부싱으로 사용해도 별 지장은 없다. 그러나 회전부싱은 고정부싱에 비해 마모가 별로 없는 이점이 있다.

작동순서는 주물로 된 공작물을 위치결정핀에 끼워 레스트 플레이트에 밀착시킨 후 회전 클램프로 공작물을 고정시킨다. 다음에 보링 바의 하부 파일럿이 고정부싱과 공작물 구멍을 지나 회전부싱에 끼워진다. 이때 하부와 상부 파일럿이 회전부싱과 고정부싱 내에 충분히 들어간 경우에만 바이트가 절삭을 시작하게 되어 있다.

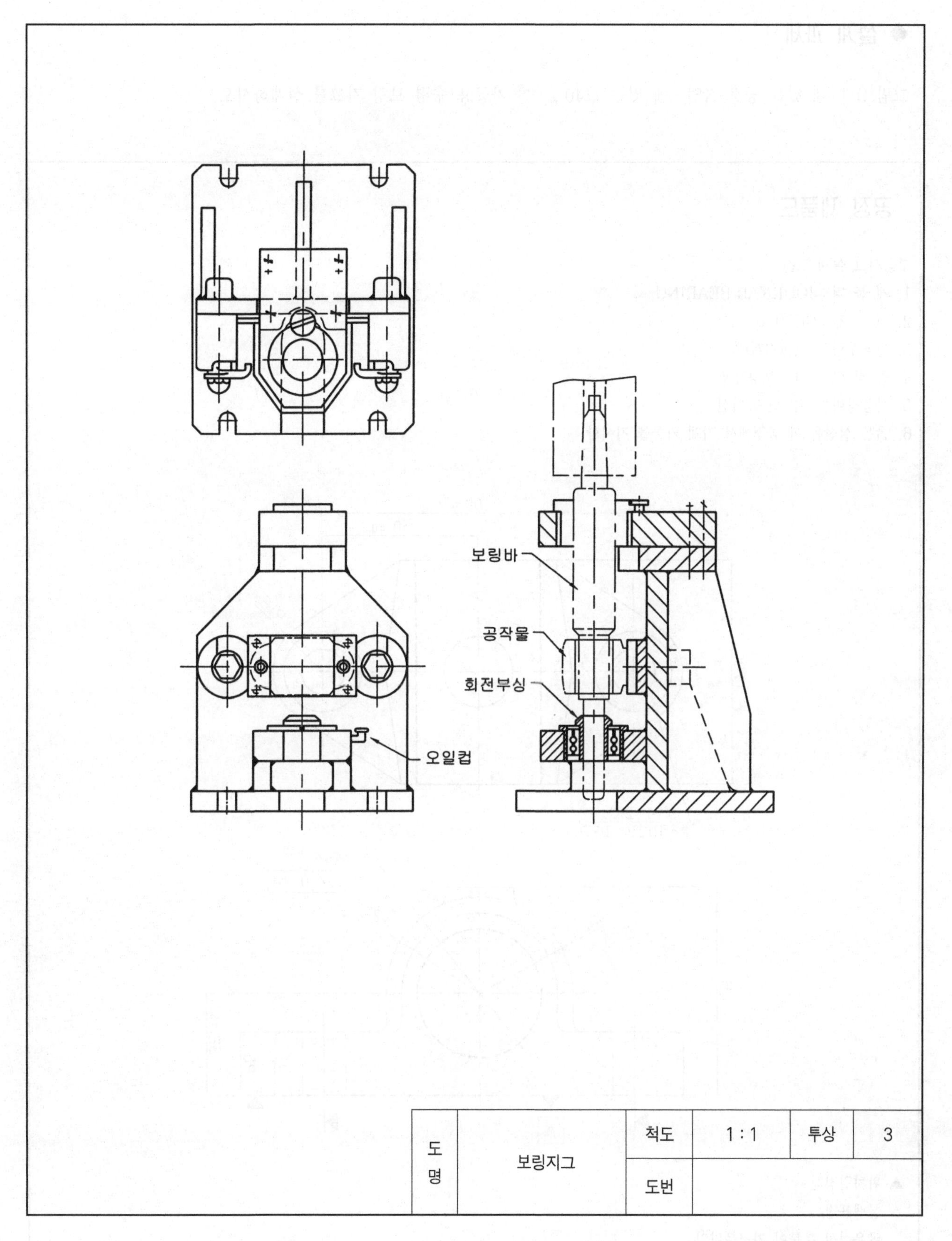

그림 9.10 보링 지그 설계

◆ 설계 과제

그림 9.11에 있는 공정 작업도에 있는 $\varnothing 40\,^{+0.15}_{0}$ 가공용 수평 보링 지그를 설계하시오.

공정 제품도

보링지그 설계 조건

1. 제 품 명 : JOURNAL BEARING
2. 재 질 : GC20
3. 가공수량 : 30,000개/월
4. 공 정 명 : Ø40 보링가공
5. 사용장비 : 수평 밀링 머신
6. 굵은 실선은 이 공정에서 기계 가공을 지시함

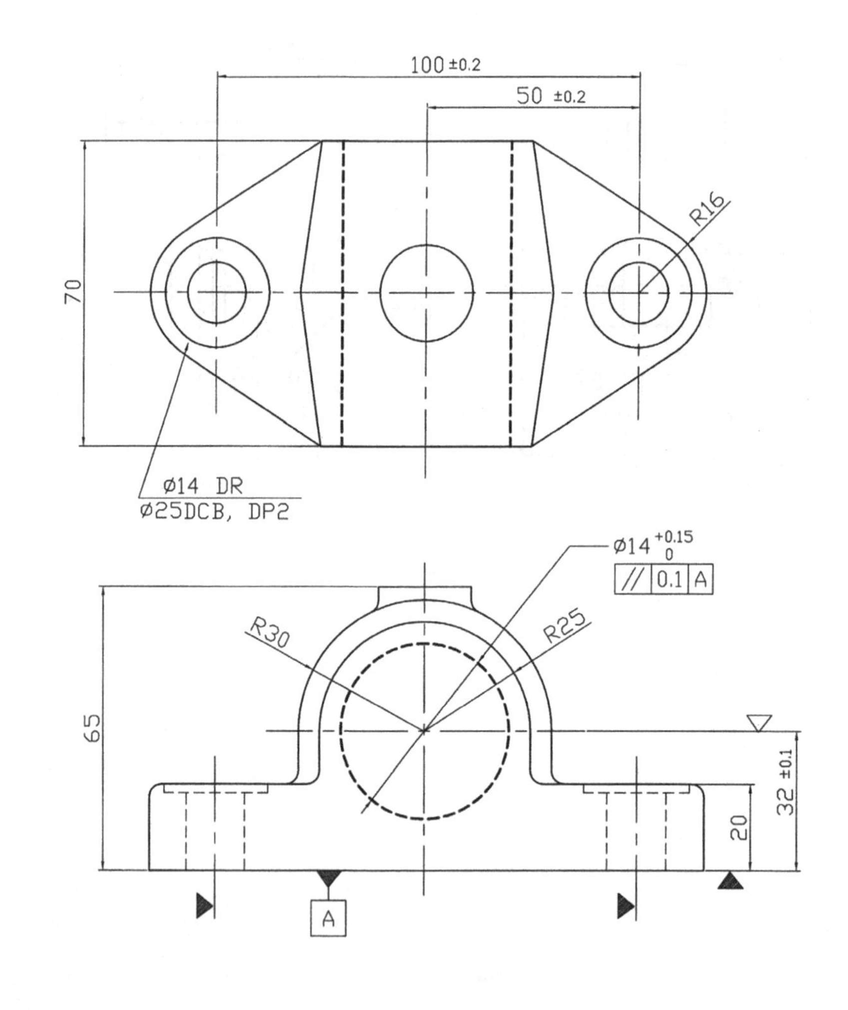

▲ 위치결정점
△ 클램프점
굵은실선 부분이 가공부위임.

그림 9.11 공정 제품도

익힘문제

문제 1. 보링 고정구의 설계, 제작시 특징은 무엇인가?

해설 보링 고정구는 일반적으로 드릴 지그와 밀링 고정구에서도 응용이 되며 공작물과 공구의 고정, 중심 내기, 공구 안내 및 지지, 측정 등을 용이하고 능률적으로 행하기 위하여 사용되며, 보링 머시닝에서 가장 많이 사용되는 지그는 보링용 고정구와 밀링용 고정구이다.

① 보링 고정구는 충분한 강성을 지녀야 하며, 보링 공구는 확실하게 고정되어야 한다.

② 고정구에 공작물을 확실하게 장착하기 위해서는 공작물의 변형의 경향, 또는 절삭력이 작용하는 상태를 충분히 고려하여 공작물의 위치결정면을 설계 초기에 미리 정한다.

③ 보링 공구가 공작물을 관통할 경우에는 고정구와 테이블에 여유 구멍을 만들어 주어야 한다.

문제 2. 보링 바의 구조에 대하여 설명하시오.

해설 일반적으로 많이 사용되는 테이퍼 구조로 주축선단에 직접 장착하는 것으로 모스테이퍼로 되어 있으나 내셔날 방식도 사용되고 있다. 보링 바 선단에는 바이트를 설치하기 위한 바이트 구멍과 그것을 고정하기 위한 나사가 있지만 바이트 부분에는 여러 가지 형식이 있다.

문제 3. 보링 바의 떨림 원인을 설명하시오.

해설 보링 작업의 경우 보링 바의 떨림으로 인하여 많은 문제가 발생하게 된다. 보링 바의 떨림의 주원인은 다음과 같이 들 수 있으며, 정밀하고 정확한 보링 가공을 위해서는 다음의 원인이 제거되어야 한다.

① 동력 전달부의 테이퍼가 맞지 않는 경우

② 보링 바의 강성이 부족할 경우

③ 절삭 깊이가 크거나 이송이 빠를 경우

④ 절삭 속도가 부적합할 경우

⑤ 바이트 돌출이 클 경우

⑥ 바이트 인선의 위치가 부적합할 경우

⑦ 바이트 여유각이 부적합할 경우

⑧ 공작물의 클램핑이 불확실할 경우

연습문제

1. 보링 고정구의 설계시 고려할 사항이 아닌 것은?
   ㉮ 고정구는 강성이 커야 함과 동시에 공구의 지지에 대하여 강성을 가져야 한다.
   ㉯ 자동기계에 있어서는 칩의 제거 여하가 고정구의 기능을 좌우한다.
   ㉰ 고정구가 바를 지지할 때 바의 진동을 최소로 하기 위하여 베어링이나 부시를 설치하여야 한다.
   ㉱ 공작물의 기준자리는 설계 후에 정하는 것이 바람직하다.

2. 보링 바의 떨림 원인이 아닌 것은?
   ㉮ 절삭깊이가 크거나 이송이 느린 경우 ㉯ 절삭속도가 부적합한 경우
   ㉰ 공작물의 클램핑이 불확실한 경우 ㉱ 돌출 길이가 큰 경우

3. 40mm 각 봉의 강재로 만든 보링봉으로 길이 L이 1m의 경우 절삭하중 1000kg이라 한다면 변형량 "δ"는?(단, $E=2.1\times10^6$이다.)
   ㉮ 0.004mm ㉯ 0.005mm
   ㉰ 0.006mm ㉱ 0.007mm

   해설 $\delta = \dfrac{4\times 1000\times 80^3}{2100000\times 20\times 20^3} = 0.006\,\text{mm}$

4. 보링 바(boring bar)의 강도와 강성은 바(bar) 지름 D와 길이 L에 따라 결정한다. 지름은 가능한 한 큰 것이 좋고, 바와 구성사이의 칩 여유를 구멍의 가공여유보다 크게 해야 한다. 한쪽 지지형일 때, 대체로 바의 길이 L은 얼마로 하는가?
   ㉮ 바 L≦D ㉯ 바 L≦4D
   ㉰ 바 L≦6D ㉱ 바 L≦10D

   해설 한쪽은 바 L≦6D이고, 양쪽은 바 L≦10D이다.

5. 보링 바의 유지를 하기 위해 베어링 부시(bush)를 사용한다. 일반적으로 베어링 부시의 길이는 얼마로 하는가?
   ㉮ 축 지름의 1/2배 ㉯ 축 지름의 2배
   ㉰ 축 지름의 4배 ㉱ 축 지름과 관계없다.

정답 1.㉱ 2.㉮ 3.㉰ 4.㉰ 5.㉯

제 10 장

기타 지그와 고정구

1. 연삭 고정구

연삭 고정구의 활용 범위는 선반, 밀링 고정구 등과 거의 동일하며, 연삭 고정구의 종류는 평면 연삭용, 내·외경 연삭용, 각도 연삭용, 총형 연삭용, 분할 연삭용, 공구 연삭용 등이 있으며, 연삭 작업은 숫돌이 고속으로 회전하는 관계로 치공구의 설계 및 제작 시에는 특히 안전성을 고려하여야 하며, 일반적인 주의 사항은 다음과 같다.

① 위치결정 부위나 지지구에는 충분한 내마모성이 있어야 한다.

② 숫돌의 분말과 칩에 의하여 가공면의 정도가 떨어지지 않아야 하며, 분말과 칩의 배출이 잘 되도록 하여야 한다.

③ 클램핑력이나 절삭열에 의해 변형이 발생하지 않도록 하여야 한다.

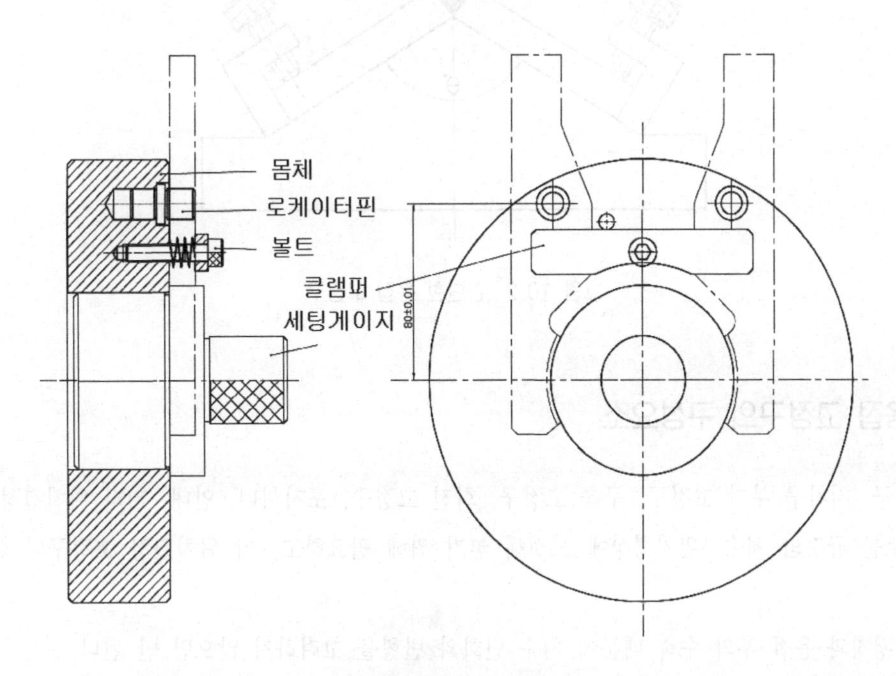

그림 10.1 연삭 고정구

④ 클램핑은 확실히 하여야 하며, 가공중 공작물의 위치가 변하지 말아야 한다.
⑤ 측정은 공작물이 고정된 상태에서 이루어질 수 있도록 한다.
⑥ 장착과 장탈은 용이하여야 한다.
⑦ 절삭유의 공급과 배출이 잘 되도록 하여야 한다.

2. 용접 고정구

2.1 용접 고정구의 설계 제작의 고려사항

용접용 고정구는 용접을 간단하고 정확히 경제적으로 행하고, 그림 10.2와 같이 용접시 발생되는 공작물의 수축과 변형, 치수 및 강도의 변화를 줄이기 위하여 사용되는 고정구이다. 용접 고정구의 종류는 공작물의 용접부의 형상에 따라 여러 종류로 분류할 수 있으며, 용접 고정구의 설계 제작시에는 다음 사항을 고려하여야 한다.

① 고정구의 구조와 클램핑 방법은 공작물의 장착과 탈착이 용이하여야 한다.
② 제작비용을 고려하여 가장 경제적으로 설계 제작한다.
③ 용접 후의 수축 및 변형을 미리 고려하여 설계 제작한다.
④ 공작물의 위치결정 및 클램핑 위치 설정은 공작물의 잔류 응력과 균열을 고려하여 결정한다.
⑤ 공작물의 구조나 형상에 따라 가용접 고정구와 본용접 고정구로 분류하여 설계 제작하는 것이 바람직하다.

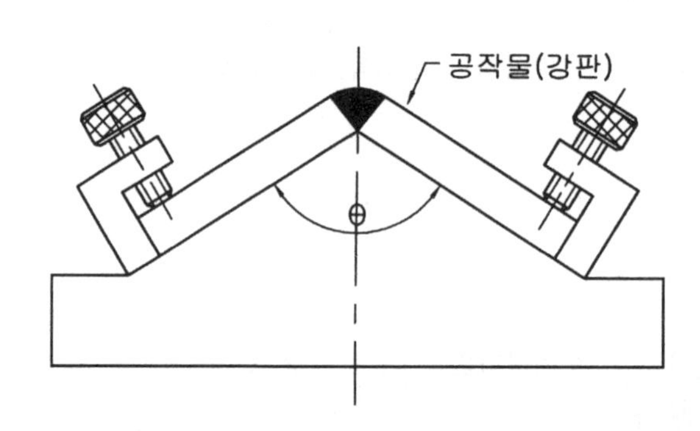

그림 10.2 간단한 용접 고정구

2.2 용접 고정구의 구성요소

위치결정 고정구, 지지구 부착 고정구, 구속 고정구, 회전 고정구, 포지셔너, 안내, 기타 위치결정 고정구는 용접 구조용의 각 요소를 규정의 치수, 위치형상에 고정해 놓기 위해 필요하고, 이 위치결정 고정구의 설계에 대하여는 다음과 같다.

① 용접 시의 팽창과 용접 후의 수축 때문에 치수 변화와 변형을 고려하지 않으면 안 된다.
② 위치결정면은 강도와 강성이 큰 것으로 하고 용접 비틀림 등으로 인한 고정구 오차가 없도록 한다.
③ 용접 변형이 나타나는 곳에는 거기에 알맞은 구속력을 갖는 면을 설정한다.

④ 용접 고정구에서 제품을 장탈하기 쉽도록 하기 위한 위치결정면의 구조를 고려하고, 수축된 방향은 면이 닿지 않도록 고려할 필요가 있다.

⑤ 기타 기준을 취하는 방향, 용접 작업의 용이한 구조, 원가 등의 고려를 필요로 한다.

구속 고정구는 용접 시에 나타나는 비틀림 변형을 가능한 한 나타나지 않도록 구속해서 그대로 상온 상태와 같이 되도록 적절한 강도로 만들어진 고정구로써, 이것에 따라 정도가 좋은 용접 구조물을 얻을 수 있어 널리 사용되고 있다. 구속력은 가능한 한 면에 스토퍼나 체결 볼트, 기타 장치로 확실하게 구속할 필요가 있다.

회전 고정구는 작업자가 용접 구조물을 용접하기 쉬운 자세가 되도록 회전대, 포지셔너 등을 사용해서 만든 것으로써 작업 능률면에서도 확실한 작업을 할 수 있기 때문에 널리 이용되고 있다.

안내는 용접 고정구로 자동 용접을 사용할 때 용접선에 대하여 와이어의 위치가 일정하게 되도록 중심을 맞추는 장치나 상하 이동 등에 대한 평행 기구 등을 말하며, 고정구의 능률을 올리기 위한 하나의 중요한 부분이다. 그밖에 용접 고정구로서는 치수 결정이나 치수 점검 게이지류, 형상 점검 게이지류 등이 있다.

2.3 용접 고정구 구상시 고려 사항

용접 고정구를 구상할 경우 고려해야 할 사항은 다음과 같다.

① 대형 구조물에는 블록 방식을 채택하므로 각 고정구의 배열, 재료의 운반 경로 등의 전반적인 생산공정에 대하여 검토한다.

② 공장 설비, 가공 방법 등의 기준을 제품의 모양, 용접 위치 등에 따라서 어떤 고정구를 사용하며, 어디에서 분할하여 블록 조립을 해야 하는가를 검토한다.
대형 구조물을 공장 밖으로 운반할 때에 운반이 가능한 치수로부터 블록 조립의 크기를 검토하여야 한다.

③ 조립에 있어서는 용접 방법에 따라 고정구 방식이 크게 변하나, 가능하면 고능률의 기계 용접을 사용한다.

④ 고정구 제작에 있어서는 비용이 많이 들기 때문에 제품의 생산량에 따라 고정구의 설계 사양을 고려하여야 한다.

⑤ 고정구의 기준면을 생각하고 블록 조립을 할 때에는 동일 기준면이 되도록 한다.

⑥ 제관 제품의 조립에서는 조립 치수의 오차를 인정하여야 하므로 고정구 설계에서는 여유 위치와 그 허용치수 범위를 먼저 결정하여야 한다.

⑦ 부품을 바른 위치에 쉽게 부착할 수 있고, 또한 부품의 부착 및 분리가 용이하여야 한다.

⑧ 위치결정용 받침대는 쉽게 변형되지 않아야 한다.

⑨ 고정구에 고정되는 부품의 크기는 되도록 손으로 잡을 수 있는 것으로 한다.

⑩ 고정구는 가능한 제품의 제조원가를 고려하여 경제적으로 만들어야 한다.

⑪ 제품의 수가 적을 때에는 일반용 고정구를 사용한다.

⑫ 먼지, 오물 등이 모이지 않는 구조로 한다.

⑬ 받침대는 외부에서 식별할 수 있도록 색을 칠한다.

⑭ 고정구의 높이는 작업하기 쉬운 높이로 한다.

⑮ 고정구 주위의 부품의 배치를 생각한다.

이들의 조건을 전부 만족하는 것은 어려우나, 좋은 고정구를 만들기 위해서는 능률의 향상, 공수의 감소, 변형의 감소, 제품의 정밀도 향상 등을 도모하여야 한다.

그림 10.3은 용접 또는 기타의 방법으로 판 위에 일정한 각도로 둥근 축을 고정하는 방법을 구상할 때 그림 10.4와 같이 판 스프링에 둥근 축을 고정하고 용접을 할 경우 간편하게 위치결정과 정확한 작업이 된다. 판은 스토퍼에 밀착시키고 공작물 착탈은 판 스프링에 의하여 쉽게 꺼낼 수가 있다.

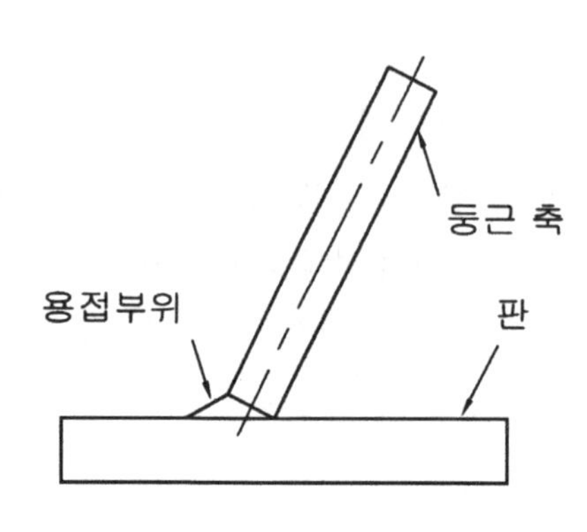

그림 10.3 간단한 용접지그의 방법

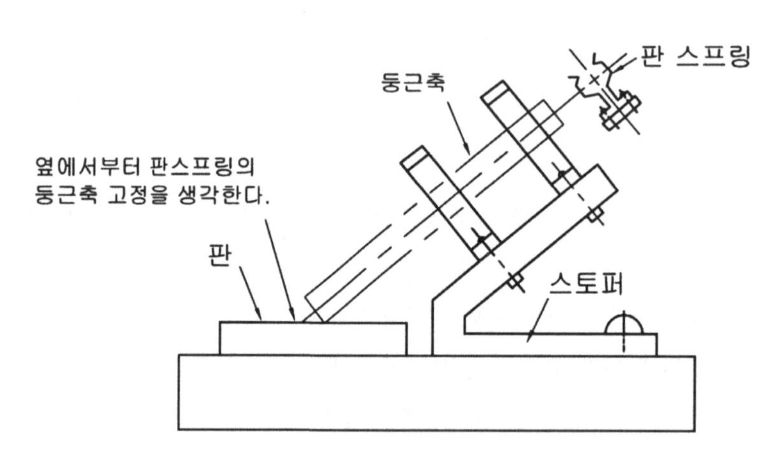

그림 10.4 간단한 용접 지그의 예

3. 조립 지그

조립용 지그는 하나의 공작물 또는 제품에 부품을 조립하기 위하여 사용되는 지그로서, 정확하고 경제적으로 조립하기 위하여 사용되는 지그이다. 조립용 지그의 종류는 공작물의 조립부의 형상에 따라 여러 가지로 분류할 수 있다.

조립용 지그에서 공작물의 위치결정 및 클램핑을 위한 설계 특성은 조립 부품의 모양에 따라 결정되며, 조립용 지그에서는 부품을 안내할 수 있는 기구와 부품을 조립할 수 있는 프레스 기구가 필요하다. 그리고 부품의 조립 시에는 조립부의 버로 인한 조립상의 문제가 발생할 수 있으므로 버의 제거가 필요하다.

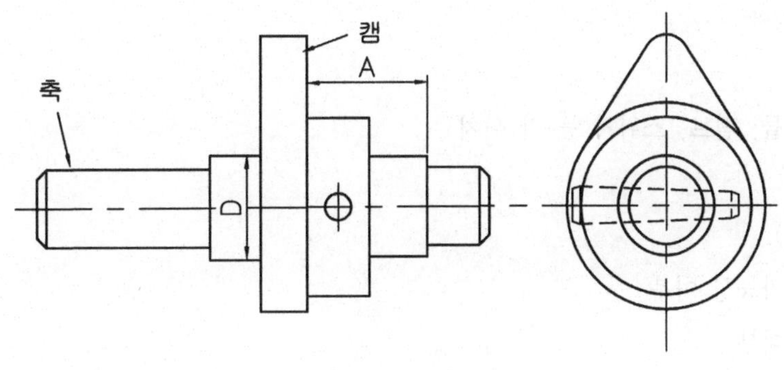

그림 10.5 축과 캠

그림 10.5는 축과 캠으로서 축 D의 직경에 캠을 조립하여 테이퍼 핀 구멍을 동시에 드릴 및 리머 가공한 후 다웰 핀으로 축과 캠을 고정할 때 조립지그의 설계구상 다음과 같다. 축 D의 직경에 단이 없어 축 방향의 위치결정은 A치수에 지정된 것과 같이 주의하면서 조립이 되어야 한다.

조립 지그에 관한 구상을 하면 그림 10.6과 같이 설계할 수 있다. 캠을 지그에 장착하고 축의 상부에서부터 넣고 축의 중심과 그 기울기를 부시로 안내한 후 위에서 압입하면 가능하다. 지그의 스토퍼까지 조립되면 측정하지 않아도 축 방향의 위치가 정확히 결정된다.

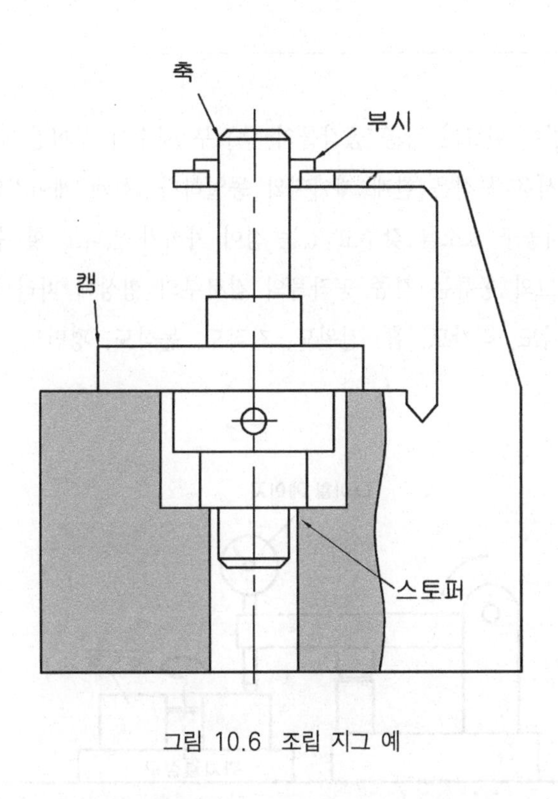

그림 10.6 조립 지그 예

3.1 조립 지그 설계상의 고려사항

조립 지그를 설계하고자 할 때는 다음 사항을 고려해야 한다.

① 조립 정밀도

② 위치결정의 적정 여부

③ 공작물의 장착과 장탈

④ 작업 자세

⑤ 조작 장치(각종 핸들, 밸브, 스위치 등)의 위치

⑥ 조작력

⑦ 작업력(인간공학적)

⑧ 양손 동시 사용의 가능성 여부

⑨ 발 사용의 가능성 여부

⑩ 안정성

⑪ 잘못된 조작에 대한 고려

⑫ 충격, 소음, 전기 충격 등의 고려

⑬ 조립 수량

⑭ 가격과 이윤

4. 검사용 지그

검사용 지그는 가공 또는 조립이 완료된 각종 공작물의 주요부 치수가 주어진 한계 내에 있는가를 파악하기 위하여 사용되는 지그를 말한다. 사용 목적은 한계 게이지와 동일하나, 한계 게이지의 경우는 형태 및 검사 범위가 단순하며, 검사 지그의 경우는 치공구 요소를 갖추고 있는 점이 차이가 있다고 할 수 있다.

그림 10.7과 같이 검사용 지그의 종류는 각종 공작물의 검사부의 형상에 따라 여러 종류로 구별할 수 있으며, 내경, 외경, 깊이, 단차, 편심, 각도, 직각도, 홈, 진원도, 진직도, 동심도, 평면도, 원통도, 평행도, 대칭도, 피치검사용 등을 들 수 있다.

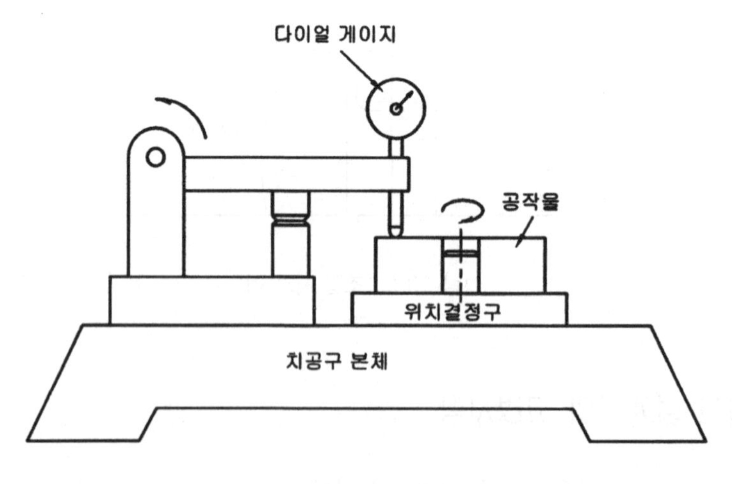

그림 10.7 검사 지그의 예

5. 자동차 지그

5.1 자동차 치공구의 의미

자동차 차체를 생산하기 위해 필요한 각종 장치를 말하며 일반적으로 차체 지그라 한다. 또한 공작물의 로케이터 기구를 지그라 하고, 공작물의 클램프기구를 고정구라 한다. 차체 지그는 부수적으로 용접기능이 있어야 한다.

(1) 로케이터(locator)

위치를 정한다는 뜻으로 지그에서는 제품 판넬(Panel)을 조립(Ass'y)하기 위하여 자연 또는 강제상태로 놓았을 때 변형이 가지 않도록 위치를 결정하여 주고 절대로 움직이지 않도록 하는 것, 즉 기준을 말한다.

(2) 클램프(clamp)

제품 패널(Panel)이 작업중에 이동이나 진동하지 않도록 적절한 고정력을 가해지는 기구를 말한다.

5.2 자동차 지그 구성(unit)의 기본 구조

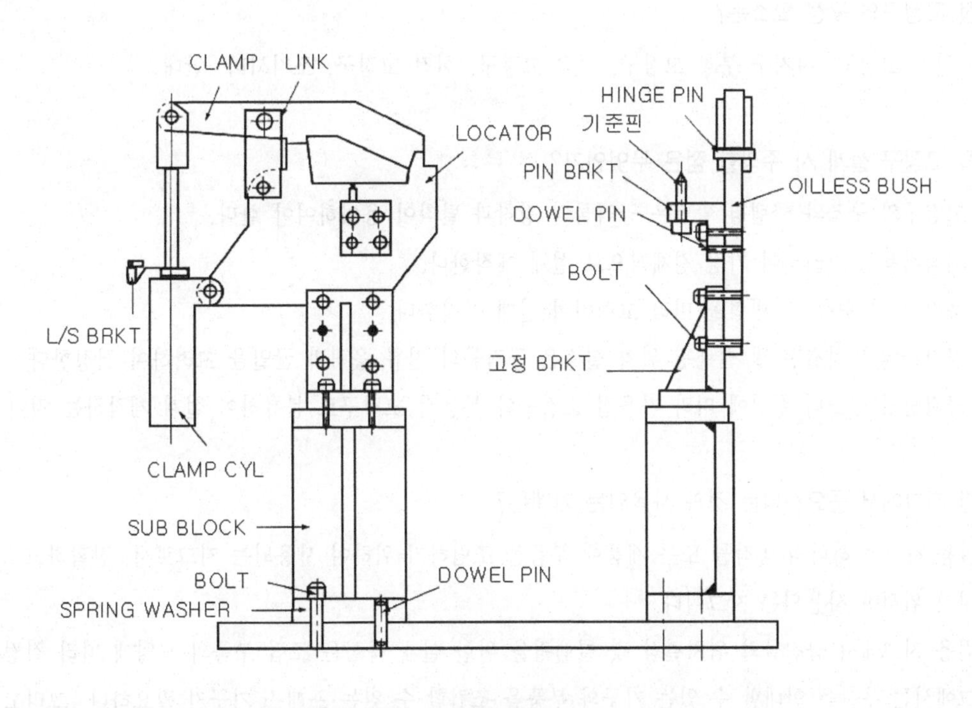

그림 10.8 자동차 치공구의 기본 구조

익힘문제

문제 1. 연삭 고정구 설계 시 주의할 점은 무엇인가?

해설 ① 위치결정 부위나 지지구에는 충분한 내마모성이 있어야 한다.

② 숫돌의 분말과 칩에 의하여 가공면의 정도가 떨어지지 않아야 하며, 분말과 칩의 배출이 잘 되도록 하여야 한다.

③ 클램핑력이나 절삭열에 의해 변형이 발생하지 않도록 하여야 한다.

④ 클램핑은 확실히 하여야 하며, 가공중 공작물의 위치가 변하지 말아야 한다.

⑤ 측정은 공작물이 고정된 상태에서 이루어질 수 있도록 한다.

⑥ 장착과 장탈은 용이하여야 한다.

⑦ 절삭유의 공급과 배출이 잘 되도록 하여야 한다.

문제 2. 용접 고정구의 구성 요소는?

해설 위치결정 고정구, 지지구 부착 고정구, 구속 고정구, 회전 고정구, 포지셔너, 안내

문제 3. 용접 고정구 설계 시 주의할 점은 무엇인가?

해설 ① 고정구의 구조와 클램핑 방법은 공작물의 장착과 탈착이 용이하여야 한다.

② 제작비용을 고려하여 가장 경제적으로 설계 제작한다.

③ 용접 후의 수축 및 변형을 미리 고려하여 설계 제작한다.

④ 공작물의 위치결정 및 클램핑 위치 설정은 공작물의 잔류 응력과 균열을 고려하여 결정한다.

⑤ 공작물의 구조나 형상에 따라 가용접 고정구와 본용접 고정구로 분류하여 설계 제작하는 것이 바람직하다.

문제 4. 조립 지그에서 중요시되는 것과 사용되는 기계는?

해설 조립용 지그는 하나의 공작물 또는 제품에 부품을 조립하기 위하여 사용되는 지그로서, 정확하고 경제적으로 조립하기 위하여 사용되는 지그이다.

조립용 지그에서 공작물의 위치결정 및 클램핑을 위한 설계 특성은 조립 부품의 모양에 따라 결정되며, 조립용 지그에서는 부품을 안내할 수 있는 기구와 부품을 조립할 수 있는 프레스 기구가 필요하다. 그리고 부품의 조립 시에는 조립부의 버로 인한 조립상의 문제가 발생할 수 있으므로 버의 제거가 필요하다.

문제 5. 검사 지그에서 가장 큰 문제점은?

해설 압축에 의한 변형, 휨에 의한 변형, 온도에 의한 변형 등

연습문제

1. 용접 고정구의 설계 제작에서 고려할 내용이 아닌 것은?
   ㉮ 용접 비틀림이 나타나도 장탈이 용이한 구조로 한다.
   ㉯ 구속하는 경우 공작물의 이동이 한 방향으로 가능하도록 해야 한다.
   ㉰ 용접 고정구의 구조나 형상으로 볼 때 가용접을 피하는 것이 좋다.
   ㉱ 용접 후의 수축과 변형량을 미리 고려하여 설계 제작한다.

2. 용접 고정구는 용접하는 용접물에 따라 여러 가지로 만들어진다. 용접 구조용의 용도로 틀린 것은?
   ㉮ 위치결정 ㉯ 공구 안내
   ㉰ 구속 ㉱ 지지구 부착

3. 가스 아크 용접에 필요로 하는 용접 고정구 설계시 적당한 작업 높이는 얼마 정도로 해야 하는가?
   ㉮ 700mm 정도 ㉯ 1500mm 정도
   ㉰ 1200mm 정도 ㉱ 900mm 정도

4. 공작물의 로케이터 기구를 지그라 하고 공작물의 클램프기구를 고정구라 하며, 부수적으로 용접기능이 있어야 하는 지그는?
   ㉮ 자동차 지그 ㉯ 조립 지그
   ㉰ 검사 지그 ㉱ 용접 지그

5. 조립 고정구 설계상의 고려사항 중 틀린 것은?
   ㉮ 작업자세 ㉯ 제작될 부품의 수량
   ㉰ 조립정밀도 ㉱ 공작물의 장착과 장탈

정답 1.㉰ 2.㉯ 3.㉱ 4.㉮ 5.㉯

제 11 장

치공구 설계·제작의 기본

1. 치공구의 칩 대책

절삭가공으로 나타나는 칩은 연속하여 나와 바이트에 감기거나 잘고 조그만 조각으로 나타나 사방으로 흩어져, 때로는 정밀기계의 속에까지 들어가 기계를 정지시키거나 가공정밀도를 저하시키는 등 여러 가지 문제를 일으킨다. 칩 위에 놓인 공작물은 정확한 위치결정이 이루어지지 않으며 또한 가공중 칩의 변형으로 공작물이 움직이는 경우도 있다.

위치결정면이나 기준면의 칩을 제거하는 시간이 작업 시간보다 더 많이 소요되는 경우도 있다. 따라서 치공구 설계시에는 이러한 칩의 제거에 특히 유의하여야 한다.

다음은 치공구 설계 시의 칩 제거상의 주의할 점을 나타낸다.

① 칩이 자동장치에 의하여 미끄러져 나가거나 원심력에 의하여 치공구에서 나가도록 설계한다.

② 위치결정면이나 유동하는 핀은 공작물의 바로 밑에 두거나 덮어서 칩이 떨어져 들어가지 않게 한다.

③ 절삭중에 발생하는 칩은 가능한 한 치공구의 내부에 떨어져 들어가지 않게 한다.

④ 위치결정면을 열처리 경화한 것은 자화(磁化)되어 칩이 빠져나오기 힘드므로, 특히 치공구의 보이지 않는 모서리에 주의하여야 한다.

⑤ 칩 제거를 위한 통로를 만들어 준다.

⑥ 칩의 통로는 조금 불필요하다고 느낄 정도로 다듬질해 주는 것이 좋다.

⑦ 이밖에도 자동연속작업을 하는 치공구에서는 특히 칩 제거에 유의하여야 하며, 여러 개의 부품을 병렬 또는 직렬로 절삭하는 경우는 특별히 주의하여야 한다. 또한 클램프에 들어가는 스프링에 칩이 끼어 곤란한 경우가 발생되는 수도 있으며, 칩이 너무 쌓여 기계를 중지시켜 제거하는 경우를 초래해서는 안 된다. 이러한 칩 제거시 압축공기를 사용하는 경우도 있으나 보통 절삭유 등을 호스를 통해 제거한다.

1.1 칩의 형태

① 주철, 청동 기타 취성 재료를 기계 가공할 때는 많은 먼지와 함께 부스러기 모양의 칩이 발생되며, 강이나 연성재료는 여러 가지 형태의 길다란 칩이 생성된다.

② 대부분의 1점 절삭공구는 고속절삭시 연속상의 칩이 나선상으로 말려 나오고, 엉키고 뭉쳐져서 절삭가공을 방해하는 경우가 생기므로 칩 브레이커(chip breaker)를 사용해야 한다.

③ 트위스트 드릴가공도 플루트부분에 칩이 엉키고 플루트 공간을 막을 염려가 있으므로 드릴 치공구(지그)를 설계하는 담당자는 드릴 지그(부시)에 수직으로 빠져나올 수 있도록, 드릴 가공시 생성되는 칩의 특성을 잘 이해하여 설계해야 한다.

④ 정면 밀링 공구는 일원 상에 여러 개의 1점 절삭공구가 고정된 복합 형태로 되어 있어 공작물을 지나가는 커터 날의 통로길이보다 길지 않은 표준 칩의 형태로 칩의 길이가 일정한 한계 내에 있다. 대개의 밀링커터는 칩이 짧게 생성된다.

⑤ 칩의 생성

㉮ 유동형 칩(flow type chip) : 재료 내의 소성변형이 연속적으로 일어나 균일한 두께의 절삭 칩이 연속적으로 흘러나오는 형식이다.

㉯ 전단형 칩(shear type chip) : 절삭공구에 의해서 밀려난 상방향의 재료가 어떠한 한 면에 대하여 전단을 일으켜 칩은 연결되어 나오지만, 세로방향으로 절삭 눈이 생기는 형식이다.

㉰ 열단형 칩(뜯기형)(tear type chip) : 잡아 뜯는 것 같이 가공되는 것으로, 비교적 점성이 있는 재료의 절삭에 있어서 생겨 나오는 것으로 칩이 인선의 경사면에 쌓이는 형식이다.

㉱ 균열형 칩(crack type chip) : 순간적으로 균열이 일어나 칩이 단숨에 공작물에서 분리되는 형식이다.

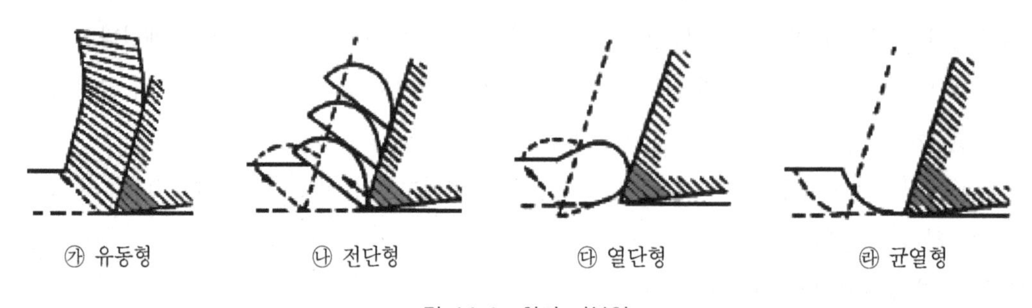

그림 11.1 칩의 기본형

1.2 버의 형성

① 연성재료를 기계 가공할 때는 항상 버(Bur)의 발생문제가 연상된다. 완전취성 재료는 버가 생성되지 않으나 부스러지거나 모서리가 파괴된다. 이것은 치공구 설계 자체에는 별로 큰 문제가 되지는 않지만 기계 가공상 별개의 한 문제가 된다.

② 버의 형성은 소재가 공구의 절삭력에 밀려 생성되며, 버는 절삭가공 표면의 거칠기(면의 조도)를 결정하는 요소가 된다. 버의 크기는 일정한 규칙이 없으나. 이송량이 클수록, 절삭속도가 낮을수록, 공구의 경사각이 작을수록, 재료의 연성이 클수록, 더욱 큰 버가 형성된다.

③ 그림 11.2의 (a)와 (b)는 드릴 가공 시에 치공구 내부에 형성되는 버는 문제가 되며, 원만하게 형성되도록 적당한 공간을 두지 않으면 안 된다.

④ 그림 11.2의 (c)의 공작물 상측에는 드릴 부시와 부품의 윗면 사이에 버가 형성되도록 간극을 두어야 한다. 또 치공구의 베이스 부분에는 버가 형성되도록 필요한 공간을 두어야 한다.

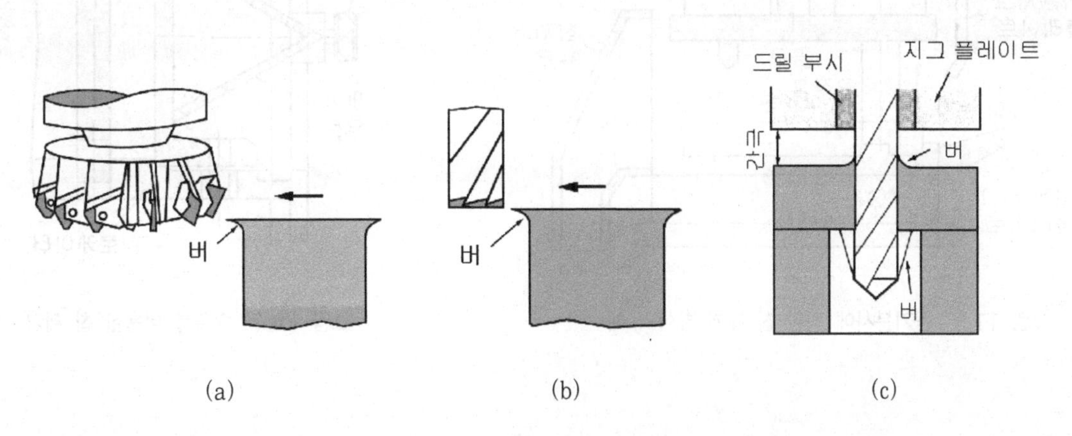

그림 11.2 밀링과 드릴의 버 생성

1.3 칩의 제거

① 치공구에 떨어지는 칩은 가공 부품에 떨어지는 칩보다는 더 큰 문제는 없으며 쉽게 제거시킬 수 있다.

② 펌프의 용량, 파이프나 노즐의 크기, 공작기계 테이블의 그루브와 채널의 크기나 길이, 스트레이너, 시브, 필터, 침전탱크 등을 포함한 부대설비의 여건들을 고려한 냉각유의 적절한 공급·회수 방법과 냉각유의 충돌로 인한 분산방지장치, 작업자나 기계보호를 위한 방지칸막이의 설치 등을 고려해야 한다.

③ 그림 11.3은 공기제트방식으로 칩을 제거하는 경우는 여러 가지의 장단점이 같이 내재하여 있으나 차폐판, 방지 칸막이, 슈트, 덕트 등을 기술적으로 사용하면 대부분의 단점들을 커버할 수 있다.

㉮ 고정식 로케이트 플레이트로 구성된 기구식 치공구와 가동형 지그 판이 2개의 공기분사 노즐과 함께 장치되어 있고, 에어밸브는 판상 지그가 개방된 상태에 있을 때 작동된다. 공작물이 끼워지기 전에 공기가 분산되어 고정 로케이터 플레이트와 지그 판을 깨끗이 한다.

㉯ 이 방식은 건식 연삭가공에 일반화되어 있고, 또 주철, 알루미늄, 마그네슘 가공 시에도 사용할 수 있으며 여러 종류의 플라스틱을 기계 가공할 때에도 널리 사용되고 있다.

㉰ 치공구 내부에 칩이 다량 모여 있으면, 배출시켜야 하는데, 그러기 위해서는 치공구의 벽면이 허용하는 한 개구부(開口部)를 크게 만들어 두고, 손쉽게 제거할 수 있도록 가공부품이 끼워지는 주변에 충분한 공간을 두는 것이 좋다.

④ 그림 11.4는 드릴 지그에서 깔때기모양의 슈트를 사용하여 칩을 제거하는 특수한 예를 나타낸 것이다. 공작물은 원통형이며, 2개의 플렌지에 구멍가공을 하기 위한 드릴 지그로 슈트에 의하여 드릴 가공시 나오는 칩이 밖으로 배출된다.

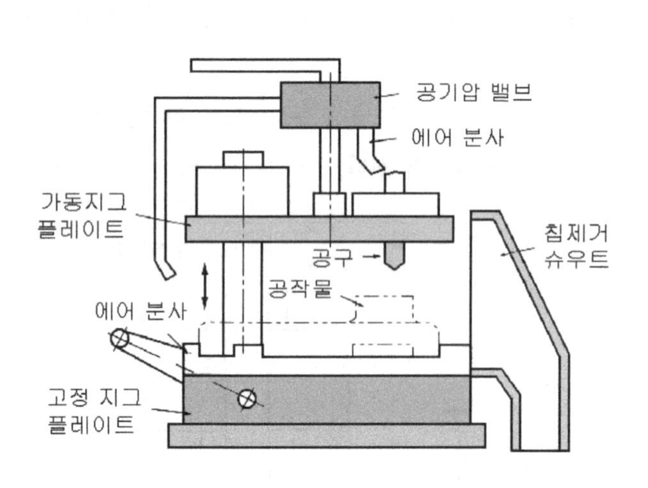

그림 11.3 공기분사에 의한 칩 제거 방식의 예

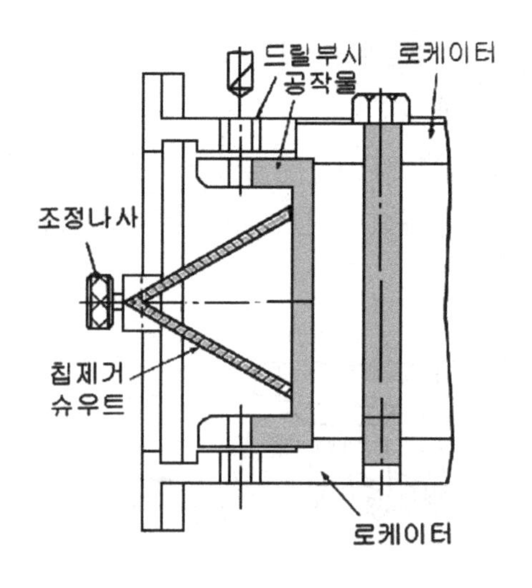

그림 11.4 슈트를 이용한 칩 제거

1.4 칩의 도피와 유입방지

① 치공구 설계의 모든 단계에서 직면하는 가장 큰 문제는 필연적으로 나타나는 칩, 먼지, 녹, 페인트의 분말입자나 주물의 주물사 입자 같은 오물이나 칩의 파편에 의하여 기인된다. 이들이 구석부나 빈틈에 모여, 부품과 로케이터 사이의 접촉 상태를 불량하게 하는 요인이 된다.

② 수직면은 자연적으로 먼지가 쌓이기 어렵고, 수평 위치결정면은 비교적 용이하게 깨끗이 할 수 있기 때문에 위치결정면은 작게 만들고, 측면이나 단부(端部) 정지구는 오히려 수직면으로 설치한다.

③ 예리한 모서리를 가진 평탄면이 다른 평탄면에 미끄러질 때, 미끄러지는 평탄면에 스크레이퍼 작용을 하는 것과 똑같이 로케이팅 패드의 모서리는 부품의 접촉면의 먼지를 제거하여 깨끗하게 한다.

④ 로케이팅 패드에 그루브를 내놓으면 이러한 효과가 더 크게 된다. 같은 원리로 부품의 모서리부분이 반대로 위치결정면의 먼지를 제거하여 깨끗이 하기도 한다.

⑤ 오물 도피 공간은 기계가공에서 형성되는 버의 도피공간이 되기도 한다. 이 공간은 많은 칩이 쌓이면 감당하지만, 부품의 모서리로 밀던가 하여 쉽게 오물이 빠져나갈 수 있는 공간은 충분히 되는 것이다.

⑥ 로케이터용 핀이나 버튼은 그림 11.5의 (a)나 (b), (c)와 같이 모서리를 따내거나 주위를 둥글게 움푹 판 구멍에 설치할 수 있다. 또, (d)나 (e)처럼 핀이나 버튼을 평탄하게 깎아서 끼울 수도 있다.

⑦ 그림 11.6처럼 길다란 측면이나 단부 로케이터는 모서리를 따내거나 반듯하게 안쪽을 따내어 만드는 것이 좋다.

⑧ 두 개의 기준면이나 측면의 위치결정면이 수직으로 만날 경우는 구석부에 도피 홈을 만들어 준다. 도피 홈의 모양은 경우에 따라 여러 가지로 다르며, 그림 11.7은 그 중 4가지의 예를 나타낸다.

⑨ 원형 로케이터의 오물 도피공간 설계도 이상에서 언급한 방법에 따라 실시하며 그림 11.8은 그 일례를 나타낸다. 이 경우에 핀이나 버튼에 대하여 도피공간의 홈부는 실제적으로는 오물 도피공간, 버 도피공간, 연삭가공 시의 여유 등 3가지 기능을 가지게 된다.

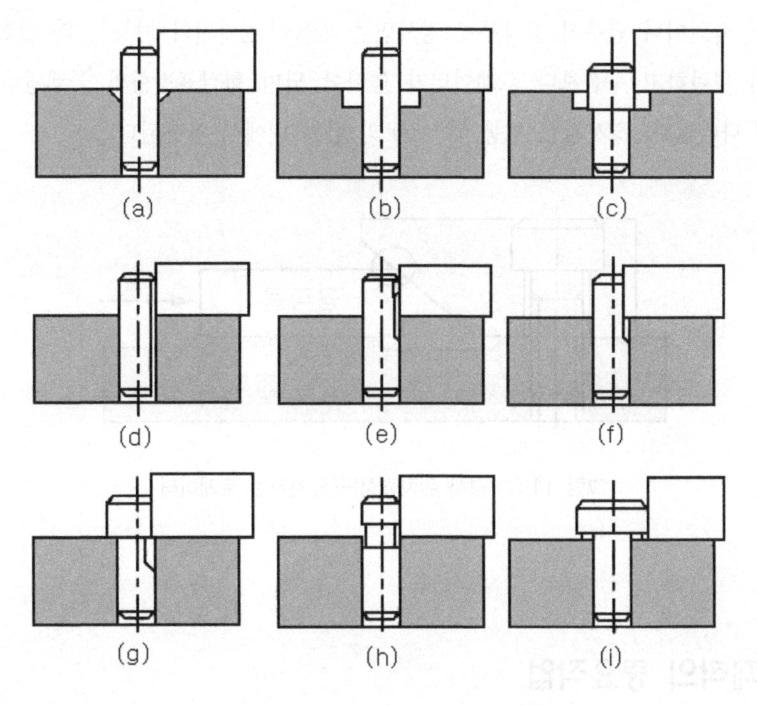

그림 11.5 칩이나 먼지의 공간을 위한 로케이터 형태

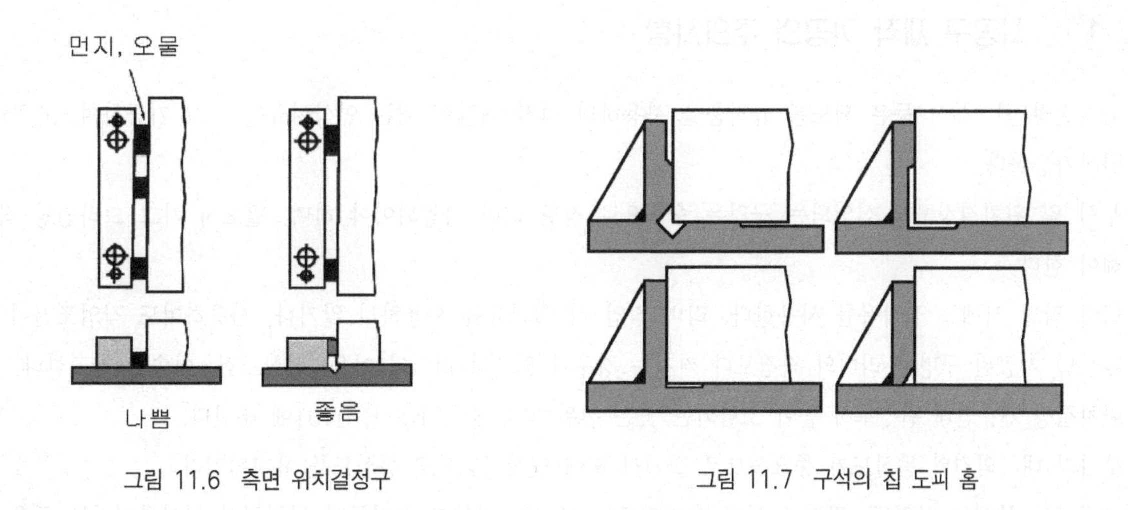

그림 11.6 측면 위치결정구

그림 11.7 구석의 칩 도피 홈

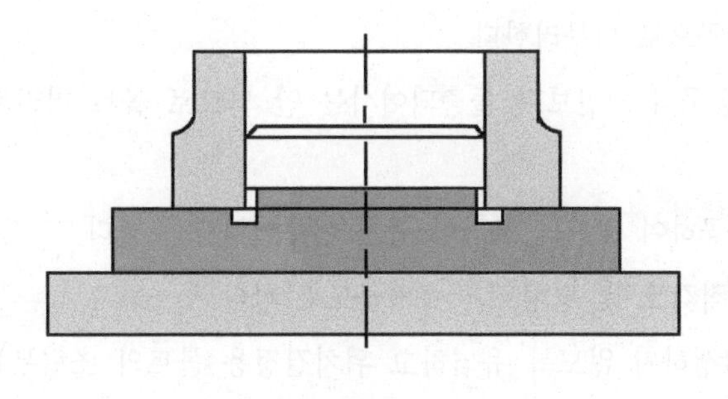

그림 11.8 원형의 칩 도피 홈

⑩ 그림 11.9와 같이 측면이나 단부의 정지부에 경사면을 만들어 2가지의 기능을 다 발휘하도록 할 수도 있다. 이 경우는 부품이 평탄하고 부품보다 로케이터가 높아야 되며 화살표방향의 클램핑만으로 부품이 아래쪽에 밀려 붙는 효과가 나타난다. 경사각은 보통 7°~10°의 범위 내에서 응용된다.

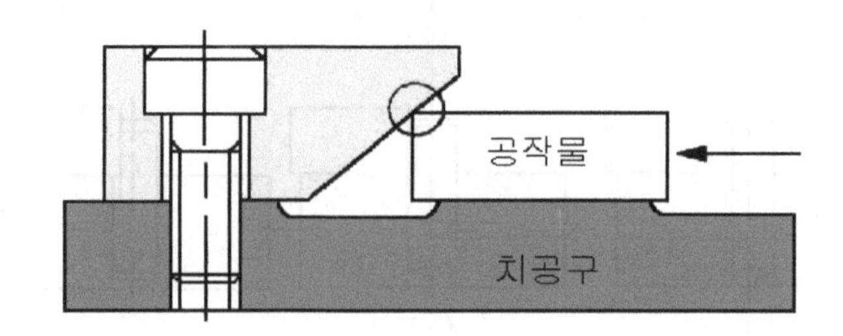

그림 11.9 경사 위치결정면을 가지는 로케이터

2. 치공구 제작의 중요작업

2.1 치공구 제작 가공의 주의사항

① 위치결정 핀, 부시 등은 되도록 규격품을 사용하되 직접 제작할 때는 연삭여유를 두고 가공하여, 열처리 및 연삭가공한다.

② 부시 및 위치결정구가 삽입되는 구멍은 수직으로 정밀 리머 가공되어야 하며, 필요시 지그 그라인딩 작업을 해야 한다.

③ 리머 작업 시에는 절삭유를 사용한다. 리머 작업 시 절삭유를 사용하지 않거나, 사용하여도 작업조건이 맞지 않으면 가공된 구멍이 리머의 직경보다 커지는 경우가 있으니 리머의 여유, 절삭조건, 이송을 참조한다.

④ 위치결정 핀, 안내 핀, 부시 등이 조립되는 곳은 끼워 맞춤 공차 KS B 0401에 준한다.

⑤ 부시의 내·외경의 동심도가 중요하므로 열처리 후에 연삭가공으로 동심도를 유지시킨다.

⑥ 치공구의 본체는 평면도, 직각도 등이 유지되도록 신중을 기하고 공작물이 위치결정이 이루어지는 곳은 표면조도가 유지되도록 연삭가공으로 마무리한다.

⑦ 클램핑 볼트의 머리는 치공구의 윗면보다 돌출되어서는 안 되므로 볼트 머리부가 길 경우는 머리를 가공하여 낮춘다.

⑧ 안내 핀의 끝은 둥글게 가공하여 윗판의 조립이 쉽게 이루어지도록 한다.

⑨ 치공구의 조립 시 본체의 직각도 및 평행도가 유지하도록 한다.

⑩ 치공구 조립 시 오차가 발생하지 않도록 유념하고 위치결정용 볼트의 조립부는 기계 탭 또는 2번 탭으로 완료한다.

⑪ 커터 설정 블록은 몸체에 조립한 후 연삭 가공한다.

⑫ 텅의 설치 홈의 가공은 공작물 설치면과 직각이 유지되도록 가공한다.

⑬ 지그플레이트, 커터설정블록 등을 본체와 조립할 때는 볼트를 체결한 후 맞춤 핀 가공을 한다.

⑭ 제작된 치공구는 공작물을 시험 가공하여 결과를 내고, 문제점 및 보완점을 찾는다.

2.2 지그 위치구멍의 가공방법

① 정밀한 구멍을 가공하는 지그의 구멍위치는 도면 치수와 같이 정확한 것이 요구되며, 이는 일반 드릴링머신으로는 매우 힘들어 보통 이러한 지그의 구멍은 지그 그라인딩으로 가공한다.

② 지그 그라인딩은 보통 0.001mm까지의 이송눈금을 가진 특별히 정밀한 공작 기계로서, 0.005mm 정도의 구멍 위치 정밀도를 얻기 위해서는 이 기계를 사용하지 않고는 힘들다.

③ 구멍의 위치정밀도가 그리 높지 않을 때는 금긋기 작업을 한 후 일반 공작 기계로써 구멍 가공을 한다. 지그 그라인딩를 사용하지 않고 비교적 정밀한 지그를 가공하는 방법으로는 조립법, 버튼법, 수정법이 있다.

2.3 스크레이핑(Scraping)

① 일반 공작 기계로 가공된 제품은 완전한 정밀도를 기대하기 어렵다. 이 때 SM55C, STC7 등의 손잡이에 팁(tip) 등을 부착시킨 스크레이퍼(scraper)로 다듬질하는 작업을 스크레이핑이라 한다.

② 보통은 5~10μ 정도의 정밀도를 얻을 수 있으며, 초경팁을 사용할 경우 3μ 이하의 정밀도를 얻을 수 있다.

③ 최근에는 블록 게이지가 링킹(밀착)될 정도의 평면을 스크레이핑 작업으로 얻는 경우도 많다.

2.4 재료에 관계된 지그의 변형

1) 열처리에 의한 변형

① 열처리에 의한 변형은 변태 응력에 의한 변형과 열 응력에 의한 변형과 열처리 취급이 잘못된 것에 의한 변형과 재료 중의 가공 응력이 원인이 되어 열처리시에 나타나는 변형이 있다.

② 균일한 밀도의 재료에서도 절삭가공으로 큰 가공변형을 표면에 남게 하므로 정밀하게 가공하여 놓아도 나중에 열처리하면 변형을 발생시킨다. 열처리하지 않아도 시간이 흐름에 따라서 잔류 응력이 없어져서 변형이 생긴다.

③ 절삭가공 때 잔류 응력을 작게 하기 위해서는 구성인선(built up edge)을 없게 한다. 절삭력을 작게 한다. 절삭속도를 높인다. 큰 전면경사각을 주고 또한 큰 측면 경사각을 준다.

④ 가공경화는 바이트 절삭에서 0.3mm 절삭에서는 0.5mm 전후로 알려져 있다. 따라서 정밀 부품에는 잔류 응력을 발생시키지 않는 가공을 하여야 하고 잔류 응력을 제거하여 안정된 조직을 한 재료를 사용하는 것이 중요하다.

2) 가공 잔류 응력과 변형

① 일반적으로 재료를 단조, 절삭, 연삭, 기타 여러 방법으로 가공할 때, 그 부품의 표면에 변질층으로서 잔류 응력층이 발생함과 더불어 표면 가까이의 결정조직은 현저하게 변화를 일으킨다.

② 가공 잔류 응력층을 남긴 것은 정밀 가공해 두어도 뒤에 불규칙적인 변형이 생기기 쉽다.

③ 가공 잔류 응력층을 적게 하기 위해서는, 선삭 가공으로는 절삭속도를 높인다든가, 구성 인선을 없게 하든가 무리한 절삭을 하지 않도록 하는 것이다

④ 잔류 응력은 거친 연삭작업 후 바르게 드레싱한 고운 숫돌로서 다듬질 연삭하면 제거할 수 있다.

3) 밀도가 고르지 못함과 변형

① 재료의 밀도가 불균형한 것은, 정밀가공하여도 뒤에 열처리하면 비뚤어지는 현상이 생기는 일이 많다.

② 가공 경화층과 밀도가 고르지 못한 것에 의한 변형을 피하기 위해서는 580~600°C로 담금질하여 응력의 존재를 제거한 후, 최후의 정밀가공을 하는 것이 좋다.

4) 경년 변형

① 정밀 가공한 것이 장기간 조금씩 변형하는 것으로, 게이지 등과 같은 특히 정밀을 요하는 것에도 나타나는 경우가 많다.

② 경년 변형을 피하기 위해서는 조직을 안정시켜 둘 것. 잔류 응력을 제거해 두어야 한다.

③ 게이지 기타의 것의 경년 변형을 막기 위해 서브제로처리를 하여, -75~-90°C 정도로 냉각하여 조직을 안정시키기도 한다.

5) 바우싱거 효과와 변형

① 바우싱거 효과라는 것은 어떤 응력을 가한 후, 이것에 반대 방향의 응력을 가하면 그 탄성한도가 현저히 저하하는 현상을 말한다.

② 바우싱거 효과는 뒤틀어짐, 선단에 있어서도 나타나기 때문에, 이와 같은 부품은 치공구 등의 일부품으로서 치수가 크고 강하게 보이는 설계라도 외력에 의하지 않고 변형이 나타나므로 주의를 요한다.

③ 바우싱거 효과는 금속의 원래 경도와는 무관계로 저온풀림하면 바우싱거 효과는 소실된다.

6) 외력에 의한 변형

① 주철제의 대형치공구 등의 설치방법이 나쁘고, 무리한 자세에 의해 뒤틀려서 장기간 방치해두면, 정밀하게 만든 치공구가 변형되어 버린다.

② 보통 주철은 상온에서도 강한 힘이 장기간 일정방향으로 작용하면, 일종의 크리프가 나타나므로 주의를 요한다.

③ 주철제 치공구 중에서 응력이 일정방향으로 특히 큰 부분은 그 힘에 의해 장기간 외력 방향에 변형이 나타날 우려가 있으므로 응력은 어느 한도 이상이 되지 않도록 충분한 크기로 설계하여야 한다.

익힘문제

문제 1. 치공구 설계 시 칩 제거상의 주의할 점은 무엇인가?

해설 ① 칩이 자동에 의하여 미끄러져 나가거나 원심력에 의하여 치공구에서 나가도록 설계한다.

② 위치결정면이나 유동하는 핀은 공작물의 바로 밑에 두거나 덮어서 칩이 떨어져 들어가지 않게 한다.

③ 절삭 중에 발생하는 칩은 가능한 한 치공구의 내부에 떨어져 들어가지 않게 한다.

④ 위치결정면을 열처리 경화한 것은 자화(磁化)되어 칩이 빠져나오기 힘드므로 특히 치공구의 보이지 않는 모서리에 주의하여야 한다.

⑤ 칩 제거를 위한 통로를 만들어 준다.

⑥ 칩의 통로는 조금 불필요하다고 느낄 정도로 다듬질해 주는 것이 좋다.

문제 2. 버의 형성에 대하여 설명하시오.

해설 ① 연성재료를 기계 가공할 때는 항상 버(Bur)의 발생 문제가 연상된다. 완전취성 재료는 버가 생성되지 않으나 부스러지거나 모서리가 파괴된다.

② 버의 형성은 소재가 공구의 절삭력에 밀려 생성되며, 버는 절삭가공 표면의 거칠기(면의 조도)를 결정하는 요소가 된다. 버의 크기는 일정한 규칙이 없으나, 이송량이 클수록, 절삭속도가 낮을수록, 공구의 경사각이 작을수록, 재료의 연성이 클수록, 더욱 큰 버가 형성된다.

문제 3. 치공구 제작의 중요작업은 무엇인가?

해설 ① 위치결정 핀, 부시 등은 되도록 시중품을 사용하되 직접 제작할 때는 연삭여유를 두고 가공하여, 열처리 및 연삭가공한다.

② 부시 및 위치결정구가 삽입되는 구멍은 수직으로 정밀 리머 가공되어야 하며, 필요시 지그 그라인딩 작업을 해야 한다.

③ 리머 작업시에는 절삭유를 사용한다. 리머 작업시 절삭유를 사용하지 않거나, 사용하여도 작업조건이 맞지 않으면 가공된 구멍이 리머의 직경보다 커지는 경우가 있으니 리머의 여유, 절삭조건, 이송을 참조한다.

④ 부시의 내・외경의 동심도가 중요하므로 열처리 후에 연삭가공으로 동심도를 유지시킨다.

⑤ 치공구의 본체는 평면도, 직각도 등이 유지되도록 신중을 기하고 공작물이 위치결정이 이루어지는 곳은 표면조도가 유지되도록 연삭가공으로 마무리한다.

⑥ 클램핑 볼트의 머리는 치공구의 윗면보다 돌출되어서는 안 되므로 볼트 머리부가 길 경우는 머리를 가공하여 낮춘다.

문제 4. 지그 위치의 구멍의 가공방법은 무엇인가?

해설 ① 조립법

② 버튼법

③ 수정법

문제 5. 바우싱거 효과는 무엇인가?

해설 ① 바우싱거 효과라는 것은 어떤 응력을 가한 후 이것에 반대 방향의 응력을 가하면, 그 탄성한도가 현저히 저하하는 현상을 말한다.

② 바우싱거 효과는 뒤틀어짐, 선단에 있어서도 나타나기 때문에, 이와 같은 부품은 치공구 등의 일부품으로서 치수가 크고 강하게 보이는 설계라도 외력에 의하지 않고 변형이 나타나므로 주의를 요한다.

③ 바우싱거 효과는 금속의 원래 경도와는 무관계로 저온풀림하면 바우싱거 효과는 소실된다.

연습문제

1. 치공구 설계, 제작시 칩 제거에 대한 대책이 아닌 것은?
   ㉮ 위치결정 핀은 공작물의 바로 밑에 두거나 덮어서 칩이 들어가지 않게 한다.
   ㉯ 치공구에서 보이지 않는 위치결정 모서리 부위는 특히 주의하여야 한다.
   ㉰ 치공구에서 칩 제거를 위해서는 자동연속작업을 하면 유리하다.
   ㉱ 칩 제거를 위한 통로를 만들어 준다.

   해설 자동연속작업을 하는 치공구에서는 특히 칩 제거에 유의하여야 한다.

2. 지그 및 고정구 제작시 유의사항은?
   ㉮ 부시 및 위치결정구 삽입구멍은 수직으로 정밀 리머 가공되어야 한다.
   ㉯ 부시의 내·외경 동심도를 연삭가공으로 유지 후 열처리한다.
   ㉰ 지그다리는 KS B 0401에 의거 중간 끼워 맞춤으로 조립한다.
   ㉱ 세트 블록은 연삭 후 본체에 조립한다.

   해설 지그다리는 본체에 억지끼워맞춤으로 조립한다.

3. 연성재료의 기계 가공시엔 항상 버(Burr) 문제가 발생한다. 버의 발생조건이 아닌 것은?
   ㉮ 절삭속도가 클수록 커진다.
   ㉯ 이송량이 클수록 커진다.
   ㉰ 공구의 경사각이 작을수록 커진다.
   ㉱ 재료의 취성이 작을수록 커진다.

4. 지그 그라인더를 사용하지 않고서도 비교적 정밀한 지그를 가공하는 방법 중 틀린 것은?
   ㉮ 조리법
   ㉯ 로킹법
   ㉰ 수정법
   ㉱ 버튼법

   해설 지그 그라인더를 사용하지 않고 비교적 정밀한 지그를 가공하는 방법으로는 조립법, 버튼법, 수정법이 있다.

5. 고정구 설계시 위치결정구에 대한 주의 사항이 아닌 것은?
   ㉮ 위치결정면 상에는 칩 등이 떨어지지 않도록 해야 한다.
   ㉯ 위치결정구 사이의 간격은 가능하면 멀리 배치한다.
   ㉰ 두 개의 핀에 의한 위치결정시 하나의 다이어몬드형으로 하는 것이 좋다.
   ㉱ 위치결정구는 마모되었을 때 재 가공할 수 있으므로 교환형으로 할 필요가 없다.

정답 1.㉰ 2.㉮ 3.㉮ 4.㉯ 5.㉱

6. 다음 치공구 설계에 대한 설명이 아닌 것은?

㉮ 지그다리(Jig Foot)가 들어가는 구멍은 뺄 때를 고려해서 관통시킴이 좋다.

㉯ 공구는 견고성이 중요하므로 탄소 함량 0.5~0.7%의 탄소강이 몸체(body) 제작에 주로 쓰인다.

㉰ 칩 제거가 용이하도록 가능한 공작물은 레스트 버튼(Rest Button)에 놓음이 좋다.

㉱ 치공구의 모서리는 가능한 모떼기를 하든가 둥글게 해야 한다.

7. 다음 지그 설계에 관한 사항 중 맞는 것은?

㉮ 클램프의 위치는 절삭력이 작용하는 방향이 좋다.

㉯ 표면거칠기가 불규칙한 공작물은 조절식 로케이터를 사용한다.

㉰ 지그다리(Jig foot)를 일반적으로 스톱버튼이라 한다.

㉱ 지그다리 3개는 4개보다 칩에 의한 작업 안정성이 좋다.

8. 치공구 설계 시 고려사항이 아닌 것은?

㉮ 공작물을 레스트 버튼을 사용하여 위치결정할 경우에는 가능한 한 버튼간의 간격을 멀리한다.

㉯ 드릴 절삭 후 계속해서 2차, 3차, 작업시 Slip Bush를 사용한다.

㉰ 공작물이 연질이거나 기계가공 표면인 경우 클램프 접촉면을 넓게 한다.

㉱ 튼튼하고 가벼운 치공구 제작을 위해서는 몸체를 주철로 함이 바람직하다.

9. 치공구 제작시 Scraping을 하는 경우에 어느 정도의 가공여유를 주는 것이 좋은가?

㉮ 0.005~0.0lm/m　㉯ 0.1~0.2m/m

㉰ 0.005~0.008m/m　㉱ 0.01~0.04m/m

10. 보통 고정구의 지그 제작 시 주철을 사용하는 경우가 많다. 이때 이루어지는 최종작업은 무엇인가?

㉮ 랩핑　㉯ 연삭

㉰ 스크라이빙　㉱ 스크래핑

11. 위치결정용 키 및 기계케이블 T홈과의 끼워 맞춤은?

㉮ H7f6　㉯ H7g6

㉰ H7p6　㉱ H7h7

12. 버(Burr)의 발생 방지책이 아닌 것은?

㉮ 경사각을 크게 한다.　㉯ 절삭 깊이를 작게 한다.

㉰ 드릴의 선단각을 작게 한다.　㉱ 절삭속도를 크게 한다.

정답 6.㉯ 7.㉯ 8.㉱ 9.㉮ 10.㉱ 11.㉱ 12.㉰

13. 치공구를 조립하는 경우 필요조건 중에서 틀린 것은?

㉮ 각 부품은 요구되는 위치의 치수정밀도가 정확해야 한다.

㉯ 각 부품은 조립될 정확한 위치는 부품을 교환하거나 분해 조립 후에도 어긋남이 없어야 한다.

㉰ 각 부품은 다웰핀에 의해 고정하기 때문에 어떤 부품을 교환해도 항시 정확하다.

㉱ 각 부품은 충분한 강도로 고정하여 사용중 풀리거나 변형이 가지 말아야 한다.

14. 다음 중 일감에서 구멍중심과 기준면 사이에 제품 공차가 0.4mm일 때, 공구공차는?(단, 공구공차는 공작물 공차의 20%로 한다.)

㉮ ±0.02 ㉯ ±0.05

㉰ ±0.04 ㉱ ±0.03

15. 완성된 치공구 설계 도면에 의하여 지그(Jig)를 제작하는데, 가공상 잘못된 것은?

㉮ 공작물의 위치결정면은 표면조도가 좋아야 하므로 밀링 가공을 한다.

㉯ 부시 및 위치결정 핀이 조립되는 곳은 리머(reaer)작업을 한다.

㉰ 부시는 열처리하고 연삭작업에 의하여 내·외경의 동심도를 유지시킨다.

㉱ 지그 부품이 끼워 맞춤 되는 구멍은 수직가공이 이루어지도록 한다.

16. 치공구 부품 중 내마모성이 중요시될 때 사용되는 재료는 무엇인가?

㉮ 초경합금 ㉯ 고속도강

㉰ 고탄소강 ㉱ 합금공구강

17. 지그와 고정구의 부품 설명이 아닌 것은?

㉮ 부시가 있는 지그의 리프에서는 테이퍼 핀은 사용하지 않는 것이 좋다.

㉯ 힌지(Hinge)도 리프(Leaf)와 같은 것이다.

㉰ 2개의 판을 볼트를 이용하여 조이는 데에는 정확한 위치 유지를 위해 다웰 핀(dowel pin)을 사용한다.

㉱ C와셔의 홈의 폭은 볼트의 지름보다 1mm 정도 크게 한다.

18. 지그의 조립도에서 기준면 설정으로 적당한 곳은?

㉮ 몸체 베이스의 윗면 ㉯ 지그다리 밑면

㉰ 몸체 베이스의 아랫면 ㉱ 위치결정구의 끝면

정답 13.㉰ 14.㉰ 15.㉮ 16.㉮ 17.㉯ 18.㉯

제 12 장

치공구 자동화

1. 자동화 치공구

1.1 자동화 치공구의 계획

공작물의 크기, 형상, 무게, 가공정도, 생산수량과 전망, 공작물의 재질, 열처리, 설치기준과 정도, 가공의 전후 공정의 관계, 작업 난이도, 인구, 절삭조건, 사용기계, 작업자의 능력, 측정, 검사 방법, 치공구 납기, 치공구 계획과 설계기간 등이다.

싸고 빠르게 치공구를 만들기 위해 지금까지의 치공구 조사(개조할 수 있는가 없는가)를 조사하여 치공구 형상, 정도, 재료, 열처리, 표준부품, 시중품 이용, 주문해야 할 것 등을 검토한다.

일반적 기계가공에 있어서 치공구의 계획으로 다음의 각 항목을 체크하는 것도 좋다.

1) 정보수집

① 지금까지는 어떻게 가공했는가?
② 현장 사람의 생각과 의견을 들어둔다.
③ 타사는 어떻게 하고 있는가?
④ 유사 치공구의 상황은 어떠한가?
⑤ 공장 작업자의 질, 능력은 어떠한가?

2) 공작물의 검토

① 도면의 해독능력은 어떠한가?
② 어디를 가공하는가?
③ 어떤 공구로 가공하는가?
④ 치공구는 어떤 구상이 되는가?
⑤ 가공 곤란한 곳은 어디인가?

⑥ 시간이 걸리는 가공은 어디인가?
⑦ 가공한 것을 어떻게 하여 측정검사하는가?
⑧ 소재에 관하여 끼워 맞춤을 하는 곳은 없는가?

3) 공정에 관하여

① 공정순서는 어떠한가?
② 동시 가공, 다인 가공은 어떠한가?
③ 공정과 기준검토는 정확한가?
④ 계획시간은 적당한가?
⑤ 치공구는 어떤 능력 또는 몇 대 필요한가?

4) 기계에 관하여

① 가공하는 기계는 무엇을 사용하는가?
② 기계의 성능, 상태는 어떠한가?
③ 컬럼과 베드에 대해서 치공구의 면적은 어떠한가?
④ 공구, 치공구를 설치해도 움직이는 양(스트로크)은 충분한가?
⑤ 레이아웃(Layout)과의 관계는 어떤가?

자동화 치공구 계획은 그림 12.1과 같이 몇 개의 항목에 관하여 검토하는 것이 좋다. 치공구는 일반적으로 간단하고 싼 것도 만들어지지만 고도기술을 충분하게 고려하여 복잡하고 비싼 것도 만들어진다. 그래서 어느 정도의 것을 만드는 것이 좋은가는 계획단계에 고려된다. 그 때문에 시간과 가격에 관한 검토가 필요하다. 즉, 경제적으로 생각하면 자동화 치공구를 만드는 것으로 지금까지 사람의 손을 필요로 한 작업시간을 몇 시간 절약할 수 있는가 하는 것이 된다. 예를 들면 어떤 자동화 치공구를 1년간 사용함에 의해 그 동안에 종합시간의 몇 시간을 절약할 수 있는가를 예측해 본다.

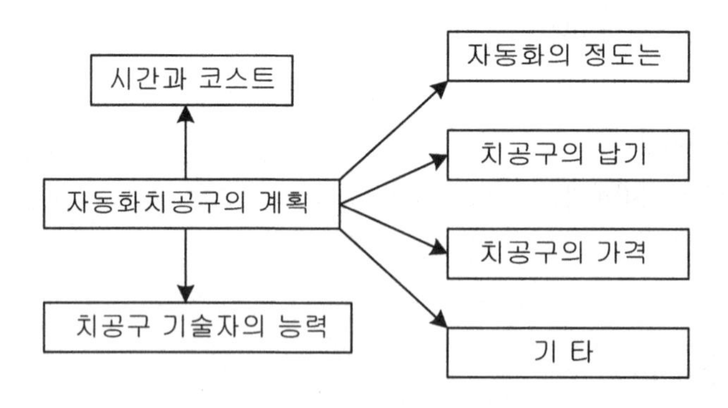

그림 12.1 자동화 치공구의 계획

1.2 자동화 치공구의 구성

치공구를 생각하면 그림 12.2와 같이 우선, 일반 치공구의 구상 위에 자동화 치공구가 치공구 메커니즘을 생각하고, 그 메커니즘 중에서 클램프기구라든가, 공작물의 위치결정기구 등을 움직여 자동화를 생각할 수 있다.

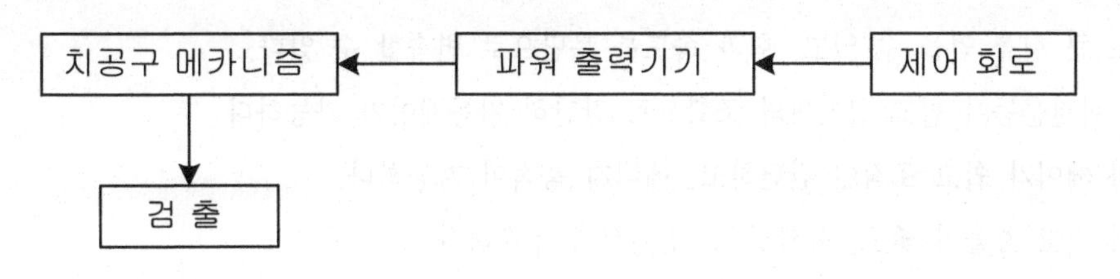

그림 12.2 자동화 치공구

그 움직이는 곳에 힘을 나타내는 기구를 접속해두어 그 기구를 검출기라든가 타이머 기타에 의해 제어회로로 잘 움직이게 하는 것이 좋다. 치공구의 클램프를 출력하는 기구는 종류가 많지 않으며 다음의 것이 일반적으로 사용된다.

① 전자밸브 : AC 솔레노이드, DC 솔레노이드

② 모터

③ 공기압 실린더

④ 유압 실런더

⑤ 기타

공기압축기나 유압펌프에 의한 기계적 에너지를 유체의 압력에너지로 변화하고, 액추에이터(actuator)에 압력, 유량, 방향의 기본적인 제어를 가하여 기계적 에너지로 바꾸는 동력의 변환과 운전을 행하는 방식이나 장치를 공유압이라 한다.

1) 공유압의 개요

(1) 공압장치의 특징

공압장치는 기계장치의 구조에 제한을 받지 않고 다루기가 용이하므로, 각종 산업기계의 자동화 장치 등에 널리 활용되고 있으며 특징은 다음과 같다.

① 압축공기의 에너지를 쉽게 얻을 수 있고, 작동유체가 공기이므로 냄새가 없다.

② 동력전달 방법이 간단하며 에너지의 전달 거리가 멀어도 관계가 없다.

③ 에너지의 저장과 제어방법 및 취급이 간단하다.

④ 힘의 증폭이 용이하고, 힘과 속도를 무단으로 조정이 가능하다.

⑤ 낮은 압력으로 사용이 가능하고 인화의 위험이 없다

⑥ 과부하 상태에서 안전성이 보장된다.

⑦ 압축성 매체를 사용하므로 균일한 속도와 위치제어가 곤란하다.

⑧ 힘의 한계가 있으므로 큰 출력을 얻을 수 없고, 소음이 크다.

(2) 유압장치의 특징

유압을 이용한 기기와 장치는 각종 기계에 응용되어 생산의 자동화, 설비는 물론 정밀한 제어와 큰 힘이 요구되는 기계장치의 구동에 폭넓게 활용되고 있다. 유압이 응용되는 기계는 자동차의 브레이크, 선박의 조타장치, 압연기의 구동장치, 공작기계의 테이블 이송장치가 있고, 화학공업에서의 원격조작장치, 농기계, 건설기계, 운반기계, 인쇄 제본기, 항공기 등 주요부분에 활용되고 있으며 주요 특징은 다음과 같다.

① 작은 장치로 큰 힘을 얻을 수 있고, 힘과 속도를 무단으로 변속할 수 있다.

② 직선운동과 회전운동이 쉽고 전기와의 조합으로 간단히 자동제어가 가능하다.

③ 일의 방향의 제어가 쉽고 조작이 간단하고, 에너지 축적이 가능하다.

④ 마찰 손실이 적고 효율이 좋고, 윤활성 및 방청성이 우수하다.

⑤ 과부하에 대한 안전장치가 간단하며 안전성이 좋다.

⑥ 진동이 적고 작동이 원활하며 응답성이 좋다.

⑦ 기계장치마다 동력원이 필요하므로 비용이 많이 든다.

⑧ 냉각장치가 필요하고, 기름 탱크의 용량이 커서 소형화가 곤란하다.

⑨ 냉각장치가 필요하고, 화재의 위험이 있고, 장치의 연결부분에서 오일이 새기 쉽다.

2) 공유압장치의 구성

(1) 공압장치의 구성요소

전동기와 내연기관으로 공기 압축기를 구동하여 기계적 에너지를 압력에너지로 변환하고, 공기압력을 제어하며 액추에이터에 공급하여 기계적인 일을 하는 공압기기의 결합체를 공압장치라 한다.

공압장치(Pneumatic Pressure system)는 압축공기를 생산하는 동력원과 공압 발생장치, 깨끗한 공기를 만들어 주는 공기 청정화 장치, 액추에이터에 공급되는 압축공기에 압력제어, 방향제어, 유량제어 등을 수행하는 제어부와 일을 수행하는 구동부로 구성되어 있다.

① 동력원 : 전동기, 엔진

② 공압 발생장치 : 압축기, 냉각기, 공기탱크

③ 공기 청정장치 : 필터, 압력조절기, 윤활기

④ 제어부 : 압력제어밸브, 방향제어밸브, 유량제어밸브

⑤ 구동부 : 공압 실린더, 공압 모터, 공압 요동 액추에이터

(2) 유압장치의 구성요소

유압장치(hydaulic pressure system)는 비압축성 유체인 기름을 사용하므로 사용 유체의 특징에 따라 공기압축기 대신 유압펌프를 사용하고, 기본적인 제어는 공압장치와 같으며, 다음과 같은 요소로 구성되어 있다.

① 동력장치 : 오일 탱크, 유압펌프

② 제어부 : 압력제어밸브, 방향제어밸브, 유량제어밸브

③ 구동부 : 유압 실린더, 유압 모터, 유압 요동 액추에이터

1.3 치공구 자동화 시스템

① 치공구의 자동화 구성은 치공구의 메커니즘 안에 클램핑 기구, 공작물의 착탈 등을 자동화가 이루어질 수 있도록 제어하고, 힘 출력 기구와 연결시켜 작동시키는 형태로 구성된다. 여기서 적당한 시점에 힘이 출력될 수 있도록 검출기가 사용되고 있다.

② 힘을 출력하는 기구로는 전동기, 유압 실린더, 공압 실린더, 솔레노이드 등이 주로 사용되고 있다.

③ 그림 12.3은 실린더를 사용하여 공작물의 체결기구를 도해한 것이다. 전자 밸브로 유압이나 공압을 제어하여 실린더 내의 피스톤을 작동시켜 가공품을 고정할 수 있다.

④ 그림 12.4는 공작물이 위치결정되는 여부에 대한 검출을 설명하는 그림이다. 공작물이 위치결정구에 접촉할 때 스위치가 접속하게 하고, 공작물이 떨어져 있으면 스위치가 열리도록 하여 전자 밸브를 작동시키고 피스톤을 통하여 클램프가 작동하도록 하고 있다.

⑤ 자동화에서 동작의 시작은 검출기로부터 이루어진다. 필요한 정보를 검출기에서 검출하여 치공구의 현재 상태를 감지하고 이를 신호로 자동화 메커니즘을 움직여 치공구가 요구되는 작동을 하게 되는 것이다.

⑥ 작동신호를 주는데 검출신호에 의하지 않고 타이머를 사용하는 것도 있다.

⑦ 시퀀스에 따라 치공구의 동작 상태에 맞게 일정한 시간이 경과하면 제어지령을 내려 작동하게 하는 것이다.

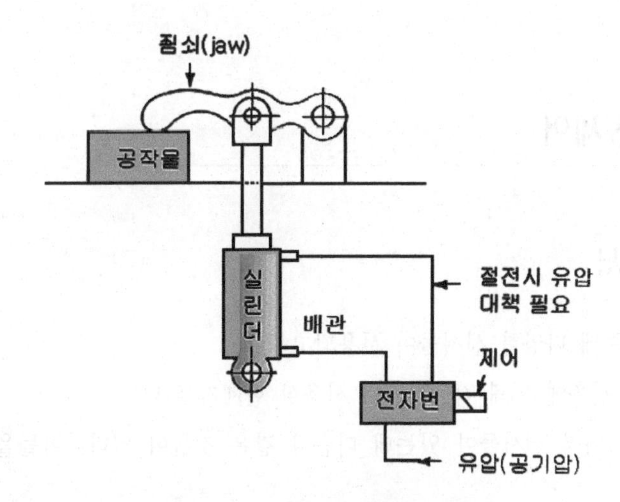

그림 12.3 체결기구 자동화 설명도

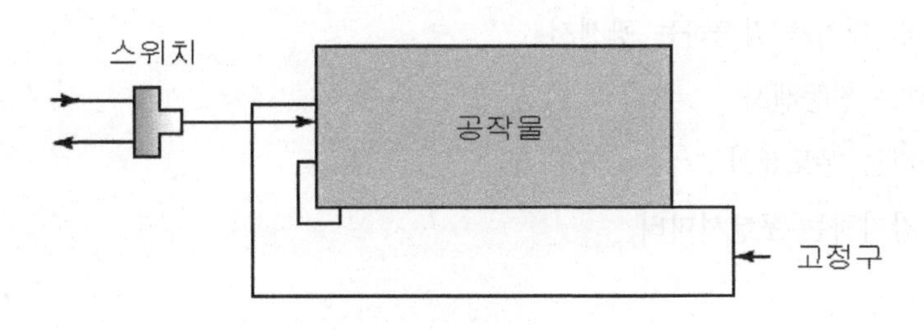

그림 12.4 위치결정의 검출

⑧ 그림 12.5는 검출기의 작동 회로도이다. 마이크로 스위치의 액튜에이터(actuator)인 핀에 Z방향의 힘이 가해지면, 즉 치공구에 공작물을 설치하면 핀이 움직여 스위치를 ON 접점으로 형성하고 이에 따라 전류가 흘러 전자 밸브를 작동시켜서 공압이나 유압이 일을 할 수 있게 되는 것이다.

⑨ 광센서나 자기센서는 직접 접촉하지 않고서도 신호를 검출할 수 있다.

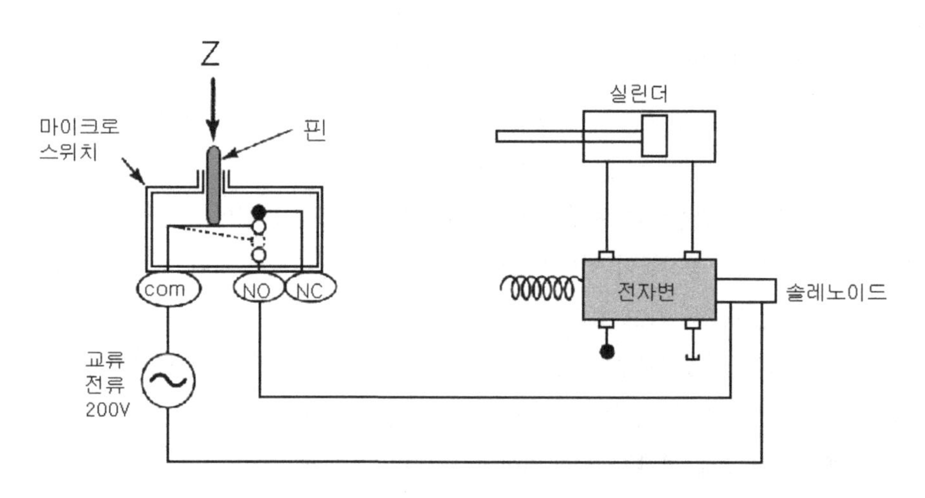

그림 12.5 간단한 검출회로도

2. 치공구의 자동제어

2.1 자동제어 센서

① 치공구의 상태를 감지하는데 다양한 센서들이 사용되고 있다.

② 마이크로 스위치는 직접 접촉에 의해 작동되므로 사용상 한계가 있다.

③ 아주 예민하게 작동되는 여러 센서들이 있는데 다음과 같은 것들이 있다. 이들을 적절히 활용하면 제어폭을 넓힐 수 있다.

- 길이 치수 및 위치를 감지하는 차동트랜스
- 물체의 존재유무 및 위치를 검출하는 광센서
- 진동상태를 감시하는 진동센서
- 온도에 의해 작동하는 온도센서
- 각도 이동거리를 감지하는 포텐셔미터

2.2 센서의 사용법

1) 차동트랜스

① 그림 12.6은 차동트랜스 설명도로 로드의 움직임이 전압의 변화로 나타나 μm 단위까지 알 수 있다.

② 차동트랜스의 측정범위로는 100mm 정도가 많이 사용되고 있다.

③ 그림 12.6에서 입력 전원으로 5V의 정전압이 걸렸을 때 지침이 +, -의 분기점, 즉 0(영)의 위치에 세팅된 상태에서 로드가 움직이면 출력측 단자인 A와 B의 부호가 서로 반대, 즉 A가 +이면 B는 -가 되고, A가 -이면 B는 +가 된다.

④ 따라서, 출력의 극성에 따라 물체의 움직이는 방향을 알 수 있고 움직인 양은 전압의 변화량으로 알 수 있다. 즉, 움직이는 양은 0V에서 5V까지의 범위에서 변화되고, 이 값이 mm로 환산되어 움직인 양이 측정된다.

⑤ 예로서 전압이 0.02V이면 변위량은 0.001mm가 되고, 전압이 0.04V이면 변위량은 0.002mm가 된다.

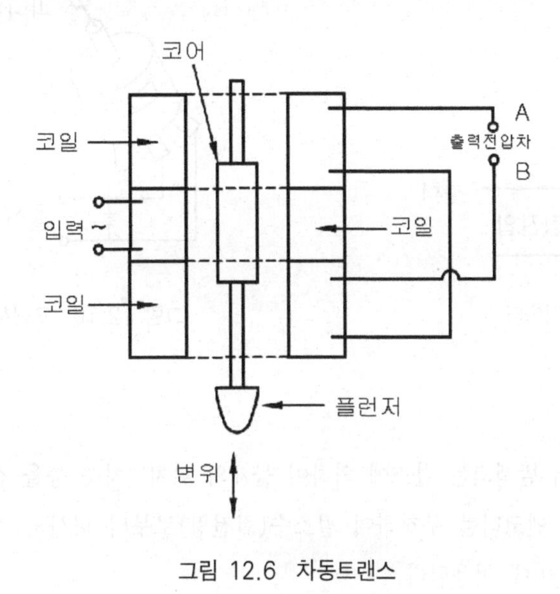

그림 12.6 차동트랜스

2) 광 트랜지스터

① 그림 12.7은 광 트랜지스터 설명도로 빛을 받으면 전류가 흐르고 빛이 차단되면 전류가 흐르지 않는다.

② 전류의 세기는 빛의 세기에 비례한다. 즉, 그림의 점선화살표의 빛이 가공물, 클램프, 공구 등 감지하고자 하는 물체에 닿으면 빛을 차단하게 되어 출력의 변화를 일으키게 된다.

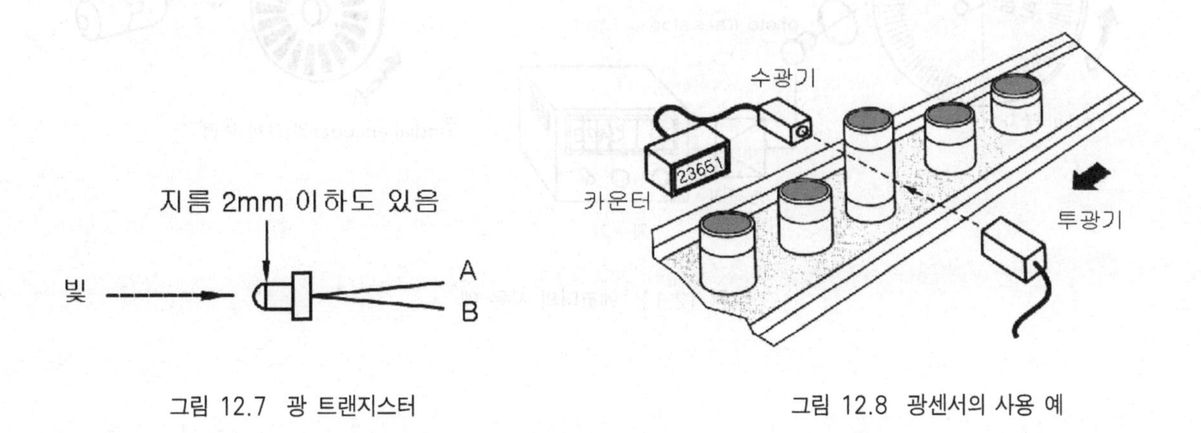

그림 12.7 광 트랜지스터

그림 12.8 광센서의 사용 예

3) 포텐셔미터

① 포텐셔미터는 그림 12.9의 축의 회전량이 전압의 변화로 되어 전압의 크기로 회전량을 감지할 수 있는 센서이다.

② 그림 12.10은 포텐셔미터에 의해 기계의 이동위치를 감지하는 것의 예이다.

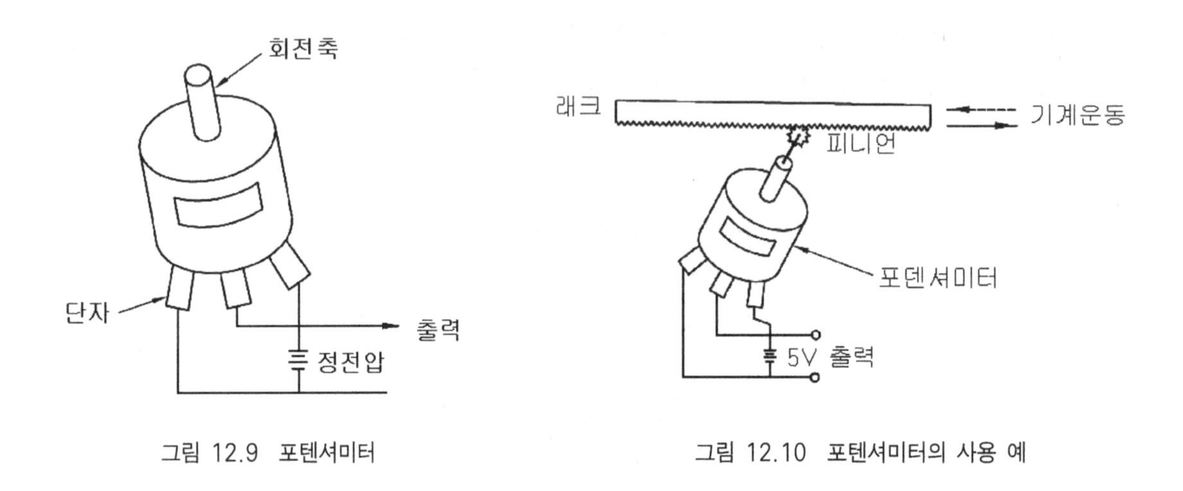

그림 12.9 포텐셔미터

그림 12.10 포텐셔미터의 사용 예

4) 엔코더

① 광원과 슬릿(slit) 사이에서 발생되는 펄스에 의하여 물체의 위치, 치수 등을 감지하는데 사용할 수 있다.

② 이송나사의 회전축에 펄스 엔코더를 부착하여 펄스수(회전량)로부터 나사의 이송량이 디지털(digital)적으로 측정되어 기계 등의 위치제어에 이용된다.

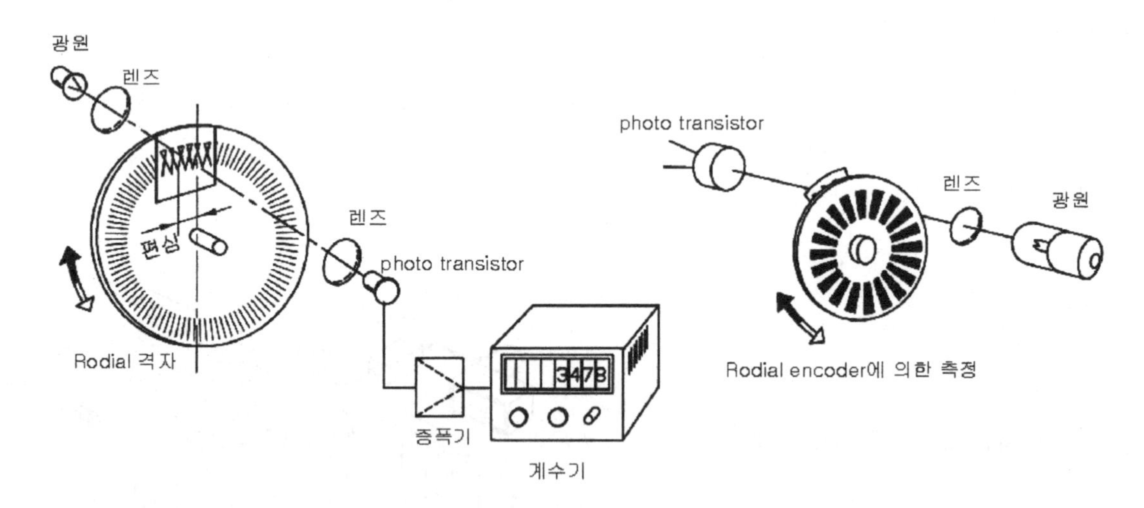

그림 12.11 엔코더의 사용 예

3. 치공구의 자동화 실예

3.1 스트랩 클램프의 자동화

① 그림 12.12는 스트랩 클램프를 자동화한 구조의 한 예이다.

② 피스톤 로드의 왕복운동이 캠을 작동시키고 캠의 작동에 따라 스트랩이 힌지점을 지점으로 공작물을 조이거나 풀 수 있게 되어 있다. 피스톤 로드는 유압으로 작동시키고 공작물의 치수차에 대응할 수 있도록 캠의 받침점을 조절할 수 있도록 하였다.

③ 캠을 작동시키는 피스톤 로드는 공압이나 유압에 의해 작동되는데, 그림 12.13은 공압회로의 회로도이다.

④ 그림의 푸시버튼 PB1을 누르면 스위치가 ON상태로 되며 전류가 PB2를 거쳐 릴레이 R을 여자시키고, 릴레이 접점 R이 닫혀 솔레노이드 밸브에 전류가 흘러 밸브의 코일 Y를 여자시켜, 공기 통로를 열어 실린더 내에 공기가 유입되고 피스톤을 전진시켜 클램프를 작동시킨다.

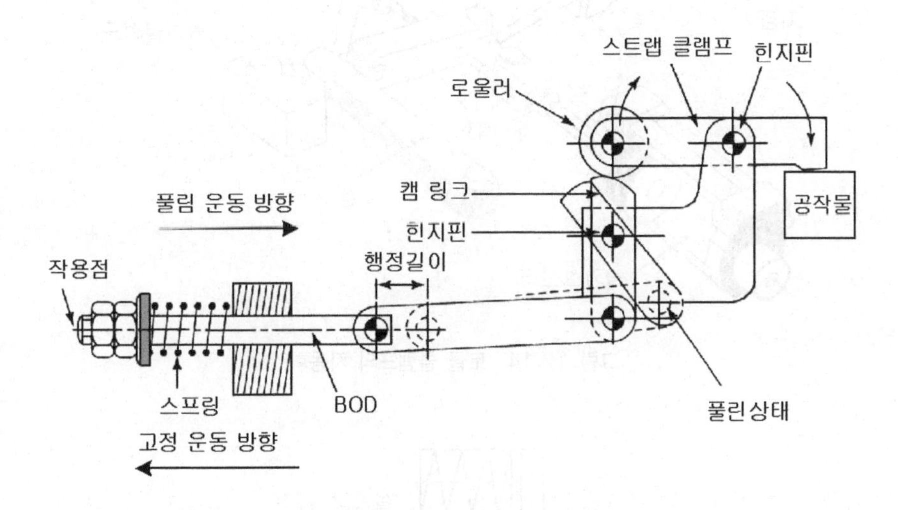

그림 12.12 스트랩 클램프의 자동화 예

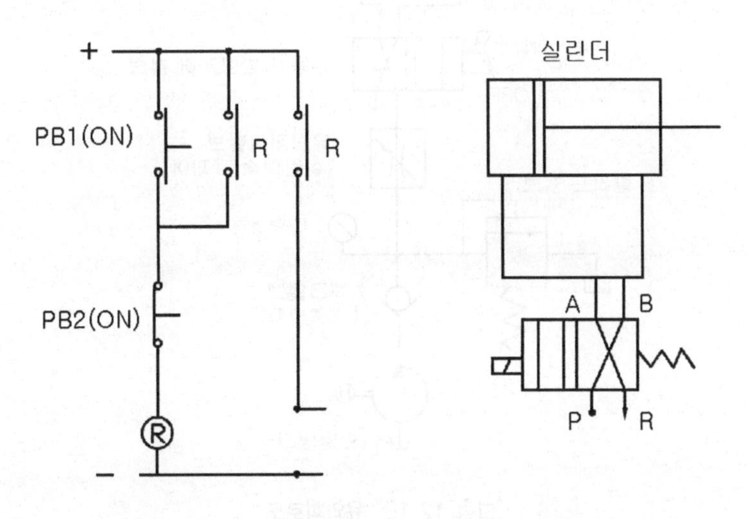

그림 12.13 공압 솔레노이드 벨브에 의한 자동화 회로

⑤ 이 때 PB1에서 손을 떼어도 릴레이의 접점 R은 접속된 상태로 있어 작동은 계속되어 계속적인 고정력을 유지할 수 있다.

⑥ 공작물을 풀고자 할 때에는 PB2를 누르면 전류가 차단되어 릴레이 코일 R에 자력이 소멸(무여자상태)되어 접점 R이 열리고(open상태) 솔레노이드 밸브는 스프링 힘으로 원상태로 복귀되고 피스톤이 후진하여 클램프가 풀리게 된다.

3.2 토글 클램프의 자동화

① 토글 클램프 자동화는 그림 12.14처럼 구조가 간단하면서 큰 고정력을 얻을 수 있으므로 자동화에 많이 이용된다.

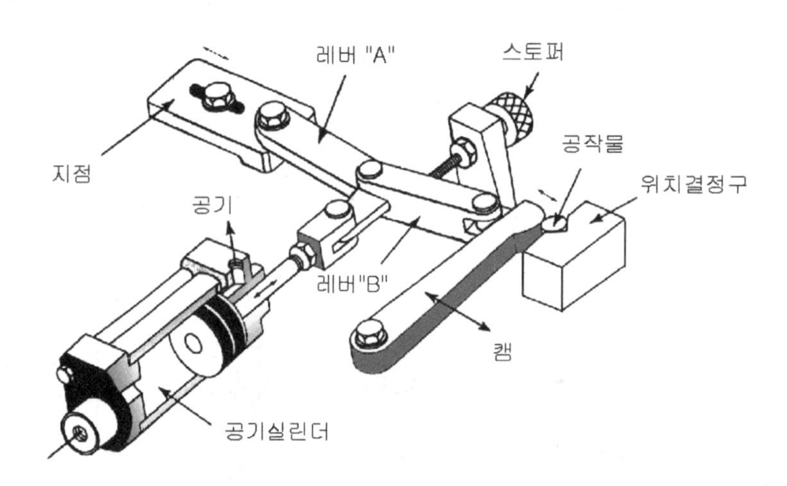

그림 12.14 토글 클램프의 자동화

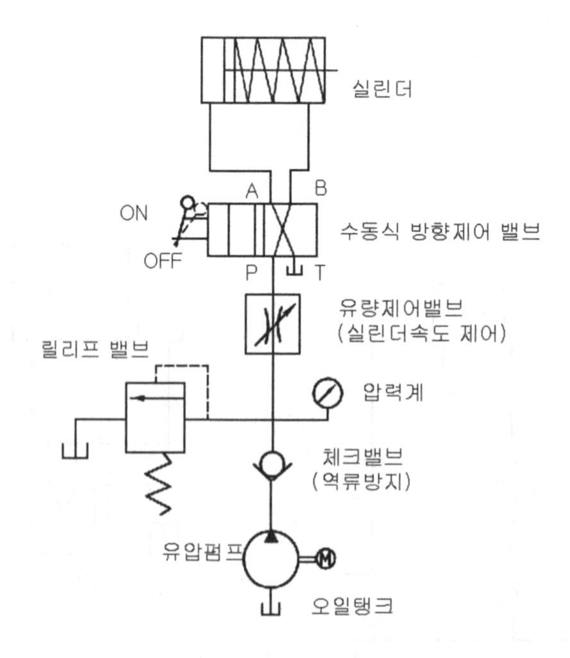

그림 12.15 유압회로도

② 토글의 스토퍼는 실린더 행정의 끝점에 설치하여 자립조건 〔$\theta < 180° - \alpha$〕을 유지시키기 위하여 토글의 사점을 5~20° 정도 지난 위치에 오도록 한다. 이것은 치수 변화에 대처하기 위한 수단이기도 하다. 여기서 사용되는 스토퍼는 조정 가능한 구조로 하는 것이 좋다. 실린더 작동은 전항과 동일하다.

3.3 바이스 클램프의 자동화

① 그림 12.16은 자동화된 바이스 클램프의 그림으로 바이스 조를 공작물의 형태에 맞추어 교환하여 사용할 수 있으며, 클램핑 여유 X는 5~10mm 정도로 하여 피스톤의 행정이 크지 않도록 하였다. 또 공작물의 치수변화에 따라 조의 간격을 임의로 변화시킬 수 있도록 되어 있다.

② 그림 12.17은 피스톤은 유압에 의해 작동되고 기본 유압회로이다. 이 유압회로는 초기상태에서는 수동식 방향 제어 밸브가 OFF 상태에 있으므로 P에서 B로 연결되어 유압은 피스톤을 후진시킨 상태에서 있다가 ON 상태로 하면 P에서 A로 연결되어 피스톤이 전진한다.

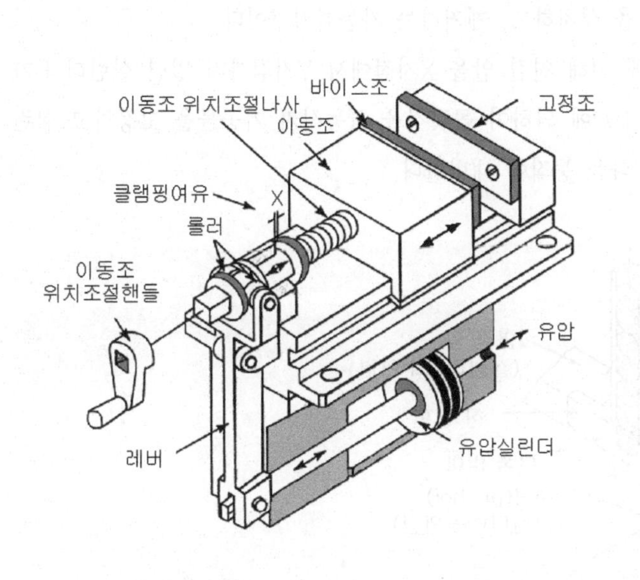

그림 12.16 바이스 클램프의 자동화

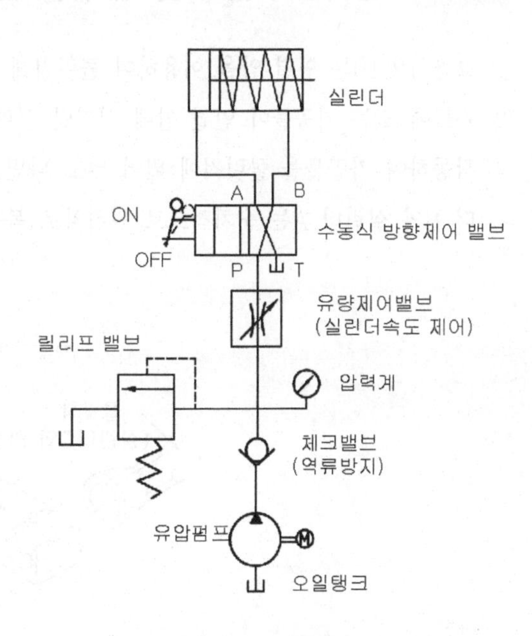

그림 12.17 바이스 클램프의 유압회로

3.4 콜릿척의 자동화

① 그림 12.18은 공기압을 이용한 콜릿척의 자동화 예이다.

② 직경이 크고 행정이 짧은 단동실린더를 사용하고 피스톤 로드를 콜릿척에 직접 연결시켜 작동시킨다. 반대쪽에 조정 너트를 두어 콜릿척의 지름을 조절할 수 있게 하였다.

③ 피스톤의 복귀는 스프링 힘에 의한다.

④ 원형 단면으로 된 공작물은 특별한 제약 조건이 없는 한 완전한 중심선 관리를 위하여 콜릿척이 많이 사용되고 있다.

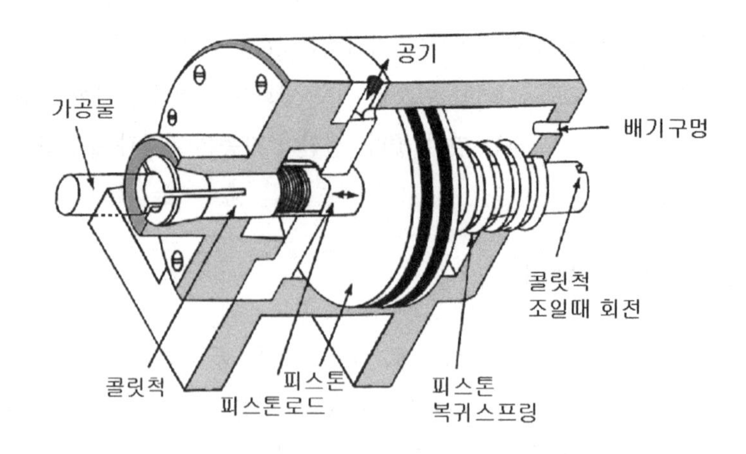

그림 12.18 콜릿척의 자동화

3.5 공작물의 설치 및 제거의 자동화

① 그림 12.19는 연결 암을 이용하여 콜릿척에 가공물을 설치하고, 제거하는 자동화기구이다.

② 슈트에 있는 가공물이 연결 암에 실리면 실린더 A에 의해 연결 암을 X지점에서 Y지점까지 밀면 실린더 B가 작동하여 가공물을 콜릿척에 밀어 넣고 나면, 실린더 C에 의하여 콜릿척을 작동시켜 가공물을 고정하고 실린더 B와 실린더 A는 순차적으로 원위치로 복귀하여 다음 동작에 대비한다.

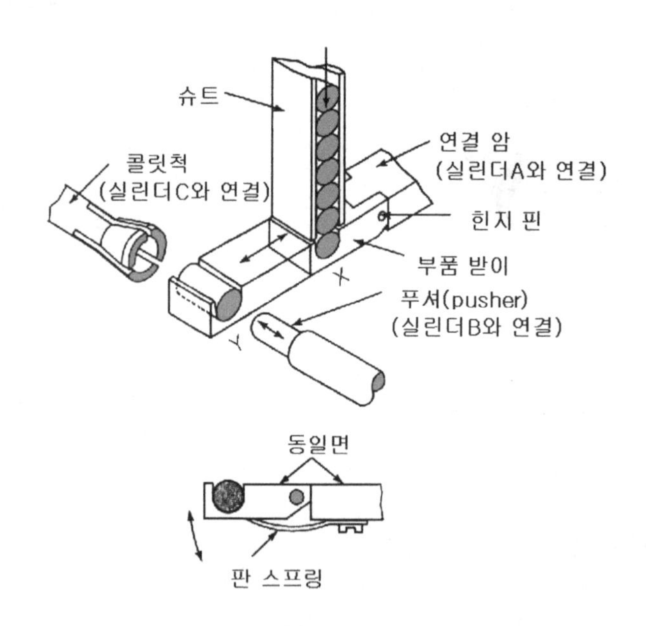

그림 12.19 공작물의 설치, 제거의 자동화

익힘문제

문제 1. 자동화 치공구를 계획할 시 고려할 사항은?

해설 공작물의 크기, 형상, 무게, 가공정도, 생산수량과 전망, 공작물의 재질, 열처리, 설치기준과 정도, 가공의 전후공정의 관계, 작업 난이도, 인구, 절삭조건, 사용기계, 작업자의 능력, 측정, 검사 방법, 치공구 납기, 치공구 계획과 설계기간 등이다.

싸고 빠르게 치공구를 만들기 위해 지금까지의 치공구 조사(개조할 수 있는가 없는가)를 조사하여 치공구 형상, 정도, 재료, 열처리, 표준부품, 시중품 이용, 주문해야 할 것 등을 검토한다.

문제 2. 자동화 치공구에서 클램프에 적용되는 기구는 무엇인가?

치공구의 클램프를 출력하는 기구는 종류가 많지 않으며, 다음의 것이 일반적으로 사용된다.

(1) 전자밸브

① AC 솔레노이드

② DC 솔레노이드

(2) 모터

(3) 공기압 실린더

(4) 유압 실린더

문제 3. 자동화의 3요소 및 5요소는 무엇인가?

해설 3요소 : 이송, 정열, 가공 및 조립

5요소 : 이송, 정열, 가공 및 조립, 검사, 제어

문제 4. 공압장치의 특징에 대하여 설명하시오.

해설 공압장치는 기계장치의 구조에 제한을 받지 않고 다루기가 용이하므로, 각종 산업기계의 자동화 장치 등에 널리 활용되고 있으며 특징은 다음과 같다.

① 압축공기의 에너지를 쉽게 얻을 수 있고, 작동유체가 공기이므로 냄새가 없다.

② 동력전달 방법이 간단하며 에너지의 전달 거리가 멀어도 관계가 없다.

③ 에너지의 저장과 제어방법 및 취급이 간단하다.

④ 힘의 증폭이 용이하고, 힘과 속도를 무단으로 조정이 가능하다.

⑤ 낮은 압력으로 사용이 가능하고 인화의 위험이 없다.

⑥ 과부하 상태에서 안전성이 보장된다.

⑦ 압축성 매체를 사용하므로 균일한 속도와 위치제어가 곤란하다.

⑧ 힘의 한계가 있으므로 큰 출력을 얻을 수 없고, 소음이 크다.

문제 5. 유압장치의 특징에 대하여 설명하시오.

해설 〈장점〉

① 소형장치로 큰 출력 발생

② 무단변속 가능, 정확한 위치 제어

③ 일의 방향 제어 용이

④ 과부하에 대한 안전장치 간단, 정확

⑤ 전기, 전자의 조합 자동 제어 가능

⑥ 정숙한 작동과 반전 및 열방출성 우수

〈단점〉

① 유온에 따라 속도와 제어가 곤란

② 폐유로 인한 환경오염

③ 고압으로 인한 위험성 및 이물질에 민감

연습문제

1. 공압의 장점 중 틀린 것은?

㉮ 고속동작이 가능하다.　　㉯ 고속동작이 가능하다.

㉰ 출력조정이 용이하다.　　㉱ 균일한 속도를 얻는다.

해설 압축공기에서는 균일한 속도를 얻기가 힘들다.

2. 유압과 비교한 공압의 단점은 무엇인가?

㉮ 유압에 비해 출력이 작다.　　㉯ 허용 온도 범위가 좁다.

㉰ 에너지 축적에 불리하다.　　㉱ 관로의 압력손실이 커 장거리 이송에 불리하다.

해설 (1) 공압

장점 : ① 에너지의 축적이 용이
② 관로의 압력손실이 적어 장거리 이송 가능
③ 화재나 폭발의 위험성이 없다.
④ 제어 용이
⑤ 허용온도 범위가 넓다.

단점 : ① 효율이 좋지 않고, 배기 소음이 크다.
② 유압에 비해 출력이 적다.

(2) 유압

장점 : ① 소형장치로 큰 출력 발생
② 무단변속 가능, 정확한 위치 제어
③ 일의 방향 제어 용이
④ 과부하에 대한 안전장치 간단, 정확
⑤ 전기, 전자의 조합 자동 제어 가능
⑥ 정숙한 작동과 반전 및 열방출성 우수

단점 : ① 유온에 따라 속도와 제어가 곤란
② 폐유로 인한 환경오염
③ 고압으로 인한 위험성 및 이물질에 민감

3. 공유압의 장점으로 적당한 것은?

㉮ 보수관리 쉽다.　　㉯ 정지 정밀도가 좋다.

㉰ 사용한계가 없다.　　㉱ 소음이 적다

해설 공압은 역학적으로 사용한계가 있고, 정지 정밀도가 나쁘다.

정답 1.㉱ 2.㉮ 3.㉮

4. 공압과 유압의 설명이 아닌 것은?

㉮ 유압은 속도제어가 쉬우나 공압은 습기의 영향을 받지 않는다.

㉯ 유압은 속도가 느리고 공압은 속도가 빠르다.

㉰ 공압은 유압에 비해 정확성이 결여돼 있다.

㉱ 유압과 공압은 원격제어가 가능하다.

해설 압축공기는 수분을 포함하고 있어 드레인이 발생한다.

5. 다음 중 유압모터의 장점 중 틀린 것은?

㉮ 소형 경량이며 큰 출력을 낼 수 있다.

㉯ 시동, 정지, 변속은 쉬우나 역전이 어렵다.

㉰ 시동, 정지, 역전 등의 제어가 간단하다.

㉱ 토크에 대한 관성모멘트가 적다.

6. 자동제어의 일반적인 특성 중 틀린 것은?

㉮ 원료 및 연료를 절감시킨다.

㉯ 노동조건을 향상시킬 수 있다.

㉰ 생산 기구가 간단해진다.

㉱ 생산량을 증대시킬 수 있다.

7. 출력 신호를 입력 쪽으로 되돌아오게 하는 제어의 종류는?

㉮ 순차제어

㉯ 되먹임제어

㉰ 시퀀스제어

㉱ 수동제어

8. 유압 사용의 이점이 아닌 것은?

㉮ 운전속도를 쉽게 무단계로 변화시킬 수 있다.

㉯ 속도와 회전방향의 원격제어가 가능하다.

㉰ 힘 조절이 어렵고 부정확하다.

㉱ 가동부분의 마모가 적고 보수가 용이하다.

9. 유압구동의 장점에 관한 설명이 아닌 것은?

㉮ 열 변형과 온도변화에 비교적 안정하다.

㉯ 원격조작과 자동조작이 용이하다.

㉰ 주기적 운동을 비교적 간단한 장치로 할 수 있다.

㉱ 유압장치는 무단변속이 가능하다.

10. 유압기기에서 작동체(Actuator)의 방향을 바꾸려면 어떤 밸브를 조작해야 하는가?

㉮ 유량제어밸브

㉯ 방향제어밸브

㉰ 압력제어밸브

㉱ 유압제어밸브

정답 4.㉮ 5.㉯ 6.㉮ 7.㉯ 8.㉰ 9.㉮ 10.㉰

11. 유압이 발생하는 부분은 무엇인가?

㉮ 유압 액추에이터 ㉯ 밸브

㉰ 유압펌프 ㉱ 실린더

12. 압력 에너지를 회전 에너지로 변환시키며, 연속 회전이 가능한 공압 액추에이터는 무엇인가?

㉮ 모터 ㉯ 실린더

㉰ 압축기 ㉱ 요동 액추에이터

13. 공기압 장치의 장점이 아닌 것은?

㉮ 속도 제어가 우수하다. ㉯ 과부하 안전대책이 간단하다.

㉰ 외부 누설에 영향을 준다. ㉱ 사용 온도 범위가 넓다.

14. 공기압 실린더의 속도를 증가시켜 급속히 작동시키고자 할 때 이용되는 밸브는 무엇인가?

㉮ 급속 배기 밸브 ㉯ 속도 제어 밸브

㉰ 충격 밸브 ㉱ 교축 밸브

15. 유압장치의 구성 요소가 아닌 것은?

㉮ 동력원(POWER UNIT) ㉯ 공기(AIR)

㉰ 액추에이터(ACTUATOR) ㉱ 제어변(CONTIRCL VALVE)

16. 다음 중에서 유압을 발생하는 부분은 무엇인가?

㉮ 유압 로우터 ㉯ 제어 밸브

㉰ 유압 펌프 ㉱ 안전 밸브

17. 유압 실린더는 어떤 기능을 수행하는가?

㉮ 유압이 갖는 에너지를 속도에너지를 변환시킨다.

㉯ 유압이 갖는 에너지를 왕복운동으로 바꾸어 기계적 작업을 한다.

㉰ 유압이 갖는 에너지를 위치에너지로 바꾸는 작업을 한다.

㉱ 유압이 갖는 에너지를 운동에너지로 바꾸는 작업을 한다.

18. 다음 중 유압의 장점 중 틀린 것은?

㉮ 속도를 무단계로 변화시킬 수 있다. ㉯ 에너지의 축적이 가능하다.

㉰ 윤활성 및 방청성이 양호하지 못하다. ㉱ 압력에 대한 출력의 응답이 빠르다.

정답 11.㉰ 12.㉮ 13.㉮ 14.㉮ 15.㉯ 16.㉰ 17.㉯ 18.㉰

제 13 장

치공구 재료

1. 치공구 재료의 개요

치공구 제작용 재료는 기계 제작용으로 사용하는 보통의 철강 재료를 사용하는 경우가 많다. 필요에 따라서는 경금속인 비철금속 재료나 합성 수지와 같은 비금속 재료를 사용하기도 한다. 치공구에 쓰일 재료를 선택하기 위해서는 재료의 가공성, 내구성 및 경제성을 고려하여야 한다. 그러므로 재료 선택을 하려면 설계자는 치공구에 사용되는 일반 재질의 성질과 특성에 대한 지식이 있어야 한다.

1.1 치공구 재료에 필요한 성질

치공구용 재료는 각 부품이 갖는 기능을 충분히 발휘하기 위하여 필요한 여러 가지 특성을 갖추어야 함은 물론이고, 원하는 모양과 치수로 가공하기 쉬운 성질과 구입의 경로 및 가격과 관련된 경제성 등을 갖추어야 한다.

치공구 재료에 필요한 성질로는 가공성, 열처리성, 표면 처리성이 좋아야 하며 충분한 경도, 인성, 내식성, 내마모성 등의 기계적 성질이 좋아야 한다. 그밖에 가해지는 하중(외력)에 대하여 변형이나 파괴가 일어나지 않고 그 기능을 충분히 발휘할 수 있는 충분한 강도(내구성)가 있어야 한다. 또, 사용 조건이나 환경에 대하여 견딜 수 있는 여러 특성이 요구된다.

(1) 경도(hardness)

재료의 침투 또는 압흔에 대한 저항 능력을 말한다. 이는 또한 다른 재질과 비교하여 측정하는 하나의 방법이다. 일반적으로 경도가 높을수록 인장강도도 커지며, 경도측정에 가장 널리 쓰이는 방법은 로크웰과 브리넬 경도시험이다.

(2) 인성(toughness)

부하를 갑자기 걸었다든지 또는 영구 변형 없이 반복적으로 충격을 주었을 때 재료가 흡수하는 경도를 말한다. 경도는 로크웰 경도 HRC44~48 또는 브리넬 경도 HB410~453까지 인성을 규제하며, 이 값 이상에서는 취성이 인성을 대체한다.

(3) 내마모성(wear resistance)

내마모성은 비금속재료나 경도가 같은 재료로 일정한 접촉을 하며 마찰을 일으킬 때 마모로부터 견디는 능력을 말한다. 경도는 내마모성의 일차적인 요소이다. 통상적으로 내마모성은 경도에 의하여 증가된다. 보통 경도가 클수록 내마모성도 커진다.

(4) 기계가공성(machinability)

얼마나 재료가 잘 기계 가공되느냐 하는 것을 규정하는 것이다. 기계가공성에 관련된 요소는 절삭 속도, 공구 수명 및 표면 거칠기(surface finish)이다.

(5) 취성(brittleness)

취성은 인성에 반대되는 현상이다. 취성 재료는 갑자기 하중을 받았을 때 파손되는 경향이 있다. 대단히 경한 재료는 대부분의 경우에 대단히 취성이 크다.

(6) 강도(strength)

강도란 재료가 파단될 때까지의 하중에 저항하는 정도를 말한다. 금속에서 사용하는 각종 기계를 만들 때 가장 중요한 것은 강도이다. 일반적으로 강도라 하면 인장강도를 뜻하지만 인장강도가 크다고 해서 강도에 비례하지는 않는다.

(7) 인장강도

잡아당길 때 재료의 저항을 규정하는 것으로 재료의 강도를 결정하는데 사용되는 첫번째 시험이다. 인장강도(tensile strength)는 로크웰 HRC57 또는 브리넬 경도 HB578까지 경도와 비례하여 증가한다. 그 이상에서의 취성은 인장강도 값을 부정확하게 한다.

(8) 전단강도

전단강도(shear strength)는 평행이면서 서로 반대 방향에서 사용하는 힘에 재료가 저항하는 힘을 측정하는 것이다. 전단강도는 인장강도의 약 60%정도이다.

이상과 같은 재료의 성질과 이들간의 상호관계를 아는 것도 중요하지만 이것만으로는 불충분하며, 계획한 결과를 얻기 위하여 치공구 설계기사는 각종 재료 하나하나에 대한 특성과 용도를 알고 있어야 한다. 일반적인 치공구 재료에는 철, 비철 및 비금속 재료가 있다.

1.2 치공구 재료의 분류와 선택

① 일반 기계 재료를 분류하면 철, 구리 등과 같은 금속 재료와 목재, 플라스틱과 같은 비금속 재료로 나누며, 금속 재료 중 철강 재료 이외의 금속 재료를 비철금속 재료라 한다.

② 강도에 의하여 분류하면 구조용 재료(일반 구조용, 기계 구조용)와 특수용 재료로 나누고, 특수용 재료에는 공구용, 베어링용, 스프링용, 내열, 내식, 자성 재료 등 특수한 조건에 사용되는 것이 있다. 또한, 비금속 재료에는 합성수지, 고무, 가죽 등의 재료가 있다.

③ 치공구는 때에 따라 많은 부품으로 구성되는데, 이들 각 부품에 대한 재료의 선택은 이들 부품이 사용되는 조건과 환경에서 그 기능을 충분히 발휘할 수 있는 특성 및 가공성과 경제성 등을 고려하여 종합적으로 판단하여 선정하여야 한다.

2. 치공구 부품과 재료

치공구는 본체와 각 요소를 이루는 부품들로 구성되어 있다. 이들은 사용 목적에 따라 위치결정, 고정, 공구의 안내 등의 역할을 담당하며 이에 따라 적당한 특성이 필요하다. 그러므로 여기에 맞는 재료를 선택해야 치공구로서의 제 기능을 충분히 발휘할 수 있는 것이다. 즉, 공작물의 정밀도에 대응해서 치공구의 정밀도가 결정되며, 변형이나 흔들림 등이 생기지 않고 기능을 발휘할 충분한 기계적 강성, 공작물의 착탈에 의한 마모 등도 고려하여 재료를 선택해야 한다.

2.1 본체의 재료

(1) 본체

① 주조 구조물의 재질은 주로 GC200 또는 GC250 등을 사용하며, 구조가 복잡한 대형 치공구 본체에 적합하다. 강성은 강재에 비하여 다소 떨어지지만 내마모성이나 내압축성이 우수하며 가격이 싸기 때문에 경제적인 면에서 유리하다. 그러나 목형의 제작에서부터 완성품의 생산까지 걸리는 시간이 많은 점을 충분히 고려해야 한다.

② 강판 구조물은 주조품에 비하여 가벼우며 강성이 뒤지지 않는다는 점과 제작 시간이 단축된다는 장점이 있다.

③ 용접 구조물로 사용하는 강재는 주로 SS400 등을 사용하며 필요에 따라서 SM35C 이상의 재료를 사용하기도 한다.

생산적인 측면에서 강판 또는 용접 구조물을 본체로 이용하는 경우가 있다.

(2) 다리

치공구의 다리는 제작하는 방법에 따라서 그 재료가 달라진다. 주조를 할 경우는 본체와 같은 재질로 하는 것이 보통이고, 나사 조립이나 억지 끼워 맞춤 등의 방법으로 만들 경우는 주로 SM35C를 사용한다.

2.2 기본 부품의 재료

① 치공구의 기둥 및 플레이트

사용 목적에 따라서 SS400이나 SM45C 또는 STC7을 사용한다.

② 힌지(hinge)

힌지는 보통 리프 판과 힌지 핀으로 구성되어 있으며 핀과 베어링 부분의 마모로 인한 흔들림이 생기는 경우가 많다. 특히 리프 판이 지그 판인 경우 위치결정 정도가 제품에 미치는 영향은 매우 크다. 핀의 경우 SM45C를 열처리하여 연마한 것을 사용한다.

③ 아이 볼트

아이 볼트는 강도나 정밀도 등이 크게 중요시되는 부품이 아니므로 치공구 전체의 무게를 충분히 견딜 수 있는 설계를 하고 이에 따른 재료를 선택하면 무난하다. 아이 볼트의 재료로는 보통 SS400이 사용된다.

④ 손잡이

손잡이에 사용되는 재료는 주철, 알루미늄 주물, 구조용 강재, 비금속 재료 등과 같은 보통의 재료를 사용하며 부식(corrosion)을 방지하기 위하여 크롬 도금을 하는 경우도 있다. 그러나 요즈음은 우수한 합성수지가 개발되어(손잡이 등) 많이 활용되고 있다.

⑤ 핸들

핸들 종류는 보통 SM35C 정도이면 충분히 사용할 수 있다.

⑥ 핸드 휠

보통은 주철을 많이 사용하며, 크롬 도금을 하는 경우가 있다.

⑦ 쐐기(wedge)

쐐기는 SM45C 또는 STC5을 담금질, 뜨임 등의 열처리를 하여 사용한다.

⑧ 스프링 핀

보통 SM45C를 담금질 처리를 하여 사용한다.

⑨ 볼트 너트

일반적으로 SM35C 또는 SS400 등을 사용하고 압입 볼트는 SM35C를 담금질하여 경도가 HRC50 이상이 되게 만들어 사용한다. 지그용 너트로는 SS400 정도를 사용한다.

⑩ 와셔

지그용 볼트, 너트를 같이 사용하는 지그용 스프링 와셔에는 SS400을 사용하고, 지그용 구면와셔에는 STC7을 사용한다.

⑪ 받침판

특별히 필요한 경우 STC7을 열처리 강화하여 사용한다.

⑫ 위치결정 핀

위치결정 핀은 마모를 고려하여 SM45C 또는 STC5를 열처리 강화하여 사용한다.

⑬ 조(jaw)

일반적으로 STC3을 열처리 강화하여 사용한다.

2.3 클램핑용 부품

① 클램프

클램프에는 평형, U형, 특수형 등이 있고, 재질은 보통 SM35C를 사용한다.

② 클램프 판

보통은 주철, SM45C을 사용한다.

③ 클램프 캠

캠은 마모가 심하므로 이를 고려하여 SM45C 또는 STC7을 열처리하여 사용한다.

2.4 지그용 부시

① 지그용 부시는 드릴이나 리머 등의 날과 직접 닿게 되고 칩 등에 의해 마모가 심해지므로 원칙적으로 탄소 공구강이나 탄소강을 열처리하여 경도를 HRC 55 이상으로 만들어 사용한다.

② 삽입 부시의 정지용 나사에는 보통 SM25C 이상이 이용되고, 치공구에는 고탄소강, 탄소 공구강 및 특수강이 자주 사용된다.

③ 이들 재료는 사용 목적에 따라 필요한 기계적 성질을 얻을 수 있는 각종 열처리가 필요하다.

3. 철 금속 재료

3.1 주철

주철은 주로 치공구 본체로 사용되며 상품화된 일부 치공구 부품으로도 사용된다. 주철을 사용할 때 가장 큰 단점은 주물을 주문 생산하는데 많은 시간(lead time)이 걸리며 목형, 주형, 용융금속 주입 등 여러 공정을 거쳐야 하므로 시간과 비용이 더욱 증대된다. 따라서 구조용 형강과 같은 재료가 제작비용이 적게 들기 때문에 치공구에 효과적으로 사용된다.

3.2 탄소강

① 탄소강은 STC3, STC5 재료로 가공이 쉽고 비용이 적게 들며, 융통성이 있기 때문에 지그와 고정구의 주된 재료로써 널리 쓰인다. 탄소강은 저탄소강, 중탄소강, 고탄소강의 3가지로 분류된다.

② 탄소강은 기계가공성과 용접성이 탄소함유량의 증가에 따라서 감소하지만, 일반적으로 융통성과 경제성이 있기 때문에 모든 치공구 재료 중에서 가장 널리 사용된다.

③ 탄소강은 용도에 따라서 냉간압연, 냉간압출, 열간압연 또는 연삭 등의 다양한 제조방식에 의해 여러 가지 형태로 제작·판매되며 구매자의 특수 주문이 없는 한 풀림 또는 불림 처리된 상태에서 공급된다.

3.3 합금강

① 합금강은 값이 비싸기 때문에 치공구 제작에 많이 사용하지는 않으나 철과 탄소에 크롬, 텅스텐, 니켈, 몰리브덴, 바나듐, 실리콘, 망간 등 합금 원소를 첨가해서 요구되는 성질에 맞게 재질을 바꾼 것이다.

② 합금강은 일반 탄소강에 비해 강성과 내마모성이 크고 열처리 변형 등이 적기 때문에 공구의 중요 부품 등에 많이 사용된다.

3.4 공구강

① 공구강은 경도, 내마모성, 강인성 등의 특정 용도에 알맞게 적합한 사양으로 정확히 만들어진 강이며, 지그나 고정구에서 특히 큰 하중을 받거나 높은 내마모성이 요구되는 부품에 사용된다.
② 공구강에는 탄소공구강, 합금 공구강 및 고속도강이 있다.

4. 비철 금속 재료

4.1 알루미늄

① 알루미늄은 기계 가공성이 좋고 가볍기 때문에 비철 금속 재료 중에서 가장 널리 사용되며, 용도에 따라서 다양한 형태로 공급되고 있다.
② 지그와 고정구에 사용되는 알루미늄은 주로 치공구본체와 압출품으로 이용되며, 치공구 본체(base plate)는 여러 가지 형태와 크기로 제작되며 2500mm 길이에 대해서 ±0.13mm의 정밀도를 갖는다.
③ 알루마늄 압출품도 대단히 정밀해서 일정치수에 대해서 ±0.05mm 이내로 제작 공급된다.
④ 알루미늄은 흔히 요구되는 상태로 공급되기 때문에 경도나 안정도를 높이기 위한 열처리와 같은 특수 처리를 할 필요가 없어서 시간과 비용이 절감된다. 또한 알루미늄은 용접과 기계적 결합이 가능하다.

4.2 마그네슘

① 마그네슘은 지그나 고정구에 널리 사용되는 비철 금속으로 매우 가볍고, 융통성이 있으며 중량에 대한 강도가 높다. 또한 마그네슘은 알루미늄이나 강보다 기계가공속도가 훨씬 빠르다.
② 마그네슘을 사용할 때의 한 가지 단점은 화재의 위험이다. 그러나 칩을 거칠게 하고 적합한 절삭유를 사용하면 화재의 위험은 크게 줄일 수가 있다. 마그네슘을 가공할 때는 모래 등을 준비하여 불이 붙을 때에 대비하는 것이 좋다.

4.3 비스무트 합금

① 비스무트 합금은 지그와 고정구에서 저융점 합금의 형태로써 네스트와 바이스조 같은 특수 고정 장치에 널리 사용된다.
② 비스무트 합금에 주로 사용되는 원소는 납, 안티몬, 인듐, 카드뮴 및 주석 등이다.

③ 이들 합금은 단단하고 정확한 주형으로 성형할 수 있기 때문에 복잡한 형태의 네스트와 특수한 공작물 홀더의 제작에 유용하다.

5. 기타 치공구 재료

① 소량 생산에서 신속하고 적은 비용으로 생산하기 위한 지그나 고정구에는 비금속 재료가 유용하며 여기에는 목재, 우레탄, 에폭시 또는 플라스틱 수지 등이 있다.

② 목재는 합판, 칩보드, 침윤시킨 목재 및 자연 목재 등의 형태로 정밀도가 요구되지 않는 소량 생산에만 사용된다.

자연목재는 나이테의 방향이 대칭이 되도록 접합하여 변형되지 않도록 하고, 목재에 삽입할 부싱 등은 외면을 돌기부(serration)를 만들어 압입하거나 아교 등으로 부착하였을 때 쉽게 빠져나오지 않도록 한다.

③ 우레탄은 공작물 보호용이나 2차 클램핑으로 사용되며, 이 재료의 주요 장점은 탄성 변형을 이용하여 공작물의 손상 방지와 팽창하는 힘에 의해 공작물의 2차 클램핑 역할을 할 수 있다는 것이다.

④ 에폭시 및 플라스틱 수지는 지그와 고정구에서 특수 공작물 홀더로 사용되며, 이것으로 만든 네스트나 척 조는 강하고 값이 싸며 이용도가 좋다. 또한 강도 및 내마모성을 높이기 위해서 유리가루, 강철가루, 돌가루 등을 첨가 재료로 섞어서 사용하기도 한다.

6. 강의 열처리

6.1 열에 의한 조직의 변화

강을 가열하고 냉각시키면 미세한 입자의 배열과 구성이 변하며 이 조직의 변화로 인해 경도, 인성 등이 변하게 된다. 그리고 이 내부조직의 변화는 온도에 따라 다르다. 온도가 서서히 내려가면 조직은 강의 원상태로 회복되나 물이나 기름 등에 의해 급랭시키면 고온에서 생긴 내부조직이 그대로 있게 되어 강은 단단해진다. 내부조직의 변화는 강의 종류와 열처리 방볍에 따라 다르다.

6.2 열처리 공정

1) 풀림(annealing)

풀림은 가장 높은 임계온도 바로 위에서 일정시간 가열한 후 보통 노 내에서 서냉한다. 이 과정은 입자가 미세화되고 연성이 좋게 되고 기계 가공성이 용이해진다.

2) 불림(normalizing)

불림은 상부 임계점 위에서 가열하여 공냉시키는 것으로 그 목적은 내부응력 제거, 입자의 미세화, 균질화 및 물리적 성질을 개선하기 위해서이다.

3) 담금질(hardening)

담금질은 상부 임계온도 바로 위에서 균열하게 가열한 다음 기름, 물, 소금물 또는 공기 중에서 냉각시키는 것으로 강은 단단해지나 내부 응력이 남게 된다.

4) 뜨임(tempering)

담금질 욕(quenching bath)에서 꺼낸 후 뜨임을 하기 전의 공구는 불균일하고 높은 응력 상태와 균열의 위험이 있다. 그러므로 경화 응력 제거와 인성을 부여하기 위해 뜨임이 필요하다. 뜨임은 하부 임계점 아래에서 경화된 강을 재가열한 다음 적절한 냉각속도로 냉각한다.

다음과 같은 경화 방법에 따른 특성을 보면

① 수냉 경화강

㉮ 경화 후에 변형되기 쉬우므로 정확한 치수를 얻기 위해서는 경화 후에 연삭한다.

㉯ 공작물의 내부 응력이 크게 생기고 이 응력으로 인해 균열이 생긴다.

㉰ 날카로운 모서리나 단면이 크게 다른 공작물에는 사용하지 않는다.

㉱ 수냉 경화강은 유냉 경화강보다 경도는 높으나 인성은 떨어진다.

㉲ 일반적으로 강의 중심부는 표면보다 연하지만 12mm 정도까지는 전체적으로 경화된다.

② 유냉 경화강

㉮ 변형이나 균열의 발생이 적으며 특히 얇거나 약한 단면에 현저히 나타난다.

㉯ 냉각 속도가 느리기 때문에 비틀림과 성장이 작다.

㉰ 수냉 경화강보다 모서리의 경도가 작다.

㉱ 균일한 깊이로 경화되기 때문에 공구 수명이 길고 재연삭을 자주 해야 하는 절삭날에 유용하다.

㉲ 수냉 경화강보다 인성이 크다.

③ 공랭 경화강

㉮ 내마모성이 좋다.

㉯ 경화시 크기에 약간의 치수 변화가 생긴다.

㉰ 적절한 분위기 조절을 하지 않으면 탈탄이 발생하여 표피가 연해진다.

㉱ 표면에 스케일(scale)이 생기기 쉽다.

㉲ 공작물이 작거나 정교한 단면을 가진 곳에 특히 좋다.

7. 열처리를 고려한 설계

7.1 치공구 재료 선택

① 특수한 부품을 제작하기 위해 선정된 재료의 열처리에 대한 반응을 확실히 이해하고 있어야 하며, 재료는 사용목적에 적합한 것이 되도록 주의해서 선택해야 한다.

② 새로운 재료는 사용전에 철저하게 분석되고 시험되어야 하며, 사용 전에 제작회사의 특성과 제한사항 등에 대해서 문의하고 그 내용을 확실히 파악해야 한다.

③ 새로 개발된 재료가 반드시 좋은 것만이 아님을 알고 각 재료의 비슷한 제품에 대해 과거의 성능 등을 검토해서 목적에 가장 알맞는 재료를 선택해야 한다.

7.2 설계에서 고려할 사항

① 불균일한 질량

㉮ 질량이 불균열하면 냉각과정에서 수축률이 일정하지 않아서 변형되거나 부품의 손상을 초래한다. 가능한 한 부품의 단면이 전체적으로 일정해야 한다.

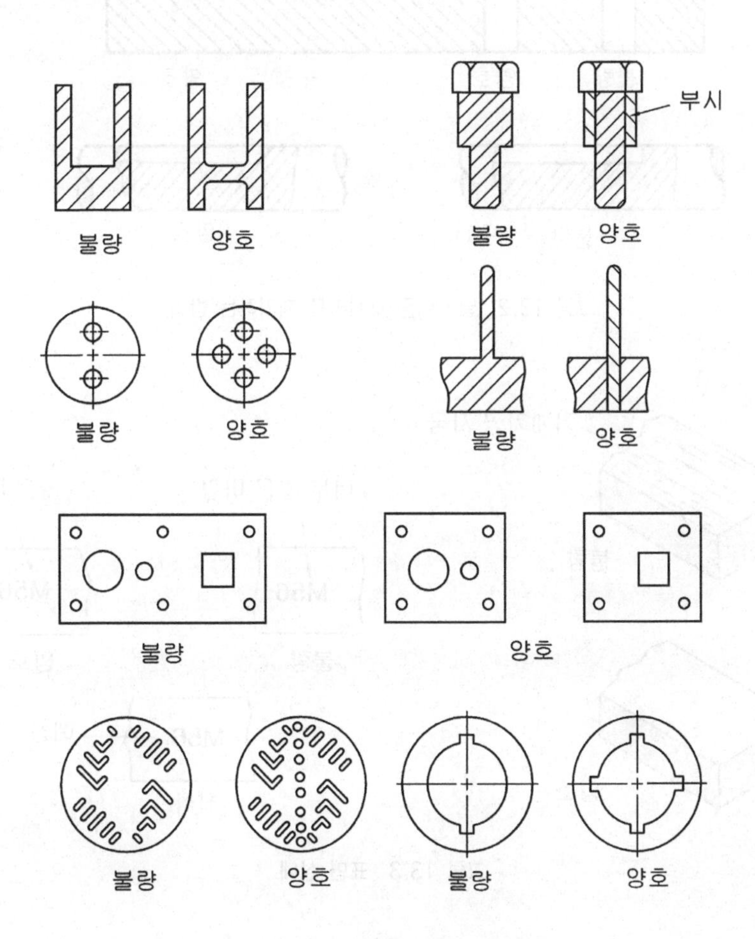

그림 13.1 질량의 불균일 분포

㉯ 열처리 문제를 해결하기 위해서 한 부품에 대하여 둘 이상으로 분리해서 제작하여 결합하면 더욱 좋은 경우도 있다.

㉰ 그림 13.1은 질량의 불균일 문제를 해결하는 방법을 보여준 것이다.

② 날카로운 모서리

㉮ 가능한한 모서리나 필릿(fillet)은 둥글게 하여 날카롭지 않도록 한다.(그림 13.2)

㉯ 카운터싱킹 또는 카운터보링한 구멍의 모서리까지도 날카롭지 않게 한다.

㉰ 날카로운 모서리는 냉각될 때 응력집중 현상을 일으켜 부품 균열의 요인이 되기 때문이다.

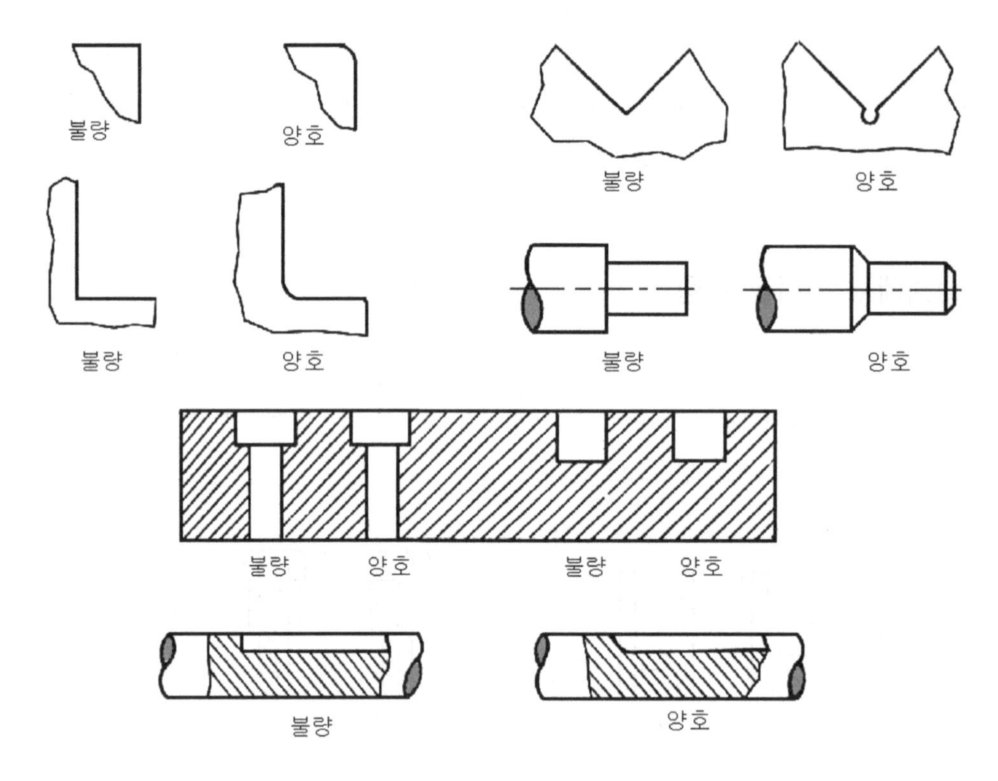

그림 13.2 날카로운 모서리를 제거하는 방법

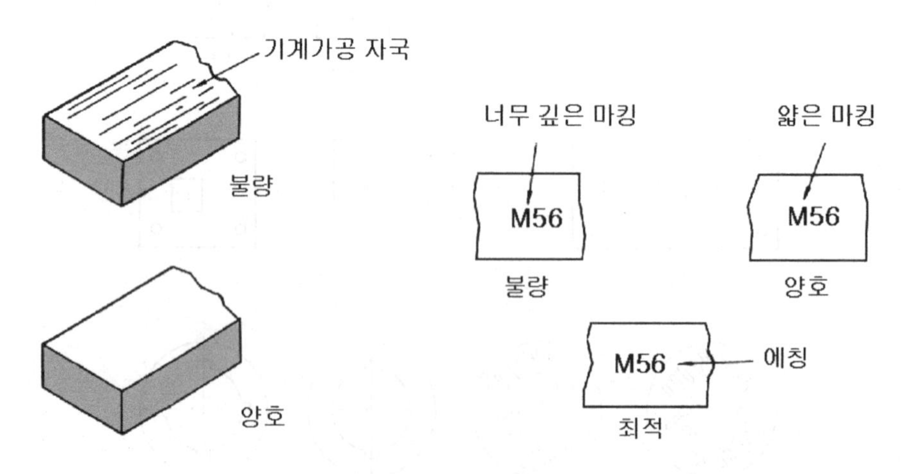

그림 13.3 표면 상태

③ 표면상태의 불량

㉮ 표면상태의 불량은 공구번호의 표시, 거스럼 또는 기타 형태의 불규칙한 표면 등에 의해서 발생한다.(그림 13.3)

㉯ 긁힌 자국이나 거스럼 등도 부품 전체에 악영향을 끼칠 수 있는 응력집중 현상이 일어난다.

표 13.1 치공구부품의 기호와 용도

품번	품명	재료	재료 기호 및 용도	비고
1	지그용 부시 (BUSHING)	STC5 STC3	탄소공구강 5종 (C 0.80~0.90) 탄소공구강 3종 (C 1.00~1.110)	HRC 60 이상 (Hv 697)
2	C-WASHER (C-와셔)	SS400	일반구조용 압연강재 2종	
3	SWING WASHER 스윙와셔	SS400	일반구조용 압연강재 2종	
4	위치결정핀 (Locating Pin)	STC5	탄소공구강 5종	HRC 40~50 (Hv 595~697)
5	지그용 구면 와셔	STC7	탄소공구강 5종	HRC 30~40
6	지그용 육각 너트, 볼트	SM45C, SS400	플랜지 붙이 볼트 SM35C 담금질 HRC 50이상	지그용 육각너트 HRC 25~30
7	치공구 본체	SS400, SM35C GC200, 250	SM35C는 일반 구조용 압연강재	C(탄소)가 많을수록 용접은 힘들다.
8	핸들	SM35C	기계 구조용 탄소강 (C 0.31~0.38)	큰 힘 필요시 SF400 사용
9	클램프, 축 볼트, 너트, 키, 받침	SM50C, SF540A, SM45C, SS400	SF(Steel Foring) 탄소강 단강품	HRC 30~40
10	CAM 캠	SM45C, SM15CK STC5, STC7	SM20CK, 15CK, 20CK는 표면 경화 처리	마모고려 선단부 HRC 40~47
11	잠금핀	STC3	치공구에 공작물을 고정시키는데 사용	HRC 40~50
12	텅(TONGE)	STC3, SM45C	T홈에 공구의 밑면을 정확히 위치결정시 사용	
13	V-BLOCK	SM45C, STC3 GC200~250	GC200은 회주철, 래핑사상 고정도 요하는 경우 STC5	주철은 스크래이핑 STC3은 HRC58 이상
14	쐐기(Wedge)	STC5, SM45C		담금질해서 사용
15	세트블록	STC5, SM45C		HRC 58~62
16	필러게이지	STC3	1.5~3mm	HRC 58~62

익힘문제

문제 1. 치공구 재료에 필요한 성질에 대하여 설명하시오.

해설 치공구 재료에 필요한 성질로는 가공성, 열처리성, 표면 처리성이 좋아야 하며 충분한 경도, 인성, 내식성, 내마모성 등의 기계적 성질이 좋아야 한다. 그밖에 가해지는 하중(외력)에 대하여 변형이나 파괴가 일어나지 않고 그 기능을 충분히 발휘할 수 있는 충분한 강도(내구성)가 있어야 한다. 또, 사용 조건이나 환경에 대하여 견딜 수 있는 여러 특성이 요구된다.

① 경도(hardness) : 재료의 침투 또는 압흔에 대한 저항 능력을 말한다.

② 인성(toughness) : 부하를 갑자기 걸었다든지 또는 영구 변형 없이 반복적으로 충격을 주었을 때 재료가 흡수하는 경도를 말한다.

③ 내마모성(wear resistance) : 비금속재료나 경도가 같은 재료로 일정한 접촉을 하며 마찰을 일으킬 때 마모로부터 견디는 능력을 말한다.

④ 기계 가공성(machinability) : 얼마나 재료가 잘 기계 가공되느냐 하는 것을 규정하는 것이다.

⑤ 취성(brittleness) : 인성에 반대되는 현상이다.

⑥ 강도(strength) : 재료가 파단될 때까지의 하중에 저항하는 정도를 말한다.

⑦ 인장강도 : 잡아당길 때 재료의 저항을 규정하는 것으로 재료의 강도를 결정하는데 사용된다.

⑧ 전단강도 : 평행이면서 서로 반대 방향에서 사용하는 힘에 재료가 저항하는 힘을 측정하는 것이다.

문제 2. 치공구에 사용되는 비철금속과 비금속은?

해설 비철금속 재료는 알루미늄 합금, 마그네슘 및 비스무트 합금, 동 및 동합금
비금속 재료는 목재, 우레탄, 에폭시, 플라스틱 등이 있다.

문제 3. 치공구에서 주로 사용되는 열처리는?

해설 풀림

문제 4. 열처리를 할 때 설계에서 고려한 사항을 설명하시오.

해설 ① 불균일한 질량

- 질량이 불균열하면 냉각과정에서 수축률이 일정하지 않아서 변형되거나 부품의 손상을 초래한다. 가능한 한 부품의 단면이 전체적으로 일정해야 한다.
- 열처리 문제를 해결하기 위해서 한 부품에 대하여 둘 이상으로 분리해서 제작하여 결합하면 더욱 좋은 경우도 있다.

② 날카로운 모서리

- 가능한 한 모서리나 필릿(fillet)은 둥글게 하여 날카롭지 않도록 한다.
- 카운터싱킹 또는 카운터보링한 구멍의 모서리까지도 날카롭지 않게 한다.
- 날카로운 모서리는 냉각될 때 응력집중 현상을 일으켜 부품 균열의 요인이 되기 때문이다.

③ 표면상태의 불량

- 표면상태의 불량은 공구번호의 표시, 거스럼 또는 기타 형태의 불규칙한 표면 등에 의해서 발생한다.
- 긁힌 자국이나 거스럼 등도 부품 전체에 악영향을 끼칠 수 있는 응력집중 현상이 일어난다.

연습문제

1. 치공구 재료에 필요한 성질 중 틀린 것은?
   ㉮ 경도　㉯ 인성
   ㉰ 내식성　㉱ 전도성

2. 치공수 설계시 고려할 사항 중 틀린 것은?
   ㉮ 불균일한 질량　㉯ 표면상태의 불량
   ㉰ 공구번호의 표시　㉱ 날카로운 모서리

3. 다음 중 부하를 갑자기 걸었다든지 또는 영구 변형 없이 반복적으로 충격을 주었을 때 재료가 흡수하는 경도는 무엇이라 하는가?
   ㉮ 경도　㉯ 강도
   ㉰ 내식성　㉱ 인성

4. 치공구 재료 중 비금속 재료로 틀린 것은?
   ㉮ 합성수지　㉯ 알루미늄
   ㉰ 고무　㉱ 가죽

5. 다음 중 주철은 주로 치공구 본체로 사용되며 상품화된 일부 치공구 부품으로도 사용되는 재료는 무엇인가?
   ㉮ 주철　㉯ 탄소강
   ㉰ 합금강　㉱ 공구강

6. 치공구의 다리를 나사 조립이나 억지 끼워 맞춤 등의 방법으로 만들 경우는 주로 사용 재료는 무엇인가?
   ㉮ SM35C　㉯ STC3
   ㉰ 합금강　㉱ 주철

7. 기계 가공성이 좋고 가볍기 때문에 비철 금속재료 중에서 가장 널리 사용되며 용도에 따라서 다양한 형태로 공급되고 있는 재료는 무엇인가?
   ㉮ 알루미늄　㉯ 마그네슘
   ㉰ 합금강　㉱ 주철

정답　1.㉱ 2.㉰ 3.㉱ 4.㉯ 5.㉮ 6.㉮ 7.㉮

8. 상부 임계점 위에서 가열하여 공냉시키는 것으로 그 목적은 내부응력 제거, 입자의 미세화, 균질화 및 물리적 성질을 개선하기 위한 열처리는 무엇인가?

㉮ 풀림　　㉯ 담금질

㉰ 불림　　㉱ 뜨임

9. 상부 임계온도 바로 위에서 균열하게 가열한 다음 기름, 물, 소금물 또는 공기 중에서 냉각시키는 것으로 강은 단단해지나 내부 응력이 남게 되는 것은?

㉮ 풀림　　㉯ 담금질

㉰ 불림　　㉱ 뜨임

정답 8.㉰ 9.㉯

제 14 장

게이지 설계

1. 게이지(gauge)

1.1 한계 게이지(limit gauge)

기계를 구성하는 여러 가지 기계요소(부품)는 서로 일정한 한계 치수를 갖고 있다. 정밀한 치수로 가공하는 것은 좋지만 그로 인해 많은 설비와 시간 및 노력이 필요하면 대량생산에 부적당하다. 따라서 부품가공에 주어지는 허용범위를 조사하여, 가공할 때 치수가 허용범위 안에 있도록 가공하면 된다.

상호 관계가 만족되며, 작업도 용이하고, 대량생산에 따른 호환성도 있으며, 경제적으로도 유리하다. 이와 같이 대량생산에 이용되는 게이지를 한계 게이지라 하며, 허용치수 범위의 최소 및 최대 값을 갖는 두 개의 게이지를 조합한 형식이다.

1.2 게이지의 이점(利點)

① 검사가 간단하고 능률적이다.

② 게이지는 간단한 구조로 만들어져 있어 다른 검사 기기보다 가격이 싸다.

③ 측정에 숙련을 요하지 않고 간단하게 사용할 수가 있다.

④ 작업 중에 조기불량 발견이 용이하다.

⑤ 미숙련공이 게이지를 사용하여 만든 부품이 숙련공이 게이지 없이 만든 것과 같은 품질이거나 오히려 더 나을 수도 있는 경우도 있다.

⑥ 완성품 중에 불량품의 혼입을 미연에 방지할 수 있어 다음 공정에서 불량 개소를 모르고 가공하는 사례를 미리 예방할 수도 있다.

⑦ 기능상 지장이 없는 범위에서 허용하는 최대 공차를 인정, 합격시킴으로써 필요 이상의 정밀도를 요구하지 않기 때문에 원가절감이 가능하다.

2. 게이지 사용상 주의 사항

2.1 게이지 선정

게이지는 제품의 호환성을 유지하면서 경제적으로 제품을 제작하는 것을 목적으로 하고 있다. 따라서 제품의 생산량, 가공조건, 게이지의 가격 등을 고려하여 어느 정도의 정밀도와 어떠한 종류의 게이지를 사용하는 것이 좋은지를 결정해야 한다.

2.2 취급시 주의 사항

게이지는 정밀도가 높고 가격이 비싸므로 신중하게 다루지 않으면 손상을 입게 되고, 수명을 단축시키게 된다. 게이지의 일반적인 주의사항은 다음과 같다.

① 기계 운전 중에는 사용을 금한다.
② 필요 이상의 힘을 가해서 사용하지 않는다.
③ 떨어뜨리거나 부딪치지 않게 주의한다.
④ 칩이나 먼지 등이 묻은 상태에서 사용하지 않는다.
⑤ 녹이 슬지 않게 잘 보관해야 한다.
⑥ 정기적인 정도 검사를 해야 한다.

3. 한계 게이지

3.1 한계 게이지의 장점

① 검사하기가 편하고 합리적이다.
② 합·부 판정이 쉽다.
③ 취급의 단순화 및 미숙련공도 사용 가능
④ 측정시간 단축 및 작업의 단순화

3.2 한계 게이지의 단점

① 합격 범위가 좁다.
② 특정 제품에 한하여 제작되므로 공용사용이 어렵다.

3.3 한계 게이지 재료에 요구되는 성질

① 열팽창 계수가 적을 것

② 변형이 적을 것

③ 양호한 경화성 : HRC 58 이상

④ 경도 내마모성

⑤ 가공성이 좋으며 정밀 다듬질이 가능할 것

3.4 한계 게이지의 재료

① 표면 경화강 및 합금 공구강(STC3)

② 탄소 공구강(STC4)

3.5 한계 게이지 등급

① XX급

최고급의 정도를 갖고 실용되는 최소 공차로 정밀한 래핑가공을 한 마스터 게이지로, 극히 제품 공차가 작거나 또는 참고용 게이지에만 사용되는데, 플러그에만 적용된다.

② X급

제품 공차 비교적 작을 때에 사용되는 래핑 가공이 된 게이지로, 제품 공차 0.05m인치 이하인 것이다.

③ Y급

X급보다 제품 공차가 큰 경우(0.05 ~0.1m)로 가장 많이 쓰이는 래핑 가공을 한 게이지이다.

④ Z급

Y급보다 제품 공차가 큰 경우로 0.1m 이상일 때로 보통 래핑 가공을 원칙으로 하나 연삭 가공으로 완성한다.

⑤ 공차 부호의 방향

통과측 게이지는 +로 하고, 정지측 게이지는 -로 한다.

4. 게이지(gauge)의 종류

한계 게이지는 구멍용과 축용이 있으며, 통과 측(go end)과 정지 측(not go end)을 갖는 구조이다. 구멍용 및 축용 한계 게이지의 통과 측과 정지 측의 치수는 그림 14.1과 같이 정해져 있다.

한계 게이지로 검사하여 통과 측에서 통과하고, 정지 측에서 통과하지 않으면 그 부품은 합격품이다.

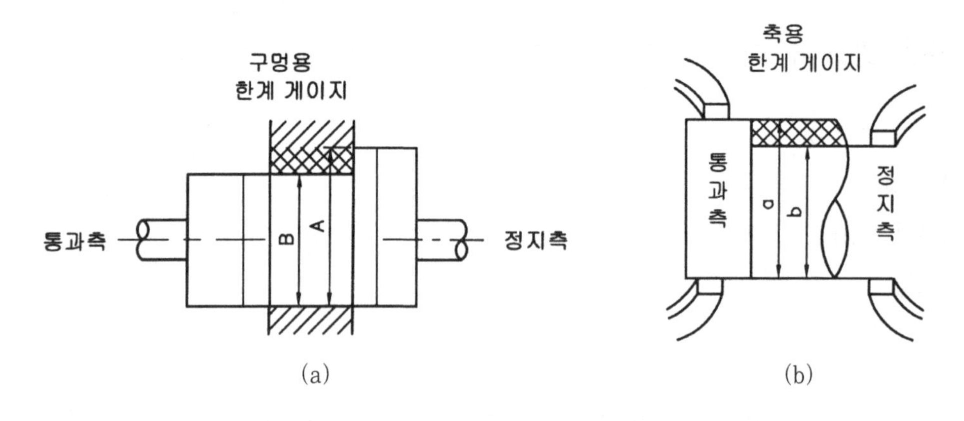

치수 \ 종류	구멍용 한계 게이지	축용 한계 게이지
통과측 치수	최소 허용치수 B	최대 허용치수 a
정지측 치수	최소 허용치수 A	최대 허용치수 b

그림 14.1 한계 게이지의 치수

4.1 구멍용 한계 게이지(limit gauge)

구멍용 한계 게이지는 여러 가지 형상이 있다. 일반적으로 호칭 치수가 비교적 적은 것은 플러그 게이지(plug gauge), 그보다 큰 것은 평 플러그 게이지(flat plug gauge), 그 이상의 것은 봉 게이지(bar gauge)를 사용한다. 표 14.1은 구멍용 한계 게이지의 종류와 치수의 적용범위를 나타낸다.

표 14.1 구멍용 한계 게이지의 종류와 치수의 범위

구멍용 한계 게이지의 종류		호칭치수의 범위(mm)
원통형 플러그 게이지	테이퍼 로크형	1~50
	트리 로크형	50~120
평형 플러그 게이지		80~250
판 플러그 게이지		80~250
봉 게이지		80~500

(1) 플러그 게이지(plug gauge)

일반적으로 사용하는 플러그 게이지는 그림 14.2와 같고, 구조는 통과측과 정지측이 있다. 통과측은 정지측보다 원통부의 길이가 정지측보다 길다.

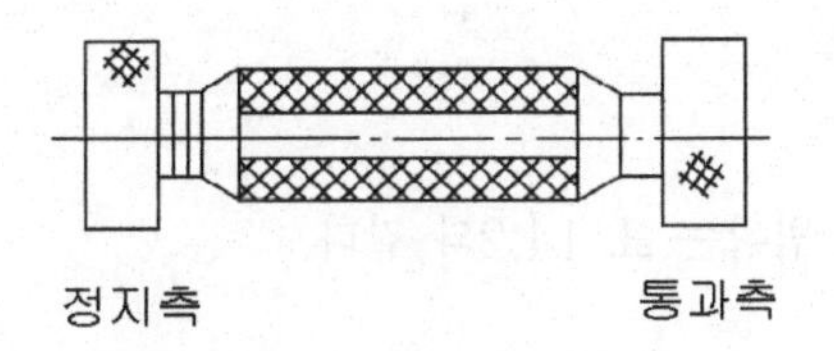

그림 14.2 플러그 게이지

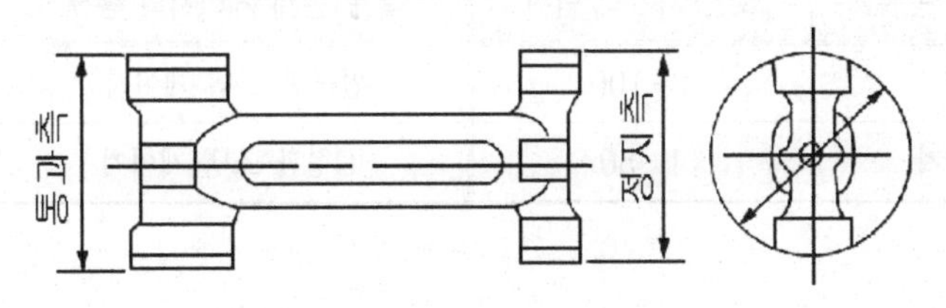

그림 14.3 평 플러그 게이지

(2) 평 플러그 게이지(flat plug gauge)

호칭 지름이 큰 구멍 측정에 플러그 게이지를 사용하면 자체 중량이 커져서 사용이 곤란한 경우에 그림 14.3과 같은 평 플러그 게이지를 사용한다. 플러그 게이지의 양 단면을 원통에서 판형의 형태로 절단 가공한 형태이다.

(3) 봉 게이지(bar gauge)

부품의 호칭치수가 커지면 평 플러그 게이지도 무거워 사용이 어려우므로 봉 게이지를 사용한다. 그림 14.4와 같고 단면의 형상이 원통 면과 구면의 형상 두 가지가 있다.

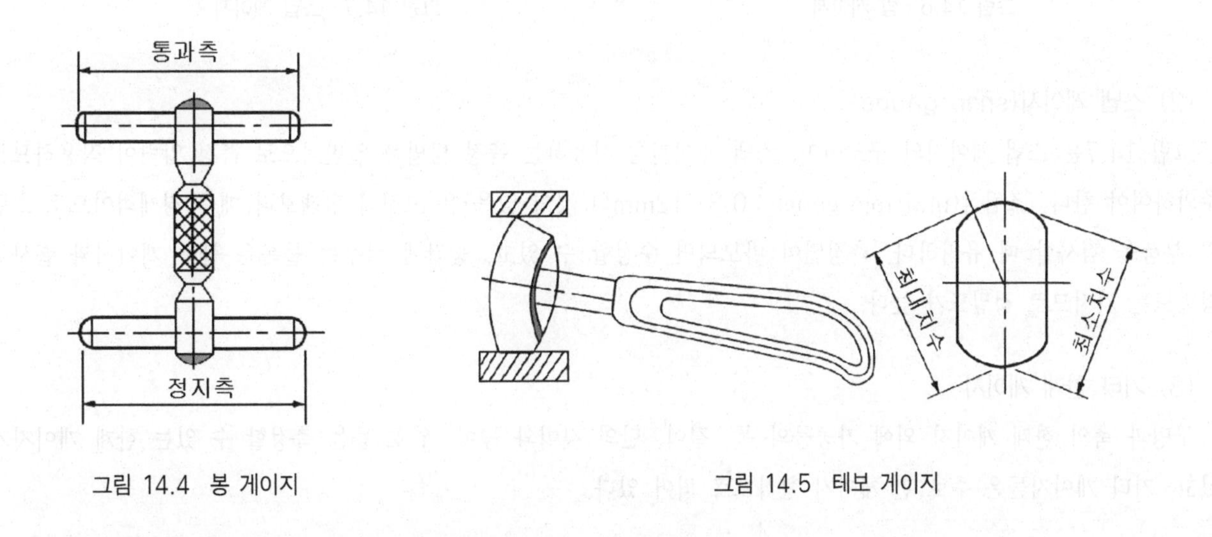

그림 14.4 봉 게이지

그림 14.5 테보 게이지

(4) 테보 게이지(te-bo gauge)

그림 14.5와 같이 통과측은 최소 허용값과 동일한 지름을 갖는 구의 일부로 되어 있고, 정지측은 같은 구면상에 공차만큼 지름이 커진 구형의 돌기 부분이 있다.

4.2 축용 한계 게이지

축용 한계 게이지의 종류 및 치수의 범위는 표 14.2와 같다.

표 14.2 축용 한계 게이지의 종류와 치수 범위

축용 한계 게이지의 종류	호칭 치수의 범위	축용 한계 게이지의 종류	호칭 치수의 범위
링 게이지	1~100	편구판 스냅 게이지	3~50
양구판 스냅 게이지	1~50	C형판 스냅 게이지	50~180

(1) 링 게이지(ring gauge)

그림 14.6의 구조를 가지고 있으며, 지름이 작거나 두께가 얇은 공작물의 측정에 사용한다.

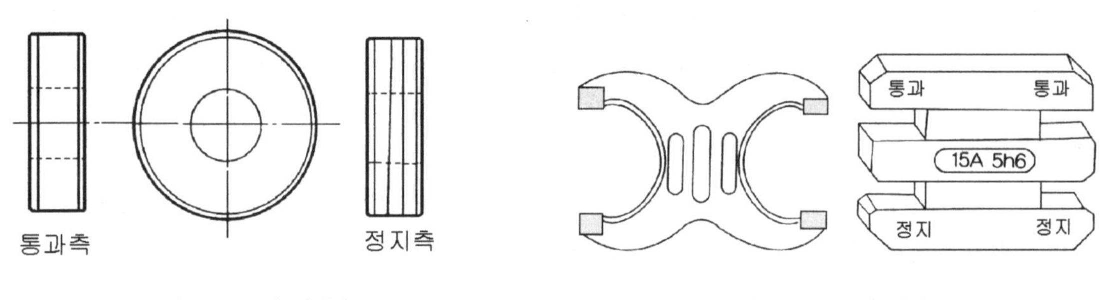

그림 14.6 링 게이지

그림 14.7 스냅 게이지

(2) 스냅 게이지(snap gauge)

그림 14.7은 스냅 게이지의 구조이며, 스냅 게이지를 사용하는 측정 방법은 일반적으로 측정 압력이 작용하므로 주의하여야 한다. 조립식(multiple gauge : 0.8~12mm의 것이 있음)은 고정식 형태보다 매우 경제적이므로 소량의 부품을 검사할 때 유리하다. 측정면이 마모되면 수정할 수 있고, 중간에 끼우는 블록은 블록 게이지와 흡사한 정밀도를 가지므로 정밀도가 높다.

(3) 기타 한계 게이지

구멍과 축의 한계 게이지 외에 가공물의 폭, 길이, 단의 깊이와 높이, 원호 등을 측정할 수 있는 한계 게이지가 있고, 기타 게이지들은 주로 판 게이지 형식으로 되어 있다.

(4) 기능 게이지

한계 게이지에 의하여 합격한 제품이라 할지라도 조립라인에서 문제가 발생할 수 있다. 예를 들면 그림 14.8과 같은 공작물에서 ⌀25H7 구멍과 ⌀15H8 구멍을 한계 게이지로 검사하여 합격하였어도 데이텀(datum) A에 의한 동축 형체의 진위치도는 만족하였다고 할 수 없다. 따라서 동축도, 진위치도 등 치수와 관계없이 검사할 때 사용하는 게이지를 기능 게이지라 한다.

그림 14.8은 부품도에 따른 기능 게이지를 나타낸다.

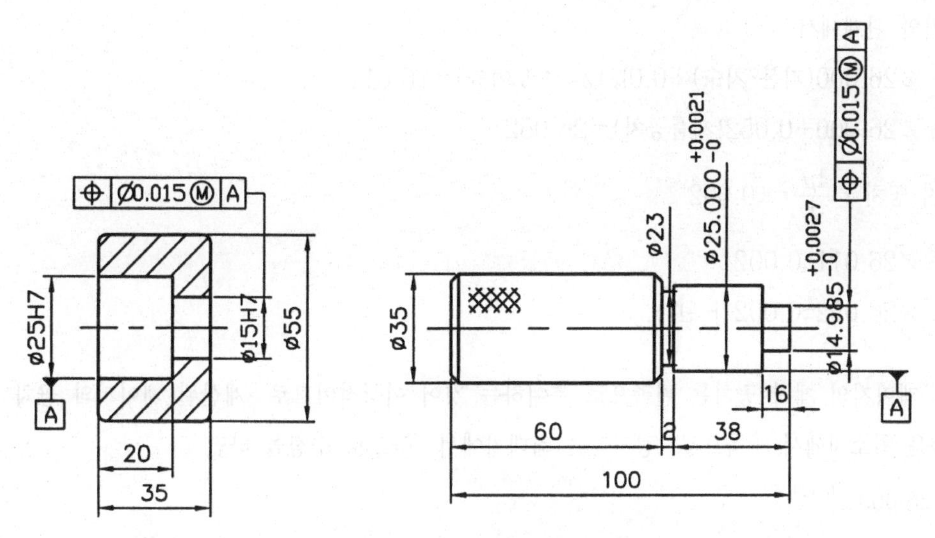

그림 14.8 부품도에 따른 기능 게이지

5. 게이지(gauge)의 설계

5.1 KS 방식에 의한 한계 게이지의 고려사항

한계 게이지의 치수차・공차를 정할 경우에 고려사항은 다음과 같다.

① 제품의 한계 치수를 확실하게 지킬 수 있도록 되어 있는가?

② 통과측 게이지의 마모여유를 필요로 하며, 그 양은 적당한가?

③ 정지측은 마모되더라도 제품에 지장을 미칠 수 있을 정도로 제품공차에 게이지 공차가 먹어 들어가거나 밖으로 지나치게 벗어나 있지 않은가?

④ 위치도, 동심도의 양자에 의해 게이지 공차의 점유되는 양이 지나치게 많아 제품 공차를 부당하게 축소시키고 있지 않은가?

⑤ 검사용・공작용의 2종류의 게이지로 적용시켰을 때 공작용 게이지에 합격한 것이 반드시 검사용 게이지에 합격하도록 되어 있는가?

5.2 게이지 설계의 실제 예

1) 한국 산업 규격 한계 게이지 공차에 의한 방식

$\varnothing 26^{+0.052}_{-0}$ ($\varnothing$26H9) 구멍을 검사하는 플러그 게이지 설계

① $26^{+0.052}_{-0}$에 대한 공차는 KS에 의해 IT 9급에 해당하며

② IT 9급에 해당하는 게이지의 공차는 KS에 의해 IT 3급에 해당

③ KS에 의해 IT 9급 구멍용 게이지의 Z. Y. a. H 등을 표 14.3에 의하여 구한다.

④ 공차 위치의 관계에서

- 통과측 ∅26.000(기본 치수)+0.011(z : 마모여유)=26.011
- 정지측 ∅26.000+0.052(제품공차)=26.052

게이지 공차 ± $\frac{4\mu}{2}$ =±0.002

- 통과측 ∅26.011±0.002
- 정지측 ∅26.052±0.002가 된다.

그러나 한계 게이지의 제작 공차는 편측으로 부여하는 것이 이상적이므로, 계산된 게이지의 공차 수정이 필요하다. 즉, 통과측은 최소치에서 +쪽으로, 정지측은 최대치에서 -쪽으로 수정을 하면

- 통과측 $\varnothing 26.009^{+0.004}_{-0}$
- 정지측 $\varnothing 26.009^{+0}_{-0.004}$ 가 된다.

이때 통과측 치수가 +쪽으로 가깝게 제작되었으면 게이지의 수명은 길어지나, 합격품이 검사에서 불합격 처리되는 양이 많아진다. 반대로 통과측 치수가 -쪽으로 가깝게 제작되었으면 게이지의 수명은 짧아지고, 합격품이 검사에서 합격 처리되는 양이 많아진다. 표 14.3은 한계 게이지를 설계할 때의 치수 공차를 나타낸다.

표 14.3 치수 공차

(단위 : ㎛)

호칭치수의 구분	T (IT 9급)	Z	Y	Y′	a	H(IT3)
18~30	52	11	0			4

5.3 공차

치공구를 설계할 때 중요한 요소 중의 하나가 공차이다. 일반적으로 치공구의 공차는 공작물 공차의 20~50%의 범위로 한다. 예를 들면, 공작물의 구멍의 중심이 ±0.1mm 범위 안에 들어야 한다면 공구의 구멍 위치 공차는 ±0.02~±0.05mm의 범위의 공차를 가져야 한다.

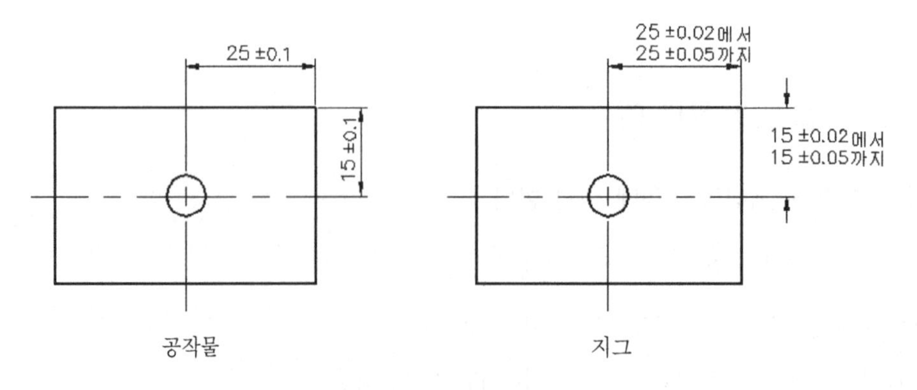

그림 14.9 공차 관계

일반적으로 20% 미만의 공구 공차를 택하면, 공구의 제작비만 증가시킬 뿐 공작물의 정밀도 향상에 큰 영향을 미치지 못한다. 또한 50% 이상 공구 공차를 택하면 요구하는 정밀도를 보장하기 어렵다. 그림 14.9는 공차 관계를 나타낸다.

5.4 한계 게이지의 제작공차

한계 게이지의 제작시 통과측과 정지측에 대해 최대 및 최소 허용치수와의 차를 말한다. 제작공차는 표와 같이 KS 규격에 규정되어 있다.

표 14.4 게이지의 제작공차(KS)

한계게이지 종류	제작공차 기호	구멍축의 등급					
		IT5	IT6	IT7	IT8	IT9	IT10
플러그 게이지	H	IT2	IT2	IT2	IT3	IT3	IT4
봉 게이지	HS	IT2	IT2	IT2	IT2	IT2	IT3
스냅게이지 및 링 게이지	H1	IT2	IT2	IT3	IT3	IT4	-

익힘문제

문제 1. 게이지의 이점은?

해설 ① 검사가 간단하고 능률적이다.

② 게이지는 간단한 구조로 만들어져 있어 다른 검사 기기보다 가격이 싸다.

③ 측정에 숙련을 요하지 않고 간단하게 사용할 수가 있다.

④ 작업 중에 조기 불량 발견이 용이하다.

⑤ 미숙련공이 게이지를 사용하여 만든 부품이 숙련공이 게이지 없이 만든 것과 같은 품질이거나 오히려 더 나을 수도 있는 경우도 있다.

⑥ 완성품 중에 불량품의 혼입을 미연에 방지할 수 있어 다음 공정에서 불량 개소를 모르고 가공하는 사례를 미리 예방할 수도 있다.

⑦ 기능상 지장이 없는 범위에서 허용하는 최대 공차를 인정, 합격시킴으로써 필요 이상의 정밀도를 요구하지 않기 때문에 원가절감이 가능하다.

문제 2. 한계 게이지의 장·단점은?

해설 〈장점〉

① 검사하기가 편하고 합리적이다.

② 합·부 판정이 쉽다.

③ 취급의 단순화 및 미숙련공도 사용 가능

④ 측정시간 단축 및 작업의 단순화

〈단점〉

① 합격 범위가 좁다.

② 특정 제품에 한하여 제작되므로 공용사용이 어렵다.

문제 3. 한계 게이지 방식에 있어서 치수차, 공차를 정할 경우에 고려 사항은?

해설 ① 제품의 한계 치수를 확실하게 지킬 수 있도록 되어 있는가?

② 통과측 게이지의 마모여유를 필요로 하며, 그 양은 적당한가?

③ 정지측은 마모되더라도 제품에 지장을 미칠 수 있을 정도로 제품공차에 게이지 공차가 먹어 들어가거나 밖으로 지나치게 벗어나 있지 않은가?

④ 위치도, 동심도의 양자에 의해 게이지 공차의 점유되는 양이 지나치게 많아 제품 공차를 부당하게 축소시키고 있지 않은가?

⑤ 검사용・공작용의 2종류의 게이지로 적용시켰을 때 공작용 게이지에 합격한 것이 반드시 검사용 게이지에 합격하도록 되어 있는가?

문제 4. 기능 게이지는 무엇인가?

해설 한계 게이지에 의한 검사에서 합격된 부품이라 할지라도 조립 라인에서 무난히 조립되어진다고 볼 수 없으며, 조립은 되었다고 하나 설계자의 의도에 부응하는 기능이 확보되었다고 할 수 없다.

기능 게이지는 한계 게이지에 의해 합격된 부품에 한하여 기능 게이지를 검사해야 한다.

한계 게이지에 의해 불합격된 부품은 1차 불합격품으로 기능 게이지로 검사할 필요가 없다. 한계 게이지에 의해 합격된 부품이라도 100% 조립이 될 수 없고 부품의 기능이 확보되었다고 할 수 없다.

예를 들면 공작물에서 ∅25H7 구멍과 ∅15H8 구멍을 한계 게이지로 검사하여 합격하였어도 데이텀(datum) A에 의한 동축 형체의 진위치도는 만족하였다고 할 수 없다. 따라서 동축도, 진 위치도 등 치수와 관계없이 검사할 때 사용하는 게이지를 기능 게이지라 한다.

연습문제

1. 구멍에 대하여 통과측에 적합한 게이지의 종류는?
   ㉮ 플러그 게이지 ㉯ 봉 게이지
   ㉰ 스냅 게이지 ㉱ 링 게이지

2. 구멍용 한계 게이지의 종류가 아닌 것은?
   ㉮ 봉 게이지 ㉯ 평형 플러그 게이지
   ㉰ 스냅 게이지 ㉱ 판형 플러그 게이지

3. 한계 게이지의 설명으로 맞는 것은?
   ㉮ 양쪽 다 통과하도록 되어 있다.
   ㉯ 한쪽은 통과하고 다른 한쪽은 통과하지 않도록 되어 있다.
   ㉰ 한쪽은 헐겁게 통과하고 다른 한쪽은 통과하지 않도록 되어 있다.
   ㉱ 양쪽 다 통과하지 않도록 되어 있다.

4. 다음 중 한계 게이지에 대한 설명으로 맞는 것은?
   ㉮ 축용 한계 게이지는 통과측에 제작공차, 정지측에는 마모여유와 제작공차를 준다.
   ㉯ 축용 한계 게이지는 통과측에 제작공차를 준다.
   ㉰ 구멍용 한계 게이지는 정지축에 마모여유와 제작공차, 통과측에는 제작공차를 준다.
   ㉱ 구멍용 한계 게이지는 정지측에는 제작공차, 통과측에는 마모여유와 제작공차를 준다.

5. 한계 게이지 방식의 특징이 아닌 것은?
   ㉮ 호환성을 가진 제품을 검사할 수 있다.
   ㉯ 다량생산 제품의 측정에 편리하다.
   ㉰ 측정 방법이 비교적 번거러우며 복잡해지기 쉽다.
   ㉱ 측정에 있어서 다른 방법보다 개인차가 적다.

6. 플러그(plug) 게이지에 의한 구멍 검사 시에 검사되는 치수는?
   ㉮ 구멍의 최소 지름 ㉯ 구멍의 최대 지름
   ㉰ 구멍의 평균 지름 ㉱ 구멍의 형상 오차

정답 1.㉮ 2.㉰ 3.㉯ 4.㉱ 5.㉰ 6.㉮

7. 한계 게이지 설계로 적당한 것은?

㉮ 마모여유는 정지측에만 준다.
㉯ 마모여유는 정지측, 통과측 양측에 준다.
㉰ 제작공차는 정지측, 통과측 양측에 준다.
㉱ 제작공차는 통과측에만 준다.

8. 기준치수 16mm의 원통 4개를 만들고 측정한 결과가 A, B, C, D와 같은 지름의 것이 되었다. 오차 백분율이 ±0.5%라면 합격품은 무엇인가?(단, A=16.10mm, B=16.09mm, C=15.90mm, D=15.95mm)

㉮ D
㉯ A, B
㉰ B, C
㉱ A, B, C, D

9. 한계 게이지의 사용목적 중 틀린 것은?

㉮ 공작의 합리화
㉯ 고능률화
㉰ 검사의 합리화
㉱ 설치의 간단화

10. 한계 게이지의 종류가 아닌 것은?

㉮ 피치 게이지
㉯ 원통형 플러그 게이지
㉰ 판형 플러그 게이지
㉱ 평형 플러그 게이지

11. 한계 게이지 중 스냅 게이지는 제품의 어느 부분을 검사하는가?

㉮ 각도
㉯ 내경
㉰ 외경
㉱ 구멍의 크기

12. 축용 한계 게이지의 종류가 아닌 것은?

㉮ 플러그 게이지
㉯ 스냅 게이지
㉰ C형 스냅 게이지
㉱ 링 게이지

13. 다음 한계 게이지의 종류 중 축용 한계 게이지의 종류는?

㉮ 판형 플러그 게이지
㉯ 봉(bar) 게이지
㉰ 스냅(snap) 게이지
㉱ 테보(tebo) 게이지

14. 한계 게이지 방식 중 틀린 것은?

㉮ 링 게이지
㉯ 틈새 게이지
㉰ 스냅 게이지
㉱ 플러그 게이지

15. 한계 게이지는 무엇을 측정하는가?

㉮ 최대 치수와 최소 치수의 범위를 측정한다.
㉯ 나사의 피치를 측정한다.
㉰ 각도를 측정한다.
㉱ 구멍의 크기를 측정한다.

정답 7.㉰ 8.㉮ 9.㉱ 10.㉮ 11.㉰ 12.㉮ 13.㉰ 14.㉯ 15.㉮

16. 한계 게이지의 마모 여유는 어느 측에 두는가?

㉮ 정지측 ㉯ 두지 않는다.
㉰ 통과측과 정지측 ㉱ 통과측

17. 정지측에서 측정면이 좁은 곳에 사용하는데 적합한 게이지 종류는?

㉮ 스냅 게이지 ㉯ 봉 게이지
㉰ 플러그 게이지 ㉱ 링 게이지

18. 다량의 제품이 허용한계 내에 있는가를 측정하기 위하여 가장 적합한 게이지 종류는?

㉮ 다이얼 게이지 ㉯ 한계 게이지
㉰ 블록 게이지 ㉱ 마이크로미터

19. 플러그 게이지에 대한 설명으로 맞는 것은?

㉮ 정지측이 통과측보다 마멸이 심하다.
㉯ 이 게이지는 공차 내에 있고 없음만을 검사할 수 있다.
㉰ 통과측이 통과되지 않을 경우는 기준 구멍보다 큰 구멍이다.
㉱ 진원도도 검사할 수 있다.

20. 다음 중에서 축을 가공하는데 일정한 치수 내에 들어 있는지를 검사하는데 적당한 게이지 종류는?

㉮ 스냅 게이지 ㉯ 반지름 게이지
㉰ 센터 게이지 ㉱ 플러그 게이지

21. 한계 게이지의 장점을 설명한 것이 아닌 것은?

㉮ 제품 상호간에 호환성이 있다.
㉯ 소량 제품에서 가격이 비싸지므로 단가가 비싸진다.
㉰ 측정이 쉽고 신속하다.
㉱ 필요 이상 정밀가공을 하지 않아도 되므로 공작이 용이하다.

22. 스냅 게이지로 측정하는 곳은?

㉮ 두께 ㉯ 외경
㉰ 내경 ㉱ 틈새

정답 16.㉱ 17.㉮ 18.㉯ 19.㉯ 20.㉮ 21.㉯ 22.㉯

제 15 장

치수공차 및 끼워맞춤

1. 공차 관계 용어

1) 기준치수

가공에 있어서 기준이 되는 치수로 허용한계 치수의 기준이 된다.

2) 허용한계 치수

가공이나 사용에 있어서 허용되는 한계를 표시하는 치수로 최대 허용치수와 최소 허용치수의 두 가지 치수가 있다.

① 최대 허용치수 : 허용한계 치수 중 큰 쪽 치수로 허용되는 최대 치수이다.

최대 허용치수 = 기준치수 + 위 치수 허용차

② 최소 허용치수 : 허용한계 치수 중 작은 쪽 치수로 허용되는 최소 치수이다.

최소 허용치수 = 기준치수 + 아래 치수 허용차

3) 치수 허용차

기준이 되는 치수에서 가공 또는 사용상 허용되는 치수 폭으로 위 치수 허용차와 아래 치수 허용차가 있다.

① 위 치수 허용차 = 최대 허용치수 - 기준치수

② 아래 치수 허용차 = 최소 허용치수 - 기준치수

4) 치수공차

최대 허용치수와 최소 허용치수와의 차, 즉 위 치수 허용차에서 아래 치수 허용차를 뺀 값으로 공차(tolerance)라고도 한다.

치수공차(공차) = 최대 허용치수 - 최소 허용치수,

또는

치수공차(공차) = 위 치수 허용차 - 아래 치수 허용차

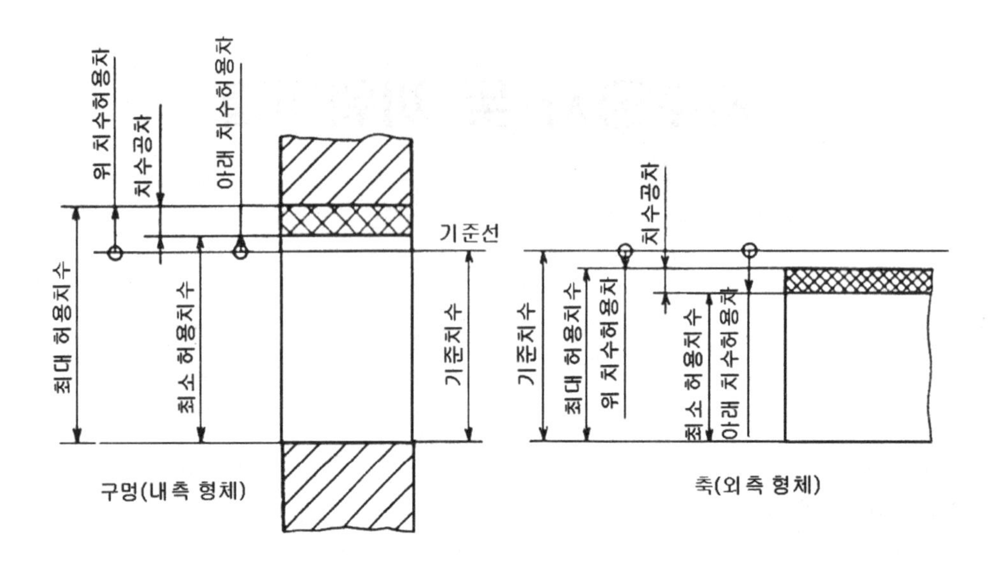

그림 15.1 치수공차의 용어

5) 틈새

두 부품을 서로 끼워맞춤할 때 구멍 또는 홈의 치수가 축의 치수보다 클 때 치수 차를 말하며, 최대 틈새와 최소 틈새가 있다.

① 최대 틈새 : 틈새가 존재하는 끼워맞춤(헐거운 끼워맞춤, 또는 중간 끼워맞춤)에서 구멍의 최대 허용치수에서 축의 최소 허용치수를 뺀 값.

최대 틈새 = 구멍의 최대 허용치수 - 축의 최소 허용치수

② 최소 틈새 : 틈새가 존재하는 끼워맞춤(헐거운 끼워맞춤, 또는 중간 끼워맞춤)에서 구멍의 최소 허용치수에서 축의 최대 허용치를 뺀 값.수

최소 틈새 = 구멍의 최소 허용치수 - 축의 최대 허용치수

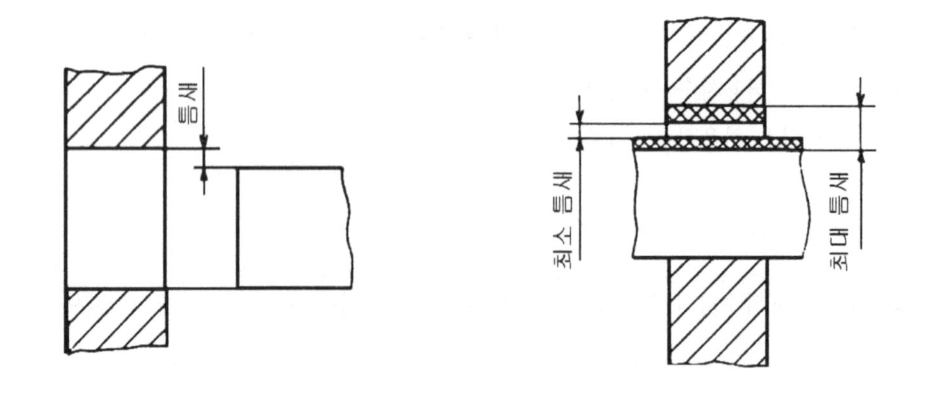

그림 15.2 틈새

6) 죔새

두 부품를 서로 끼워맞춤할 때 구멍 또는 홈의 치수가 축의 치수보다 작을 때 치수 차를 말하며, 최대 죔새와 최소 죔새가 있다.

① 최대 죔새 : 죔새가 존재하는 끼워맞춤(억지 끼워맞춤, 또는 중간 끼워맞춤)에서 축의 최대 허용치수에서 구멍의 최소 허용치수를 뺀 값.

최대 죔새 = 축의 최대 허용치수 - 구멍의 최소 허용치수

② 최소 죔새 : 죔새가 존재하는 끼워맞춤(억지 끼워맞춤, 또는 중간 끼워맞춤)에서 축의 최소 허용치수에서 구멍의 최대 허용치수를 뺀 값.

최소 죔새 = 축의 최소 허용치수 - 구멍의 최대 허용치수

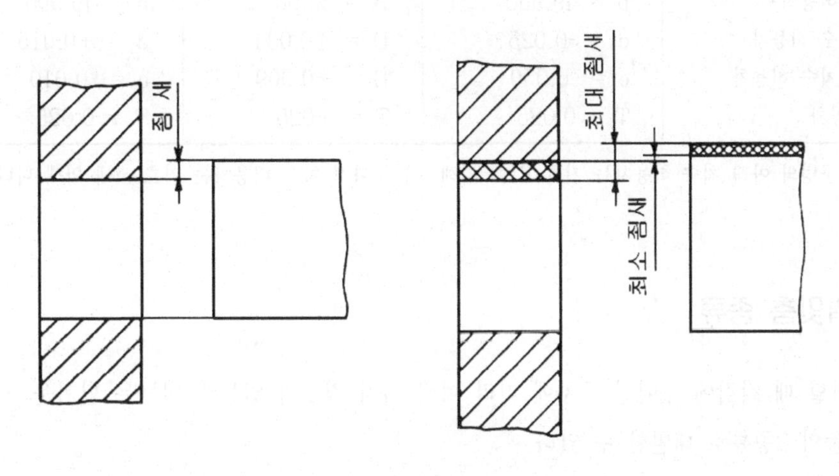

그림 15.3 죔새

2. 치수 끼워맞춤

2.1 끼워맞춤의 개념

끼워맞춤이란 두 개의 기계 부품이 서로 끼워맞추기 전의 치수차에 의하여 틈새 및 죔새를 갖고 서로 접합하는 관계를 말한다.

① 구멍 : 원통형의 내면과 원형 단면이 아닌 것도 포함한다.(기호로써 대문자 표시)

② 축 : 원통형의 외면과 원형 단면이 아닌 것도 포함한다.(기호로써 소문자 표시)

③ 상용 끼워맞춤

구멍 H : 기준 구멍　　　　　축 h : 기준 축

• 구멍 기준시 H7 :　b~g(g6) 헐거운 끼워맞춤 (예) 축과 부시
　　　　　　　　　h~m(h6) 중간 끼워맞춤 (예) 축과 풀리의 보스(키로 고정)

n~x(p6) 억지 끼워맞춤 (예) 부시와 보스

- 축 기준시 h6 : B~G(G7) 헐거운 끼워맞춤
  H~M(H7) 중간 끼워맞춤
  N~X(P7) 억지 끼워맞춤

2.2 끼워맞춤의 계산

기준 치수 50.000mm의 경우(보기)

구분	축	구멍	축
기준치수	c = 50.000	C = 50.000	c = 50.000
최대 허용치수	a = 49.975	A = 50.034	a = 50.015
최소 허용치수	b = 49.950	B = 50.009	b = 49.990
위 치수 허용차	d = -0.025	D = +0.034	d = +0.015
아래 치수 허용차	e = -0.050	E = +0.009	e = -0.010
치수공차	T = 0.025	T = 0.025	T = 0.025

〈비고〉 구멍의 아래 치수 허용차는 기호 EI에 의해, 축의 아래 치수 허용차는 기호 ei에 의해 나타낸다.

2.3 끼워맞춤 종류

구멍과 축을 조합할 때 각각에 주어진 공차에 따라 여러 가지 경우가 있는데 이들은 헐거운 끼워맞춤, 억지 끼워맞춤, 중간 끼워맞춤의 3종류로 대별할 수 있다.

① 헐거운 끼워맞춤

두 부품을 끼워맞춤할 때 항상 틈새가 생기는 끼워맞춤으로, 구멍의 최소 허용치수보다 축의 최대 허용치수가 작은 경우이다. 구멍의 최대 치수에서 축의 최소 치수를 빼면 최대 틈새가 생기고, 구멍의 최소 치수에서 축의 최대 치수를 빼면 최소 틈새가 된다.

② 억지 끼워맞춤

두 부품을 끼워맞춤할 때 항상 죔새가 생기는 끼워맞춤으로, 구멍의 최대 허용치수보다 축의 최소 허용치수가 큰 경우이다. 축의 최대 치수에서 구멍의 최소 치수를 빼면 최대 죔새가 생기고, 축의 최소 치수에서 구멍의 최대 치수를 빼면 최소 죔새가 된다.

③ 중간 끼워맞춤

두 부품을 끼워맞춤할 때 조립되는 구멍과 축의 실 치수에 따라 틈새 또는 죔새가 생기는 끼워맞춤으로 구멍의 최소 허용치수보다 축의 최대 허용치수가 큼(두 치수가 같은 경우도 포함)과 동시에 구멍의 최대 허용치수보다 축의 최소 허용치수가 작은 경우이다. 축의 최대 치수에서 구멍의 최소 치수를 빼면 최대 죔새가 생기고, 구멍의 최대 치수에서 축의 최소 치수를 빼면 최대 틈새가 생긴다.

3. 구멍과 축의 종류와 그 표시 기호

같은 치수와 같은 등급에 속하는 허용 공차의 구멍이나 축이라도 치수 허용차를 잡는 방법을 달리하면 양자의 끼워맞춤 상태가 달라진다. 따라서 구멍과 축을 각각 그 치수에 대한 위아래의 치수차를 달리하여 수 종류의 치수를 정하고, 로마문자를 써서 종류를 나타내고 있는데 구멍은 대문자, 축은 소문자로 나타내고 있다.

아래 표와 같이 구멍은 최소 허용치수가 기준치수와 일치하는 것을 H라 하고, 구멍인 경우 H로부터 A쪽으로 갈수록 구멍은 점점 커지며, Z쪽으로 갈수록 구멍은 작아진다. 축은 구멍과 반대이다.

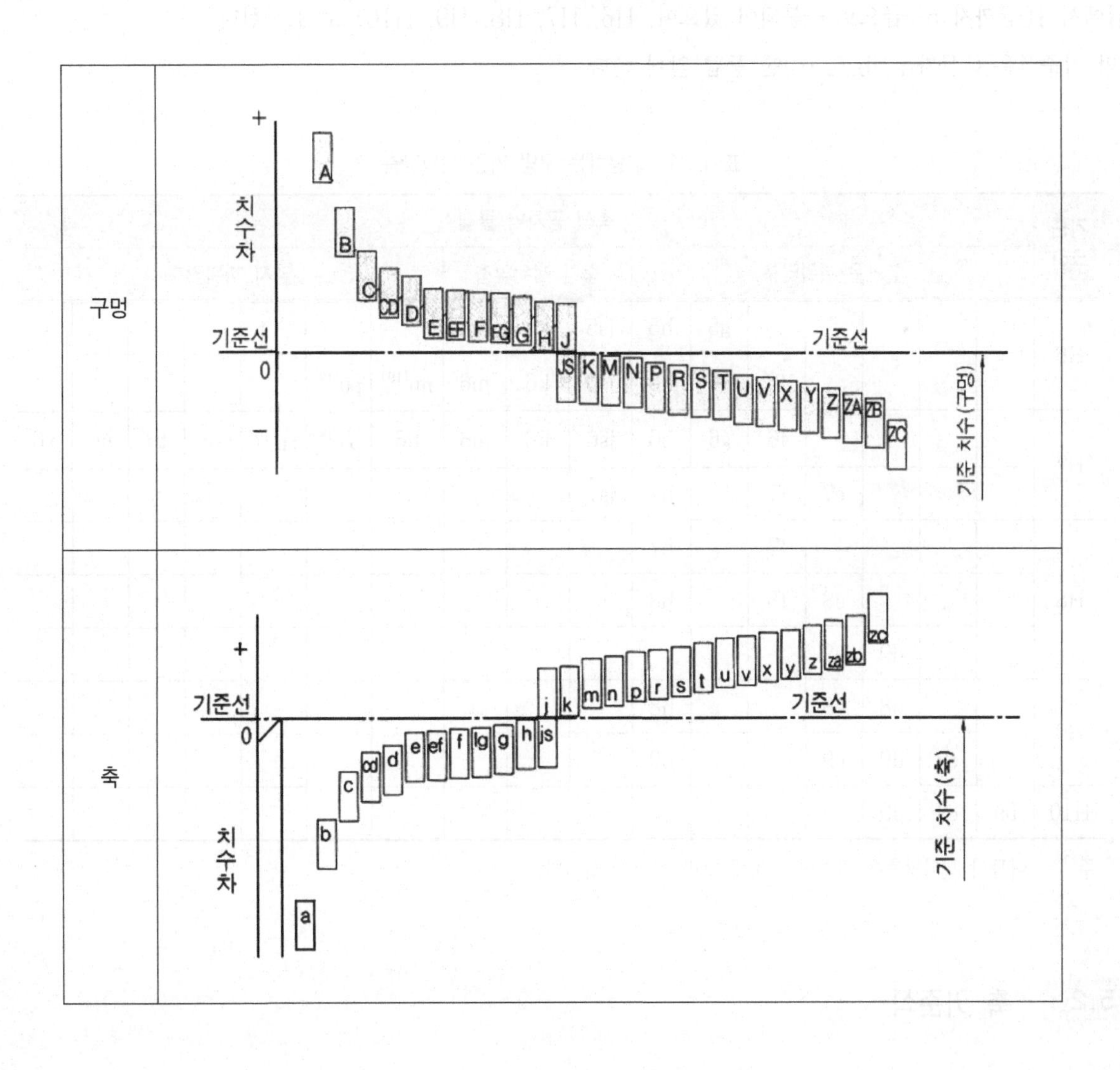

4. 끼워맞춤의 표시

끼워맞춤은 구멍 · 축의 공통 기준치수에 구멍의 치수공차 기호와 축의 치수공차 기호를 계속하여 표시한다.

보기 : 52H7/g6, 52H7-g6 또는 $52\frac{H7}{g6}$

5. 구멍 기준식과 축 기준식

5.1 구멍 기준식

여러 개의 공차역 클래스의 축과 1 개의 공차역 클래스의 구멍을 조립하는 데에 따라 필요한 틈새 또는 죔새를 주는 끼워맞춤 방식. 이 규격에서는 구멍의 최소 허용치수가 기준치수와 같다. 즉, 구멍의 아래 치수 허용차가 0인 끼워맞춤 방식.

6급에서 10급까지 5등급으로 구분되어 있으며, H6, H7, H8, H9, H10으로 표시한다.

구멍 기준식은 대문자(a, b, c …)를 등급 앞에 쓴다.

표 15.1 상용하는 구멍 기준 끼워맞춤

기준 구멍	축의 공차역 클래스																
	헐거운 끼워맞춤							중간 끼워맞춤			억지 끼워맞춤						
H6						g5	h5	js5	k5	m5							
					f6	g6	h6	js6	k6	m6	n6[19]	p6[19]					
H7					f6	g6	h6	js6	k6	m6	n6	p6[19]	r6[19]	s6	t6	u6	x6
				e7	f7		h7	js7									
H8					f7		h7										
				e8	f8		h8										
			d9	e9													
H9			d8	e8			h8										
		c9	d9	e9			h9										
H10	b9	c9	d9														

주[19] : 이들의 끼워맞춤은 치수의 구분에 따라 예외가 생긴다.

5.2 축 기준식

여러 개의 공차역 클래스의 구멍과 1 개의 공차역 클래스의 축을 조립하는데 따라 필요한 틈새 또는 죔새를 주는 끼워맞춤 방식. 이 규격에서는 축의 최대 허용치수가 기준치수와 같다. 즉, 축의 위 치수 허용차가 0인 끼워맞춤 방식

5급에서 9급까지 5등급으로 구분되어 있으며, h5, h6, h7, h8, h9로 표시한다. 축 기준식은 소문자(a, b, c …)를 등급 앞에 쓴다.

표 15.2 상용하는 축 기준 끼워맞춤

기준 축	구멍의 공차역 클래스																
	헐거운 끼워맞춤							중간 끼워맞춤			억지 끼워맞춤						
h5							H6	JS6	K6	M6	N6[20]	P6					
h6					F6	G6	H6	JS6	K6	M6	N6	P6[20]					
					F7	G7	H7	JS7	K7	M7	N7	P7[20]	R7	S7	T7	U7	X7
h7				E7	F7		H7										
					F8		H8										
h8			D8	E8	F8		H8										
			D9	E9			H9										
h9			D8	E8			H8										
		C9	D9	E9			H9										
	B10	C10	D10														

주[20] : 이들의 끼워맞춤은 치수의 구분에 따라 예외가 생긴다.

6. 구멍 기호와 축 기호 및 상호 관계

치수 허용차에 따른 구멍과 축의 종류 및 표시는 KS에서 각 등급마다 그에 대한 아래, 위 치수 허용차가 있다. 구멍은 최소 치수가 기준치수와 일치하는 것을 H라 하고 G, F, E, D, C, B와 같이 알파벳 역순으로 나감에 따라서 지름이 점점 작아진다. 한편 축은 최대 치수가 기준치수와 일치하는 것을 h라 하고, 구멍의 경우와는 반대로 j, k, m, n, p, r, s와 같이 알파벳순에 따라 지름이 점점 커진다.

표 15.3 구멍 기호와 축 기호 및 상호 관계(KS B 0401)

구멍 기호	여기서 최소 허용치수가 기준치수와 일치한다. ← 점점 지름이 커진다. ↓ 점점 지름이 작아진다. → A B C D E F G H J K M N P R S T U X
축 기호	여기서 최소 허용치수가 기준치수와 일치한다. ← 점점 지름이 커진다. ↓ 점점 지름이 작아진다. → a b c d e f g h J k m n p r s t u x

7. 기입법

7.1 끼워맞춤의 표시법

기준치수는 오른쪽에 구멍과 축 기호를 표시하고 치수 숫자와 같은 크기로 쓴다. JS 구멍 · js 축의 기초가 되는 치수 허용차는 JS 구멍 및 js 축의 경우, 기본 공차는 기준선에 관하여 대칭으로 나눈다.

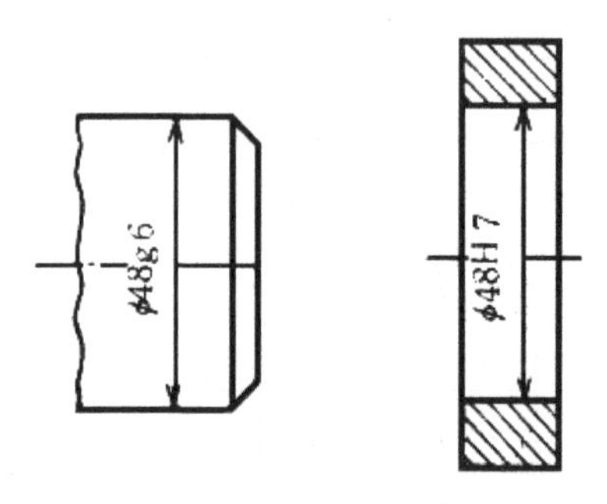

그림 15.4 끼워맞춤의 표시법

끼워맞춤은 구멍 · 축의 공통 기준치수에 구멍의 치수공차 기호와 축의 치수공차 기호를 계속하여 표시한다.

보기 : 52H7/g6, 52H7-g6 또는 $52\frac{H7}{g6}$

7.2 치수공차 기입 방법

① 기준치수 다음에 위 치수 허용차와 아래 치수 허용차를 기준치수보다 작게 쓴다.

② 치수 허용차가 0일때에는 +, -를 붙이지 않고 중앙에 쓴다.

③ 위아래 치수 허용차가 같을 때는 허용차 치수 하나만 기입한다.

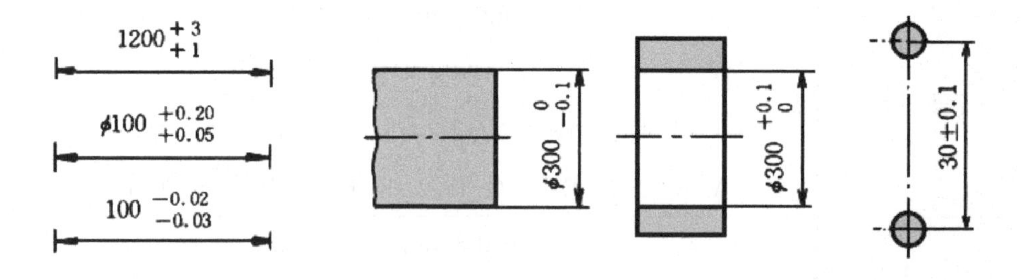

그림 15.5 치수 허용차 기입법

(예) 구멍의 경우 축의 경우

∅38H7 ∅38g6

⇛ 구멍 기준식의 헐거운 끼워맞춤이다.

구멍 ∅38H7은 $\varnothing 38^{+0.025}_{0}$를 의미하고

축 ∅38g6은 $\varnothing 38^{-0.009}_{-0.025}$를 의미한다. 그러므로

	구멍	축
a. 최대 허용치수	38.025	37.991
b. 최소 허용치수	38.000	37.975
c. 치수공차	0.025	0.016
d. 위 치수 허용차	0.025	-0.009
e. 아래 치수 허용차	0	-0.025
f. 기초가 되는 치수 허용차	0	-0.009
g. 최소 틈새	38.000 - 37.991 = 0.009	
h. 최대 틈새	38.025 - 37.975 = 0.050	

8. IT 기본 공차의 등급

ISO 공차 방식에 따른 기본 공차로서 IT 기본 공차 또는 그냥 IT라고도 부르며, 01급, 0급, 1급 …18급의 20 등급으로 되어 있고 IT 01, IT 0 … IT 18 등으로 표시된다.

용도	게이지 제작 공차	끼워맞춤 공차	끼워맞춤 이외 공차
구멍	IT 01~IT 5	IT 6~IT 10	IT 11~IT 18
축	IT 01~IT 4	IT 5~IT 9	IT 10~IT 18

〈IT 공차의 적용 예〉

IT 01~IT 4 : 주로 게이지류

IT 5~IT 10 : 주로 끼워맞춤을 하는 부분

IT 11~IT 18 : 끼워맞춤이 필요없는 부분

① IT 01 : 고급 표준 게이지류

② IT 0 : 고급 표준 게이지류, 고급 단도기

③ IT 1 : 표준 게이지 · 단도기

④ IT 2 ; 고급 게이지 · 플러그 게이지

⑤ IT 3 : 양질의 게이지 · 스냅 게이지

⑥ IT 4 : 게이지, 일반 래핑 또는 수퍼피니싱에 의한 고급 가공

⑦ IT 5 : 볼 베어링 · 기계래핑 · 정밀 보링 · 정밀 연삭 · 호닝

⑧ IT 6 : 연삭 · 보링 · 핸드 리밍

⑨ IT 7 : 정밀선삭 · 브로칭 · 호닝 및 연삭의 일반작업

⑩ IT 8 : 센터작업에 의한 선삭 · 보링 · 보통의 기계리밍 · 터릿 및 자동선반 제품

⑪ IT 9 : 터릿 및 자동선반에 의한 일반제품 보통의 보링 작업 · 수직선반 · 고급 밀링 작업

⑫ IT 10 : 보통 밀링작업 · 세이핑 · 슬로팅, 플레이너 작업 · 드릴링 · 압연 · 압출제품

⑬ IT 11 : 황선삭 · 황보링 기타 황삭의 기계가공 정밀 인발 · 파이프 · 펀칭 · 구멍 · 프레스 작업

⑭ IT 12 : 일반 파이프 및 봉 프레스 제품

9. 끼워맞춤 실예

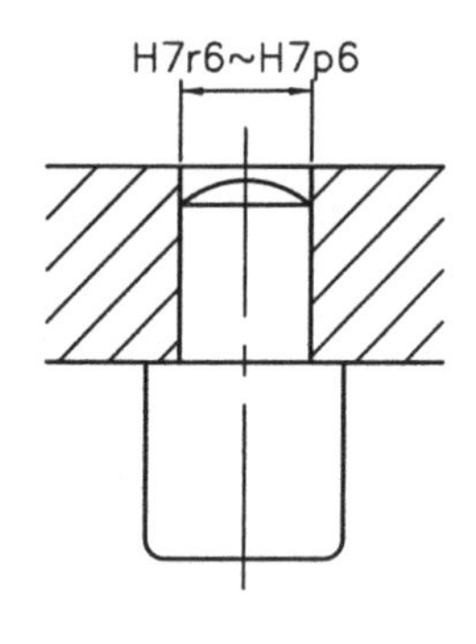

지그다리의 억지 끼워맞춤

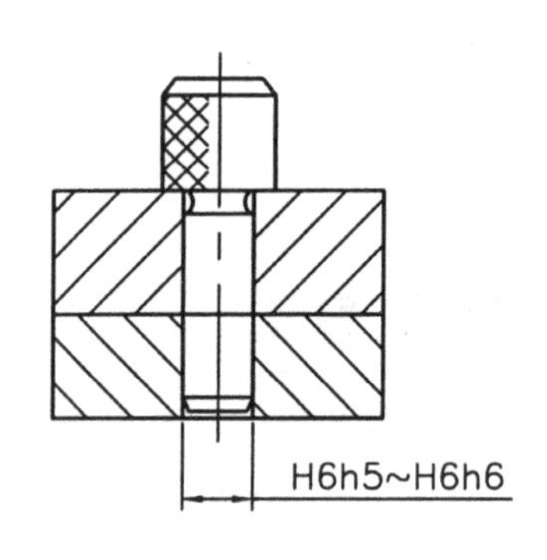

분할핀

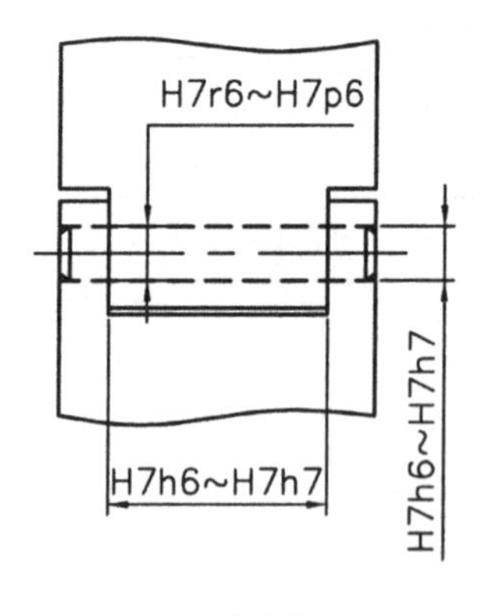

힌지핀

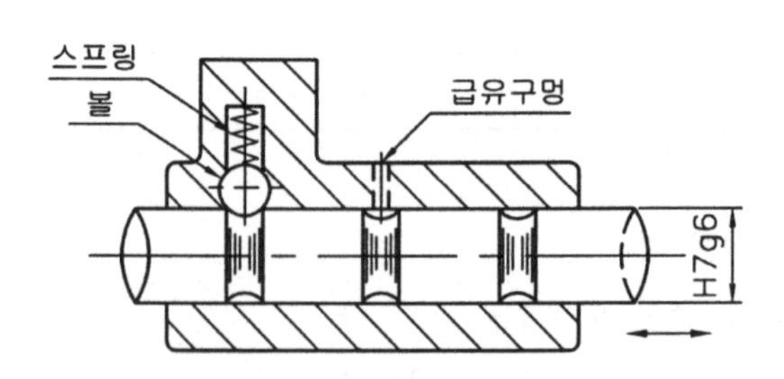

직선 분할 핀

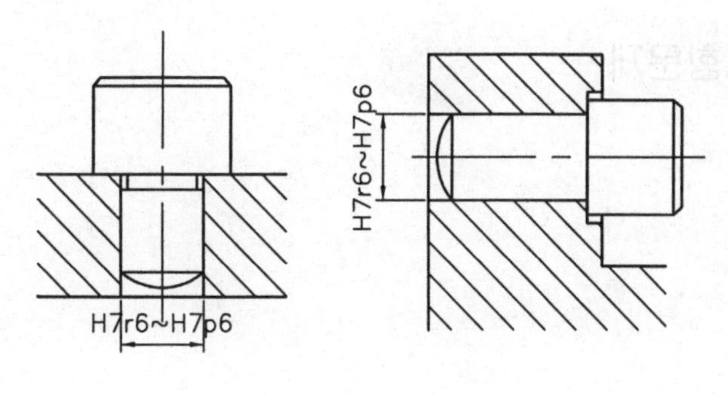

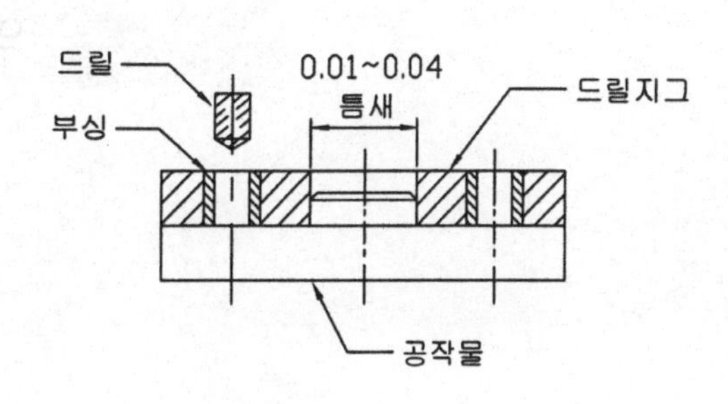

위치결정핀의 억지 끼워맞춤

위치결정구와 공작물과의 틈새

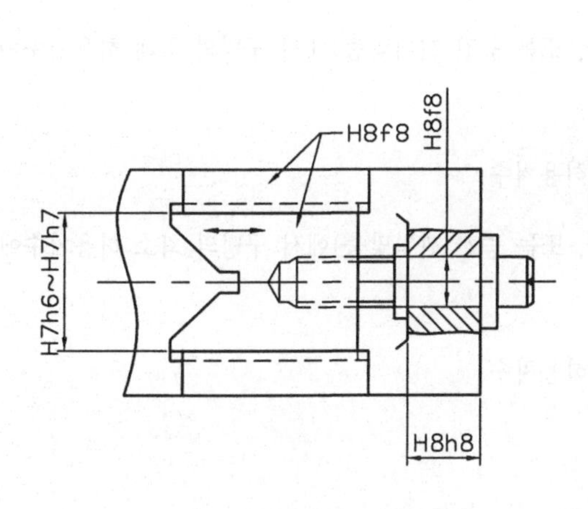

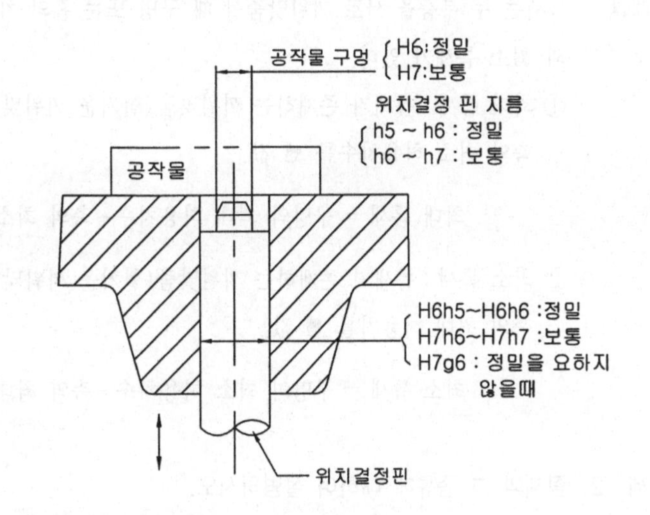

V-블록 안내

상하 이동식 위치결정핀

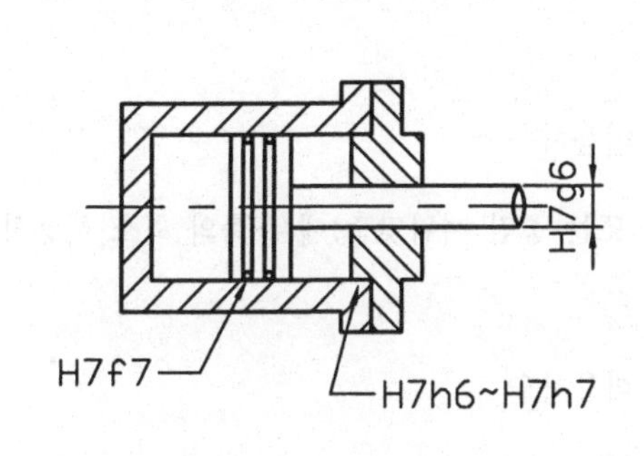

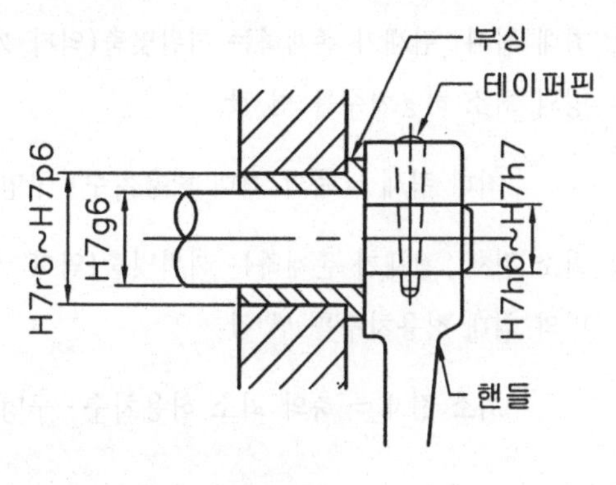

유압 피스톤

베어링 부분

익힘문제

문제 1. 틈새와 그 종류에 대하여 설명하시오.

해설 틈새는 두 부품을 서로 끼워맞춤할 때 구멍 또는 홈의 치수가 축의 치수보다 클 때 치수 차를 말하며, 최대 틈새와 최소 틈새가 있다.

① 최대 틈새 : 틈새가 존재하는 끼워맞춤(헐거운 끼워맞춤, 또는 중간 끼워맞춤)에서 구멍의 최대 허용치수에서 축의 최소 허용치수를 뺀 값.

최대 틈새 = 구멍의 최대 허용치수 - 축의 최소 허용치수

② 최소 틈새 : 틈새가 존재하는 끼워맞춤(헐거운 끼워맞춤, 또는 중간 끼워맞춤)에서 구멍의 최소 허용치수에서 축의 최대 허용치를 뺀 값.

최소 틈새 = 구멍의 최소 허용치수 - 축의 최대 허용치수

문제 2. 죔새와 그 종류에 대하여 설명하시오.

해설 죔새는 두 부품를 서로 끼워맞춤할 때 구멍 또는 홈의 치수가 축의 치수보다 작을 때 치수 차를 말하며, 최대 죔새와 최소 죔새가 있다.

① 최대 죔새 : 죔새가 존재하는 끼워맞춤(억지 끼워맞춤, 또는 중간 끼워맞춤)에서 축의 최대 허용치수에서 구멍의 최소 허용치수를 뺀 값.

최대 죔새 = 축의 최대 허용치수 - 구멍의 최소 허용치수

② 최소 죔새 : 죔새가 존재하는 끼워맞춤(억지 끼워맞춤, 또는 중간 끼워맞춤)에서 축의 최소 허용치수에서 구멍의 최대 허용치수를 뺀 값.

최소 죔새 = 축의 최소 허용치수 - 구멍의 최대 허용치수

문제 3. 끼워맞춤 종류를 설명하시오.

해설 구멍과 축을 조합할 때 각각에 주어진 공차에 따라 여러 가지 경우가 있는데 이들은 헐거운 끼워맞춤, 억지 끼워맞춤, 중간 끼워맞춤의 3종류로 대별할 수 있다.

① 헐거운 끼워맞춤 : 두 부품을 끼워맞춤할 때 항상 틈새가 생기는 끼워맞춤으로, 구멍의 최소 허용치수보다 축의 최대 허용치수가 작은 경우이다.

② 억지 끼워맞춤 : 두 부품을 끼워맞춤할 때 항상 죔새가 생기는 끼워맞춤으로, 구멍의 최대 허용치수보다 축의 최소 허용치수가 큰 경우이다.

③ 중간 끼워맞춤 : 두 부품을 끼워맞춤할 때 조립되는 구멍과 축의 실 치수에 따라 틈새 또는 죔새가 생기는 끼워맞춤으로 구멍의 최소 허용치수보다 축의 최대 허용치수가 큼(두 치수가 같은 경우도 포함)과 동시에 구멍의 최대 허용치수보다 축의 최소 허용치수가 작은 경우이다.

문제 4. 구멍 기준식과 축 기준식에 대해서 설명하시오.

해설 ① 구멍 기준식 : 6급에서 10급까지 5등급으로 구분되어 있으며, H6, H7, H8, H9, H10으로 표시한다. 구멍 기준식은 대문자(a, b, c …)를 등급 앞에 쓴다.

② 축 기준식 : 5급에서 9급까지 5등급으로 구분되어 있으며, h5, h6, h7, h8, h9로 표시한다. 축 기준식은 소문자(a, b, c …)를 등급 앞에 쓴다.

연습문제

1. KS 규격에서 ∅30 H7p7은 어떤 끼워맞춤인가?

㉮ 구멍 기준식 억지 끼워맞춤
㉯ 축 기준식 헐거운 끼워맞춤
㉰ 구멍 기준식 중간 끼워맞춤
㉱ 축 기준식 억지 끼워맞춤

2. 도면과 같은 제품 4개를 측정한 결과가 답항 ㉮, ㉯, ㉰, ㉱와 같을 때 불합격인 것은?

㉮ 직경 20.00, 직각도 0.05
㉯ 직경 19.95, 직각도 0.10
㉰ 직경 19.90, 직각도 0.15
㉱ 직경 20.05, 직각도 0.01

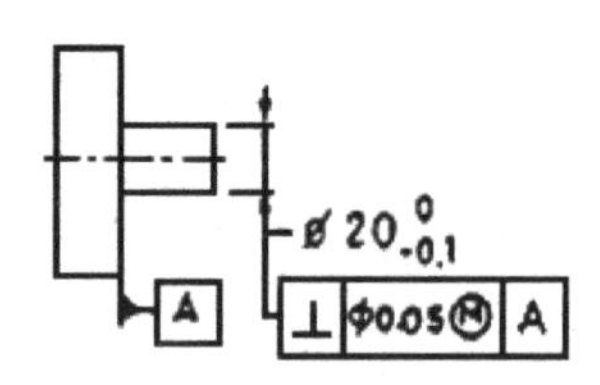

3. 억지 끼워맞춤에서 축의 최소 허용치수에서의 구멍의 최대 허용치수를 뺀 값은?

㉮ 최소 죔새
㉯ 최대 죔새
㉰ 최대 틈새
㉱ 최소 틈새

4. 실제 치수에 대하여 허용되는 최대치수를 무엇이라 하는가?

㉮ 최대 허용치수
㉯ 최소 허용치수
㉰ 실제 치수
㉱ 허용한계치수

5. 죔새와 틈새가 생길 수 있는 끼워맞춤은?

㉮ 중간 끼워맞춤
㉯ 억지 끼워맞춤
㉰ 헐거운 끼워맞춤
㉱ 여유 끼워맞춤

6. 치수공차란 무엇인가?

㉮ 기준치수와 최대 허용치수의 차
㉯ 최대 허용치수와 최소 허용치수의 차
㉰ 최대 허용치수와 기준치수의 차
㉱ 구멍의 기준치수와 축의 기준치수의 차

7. 구멍의 최대 허용치수와 축의 최소 허용치수와의 차를 무엇이라 하는가?

㉮ 최소 틈새
㉯ 최대 죔새
㉰ 최소 휨새
㉱ 최대 틈새

정답 1.㉮ 2.㉱ 3.㉮ 4.㉮ 5.㉮ 6.㉯ 7.㉱

8. 최대 허용치수와 최소 허용치수와의 차를 무엇이라고 하는가?

㉮ 치수공차 ㉯ 허용공차
㉰ 기준공차 ㉱ 치수허용차

9. 끼워맞춤의 종류가 아닌 것은?

㉮ 헐거운 끼워맞춤 ㉯ 가열 끼워맞춤
㉰ 중간 끼워맞춤 ㉱ 억지 끼워맞춤

10. 구멍 $\varnothing 50^{+0.025}_{0}$, 축 $\varnothing 50^{0}_{-0.01}$일 때 최소 틈새는?

㉮ 0.035 ㉯ 0.01
㉰ 0.025 ㉱ 0.015

11. 끼워맞춤에서 기호 H7은 무엇을 말하는가?

㉮ H는 구멍기준이고 7은 급수이다. ㉯ H는 등급의 계단이고 7은 구멍의 기준이다.
㉰ H는 등급의 계단이고 7은 축 기준이다. ㉱ H는 축 기준이고 7은 급수이다.

12. 억지 끼워맞춤에서 축의 최대 허용치수와 구멍의 최소 허용치수와의 차를 무엇이라 하는가?

㉮ 최대 죔새 ㉯ 최대 틈새
㉰ 최소 죔새 ㉱ 최소 틈새

13. 구멍의 최대 허용치수보다 축의 최소 허용치수가 큰 경우의 끼워맞춤은?

㉮ 억지 끼워맞춤 ㉯ 중간 끼워맞춤
㉰ 여유 끼워맞춤 ㉱ 헐거운 끼워맞춤

14. 구멍과 축 사이에 항상 틈새가 생기는 끼워맞춤은?

㉮ 헐거운 끼워맞춤 ㉯ 중간 끼워맞춤
㉰ 여유 끼워맞춤 ㉱ 억지 끼워맞춤

15. 부품 1과 부품 2가 상호 결합되는 제품일 때 최소 틈새는?

㉮ 0.10
㉯ 0.05
㉰ 0.15
㉱ 0.25

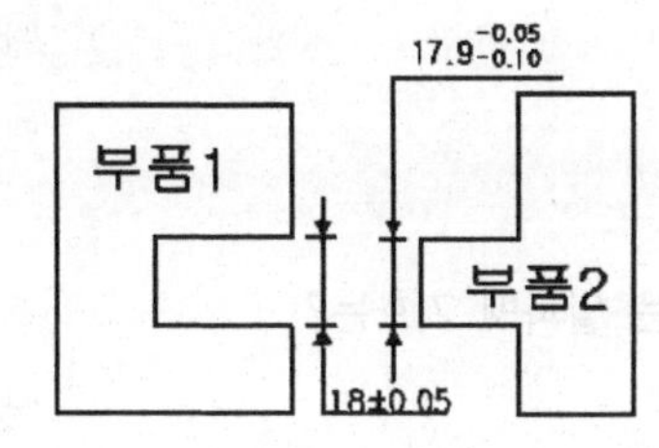

정답 8.㉮ 9.㉯ 10.㉱ 11.㉮ 12.㉮ 13.㉮ 14.㉮ 15.㉮

16. $\varnothing 50^{+0.03}_{-0.01}$의 아래 허용치수는?

㉮ 0.05
㉯ -0.01
㉰ -0.03
㉱ 0.04

17. $\varnothing 40^{\pm 0.005}$ 의 최대 허용치수는?

㉮ 40.005
㉯ 39.995
㉰ 40.095
㉱ 39.990

18. 중간 끼워맞춤에서 구멍 $\varnothing 50^{+0.025}_{0}$, 축 $\varnothing 50^{+0.011}_{-0.005}$ 일 때 최대 틈새는?

㉮ 0.03
㉯ 50.000
㉰ 49.995
㉱ 50.025

19. 헐거운 끼워맞춤에서 구멍의 최소허용치수와 축의 최대 허용치수와의 차를 무엇이라 하는가?

㉮ 최소 틈새
㉯ 최대 틈새
㉰ 최소 죔새
㉱ 최대 죔새

20. 구멍의 치수가 $\varnothing 50^{+0.025}_{0}$, 축의 치수가 $\varnothing 50^{+0.05}_{+0.03}$이라면 무슨 끼워맞춤인가?

㉮ 억지 끼워맞춤
㉯ 가열 끼워맞춤
㉰ 헐거운 끼워맞춤
㉱ 중간 끼워맞춤

21. 헐거운 끼워맞춤에서 구멍 $\varnothing 50^{+0.025}_{0}$ 축 $50^{-0.25}_{-0.5}$일 때 최소 틈새는 얼마인가?

㉮ 0.075
㉯ 0.025
㉰ 49.975
㉱ 50.025

22. $\varnothing 40^{+0.020}_{-0.10}$ 표시된 것의 공차는?

㉮ 0.020
㉯ 0.030
㉰ 0.040
㉱ 0.050

23. 구멍의 치수 $\varnothing 50^{+0.025}_{0}$, 축의 치수 $\varnothing 50^{-0.025}_{-0.050}$이라면 무슨 끼워맞춤인가?

㉮ 헐거운 끼워맞춤
㉯ 중간 끼워맞춤
㉰ 가열 끼워맞춤
㉱ 억지 끼워맞춤

24. 끼워맞춤 정도를 나타내는 알파벳 기호는?

㉮ 구멍, 축 모두 소문자
㉯ 구멍은 대문자, 축은 소문자
㉰ 구멍, 축 모두 대문자
㉱ 구멍은 소문자, 축은 대문자

정답 16.㉯ 17.㉮ 18.㉮ 19.㉮ 20.㉮ 21.㉯ 22.㉯ 23.㉮ 24.㉯

치공구 부품의 관련 규격

1) 위치결정 핀

① 작은머리 둥근형

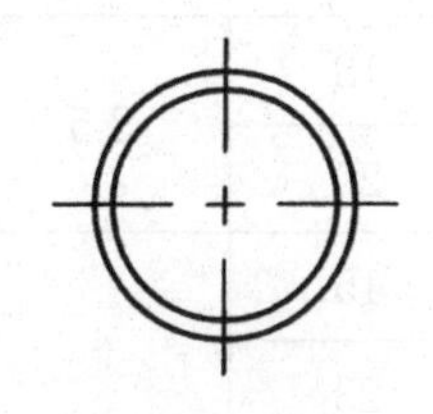

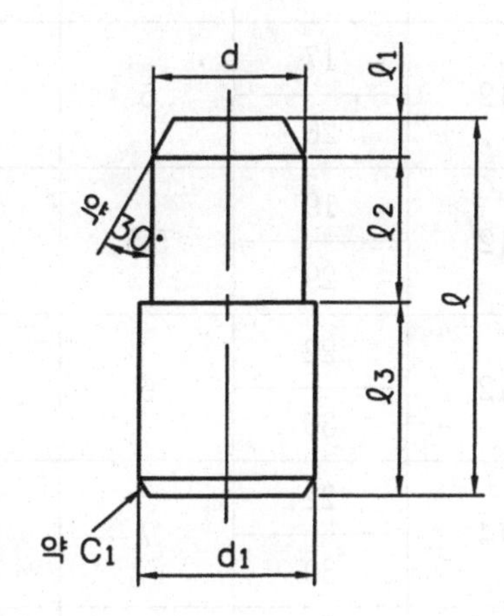

② 작은머리 다이아몬드형

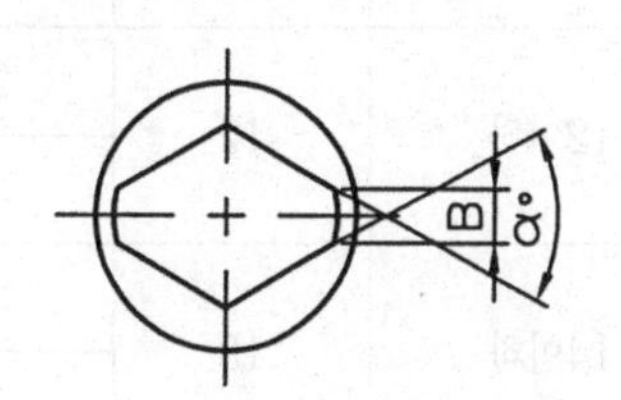

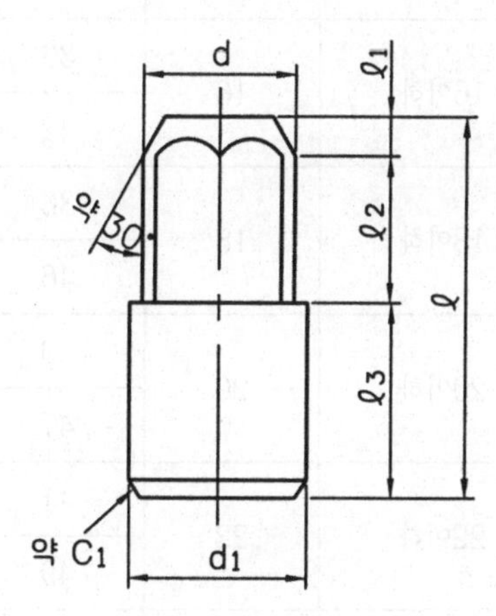

표 1

(단위 : mm)

d	d_1	ℓ	ℓ_1	ℓ_2	ℓ_3	B(약)	α° (약)
3이상 4이하	4	11	2	4	5	1.2	50
		13			7		
4초과 5이하	5	13	2	5	6	1.5	50
		16			9		
5초과 6이하	6	16	3	6	7	1.8	50
		20			11		
6초과 8이하	8	20	3	8	9	2.2	50
		25			14		
8초과 10이하	10	24	3	10	11	3	60
		30			17		
10초과 12이하	12	27	4	10	13	3.5	60
		34			20		
12초과 14이하	13	30	4	11	15	4	60
		38			23		
14초과 16이하	16	33	4	12	17	5	60
		42			26		
16초과 18이하	18	36	5	12	19	5.5	60
		46			29		
18초과 20이하	20	39	5	12	22	6	60
		47			30		
20초과 22이하	22	41	5	14	22	7	60
		49			30		
22초과 25이하	25	41	5	14	22	8	60
		49			30		
25초과 28이하	28	41	5	14	22	9	60
		49			30		
28초과 39이하	30	41	5	14	22	9	60
		49			30		

주 1. 위치결정 핀의 재료는 KS D3751의 STC5 또는 이와 동등 이상의 것으로 한다.

2. d_1의 허용차는 p6로 하고 d의 허용차는 g6 또는 h6로 하며 기타 치수의 허용차는 KS B 0412의 거친급을 적용한다.

③ 큰머리 둥근형

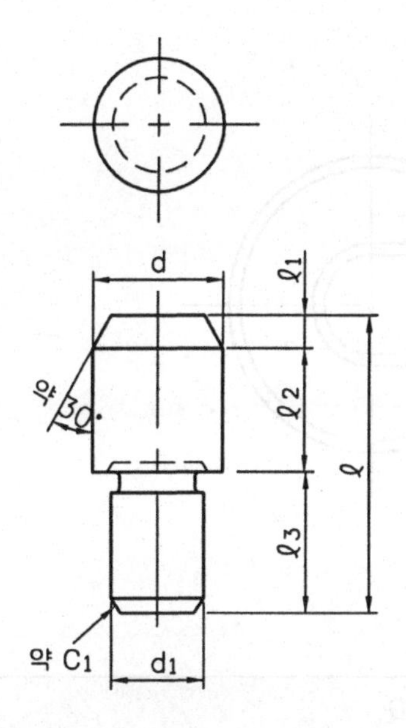

④ 큰머리 다이아몬드형

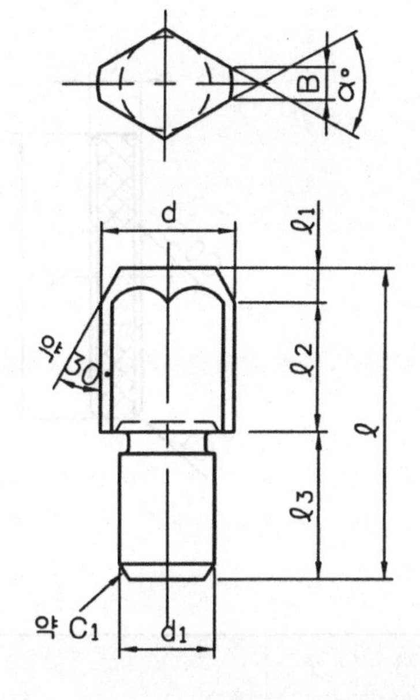

표 2

(단위 : mm)

d	d_1	ℓ	ℓ_1	ℓ_2	ℓ_3	B	α° (약)
6이상 8이하	5	19	3	6	10	2.2	50
8초과 10이하	7	22	3	8	11	3	60
10초과 12이하	8	25	4	8	13	3.5	60
12초과 14이하	10	28	4	9	15	4	60
14초과 16이하	12	32	4	10	18	5	60
16초과 18이하	13	35	5	10	20	5.5	60
18초과 20이하	14	37	5	10	22	6	60
20초과 22이하	16	39	5	12	22	7	60
22초과 25이하	18	42	5	12	25	8	60
25초과 28이하	20	42	5	12	25	9	60
28초과 30이하	22	42	5	12	25	9	60

주 1. 경도는 Hv595~697(HRC55~60)로 한다.
2. 원통 내의 거칠기는 3~S로 한다.

2) "C" WASHER

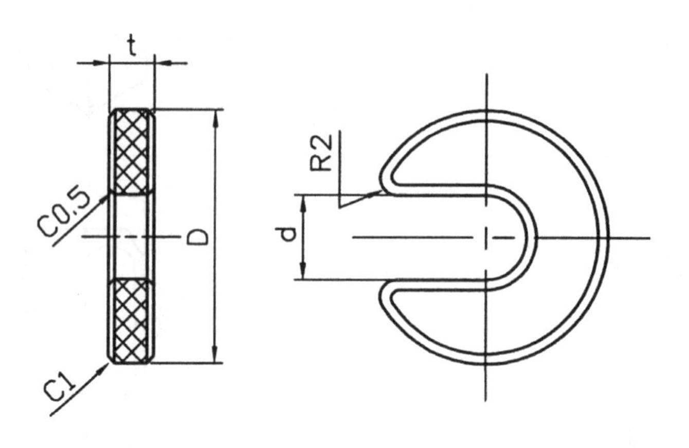

표 3

(단위 : mm)

호칭	d	ℓ	D											
6	6.4	6	20	25	-	-	-	-	-	-	-	-	-	-
8	8.4	6	-	25	-	-	-	-	-	-	-	-	-	-
		8	-	-	30	35	40	45	-	-	-	-	-	-
10	10.5	8	-	-	30	35	40	45	-	-	-	-	-	-
		10	-	-	-	-	-	-	50	60	70	-	-	-
12	13	8	-	-	-	35	40	45	-	-	-	-	-	-
		10	-	-	-	-	-	-	50	60	70	80	-	-
16	17	10	-	-	-	-	-	-	50	60	70	80	-	-
		12	-	-	-	-	-	-	-	-	-	-	90	100
20	21	10	-	-	-	-	-	-	-	-	70	80	-	-
		12	-	-	-	-	-	-	-	-	-	-	90	100
24	25	10	-	-	-	-	-	-	-	-	70	80	-	-
		12	-	-	-	-	-	-	-	-	-	-	90	100
27	28	10	-	-	-	-	-	-	-	-	70	80	-	-
		12	-	-	-	-	-	-	-	-	-	-	90	100

3) SWING WASHER

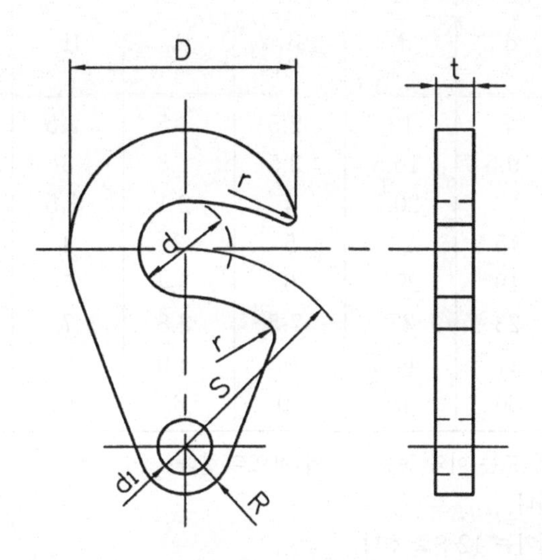

표 4

(단위 : mm)

호칭	d	d_1	D	τ	R	S	t
6	6.6	8.5	20	2	8	18	6
8	9	8.5	26	2.5	8	21	6
10	11	8.5	32	2.5	8	24	6
12	13.5	10.5	40	3	10	27	8
16	18	10.5	50	3	10	33	8
20	22	10.5	60	3	10	38	8
24	26	10.5	65	4	12	42	10
27	29	10.5	70	4	12	45	10

4) 구면와셔

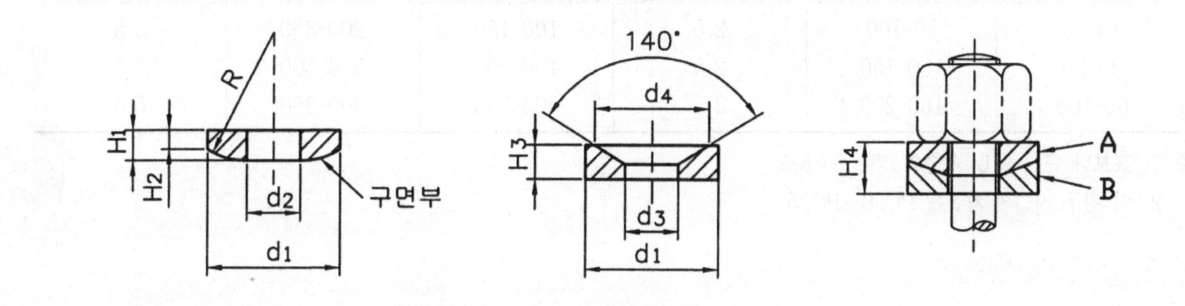

표 5

(단위 : mm)

호칭	d_1	d_2	d_3	d_4	H_1	H_2	H_3	H_4 (참고)	R	휨볼트의 호칭
6	13	6.7	7	12	2.5	1.5	2.5	4.5	15	M 6
8	18	8.7	9.5	16.5	3.5	1.8	3	5.5	20	M 8
10	22	10.5	12	20.5	4	2.1	3.5	6	25	M10
12	26	13.5	15	24	5	3	4	7.5	30	M12
16	32	17	19	29.5	6	3.4	5	9.5	35	M16
20	40	21	23	37	7.5	3.8	7	12	40	M20
24	48	25	27	44.5	9	4.9	8	14	50	M24
27	52	28	30	48	10	6	9	16	60	M27

주 1. 재료는 KS D 3751의 STC7 또는 이와 동등 이상의 것으로 한다.
2. 경도는 HRC 30~40으로 한다.
3. 구면부 및 접시부의 표면거칠기는 12-S로 한다.

5) 위치결정면 사이의 칩제거 홈치수

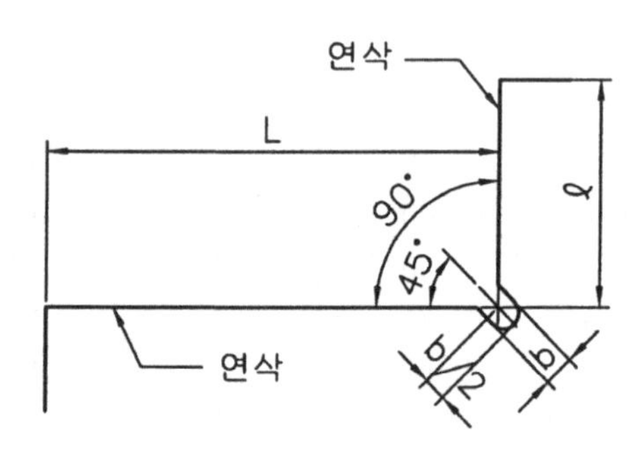

표 6

ℓ	L	b	ℓ	L	b
15-25	50-100	2.5	100-150	200-350	5.5
25-50	100-150	2.5	150-200	250-300	5.5
50-100	150-200	3.5	200-250	300-350	5.5

주 1. 표보다 큰 $\ell \times L$ 치수의 경우 b=6.5
2. 이 경우 지그의 재질은 PC20~PC25

6) 육각 너트

① 일반너트　　② 평면자리붙이　　③ 구면자리붙이

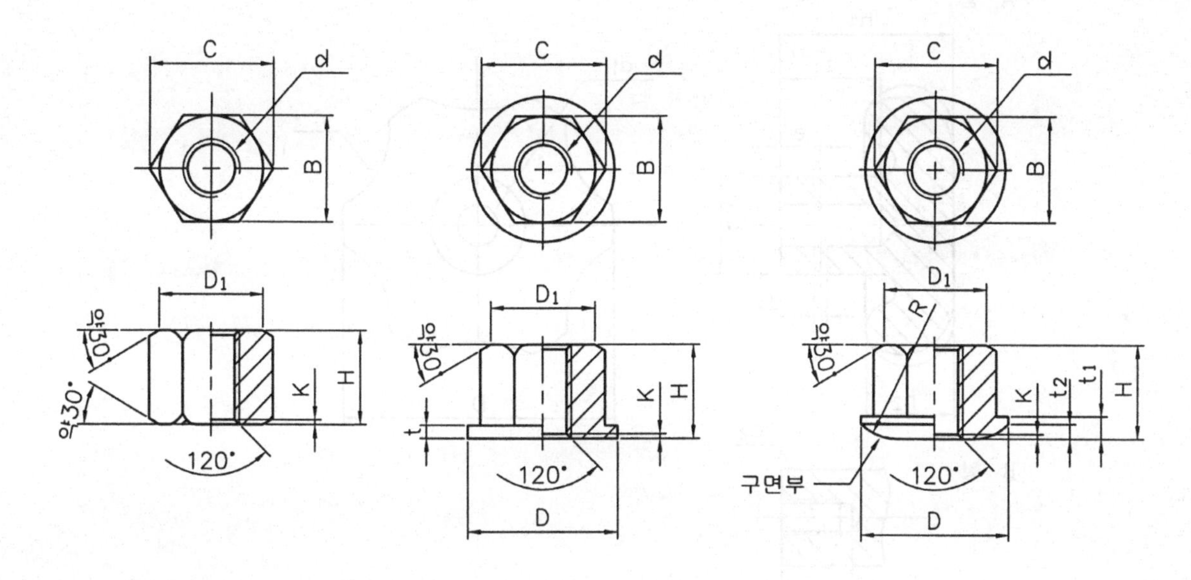

표 7

(단위 : mm)

너트의 호칭	d	H	B	C(약)	D_1(약)	K(약)	D	t	R(약)	t_1	t_2
6	M 6	9	10	11.5	9.8	0.5	13	2	15	2.5	1.5
8	M 8	12	13	15.0	12.5	0.6	18	2.5	20	3.5	1.8
10	M 10	15	17	19.6	16.5	0.8	22	3	25	4	2.1
12	M 12	18	19	21.9	18	1	26	3	30	5	3
16	M 16	24	24	27.7	23	1	32	3	35	6	3.4
20	M 20	30	30	34.6	29	1.3	40	4	40	7.5	3.8
24	M 24	36	36	41.6	34	1.5	48	4	50	9	4.9
27	M 27	40	41	47.3	39	1.6	52	5	60	10	6

주 1. 재료는 KS B 3561의 SB49 또는 이와 동등 이상의 것으로 한다.
2. 경도는 HR C25~30으로 한다.
3. 구면 자리붙이의 구면부의 거칠기는 12~S로 한다.
4. 호칭방법은 규격번호 또는 규격명칭, 종류 및 너트의 호칭에 따른다.
보기 : KS B 1035 자리없기 10 또는 지그용 5각너트 평면 자리붙이 20

7) 손잡이(hand knob)

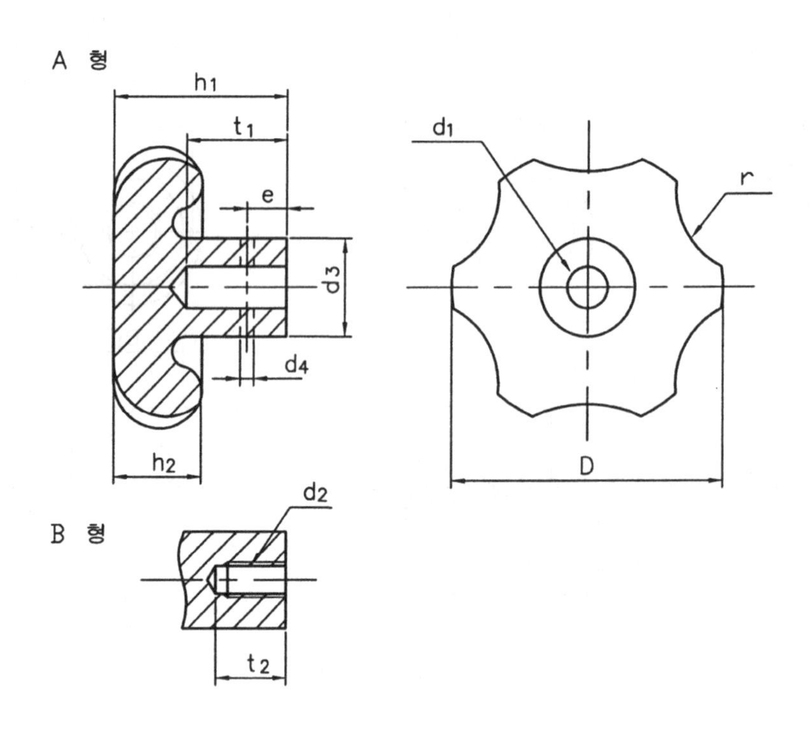

표 8

(단위 : mm)

호칭 치수	D	나사의 호칭 d_2	d_1		d_3	h_1	h_2	t_1	t_2	e	(참고)	
			기준 치수	허용차 (H8)							d_4	r
32	32	M5×0.8	5	+0.018 0	12	20	10	14	10	5	2	10
40	40	M 6	6		14	24	12	16	12	6	2	15
50	50	M 8	8	+0.022 0	16	30	15	19	16	7	3	20
63	63	M 10	10		20	38	19	23	20	8	3	25
80	80	M 12	12	+0.027 0	25	50	24	28	24	10	4	30

주 1. A형은 심봉을 끼우고, 이와 함께 구멍을 뚫는다. 또한, 핀은 끼웠을 경우에는, 이것이 사용중에 빠지지 않도록 한다.
2. 바깥 둘레면은 잘 미끄러지지 않는 적당한 모양으로 한다.

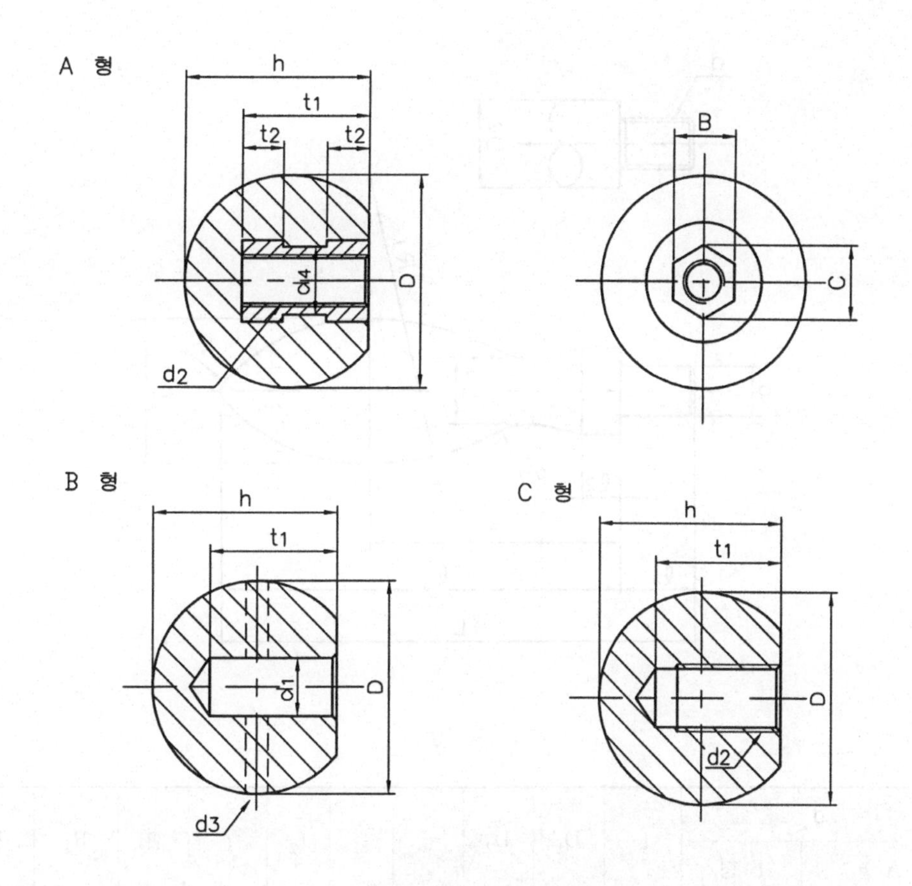

표 9

(단위 : mm)

호칭치수	D	나사의 호 칭 d_2	d_1		h	t_1	(참 고)				
			기준치수	허용차(H8)			d_3	d_4	B	C	t_2
20	20	M 6	6	+0.018 0	18	14	2	8	8	9.3	5
25	25	M 8	8	+0.022 0	22.5	17	3	10	10	11.5	6
32	32	M10	10		29	21	4	14	14	16.2	7
40	40	M12	12	+0.027 0	36	25	5	17	17	19.6	8
50	50	M16	16		45	33	6	21	21	24.2	11

주 1. h는 필요에 따라 크게 해도 좋다.
2. B형은 심봉을 끼우고, 이와 함께 구멍을 뚫는다. 또한, 핀을 끼웠을 경우에는 이것이 사용중에 빠지지 않도록 한다.
3. A형의 심봉의 외형은 임의로 한다. 다만, 이것이 헐거워지지 않는 모양으로 하여야 한다.

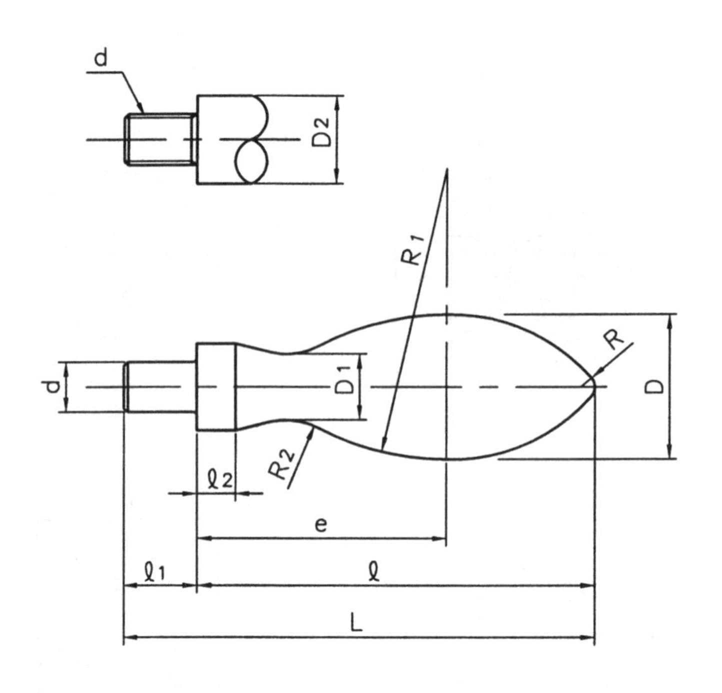

표 10

(단위 : mm)

D	d		L	D_1	D_2	e	ℓ_1	ℓ_2	ℓ	R	R_1	R_2	r
	A 형	B 형											
10	$4^{+0.012}_{+0.004}$	M 4	40	5	7	20	8	4	32	2	20	9.5	0.5
13	$6^{+0.012}_{+0.004}$	M 5	50	6.5	8	25	10	5	40	2.5	24	14.5	0.5
16	$7^{+0.015}_{+0.006}$	M 6	63	8	10	32	13	7	50	3	28	19	0.5
20	$8^{+0.015}_{+0.006}$	M 8	80	10	13	40	16	8	64	4	40.5	21	0.8
25	$10^{+0.018}_{+0.007}$	W3/8	100	13	16	50	20	10	80	5	50	29	0.8
32	$13^{+0.018}_{+0.007}$	W1/2	125	16	20	64	25	13	100	6	56	40.5	0.8
36	$16^{+0.018}_{+0.007}$	W5/8	140	18	22	70	28	14	112	7	68	41	0.8
40	$16^{+0.018}_{+0.007}$	W5/8	157	20	26	80	32	16	125	8	71	47	0.8

주 1. 나사는 d=8 mm까지 미터 보통나사, d=3/8″ 이상 whit 보통 나사
2. 재질 SF 40(도는 S 35 C)
3. 전면다듬질 후 크롬 도금

8) 육각 홈붙이 볼트

① 육각 홈붙이 볼트 치수

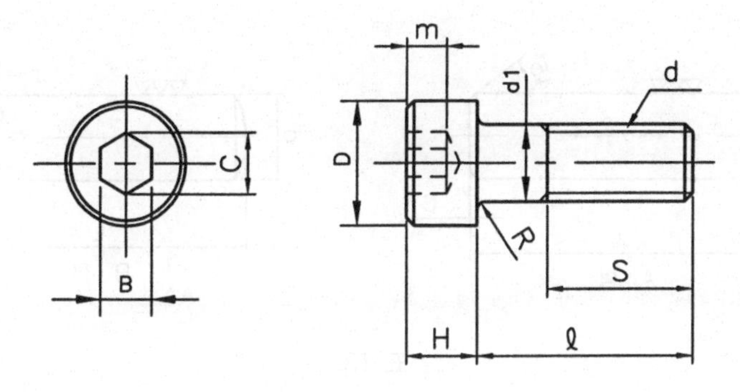

표 11

나사호칭	d_1	D	H	B	C	m	R	S			ℓ
M 3	3	5.5	3	2.5	2.9	1.6	0.2	12			4~20
M 4	4	7	4	3	3.6	2.2	0.2	14			4~25
M 5	5	8.5	5	4	4.7	2.5	0.25	16			8~32
M 6	6	10	6	5	5.9	3	0.4	18			10~50
M 8	8	13	8	6	7	4	0.4	22			12~100
M 10	10	16	10	8	9.4	5	0.6	26			14~125
M 12	12	18	12	10	11.7	6	0.6	30			18~125
M 16	16	24	16	14	16.3	8	0.8	38	44		25~160
M 20	20	30	20	17	19.8	10	0.8	46	52		35~180
M 24	24	36	24	19	22.1	12	1	54	60	73	50~200

② 자리파기 및 볼트 구멍의 치수

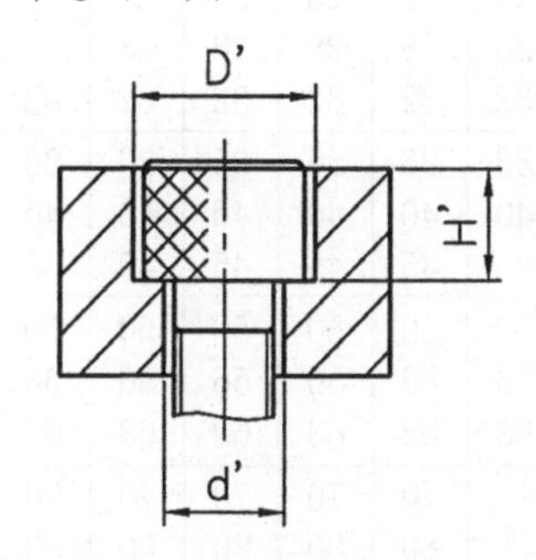

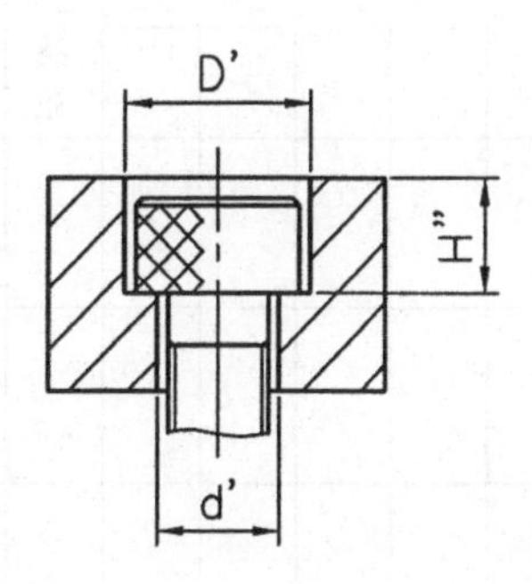

표 12

호칭(d)	M3	M4	M5	M6	M8	M10	M12	M14	M16	M18	M20	M22
d′	3.4	4.5	5.5	6.6	9	11	13	16	18	20	22	24
D′	6	8	9.5	11	14	17.5	22	23	26	29	32	35
H′	2.7	3.6	4.6	5.5	7.4	9.2	11	12.8	14.5	16.5	18.5	20.5
H″	3.3	4.4	5.4	6.5	8.6	10.8	13	15.2	17.5	19.5	21.5	23.5

9) 맞춤핀(Dowel pin)

① 평행핀의 치수

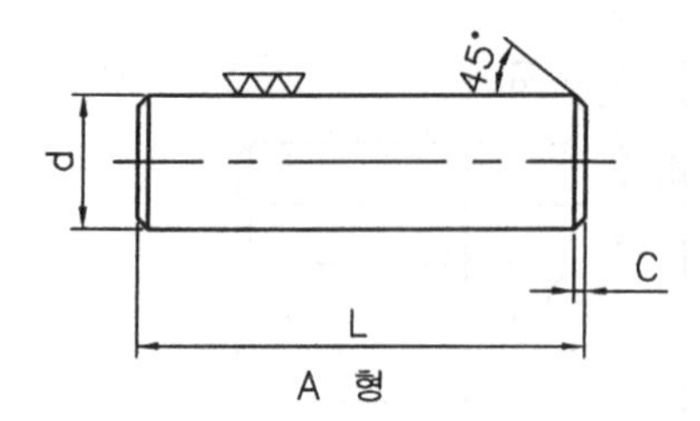

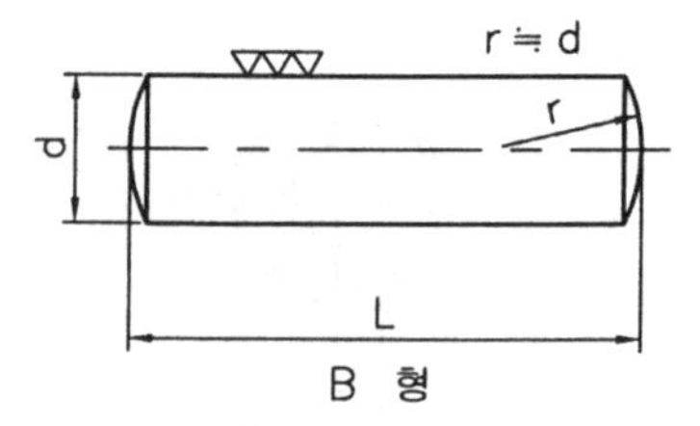

표 13

호칭지름			1	1.2	1.6	2	2.5	3	4	5	6	8	10	13	16	20	25	30	40	50
d	기본치수		1	1.2	1.6	2	2.5	3	4	5	6	8	10	13	16	20	25	30	40	50
d	치수차	m6	+0.008 +0.002						+0.012 +0.004			+0.015 +0.006		+0.018 +0.007		+0.021 +0.008			+0.025 +0.009	
d	치수차	h7	0 -0.009						0 -0.012			0 -0.015		0 -0.018		0 -0.021			0 -0.025	
d	표면거칠기		3 - s											6 -s						
C	약		0.2 0.4						1					1.5				3		
L			3 4 5	3 4 5	4 5	5	5													
L			6 8 10	6 8 10	6 8 10	6 8 10	6 8 10	6 8 10	8 10	10										
L			12	12 14 16	12 14 16	12 14 16	12 14 16	12 14 16	12 14 16	12 14 16	12 14 16	14 16								
L					18 20 22	18 20 22	18 20 22	18 20 22	18 20 22	18 20 22	18 20 22	18 20 22	18 20 22	22						
L						25	25	25 28 32	25 28 32	25 28 32	25 28 32	25 28 32	25 28 32	25 28 32	25 28 32	32				
L									36 40	36 40 45	36 40 45	36 40 45	36 40 45	36 40 45	36 40 45	36 40 45	40 45			
L										50	50 56 63	50 56 63	50 56 63	50 56 63	50 56 63	50 56 63	50 56 63	50 56 63	63	
L												70 80	70 80 90	70 80 90	70 80 90	70 80 90	70 80 90	70 80 90	70 80 90	80 90
L													100	100	100 110 125	100 110 125	100 110 125	100 110 125	100 110 125	100 110 125
L																140 160	140 160 180	140 160 180	140 160 180	140 160 180
L																	200	200 225 250	200 225 250	200 225 250

② 테이퍼 핀의 치수

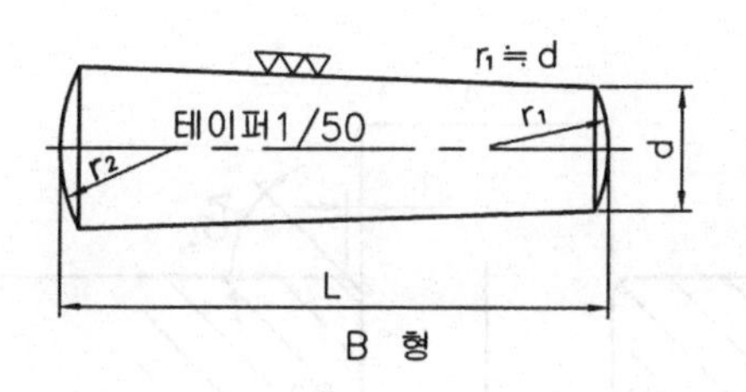

표 14

호칭지름		0.6	0.8	1	1.2	1.6	2	2.5	3	4	5	6	7	8	10	13	16	20	25	30	45	50
d	기본 치수	0.6	0.8	1	1.2	1.6	2	2.5	3	4	5	6	7	8	10	13	16	20	25	30	45	50
	치수차	+0.018 0		+0.025 0						+0.03 0			+0.035 0			+0.043 0		+0.052 0			+0.062 0	
L	기본 치수	4 5 6	5 6	6																		
		8 10	8 10 12	8 10 12	8 10 12	10 12	12															
			14	14 16	14 16 18	14 16 18	14 16 18	14 16 18	16 18	18												
						20 22 25	20 22 25	20 22 25	20 22 25	20 22 25	25											
							28	28 32 36	28 32 36	28 32 36	28 32 36	28 32 36	32 36	36								
									40 45 50	40 45 50	40 45 50	40 45 50	40 45 50	40 45 50	45 50							
										56 63	56 63 70	56 63 70	56 63 70	56 63 70	56 63 70	56 63 70	70					
												80	80 90 100	80 90 100	80 90 100	80 90 100	80 90 100	80 90 100	100	100	100	100
														110 125	110 125 140	110 125 140	110 125 140	110 125 140	110 125 140	110 125 140	110 125 140	110 125 140
																160	160 180 200	160 180 200	160 180 200	160 180 200	160 180 200	160 180 200
																		225	225 250	225 250 280	225 250 280	225 250 280

• 치수차 : 25이하…±0.25　25초과 50이하…±0.5　50초과…±1.0　H7r6~H7p6

10) T-홈과 TONGUE

① T-홈의 치수

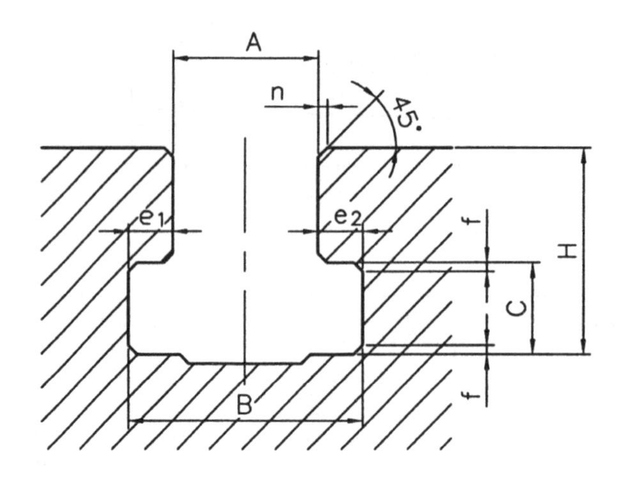

표 15

(단위 : mm)

호칭치수	A					B		C		H		$\|e_1-e_2\|$	참고	
	기준치수	허용차				기준치수	허용차 (1)	기준치수	허용차 (1)	최태치	최소치	허용차 (2)	n (최대)	f (최대)
		1급 H 8	2급 H 12	3급 H 14	4급									
5	5	+0.018 0	+0.12 0	-	-	10	+1 0	3	+0.5 0	10	8	0.5	1	0.6
6	6					11	+1.5 0	5	+1 0	13	11			
8	8	+0.022 0	+0.15 0	-	-	14.5		7		13	15			
10	10					16	+2 0	7		21	17			
12	12	+0.027 0	+0.18 0	+0.43 0	+2.7 0	19		8		25	20	1		
14	14					23		9	+2 0	28	23		1.6	
(16)	16					27		10.5		32	26			
18	18					30		12		36	30			1
(20)	20	+0.033 0	+0.21 0	+0.52 0	+3.3 0	34		13.5		40	33			
22	22					37	+3 0	16		45	38			
(24)	24					42		18		50	42			
28	28					46	+4 0	20		56	48			
(32)	32	+0.039 0	+0.25 0	+0.62 0	+3.9 0	53		22		63	53			
36	36					56		25	+3 0	71	61	2	2.5	
42	42					68		32		85	74			1.6
48	48					80	+5 0	36	+4 0	95	84			2
54	54	+0.046 0	+0.30 0	+0.74 0		90		40		106	94			

주 (1) 1급, 2급 및 3급에 대한 허용차이다. 또한, 4급에 대하여는 이의 2배의 값으로 한다.

(2) 1급, 2급 및 3급의 경우에만 적용한다.

비고 1. 표 줄의 호칭치수에 대하여 ( )를 붙인 것은 될 수 있는 한, 사용하지 않는 것이 좋다

② 고정구의 TONGUE 치수

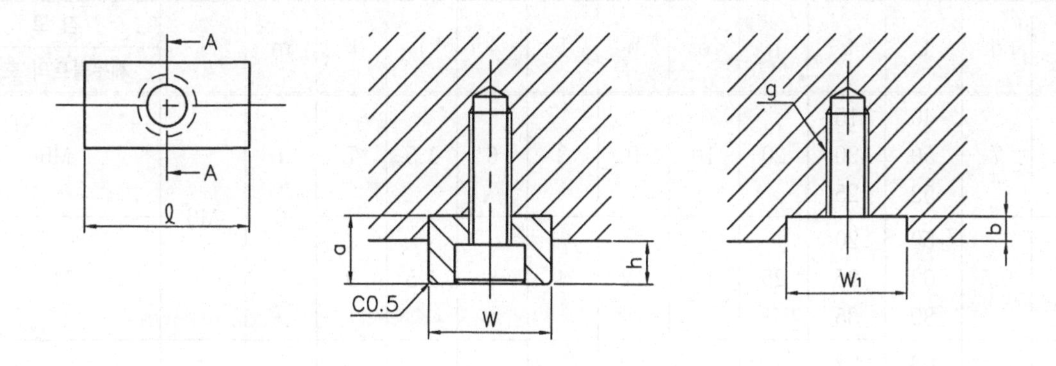

표 16

T홈 치수	W		W_1	
	기준치	허용차	기준치	허용차
14	14	0 -0.018	14	+0.018 0 $\left(\begin{matrix}0\\-0.018\end{matrix}\right)$
16	16		16	
20	20	0 -0.021	20	+0.021 0 $\left(\begin{matrix}0\\-0.021\end{matrix}\right)$

T홈 치수	참 고				
	h	g	ℓ	a	b
14	5 (6)	M6	25	10	5
16			34 (40)	10	5
20	6 (8)	M8	36 (50)	12	6

11) 지그용 클램프

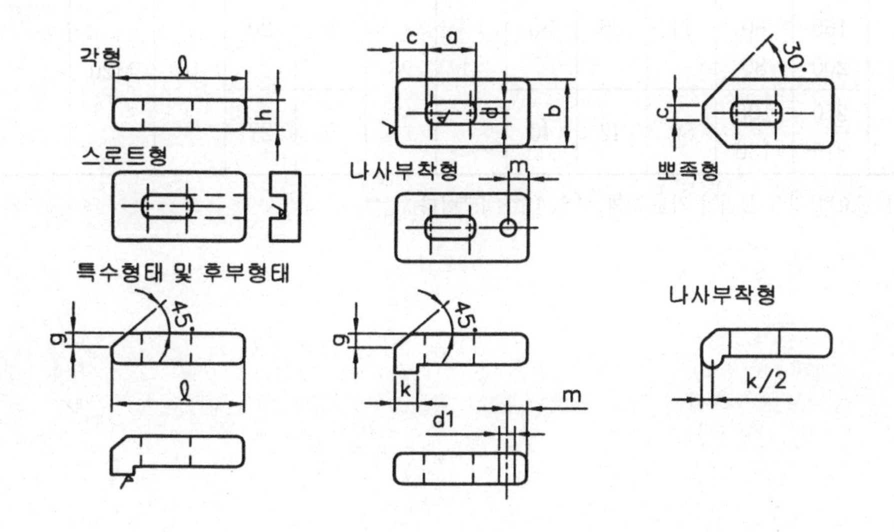

표 17

(단위 : mm)

호칭	d	L	a	h	e	h	f	i	j	k	m	d_1	참고 체부볼트의 호칭
6	7	40 50 53	15 20 25	20	10	9	3	6	1.5	7	6	M6	M6
7	9.5	50 63 80	20 25 35	25	12	12	4	8	1.5	9			M8
10	12	63 80	22 32	32	15	16	5	10	2	12	8	M8	M10
		100	40			9			3	14			
12	14	63	28	32	14	19	6	12	3	14	10	M10	M12
		80 100 125	30 40 50	40	20								
16	19	80	35	40	18	19	7	15	3	14	11	M12	M16
		100 125 160	35 45 65	50	26	25			3.5	17			
20	23	100 125	45 86	50	32	25	9	20	3.5	17	13	M16	M20
		160 200 250	60 80 105	63	32	30			4	20			
24	27	125 160 200	50 60 80	58	35	30	10	24	4	20	15	M18	M24
		250 315	100 130	71	42	35			5	27			
27	30	125 160 200	50 60 80	71	36	30	11	26	4	20	16	M20	M27
		250 315	100 130	80	42	40			5	27			

비고 : 모따기가 필요한 경우 모따기 각도 θ의 식은 15°~45°이다.

12) 지그용 클램프(다리부착형)

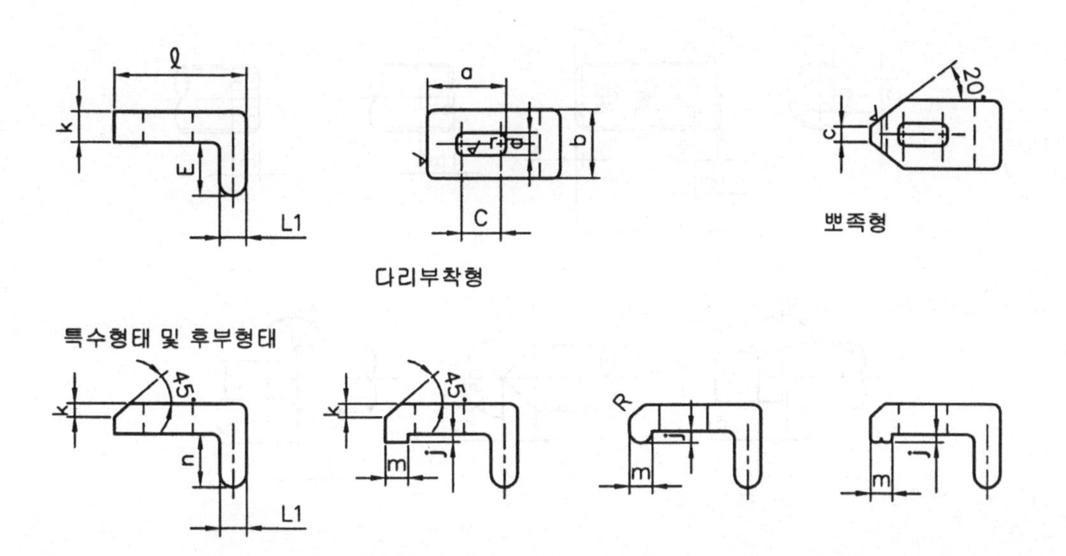

표 18

(단위 : mm)

호칭	d	L	a	b	e	h	L	K	j	n										참고 체부볼트의 외경
6	7	40	15	20	10	9	7	7	1.5	5	10	15	20	-	-	-	-	-	-	M6
		50	20																	
		63	25																	
8	9.5	50	20	25	12	12	9	9	1.5	-	10	15	20	25	-	-	-	-	-	M8
		63	25																	
		80	35																	
10	12	66	22	32	15	16	12	12	2	-	-	15	20	25	30	-	-	-	-	M10
		80	32																	
		100	40			19	14	14	3											
12	14	60	28	32	14	19	14	14	3	-	-	-	20	25	30	35	-	-	-	M12
		80	30	40	20															
		100	40																	
		125	50																	
16	19	80	35	40	18	17	14	14	3	-	-	-	20	-	30	-	40	50	-	M16
		100	35	50	26	25	17	17	3.5											
		125	45																	
		160	65																	
20	23	100	45	50	22	25	17	17	3.5	-	-	-	-	-	30	-	40	50	60	M20
		125	55																	
		160	60	63	32	30	20	20	4											
		200	80																	
		250	105																	

13) 육각 구멍붙이 멈춤 나사

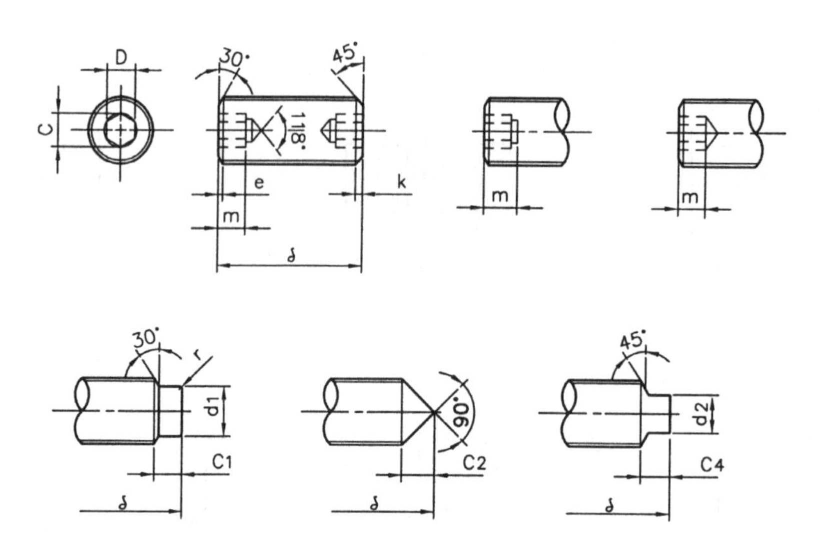

표 19

(단위 : mm)

볼트의 호칭(d)			M3 ×0.5	M4 ×0.7	M5 ×0.8	M6	M8	M10	M12	(M14)	M16	(M18)	M20
피치 p			05	0.7	0.8	1	1.25	1.5	1.75	2	2	2.5	2.5
B	기준치수		1.5	2	2.5	3	4	5	6	6	8	8	10
	허 용 차		+0.08 +0.02				+0.10 +0.03				+0.13 +0.04		
c (약)			1.7	2.3	2.9	3.6	4.7	5.9	7	7	9.4	9.4	10.7
e (약)			0.3	0.3	0.5	0.5	0.6	0.8	1	1	1.1	1.1	1.2
m (최소)			1.5	2	2.5	3	4	4	5	5	6	8	8
선단부	평선	k	0.6	0.8	0.9	1	1.2	1.5	2	2	2	2.5	2.5
	봉선	d_1 기준치수	-	-	3.5	4	5.5	7	9	10	12	13	15
		d_1 허용차	-	-	0 -0.12			0 -0.15			0 -0.18		
		c_1 (약)	-	-	3	3	5	5	6	6	8	8	8
		r (약)	-	-	0.3	0.4	0.4	0.5	0.6	0.8	0.8	0.8	1
	뾰족끝	c_2 (약)	1.2	1.6	2	2.5	3	3.5	4.5	5	6	6.5	7
	오목끝	d_3 (약)	1.5	2	2.5	3	5	6	8	9	10	12	14
		c_4 (약)	0.8	1	1.2	1.5	1.5	2	2	2.5	3	3	3
ℓ	기 준 치 수		3 4 5 6 8 10	4 5 6 8 10 12 14 16	5 6 8 10 12 14 16 18 20	6 8 10 12 14 16 18 20 22 25	8 10 12 14 16 18 20 22 25 28 30 32	10 12 14 16 18 20 22 25 28 30 32 25 40	12 14 16 18 20 22 25 28 30 32 35 40 45 50	14 16 18 20 22 25 28 30 32 35 40 45 50	18 20 22 25 28 30 32 35 40 45 50	18 20 22 25 28 30 32 35 40 45 50	20 22 25 28 30 32 35 40 45 50
	허 용 차		±0.4						±0.5				

국가기술자격검정 실기시험문제

자격종목	치공구설계산업기사	작 품 명	(도면참조)

비번호:

○ 시험시간 : 표준시간 : 8시간　　연장시간 : 30분

1. 요구사항

주어진 공정도를 참고하여 그 작품명과 같은 드릴지그를 아래에 지시한 내용과 수검자 유의사항에 의거 CAD S/W를 사용하여 지급된 용지규격에 맞게 설계제도하고 본인이 직접 흑백으로 도면을 출력하여 디스켓과 함께 제출하시오.

1) 조립도를 완성하고 조립도에 필요한 조립치수, 데이텀, 기하공차를 부여하고 재료목록표를 완성한다.
2) 조립도상에 품번을 명기하고 재료목록표에 각부품의 품번대로 품명, 재질, 수량, 비고란 등을 명기하고, 주기사항(NOTE)도 표기한다.
3) 드릴 부시를 제도하고 부품도는 생략할 수 있다.
4) 투상법 : 3각법, 척도 : 임의, 출력 : 프린터 A3로 수행한다.
5) 드릴 지그의 전체 크기를 조립도에 표기하고 기타 지시하지 않는 사항은 KS 제도법에 따라 완성하고 도면을 작성한다.

2. 수검자 유의사항

1) 설계 및 제도에 필요한 제품과 장비의 사양은 다음과 같다.
   ① 제품명 : Cut-off Holder,　② 재질 : GC200,　③ 가공수량 : 10000개/월
   ④ 가공부위 : ⌀12±0.1,　⑤ 사용장비 : 탁상 드릴 머신
   ⑥ 사용공구 : ⌀12 표준 드릴
2) 경제성을 고려하여 드릴 지그 제작비가 적게 들도록 할 것
3) 신속한 클램프의 조작과 제품의 장착과 장탈을 고려하여 설계한다.
4) 표준품, 시중품의 활용과 요소 부품수리 및 교환의 용이성을 고려한다.
5) 이미 작성된 part program 또는 block은 일체 사용을 금한다.
6) 장비조작 미숙으로 파손 및 고장을 일으킬 염려가 있거나 연장시간 30분을 초과할 경우는 미완성으로 처리한다.(출력시간 포함)
7) 시험 중 디스켓을 주고 받는 행위는 부정행위로 처리하여 시험종료 후 하드디스크에서 작업내용을 삭제하지 않아도 부정행위로 처리한다.
8) 출력물을 확인하여 부정의 소지로 다른 수검자와 동일한 작품이 발견될 경우 모두 부정 행위로 처리한다.

9) 만일의 장비고장 및 정전을 대비하여 수시로 작업내용을 저장(save)토록 한다.

10) 설계에 필요한 data book은 열람할 수 있으나, 문제출제의 해답 및 투상도와 관련된 설명이나 투상도가 수록되어 있는 노트 및 서적은 열람하지 못한다.

11) 도면의 한계(limits)와 선의 굵기 및 문자의 크기를 구분하기 위한 색상을 다음과 같이 정한다.

가. 도면의 한계(limits) 설정

A와 B의 도면의 한계선(도면의 가장 자리 선)은 출력되지 않도록 한다.

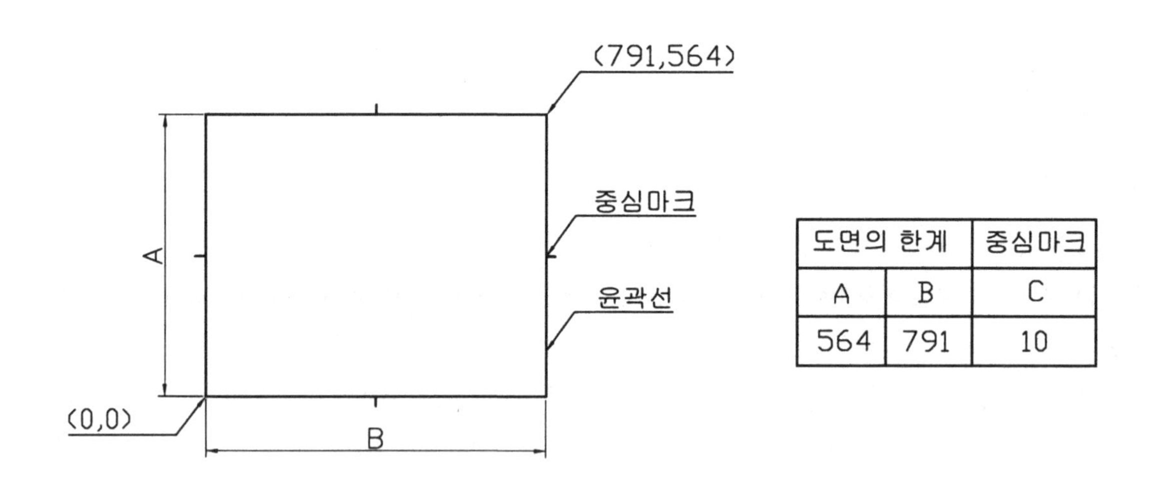

도면의 한계		중심마크
A	B	C
564	791	10

나. 선굵기 구분을 위한 색상

선 굵기	문자 크기	색 상(color)	용 도
0.7mm	7.0mm	하늘색(Cyan)	윤곽선
0.35mm	5.0mm	초록색(Green)	외형선, 개별주서 등
0.20mm	3.5mm	빨강색(Red)	숨은선, 치수문자, 일반주서 등
0.18mm	2.5mm	흰색(White)	해칭, 치수선, 치수 보조선, 중심선 등

12) 다음 사항에 해당하는 작품은 미완성 또는 오작이므로 채점하지 않는다.

① 미완성

가. 조립도 또는 요구 부품도를 미완성한 작품

나. 시험시간(표준시간+연장시간)을 초과한 작품

② 오작

가. 주어진 문제의 요구사항을 준수하지 않는 작품

나. 치공구를 제작하는데 구조적인 문제점이 있어 채점위원 만장일치로 합의하여 채점 대상에서 제외된 작품

13) 표준시간의 범위 내에서 10분까지마다 5점을, 20분까지는 10점을, 30분까지는 15점을 수검자가 취득한 점수에서 각각 감점한다.(단, 도면 출력 시간은 제외하며, 재 연장시간은 주지 않는다.)

14) 도면은 다음의 양식에 맞추어 좌측 상단에 수검번호, 성명을 우측 하단에는 작품명과 척도 등이 표기된 표제란과 부품란(재목목록표)을 작성하고, 작품명과 척도 등을 기입하여 수검번호, 성명란 우측에 감독위원

확인을 받아야 한다.

가) 도면 양식

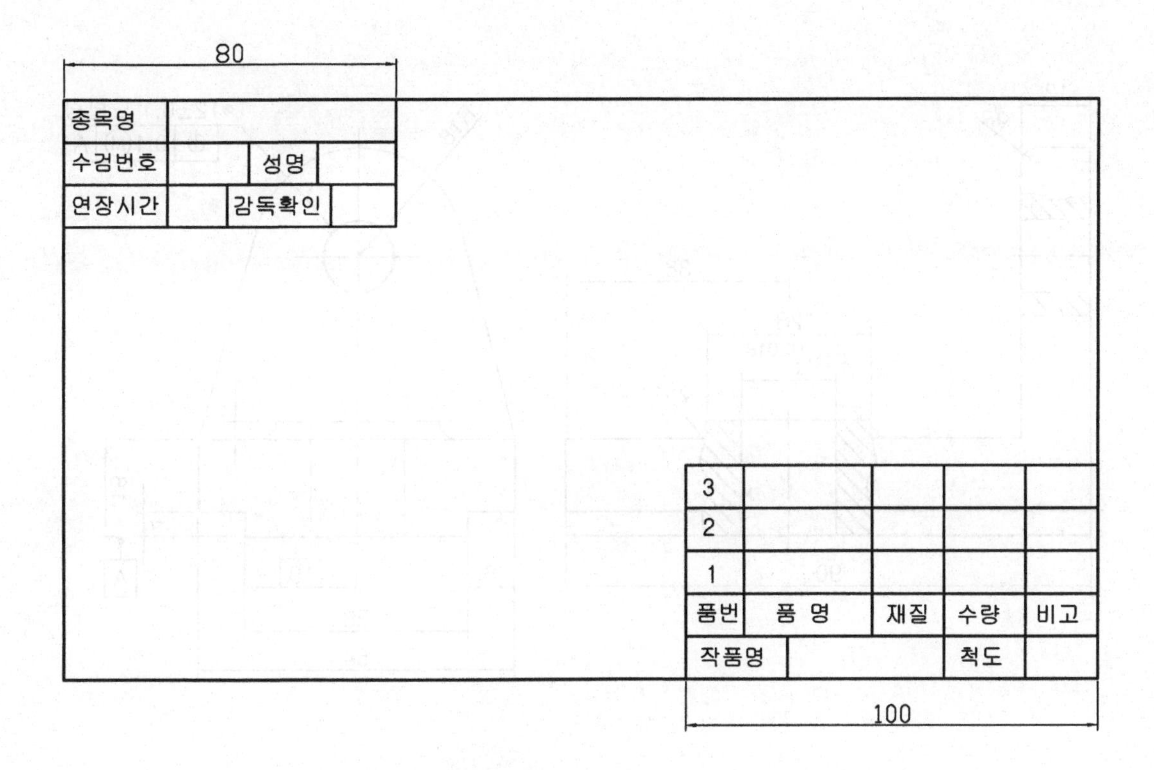

15) 문제는 비번호를 기재한 후 반드시 제출한다.

16) 지급재료는 프린터 용지(A3), 프린터용 카트리지 잉크(공용) 등임.

종목	치공구설계산업기사	작품명	드릴지그	척도	N.S

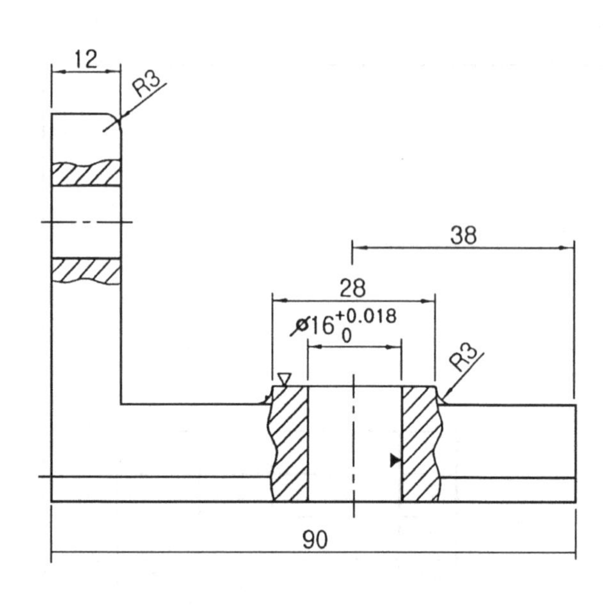

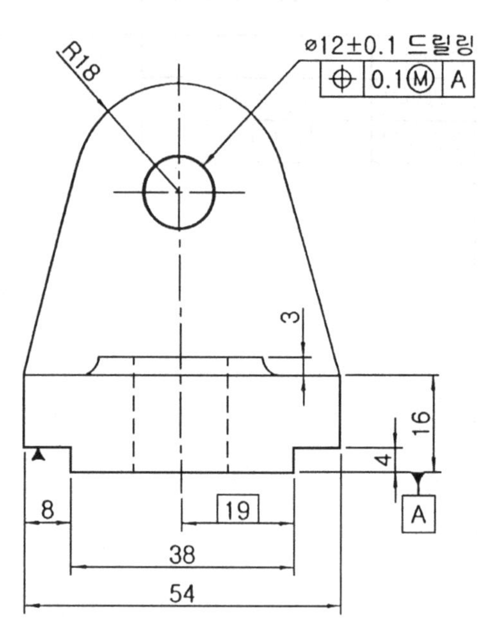

Note

▼ : LOCATING POINT(위치결정점)
▽ : CLAMPING POINT(고정점)
가공부위 : 굵은 실선
※ 전공정에서 위치결정부위는 기계가공되어 있음

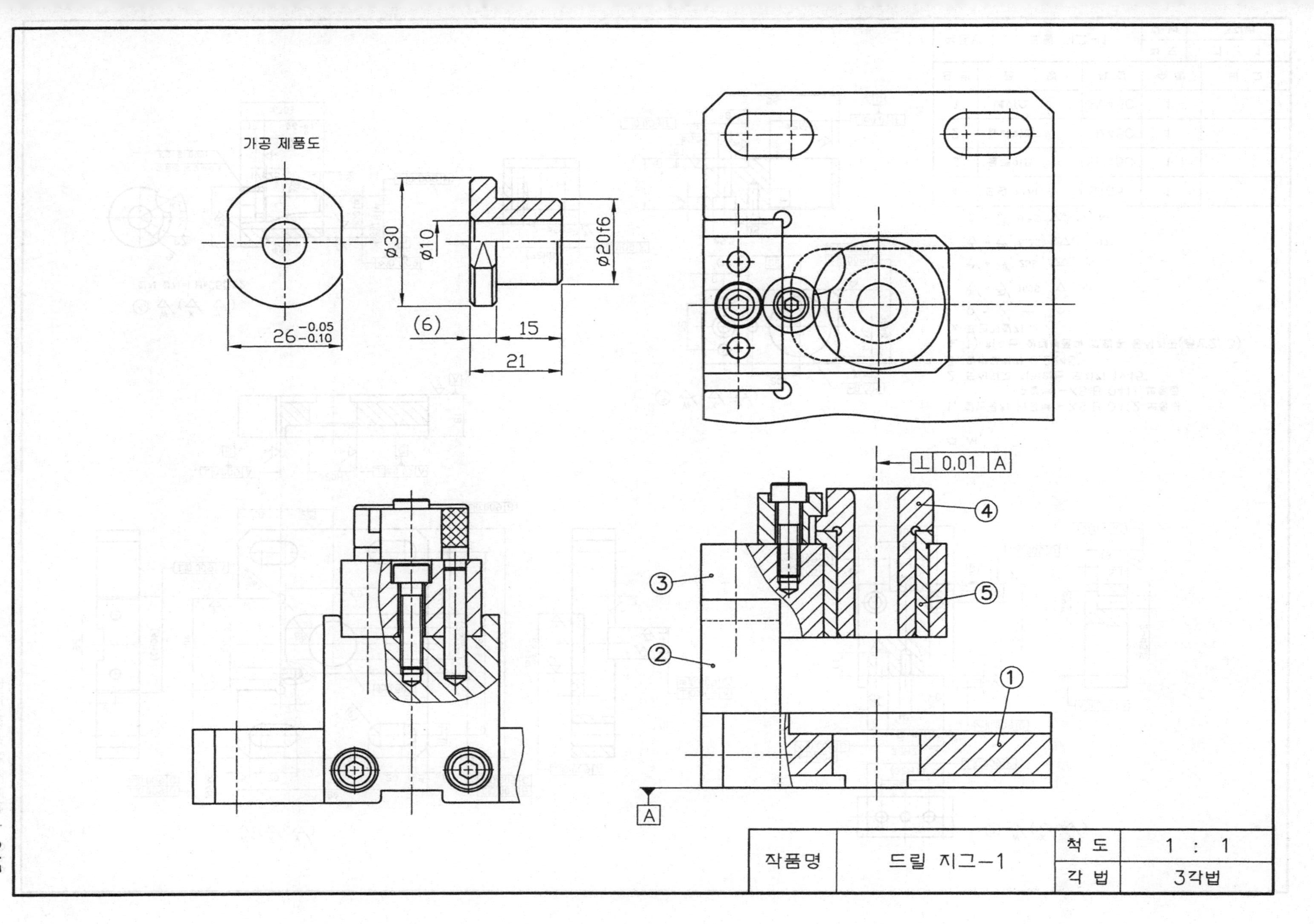
가공 제품도
26 -0.05 -0.10
ø30
ø10
ø20f6
(6)
15
21
⊥ 0.01 A
A
①
②
③
④
⑤
작품명
드릴 지그-1
척도
1 : 1
각법
3각법

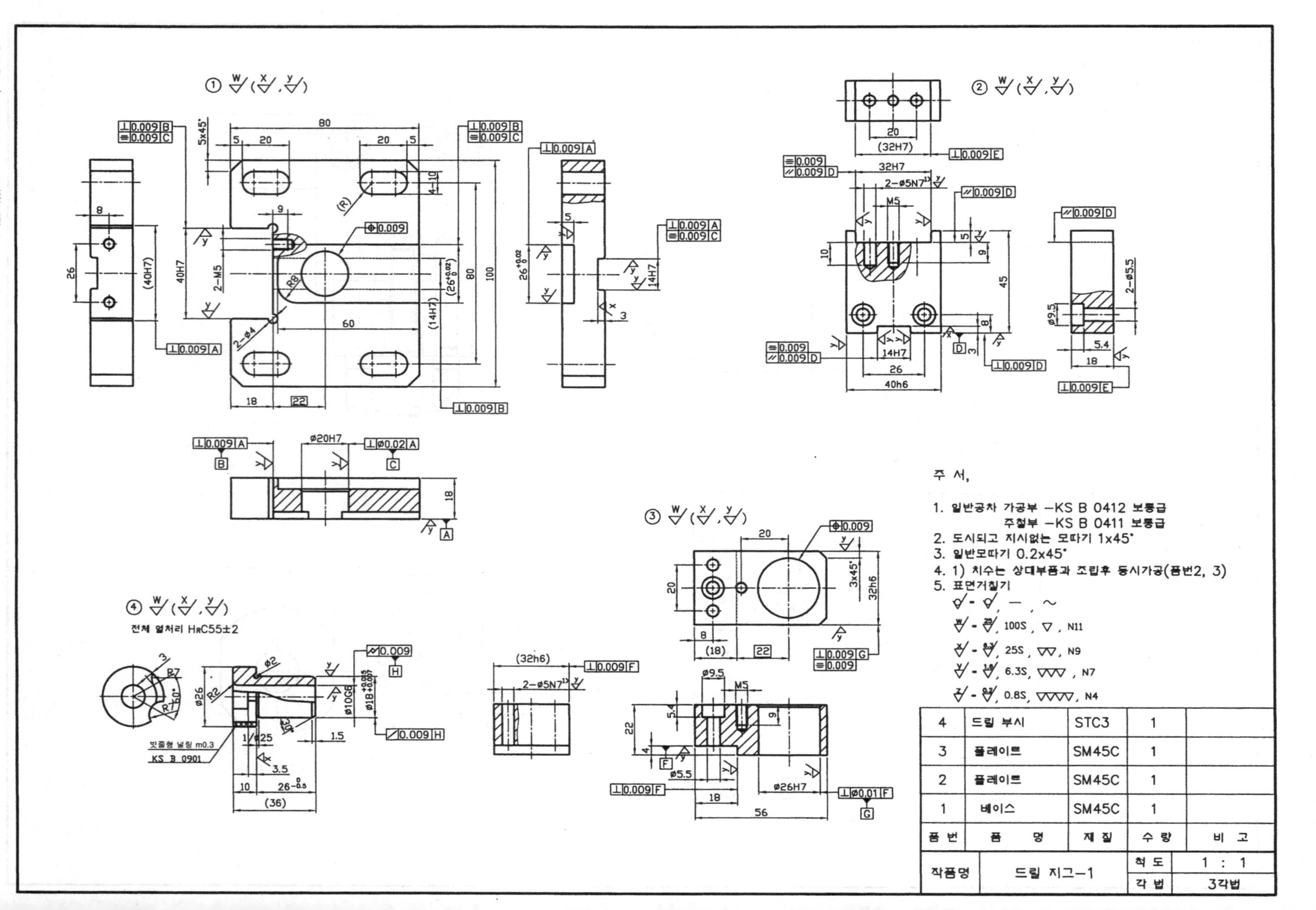
주 서,
1. 일반공차 가공부 -KS B 0412 보통급
주철부 -KS B 0411 보통급
2. 도시되고 지시없는 모따기 1x45°
3. 일반모따기 0.2x45°
4. 1) 치수는 상대부품과 조립후 동시가공(품번2, 3)
5. 표면거칠기
100S, N11
25S, N9
6.3S, N7
0.8S, N4
전체 열처리 HRC55±2
빗줄형 널링 m0.3
KS B 0901
4 드릴 부시 STC3 1
3 플레이트 SM45C 1
2 플레이트 SM45C 1
1 베이스 SM45C 1
품 번 품 명 재 질 수 량 비 고
작품명 드릴 지그-1
척 도 1 : 1
각 법 3각법

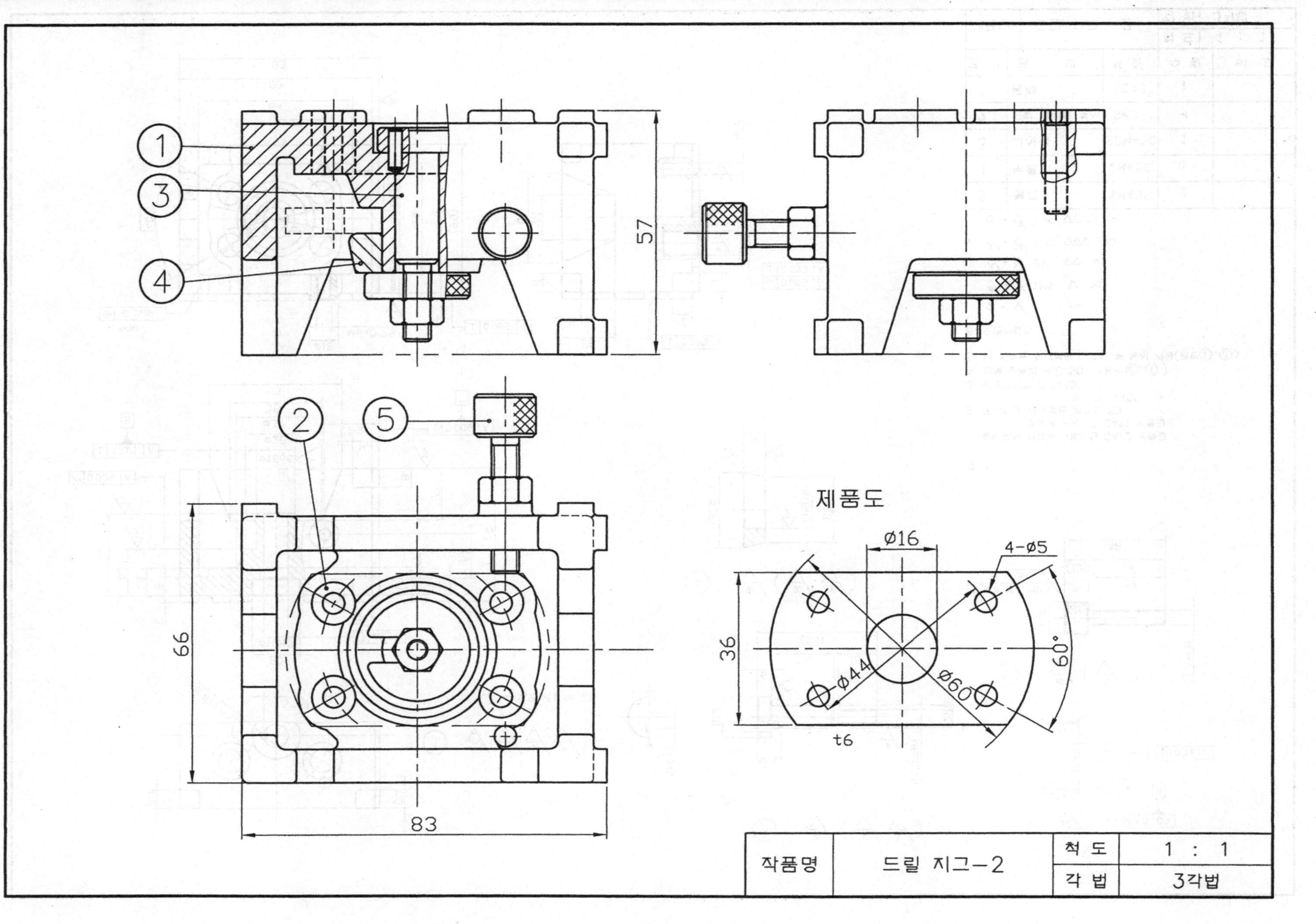

작품명	드릴 지그-2	척 도	1 : 1
		각 법	3각법

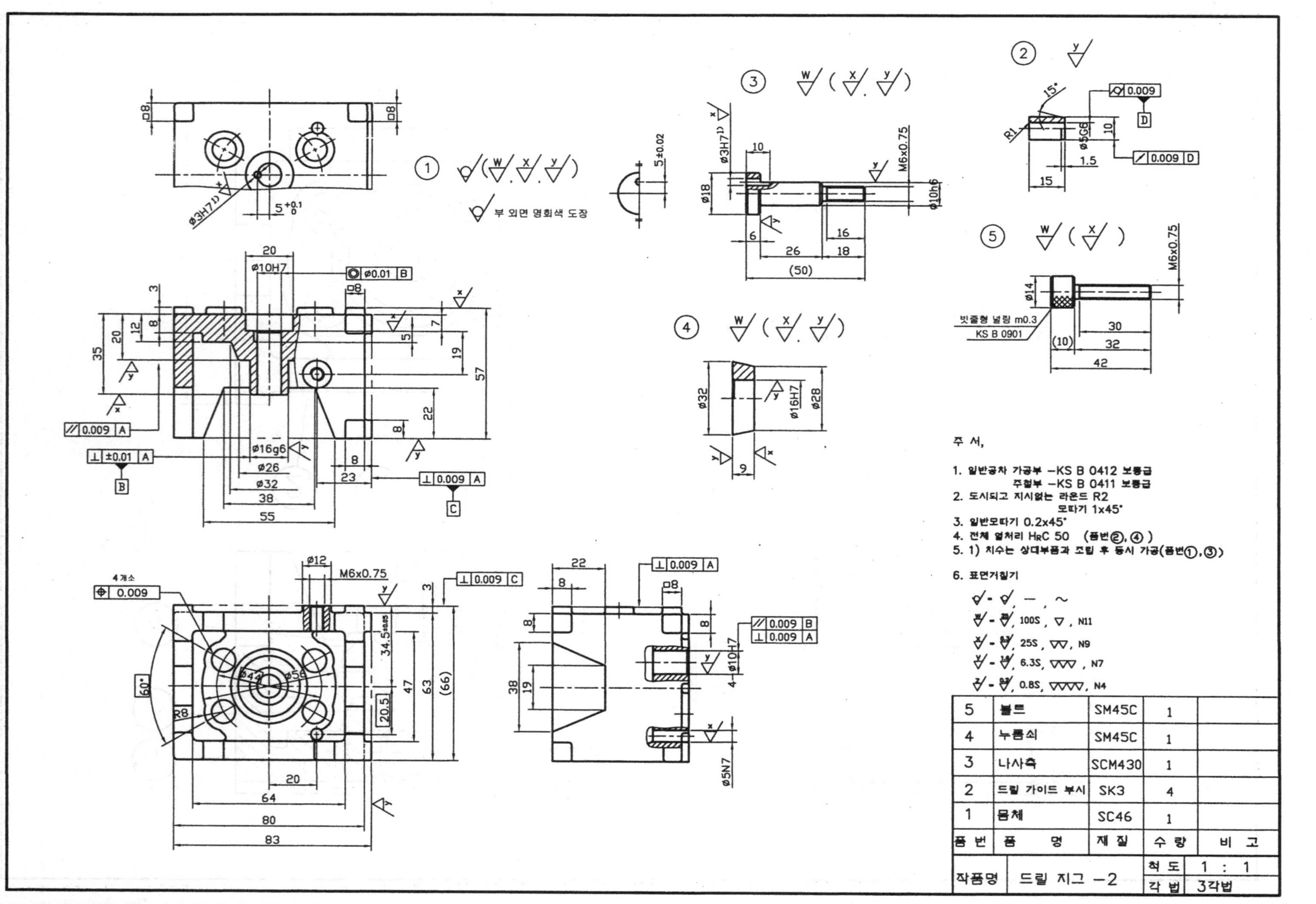
부 외면 명회색 도장
빗줄형 널링 m0.3
KS B 0901
4개소
주 서,
1. 일반공차 가공부 -KS B 0412 보통급
주철부 -KS B 0411 보통급
2. 도시되고 지시없는 라운드 R2
모따기 1x45°
3. 일반모따기 0.2x45°
4. 전체 열처리 HRC 50 (품번②,④)
5. 1) 치수는 상대부품과 조립 후 동시 가공(품번①,③)
6. 표면거칠기
5 볼트 SM45C 1
4 누름쇠 SM45C 1
3 나사축 SCM430 1
2 드릴 가이드 부시 SK3 4
1 몸체 SC46 1
품번 품명 재질 수량 비고
작품명 드릴 지그 -2
척도 1 : 1
각법 3각법

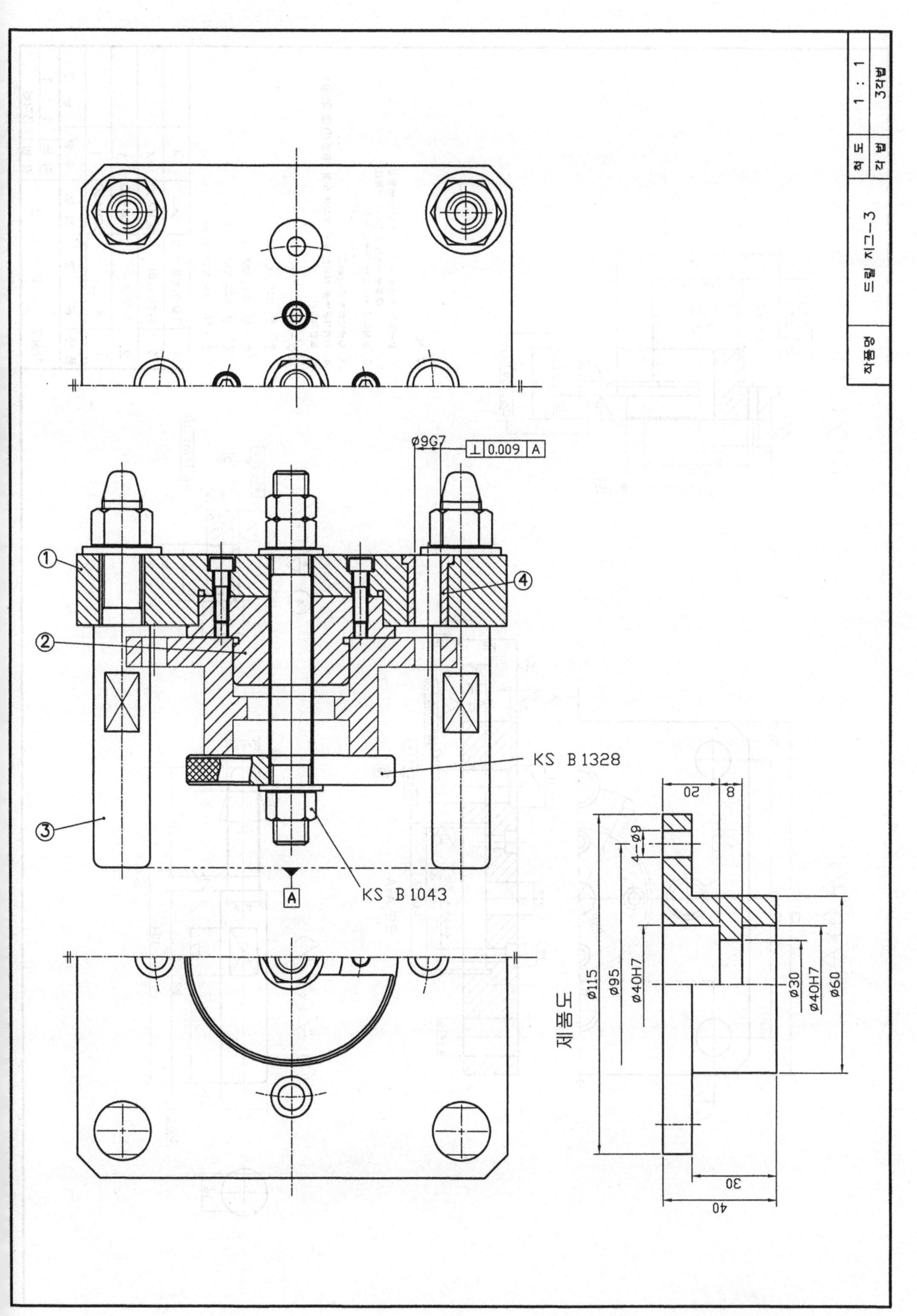

작품명
드릴 지그-3
척 도
1 : 1
각 법
3각법
ø9G7
⊥ 0.009 A
①
②
③
④
KS B 1328
KS B 1043
A
제품도
ø115
ø95
ø40H7
4-ø9
20
8
ø30
ø40H7
ø60
30
40

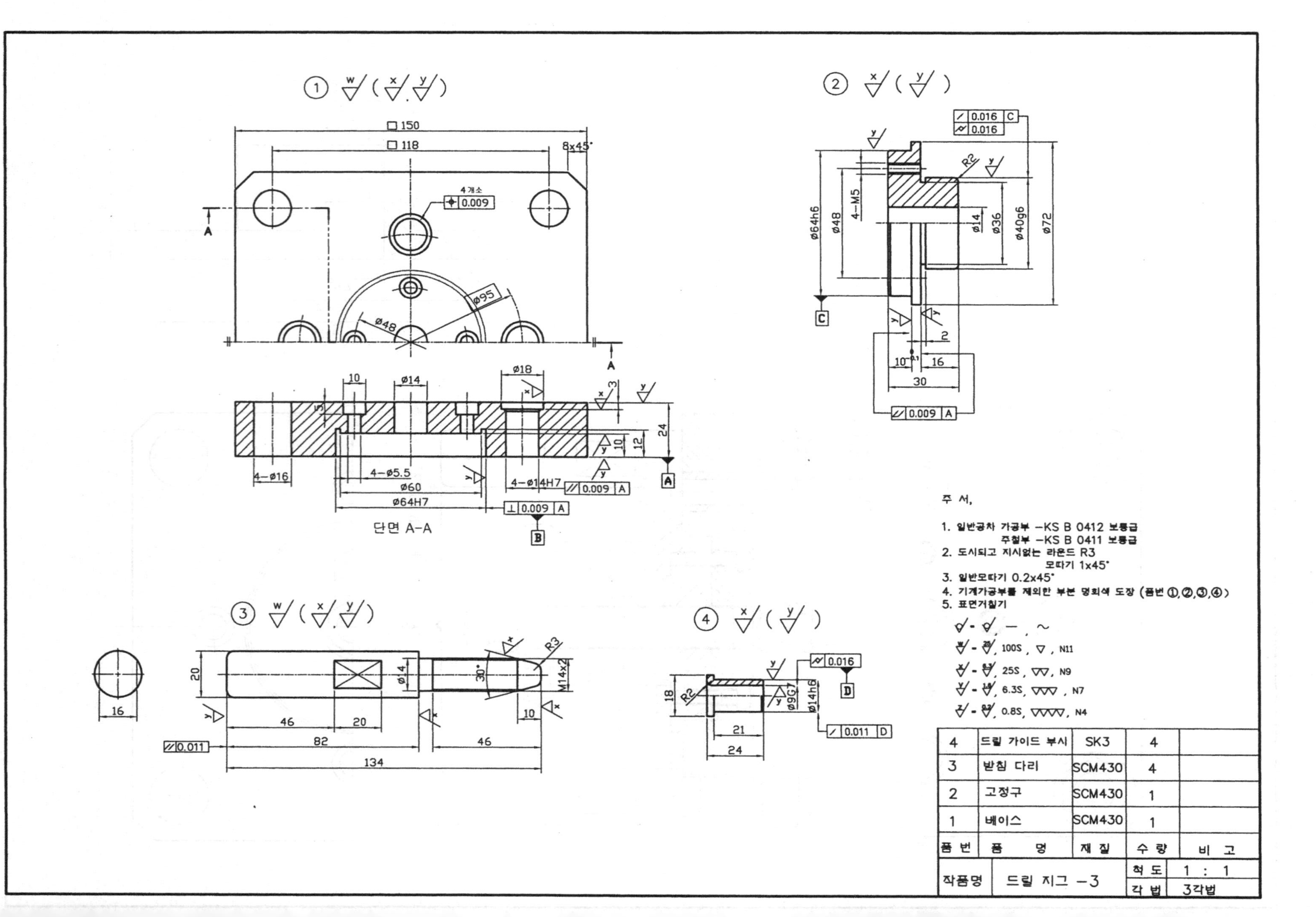
① w/ (x/ y/)
□150
□118
8x45°
4개소 0.009
ø95
ø48
10
ø14
ø18
3
24
12
10
4-ø16
4-ø5.5
ø60
ø64H7
4-ø14H7
0.009 A
0.009 A
단면 A-A
② x/ (y/)
0.016 C
0.016
R2
ø64h6
ø48
4-M5
ø14
ø36
ø40g6
ø72
2
10
16
30
0.009 A
③ w/ (x/ y/)
16
20
ø14
30°
R3
M14x2
10
46
20
82
46
134
0.011
④ x/ (y/)
0.016
R2
18
ø9G7
ø14h6
21
24
0.011 D
주 서,
1. 일반공차 가공부 -KS B 0412 보통급
주철부 -KS B 0411 보통급
2. 도시되고 지시없는 라운드 R3
모따기 1x45°
3. 일반모따기 0.2x45°
4. 기계가공부를 제외한 부분 명회색 도장 (품번 ①,②,③,④)
5. 표면거칠기
100S, ▽, N11
25S, ▽▽, N9
6.3S, ▽▽▽, N7
0.8S, ▽▽▽▽, N4
4 드릴 가이드 부시 SK3 4
3 받침 다리 SCM430 4
2 고정구 SCM430 1
1 베이스 SCM430 1
품번 품명 재질 수량 비고
작품명 드릴 지그 -3
척도 1 : 1
각법 3각법

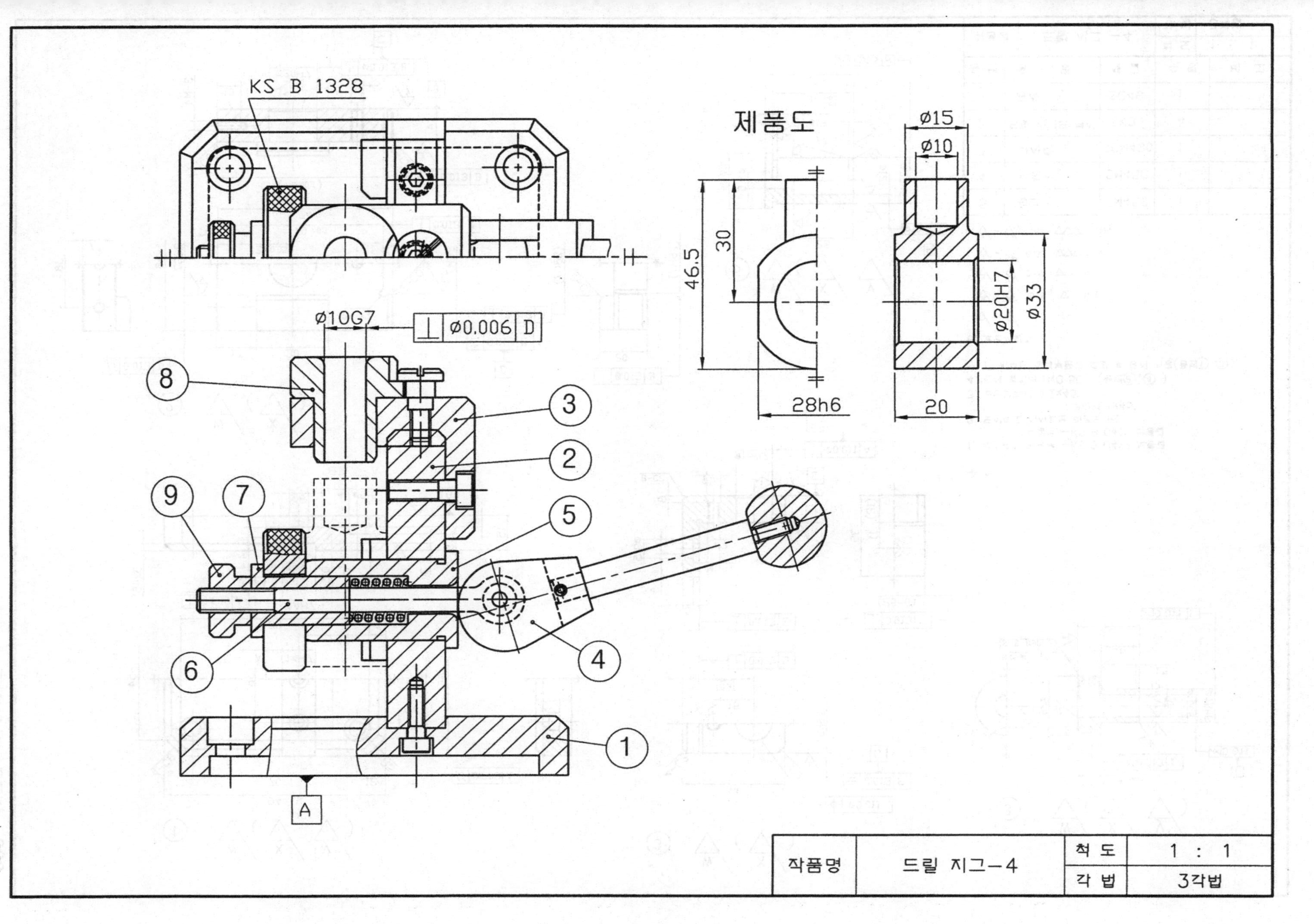
KS B 1328
제품도
⌀15
⌀10
46.5
30
28h6
⌀20H7
⌀33
20
⌀10G7
⌀0.006 D
8
3
2
9
7
5
6
4
1
A
작품명
드릴 지그-4
척 도
1 : 1
각 법
3각법

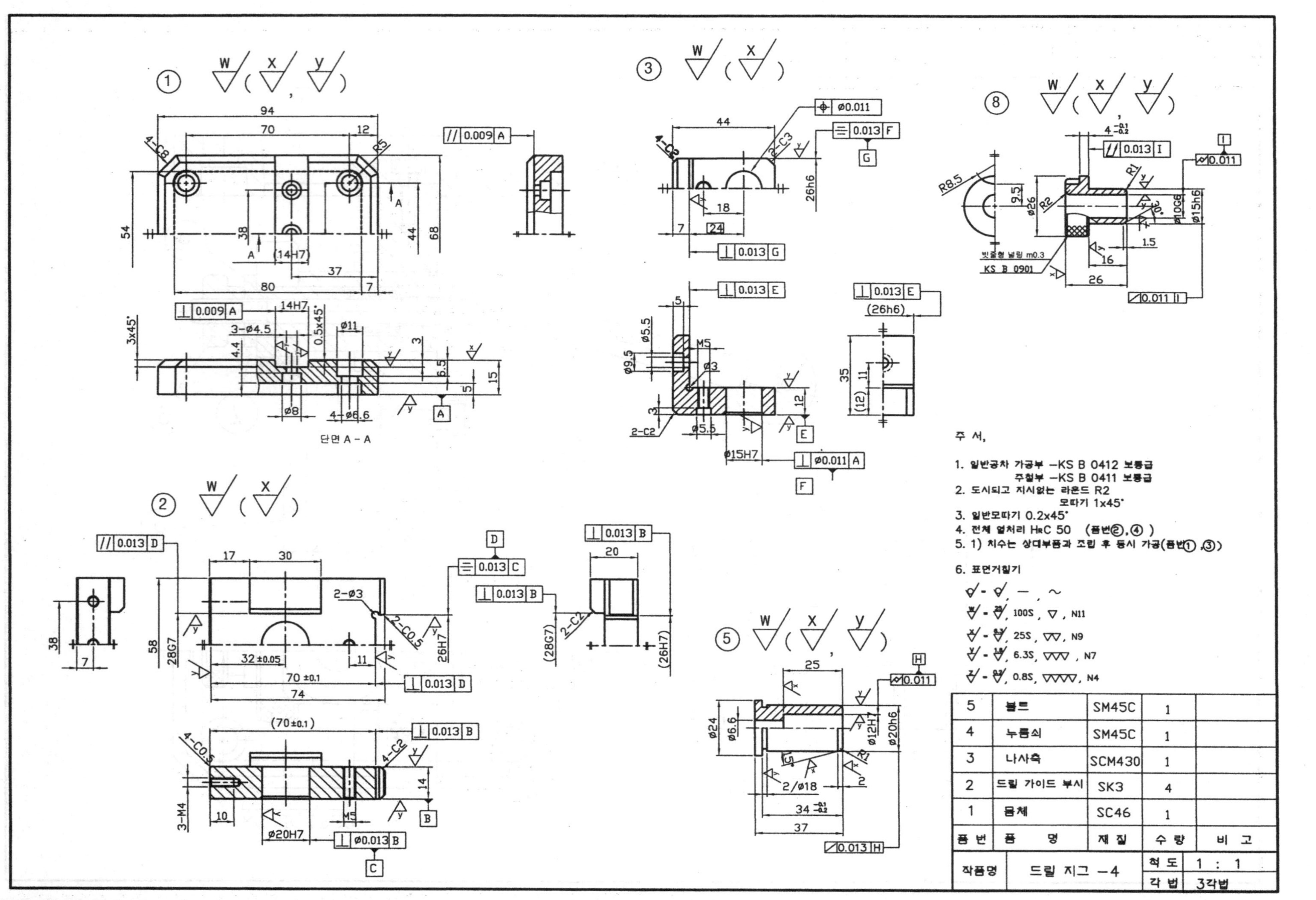

주 서,
1. 일반공차 가공부 -KS B 0412 보통급
주철부 -KS B 0411 보통급
2. 도시되고 지시없는 라운드 R2
모따기 1x45°
3. 일반모따기 0.2x45°
4. 전체 열처리 HrC 50 (품번②,④)
5. 1) 치수는 상대부품과 조립 후 동시 가공(품번①,③)
6. 표면거칠기
5 볼트 SM45C 1
4 누름쇠 SM45C 1
3 나사축 SCM430 1
2 드릴 가이드 부시 SK3 4
1 몸체 SC46 1
품번 품명 재질 수량 비고
작품명 드릴 지그 -4
척도 1 : 1
각법 3각법
단면 A - A

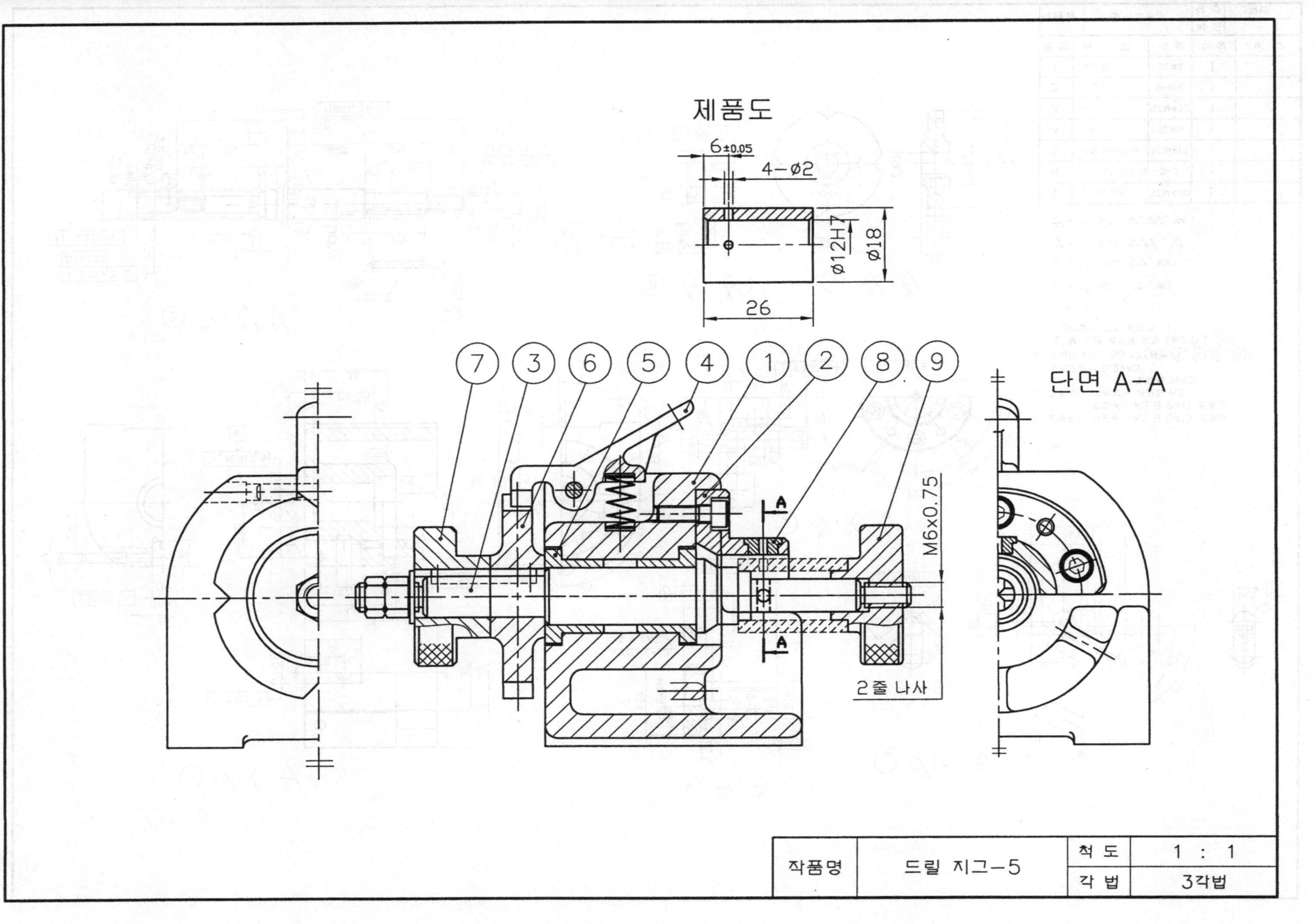
제품도
6±0.05
4-ø2
ø12H7
ø18
26
7
3
6
5
4
1
2
8
9
단면 A-A
M6x0.75
2줄 나사
작품명
드릴 지그-5
척도
1 : 1
각법
3각법

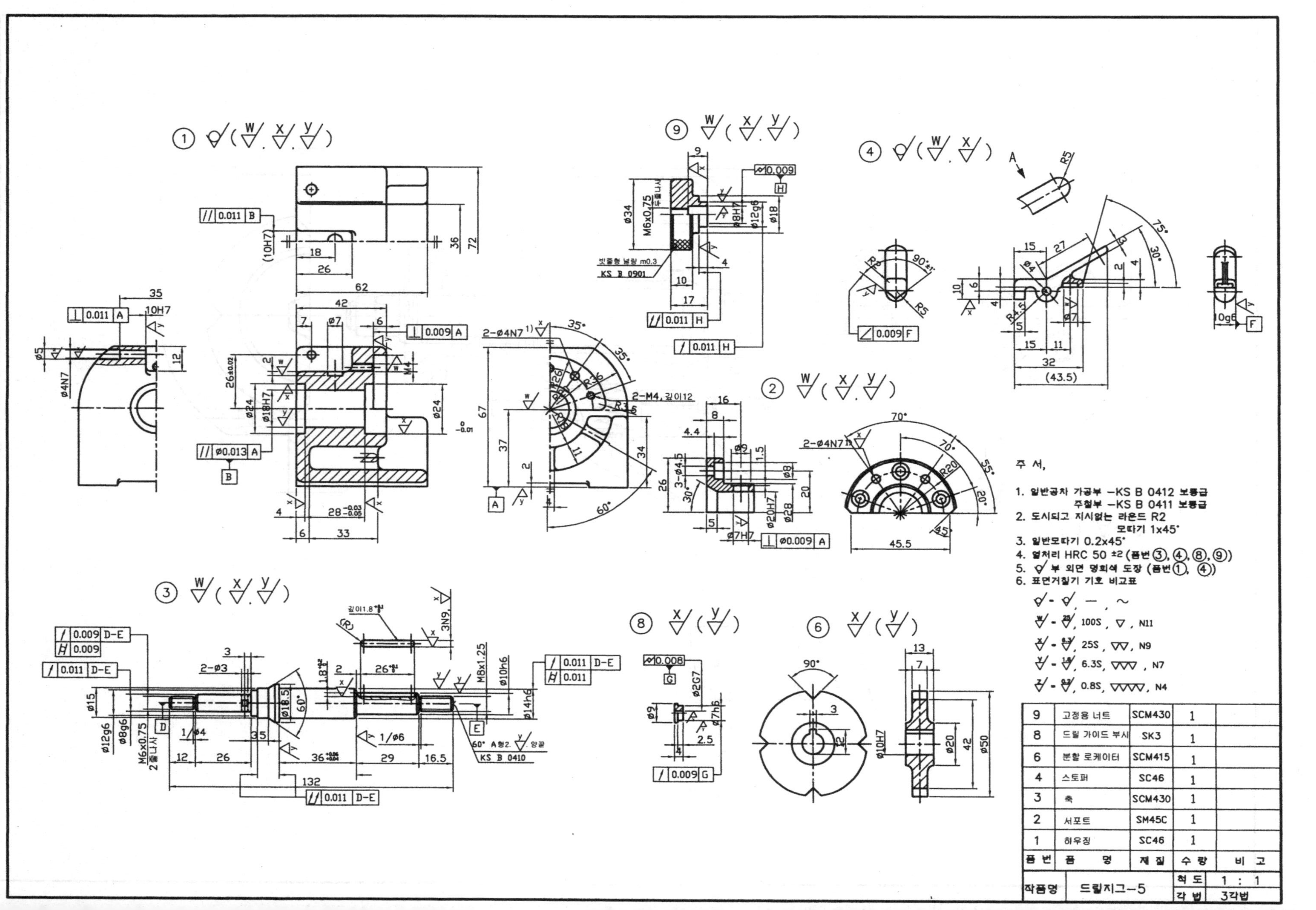
주 서,
1. 일반공차 가공부 -KS B 0412 보통급
주철부 -KS B 0411 보통급
2. 도시되고 지시없는 라운드 R2
모따기 1x45°
3. 일반모따기 0.2x45°
4. 열처리 HRC 50 ±2 (품번 ③, ④, ⑧, ⑨)
5. 부 외면 명회색 도장 (품번 ①, ④)
6. 표면거칠기 기호 비교표
100S , N11
25S , N9
6.3S , N7
0.8S , N4
9 고정용 너트 SCM430 1
8 드릴 가이드 부시 SK3 1
6 분할 로케이터 SCM415 1
4 스토퍼 SC46 1
3 축 SCM430 1
2 서포트 SM45C 1
1 하우징 SC46 1
품번 품 명 재 질 수 량 비 고
작품명 드릴지그-5 척 도 1 : 1
각 법 3각법

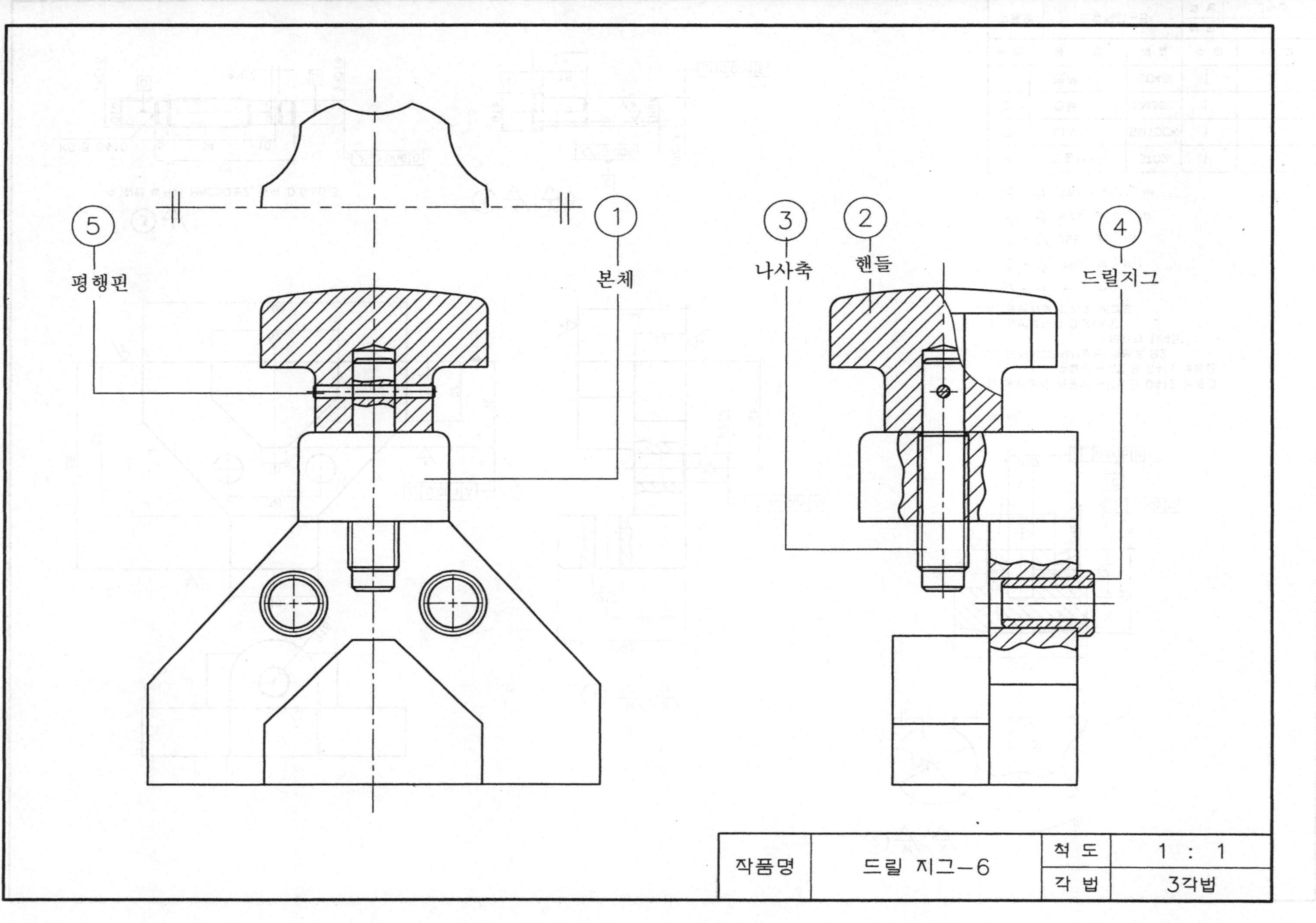

5
평행핀
1
본체
3
나사축
2
핸들
4
드릴지그
작품명
드릴 지그-6
척 도
1 : 1
각 법
3각법

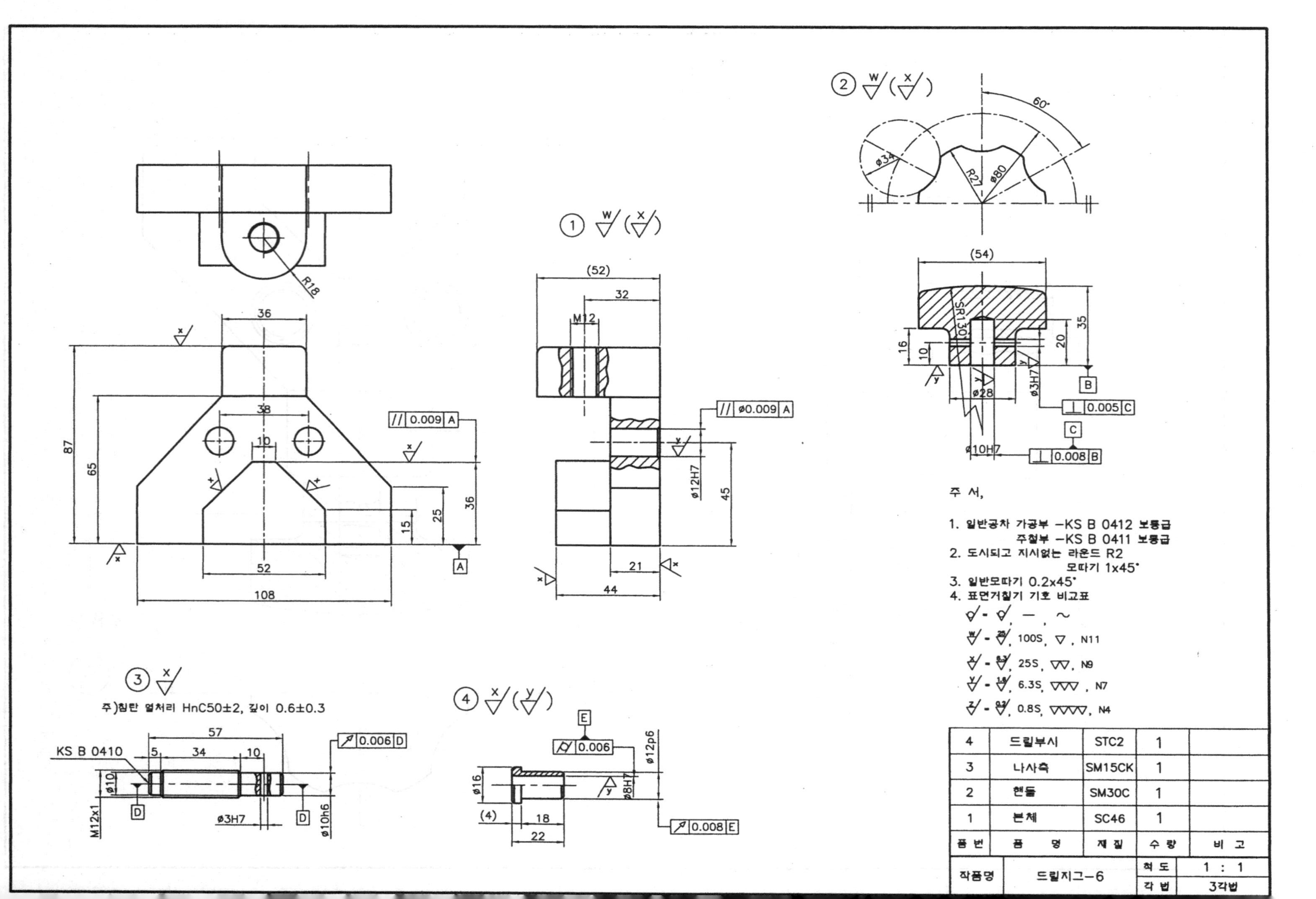
① W/ (X/)
② W/ (X/)
③ X/
주)침탄 열처리 HnC50±2, 깊이 0.6±0.3
KS B 0410
④ X/ (Y/)
주 서,
1. 일반공차 가공부 –KS B 0412 보통급
주철부 –KS B 0411 보통급
2. 도시되고 지시없는 라운드 R2
모따기 1x45°
3. 일반모따기 0.2x45°
4. 표면거칠기 기호 비교표
4 드릴부시 STC2 1
3 나사축 SM15CK 1
2 핸들 SM30C 1
1 본체 SC46 1
품 번 품 명 재 질 수 량 비 고
작품명 드릴지그–6
척 도 1 : 1
각 법 3각법

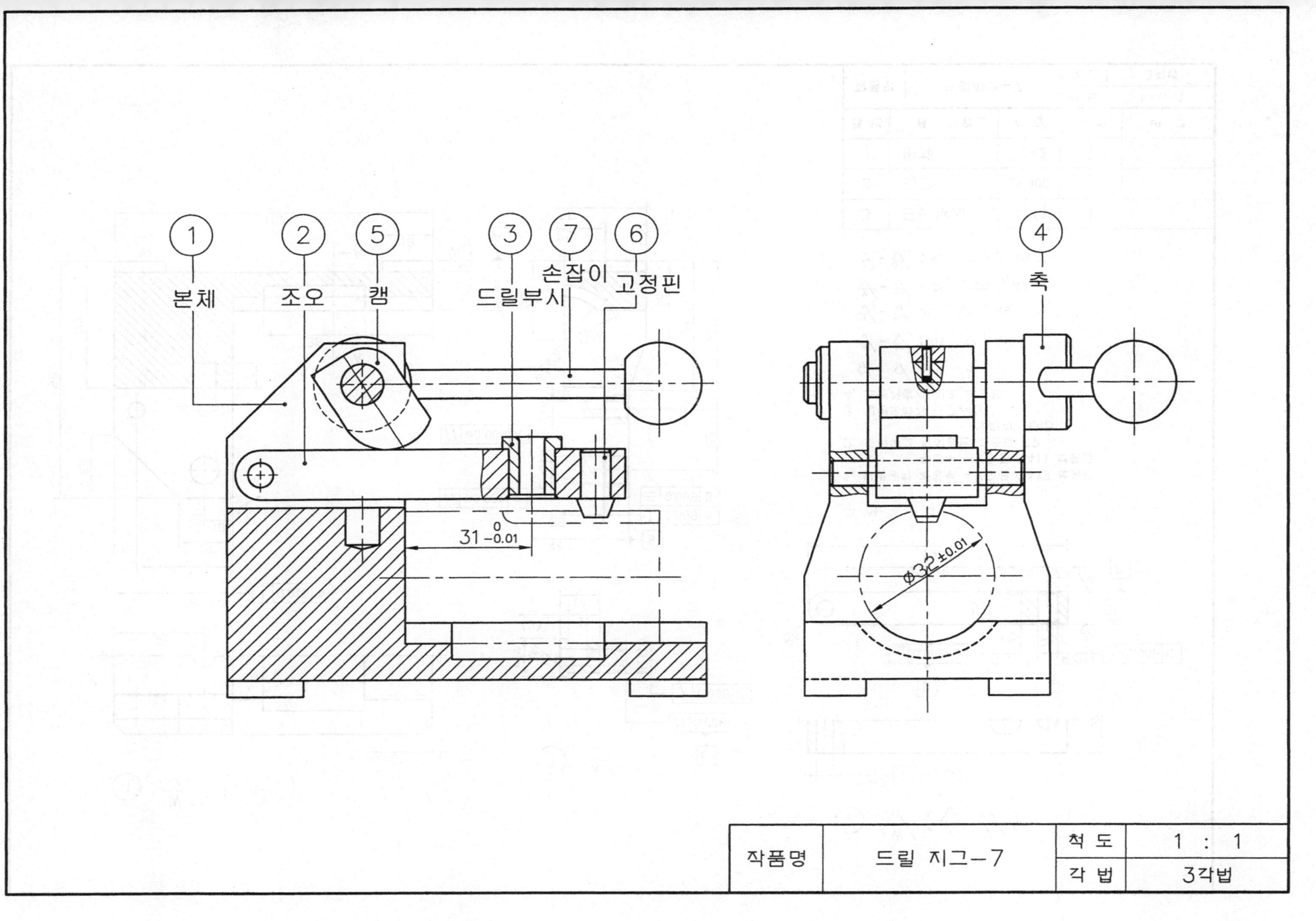

① 본체
② 조오
⑤ 캠
③ 드릴부시
⑦ 손잡이
⑥ 고정핀
④ 축
31 0 -0.01
φ32±0.01
작품명
드릴 지그-7
척 도
1 : 1
각 법
3각법

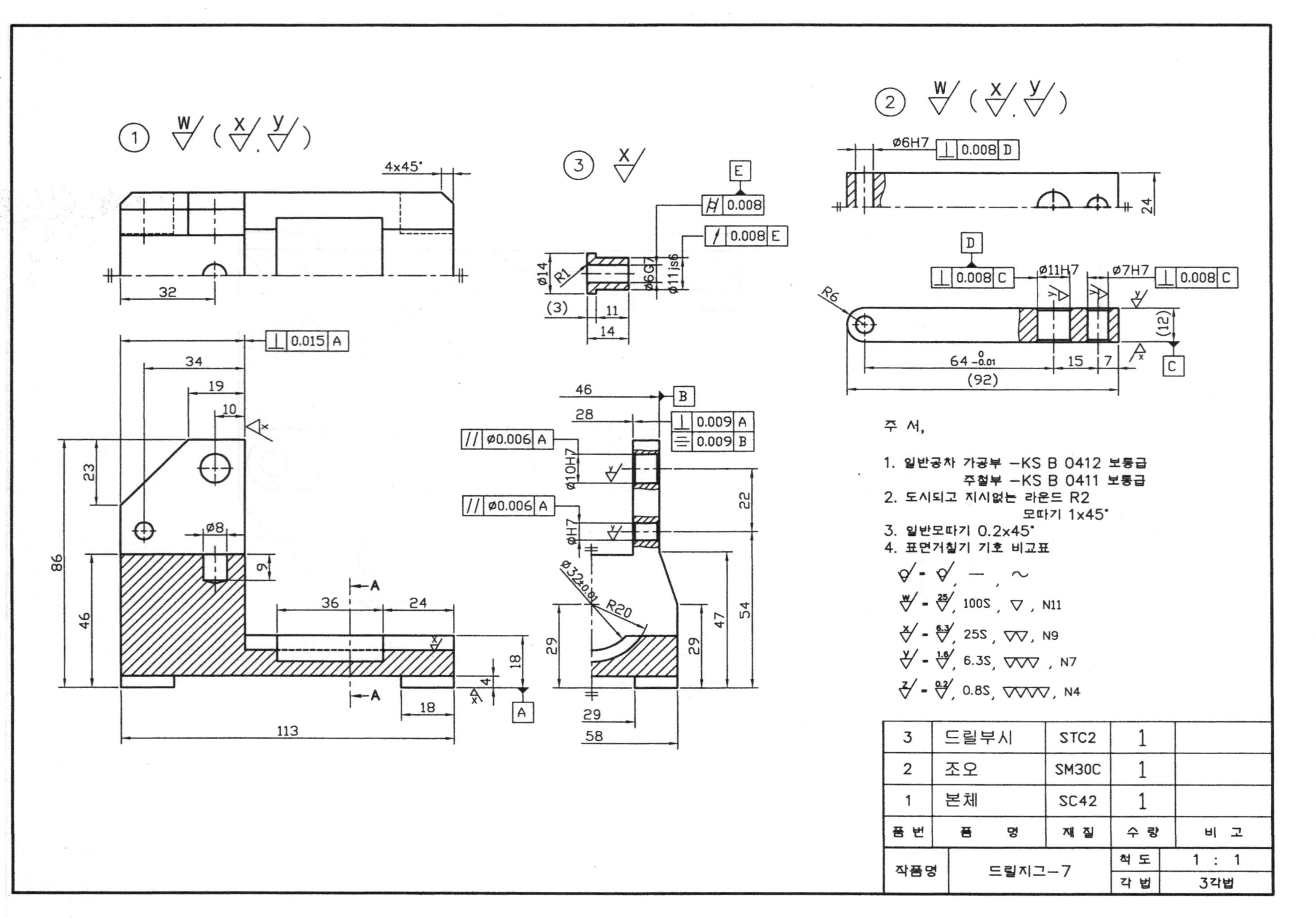

주 서,
1. 일반공차 가공부 -KS B 0412 보통급
주철부 -KS B 0411 보통급
2. 도시되고 지시없는 라운드 R2
모따기 1x45°
3. 일반모따기 0.2x45°
4. 표면거칠기 기호 비교표
100S, N11
25S, N9
6.3S, N7
0.8S, N4
3 드릴부시 STC2 1
2 조오 SM30C 1
1 본체 SC42 1
품번 품명 재질 수량 비고
작품명 드릴지그-7
척도 1 : 1
각법 3각법

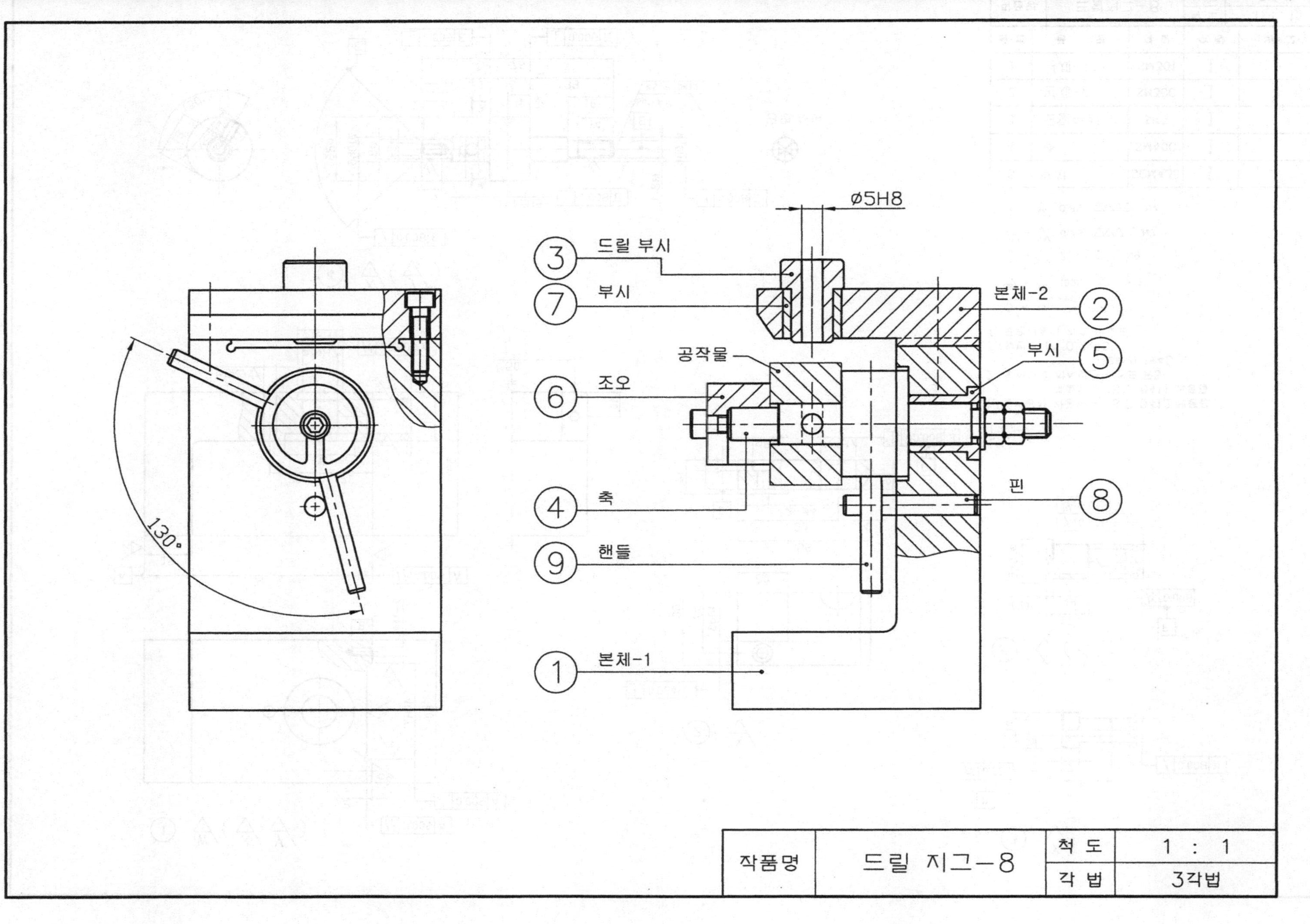

ø5H8
드릴 부시
부시
본체-2
공작물
부시
조오
핀
축
핸들
본체-1
130°
작품명
드릴 지그－8
척 도
1 : 1
각 법
3각법

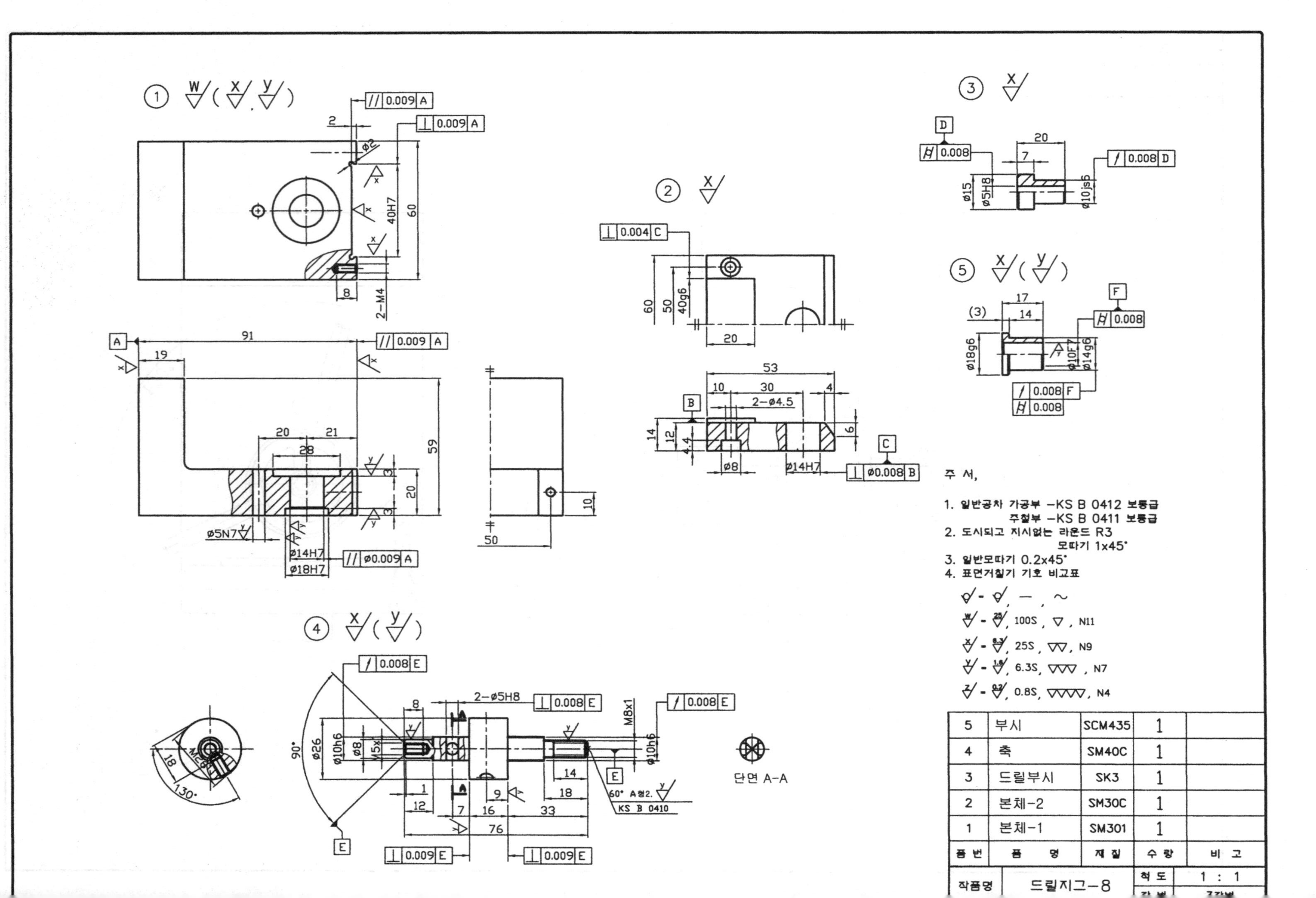

주 서,
1. 일반공차 가공부 -KS B 0412 보통급
주철부 -KS B 0411 보통급
2. 도시되고 지시없는 라운드 R3
모따기 1x45°
3. 일반모따기 0.2x45°
4. 표면거칠기 기호 비교표
단면 A-A
5 부시 SCM435 1
4 축 SM40C 1
3 드릴부시 SK3 1
2 본체-2 SM30C 1
1 본체-1 SM301 1
품번 품명 재질 수량 비고
작품명 드릴지그-8 척도 1 : 1

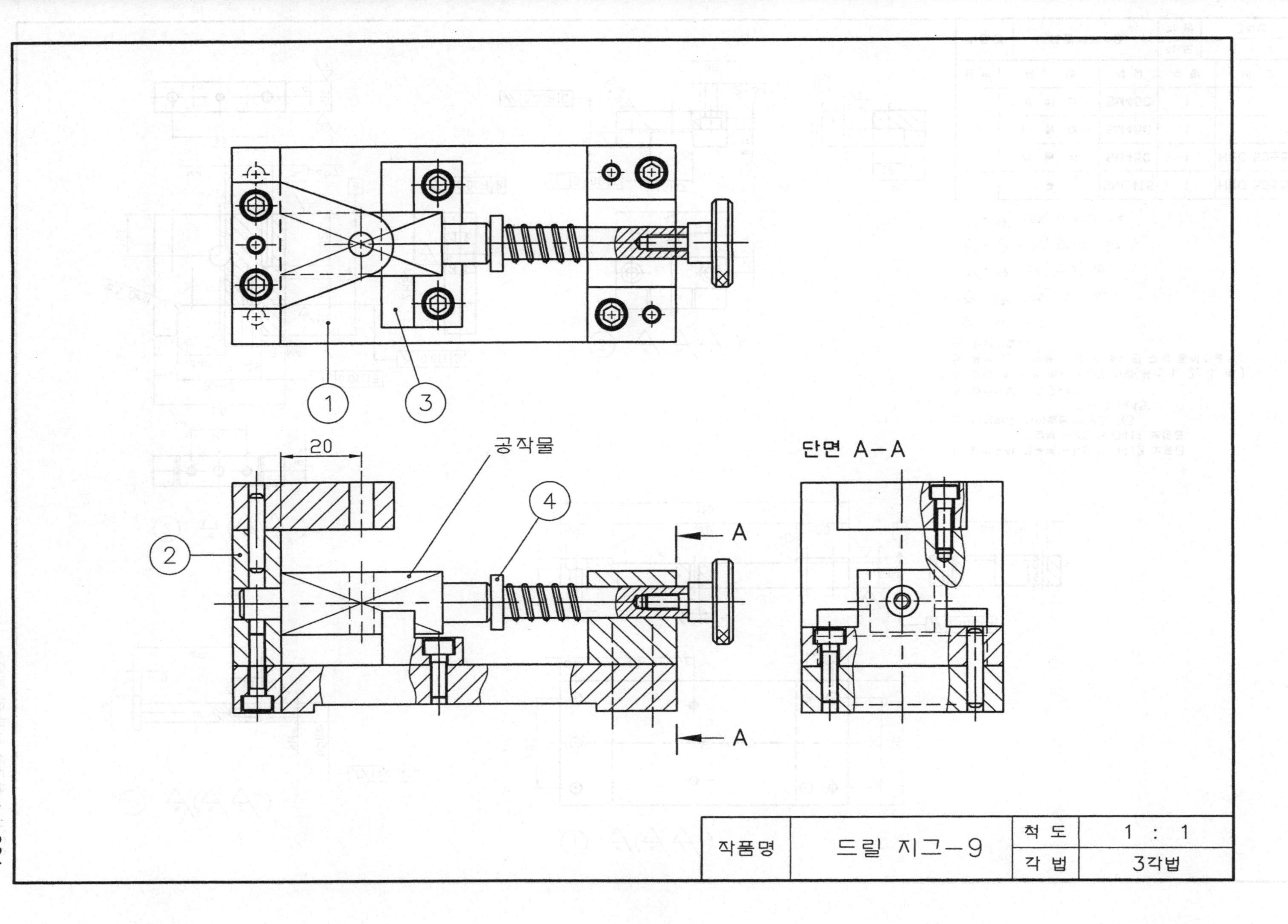
1
3
20
공작물
4
2
A
A
단면 A—A
작품명
드릴 지그—9
척 도
1 : 1
각 법
3각법

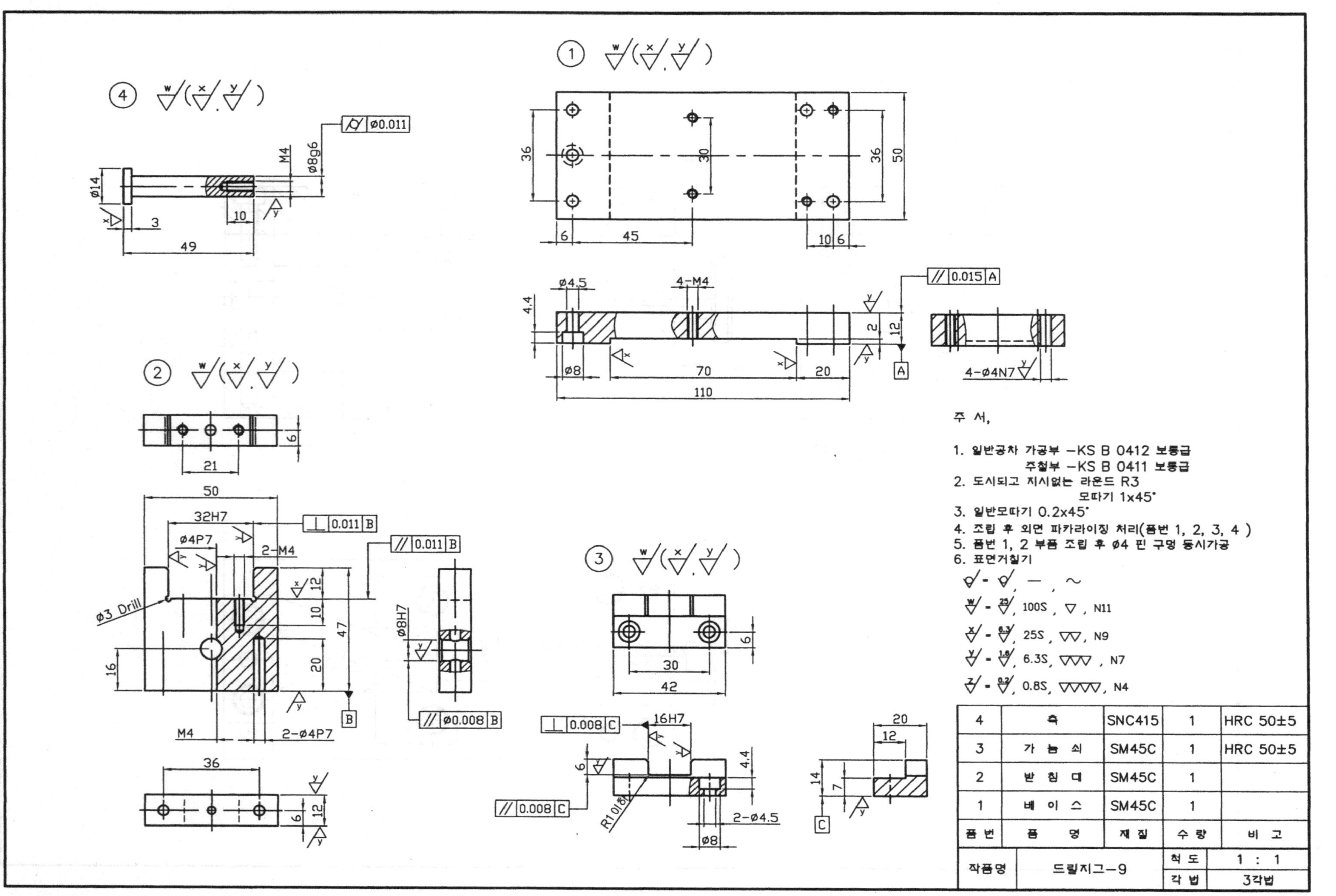

주 서,
1. 일반공차 가공부 -KS B 0412 보통급
주철부 -KS B 0411 보통급
2. 도시되고 지시없는 라운드 R3
모따기 1x45°
3. 일반모따기 0.2x45°
4. 조립 후 외면 파카라이징 처리(품번 1, 2, 3, 4)
5. 품번 1, 2 부품 조립 후 ø4 핀 구멍 동시가공
6. 표면거칠기
100S , N11
25S , N9
6.3S , N7
0.8S , N4
4 | 축 | SNC415 | 1 | HRC 50±5
3 | 가 늠 쇠 | SM45C | 1 | HRC 50±5
2 | 받 침 대 | SM45C | 1
1 | 베 이 스 | SM45C | 1
품 번 | 품 명 | 재 질 | 수 량 | 비 고
작품명 | 드릴지그-9 | 척 도 | 1 : 1
각 법 | 3각법

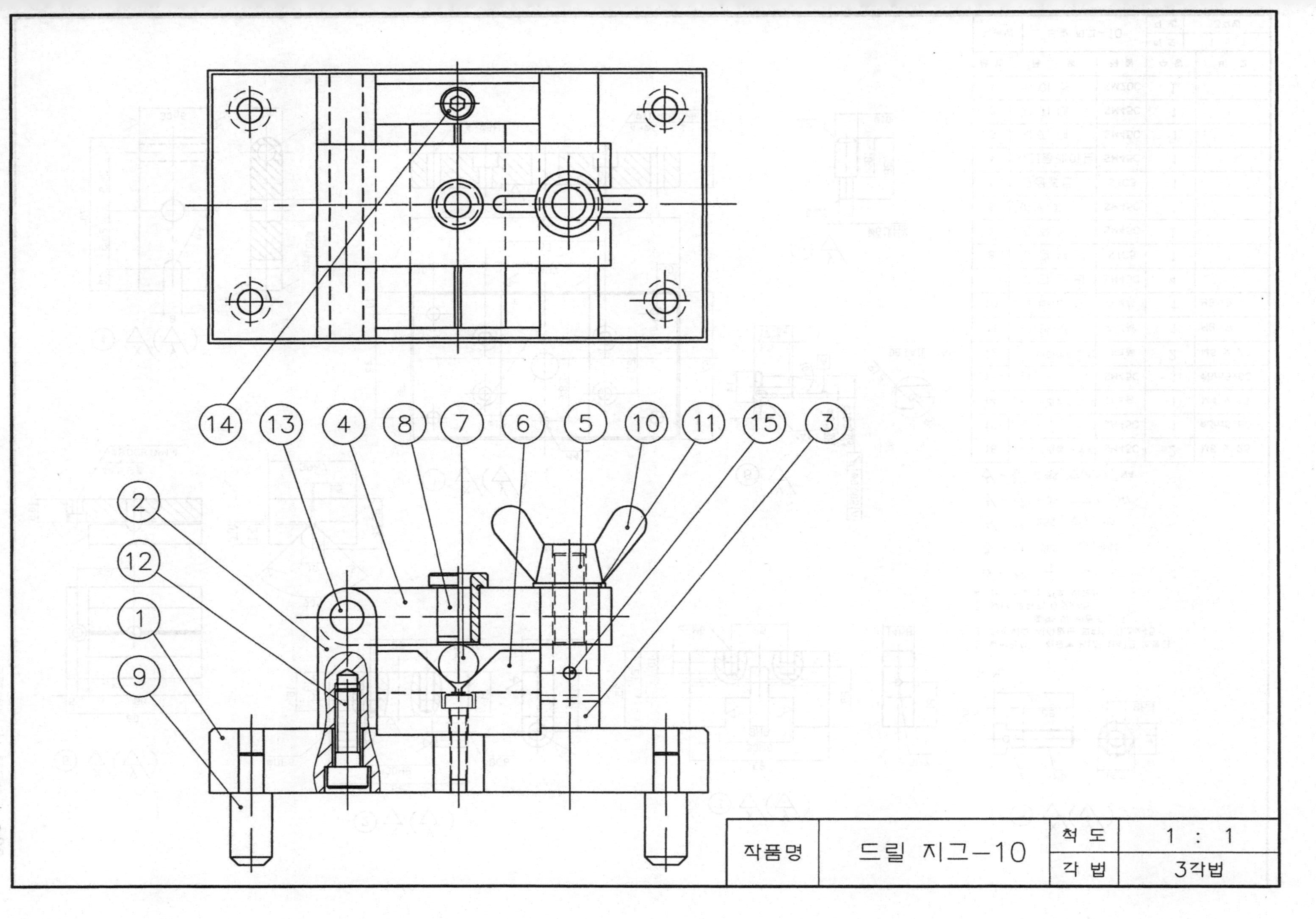

14
13
4
8
7
6
5
10
11
15
3
2
12
1
9
작품명
드릴 지그-10
척 도
1 : 1
각 법
3각법

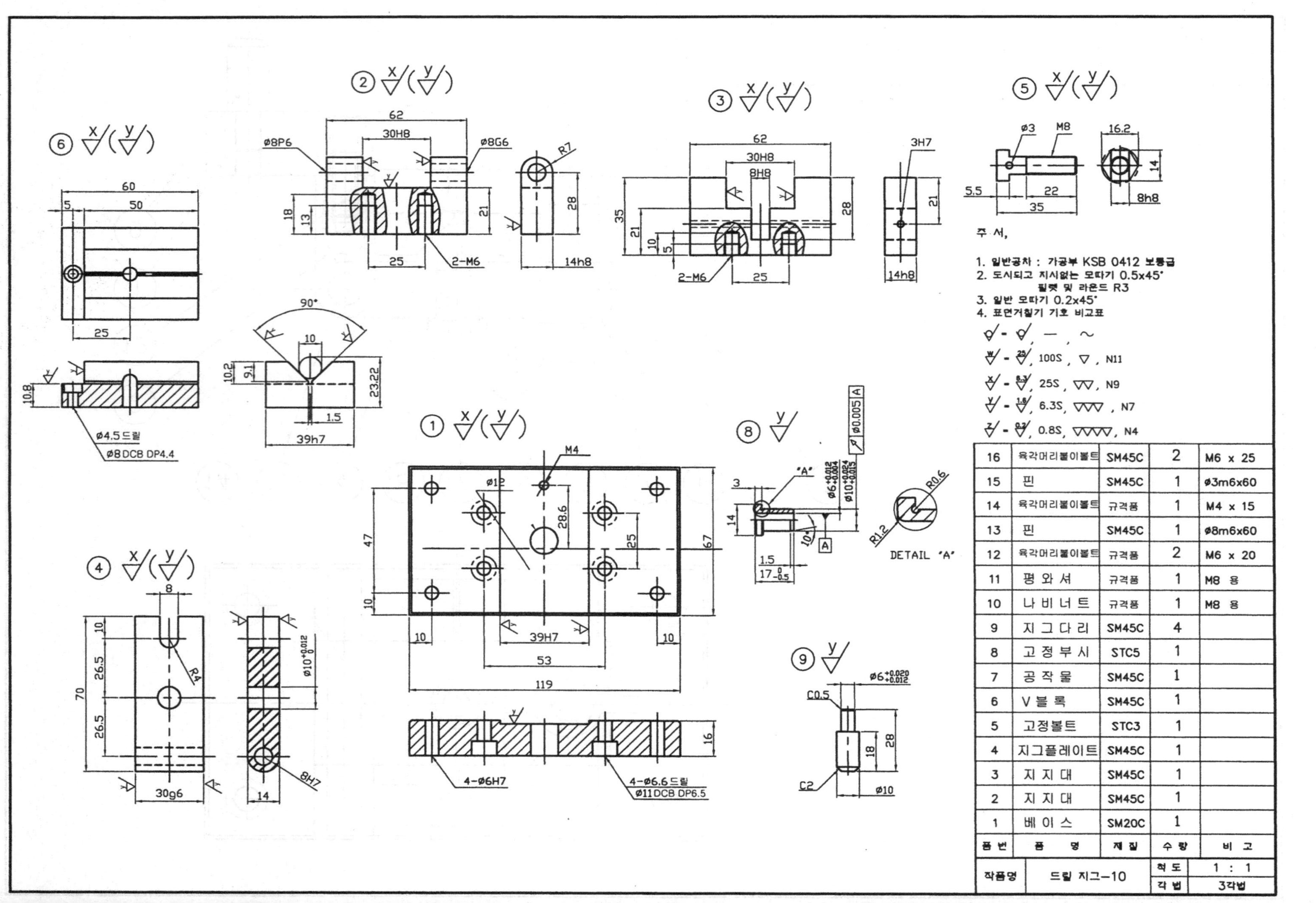
주 서,
1. 일반공차 : 가공부 KSB 0412 보통급
2. 도시되고 지시없는 모따기 0.5x45° 필렛 및 라운드 R3
3. 일반 모따기 0.2x45°
4. 표면거칠기 기호 비교표
DETAIL 'A'
16 육각머리볼이볼트 SM45C 2 M6 x 25
15 핀 SM45C 1 ø3m6x60
14 육각머리볼이볼트 규격품 1 M4 x 15
13 핀 SM45C 1 ø8m6x60
12 육각머리볼이볼트 규격품 2 M6 x 20
11 평 와 셔 규격품 1 M8 용
10 나 비 너 트 규격품 1 M8 용
9 지 그 다 리 SM45C 4
8 고 정 부 시 STC5 1
7 공 작 물 SM45C 1
6 V 블 록 SM45C 1
5 고정볼트 STC3 1
4 지그플레이트 SM45C 1
3 지 지 대 SM45C 1
2 지 지 대 SM45C 1
1 베 이 스 SM20C 1
품번 품 명 재질 수량 비 고
작품명 드릴 지그-10
척도 1 : 1
각법 3각법

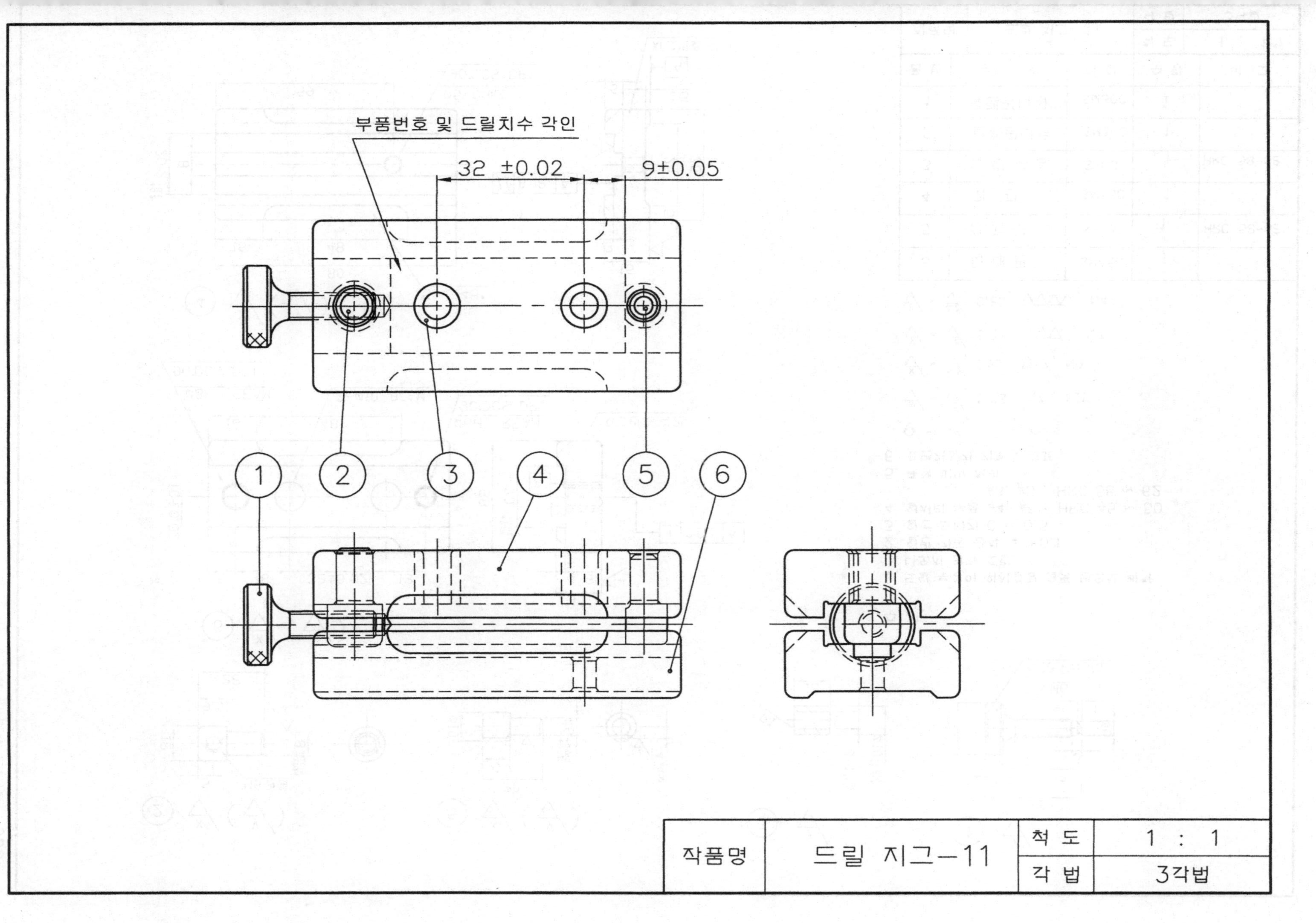

부품번호 및 드릴치수 각인
32 ±0.02
9±0.05
1
2
3
4
5
6
작품명
드릴 지그-11
척 도
1 : 1
각 법
3각법

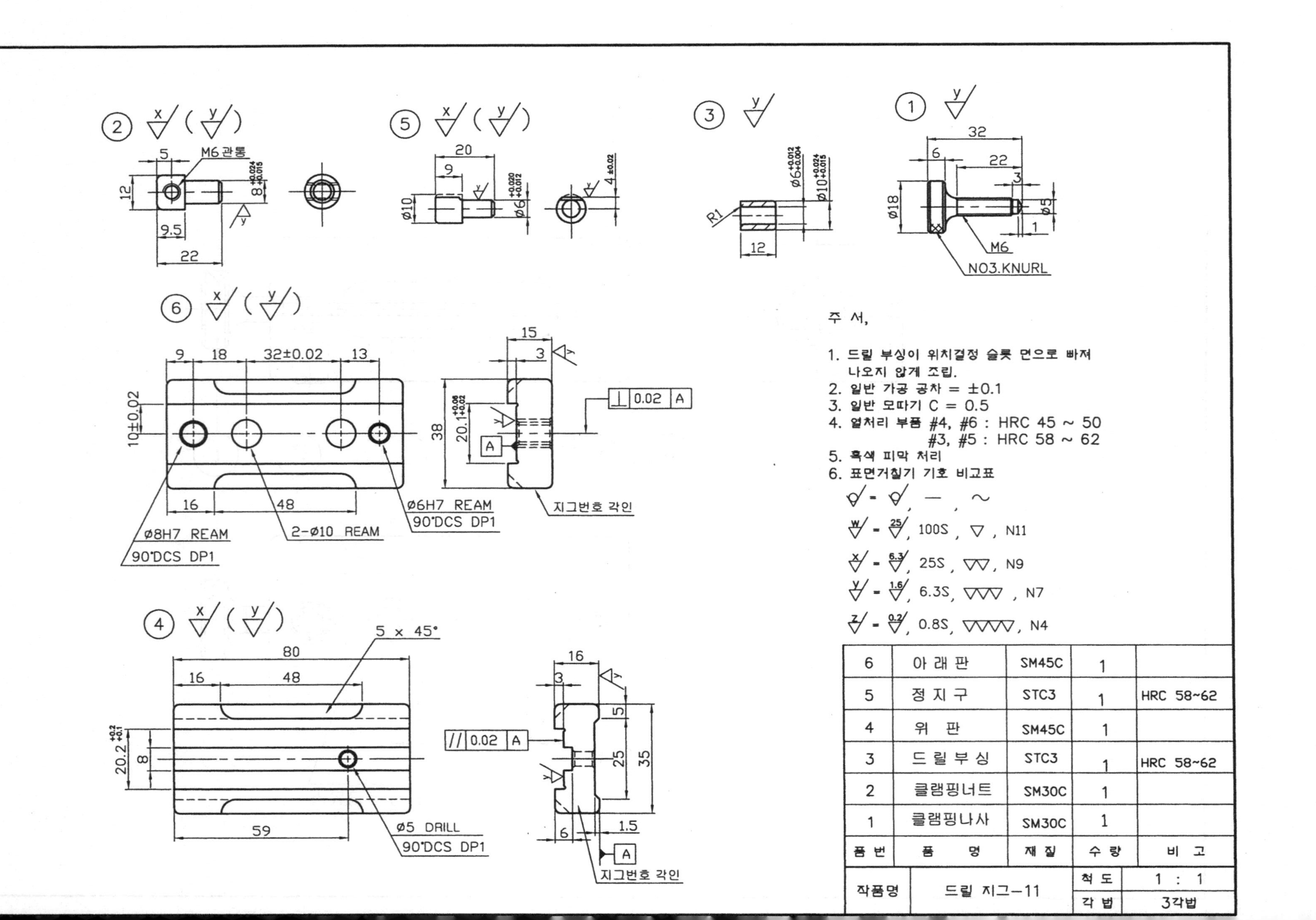

품번	품명	재질	수량	비고
6	아래판	SM45C	1	
5	정지구	STC3	1	HRC 58~62
4	위 판	SM45C	1	
3	드릴부싱	STC3	1	HRC 58~62
2	클램핑너트	SM30C	1	
1	클램핑나사	SM30C	1	

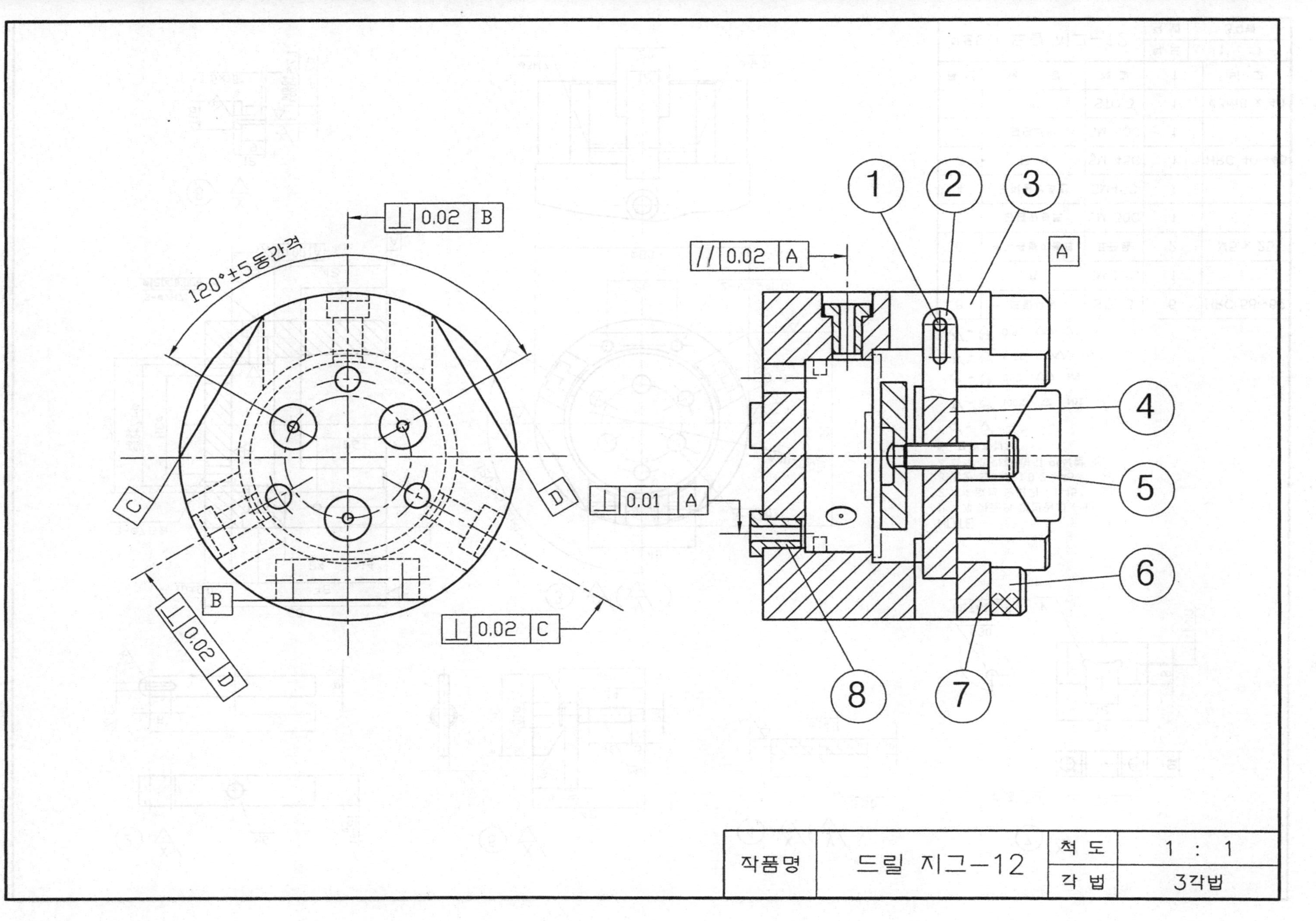

⊥ 0.02 B
120°±5 등간격
// 0.02 A
A
1
2
3
4
5
6
7
8
C
D
⊥ 0.01 A
B
⊥ 0.02 C
⊥ 0.02 D
작품명
드릴 지그-12
척 도
1 : 1
각 법
3각법

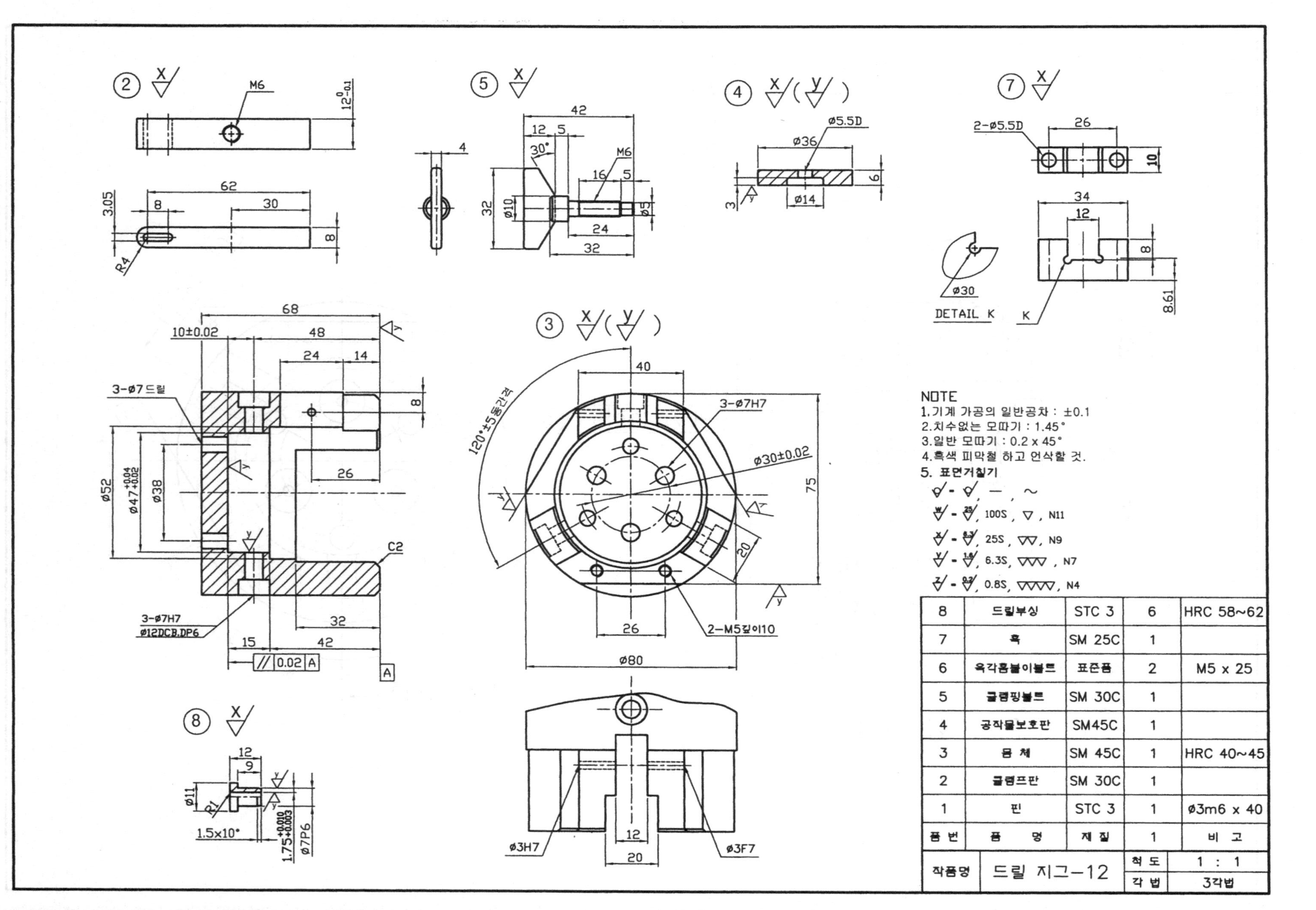
NOTE
1.기계 가공의 일반공차 : ±0.1
2.치수없는 모따기 : 1.45°
3.일반 모따기 : 0.2 x 45°
4.흑색 피막철 하고 언삭할 것.
5. 표면거칠기
100S , N11
25S , N9
6.3S , N7
0.8S , N4
8 드릴부싱 STC 3 6 HRC 58~62
7 훅 SM 25C 1
6 육각홈붙이볼트 표준품 2 M5 x 25
5 클램핑볼트 SM 30C 1
4 공작물보호판 SM45C 1
3 몸 체 SM 45C 1 HRC 40~45
2 클램프판 SM 30C 1
1 핀 STC 3 1 ø3m6 x 40
품 번 품 명 재 질 1 비 고
작품명 드릴 지그-12
척 도 1 : 1
각 법 3각법
DETAIL K
3-ø7드릴
3-ø7H7
ø12DCB.DP6
2-M5깊이10
120°±5등간격
ø30±0.02
2-ø5.5D
ø3H7
ø3F7

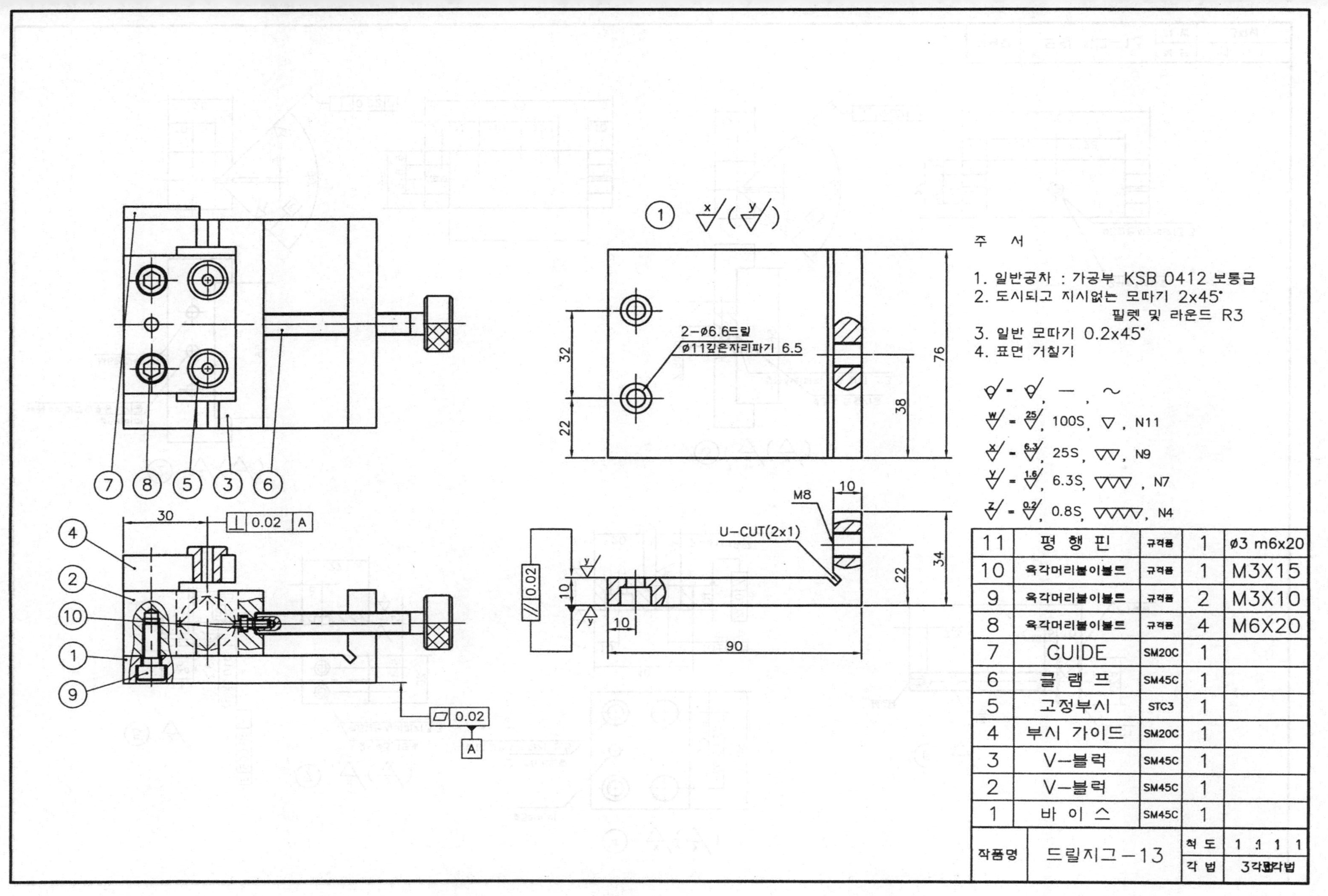

11	평 행 핀	규격품	1	ø3 m6x20
10	육각머리붙이볼트	규격품	1	M3X15
9	육각머리붙이볼트	규격품	2	M3X10
8	육각머리붙이볼트	규격품	4	M6X20
7	GUIDE	SM20C	1	
6	클 램 프	SM45C	1	
5	고정부시	STC3	1	
4	부시 가이드	SM20C	1	
3	V-블럭	SM45C	1	
2	V-블럭	SM45C	1	
1	바 이 스	SM45C	1	
작품명	드릴지그-13	척도	1:1	
		각법	3각법	

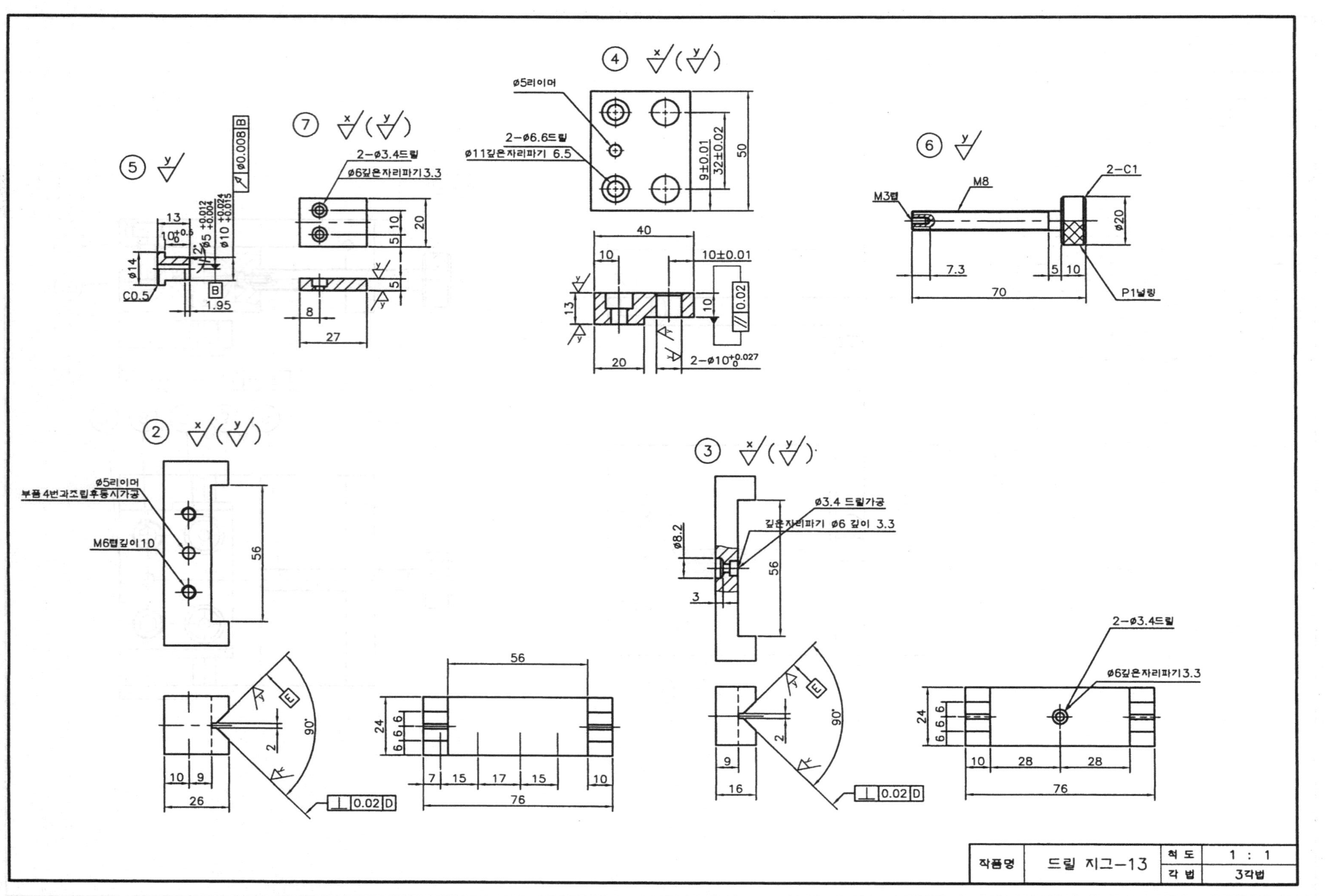

⑤
ø0.008 B
C0.5
ø14
1.95
⑦
2-ø3.4드릴
ø6깊은자리파기3.3
④
ø5리이머
2-ø6.6드릴
ø11깊은자리파기 6.5
9±0.01
32±0.02
10±0.01
2-ø10 +0.027 0
⑥
M3탭
M8
2-C1
ø20
P1널링
②
ø5리이머
부품 4번과조립후동시가공
M6탭깊이10
③
ø3.4 드릴가공
깊은자리파기 ø6 깊이 3.3
ø8.2
2-ø3.4드릴
ø6깊은자리파기3.3
⊥ 0.02 D
작품명
드릴 지그-13
척도
1 : 1
각법
3각법

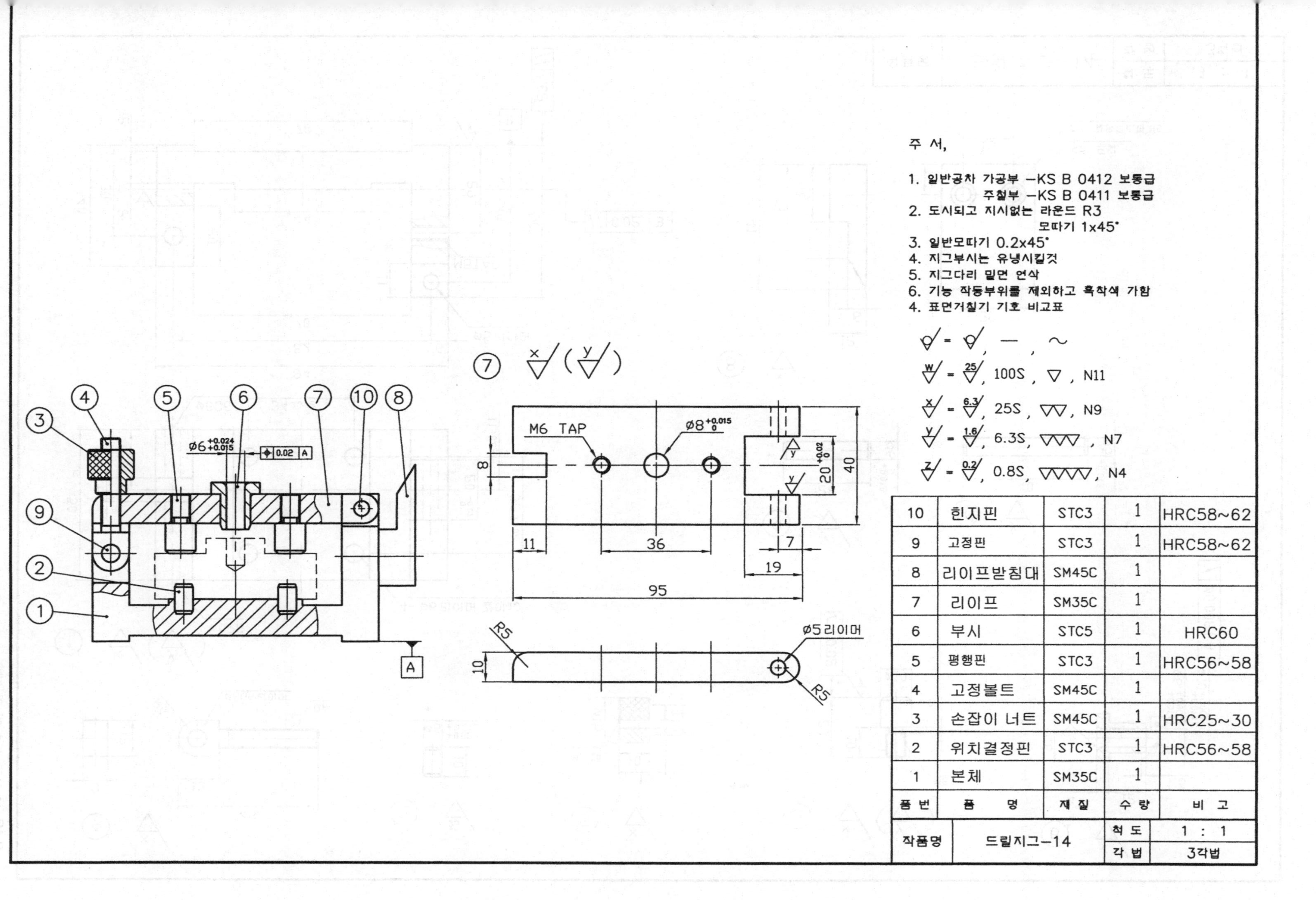

품 번	품 명	재 질	수 량	비 고
10	힌지핀	STC3	1	HRC58~62
9	고정핀	STC3	1	HRC58~62
8	리이프받침대	SM45C	1	
7	리이프	SM35C	1	
6	부시	STC5	1	HRC60
5	평행핀	STC3	1	HRC56~58
4	고정볼트	SM45C	1	
3	손잡이 너트	SM45C	1	HRC25~30
2	위치결정핀	STC3	1	HRC56~58
1	본체	SM35C	1	

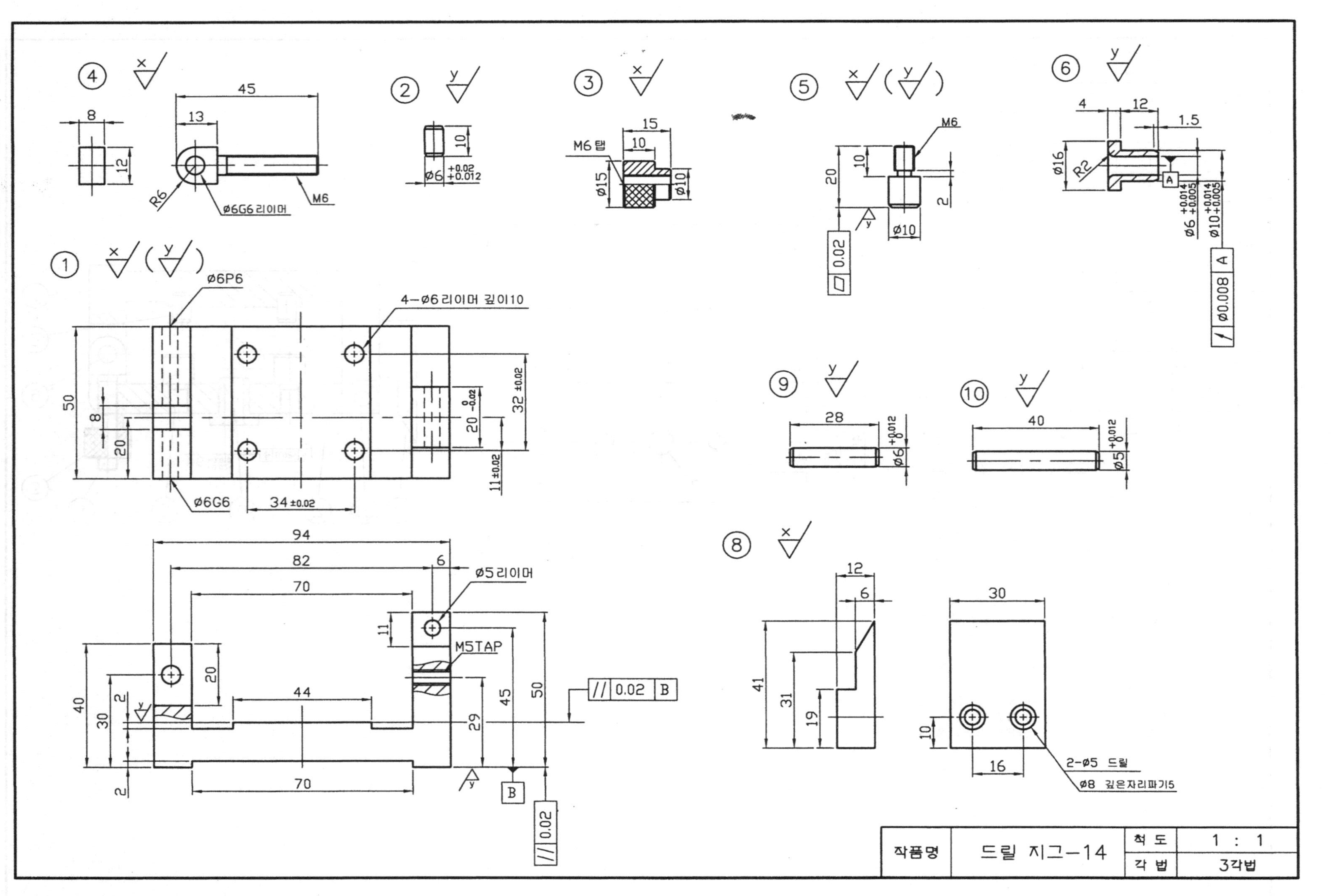

4-ø6 리이머 깊이10
ø6P6
ø6G6
ø6G6 리이머
M6 탭
ø5 리이머
M5TAP
2-ø5 드릴
ø8 깊은자리파기5
작품명
드릴 지그-14
척 도
1 : 1
각 법
3각법

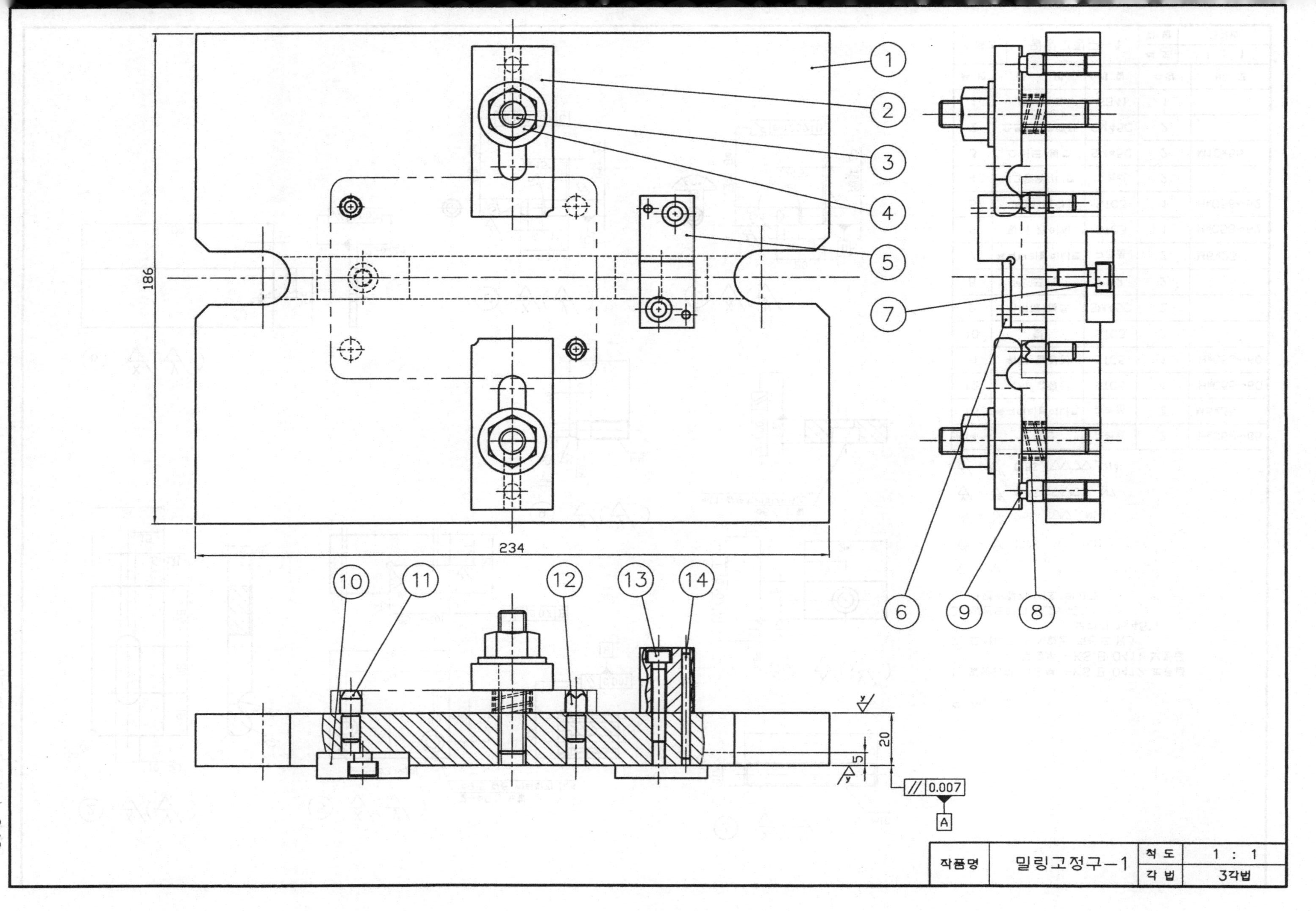
1
2
3
4
5
6
7
8
9
10
11
12
13
14
186
234
20
5
0.007
A
작품명
밀링고정구-1
척 도
1 : 1
각 법
3각법

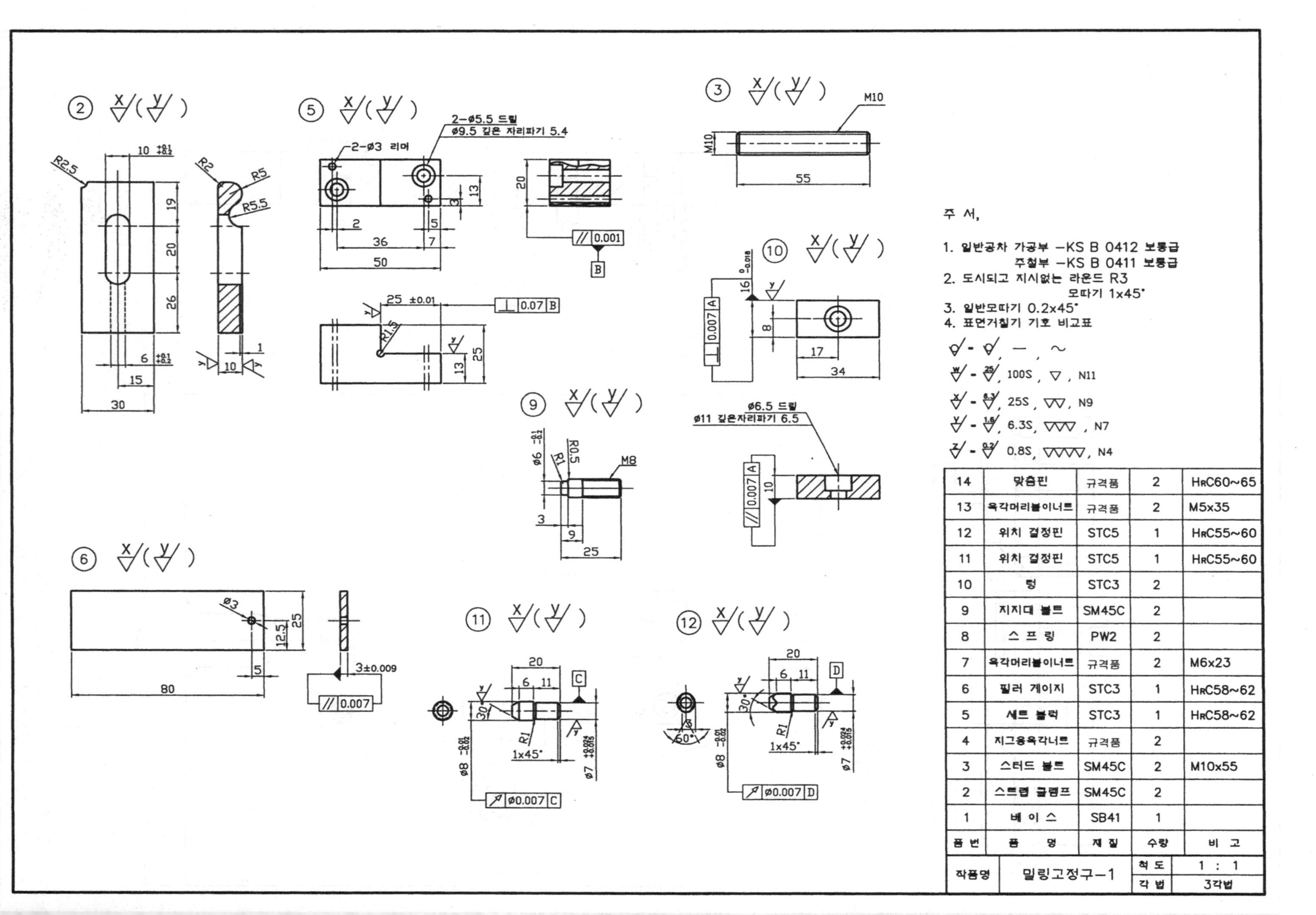

14	맞춤핀	규격품	2	HRC60~65
13	육각머리볼이너트	규격품	2	M5x35
12	위치 결정핀	STC5	1	HRC55~60
11	위치 결정핀	STC5	1	HRC55~60
10	텅	STC3	2	
9	지지대 볼트	SM45C	2	
8	스 프 링	PW2	2	
7	육각머리볼이너트	규격품	2	M6x23
6	필러 게이지	STC3	1	HRC58~62
5	세트 블럭	STC3	1	HRC58~62
4	지그용육각너트	규격품	2	
3	스터드 볼트	SM45C	2	M10x55
2	스트랩 클램프	SM45C	2	
1	베 이 스	SB41	1	
품 번	품 명	재 질	수량	비 고

작품명	밀링고정구-1	척 도	1 : 1
		각 법	3각법

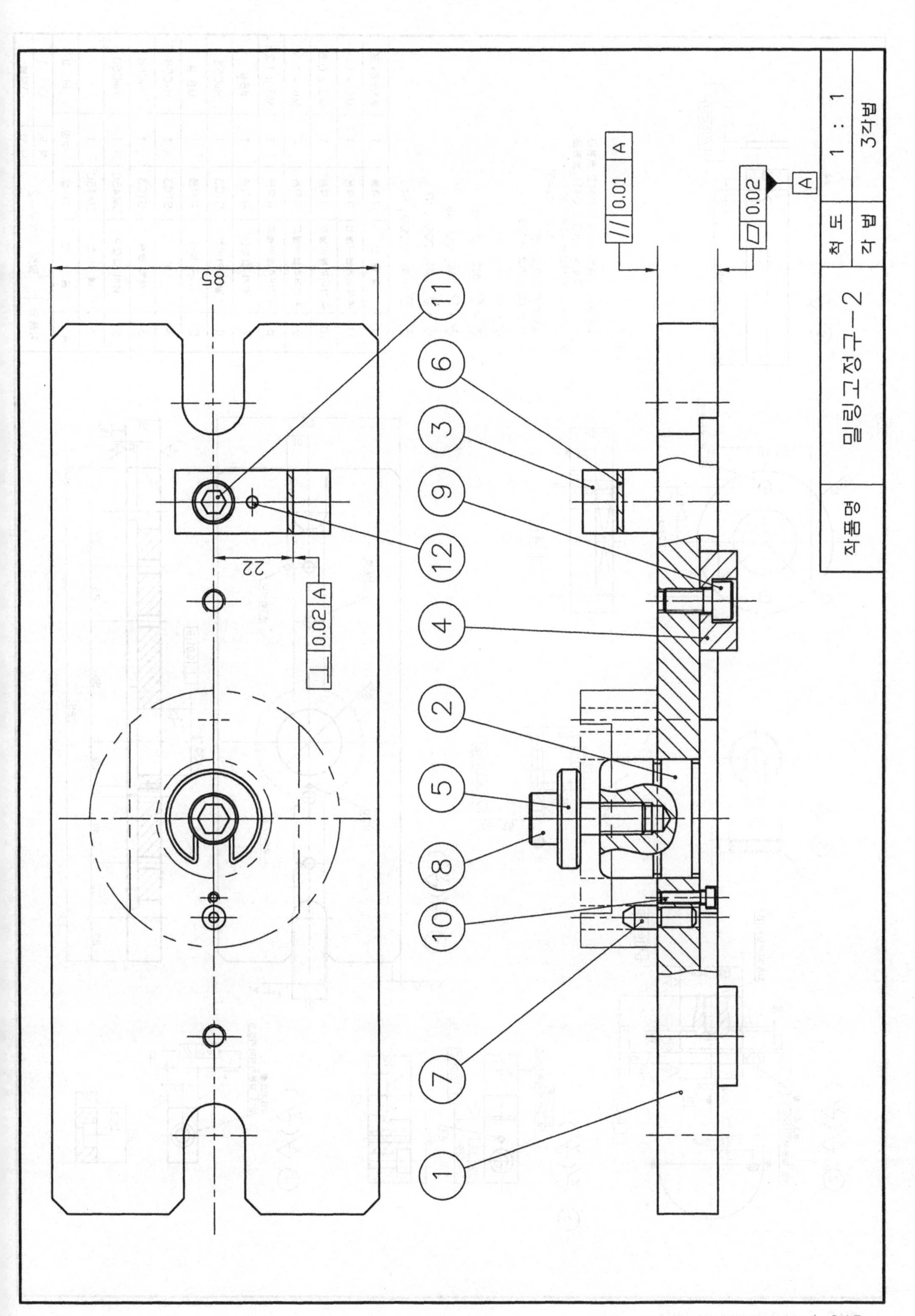
작품명
밀링고정구-2
척 도
1 : 1
각 법
3각법
85
22
0.02 A
// 0.01 A
0.02 A
1
2
3
4
5
6
7
8
9
10
11
12

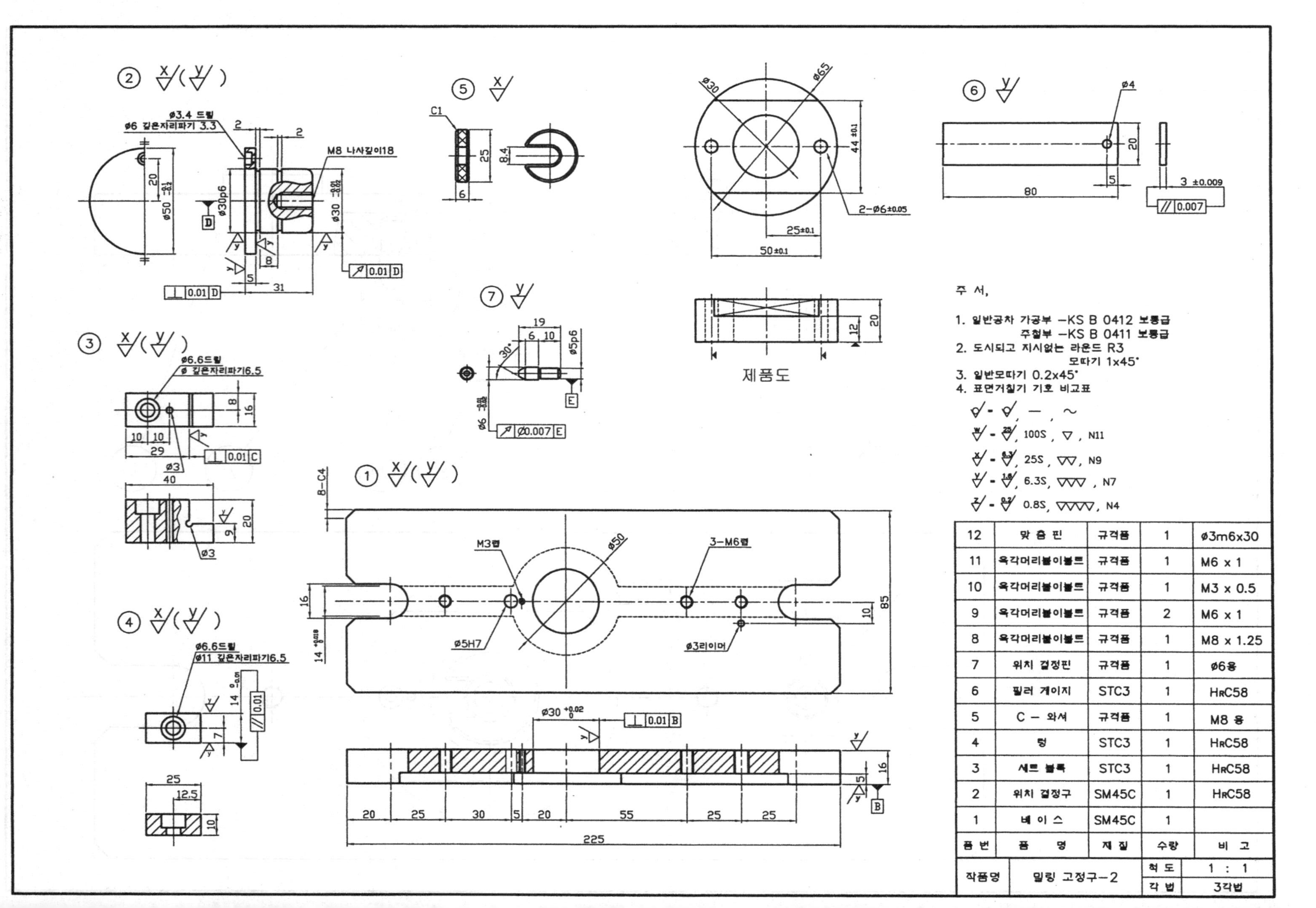

12	맞 춤 핀	규격품	1	ø3m6x30
11	육각머리볼트	규격품	1	M6 x 1
10	육각머리볼트	규격품	1	M3 x 0.5
9	육각머리볼트	규격품	2	M6 x 1
8	육각머리볼트	규격품	1	M8 x 1.25
7	위치 결정핀	규격품	1	ø6용
6	필러 게이지	STC3	1	HRC58
5	C − 와셔	규격품	1	M8 용
4	링	STC3	1	HRC58
3	세트 블록	STC3	1	HRC58
2	위치 결정구	SM45C	1	HRC58
1	베 이 스	SM45C	1	
품 번	품 명	재 질	수량	비 고

작품명	밀링 고정구−2	척 도	1 : 1
		각 법	3각법

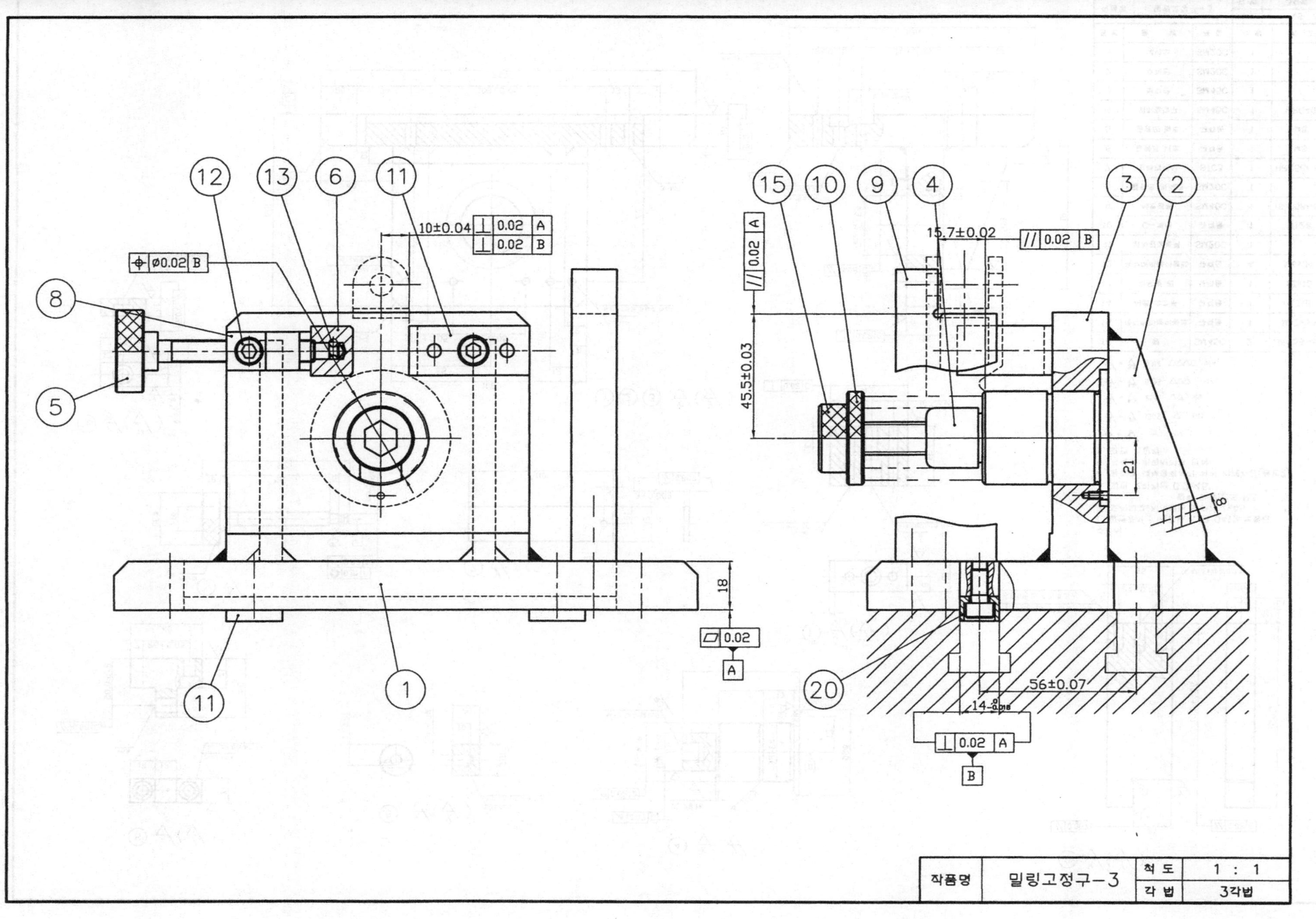
12
13
6
11
10±0.04
⊥ 0.02 A
⊥ 0.02 B
⌖ Ø0.02 B
8
5
18
⏥ 0.02
A
11
1
15
10
9
4
3
2
// 0.02 A
15.7±0.02
// 0.02 B
45.5±0.03
21
8
20
56±0.07
⊥ 0.02 A
B
작품명
밀링고정구-3
척도
1 : 1
각법
3각법

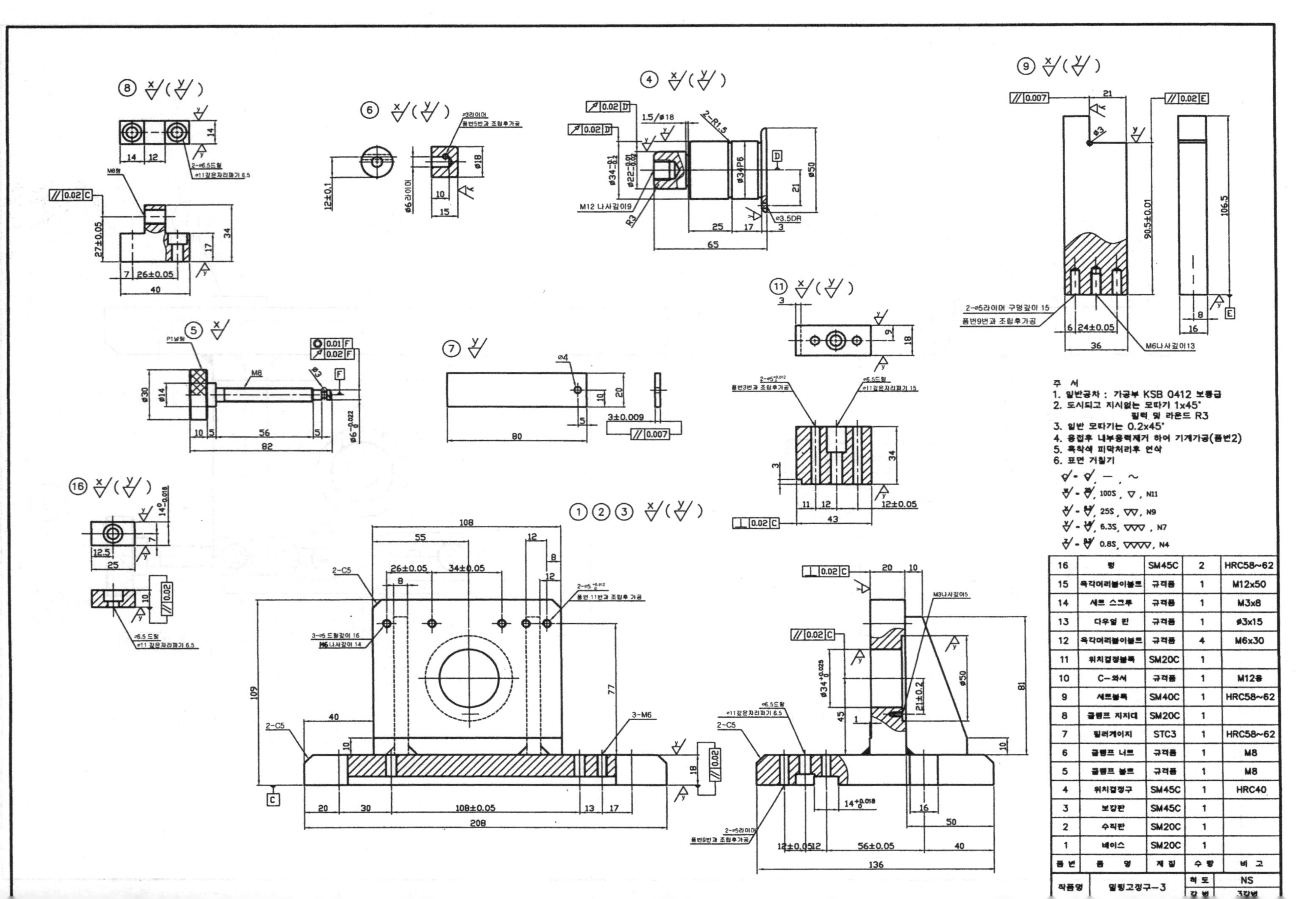

16	핀	SM45C	2	HRC58~62
15	육각머리볼이볼트	규격품	1	M12x50
14	세트 스크루	규격품	1	M3x8
13	다우얼 핀	규격품	1	ø3x15
12	육각머리볼이볼트	규격품	4	M6x30
11	위치결정블록	SM20C	1	
10	C-와셔	규격품	1	M12용
9	세트블록	SM40C	1	HRC58~62
8	클램프 지지대	SM20C	1	
7	필러게이지	STC3	1	HRC58~62
6	클램프 너트	규격품	1	M8
5	클램프 볼트	규격품	1	M8
4	위치결정구	SM45C	1	HRC40
3	보강판	SM45C	1	
2	수직판	SM20C	1	
1	베이스	SM20C	1	
품번	품명	재질	수량	비고

작품명	밀링고정구-3	척도	NS
		각법	3각법

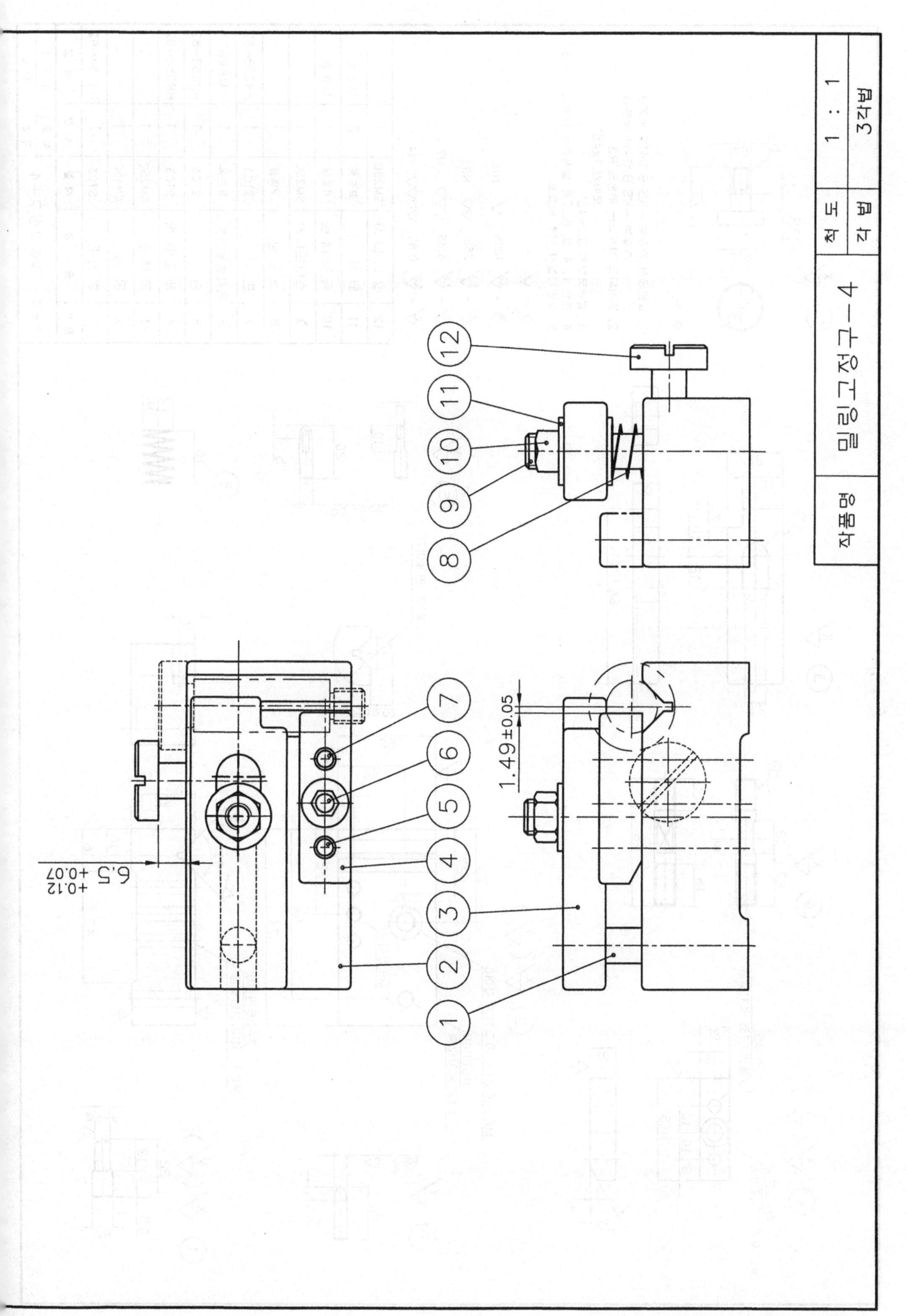
작품명
밀링고정구－4
척 도
1 : 1
각 법
3각법
1
2
3
4
5
6
7
8
9
10
11
12
1.49±0.05
6.5 +0.12 +0.07

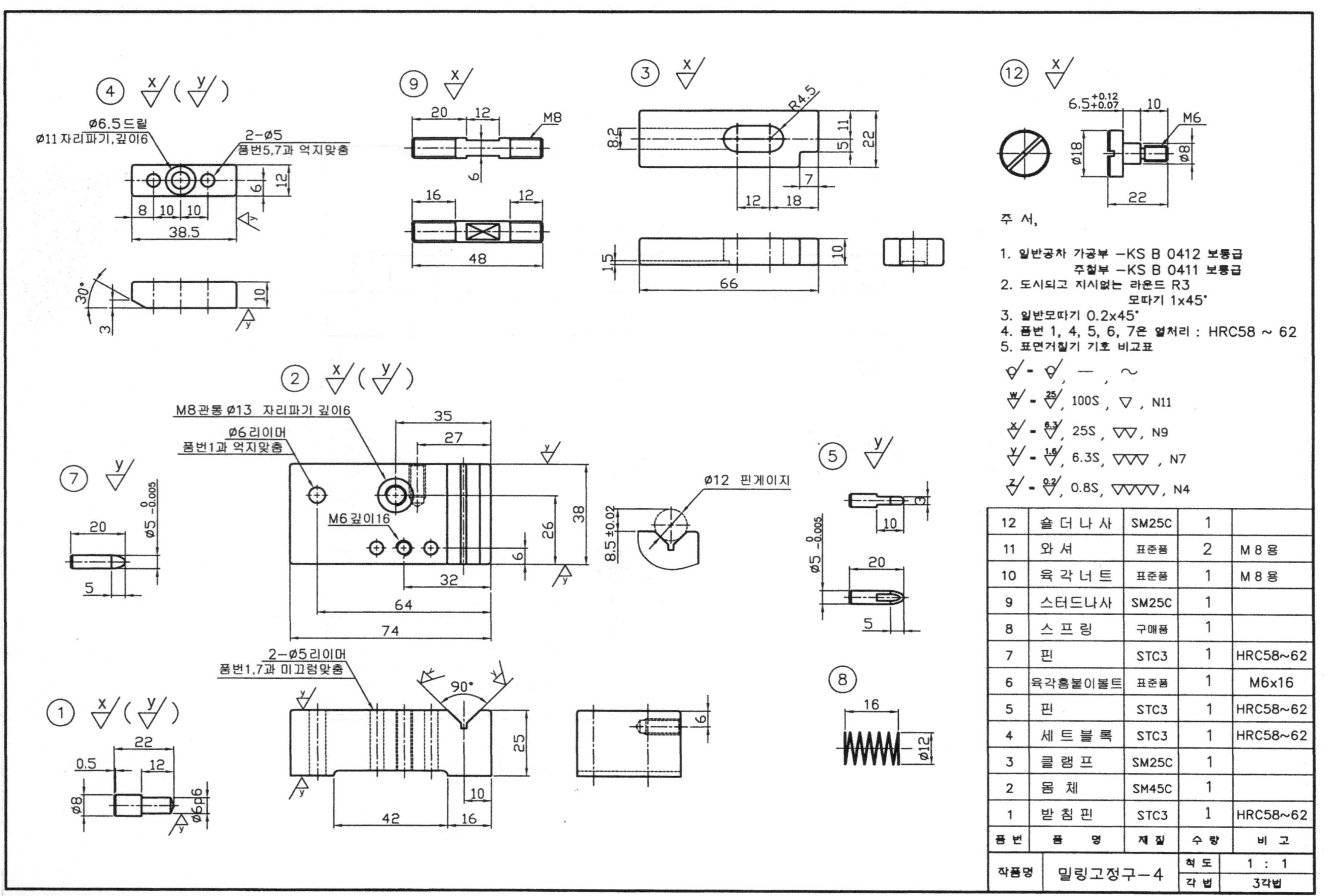

품번	품 명	재 질	수 량	비 고
12	숄 더 나 사	SM25C	1	
11	와 셔	표준품	2	M 8 용
10	육 각 너 트	표준품	1	M 8 용
9	스터드나사	SM25C	1	
8	스 프 링	구매품	1	
7	핀	STC3	1	HRC58~62
6	육각홈붙이볼트	표준품	1	M6x16
5	핀	STC3	1	HRC58~62
4	세 트 블 록	STC3	1	HRC58~62
3	클 램 프	SM25C	1	
2	몸 체	SM45C	1	
1	받 침 핀	STC3	1	HRC58~62

작품명	밀링고정구−4	척도	1 : 1
		각법	3각법

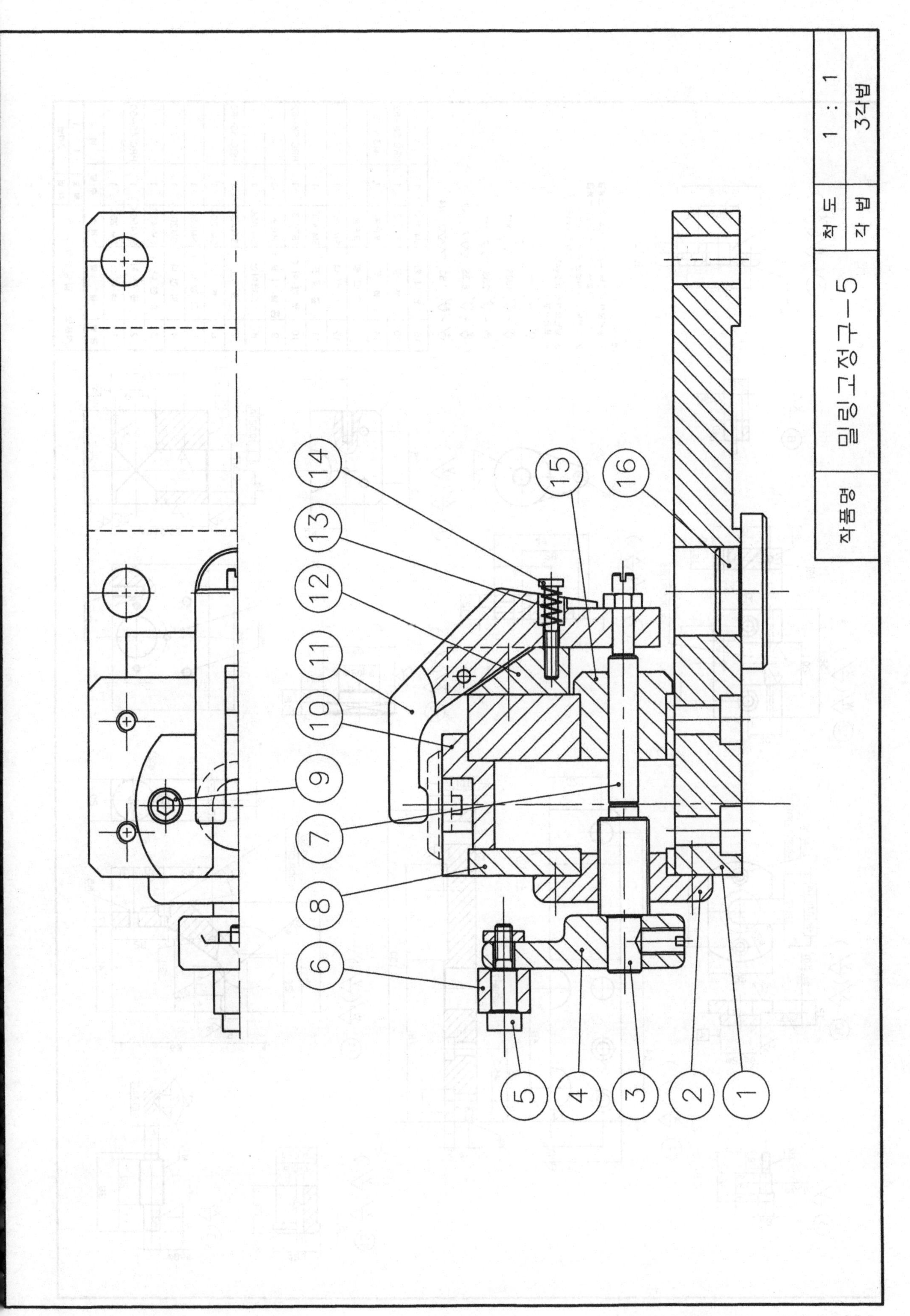
작품명
밀링고정구－5
척 도
1 : 1
각 법
3각법
1
2
3
4
5
6
7
8
9
10
11
12
13
14
15
16

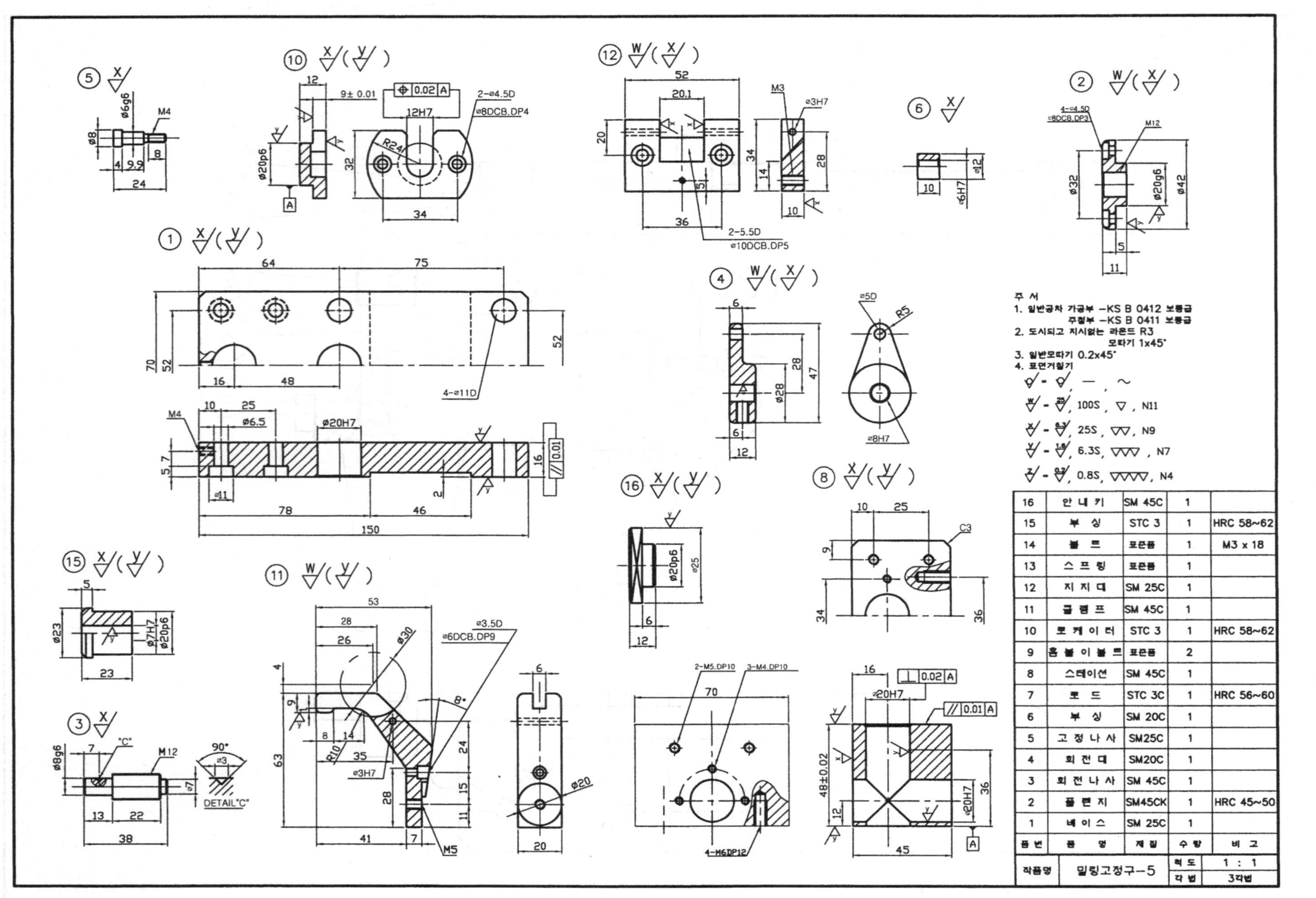

품번	품 명	재 질	수 량	비 고
16	안 내 키	SM 45C	1	
15	부 싱	STC 3	1	HRC 58~62
14	볼 트	표준품	1	M3 x 18
13	스 프 링	표준품	1	
12	지 지 대	SM 25C	1	
11	클 램 프	SM 45C	1	
10	로 케 이 터	STC 3	1	HRC 58~62
9	홈 붙 이 볼 트	표준품	2	
8	스테이션	SM 45C	1	
7	로 드	STC 3C	1	HRC 56~60
6	부 싱	SM 20C	1	
5	고 정 나 사	SM25C	1	
4	회 전 대	SM20C	1	
3	회 전 나 사	SM 45C	1	
2	플 랜 지	SM45CK	1	HRC 45~50
1	베 이 스	SM 25C	1	

작품명	밀링고정구–5	척 도	1 : 1
		각 법	3각법

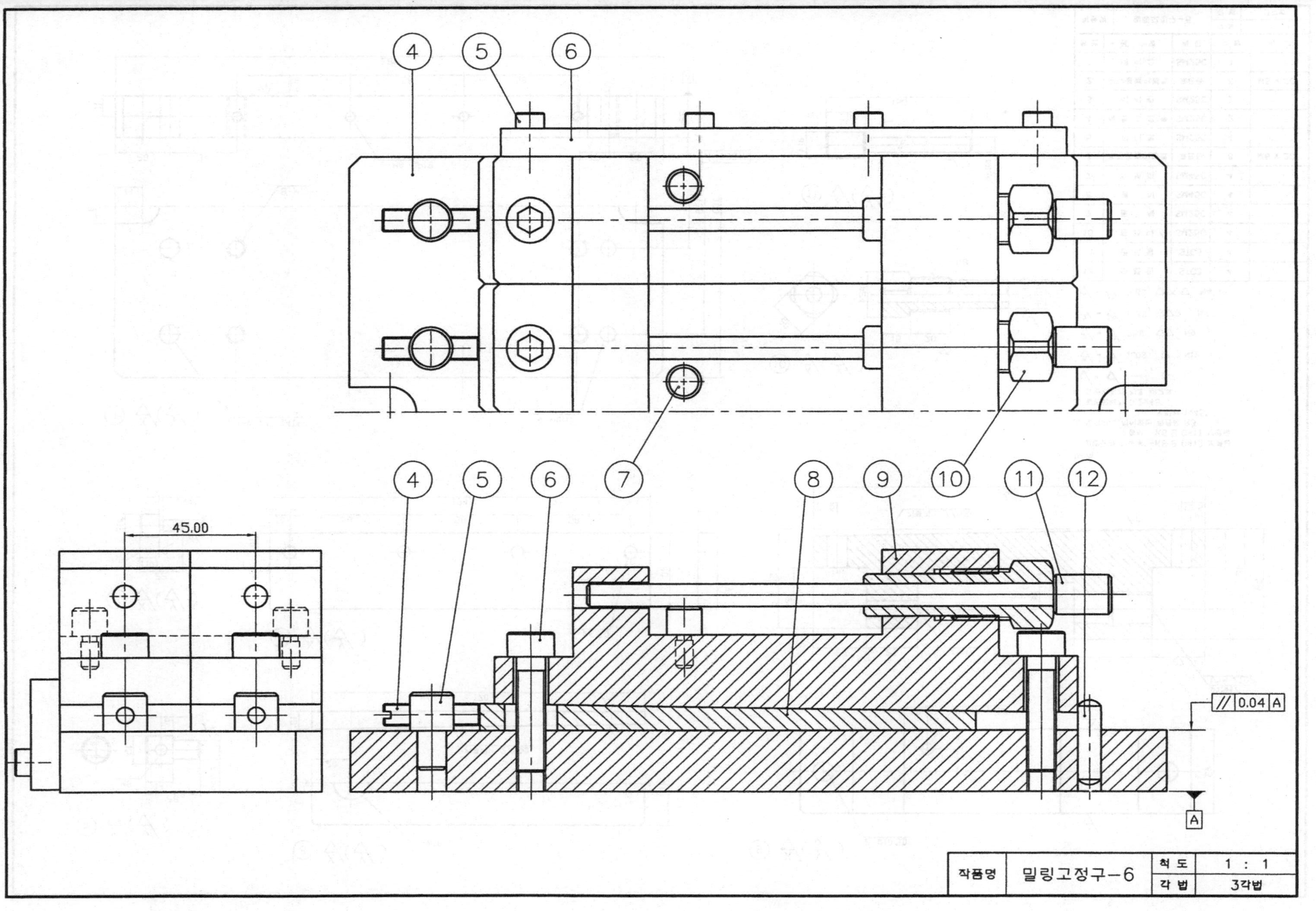
4
5
6
7
8
9
10
11
12
45.00
0.04
A
작품명
밀링고정구-6
척 도
1 : 1
각 법
3각법

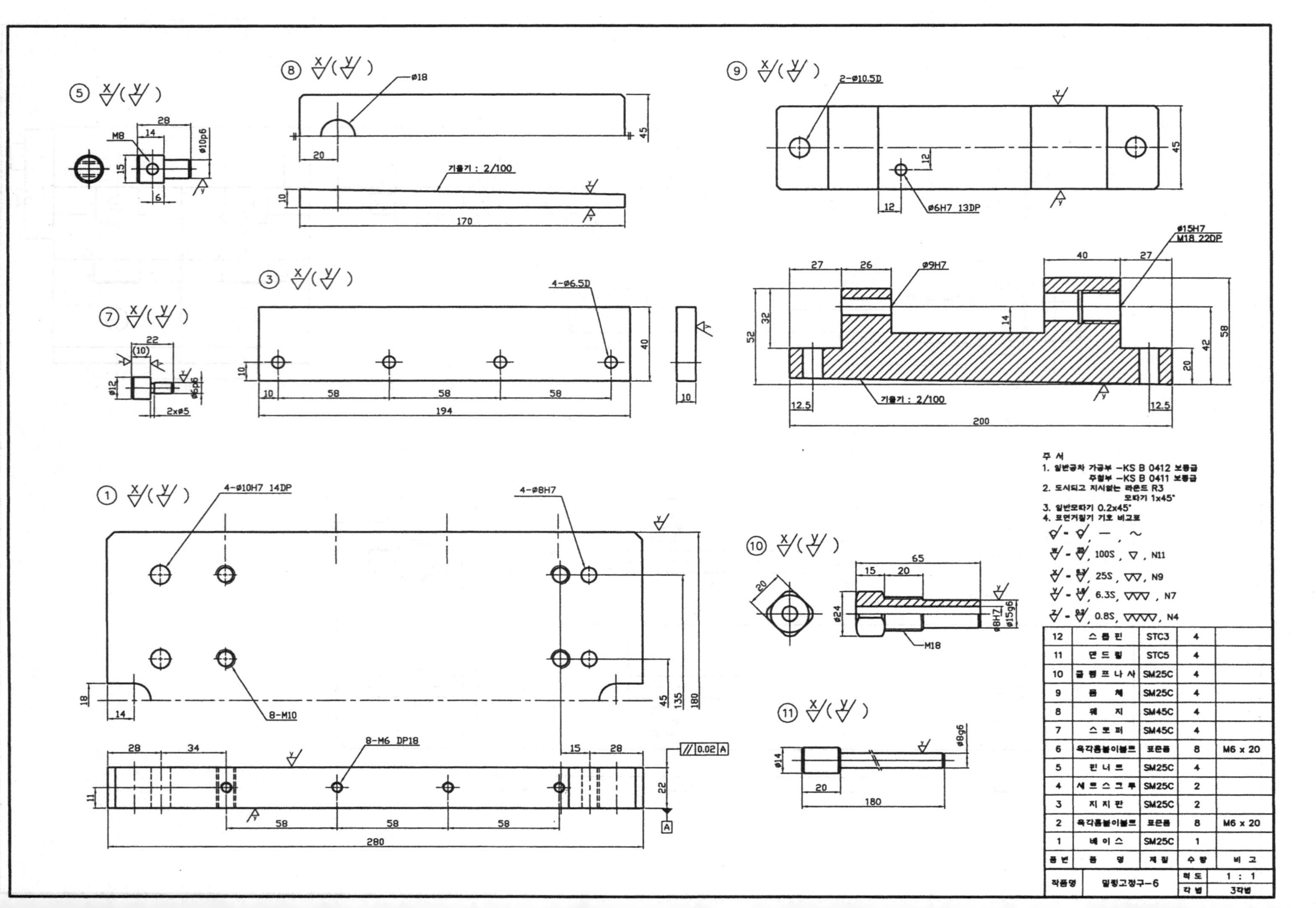

12	스톱핀	STC3	4	
11	맨드릴	STC5	4	
10	클램프나사	SM25C	4	
9	몸 체	SM25C	4	
8	웨 지	SM45C	4	
7	스토퍼	SM45C	4	
6	육각홈붙이볼트	표준품	8	M6 x 20
5	핀너트	SM25C	4	
4	세트스크루	SM25C	2	
3	지지판	SM25C	2	
2	육각홈붙이볼트	표준품	8	M6 x 20
1	베이스	SM25C	1	
품번	품 명	재질	수량	비 고
작품명	밀링고정구-6		척도	1 : 1
			각법	3각법

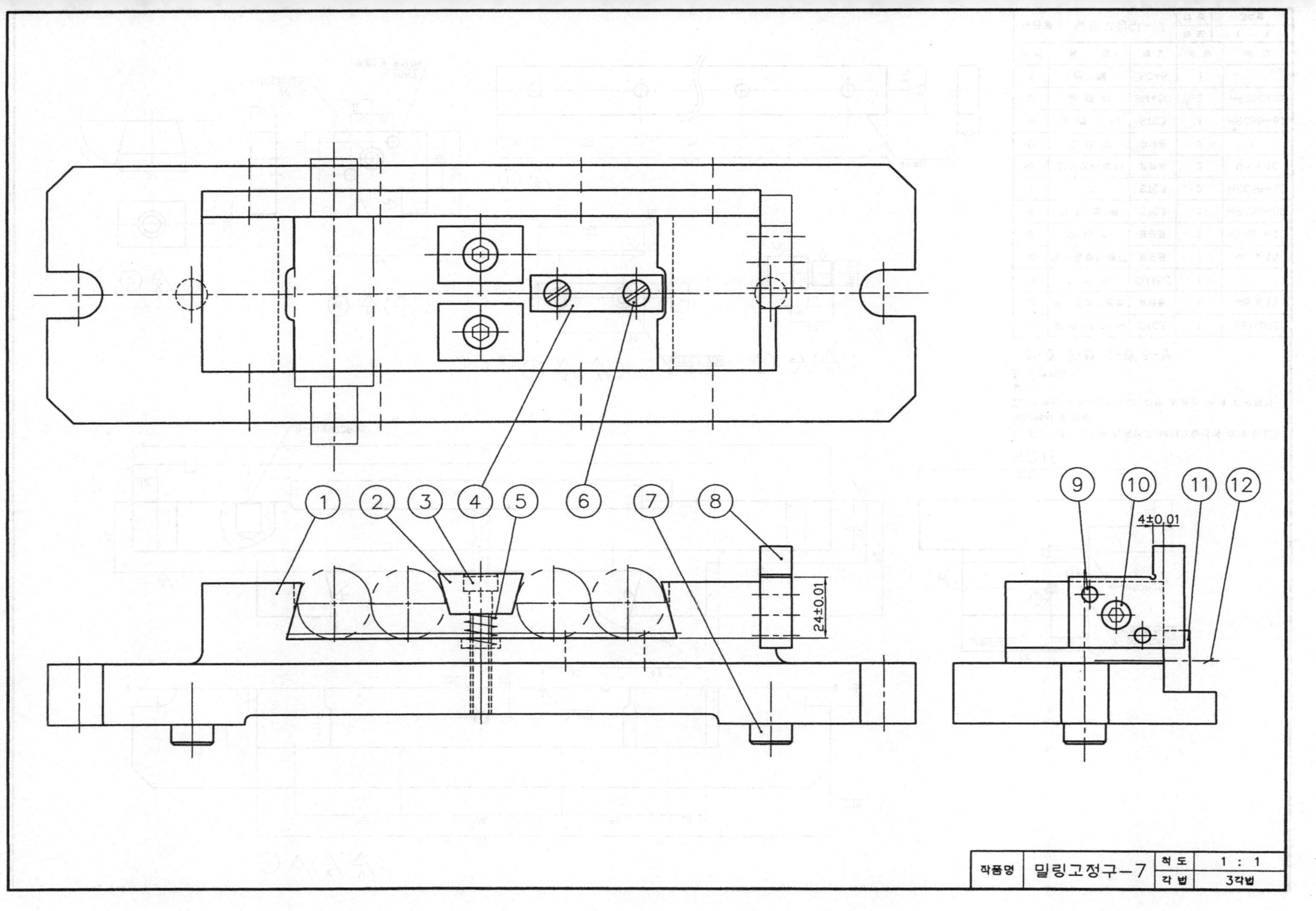
1
2
3
4
5
6
7
8
24±0.01
9
10
11
12
4±0.01
작품명
밀링고정구-7
척도
1 : 1
각법
3각법

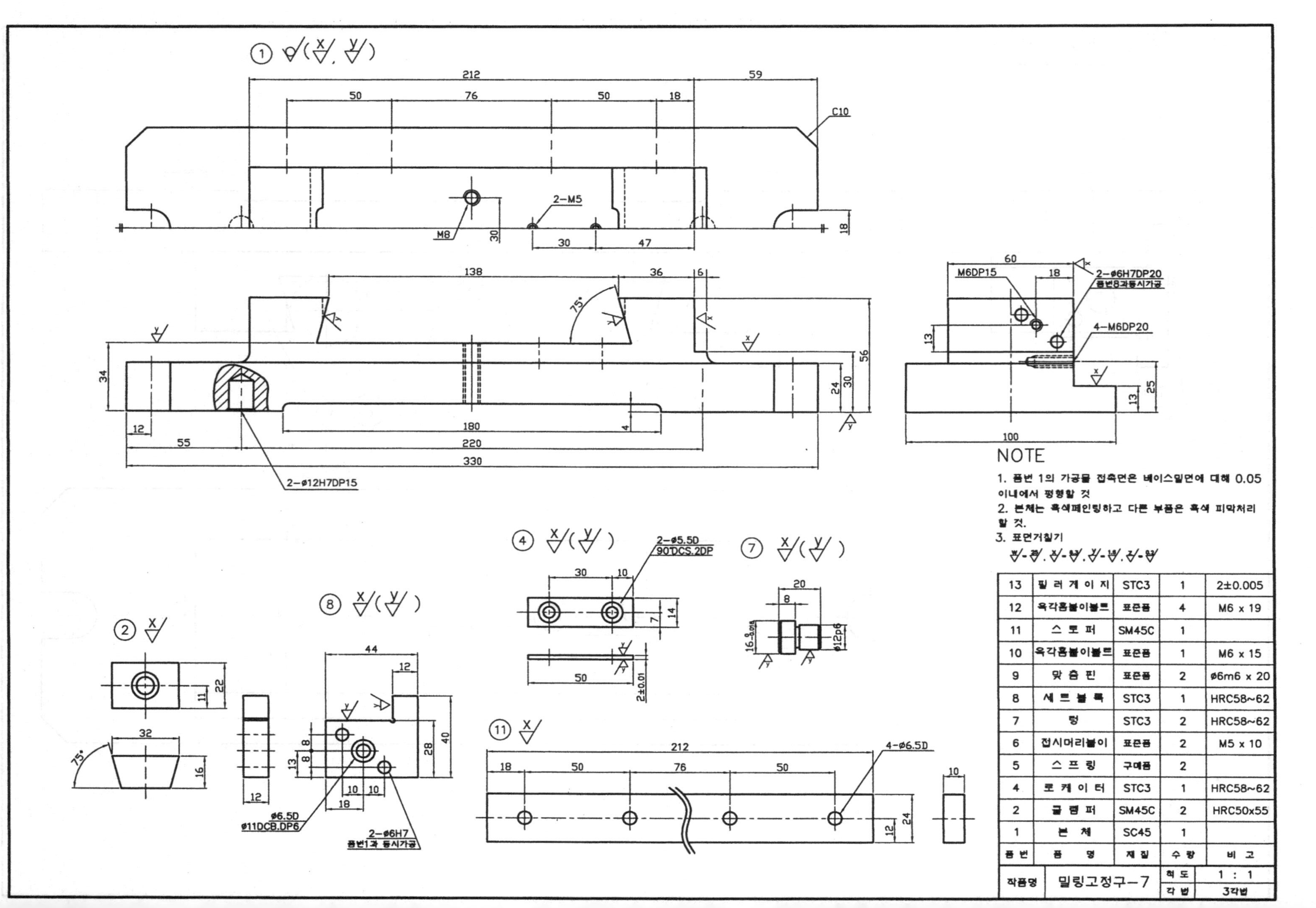

13	필 러 게 이 지	STC3	1	2±0.005
12	육각홈붙이볼트	표준품	4	M6 x 19
11	스 토 퍼	SM45C	1	
10	육각홈붙이볼트	표준품	1	M6 x 15
9	맞 춤 핀	표준품	2	ø6m6 x 20
8	세 트 블 록	STC3	1	HRC58~62
7	링	STC3	2	HRC58~62
6	접시머리볼이	표준품	2	M5 x 10
5	스 프 링	구매품	2	
4	로 케 이 터	STC3	1	HRC58~62
2	클 램 퍼	SM45C	2	HRC50x55
1	본 체	SC45	1	
품 번	품 명	재 질	수 량	비 고
작품명	밀링고정구-7	척 도	1 : 1	
		각 법	3각법	

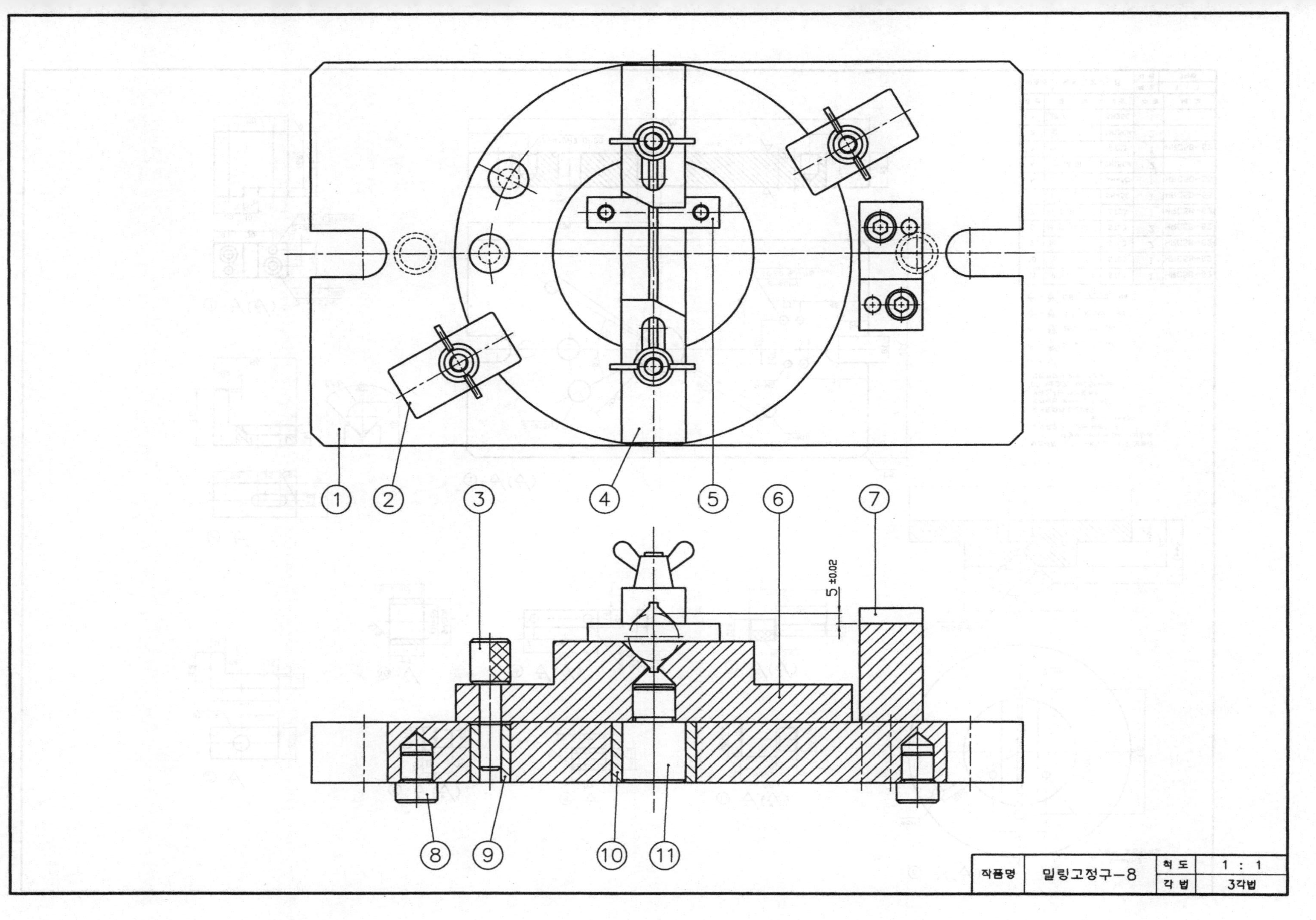
1
2
3
4
5
6
7
5 ±0.02
8
9
10
11
작품명
밀링고정구-8
척 도
1 : 1
각 법
3각법

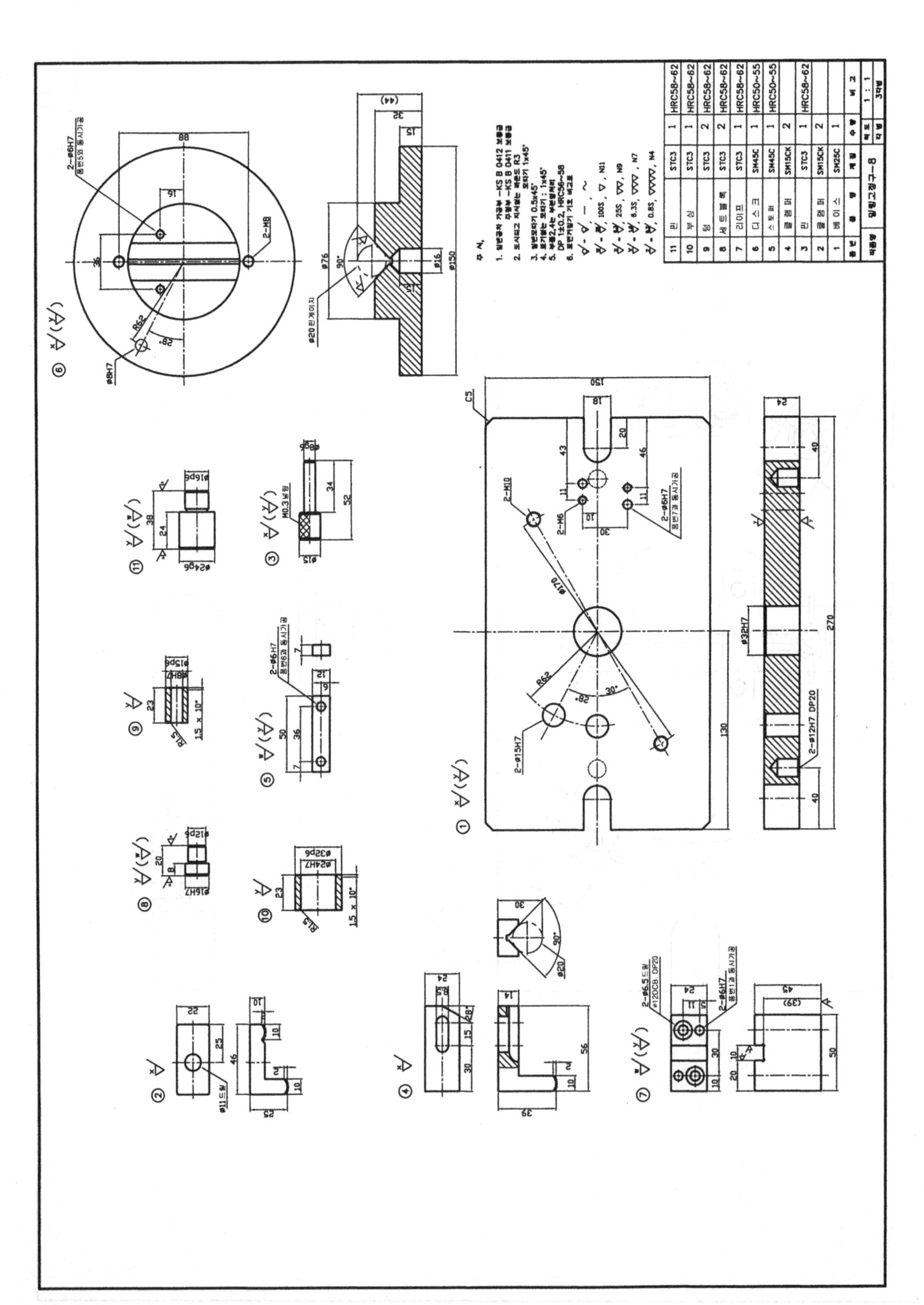

품번	품명	재질	수량	비고
11	핀	STC3	1	HRC58~62
10	부싱	STC3	1	HRC58~62
9	링	STC3	2	HRC58~62
8	세트블록	STC3	2	HRC58~62
7	리이프	STC3	1	HRC58~62
6	디스크	SM45C	1	HRC50~55
5	스토퍼	SM45C	1	HRC50~55
4	클램퍼	SM15CK	2	
3	핀	STC3	1	HRC58~62
2	클램퍼	SM15CK	2	
1	베이스	SM25C	1	
작품명	밀링고정구-8		척도	1 : 1
			각법	3각법

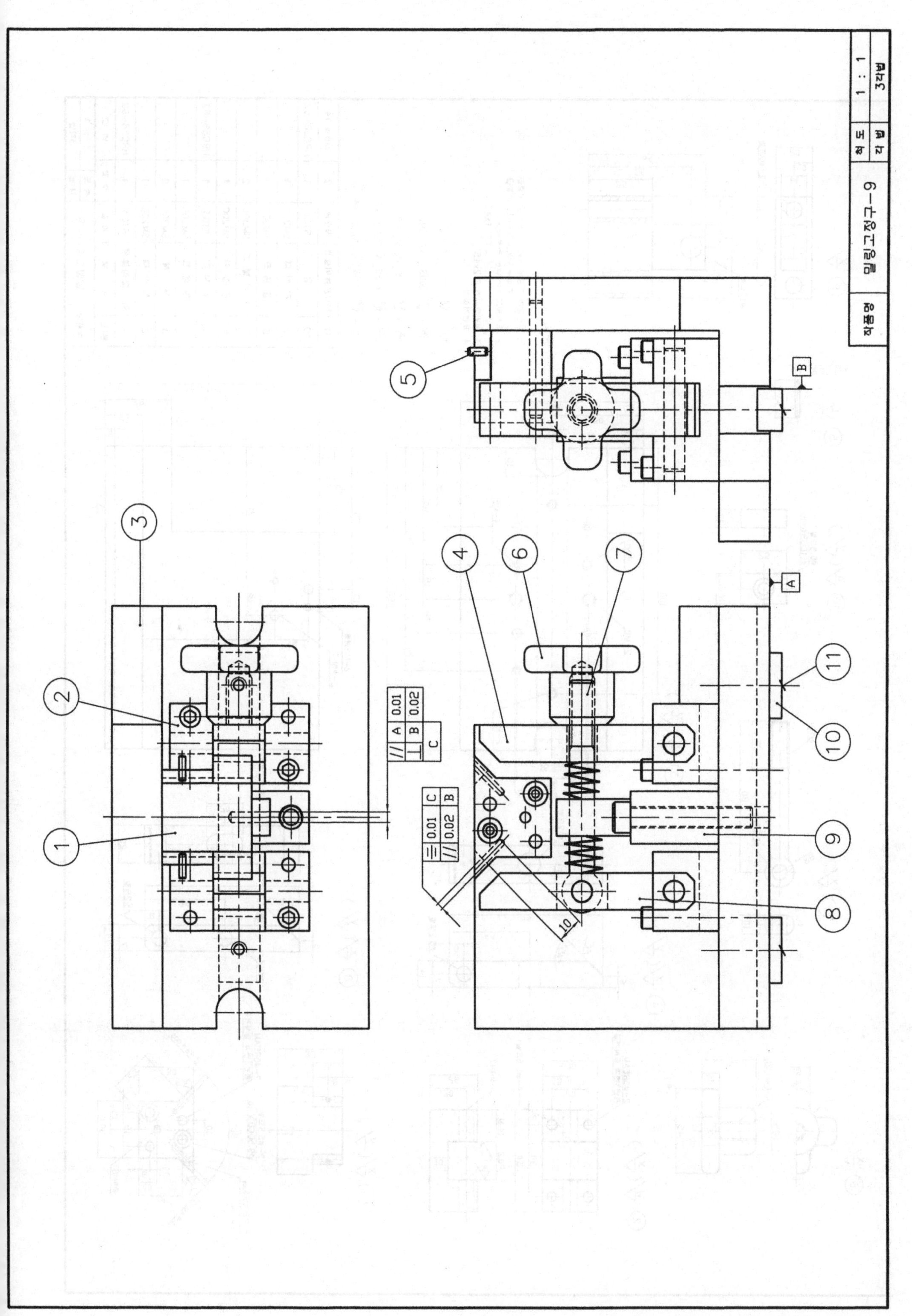
작품명
밀링고정구-9
척도
1 : 1
각법
3각법
A
B
C
0.01
0.02
10
1
2
3
4
5
6
7
8
9
10
11

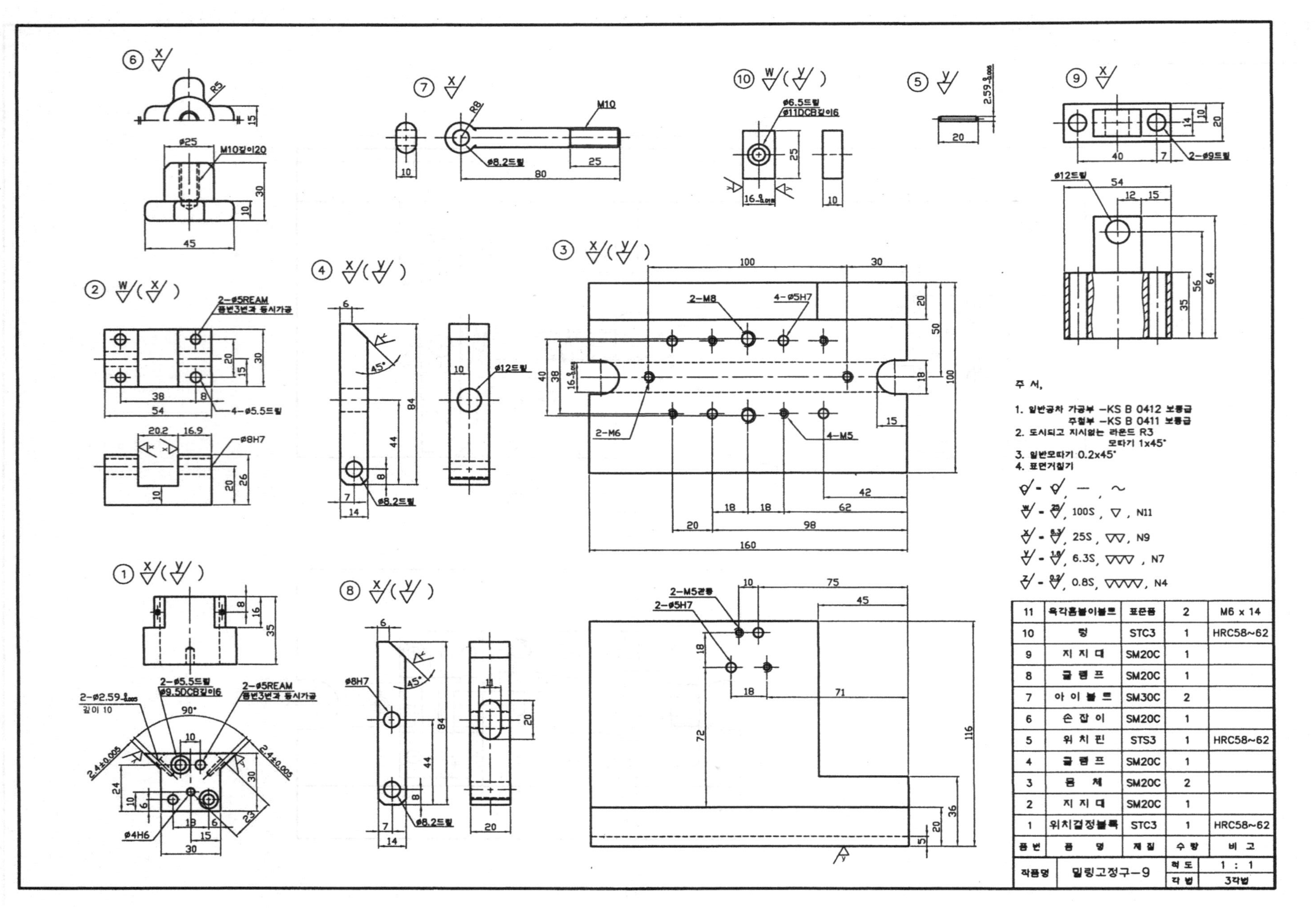

11	육각홈붙이볼트	표준품	2	M6 x 14
10	링	STC3	1	HRC58~62
9	지 지 대	SM20C	1	
8	클 램 프	SM20C	1	
7	아 이 볼 트	SM30C	2	
6	손 잡 이	SM20C	1	
5	위 치 핀	STS3	1	HRC58~62
4	클 램 프	SM20C	1	
3	몸 체	SM20C	2	
2	지 지 대	SM20C	1	
1	위치결정블록	STC3	1	HRC58~62
품 번	품 명	재 질	수 량	비 고

작품명	밀링고정구–9	척 도	1 : 1
		각 법	3각법

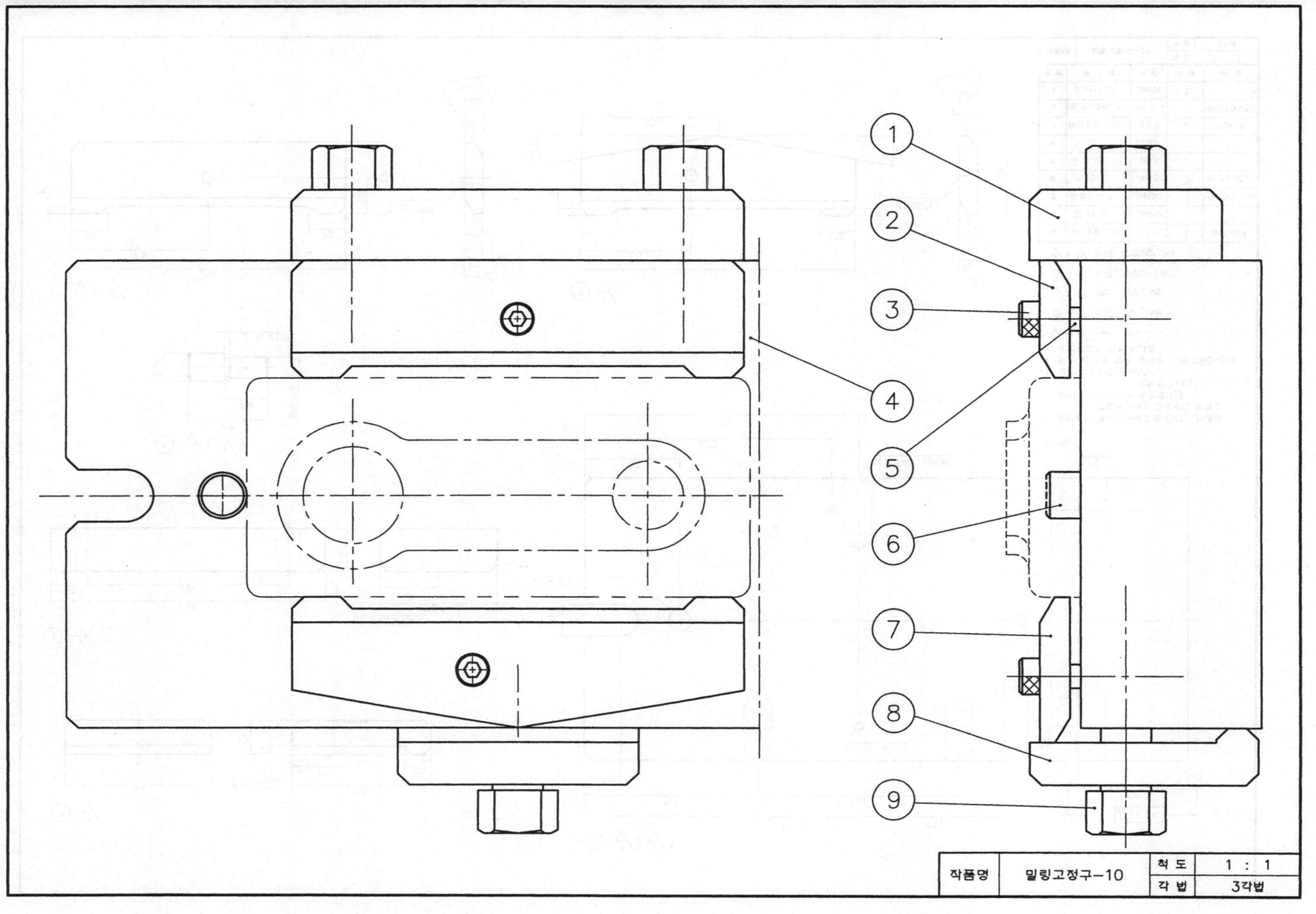
1
2
3
4
5
6
7
8
9
작품명
밀링고정구-10
척도
1 : 1
각법
3각법

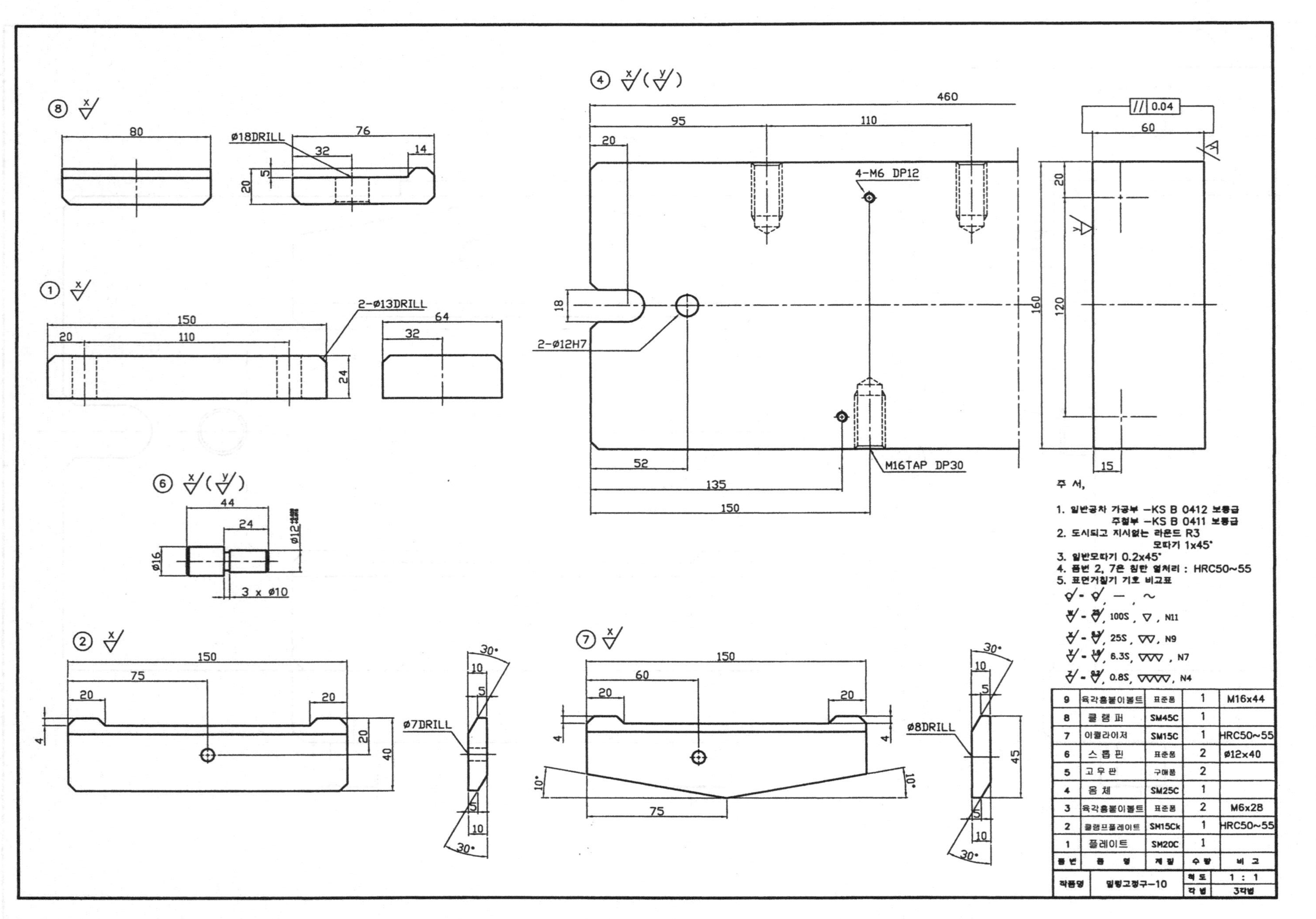

주 서,
1. 일반공차 가공부 -KS B 0412 보통급
주철부 -KS B 0411 보통급
2. 도시되고 지시없는 라운드 R3
모따기 1x45°
3. 일반모따기 0.2x45°
4. 품번 2, 7은 침탄 열처리 : HRC50~55
5. 표면거칠기 기호 비교표
9 육각홈붙이볼트 표준품 1 M16x44
8 클램퍼 SM45C 1
7 이퀄라이저 SM15C 1 HRC50~55
6 스톱핀 표준품 2 ø12x40
5 고무판 구매품 2
4 몸체 SM25C 1
3 육각홈붙이볼트 표준품 2 M6x28
2 클램프플레이트 SM15Ck 1 HRC50~55
1 플레이트 SM20C 1
품번 품명 재질 수량 비고
작품명 밀링고정구-10 척도 1 : 1 각법 3각법
4-M6 DP12
M16TAP DP30
2-ø12H7
2-ø13DRILL
ø18DRILL
ø7DRILL
ø8DRILL
3 x ø10

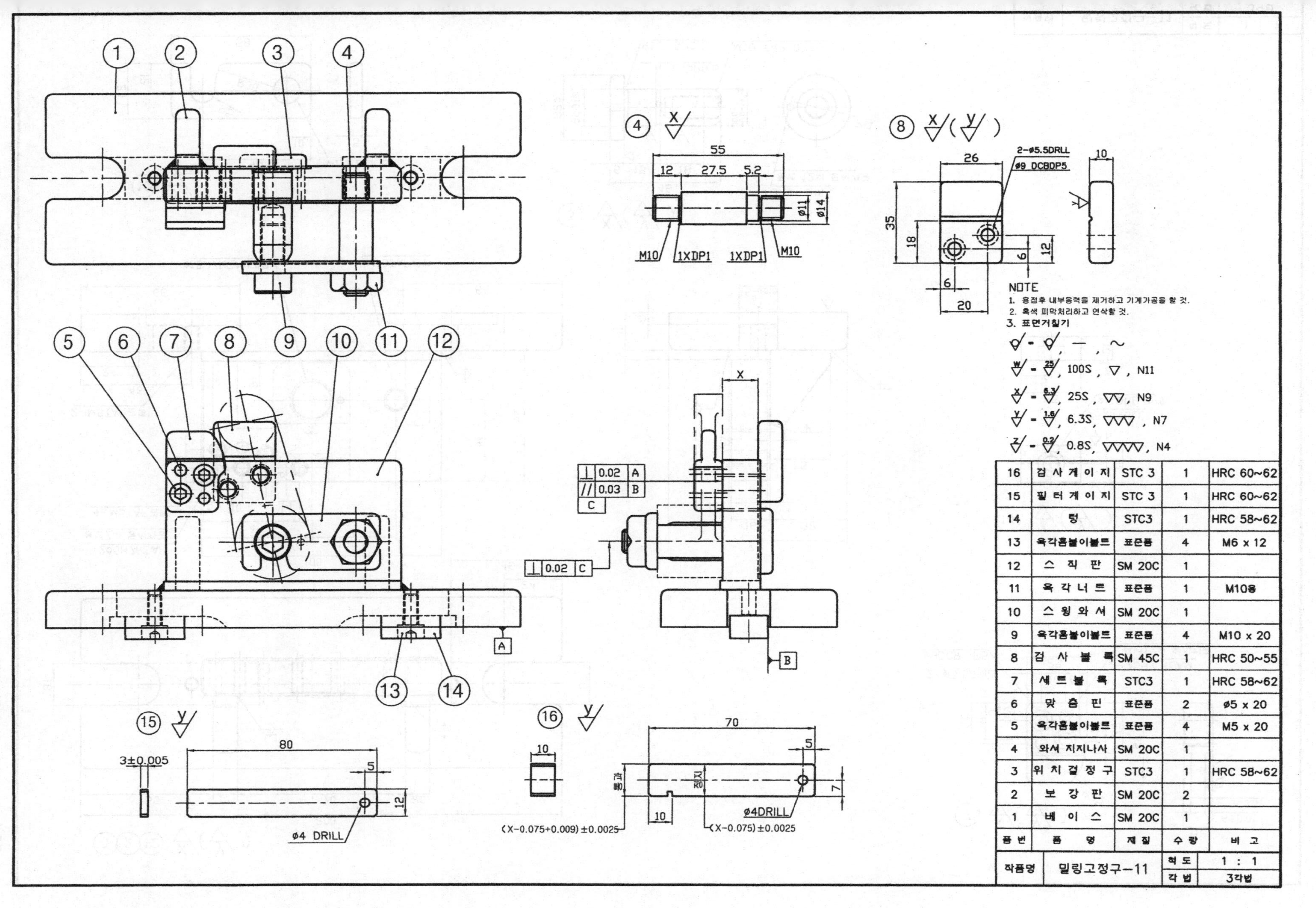

품번	품명	재질	수량	비고
16	검사게이지	STC 3	1	HRC 60~62
15	필터게이지	STC 3	1	HRC 60~62
14	텅	STC3	1	HRC 58~62
13	육각홈붙이볼트	표준품	4	M6 x 12
12	스직판	SM 20C	1	
11	육각너트	표준품	1	M10용
10	스윙와셔	SM 20C	1	
9	육각홈붙이볼트	표준품	4	M10 x 20
8	검사블록	SM 45C	1	HRC 50~55
7	세트블록	STC3	1	HRC 58~62
6	맞춤핀	표준품	2	ø5 x 20
5	육각홈붙이볼트	표준품	4	M5 x 20
4	와셔 지지나사	SM 20C	1	
3	위치결정구	STC3	1	HRC 58~62
2	보강판	SM 20C	2	
1	베이스	SM 20C	1	

작품명	밀링고정구-11	척도	1 : 1
		각법	3각법

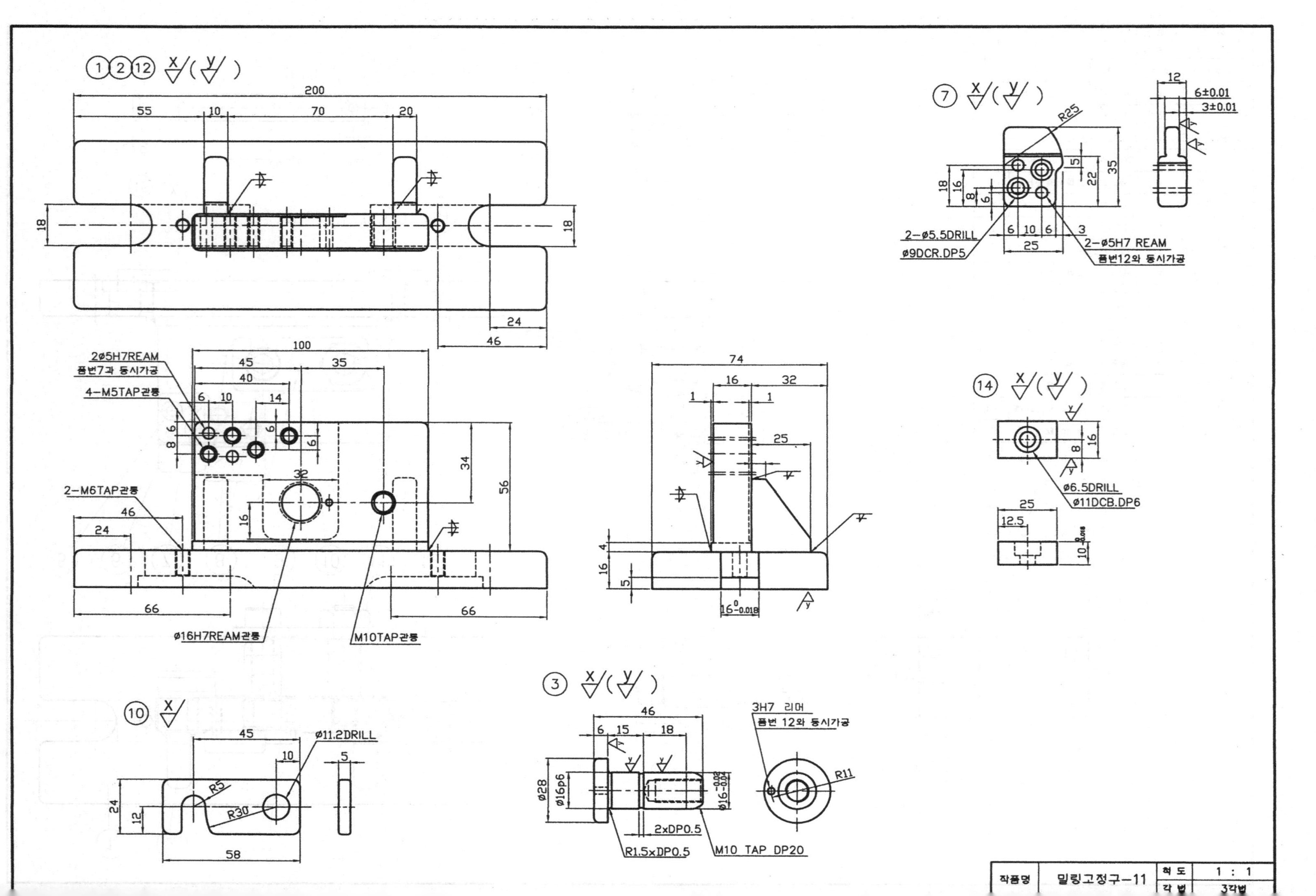

2ø5H7REAM
품번7과 동시가공
4-M5TAP관통
2-M6TAP관통
ø16H7REAM관통
M10TAP관통
2-ø5.5DRILL
ø9DCR.DP5
2-ø5H7 REAM
품번12와 동시가공
ø6.5DRILL
ø11DCB.DP6
3H7 리머
품번 12와 동시가공
2xDP0.5
R1.5xDP0.5
M10 TAP DP20
ø11.2DRILL
작품명
밀링고정구-11
척도
1 : 1
각법
3각법

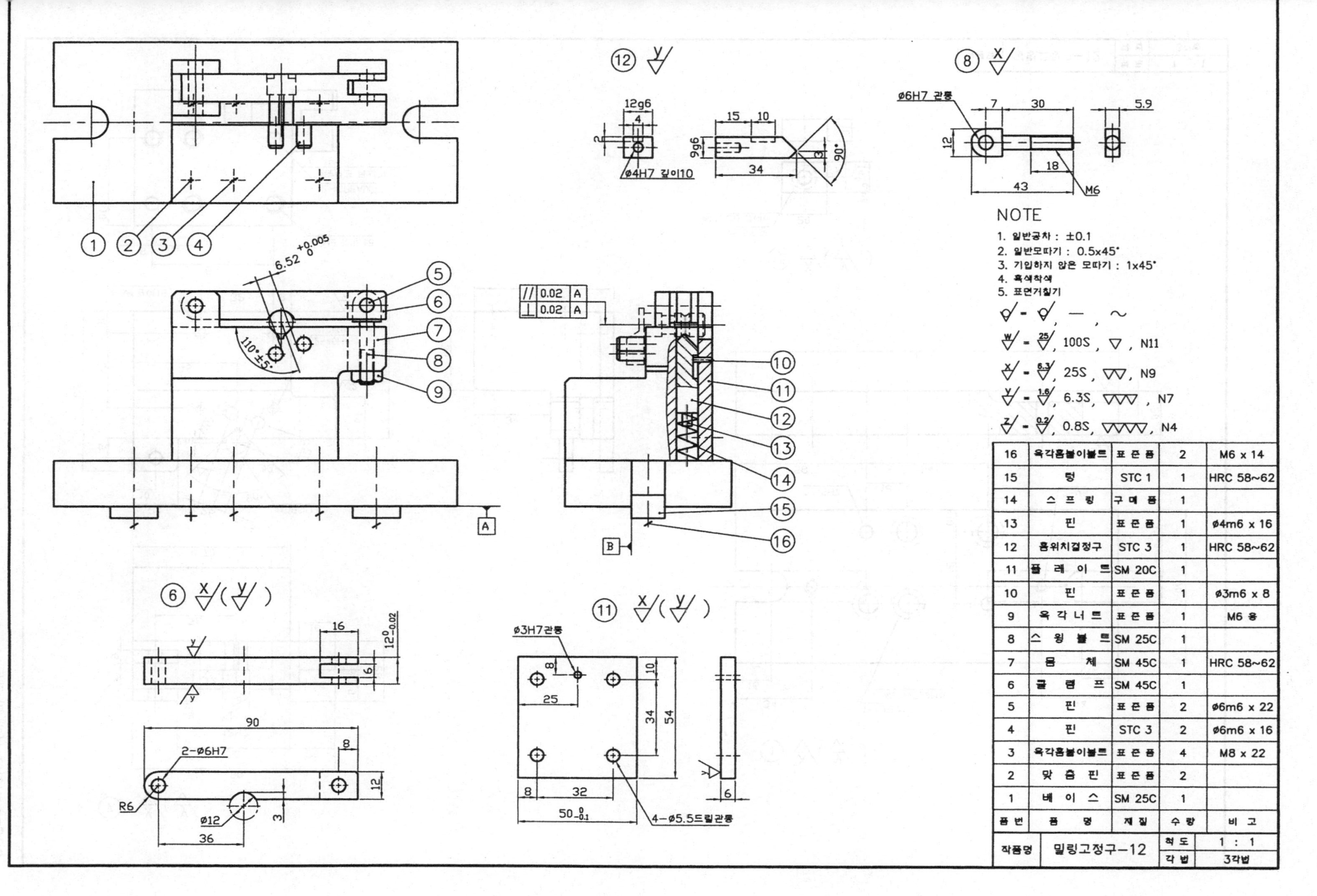
NOTE
1. 일반공차 : ±0.1
2. 일반모따기 : 0.5x45°
3. 기입하지 않은 모따기 : 1x45°
4. 흑색착색
5. 표면거칠기
w = 25, 100S, ▽, N11
x = 6.3, 25S, ▽▽, N9
y = 1.6, 6.3S, ▽▽▽, N7
z = 0.2, 0.8S, ▽▽▽▽, N4
16 육각홈붙이볼트 표준품 2 M6 x 14
15 텅 STC 1 1 HRC 58~62
14 스프링 구매품 1
13 핀 표준품 1 ø4m6 x 16
12 홈위치결정구 STC 3 1 HRC 58~62
11 플레이트 SM 20C 1
10 핀 표준품 1 ø3m6 x 8
9 육각너트 표준품 1 M6 용
8 스윙볼트 SM 25C 1
7 몸체 SM 45C 1 HRC 58~62
6 클램프 SM 45C 1
5 핀 표준품 2 ø6m6 x 22
4 핀 STC 3 2 ø6m6 x 16
3 육각홈붙이볼트 표준품 4 M8 x 22
2 맞춤핀 표준품 2
1 베이스 SM 25C 1
품번 품명 재질 수량 비고
작품명 밀링고정구-12
척도 1 : 1
각법 3각법
ø6H7 관통
ø4H7 깊이10
ø3H7관통
4-ø5.5드릴관통
2-ø6H7
R6

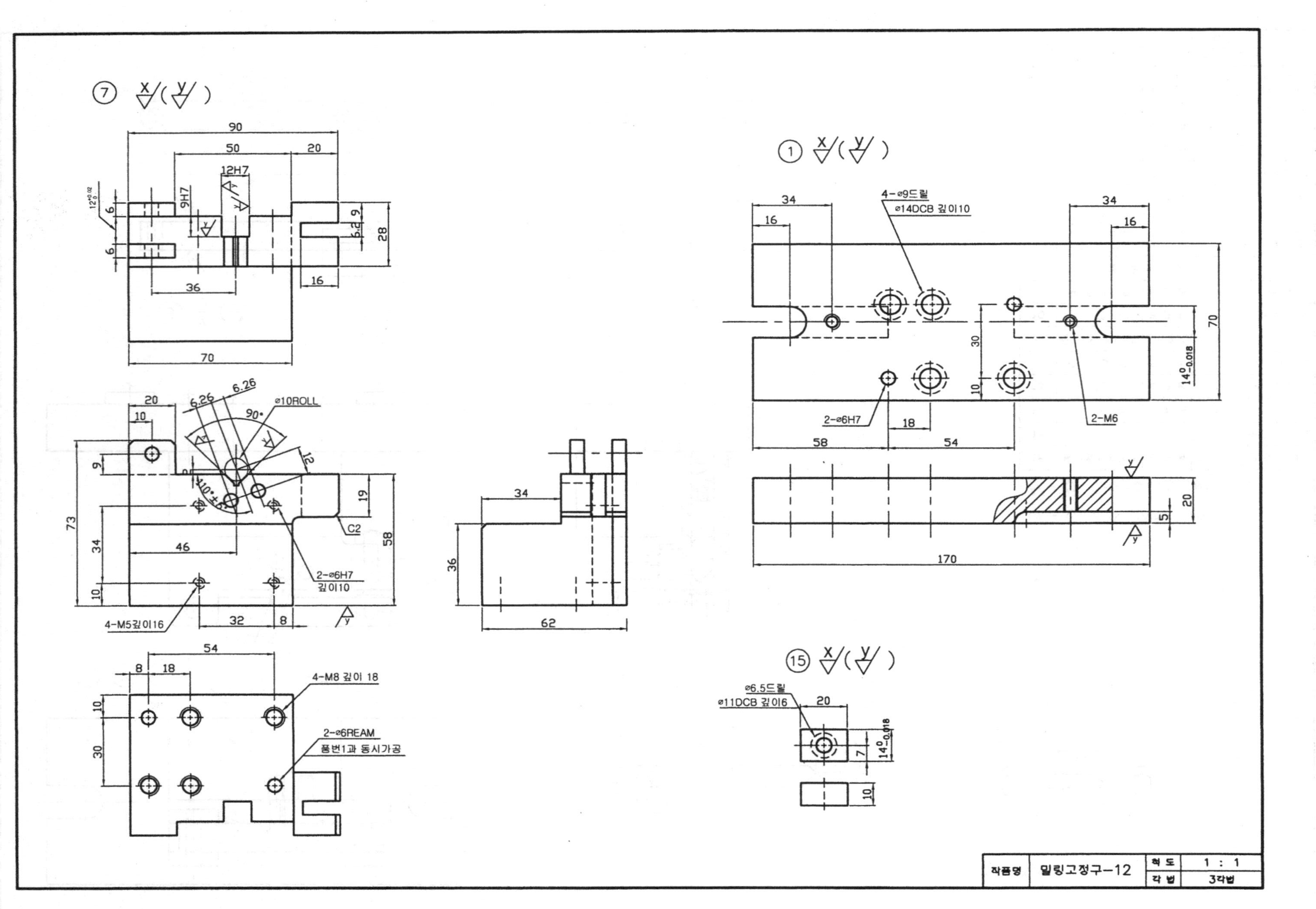

⑦
①
⑮
4-ø9드릴
ø14DCB 깊이10
2-ø6H7
2-M6
ø10ROLL
2-ø6H7
깊이10
C2
4-M5깊이16
4-M8 깊이 18
2-ø6REAM
품번1과 동시가공
12H7
9H7
ø6.5드릴
ø11DCB 깊이6
작품명
밀링고정구-12
척도
1 : 1
각법
3각법

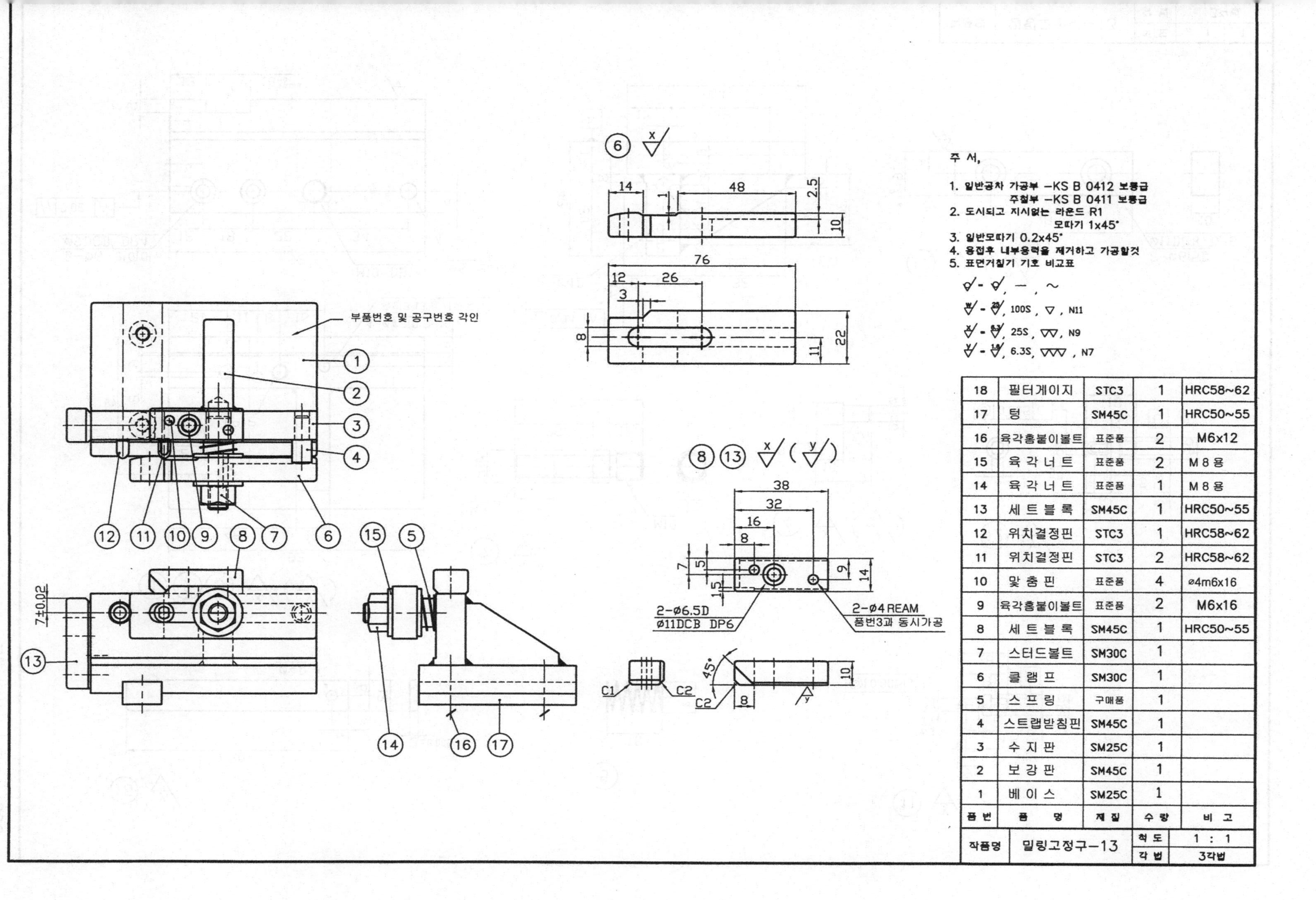

18	필터게이지	STC3	1	HRC58~62
17	텅	SM45C	1	HRC50~55
16	육각홈붙이볼트	표준품	2	M6x12
15	육 각 너 트	표준품	2	M 8 용
14	육 각 너 트	표준품	1	M 8 용
13	세 트 블 록	SM45C	1	HRC50~55
12	위치결정핀	STC3	1	HRC58~62
11	위치결정핀	STC3	2	HRC58~62
10	맞 춤 핀	표준품	4	ø4m6x16
9	육각홈붙이볼트	표준품	2	M6x16
8	세 트 블 록	SM45C	1	HRC50~55
7	스터드볼트	SM30C	1	
6	클 램 프	SM30C	1	
5	스 프 링	구매품	1	
4	스트랩받침핀	SM45C	1	
3	수 지 판	SM25C	1	
2	보 강 판	SM45C	1	
1	베 이 스	SM25C	1	
품 번	품 명	재 질	수 량	비 고
작품명	밀링고정구-13		척 도	1 : 1
			각 법	3각법

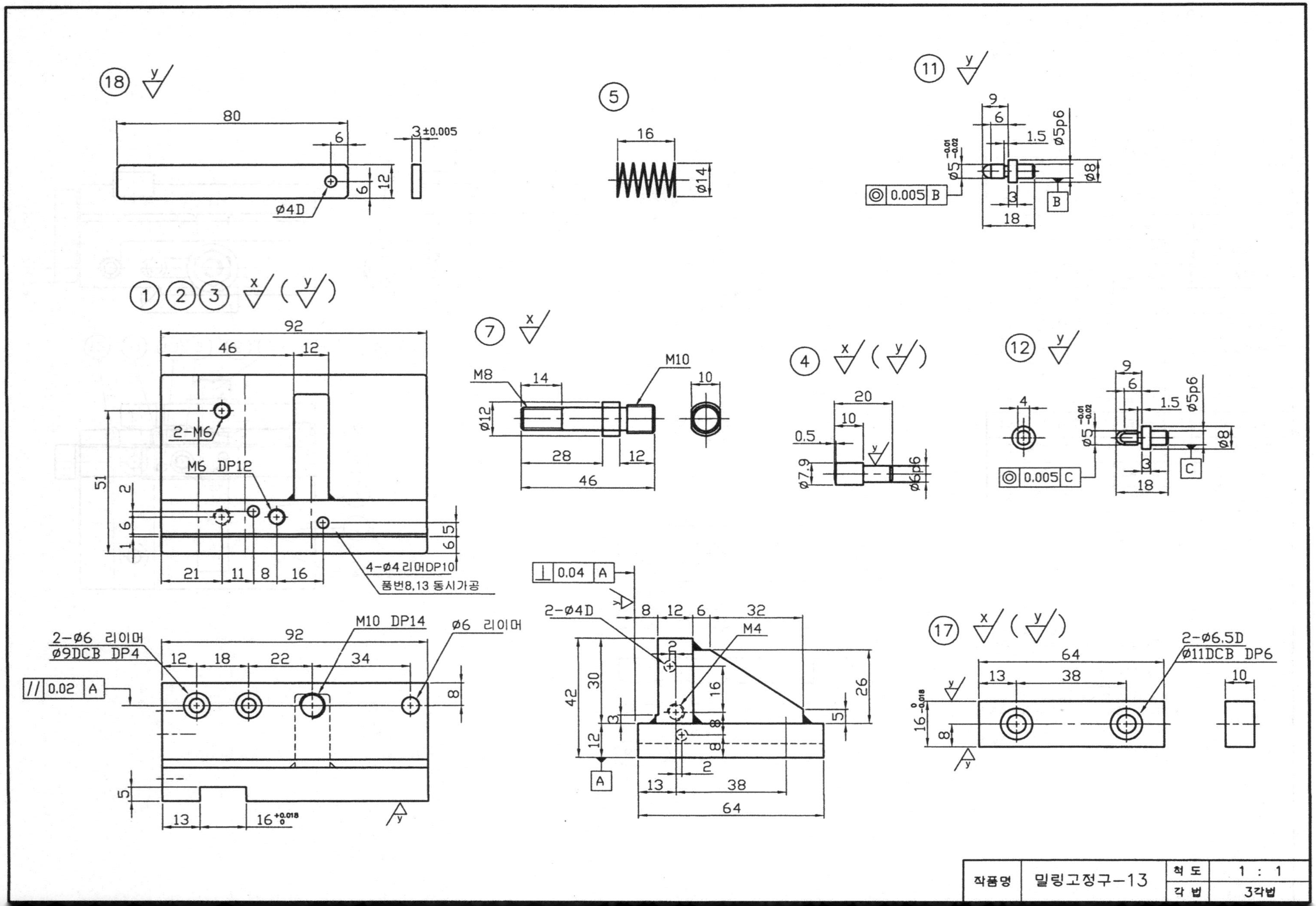

18
80
6
12
3±0.005
Ø4D
5
16
Ø14
11
9
6
1.5
Ø5p6
Ø8
0.005 B
B
3
18
1 2 3
92
46
12
2-M6
M6 DP12
51
4-Ø4 리머DP10
품번8,13 동시가공
21
11
8
16
7
M8
14
M10
10
Ø12
28
46
4
20
10
0.5
Ø7.9
Ø6p6
12
4
0.005 C
C
2-Ø6 리이머
Ø9DCB DP4
M10 DP14
Ø6 리이머
// 0.02 A
34
22
18
13
16 +0.018 0
0.04 A
2-Ø4D
M4
32
42
30
26
38
64
A
17
2-Ø6.5D
Ø11DCB DP6
16 0 -0.018
작품명
밀링고정구-13
척 도
1 : 1
각 법
3각법

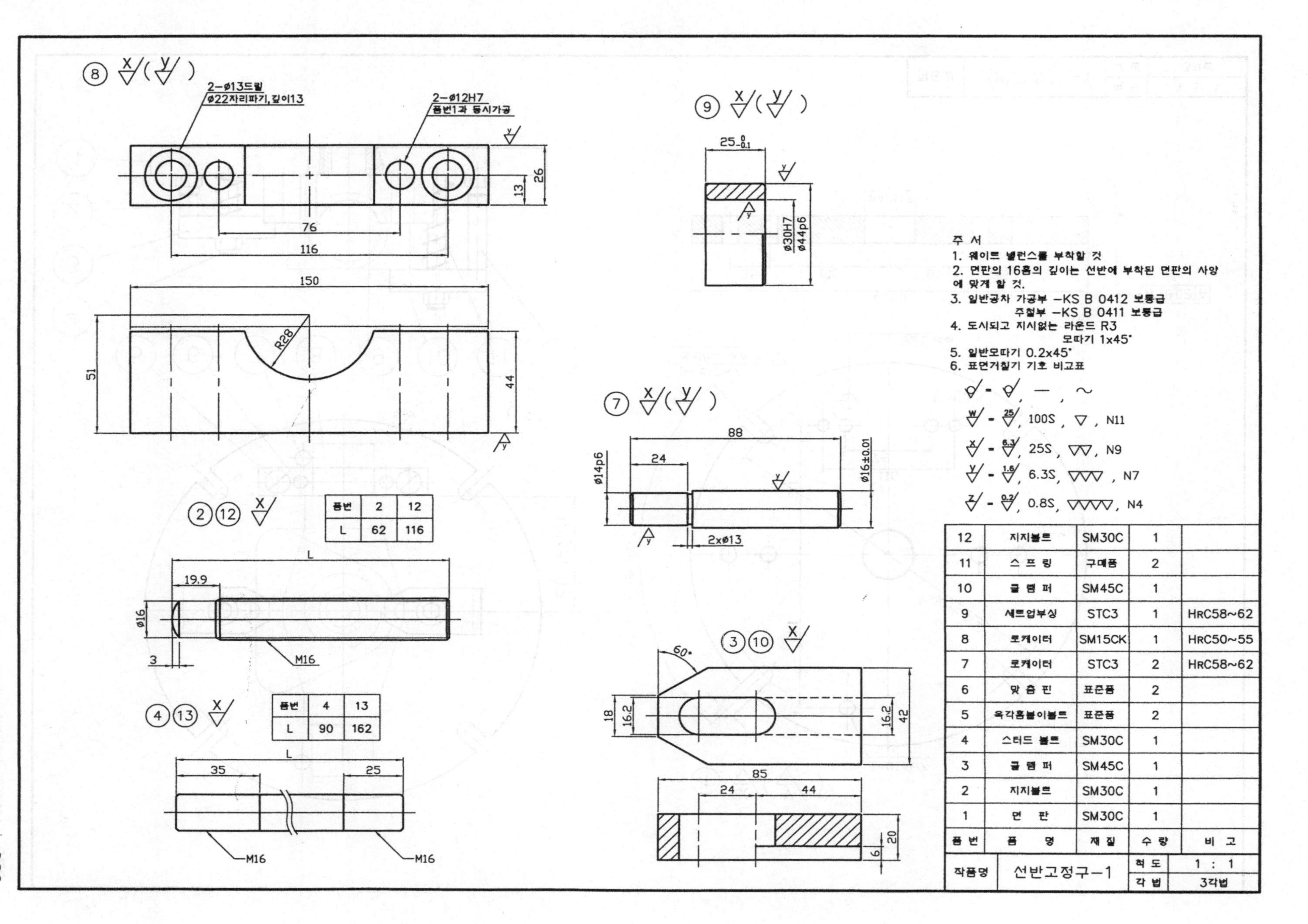

품번	2	12
L	62	116

품번	4	13
L	90	162

품 번	품 명	재 질	수 량	비 고
12	지지볼트	SM30C	1	
11	스 프 링	구매품	2	
10	클 램 퍼	SM45C	1	
9	세트업부싱	STC3	1	HRC58~62
8	로케이터	SM15CK	1	HRC50~55
7	로케이터	STC3	2	HRC58~62
6	맞 춤 핀	표준품	2	
5	육각홈붙이볼트	표준품	2	
4	스터드 볼트	SM30C	1	
3	클 램 퍼	SM45C	1	
2	지지볼트	SM30C	1	
1	면 판	SM30C	1	
작품명	선반고정구-1		척 도	1 : 1
			각 법	3각법

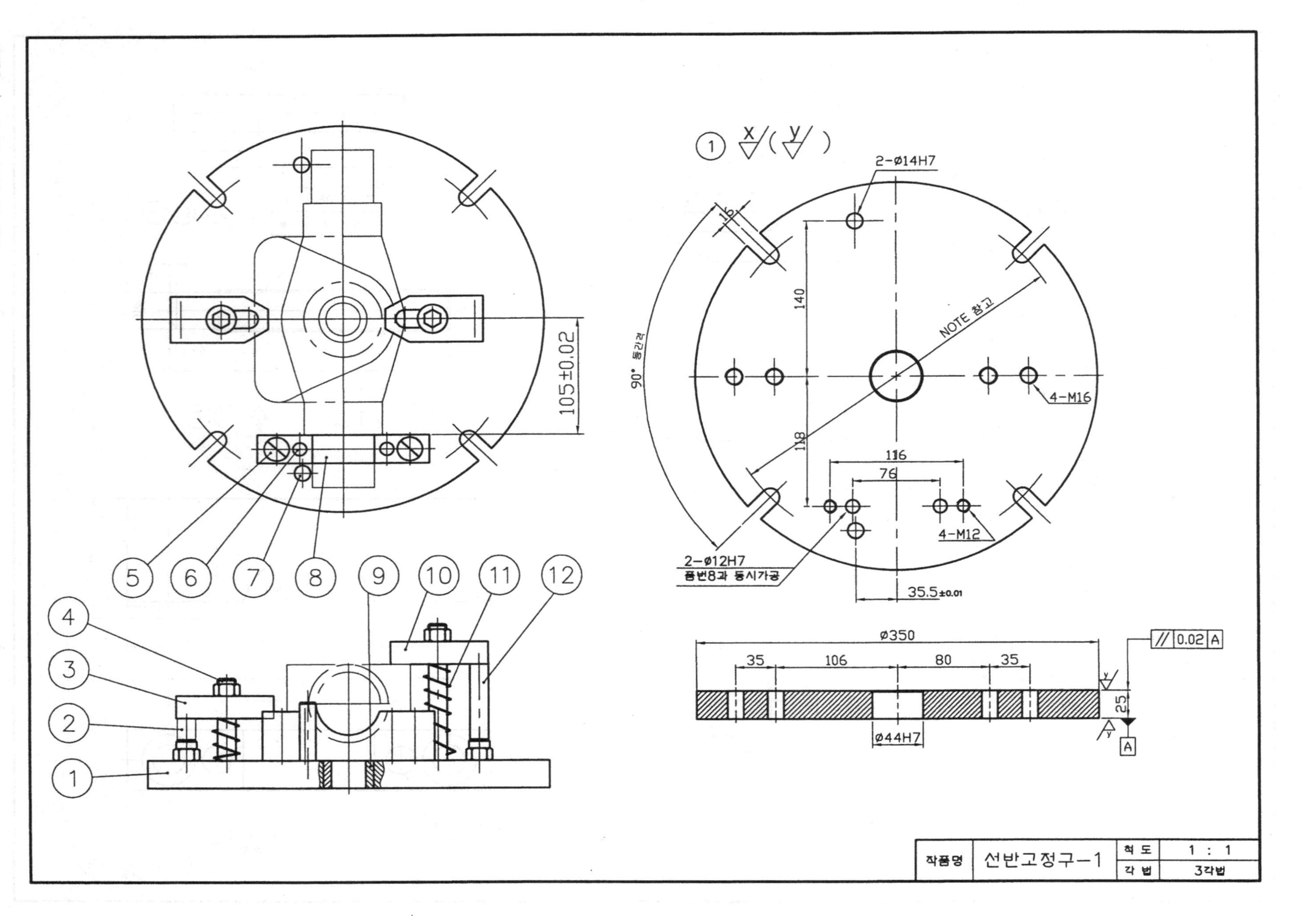
105±0.02
5
6
7
8
9
10
11
12
4
3
2
1
①
2-ø14H7
NOTE 참고
90° 등간격
140
118
116
76
4-M16
4-M12
2-ø12H7
품번8과 동시가공
35.5±0.01
ø350
35
106
80
35
25
ø44H7
// 0.02 A
A
작품명
선반고정구-1
척도
1 : 1
각법
3각법

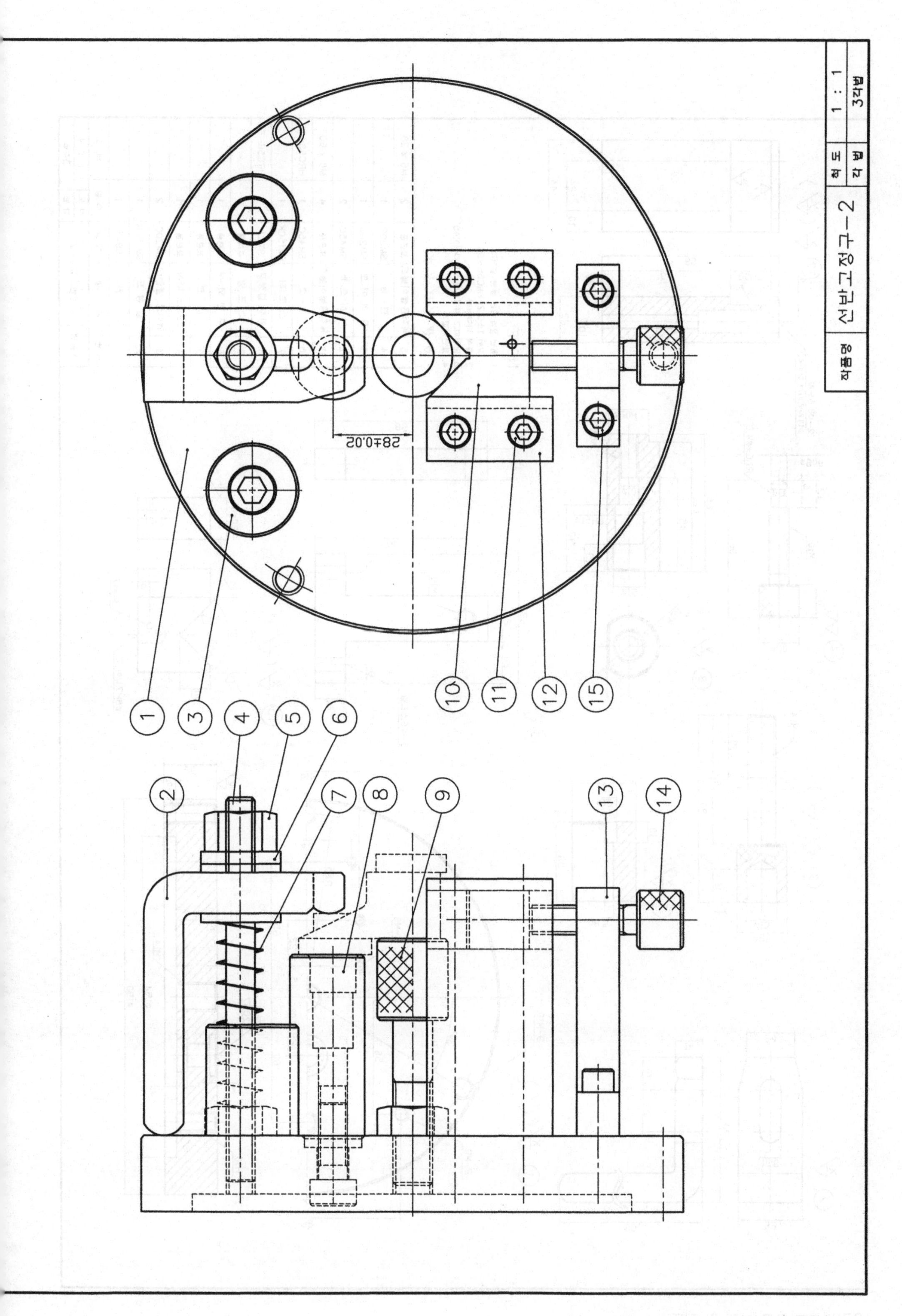
작품명
선반고정구-2
척도
1 : 1
각법
3각법
28±0.02
1
2
3
4
5
6
7
8
9
10
11
12
13
14
15

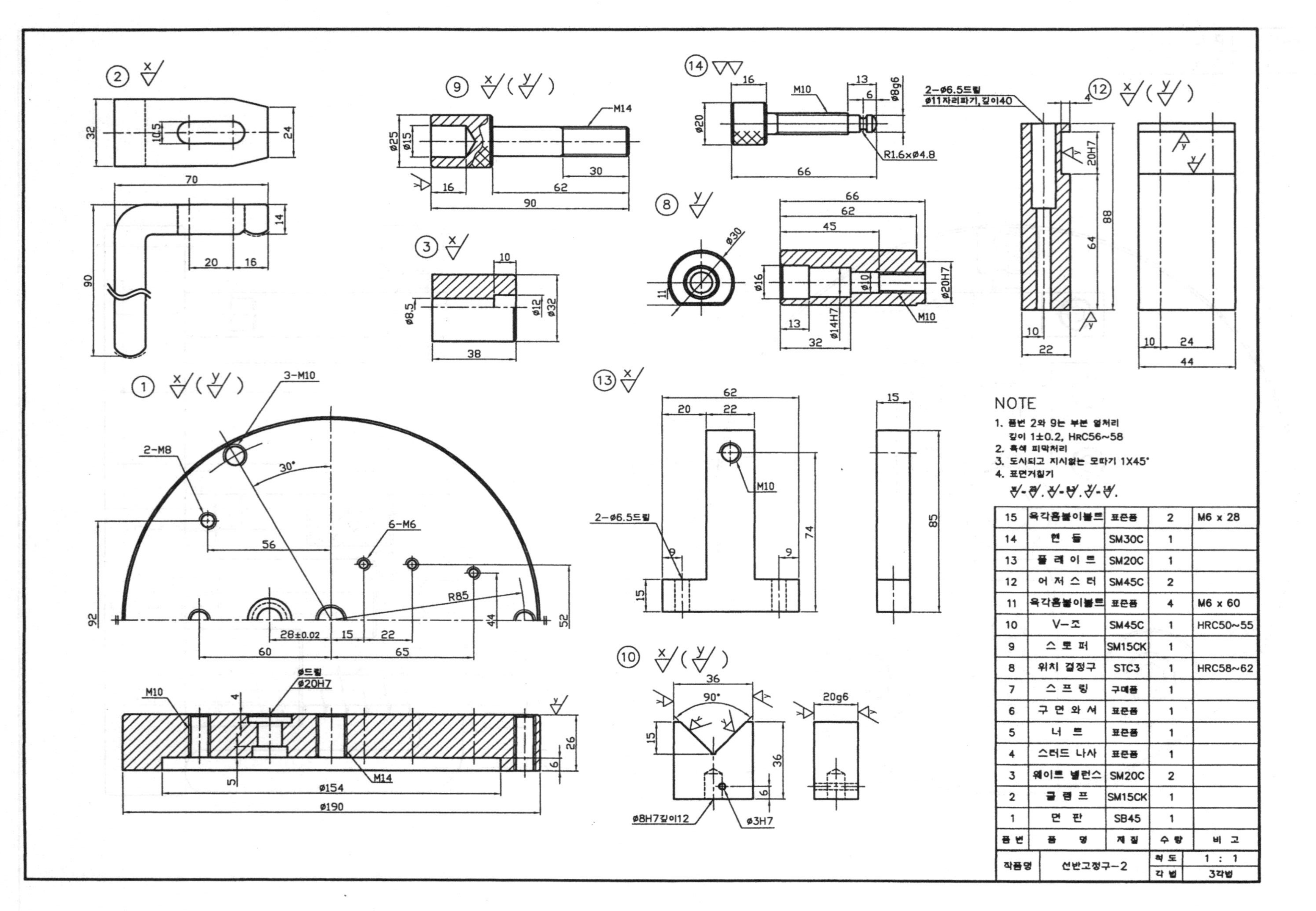
NOTE
1. 품번 2와 9는 부분 열처리
깊이 1±0.2, HRC56~58
2. 흑색 피막처리
3. 도시되고 지시없는 모따기 1X45°
4. 표면거칠기
15 육각홈붙이볼트 표준품 2 M6 x 28
14 핸들 SM30C 1
13 플레이트 SM20C 1
12 어저스터 SM45C 2
11 육각홈붙이볼트 표준품 4 M6 x 60
10 V-조 SM45C 1 HRC50~55
9 스토퍼 SM15CK 1
8 위치 결정구 STC3 1 HRC58~62
7 스프링 구매품 1
6 구면와셔 표준품 1
5 너트 표준품 1
4 스터드 나사 표준품 1
3 웨이트 밸런스 SM20C 2
2 클램프 SM15CK 1
1 면판 SB45 1
품번 품명 재질 수량 비고
작품명 선반고정구-2 척도 1 : 1 각법 3각법

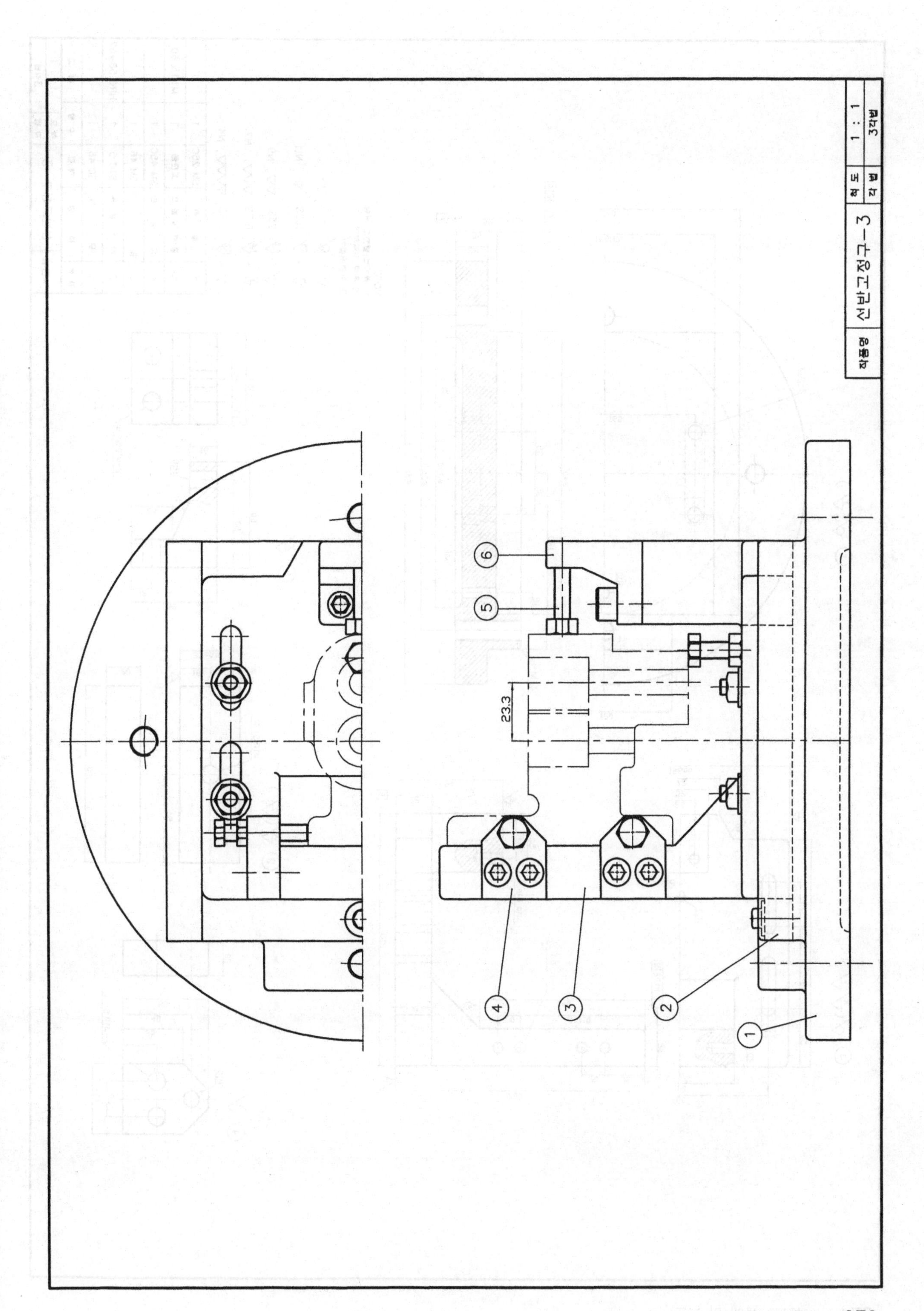
작품명
선반고정구-3
척도
1 : 1
각법
3각법
23.3
1
2
3
4
5
6

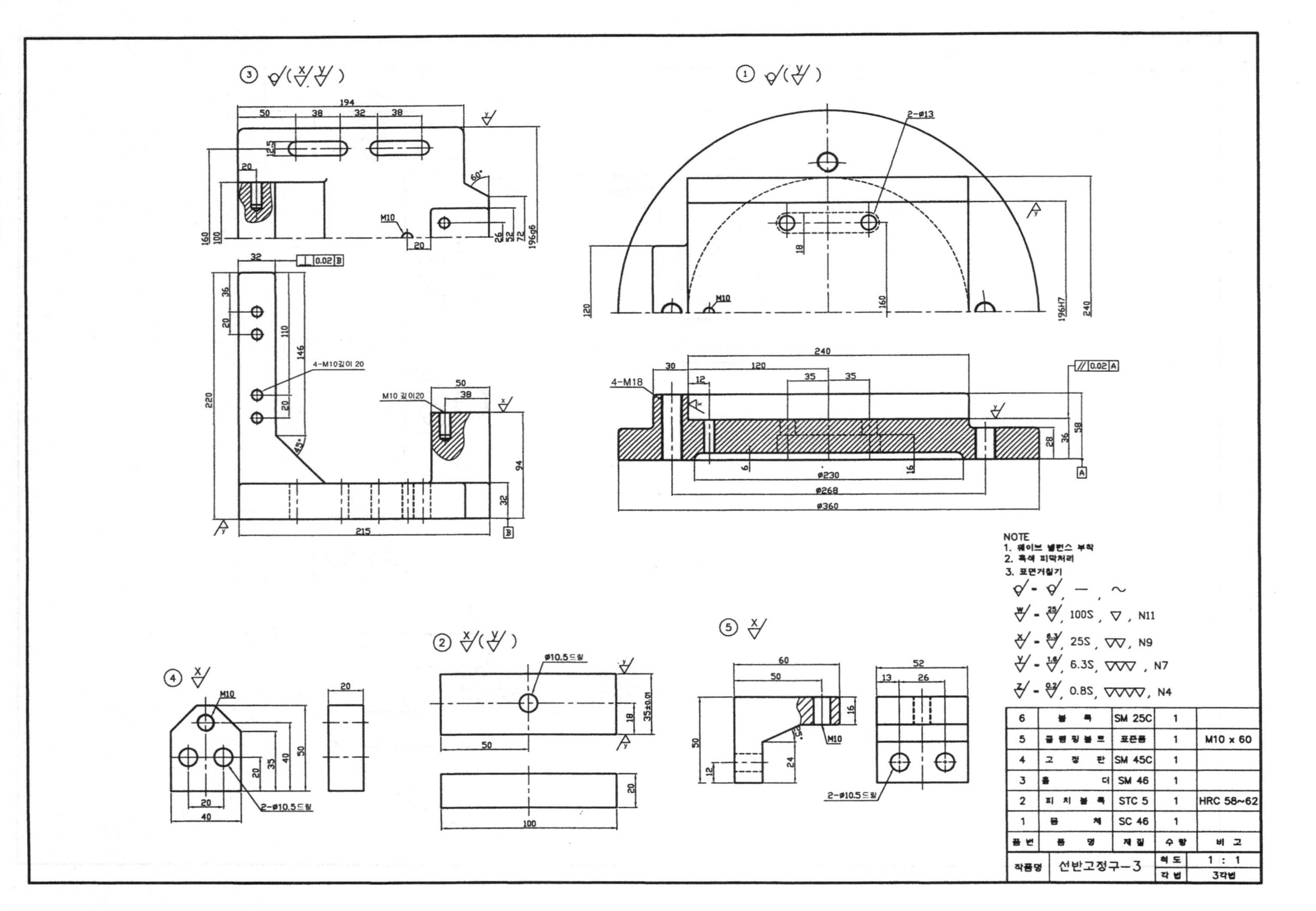
NOTE
1. 웨이브 밸런스 부착
2. 흑색 피막처리
3. 표면거칠기
100S , ▽ , N11
25S , ▽▽, N9
6.3S, ▽▽▽ , N7
0.8S, ▽▽▽▽, N4
6 블록 SM 25C 1
5 클램핑볼트 표준품 1 M10 x 60
4 고정판 SM 45C 1
3 홀더 SM 46 1
2 피치블록 STC 5 1 HRC 58~62
1 몸체 SC 46 1
품번 품명 재질 수량 비고
작품명 선반고정구-3
척도 1 : 1
각법 3각법
4-M10깊이 20
M10 깊이20
2-ø13
4-M18
ø230
ø268
ø360
2-ø10.5드릴
ø10.5드릴

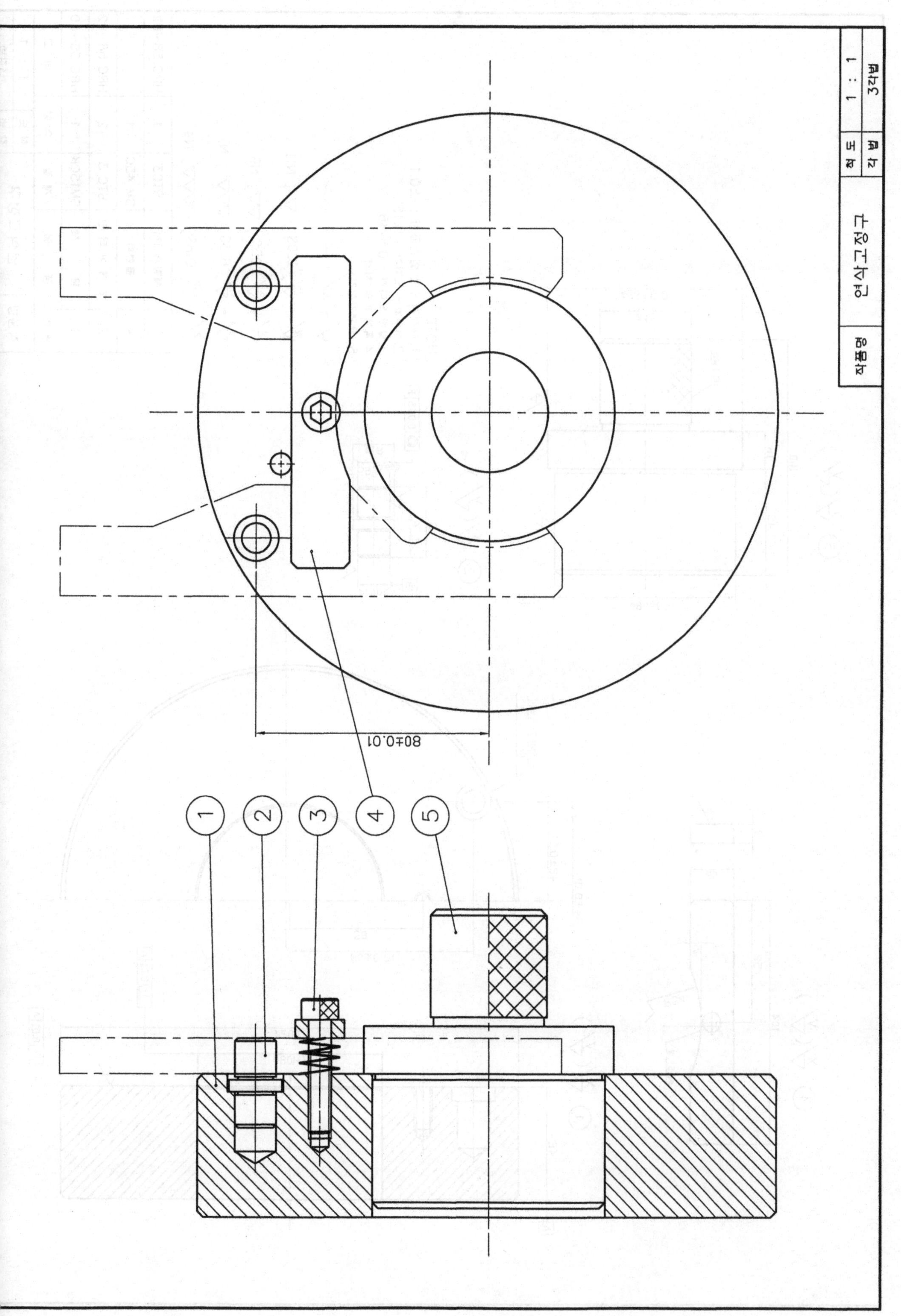
작품명
연삭고정구
척도
1 : 1
각법
3각법
80±0.01
1
2
3
4
5

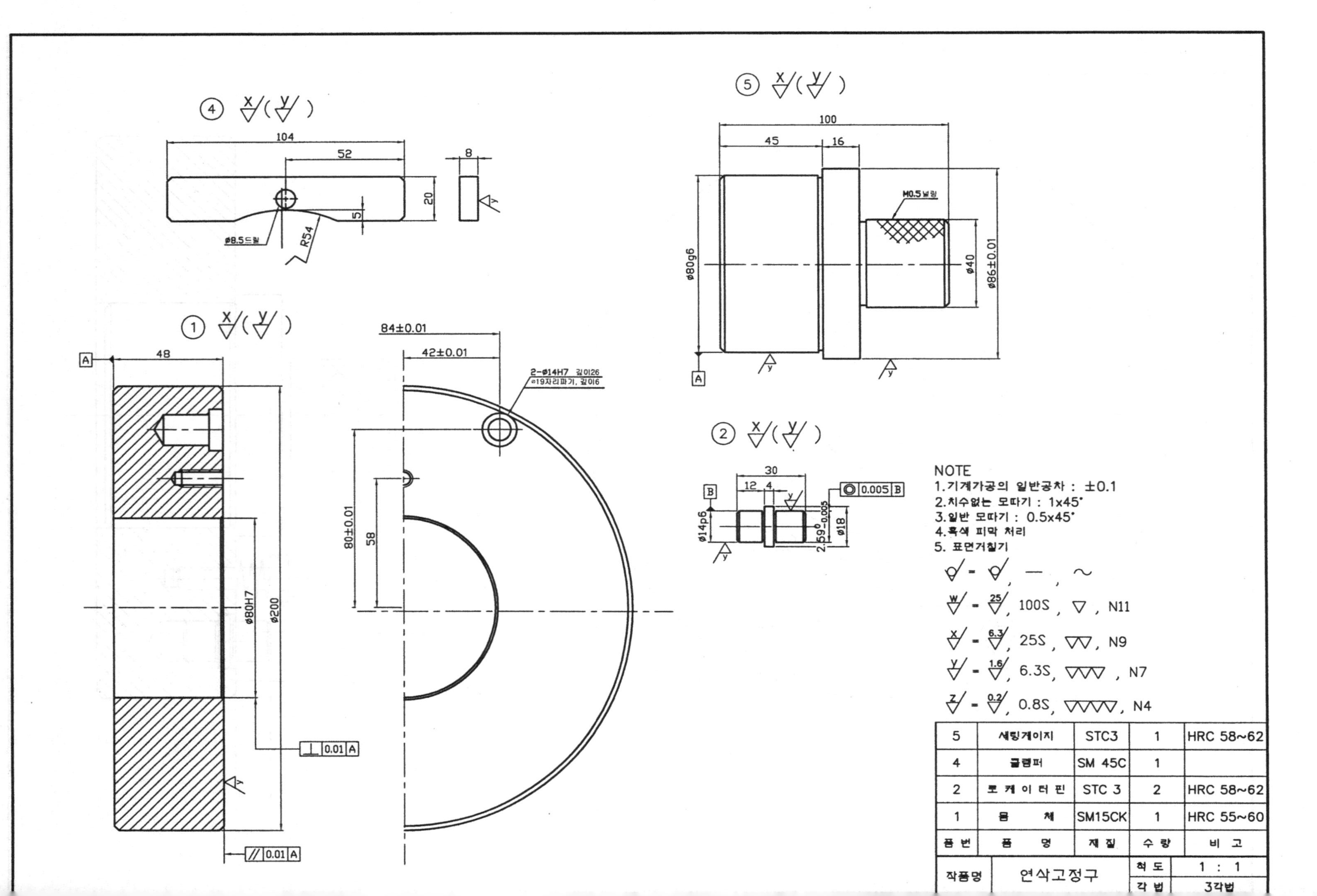

④
104
52
5
R54
ø8.5드릴
20
8
⑤
100
45
16
M0.5널링
ø80g6
ø40
ø86±0.01
①
48
84±0.01
42±0.01
2-ø14H7 깊이26
ø19자리파기, 깊이6
58
80±0.01
ø80H7
ø200
0.01 A
// 0.01 A
A
②
30
12
4
B
ø14p6
2.59 -0.005
ø18
0.005 B
NOTE
1. 기계가공의 일반공차 : ±0.1
2. 치수없는 모따기 : 1x45°
3. 일반 모따기 : 0.5x45°
4. 흑색 피막 처리
5. 표면거칠기
100S , N11
25S , N9
6.3S , N7
0.8S , N4
5 | 세팅게이지 | STC3 | 1 | HRC 58~62
4 | 클램퍼 | SM 45C | 1
2 | 로케이터 핀 | STC 3 | 2 | HRC 58~62
1 | 몸체 | SM15CK | 1 | HRC 55~60
품번 | 품명 | 재질 | 수량 | 비고
작품명 | 연삭고정구 | 척도 | 1 : 1
각법 | 3각법

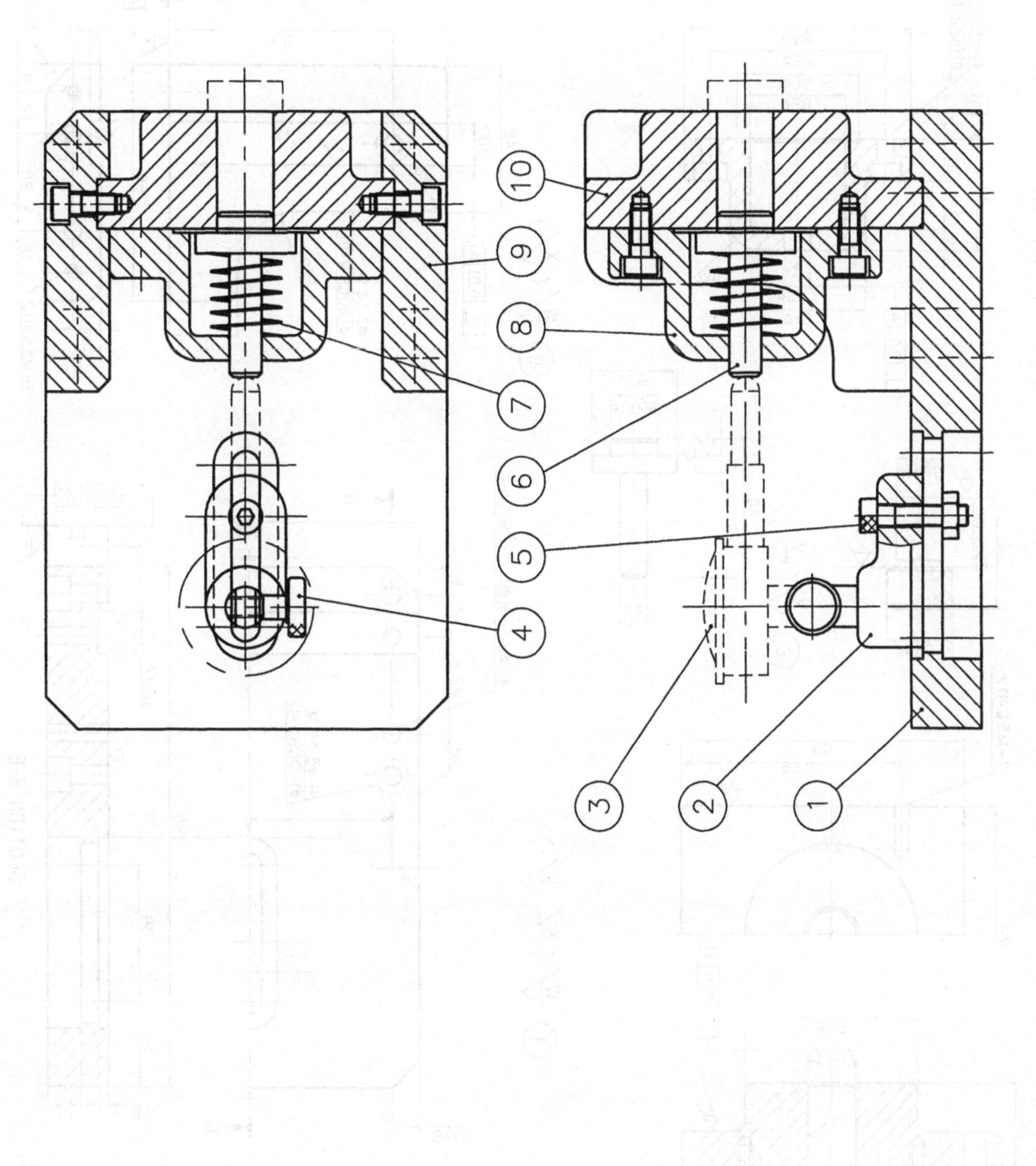

1
2
3
4
5
6
7
8
9
10

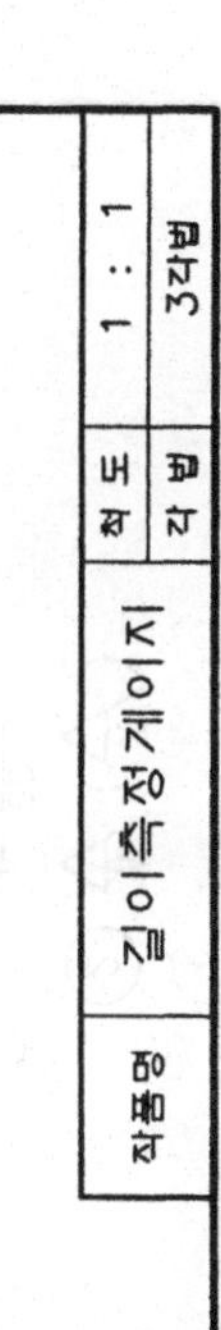

작품명
길이측정게이지
척 도
1 : 1
각 법
3각법

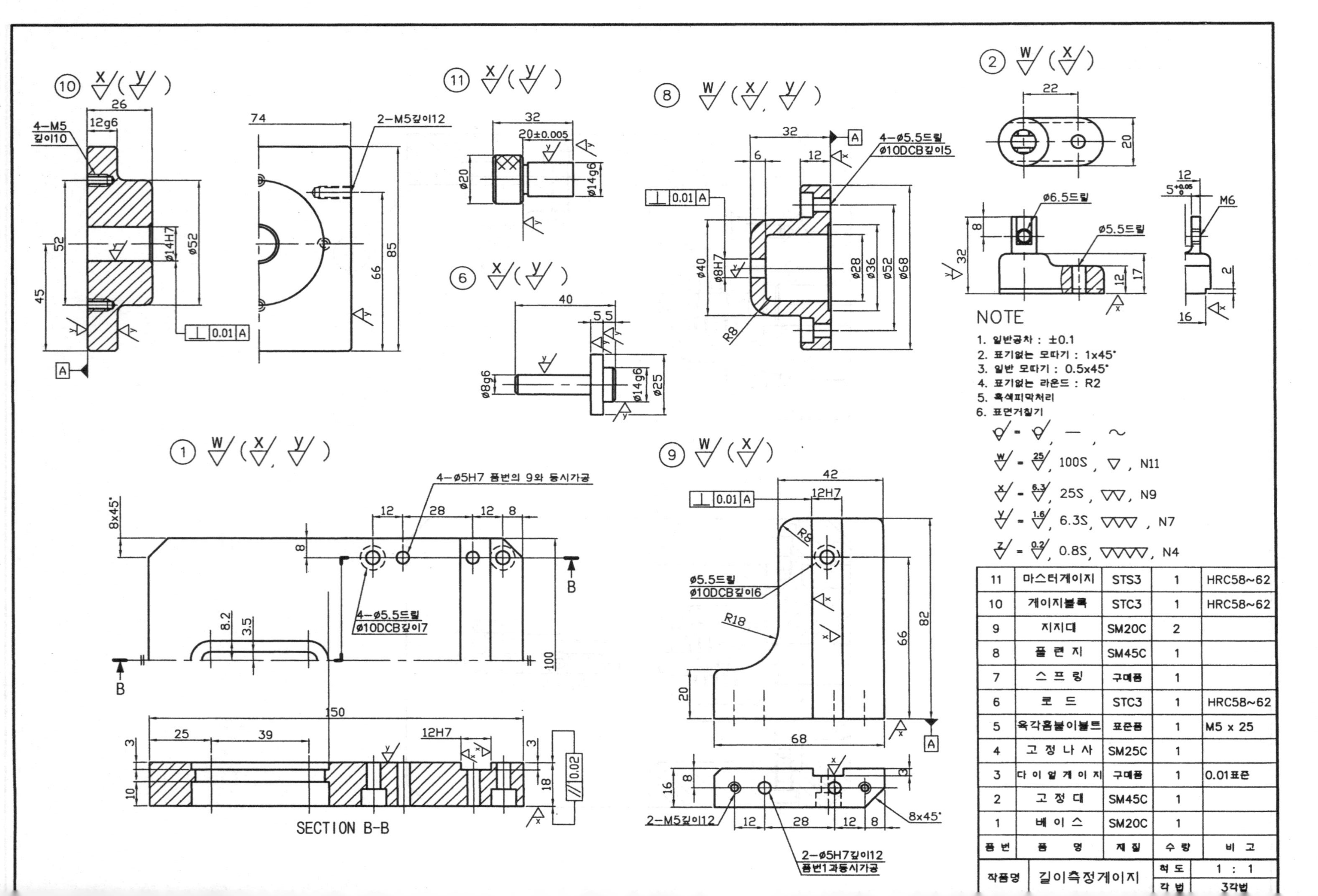

품번	품명	재질	수량	비고
11	마스터게이지	STS3	1	HRC58~62
10	게이지블록	STC3	1	HRC58~62
9	지지대	SM20C	2	
8	플 런 지	SM45C	1	
7	스 프 링	구매품	1	
6	로 드	STC3	1	HRC58~62
5	육각홈붙이볼트	표준품	1	M5 x 25
4	고 정 나 사	SM25C	1	
3	다 이 얼 게 이 지	구매품	1	0.01표준
2	고 정 대	SM45C	1	
1	베 이 스	SM20C	1	

작품명	길이측정게이지	척도	1 : 1
		각법	3각법

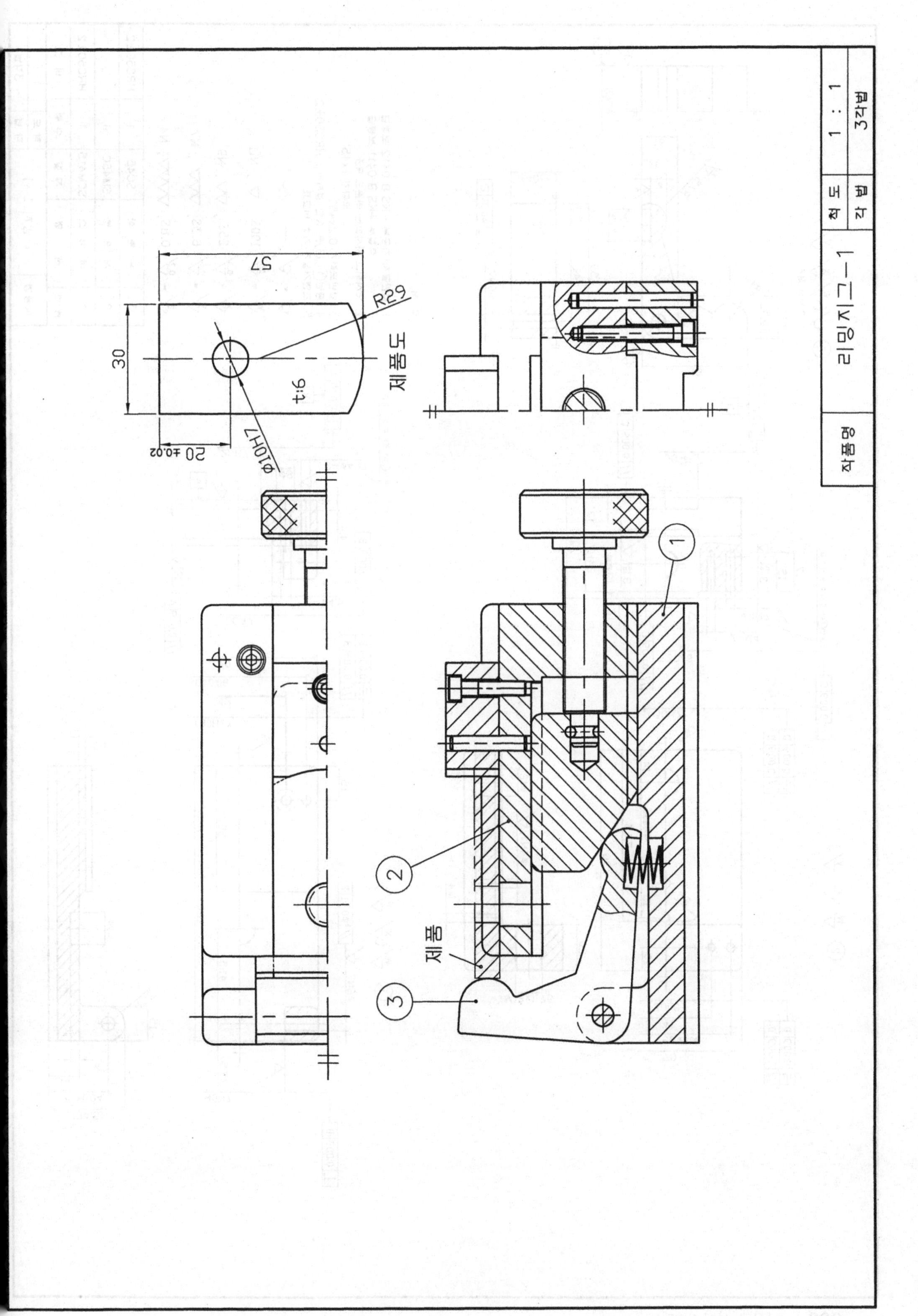
작품명
리밍지그-1
척 도
1 : 1
각 법
3각법
제품도
제품
t:6
R29
57
30
φ10H7
20±0.02
1
2
3

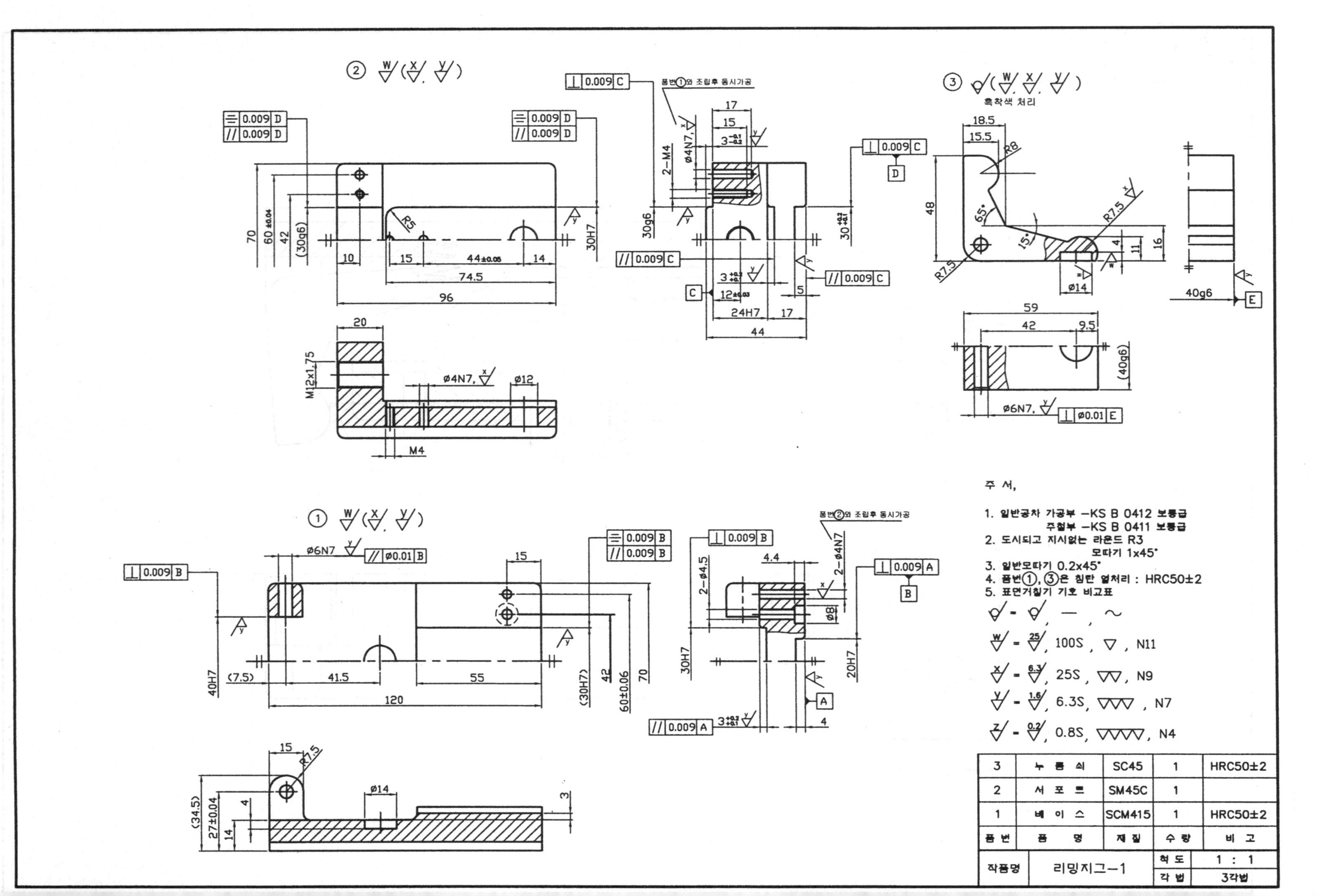
품번①와 조립후 동시가공
흑착색 처리
품번②와 조립후 동시가공
주 서,
1. 일반공차 가공부 -KS B 0412 보통급
주철부 -KS B 0411 보통급
2. 도시되고 지시없는 라운드 R3
모따기 1x45°
3. 일반모따기 0.2x45°
4. 품번①, ③은 침탄 열처리 : HRC50±2
5. 표면거칠기 기호 비교표
3 누름쇠 SC45 1 HRC50±2
2 서포트 SM45C 1
1 베이스 SCM415 1 HRC50±2
품번 품명 재질 수량 비고
작품명 리밍지그-1
척도 1 : 1
각법 3각법

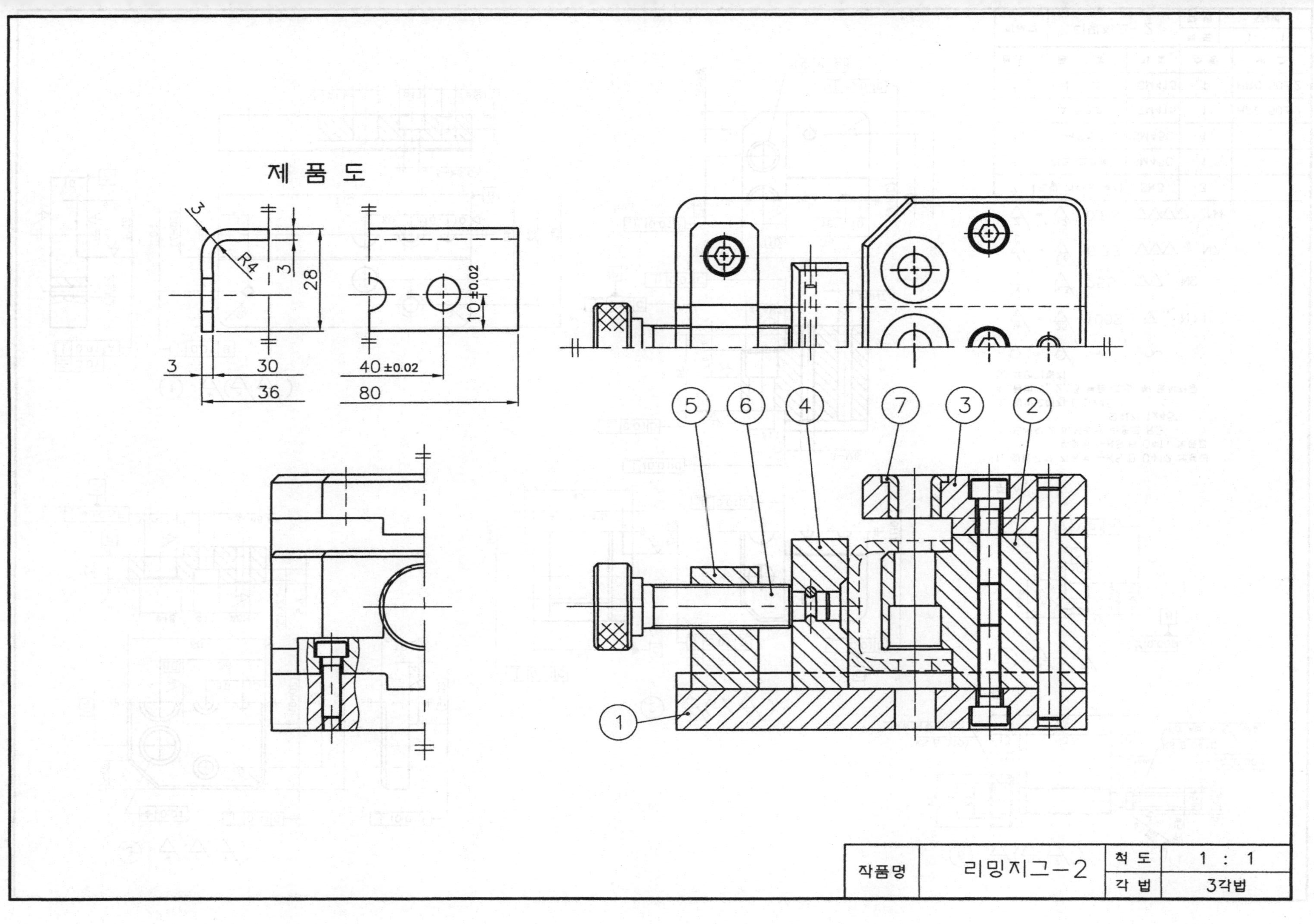
제품도
3
R4
3
28
10±0.02
3
30
36
40±0.02
80
5
6
4
7
3
2
1
작품명
리밍지그-2
척도
1 : 1
각법
3각법

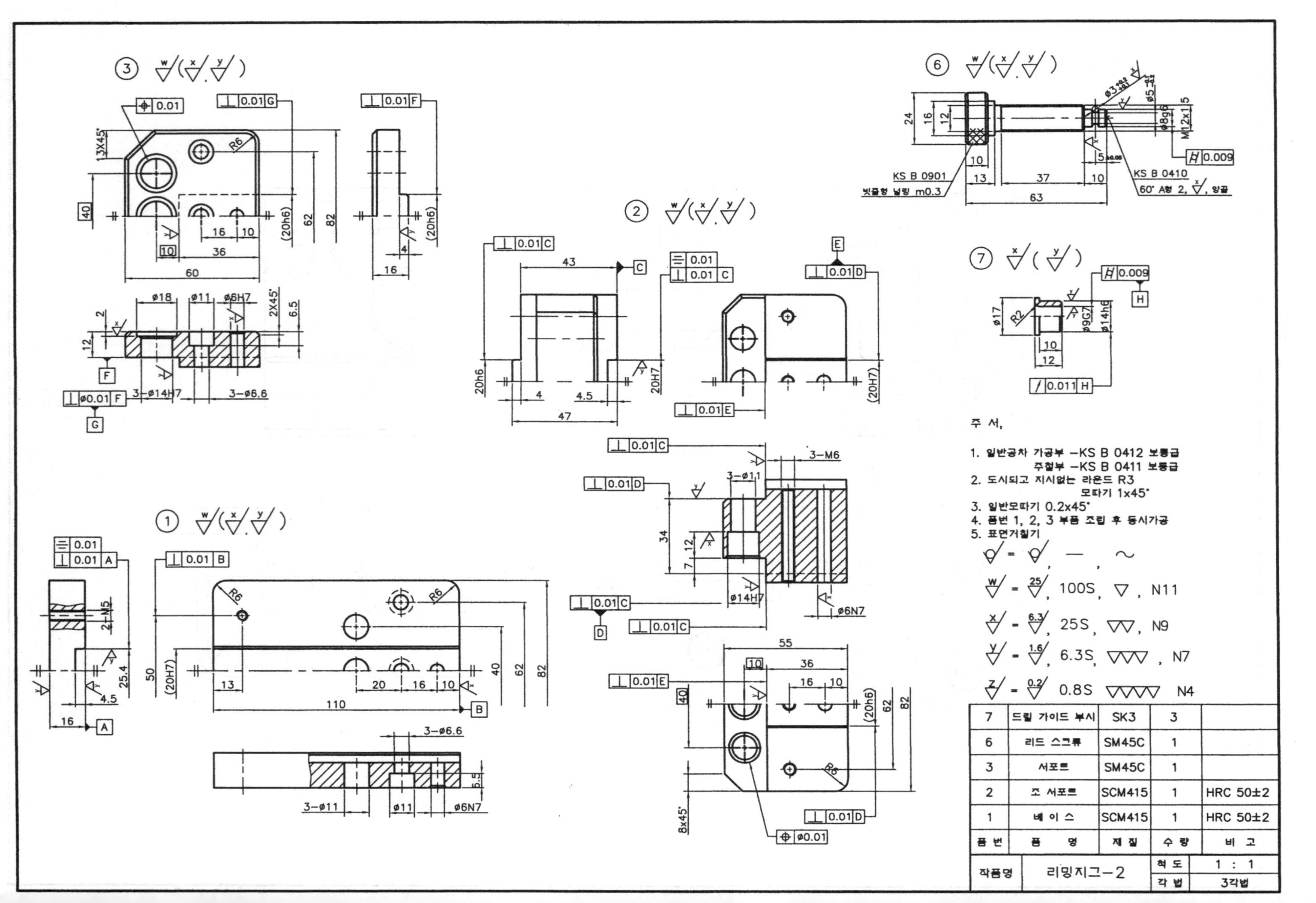
주 서,
1. 일반공차 가공부 -KS B 0412 보통급
주철부 -KS B 0411 보통급
2. 도시되고 지시없는 라운드 R3
모따기 1x45°
3. 일반모따기 0.2x45°
4. 품번 1, 2, 3 부품 조립 후 동시가공
5. 표면거칠기
100S, N11
25S, N9
6.3S, N7
0.8S N4
7 드릴 가이드 부시 SK3 3
6 리드 스크류 SM45C 1
3 서포트 SM45C 1
2 조 서포트 SCM415 1 HRC 50±2
1 베이스 SCM415 1 HRC 50±2
품번 품명 재질 수량 비고
작품명 리밍지그-2
척도 1 : 1
각법 3각법
KS B 0901
빗줄형 널링 m0.3
KS B 0410
60° A형 2, 양끝

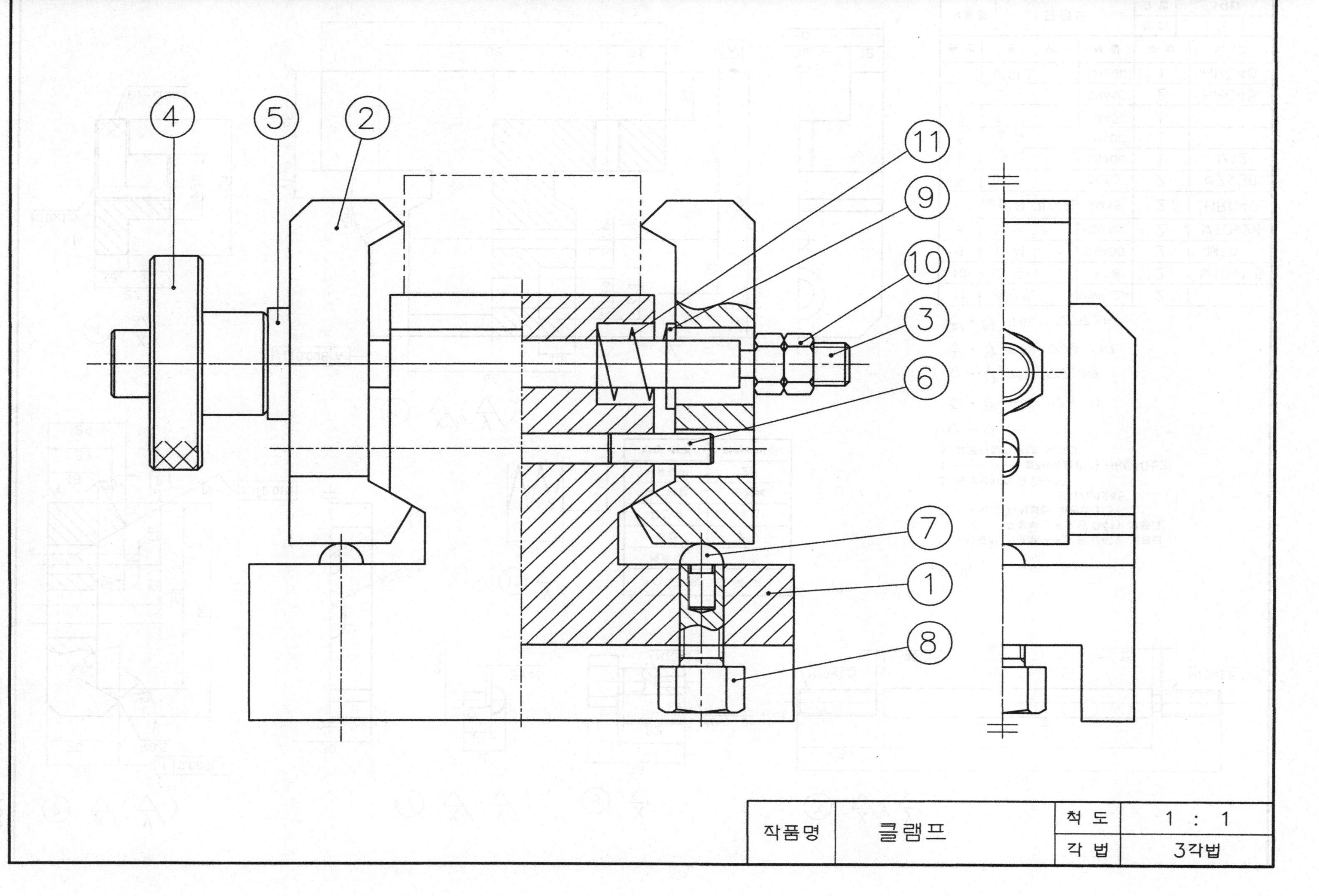
4
5
2
11
9
10
3
6
7
1
8
작품명
클램프
척 도
1 : 1
각 법
3각법

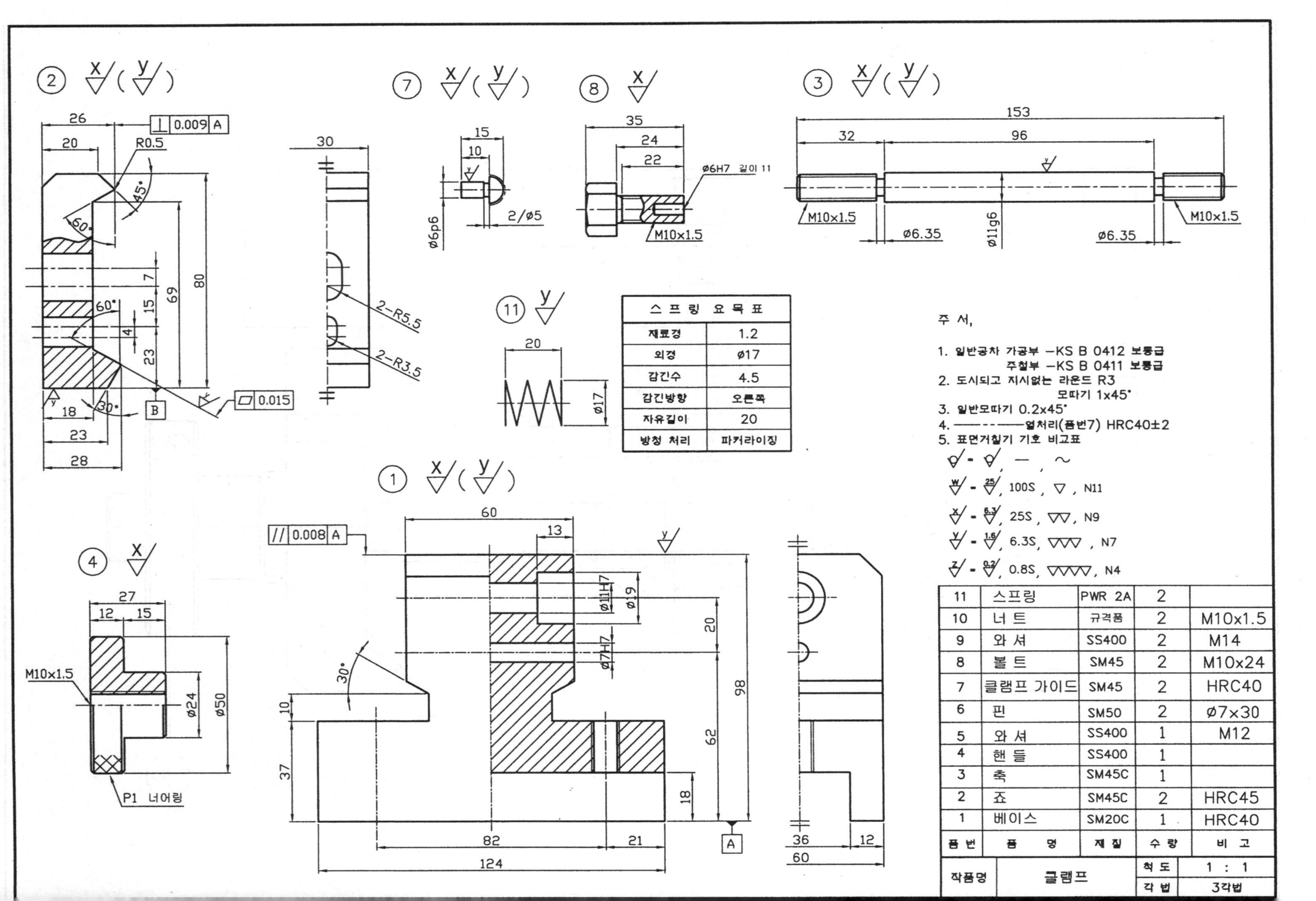

스 프 링 요 목 표	
재료경	1.2
외경	Ø17
감긴수	4.5
감긴방향	오른쪽
자유길이	20
방청 처리	파커라이징

품번	품명	재질	수량	비고
11	스프링	PWR 2A	2	
10	너트	규격품	2	M10x1.5
9	와셔	SS400	2	M14
8	볼트	SM45	2	M10x24
7	클램프 가이드	SM45	2	HRC40
6	핀	SM50	2	Ø7x30
5	와셔	SS400	1	M12
4	핸들	SS400	1	
3	축	SM45C	1	
2	죠	SM45C	2	HRC45
1	베이스	SM20C	1	HRC40
작품명	클램프		척도	1 : 1
			각법	3각법

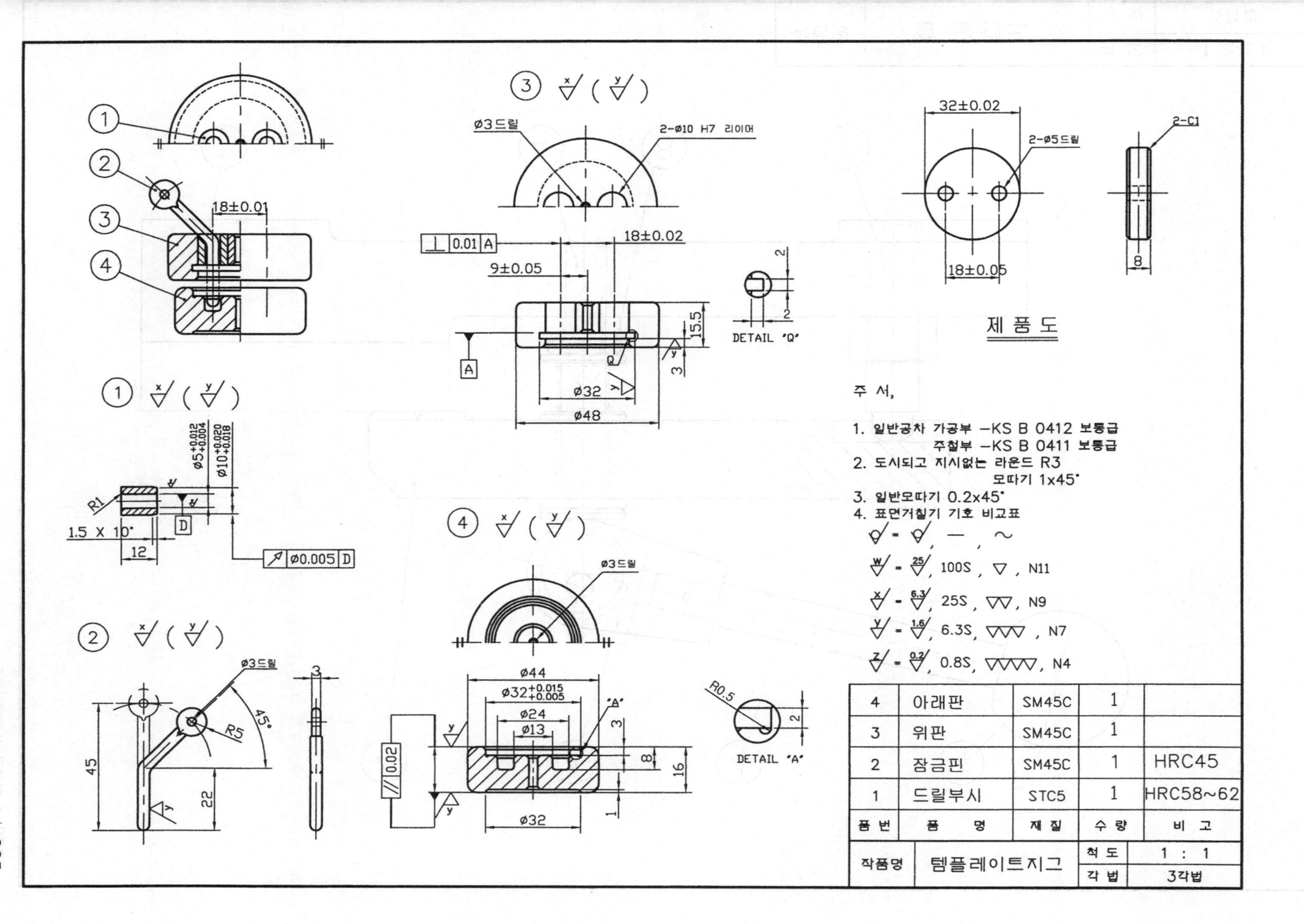
③ x/ (y/)
ø3드릴
2-ø10 H7 리이머
0.01 A
18±0.02
9±0.05
15.5
3
Q
A
ø32
ø48
DETAIL 'Q'
2
32±0.02
2-ø5드릴
18±0.05
2-C1
8
제 품 도
18±0.01
① x/ (y/)
ø5+0.012 +0.004
ø10+0.020 +0.018
R1
1.5 X 10°
12
D
ø0.005 D
④ x/ (y/)
ø3드릴
② x/ (y/)
ø3드릴
45°
R5
45
22
3
ø44
ø32+0.015 +0.005
ø24
ø13
ø32
'A'
0.02
16
R0.5
DETAIL 'A'
주 서,
1. 일반공차 가공부 -KS B 0412 보통급
주철부 -KS B 0411 보통급
2. 도시되고 지시없는 라운드 R3
모따기 1x45°
3. 일반모따기 0.2x45°
4. 표면거칠기 기호 비교표
100S , ▽ , N11
25S , ▽▽, N9
6.3S, ▽▽▽ , N7
0.8S, ▽▽▽▽, N4
4 아래판 SM45C 1
3 위판 SM45C 1
2 잠금핀 SM45C 1 HRC45
1 드릴부시 STC5 1 HRC58~62
품번 품명 재질 수량 비고
작품명 템플레이트지그
척도 1 : 1
각법 3각법

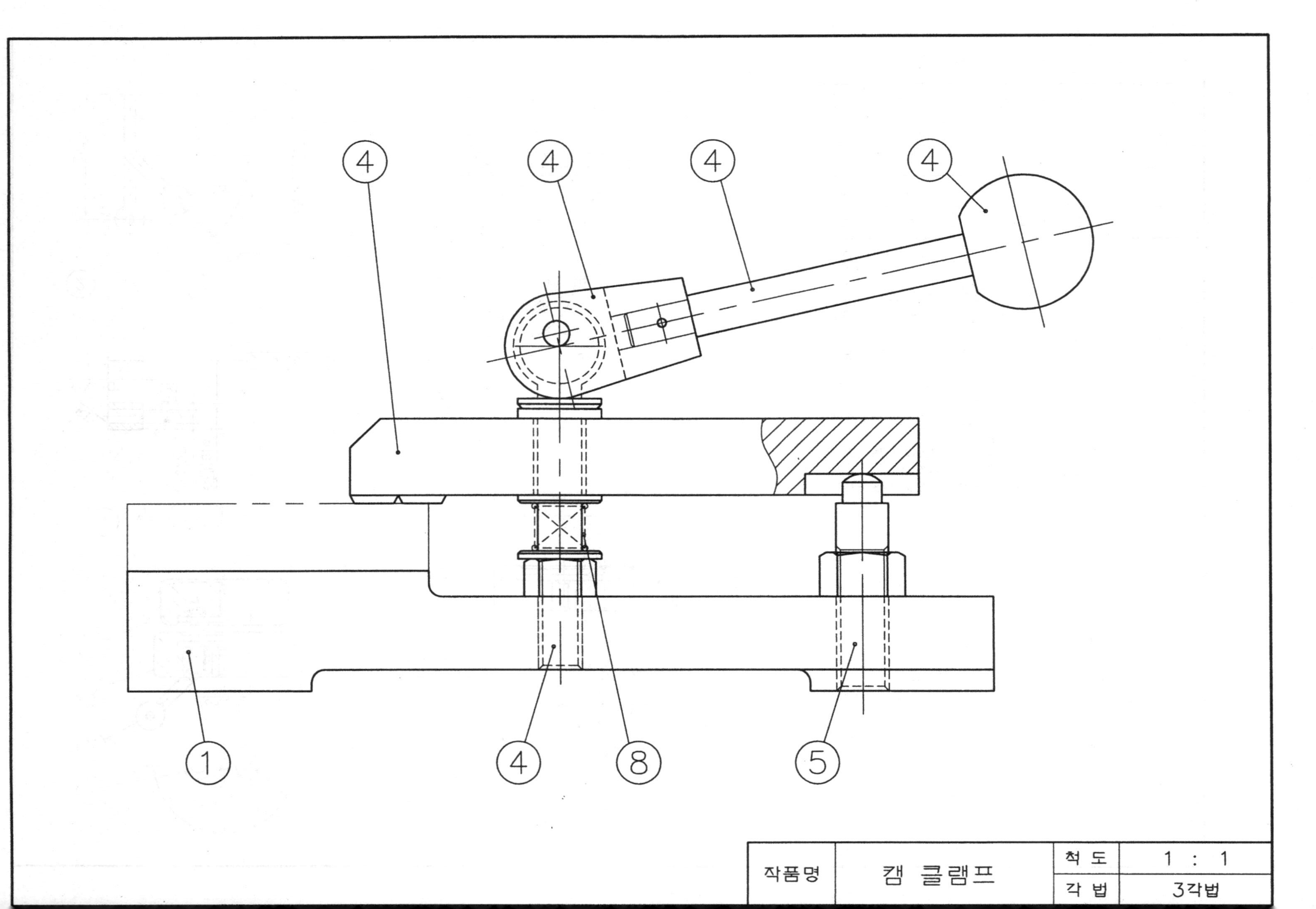
4
4
4
4
1
4
8
5
작품명
캠 클램프
척 도
1 : 1
각 법
3각법

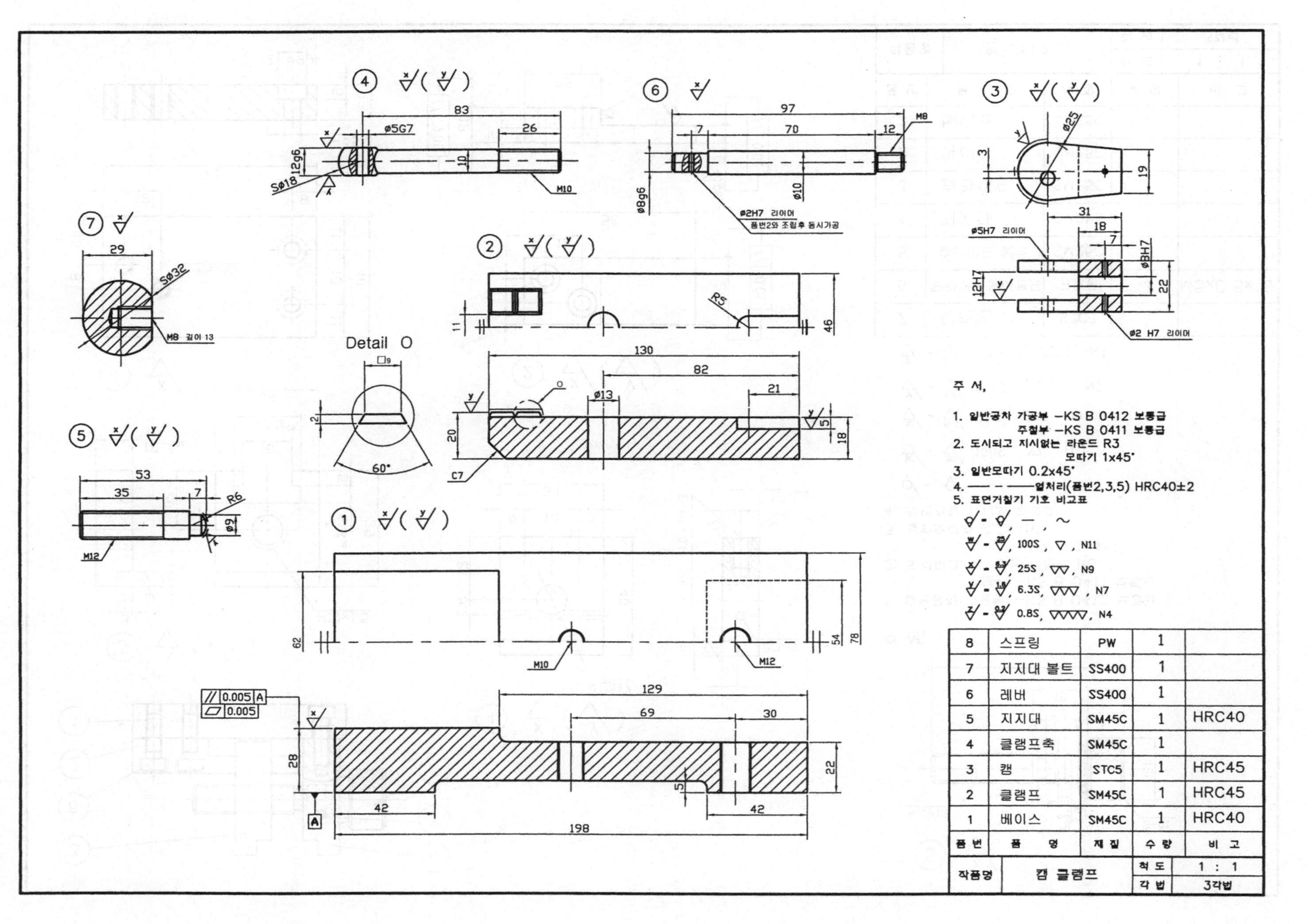
Detail O
주 서,
1. 일반공차 가공부 -KS B 0412 보통급
주철부 -KS B 0411 보통급
2. 도시되고 지시없는 라운드 R3
모따기 1x45°
3. 일반모따기 0.2x45°
4. 열처리(품번2,3,5) HRC40±2
5. 표면거칠기 기호 비교표
8 스프링 PW 1
7 지지대 볼트 SS400 1
6 레버 SS400 1
5 지지대 SM45C 1 HRC40
4 클램프축 SM45C 1
3 캠 STC5 1 HRC45
2 클램프 SM45C 1 HRC45
1 베이스 SM45C 1 HRC40
품번 품명 재질 수량 비고
작품명 캠 클램프
척도 1 : 1
각법 3각법

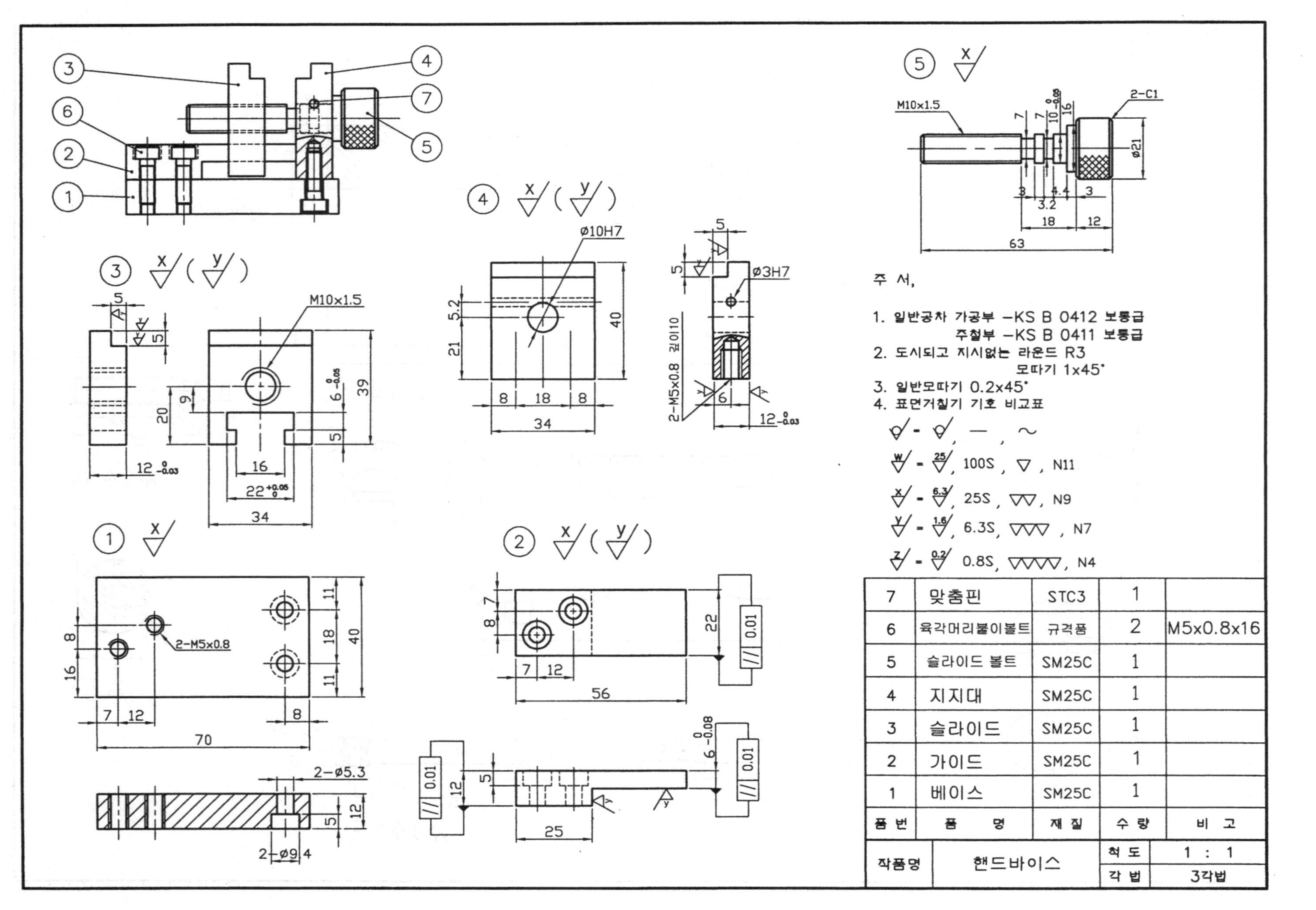
주 서,
1. 일반공차 가공부 -KS B 0412 보통급
주철부 -KS B 0411 보통급
2. 도시되고 지시없는 라운드 R3
모따기 1x45°
3. 일반모따기 0.2x45°
4. 표면거칠기 기호 비교표
100S , N11
25S , N9
6.3S , N7
0.8S , N4
7 맞춤핀 STC3 1
6 육각머리붙이볼트 규격품 2 M5x0.8x16
5 슬라이드 볼트 SM25C 1
4 지지대 SM25C 1
3 슬라이드 SM25C 1
2 가이드 SM25C 1
1 베이스 SM25C 1
품번 품명 재질 수량 비고
작품명 핸드바이스 척도 1 : 1 각법 3각법
M10x1.5
2-C1
Ø21
Ø10H7
Ø3H7
2-M5x0.8 깊이10
2-M5x0.8
2-Ø5.3
2-Ø9 4

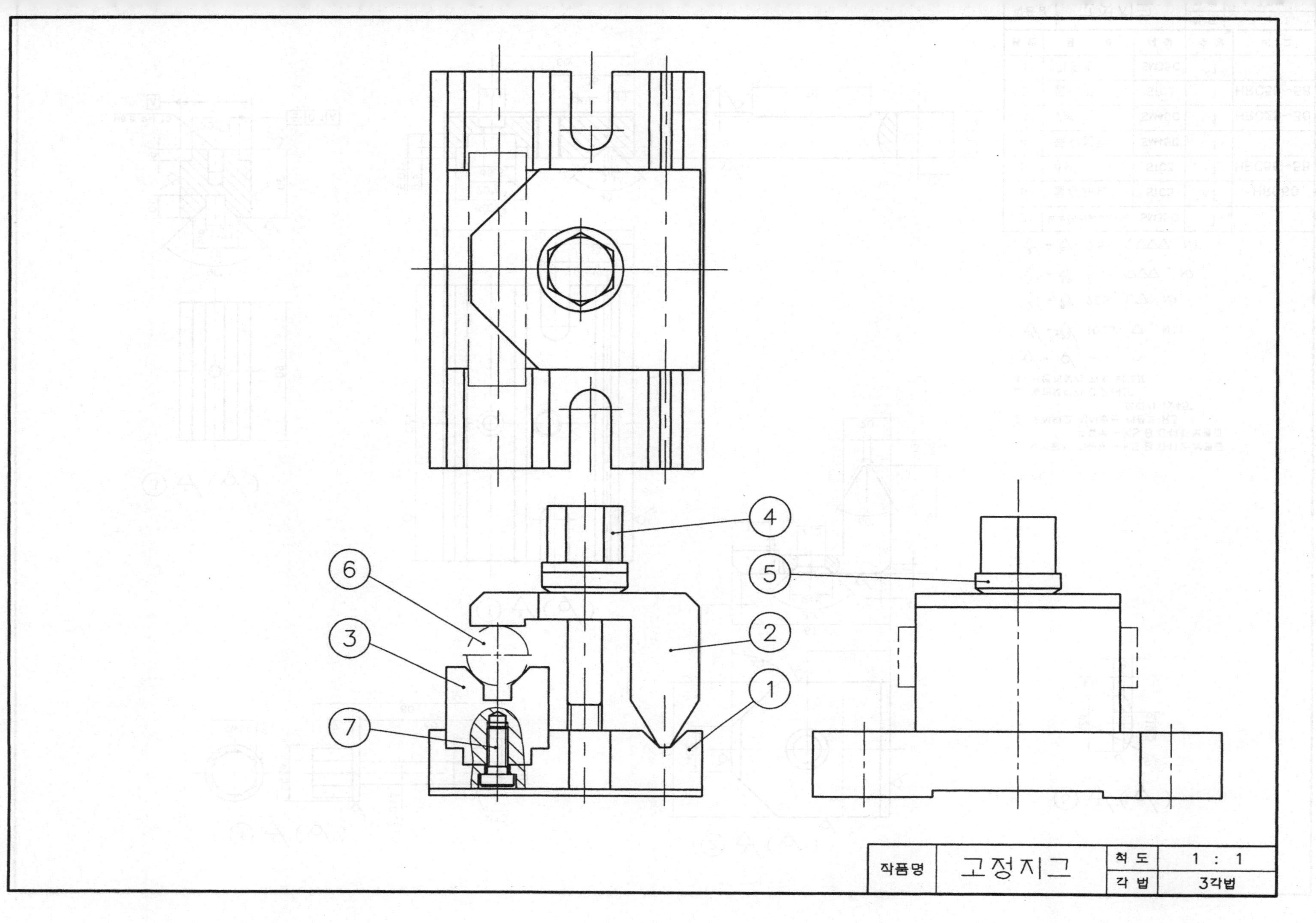

4
6
5
3
2
1
7
작품명
고정지그
척 도
1 : 1
각 법
3각법

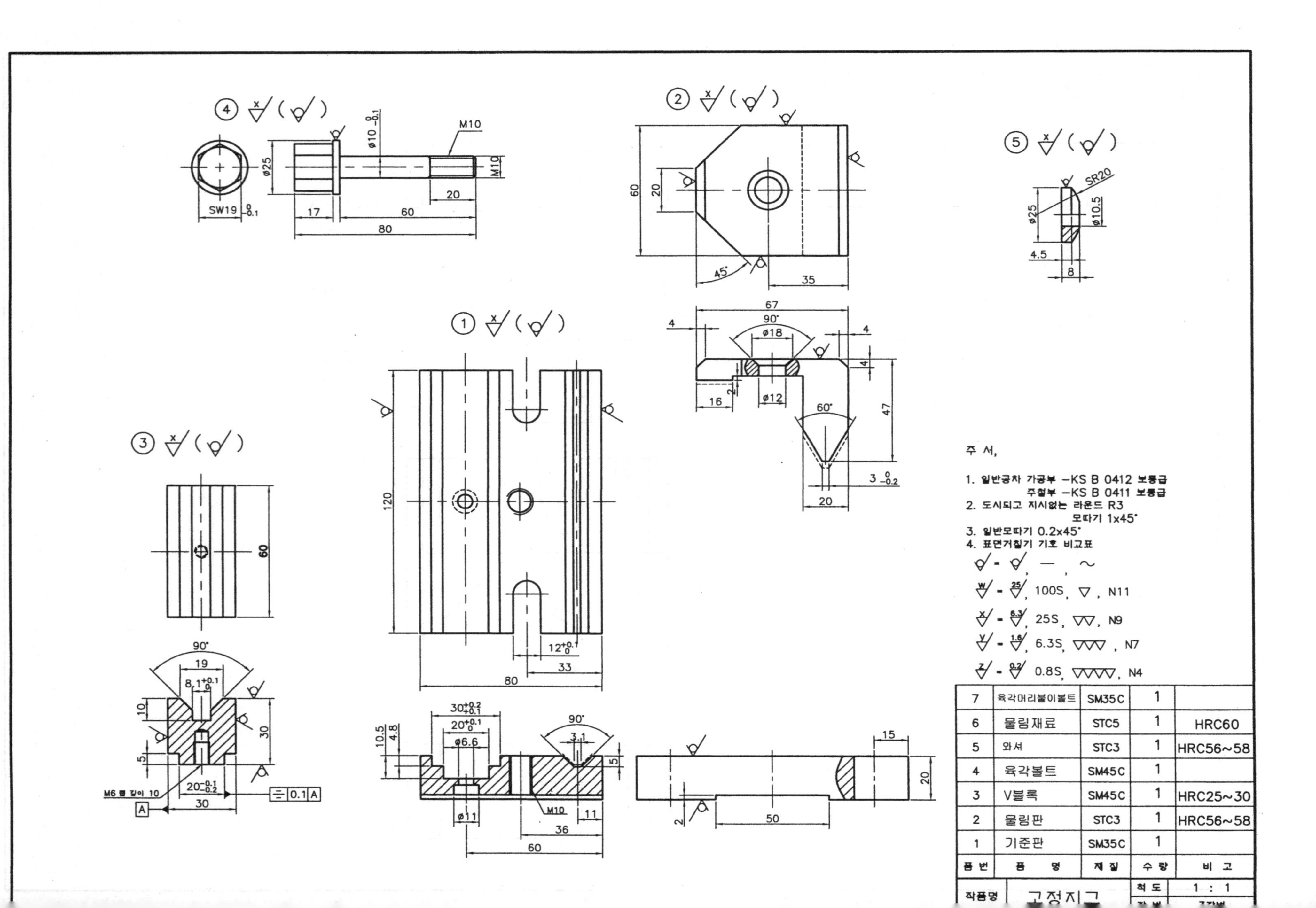

품 번	품 명	재 질	수 량	비 고
7	육각머리볼이볼트	SM35C	1	
6	물림재료	STC5	1	HRC60
5	와셔	STC3	1	HRC56~58
4	육각볼트	SM45C	1	
3	V블록	SM45C	1	HRC25~30
2	물림판	STC3	1	HRC56~58
1	기준판	SM35C	1	

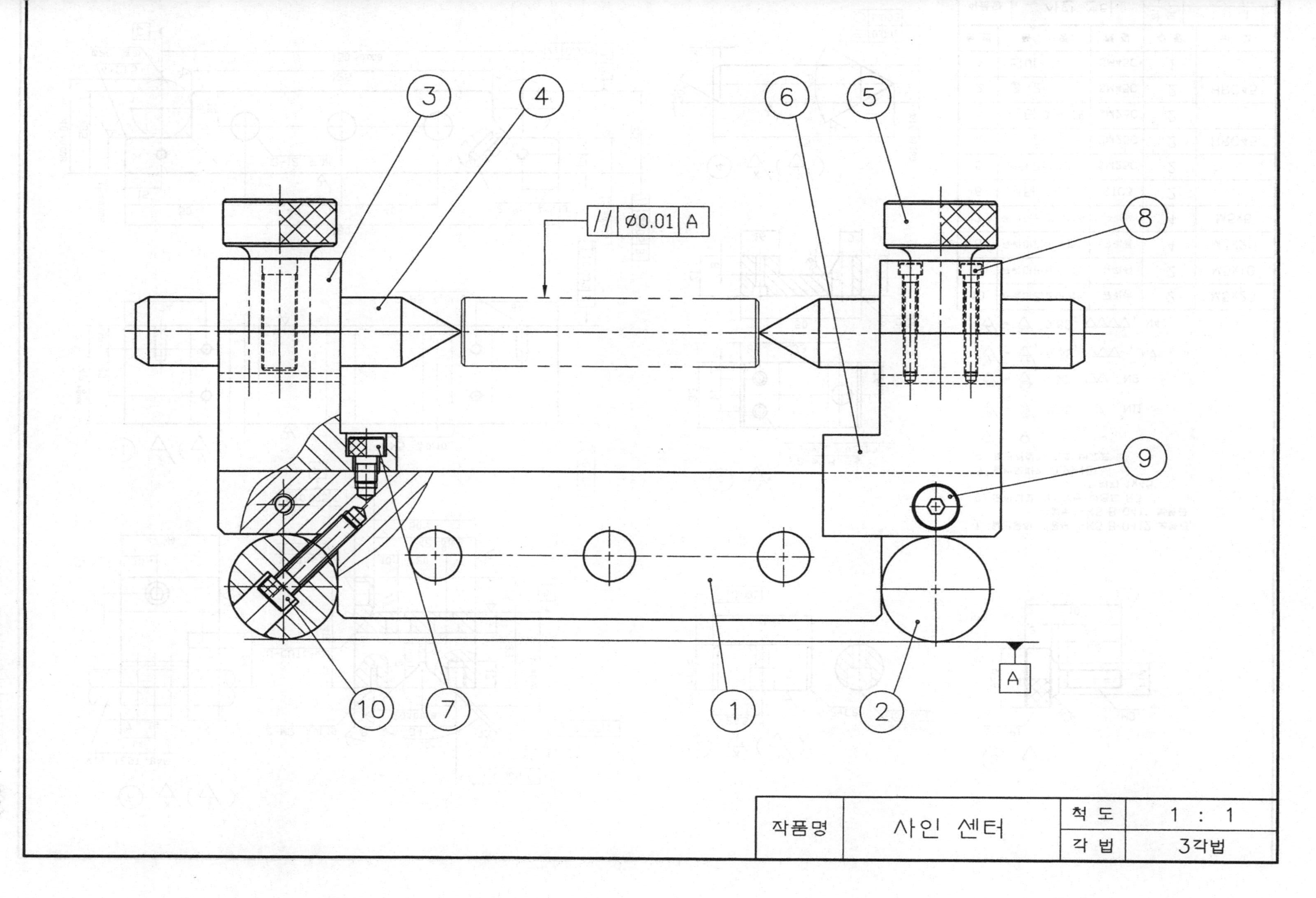
3
4
6
5
// ⌀0.01 A
8
9
10
7
1
2
A
작품명
사인 센터
척 도
1 : 1
각 법
3각법

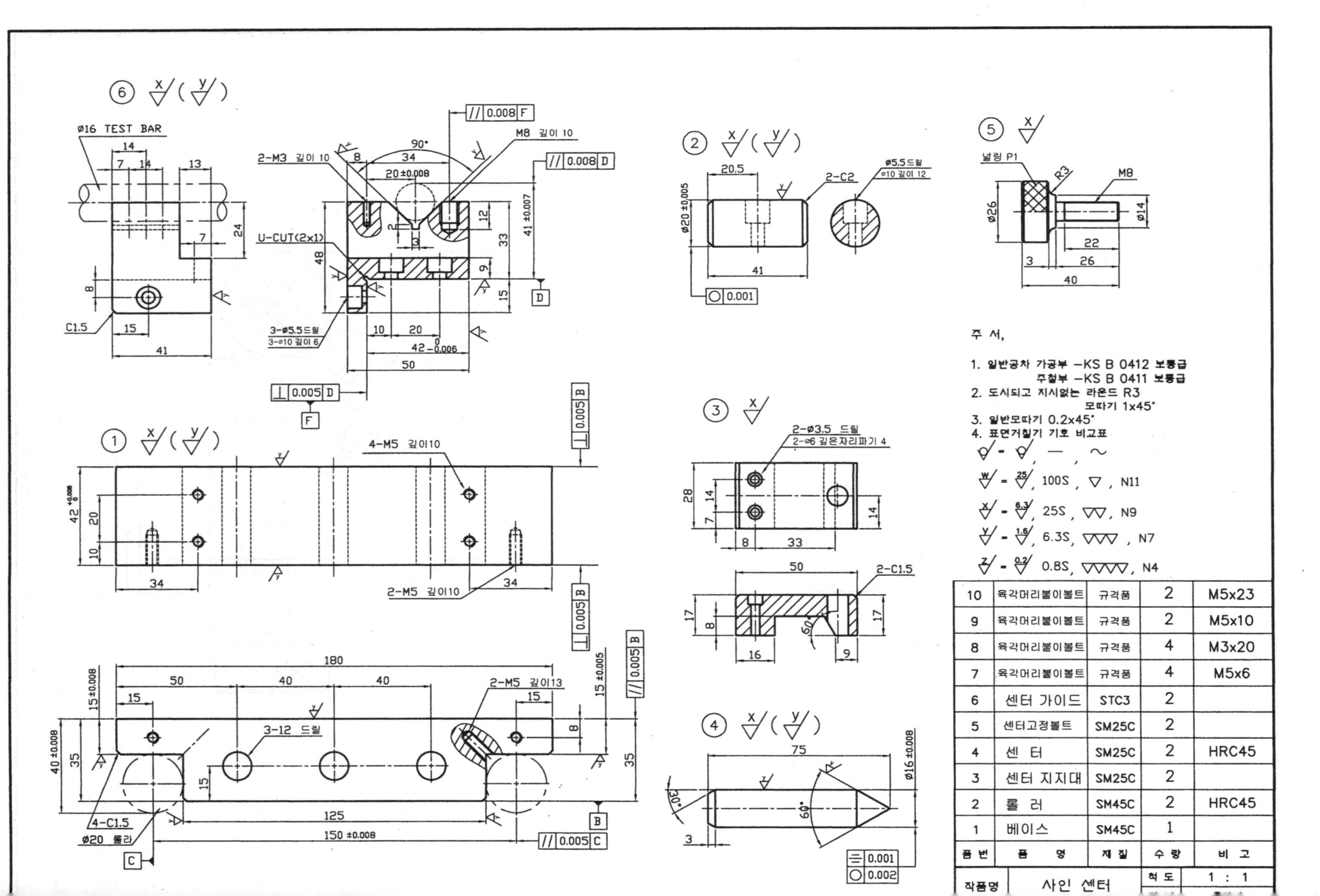

10	육각머리붙이볼트	규격품	2	M5x23
9	육각머리붙이볼트	규격품	2	M5x10
8	육각머리붙이볼트	규격품	4	M3x20
7	육각머리붙이볼트	규격품	4	M5x6
6	센터 가이드	STC3	2	
5	센터고정볼트	SM25C	2	
4	센 터	SM25C	2	HRC45
3	센터 지지대	SM25C	2	
2	롤 러	SM45C	2	HRC45
1	베이스	SM45C	1	
품 번	품 명	재 질	수 량	비 고
작품명	사인 센터	척 도	1 : 1	

◆ 참고문헌

1. 치공구 설계, 한국산업인력공단, 정연택 저, 2002년
2. 치공구 설계, (주)북스힐, 이상수 외2 저, 2006년
3. 치공구 설계제도, 일진사, 최덕준 저, 2008년
4. 최신 치공구 설계, 대광서림, 차일남 외4 저, 2006년
5. 기계 공작법, 한국산업인력공단, 이수용 저, 2005년
6. 치공구 설계, 건기원, 정연택 저, 2009년

치공구 설계 및 제도

2018년 8월 24일 제1판제1인쇄
2018년 8월 31일 제1판제1발행

공저자 이상민 · 이영주
발행인 나 영 찬

발행처 **기전연구사**

서울특별시 동대문구 천호대로4길 16(신설동)
전 화 : 2235-0791/2238-7744/2234-9703
FAX : 2252-4559
등 록 : 1974. 5. 13. 제5-12호

정가 25,000원

ISBN 978-89-336-0958-3
www.kijeonpb.co.kr